半色调信息隐藏与防伪技术

（第2版）

曹鹏 著

電子工業出版社
Publishing House of Electronics Industry
北京•BEIJING

内 容 简 介

本书共 10 章，内容以半色调信息隐藏与防伪的基础理论、典型算法和应用为主线，包括半色调图像处理基础、色彩空间、印刷品质量评价与检测、半色调加网的基础理论、半色调加网的典型算法、半色调信息隐藏、信息加密与印刷防伪、印刷信息可靠性编码、物品溯源及移动应用系统开发。本书对半色调加网及其在信息隐藏、印刷防伪和物品溯源等方面的最新研究进行了系统、深入的介绍，有利于读者全面了解和掌握本领域基础理论、基本原理和相关技术。

本书可供在数字半色调图像信息处理、半色调信息隐藏、印刷防伪及物品溯源等领域内开展相关研究的高年级本科生、研究生、科研人员、技术人员和行业专业人员在学习和研究时参考。

图书在版编目（CIP）数据

半色调信息隐藏与防伪技术 / 曹鹏著. —2 版. —北京：电子工业出版社，2022.1

ISBN 978-7-121-42055-9

Ⅰ. ①半… Ⅱ. ①曹… Ⅲ. ①防伪印刷－技术 Ⅳ.①TS853

中国版本图书馆 CIP 数据核字（2021）第 188787 号

责任编辑：朱雨萌　　　　　特约编辑：田学清
印　　刷：涿州市京南印刷厂
装　　订：涿州市京南印刷厂
出版发行：电子工业出版社
　　　　　北京市海淀区万寿路 173 信箱　　　邮编：100036
开　　本：787×1092　1/16　印张：23.5　字数：601.2 千字　彩插：3
版　　次：2013 年 8 月第 1 版
　　　　　2022 年 1 月第 2 版
印　　次：2024 年 1 月第 2 次印刷
定　　价：128.00 元

凡所购买电子工业出版社图书有缺损问题，请向购买书店调换。若书店售缺，请与本社发行部联系，联系及邮购电话：（010）88254888，88258888。

质量投诉请发邮件至 zlts@phei.com.cn，盗版侵权举报请发邮件至 dbqq@phei.com.cn。

本书咨询联系方式：zhuyumeng@phei.com.cn。

前　言

利用肉眼裸视无法有效分辨的半色调印刷网点图像再现连续调图像的阶调堪称是现代印刷技术（PT）与计算机信息通信技术（ICT）融合发展的最伟大的发明之一。该技术在传统意义上，随着计算机技术的发展已经比较成熟和完善。近年来，随着半色调加网技术的创新发展，尤其与手机、二维码、AI+等技术结合，使得利用基于网点特征（空间矢量分布及形状、频域特性、同色异谱）记录和加载信息，可实现信息隐藏、印刷品鉴权举证、增值服务，或者实现特殊的艺术表现效果，激发新的活力和研究热点。为了系统地介绍这些最新的专业知识和前沿技术，本书在第 1 版的基础上，进一步充实和补充了相关理论、关键技术、应用实例和前沿技术，使本书的系统性、实用性和前沿性更加突出。通过对本书的学习和参阅，读者能更加系统地了解和掌握半色调信息隐藏和印刷信息防伪领域的基础理论、技术方案、实现方法、最新发展及典型应用。本书可更好地为我国印刷信息防伪技术的发展和自主创新服务。

本书的主要内容是作者在半色调信息隐藏与印刷防伪领域十多年时间的研究积累。其中也饱含了作者的研究生：孟凡俊、衣旭梅、刘哲灿、王敬、李畅、陈建博、李沐明、胡建华、朱建乐、王璇、霍佩军、曹晓鹤、陈方方、吕光武、李杰、黄媛、王育军、张勇康等同学的长期轮替合作研究与贡献，在此向各位亲爱的研究生同学们表示感谢。

本书的出版受到国家自然科学基金面上项目（61972042）和北京市教委—市自然科学基金联合项目（KZ202010015023）的资助。

本书的编写，尽管融入了作者在此领域内多年的研究积累，但作为一本专业性非常强的书，受到文献检索、技术壁垒、研究视野等因素影响，不可避免地存在疏漏和问题，在此敬请大家批评指正，让我们共同进步。

第1版前言

半色调加网是印前图文信息处理中的关键和核心技术。该技术利用了人眼视觉识别的局限性，通过改变半色调网点的形状、大小、布局、遮盖率等解决了原始连续调图像再现问题。

半色调加网自19世纪90年代被发明以来，对印刷产业的发展发挥了巨大作用，目前该技术已经成熟。但随着信息技术的迅猛发展和印刷工艺的不断进步，半色调加网技术出现了一些新的应用。本书主要针对现有印刷品防伪技术成本较高的问题，综合应用半色调网点加网、数字版权保护、信息隐藏、高精度信号采集、信息编码和解码技术，通过利用防伪信息（图形、图像、文字、印刷监管信息）二次调制半色调网点的位置和形状，实现防伪印刷和信息隐藏。

本书的主要研究工作受到北京市自然基金重点项目（B类）（KZ201010015013）和国家自然基金面上项目（61170259）的资助。

本书在撰写过程中受到我国印刷设备领域著名专家、北京印刷学院谢普南教授的精心指导。但由于基于半色调网点的信息隐藏技术目前仍处于探索和完善之中，本书尽管做了一些探索性研究工作，但其中仍存在不足之处，请广大读者批评指正。

目　录

第 1 章 半色调图像处理基础

半色调图像是一种二值化的数字图像。半色调（Halftone）是指为了模拟出连续调影像（色阶）的视觉感觉，一般用墨点（半色调网点）的大小或频率的改变，来模拟明暗的变化。

本章主要介绍半色调图像的基本知识和理论基础，包括数字印前工艺、数字图像基础、图像文件格式和视觉模型。

1.1 数字印前工艺

1.1.1 传统印前技术

印刷是将文字、图画、照片等原稿经制版、施墨、加压等工序，使油墨转移到纸张、皮革、PVC、PC 等材料表面上，批量复制原稿内容的技术。印刷是把经审核批准的印刷版，通过印刷机械及专用油墨转印到承印物上的过程。从印刷的复制工艺过程来看，印刷可以分为印前工艺、印刷工艺和印后工艺三个过程，如图 1-1 所示。

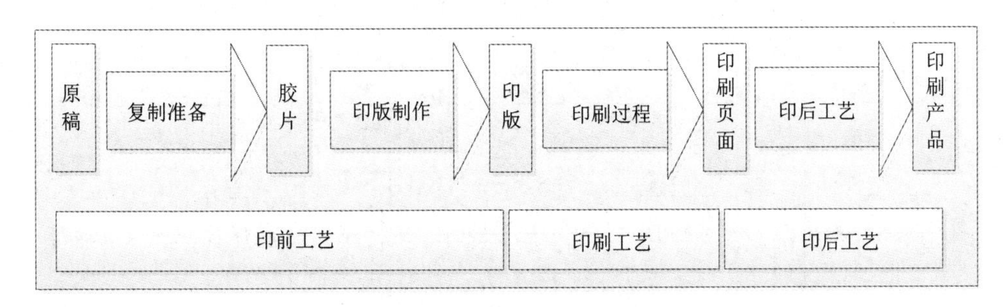

图 1-1 印刷的印前、印刷、印后工艺过程

印前工艺又称制版工艺，主要是根据尺寸、位置、颜色等印刷要求，通过电子扫描等适当的处理后，将原稿（图文）信息进行数字或模拟加工发版、打样、制版等。印前工艺分为三个部分：一是图文原稿的分色；二是对连续的原稿层次信息进行加网，即离散化；三是拼版工作。

印前工艺经历了两大阶段：传统印前技术阶段和数字印前技术阶段。传统印前技术主要采用手工雕刻制版、照相制版、电子分色制版等。数字印前技术主要采用彩色桌面出版系统、计算机直接制版系统和数字印刷系统。

1．手工雕刻制版

在印刷技术发展的初期，制版主要采用手工制版工艺（包括描绘、雕刻、蚀刻等），手工雕刻制版由于雕刻手法不同，形成雕刻线条的深浅、风格等也大为迥异，且手工雕刻制版在细微之处形成独有的印记，因此手工雕刻制版也成为早期最佳的防伪技术，该技术至今仍在使用。

2．照相制版

照相制版是现代丝印制版的主要方式，是一种利用照相复制和化学腐蚀相结合的技术制取金属印刷版的化学加工方法，主要依赖银盐感光材料，制版照相机或者手动照排机是基础的技术手段。照相制版主要经历了明胶制版工艺、明胶干版照相法和软片照相法三次变革。

照相制版在进行印前处理时将图像和文字分别处理，在印刷版上建立图像、文字与空白三个部分，其中图像、文字部分能够与油墨发生反应，而空白部分则不行，这样原稿中的信息就可以通过其敏感部分的不同感光度而传递到感光胶片上，再转至印版。

在图像、文字部分与油墨发生反应的过程中，图像、文字部分的处理方式却是不同的。图像部分的处理方式主要是以银盐感光材料（胶片）和制版照相机为基础进行的处理，产生用于图像复制的网点分色胶片；而文字部分的处理方式主要是以银盐感光材料和手动照排机为基础进行的处理，产生用于复制文字的文字胶片。图像、文字部分产生的胶片由人工拼接组成印刷页面，经过复制、晒版、修版等过程制成印版。

对于图像部分的处理，其加网技术主要分为间接分色加网工艺和直接分色加网工艺。

1）间接分色加网工艺

间接分色加网工艺在处理图像时将分色与加网分开进行，即原稿通过滤色片被分解成连续调分色阴片，通过手工拼接修正，然后用接触网屏复制成加网阳片/阴片，再制成印版，如图1-2所示。

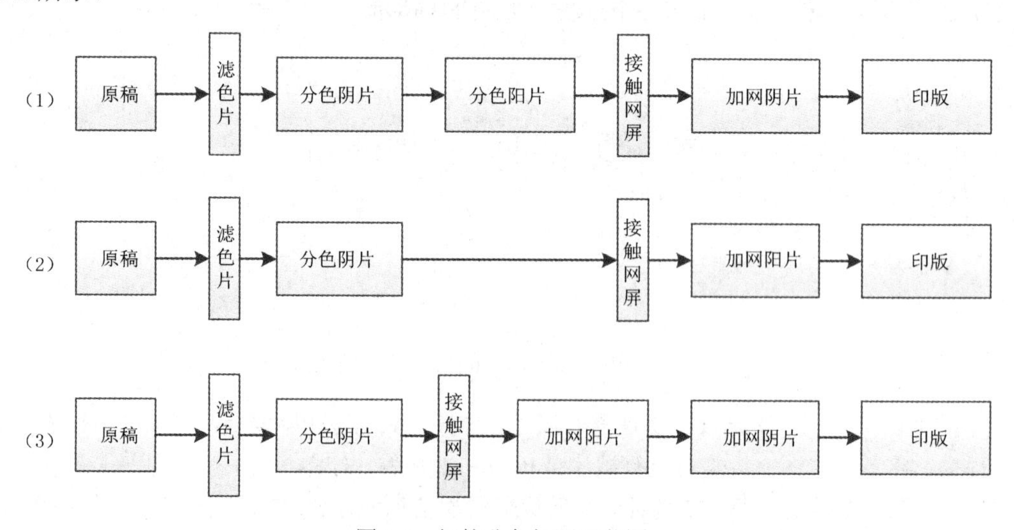

图1-2　间接分色加网工艺图

2）直接分色加网工艺

直接分色加网工艺在处理图像时使分色和加网一次性完成，即在分色的同时利用接触网屏或玻璃网屏对原稿进行加网，将原稿的阶调层次以网点的形式记录在分色片上，如图 1-3 所示。

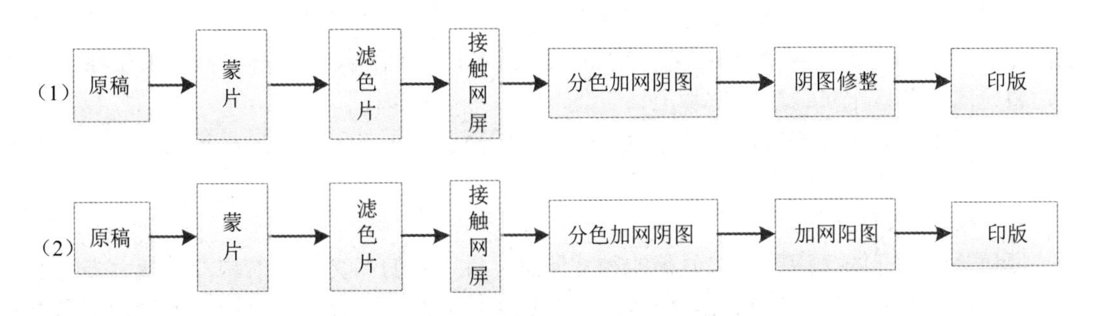

图 1-3　直接分色加网工艺图

间接分色加网工艺和直接分色加网工艺各有优劣。间接分色加网工艺的各个流程独立且制版效果容易控制，但其操作复杂，多次复制和照相会使图像清晰度受损。直接分色加网工艺解决了操作复杂的问题，缩短了制版周期，在减少复制次数的同时提高了图像的清晰度，但是其层次再现和制版效果不及间接分色加网工艺。

3. 电子分色制版

照相制版流程繁多，工艺复杂且生产效率低下，日益增长的生产需求促进了制版新技术的诞生——电子分色制版。电子分色机集光、机、电（光电技术、计算机技术和电子技术）为一体，作为 20 世纪七八十年代的主流制版技术，它得益于电子计算机技术向微型计算机技术的发展，以及自动控制技术、激光技术和光纤材料的广泛普及。

透色稿或反射稿等原稿透过电子分色机，转换成计算机使用的数字元影像，也就是分色成 RGB 三色色彩或者是 CMYK 四色色彩的数字元影像。经过层次及色彩校正，电子分色技术得到的图像清晰度很高，制得的分色片稍作修正即可制作印版，提升了效率又节约了感光材料。尤其是在计算机飞速发展的背景下，计算机可实现全部层次、色彩校正、细微层次强调及缩放等功能，使得电子分色机的结构更加简单。电子分色机如图 1-4 所示。

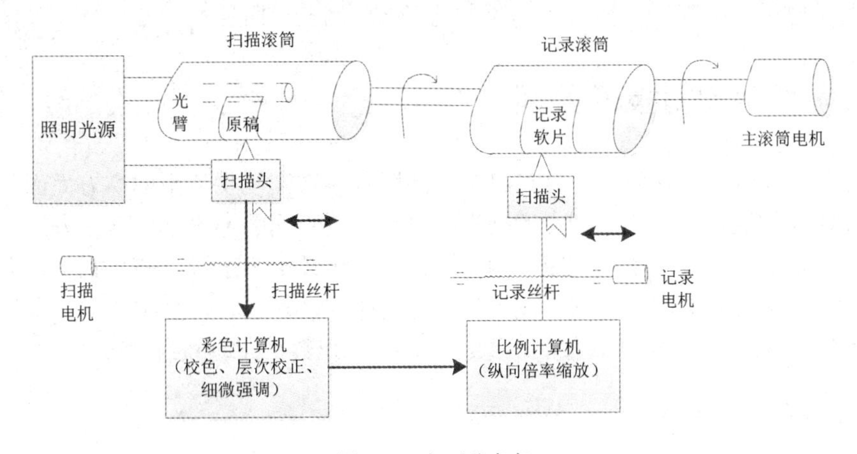

图 1-4　电子分色机

电子分色机的原理是：光源发出光线照射原稿，扫描头对被光源照射的像元进行扫描，根据原稿信息形成不同的光信号，光信号进入光学系统（分光镜、滤色片等）分解为 R、G、B 三色光，然后到达光电倍增管，进行 RGB/CMY 信号的转换，以及色彩校正、黑（K）版计算（UCR、GCR）、底色去除、清晰度调整等计算和调节，产生适应需要的电信号，送入记录部分，记录部分通过电光转换器件（将电信号转换为光信号），然后由网点发生器产生激光，将光信号分别记录在感光软片上。

从图像处理的角度来看，电子分色机的基本组成分为三个部分：原稿输入单元、图像信息处理单元、图像信息输出单元。

1）原稿输入单元

原稿输入单元的作用是扫描原稿的图文信息，将原稿的图文信息的浓淡转换为光亮的强弱，再转换为对应的电信号和数字信号。原稿输入单元的核心技术是光电倍增管，它是电子分色机的颜色感知器，可分成四个主要部分，分别是光电阴极、电子光学输入系统、电子倍增系统、光电阳极，可感知微弱的光信号，将其放大并转换为与颜色深浅对应的电信号。

2）图像信息处理单元

图像信息处理单元主要分为彩色计算机、比例计算机、网点计算机等部分。其中，彩色计算机主要实现对数转化，即将图像模拟电信号转换成与密度值成正比的电信号，以及进行层次校正、色彩校正、黑版计算（UCR、GCR）、清晰度调整等；比例计算机主要实现图像的缩放功能；网点计算机主要实现加网处理、形成曝光信号等，并将修正好的图像信号提供给记录输出系统（图像信息输出单元）。

3）图像信息输出单元

图像信息输出单元的作用是将符合要求的图像信号记录到感光材料上，经过显影处理后再输出。

电子分色机对图像的处理从很多方面来说都是高质量的，如颜色复制、精度、层次等。但是电子分色机没有绘图、文字输入等功能，它对图像、文字的处理需要在不同的系统中完成，然后将处理之后的网点胶片和照排片拼接成所需页面，再进行后续处理，而此时的计算机是专用系统，各生产商之间的系统也是自主研发的，数据不能共享，彼此封闭、不兼容。此种生产工艺在图文处理过程中采用数字处理和模拟处理并存的混合生产方式。电子分色制版主要经历了电机分色制版、整页拼版和电机高端联网三个阶段。

1.1.2 数字印前技术原理

随着计算机技术的高速发展，计算机带来的影响渗透到了生活中的方方面面，同样包括印刷行业的印前领域，对于原稿图文的处理，以及整页版面的输出都用电子方法处理，减少了生产环节，降低了生产成本，缩短了印刷周期，且相较于手工排版整页图文，数字印前技术的出现提供了更可靠的印刷方式，成了更便捷的印前技术选择。数字印前技术经历了彩色桌面出版系统（DTP）、计算机直接制版系统（CTP）和数字印刷系统阶段。

1. 彩色桌面出版系统

彩色桌面出版系统（Desktop Publishing，DTP）是 20 世纪 90 年代推出的新型印前处理设备，主要由桌面分色和桌面电子出版两个部分组成，其主要观点是使用图形化用户界面 GUI 实现“所见即所得”的输出方法。从结构上来说，彩色桌面出版系统可以分为输入、加工处理和输出三大部分。

1）彩色桌面出版系统的输入部分

彩色桌面出版系统的输入部分的基本功能是对原稿进行扫描、分色并输入系统。在输入过程中，如果文字的输入跟随计算机的排版系统即可通过键盘输入，而图像的输入可以采用多种设备进行，如数字化扫描仪、电子分色机、数字照相机等，图形可以由计算机绘图软件绘制生成。处理彩色桌面出版系统输入的软件包括设备驱动软件、PC/MAC 操作部分。数字原稿的形成如图 1-5 所示。

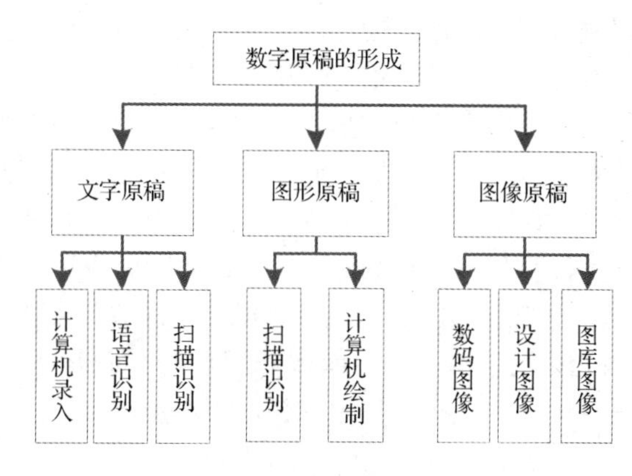

图 1-5　数字原稿的形成

2）彩色桌面出版系统的加工处理部分

彩色桌面出版系统的加工处理部分统称为图文工作站，其主要功能是对原稿数据进行加工处理，如校色、修版、拼版等，图文的混排可以通过交互式排版软件完成“所见即所得”，拼版文件可以通过页面解释语言解释输出到印刷胶片或者纸媒介上，然后传到输出设备上。加工处理的软件包括图像处理类软件（如 Photoshop 等）、图形类软件（如 Freehand 等）、排版软件（如 Pagemaker 等）、三维图像制作软件（如 3DS 等）、包装设计软件（如 Signpack 等）。

3）彩色桌面出版系统的输出部分

彩色桌面出版系统的输出部分是生成最终产品的设备，它由光栅图像处理器（Raster Image Processor，RIP）和高精度的图文记录仪组成。其中，RIP 是彩色桌面出版系统的核心，RIP 的主要作用是接受 PostScript 语言的版面，将其转换为光栅图像，再从照排机输出，实现将数字化图文信息转换为印版等模拟输出，将经由计算机制得的数字化图文页面信息中的图文信息转移到能记录高分辨率图像点阵信息的输出设备（如打印机、照排机等），然后输出设备将图像点阵信息记录在印版、纸张等之上。

采用彩色桌面出版系统可以完成图像输入、图像分色、调节处理、文字输入、图形绘制、排版、页面解释等基本流程，印前技术开始由模拟处理转变到数字技术，但印版的晒制采用的仍是模拟方式，受限于制版技术和版材问题等，这个过程会存在很多不可控因素。

2. 计算机直接制版系统

在光学技术、电子技术、自动化技术、彩色图像技术、精密机械、计算机及软件技术、新版印刷及材料技术等的发展背景下，计算机直接制版系统（CTP）逐渐兴起，成为当代印刷技术与数字化紧密结合的产物。相对于彩色桌面出版系统，CTP 取消了对印刷胶片的后期处理和印版的晒制过程，即不需要输出到胶片，节省了大量的资金投入，避免了图像处理过程中的网点损失问题，能够实现 1%～99%网点的输出，网点再现性好。

1）CTP 的工作原理

CTP 直接制版机由精确且复杂的光学系统、电路系统及机械系统三大部分构成。

由激光器产生的单束原始激光，经多路光学纤维或复杂的高速旋转光学裂束系统分裂成多束（通常是 200～500 束）极细的激光束，每束光分别经声光调制器按计算机中图像信息的亮暗等特征，对激光束的亮暗变化加以调制后，变成受控光束。再经聚焦后，几百束微激光束直接射到印版表面进行刻版工作，通过扫描刻版后，在印版上形成图像潜影。经显影后，计算机屏幕上的图像信息就还原在印版上供胶印机直接印刷了。

每束微激光束的直径及光束的光强分布形状，决定了在印版上形成的图像潜影的清晰度及分辨率。微激光束的光斑越小，微激光束的光强分布越接近矩形（理想情况），图像潜影的清晰度越高。扫描精度取决于 CTP 系统的机械及电子控制部分；而微激光束的数目则决定了扫描时间的长短，微激光束数目越多，刻蚀一个印版的时间就越短。微激光束的直径已发展到 4.6μm，相当于可刻蚀出 600lpi 的印刷精度；微激光束的数目可达 500，刻蚀一个印版可在 3min 内完成。另外，版光束的输出功率及能量密度（单位面积上产生的激光能量，单位为 J/cm^2）越高，刻蚀速度越快。但是过高的功率也会产生缩短激光的工作寿命、降低微激光束的分布质量等负面影响。

2）CTP 制版设备的分类

CTP 制版设备的分类多种多样，根据不同的分类方式有不同的 CTP 制版设备。CTP 制版设备可按成像原理、自动化程度、版材的固定形式、成像机构等进行分类。

其中，按成像原理分，可以将 CTP 分为划分为光敏成像系统和热敏成像系统。光敏成像系统依靠光束中的光能使印版起成像反应，而热敏成像系统则依靠热能使印版起成像反应。光敏成像系统采用内鼓式 CTP，如图 1-6 所示。而热敏成像系统采用外鼓式 CTP，如图 1-7 所示。

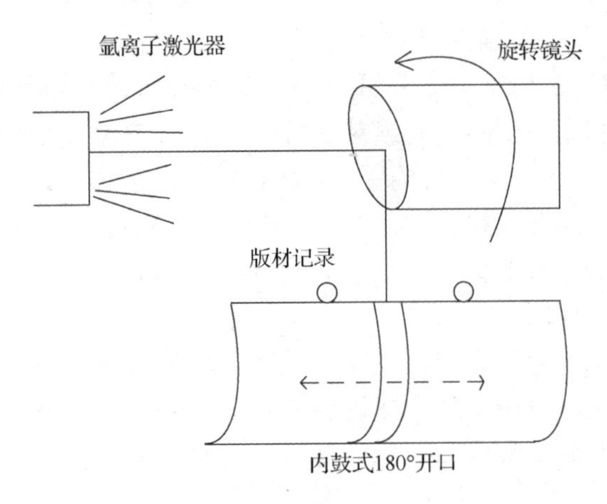

图 1-6　内鼓式 CTP

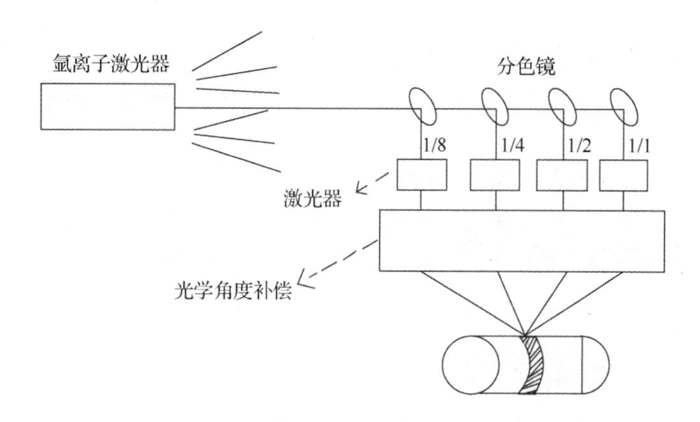

图 1-7　外鼓式 CTP

在稳定性上，内鼓式 CTP 光路长且简单，激光器距离版面 25cm 左右，容易实现聚焦，元件少，易于维护；制版时，滚筒和印版静止，转镜旋转，机械稳定性高；上下版轻易实现，避免了卡版问题。而外鼓式 CTP 光路短，聚焦难度大，细微的光距变化对聚焦的影响大；采用激光分光结构，光路复杂，元件多，维护成本高；需要复杂的光学系统，且出现问题时，光学系统校准困难；制版时，滚筒和印版高度转动，需要特定的配重装置维持平衡，且内鼓式 CTP 振动强烈，稳定性差，磨损严重；自动上版较难实现，在曝光过程中版材吸附在滚筒外壁高速旋转，容易出现卡版和飞版现象。

在图像质量上，内鼓式 CTP 图像质量好，激光到版面各处的距离相等，对光点的控制好，而且成像过程中运动器件少，可控性高。外鼓式 CTP 成像质量好，模拟印刷机的滚筒形状，热敏版材成像的二值性提升网点的成像质量；但聚焦相比内鼓式 CTP 较差，版材、滚筒和激光器在成像过程中，均处于运动状态，影响了成像的稳定性。

在成像速度上，由于外鼓式 CTP 受到滚筒速度 900 转/分的限制，内鼓式 CTP 输出速度远快于外鼓式 CTP；内鼓式 CTP 的高精度输出速度比外鼓式 CTP 的高精度输出速度快；输出低线数（133/150 线）时，内鼓式 CTP 的激光扫描速度更是远快于外鼓式 CTP 的激光扫描速度。

在对版材性能的要求上，内鼓式 CTP 对版材性能的要求低，特别是对铝基的要求，没有外鼓式 CTP 的高。外鼓式 CTP 对版材性能的要求非常高，版材背面要平整才能吸附牢靠，版材的厚薄要求均匀以保证聚焦。

在外设上，内鼓式 CTP 的外设体积小，噪声小，品质稳定；内鼓式 CTP 对于吸附真空的要求并不高，版材与鼓都是静止的。外鼓式 CTP 为了增大吸附力，减少飞版情况的发生，需要配置大型空气压缩机，因此噪声很大。

3．数字印刷系统

印刷流程中印前、印刷、印后加工的界限随着印前系统的出现越来越模糊，印前的工作由原来的制版准备转化为准备各种输出数据的过程。印前工作的内容涵盖范围逐渐宽泛，数字化生产流程的完备，不仅包含印刷输出所需的各种数据类型，同时还包含面向其他媒体输出准备的数据类型，如适用于网络或光盘出版物的数据格式，其服务范围已经超出了传统印刷的范围。数字印刷逐渐成为印刷行业不可分割的一部分，数字印前工艺流程图如图 1-8 所示。

数字印刷系统是一个全数字化的印刷生产系统，主要由图文输入系统、光栅图像处理器、成像系统、输墨系统、图文转移系统、后处理系统及控制系统组成，如图 1-9 所示。

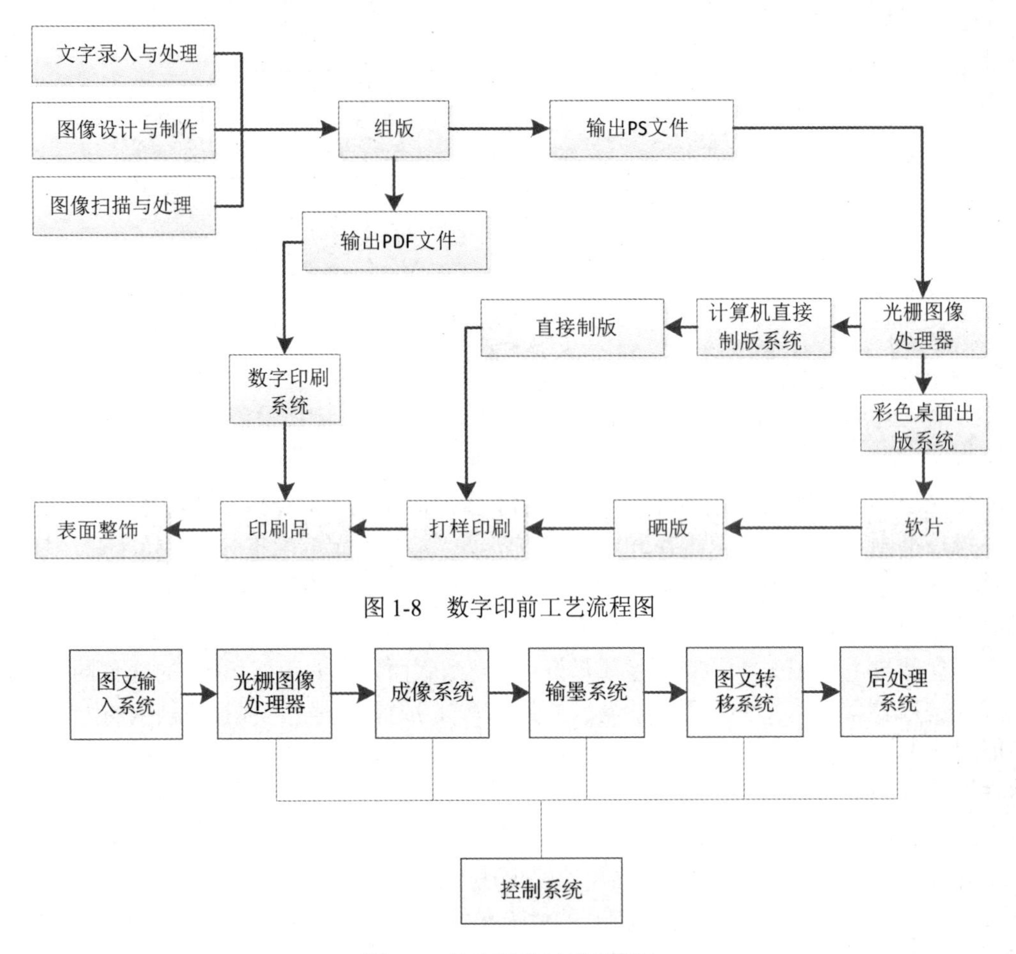

图 1-8　数字印前工艺流程图

图 1-9　数字印刷系统流程图

数字印刷将印前、印刷和印后完全集成为一个整体，直接把数字页面文件转换成为印刷品的过程，由计算机进行集中操作、控制和管理，即它不需任何中介模拟过程或载体的介入，直接输出印刷成像。数字印刷是一种无版或无固定版式的印刷方式，因而可实现可变信息的复制，更加符合个性化印刷按需出版的需求。

数字印刷采用与传统印刷不同的图文转移方式，关键点在于不同的成像方式。现今数字印刷采用的主要成像技术有静电成像、喷墨成像、电凝聚成像、电子束成像和磁记录成像，其中静电成像和喷墨成像最为普遍，静电成像是应用最广泛的数字印刷技术，它是利用异性电荷相吸原理将墨粉转移至承印物上而成像的。喷墨成像是利用数字数据直接在记录材料上得到文字和图像的一种成像技术，通过系统控制器控制喷头电极，从而实现油墨墨滴的合理准确喷射成像。

与传统印前技术相比，数字印前技术具有以下特点。

（1）全数字化，印前、印制与印后一体化，系统操作简单便捷。由于数字印前技术的所有图文处理都可以由计算机屏幕直接观察得到，便于控制，所有对印前设备的控制和操作都是在计算机端完成的，操作实现数据化、程序化，质量更加稳定，效率得到极大提高。

（2）在图像分色处理方面，数字印前技术能够实现传统电子分色机的所有功能：分色、尺寸变化、加网、网点扩大补充、黑白场标定、灰平衡控制、分色曲线的选择、底色去除、颜色校正、层次调节等。除此之外，数字印前技术还能够根据所用油墨和纸张、印刷条件来选择分色曲线和进行网点扩大补偿，针对性更强；在层次调节方面，可以灵活调整曲线形状，实现个性化操作；在颜色校正方面，工具众多，可以根据图像的具体情况进行选择使用，效果更好。

（3）灵活性高，印刷周期短。数字印前系统的图形软件可以完成基本几何图形和复杂图形的绘制，并能够实现图形之间的陷印。文字处理可以自动实现排版的各种要求，特别是中英文的各种禁排规定都能实现；字型种类多种多样，可使版面更生动活泼；能够实现整页图文合一处理，无须任何手工加工。这样能够大大提高制版质量和效率，而且文字、线条质量都有明显提高；不管是大号文字还是极小号文字，都能做到笔画光洁、清晰可辨。

（4）数字印前系统能够实现对不同工艺、不同输出、不同材料、不同设备的有效色彩管理，实现真正的“所见即所得”。建立在数字印前技术基础上的数字印前系统能够实现对全印刷生产流程的数字化控制，为印刷的标准化、数据化创造了条件，使印刷质量更稳定、控制更方便。数字印前系统的应用软件能够实现多种特技效果创意，提高了版面设计水平，也丰富了印刷画面。

（5）数字印刷系统直接把数字页面文件转换为印刷品，无须任何中介模拟过程或载体的介入，是一种无版或无固定版式的印刷方式，可实现可变信息的复制，更加符合个性化印刷、按需出版的需求，并且创新了印刷媒体的理念和市场。

1.2　数字图像基础

人们能从大千世界的缤纷万物中获取信息是靠其精密、智能的视觉成像系统实现的。眼睛是敏感的光感应器官，是一切外界视觉联系的信息接收器。当人们观察物体时，由于物体本身会反射、透射和吸收不同的光，被反射和透射的光进入人眼，在人眼的视网膜上成像，图像包含物体的颜色、形状、尺寸等信息。对周围世界的成像形成了人眼中的客观世界，称之为“影像”。图像是自然界存在或者人为制作的、反映电磁波能量的空间分布状态、一般由大量微小像素构成的视觉信息体。“图”是物体反射或透射的光的分布，“像”是人的视觉成像系统接收的图在人脑中形成的印象或认识，照片、剪贴画、地图、书法作品、卫星云图、影视画面、X 光片、脑电图、心电图等都是图像。数字印前系统的一个重要任务就是将图像原稿在系统中进行各种处理，使之能成为符合客户要求的、高质量的印刷品。要解决打印过程中图像处理效果的问题，需要对图像的基础知识进行一定的学习和了解。

1.2.1　图像和图形

1. 图像

图像技术上又可称为栅格图像（Raster Image），是由一系列具有不同灰度（亮度）值的网格状的像素（Pixel）组成的，每个像素都被指定相应的颜色和位置，网格状的像素集合可再现图像。在进行图像处理与编辑工作时，操作的对象是像素而非物体或形状。图像是最常见的连续调的数字图像，如扫描图片、数码相机拍摄的图片或图像处理软件绘制的图像等，它们能表现精细的灰度级和色彩。图像与分辨率相关，每幅图像都含有固定数目的像素，文件存储空间的大小取决于分辨率和文件尺寸的大小，图像的分辨率越大，其表达的细节信息越丰富，同时其执行时间越长、存储空间越大。

2．图形

图形又称矢量图形，是指由外部轮廓线条构成的矢量图，即由计算机绘制的直线、圆、矩形、曲线、图表等，也可用高级语言的绘图语句画出，图形根据其几何特征来描述一幅图像的内容。可用一组指令集合来描述图形的内容，如描述构成该图形的各种图元位置维数、形状等。在图形文件中规定了有关数学公式、参数及如何执行运算等，因此图形的各种操作相对简单，执行速度相对较快，但是当图形文件中的描述对象过多时，其处理速度也会变得极为缓慢。在显示方面，可使用专门软件将描述图形的指令转换成屏幕上的形状和颜色，还可对图形和图元独立进行移动、缩放、旋转和扭曲等变换。主要参数是描述图元位置、维数和形状的参数。图形与分辨率无关，它可以被缩放到任意尺寸而不丢失其细节与清晰度。因而，图形是再现线条图形的最佳选择，线条图形在被放大成各种尺寸后仍能保持精细边缘，如标志、插图等。

3．图像和图形的区别

在计算机科学中，图形和图像这两个概念是有区别的：图形一般指用计算机绘制的画面，如直线、圆、圆弧、任意曲线和图表等；图像则是指由输入设备捕捉的实际场景画面或以数字化形式存储的任意画面。

图像都是由一些规则地排成行列的点（像素）组成的，在计算机中的存储格式有BMP、PCX、TIF、GIFD等，一般数据量比较大。图像除了可以表达真实的照片，也可以表现复杂绘画的某些细节，并具有灵活和富有创造力等特点。

图形与图像不同，它在图形文件中只记录生成图的算法和图上的某些特征点。在计算机对图形进行还原时，相邻的特征点之间用很多段特定的小直线连接形成曲线，若曲线是一个封闭的图形，也可靠着色算法来填充颜色。图形最大的优点就是容易进行移动、压缩、旋转和扭曲等变换，主要用于表示线框型的图画、工程制图、美术字等。常用的图形文件有3DS（用于3D造型）、DXF（用于CAD）、WMF（用于桌面出版）等。图形只保存算法和特征点，所以相对于位图（图像）的大量数据来说，它占用的存储空间也较小，但由于图形在每次屏幕显示时都需要重新计算，因此其显示速度没有图像的显示速度快。另外，在打印输出和放大时，图形的质量较高而点阵图（图像）常会发生失真。图形是指在一个二维空间中，可以用轮廓划分出的空间形状；图形是空间的一部分，不具有空间的延展性，是局限的可识别的形状。

1.2.2 图像的种类

1．按空间连续性划分

图像信息的丰富性，使得不同的分类标准有不同的图像种类，按点空间位置和灰度的大小变化方式，即空间连续性，图像可分为连续图像和离散图像两类。

（1）连续图像。所谓连续图像，是指具有连续变化的空间位置和灰度值的图像。连续图像一般为光强度（或亮度）对空间坐标的函数。在用计算机对其进行处理之前，必须用图像传感器将光信号转换成表示亮度的电信号，再通过模/数转换器将其量化成离散信号以便于计算机进行各种处理。从位置上看，图像中的所有元素都在一个平面内，像元在二维方向上连续分布；从原稿某一点位置的亮度来看，其取值也是连续分布的，即像元的亮度是像元位置的函数。

（2）离散图像。离散图像在空间位置上被分割成一个个的点，在灰度值的大小上也分为不同级数的图像。离散图像以一定网格为周期，把 X、Y 坐标轴划分为棋盘式的网格，仅取离散的各交点位置上的灰度值，用这种方式构成的图像称为离散图像，也称为采样图像。数字图像、印刷图像、计算机图像、扫描图像等都是离散图像。

2．按记录和表达方式及信号特征划分

按记录和表达方式及信号特征，图像可分为模拟图像和数字图像。

（1）模拟图像。在图像处理过程中，通过某种物理量（如光、电等）的强弱变化来记录图像亮度信息的图像，称为模拟图像，其物理量的变化是连续的。

（2）数字图像。数字图像又称为数码图像或数位图像。数字图像由数组或矩阵表示，其光照位置和强度都是离散的，是用一个数字阵列来表达客观物体的图像，是一个离散采样点的集合，每个点具有其各自的属性。数字图像是把连续的模拟图像离散化处理成规则网格，并用计算机以数字的方式记录图像上各网格点的亮度信息的图像。

模拟图像经过数字化过程可以转化为数字图像，模拟图像和数字图像之间的转化过程如图 1-10 所示。

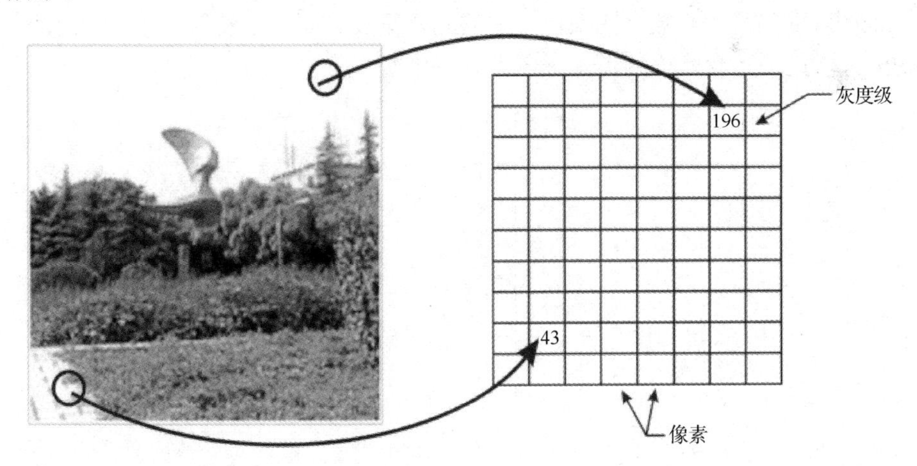

图 1-10　模拟图像和数字图像之间的转化过程

3．按微观构成划分

按微观构成，图像可分为连续调图像和网目调图像。

（1）连续调图像。连续调通常指在一幅图像上，由淡到浓或由浅到深的色调变化是以单位面积成像物质颗粒密度构成来表现的。例如，照相分色底片的连续调，是在单位面积内由

金属银颗粒密度构成来表现的；各种彩色画稿的连续调，是在单位面积内由各种颜料颗粒密度构成来表现的，若单位面积内颜料颗粒多，则为深色调；否则为浅色调。连续调图像的深浅变化是无级的。

（2）网目调图像。网目调通常指在经过特殊加工的印刷品上，由淡到浓或由浅到深的色调变化是以网点面积大小构成来表现的。在印刷品画面上，色彩的深浅和浓淡均是由网点来表示的。在观察印刷品画面时，网点面积大，颜色就深，称为深调；网点面积小，颜色就浅，则称为高调。

由于网点在空间上是有一定距离的，呈离散型分布，并且由于加网线数总有一定的限制，在图像的层次变化上不能像连续调图像一样实现无级变化，故称网目调图像为半色调图像。加网的阳片胶片、阴片胶片、印刷图像等都是半色调图像。

4．按计算机图形类型划分

按计算机图形类型，图像可分为矢量图形和位图图像。

（1）矢量图形。矢量图像是由称为矢量的数学对象所定义的直线和曲线组成的。矢量根据图形的几何特性来对其进行描述，矢量图形与分辨率无关。

（2）位图图像。位图图像也称为栅格图像，是用小方形网格（位图或栅格），即用人所共知的像素来代表图像，每个像素都被分配了一个特定的位置和颜色值。位图图像与分辨率有关，换句话说，它包含固定数量的像素，代表像素数据。

1.2.3 数字图像的表示

1．像素

在二维图像的信息中，数字图像由二维的元素组成。每个元素具有一个特定的位置(i, j)和幅值$P(i, j)$，这些元素就称为像素。图1-11为像素的位置表示。

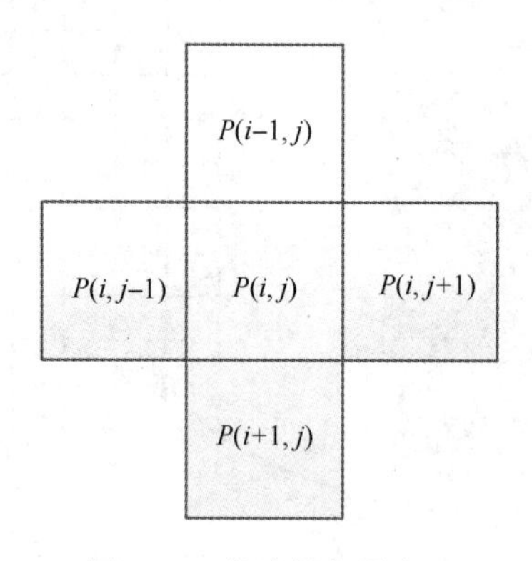

图1-11　像素的位置表示

2．平面图像与空间图像

一幅图像可以看作空间各点光强度（Intensivety）的集合。对于一幅图像，可以把光强度I看作随空间坐标(x, y)或(x, y, z)、光线波长λ和时间t变化的连续函数。

二维平面图像函数可以表示为

$$I = f(x, y, \lambda, t) \tag{1-1}$$

三维空间图像函数可以表示为

$$I = f(x, y, z, \lambda, t) \tag{1-2}$$

为了使图像在数学上处理方便，图像的尺寸规定为矩形，表示为

$$\begin{gathered} -L_x \leqslant x \leqslant L_x \\ -L_y \leqslant y \leqslant L_y \end{gathered} \tag{1-3}$$

3．灰度图像

若只考虑光的能量而不考虑其波长，则图像在视觉上表现为灰度影像，也叫作灰度图像，其图像函数为

$$I = f(x, y, t) = \int_0^\infty f(x, y, \lambda, t) V_s(\lambda) \mathrm{d}\lambda \tag{1-4}$$

式中，$V_s(\lambda)$ 为相对视敏函数，表示人眼对不同波长光的明亮度的感知度量。

4．静止灰度图像

图像内容不随时间变化的图像，称为静止灰度图像，静止灰度图像也是印前技术研究的主要对象，其图像函数为

$$I = f(x, y) \tag{1-5}$$

视觉效应是由可见光刺激人眼引起的，如果光的辐射能量相同而波长不同，则引起的视觉效应也不同，人眼对图像明亮度的数学表示为

$$I = f(x, y) = \int_0^\infty f(x, y, \lambda) V_s(\lambda) \mathrm{d}\lambda \tag{1-6}$$

5．彩色图像

若考虑不同波长光的彩色效应，则图像在视觉上表现为彩色图像，其图像函数为

$$I = \{f_{\mathrm{R}}(x, y), f_{\mathrm{G}}(x, y), f_{\mathrm{B}}(x, y)\} \tag{1-7}$$

对于彩色图像，图像不仅有亮度变化，还有彩色变化，如式（1-8）：

$$P(i, j) \in (R, G, B) \tag{1-8}$$

式中，$0 \leqslant R \leqslant R_{\max}$，$0 \leqslant G \leqslant G_{\max}$，$0 \leqslant B \leqslant B_{\max}$。

根据三基色原理，彩色图像可分解为 R、G、B 也就是红、绿、蓝三幅单色图像，三基色相应值可以写成式（1-9）：

$$\begin{aligned} f_{\mathrm{R}}(x, y) &= \int_0^\infty f(x, y, \lambda) R_s(\lambda) \mathrm{d}\lambda \\ f_{\mathrm{G}}(x, y) &= \int_0^\infty f(x, y, \lambda) G_s(\lambda) \mathrm{d}\lambda \\ f_{\mathrm{B}}(x, y) &= \int_0^\infty f(x, y, \lambda) B_s(\lambda) \mathrm{d}\lambda \end{aligned} \tag{1-9}$$

式中，$R_s(\lambda)$、$G_s(\lambda)$、$B_s(\lambda)$ 分别代表人眼对红、绿、蓝三基色的相对视敏函数。$f_{\mathrm{R}}(x, y)$、$f_{\mathrm{G}}(x, y)$、$f_{\mathrm{B}}(x, y)$ 三者的比例决定总的色度感觉，三者的合成数值决定总的亮度感觉。

类似地，在多光谱遥感图像中，第 i 个谱段的图像值可由式（1-10）给出：

$$I = f_i(x,y) = \int_0^{\infty} f(x,y,\lambda)S_i(\lambda)\mathrm{d}\lambda \tag{1-10}$$

式中，$S_i(\lambda)$是第 i 个谱段的光谱响应。

综上所述，在只讨论黑白图像的情况下，即图像函数只表示能量值而不考虑波长，在视觉效应上仅有灰度和浓度之分而无色彩的变换，图像函数用 $f(x,y)$ 表示，该函数在某点的值称为图像在该点的灰度或明亮度，对于 RGB 彩色图像，在分解成单通道单色图像后，也可以用 $f(x,y)$ 表示。

图像函数在某一点的值定义为光强度或灰度，与图像在这一点的亮度相对应，并可用一个正实数来表示，且该数值的大小是有限的。图像灰度值越大，表示亮度值越大；反之，图像灰度值越小，表示亮度值越小，如式（1-11）：

$$0 \leqslant f(x,y) \leqslant B_{\mathrm{m}} \tag{1-11}$$

式中，B_{m} 表示最大亮度值。

连续图像不适合用计算机处理，需要将其转换成数字图像，数字图像可以看成一个整数阵列，阵列中的元素称为像素。一幅离散化成 $M \times N$ 样本的数字图像是一个整数阵列，所以数学上自然可以把它描述成一个矩阵 $\boldsymbol{F}$，数字图像中的每个像素就是矩阵中相应的元素，如式（1-12）：

$$\boldsymbol{F} = \begin{bmatrix} f(0,0) & f(0,1) & \cdots & f(0,N-1) \\ f(1,0) & f(1,1) & \cdots & f(1,N-1) \\ \vdots & \vdots & & \vdots \\ f(M-2,0) & f(M-2,1) & \cdots & f(M-2,N-1) \\ f(M-1,0) & f(M-1,1) & \cdots & f(M-1,N-1) \end{bmatrix} \tag{1-12}$$

1.2.4 采样和量化

一幅图像必须在空间坐标和颜色值都是离散化的情况下才能被计算机处理，空间坐标的离散化称为空间采样，而颜色值的离散化称为颜色值量化。印前处理的图像基本上都是采取二维平面信息的分布方式来表达的。

若要将这些图像信息输入计算机进行处理，则首先要把二维图像信号变换成一维图像信号，这必须通过扫描来实现。具体做法是在二维平面上按一定间隔从上到下有顺序地沿水平方向或垂直方向进行直线扫描，从而获得图像灰度值阵列，即一组一维信号，再对其求出每个特定间隔的值，就能得到离散信号。假设一幅图像，若采样时其 x 方向上的像素数为 M，y 方向上的像素数为 N，则该图像用离散的 $M \times N$ 个像素来表示，即对该图像进行处理时，仅需要处理 $M \times N$ 个点的颜色值。

1. 采样

把一幅连续图像在空间上分割成 $M \times N$ 个网格，每个网格用一个亮度值来表示，一个网格称为一个像素，模拟图像经过采样，得到的二维离散信号的最小单位就是像素，但采样所得的像素值（灰度值）仍是连续量。$M \times N$ 的取值满足采样定理，采样示意图如图 1-12 所示。

在一般情况下，水平方向的采样间隔和垂直方向的采样间隔相同。对于运动图像（时间域上的连续图像），需要先在时间轴上采样，再沿垂直方向采样，最后沿水平方向采样。

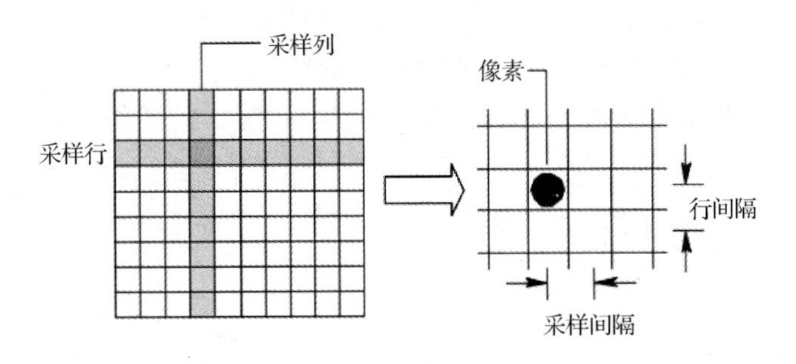

图 1-12 采样示意图

采样的实现通常是由一个图像传感器完成的，它将每个像素位置上的亮度转换成与之相关的连续的测量值，然后将该测量值转化成与其成正比的电压值。最后，在图像传感器后面，有个电子线路的模/数转换器，它可将连续的电压值转化成离散的整数。

2. 量化

量化是把采样点上对应的亮度连续变化区间转换为单个特定数码的过程。量化后，图像就被表示成一个整数矩阵。每个像素具有位置和灰度两个属性，位置由行、列表示；灰度为表示该像素位置上亮暗程度的整数。数字矩阵 $M\times N$ 作为计算机处理的对象，灰度级一般为 0～255（8bit 量化）。图像的数字化过程如图 1-13 所示。

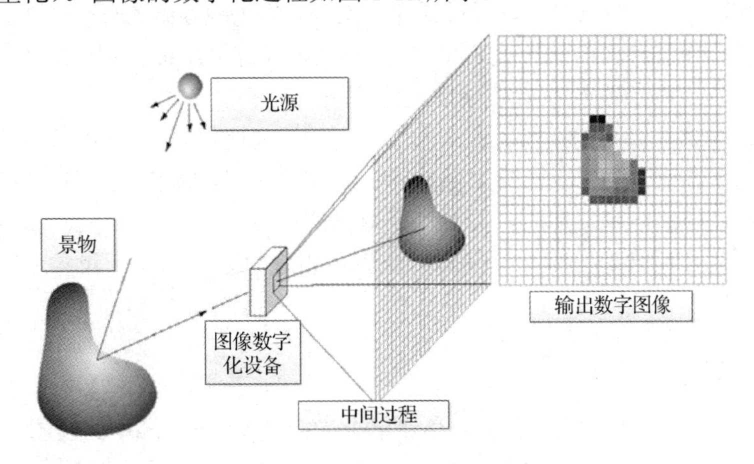

图 1-13 图像的数字化过程

1.2.5 数字图像的处理方式

图像处理又称影像处理，一般指数字图像处理，是一种用计算机对图像进行分析以达到所需结果的技术。具体说来，图像处理的主要目的有三个：一是图像质量的改善（简称“像质改善”），即对图像的灰度进行某些变换，增强其中的有用信息，抑制无用信息，使图像的视觉质量改善；二是模式识别，即采用一些特殊手段提取、描述和解析图像中所含的某些特征或特殊信息，如图像的频谱特性、颜色特征、纹理特征、形状特征等，从而实现图像的自动识别；三是图像重建，即将 N 维图像的投影信息或微波全息通过一定算法来重建 N 维图像。彩色图像不论采用何种方式，概括地讲都具有色彩、层次及清晰度三个要素。彩色图像信息处理实际上是对这三个要素综合进行的某些变换。

图像处理技术一般包括图像压缩、增强、复原、匹配、描述和识别等。

1.3 图像文件格式

为了满足用户的需求，日常生活中各软件对于图像存储和输出的文件格式也具有多样性。图像文件在存储时不仅需要满足文件的用途，还需要满足传输速度、内存占用、图像类型、显示等的要求。

1．JPEG 格式

JPEG 格式图片以 24 位颜色存储单个光栅图像。JPEG 格式是与平台无关的格式，支持最高级别的压缩，不过这种压缩是有损耗的。压缩时，可以提高或降低 JPEG 格式文件的压缩级别，但是文件大小是以牺牲图像质量为代价的，压缩比可以高达 100∶1（JPEG 格式可在 10∶1～20∶1 的压缩比范围下轻松地压缩文件，而图片质量不会下降）。JPEG 压缩可以很好地处理写实摄影作品，但是对于颜色较少、对比级别强烈、实心边框或纯色区域大的较简单的作品，JPEG 压缩无法提供理想的结果。有时，压缩比会降低到 5∶1，严重损失了图片的完整性。这一损失产生的原因是，JPEG 压缩可以很好地压缩类似的色调，但是 JPEG 压缩不能很好地处理亮度的强烈差异或处理纯色区域。

摄影作品或写实作品支持高级压缩，利用可变的压缩比可以控制文件大小。JPEG 格式文件支持交错（对于渐近式 JPEG 格式文件），但是有损耗压缩会使原始图片数据质量下降。在编辑和重新保存 JPEG 格式文件时，原始图片数据的质量下降，这种下降是累积性的。JPEG 有损耗压缩不适用于所含颜色很少、具有大块颜色相近的区域或亮度差异十分明显的较简单的图片。

2．BMP 格式

Windows 位图可以用任何颜色深度存储单个光栅图像，Windows 位图文件格式与其他 Microsoft Windows 程序兼容。BMP 格式不支持文件压缩，也不适用于网页。

3．RAW 格式

RAW 的释义为“未处理的”，RAW 格式是一种未经处理也未经压缩的格式，可理解为 RAW 图像就是 CMOS 或者 CCD 图像感应器把捕捉到的光信号转换为数字信号的原始数据，RAW 格式通常应用于软件和计算机平台之间的图像传递。

RAW 格式包含描述图像色彩信息的字节，每个像素可用二进制表示，可以转化为每通道 16 位的图像，也就是说该格式的图像可以调整 65 536（2^{16}）个层次。RAW 格式支持 CMYK、RGB 和带有 Alpha 通道的灰度图像等。

4．PNG 格式

PNG 格式图片可以以任何颜色深度存储单个光栅图像，与 JPG 格式类似，网页中有很多图片都是 PNG 格式的，其压缩比高于 GIF，支持图像透明，可以利用 Alpha 通道调节图像的透明度。PNG 格式支持高级别无损耗压缩；PNG 格式支持 Alpha 通道透明度；PNG 格式支持 Gamma 校正；版本较新的网页浏览器支持 PNG 格式文件，但版本较旧的网页浏览器可能不支持 PNG 格式文件；作为互联网文件格式，与 JPEG 格式的有损耗压缩相比，PNG 格式提供的压缩量较少；PNG 格式不支持多图像文件或动画文件。

5．GIF 格式

GIF 格式是一种图形交换格式，以 8 位颜色或 256 色存储单个光栅图像数据或多个光栅图像数据。GIF 格式图片支持透明度、压缩、交错和多图像图片（动画 GIF）。

GIF 压缩是 LZW 压缩，压缩比大概为 3∶1。GIF 文件规范的 GIF89a 版本支持动画 GIF，GIF 格式不仅广泛支持互联网标准，还支持无损耗压缩和透明度。动画 GIF 很流行，易于使用许多 GIF 动画程序创建。很多 QQ 表情都是 GIF 格式的，但 GIF 格式只支持 256 色调色板，因此详细的图片和写实摄影图像会丢失颜色信息。

6．PSD 格式

PSD 格式是 Photoshop 的专用图像格式，可以保存图片的完整信息、图层、通道、文字，PSD 图像文件一般较大。

7．TIFF 格式

TIFF 格式的特点是图像格式复杂、存储信息多，TIFF 格式是在 Mac 中广泛使用的图像格式，正因为它存储的图像细微层次的信息非常多，图像的质量也得以提高，故而非常有利于原稿的复制。很多地方将 TIFF 格式用于印刷。

8．TGA 格式

TGA 格式结构比较简单，是一种图形、图像数据的通用格式，在多媒体领域有很大影响，在做影视编辑时经常使用。

9．EPS 格式

EPS 格式是用 PostScript 语言描述的一种 ASCII 码文件格式，主要用于排版、打印等输出工作。

1.4　视觉模型

人眼视觉系统（HVS）模型利用人眼视觉的敏感性和选择性来塑造和完善可见图像质量。HVS 是将心理现象（颜色、对比度、亮度等）与物理现象（光强、空间频率、波长等）相关联的心理物理学过程，它决定了什么样的物理条件可以产生一个特定的心理状态（该情况下为感知能力）。Weber-Fecher 定律对可混淆缩放的基本理论——观察者需要区别在视觉上会引起最小可视觉差（JND）的色刺激的过程起着关键的作用。

1.4.1 Weber-Fecher 定律

Weber 提出了一个感觉阈限的一般定律，即在一个刺激和另一个刺激之间的 JND 是第一个刺激的恒定的分数值 Ω。该分数值称为“Weber 分数”，在给定的观察条件中对任意的感觉形态都是一个常数分量。该 JND 的大小，是由一个给定的属性的物理量（如辐射和亮度）测得的，它依赖于所涉及的刺激程度。通常来说，刺激程度越大，JND 也会越大。该数学公式为

$$\frac{\Delta L}{L+L_0}=\Omega \tag{1-13}$$

式中，ΔL 是一个增量，它必须增加到给定的刺激 L 中使其可见；常量 L_0 可以被视为内部噪声。

Fecher 给出了 JND 一定会在感知测量 Φ 中表现出一个变化的推论。因此，他推测出所有刺激的大小在“感觉等级”中的 JND 与增量 $\Delta\Phi$ 相等，即

$$\Delta\Phi=\Omega'\frac{\Delta L}{L+L_0} \tag{1-14}$$

式中，Ω' 是一个常量，它指定了感觉等级增量的一个合适单位。分别将 $\Delta\Phi$ 和 ΔL 进行微分，变成 $\mathrm{d}\Phi$ 和 $\mathrm{d}L$。将式（1-14）积分得

$$\Phi(L)=\int\mathrm{d}\Phi=\Omega'\int\frac{\mathrm{d}L}{L+L_0}=a+b\lg(L+L_0) \tag{1-15}$$

式（1-15）通过刺激 L 的一个对数函数将感知测量 $\Phi(L)$ 相关联，依据一个物理单位来测量，a 和 b 是常量，该关系被称为 Fecher 定律。式（1-15）的含义为一个可感知等级可能通过将 JND 求和来确定。随后，Fecher 处理了测量感知的问题，他通过以下三种方法来处理 JND 的实验测定。

（1）极限法。

（2）常量刺激法。

（3）平均误差法。

极限法通过将刺激值连续增大，直到观察者的响应发生变化的一个点为止。通常“没有变化”与“变化”之间的界限是从相反方向逼近的，其数据是平均值。常量刺激法描述观察者是根据两种分类（绝对阈值）的判定或者三种分类（不同的阈值）的判定做出刺激响应的。通过将每个刺激作为常量来处理，并且记录分配给了哪类频率，就获得了通常在 50%的点被作为阈值的一个“心理测量曲线”。平均误差法提供了一个标准刺激，即观察者试图与一个可调刺激相匹配，匹配的平均误差就假定为阈值。

式（1-15）表明了量化级应该在反射中以对数的方式间隔，即在密度区域中也以对数方式相间隔。这个理论上的预测大致与 Roetling 和 Holladay 的实践经验相吻合，他们通过印刷系统中的重叠网点发现，色调复制曲线（TRC）是与密度呈线性关系的曲线。

1.4.2　色彩差异

Weber-Fecher 定律被用作形成色差的尺度，早期的定量研究对色彩的单一属性（如亮度、色度或色彩度）进行了阈值处理。图 1-14 表现了由 König 和 Brodhum 在 1889 年提出的 Weber 分数 $\Delta L/L$，这个结果表明了 Weber 分数在整个亮度研究范围内不是一个常数。然而，曲线在对数级为−1～3 的范围中几乎是一个常数，这个对数级是一个亮度变化为 10^4 的数量级。由于阈值 Weber 分数是敏感度的倒数，因此当亮度减弱时，敏感度会迅速下降。

波长中的阈值差异导致色度的差异可由相似的方法确定。图 1-15 表现了由 König 和 Dieterici 在 1884 年测量的色度中的 JND。这种早期测量的大致趋势被后来的研究者证实，色差阈值 $\Delta\lambda$ 在 420～450nm 范围内有所偏高。这个图像表明了色度的敏感度在可见频谱的两端会更低。HVS 可区分出在蓝色、黄色区域主波长大约有 1nm 差异的颜色，但是在频谱的极端则需要 10nm 的差异才能区分。图 1-15 所示的曲线表明，人眼具有很强的分辨色度差异能力。

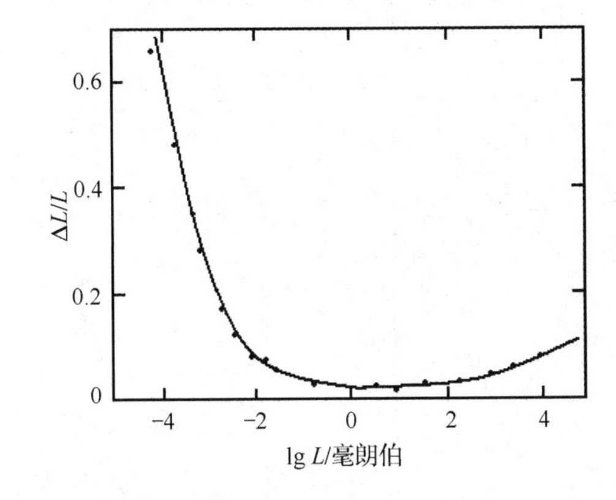

图 1-14　测试光的 Weber 分数

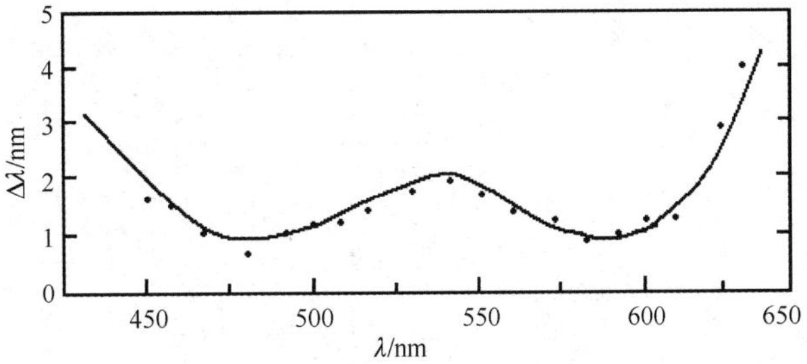

图 1-15　在色度中可感知的一个 JND 所需要的色差阈值 $\Delta\lambda$ 表现为一个波长的函数

图 1-16 显示了纯度阈值的测量。如图 1-16 所示，纯度阈值随着波长发生明显的变化，最明显的最小值发生在 570nm 左右，JND 在这个波长的一侧显著增加。图 1-16 中的点表示由 Wright 根据三个研究小组和重要协议的测量为基础而导出的平均数据。

理论上，色彩差异的度量可以对图 1-15 和图 1-16 中数据的属性根据 Fecher 原理来建立，这些视觉测量对评估彩色图像质量至关重要。

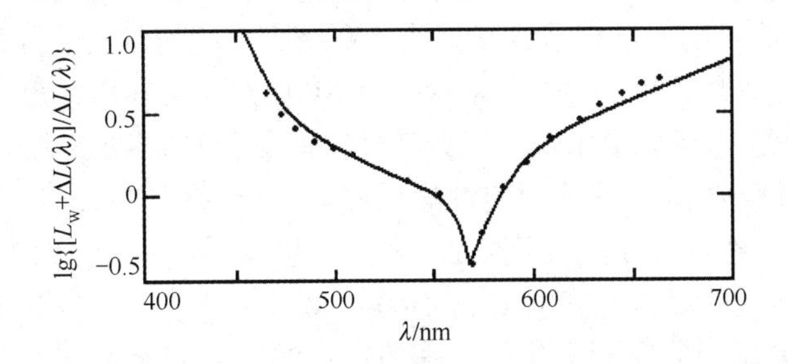

图 1-16　由 Wright 和 Pitt 测得的可感知一个 JND 所需要的色彩纯度（以对数增长的阈值变化）的波长函数

1.4.3 对比灵敏度与方位灵敏度

大多数数字半色调 HVS 模型都是基于人眼对比灵敏度函数（CSF）的。图像对比度是局部图像强度与平均图像强度的比值，视觉对比灵敏度描述了在阈值附近的视觉系统的信号特性。对于正弦光栅，对比度 C 定义为迈克尔逊对比度，如式（1-16）：

$$C = \frac{L_{max} - L_{min}}{L_{max} + L_{min}} = \frac{A_L}{L} \tag{1-16}$$

式中，L_{max} 和 L_{min} 分别表示最大亮度和最小亮度；A_L 表示亮度振幅；L 表示平均亮度。对比灵敏度是对比度阈值的倒数。

CSF 描述了在每度周期视角下正弦光栅的对比灵敏度的一个空间频率函数。人眼 CSF 曲线是由 Schade 在 1956 年测量得到的，如图 1-17 所示。图 1-17 中，水平轴是依据现实设备测量的空间频率，垂直轴是对比灵敏度，命名为 $\lg(1/C) = -\lg C$，其中，C 是检测域中图案的对比度。

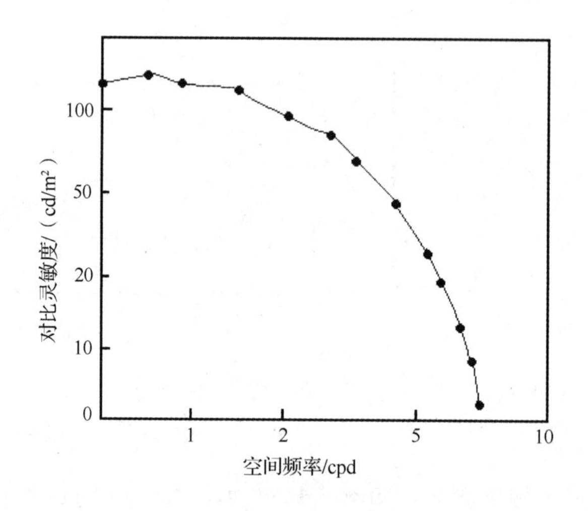

图 1-17　人眼 CSF 曲线

图 1-17 展示的人眼 CSF 曲线显示了两个特性。第一，当所测图案的空间频率增加时，对比灵敏度衰减，这表明视觉路径对高频目标敏感。换句话说，人眼视觉具有低通滤波特性。第二，在空间频率较低时，对比灵敏度并没有显著地改善，甚至在更低的空间频率下，对比灵敏度反而会降低。这种现象依赖于背景强度，在更高强度的背景下这种现象更显著。

彩色 CSF 曲线与亮度 CSF 曲线不同。对于 CSF 曲线，它在高亮度或中等亮度处获得平均亮度等级，亮度 CSF 曲线显示出带通滤波特性，而彩色 CSF 曲线则通过 Mullen 测量而显示出低通滤波特性。近年来，一些非决定性的证据表明彩色 CSF 曲线也可在高饱和度颜色中显示出低通滤波特性。另一个重要的不同是，在中频和高频区，彩色 CSF 曲线比亮度 CSF 曲线要低。彩色 CSF 曲线的衰退与亮度 CSF 曲线相似，它在一个更低频率上呈指数级衰退，这就表明 HVS 对在亮度中的空间变化比对在色度中的空间变化具有更高的灵敏度。在亮度中具有空间衰退的图像通常会被感知为模糊的或不锐利的，而在色度中相似的衰退通常不能被感知。

物体的放置方位影响人类的视觉灵敏度。这个灵敏度对半色调印刷尤为重要，这是因为人们普遍认为，如果半色调网屏被放置在 45°的位置上，那么图像看上去就会有更好的效果。早在 19 世纪 60 年代，Taylor 进行了五组方位灵敏度的研究，其中三组测试了辨识一个清晰可见图案的方位的能力，另两组测试了在不同方位上察觉目标的存在性的能力。实验表明，灵敏度在 45°和 135°左右时最低。同样，对于倾斜的和水平的光栅这个方位灵敏度随着空间频率的增加而增加。

近年来的一个具有空间上变化的色刺激的 HVS 研究证实，人眼视觉对于水平和垂直的正弦光栅上的亮度变化，以及红绿和蓝黄刺激的变化更为敏感。对于亮度部分，对比灵敏度随着平均亮度的增加而增加。然而，对于色度的不同刺激，对比灵敏度对色度的变化并不敏感。

1.4.4　对比灵敏度函数公式

CSF 在决定图像分辨率、图像质量改善、半色调设计和图像压缩中起着十分重要的作用。因此，对于 CSF 就有许多推导公式，一些重要的公式如下所述。

Campbell 等人创建了一个经验公式，它用来解释对比灵敏度 $V(f_r)$在径向空间频率 f_r 上的依赖性。

$$V(f_r) = k[\exp(-2\pi f_r \alpha) - \exp(-2\pi f_r \beta)] \tag{1-17}$$

式中，α、β 为常数；k 为相对于平均亮度的比例常数。Analoui 和 Allebach 通过实验和误差发现，α =0.012 和 β =0.046 与 Campbell 的实验数据相吻合。当 f_r 从 0 开始增大时，$V(f_r)$ 也开始增大，并在 $f_r = \ln(\alpha / \beta)[2\pi(\alpha - \beta)]$ 时达到最大值，随后随着空间频率的增加而减少。因此，此 CSF 表现了一个带通滤波特性。当 α =0.012 和 β =0.046 时，f_r 的最大值出现在 6.3cpd 处。

Mannos 和 Sakrison 估算了眼睛的空间频率灵敏度，这通常被称为“调制传递函数”（MTF），它用来得出一个能够很好预测编码图像主观质量的公式：

$$V(f_r) = a(b + cf_r)\exp[-(cf_r)^d] \tag{1-18}$$

式中，a、b、c、d 是由 9 个测试者对图像判断所得的视觉实验常数，结果为 a=2.6，b=0.0192，c=0.114，d=1.1。参数 f_r 是以 cpd 为单位的视觉对象角的标准径向空间频率。这个 MTF 的对比灵敏度的峰值在 8cpd 左右，其灵敏度在高频区的减弱相当于人类视觉的低通滤波特性。灵敏度在低频区的减弱解释了“同步对比错觉”（对一个确定的灰度级区域，当其周围是一个更亮的灰度时所受到的影响）和马赫带现象（具有不同色调级的两个区域在边缘出现时，人眼能在边缘较亮的那侧感受到一个亮带，在边缘的暗侧感受到一个暗带）。

Nasanen 提出了一个视觉模型用来解释半色调图像的可见性，该模型是一个基于指数函数的循环对称模型。视觉 CSF 的下降部分 V_L，在空间频率高于 2cpd 处可由一个指数函数，如式（1-19）来表示，即

$$V_L = k\exp(-\alpha f_r) \tag{1-19}$$

式中，α 和 k 是只依赖于显示器的平均亮度的系数。指数的斜率随着平均亮度的增加而减小，因此系数 α 和 k 是平均亮度 L 的函数，则式（1-19）变为

$$V_L = k(L)\exp[-\alpha(L) f_r] \tag{1-20}$$

其中

$$k(L) = \delta L^{\gamma} \tag{1-21}$$

且

$$\alpha(L) = \varepsilon / [\zeta \ln(L) + \eta] \tag{1-22}$$

式中，δ、γ、ε、ζ、η 分别为常数 131.6、0.3188、1.0、0.525、3.91。

近年来，Nill 和 Bouzas 提出了一个 CSF，如式（1-23）：

$$V(f_r) = (b + cf_r)\exp(-df_r) \tag{1-23}$$

式中，b=0.2，c=0.45，d=0.8。

Mannos-Sakrison、修正的 Mannos-Sakrison、Nasanen（平均亮度为 11cd/m^2）和 Nill-Bouzas 所给出的灵敏度曲线，除了 Nasanen 曲线，它们都具有带通滤波特性，而 Nasanen 模型可以看成一个低通滤波器。

Kelly 进行了一个实验来解释在小的、不平稳的和随机的眼部运动下追踪和补偿“稳定的”观察条件。该实验利用在一个显示器屏幕上显示具有空间频率成分 (f_x, f_y) 的无色正弦光栅来进行。光栅振幅的频率 ω 是关于它的标称亮度 L 的，以正弦的方式调制所得的刺激函数，如式（1-24）：

$$f(\omega) = L + \Delta L(\cos\omega t)\cos(xf_x + yf_y) \tag{1-24}$$

实验目的是直接改变 ΔL，直到其超过可以被感知的刺激的阈值。这个过程对不同 (f_x, f_y, ω) 值重复进行，因此定义了一个函数 $\Delta L(f_x, f_y, \omega)$。基于这个函数，Kelly 提供了适合一个具有大范围频率的曲线数学表达式：

$$V(f,\omega) = \left\{6.1 + 7.3\left|\lg[\omega/(3f)]\right|^3\right\}\omega f \exp[-2(\omega + 2f)/45.9] \tag{1-25}$$

式中，

$$f = (f_x^2 + f_y^2)^2 \tag{1-26}$$

1.4.5 人眼视觉系统

许多人眼视觉系统（HVS）模型被提出，以试图抓住人类感知能力的主要特征，CSF 曲线就被运用于各种不同的 HVS 模型。最简单的 HVS 包括一个视觉滤波器，它实现了 1.4.4 节提到的一个 CSF。更好的方法是，在视觉滤波器前添加一个模块，用来说明类似 Weber-Fecher 定律的非线性特性。滤波后的信号合并为信息的一个单独信号“通道”，这个结构称为“单通道模型”。因为数字信号图像十分复杂，所以它需要所有失真类型的输入。鉴于图像的复杂性，发展了多通道方式以此来包含多种输入。该方法通过以系统的方式在非线性特性前加入一些滤波器，每个滤波器负责整个图像质量的某个方面，这个方法就是“多通道模型”。

半色调在办公环境中的应用，如复制、打印和传真，是在一个十分明亮的条件下来观察的，并且由于成像设备和材料的局限性，图像通常具有低对比度，这表明视觉响应很好地逼近一个线性移不变系统的 MTF，可以通过运用逆对比灵敏度数据创建一个简便的可分离极坐标形式来描述这个 MTF。许多研究者运用 Mannos-Sakrison 的光适应 MTF 模型来表示 HVS 的低对比度环境的特征。在此我们给出了由 Sullivan、Ray、Miller 和 Pios 使用的公式：

$$\begin{cases} V(f_x, f_y) = a(b + cf_r)\exp[-(cf_r)^d], & f_r > f_{\max} \\ V(f_x, f_y) = 1.0, & \text{其他} \end{cases} \tag{1-27}$$

式中，常数 a、b、c 和 d 分别是由回归分析得出的，分别与水平和垂直阈值调制数据 2.2、0.192、10114 和 1.1 相匹配；$f_{\max}$ 是 CSF 曲线中的峰值频率。需要注意的是，常数 a 和 b 的值与 Mannos-Sakrison 值不同。式（1-27）中的第二个表达式将带通 CSF 转变为低通 CSF。

为解释人类视觉函数灵敏度的角度变化，Daley 利用一个依赖于角度的比例函数，得到从实际径向空间频率中计算出的标准径向空间频率：

$$f_r = \frac{f}{s(\theta)} \tag{1-28}$$

其中

$$f = (f_x^2 + f_y^2)^{1/2} \tag{1-29}$$

且 $s(\theta)$ 由式（1-30）给出：

$$s(\theta) = \frac{1-\phi}{2}\cos(4\theta) + \frac{1+\phi}{2} \tag{1-30}$$

式中，ϕ 是一个由实验得出的对称系数，且

$$\theta = \arctan(f_y / f_x) \tag{1-31}$$

这个角度的标准化在 45°处产生了一个 70%的带宽。为完善视觉模糊函数，依据图像频率，最后一步是从周期/级转化到周期/毫米：

$$f_r = (\pi / 180°)\left\{f_i/\arcsin[1/(d_v^2)^{1/2}]\right\}, \quad i=1, 2, 3, \cdots, N \tag{1-32}$$

式中，d_v 是以毫米为单位的观察距离；f_i 是周期以每毫米为单位的离散采样频率，如式(1-33)：

$$f_i = \frac{i-1}{N\tau_s} \tag{1-33}$$

式中，τ_s 是文件的采样间隔。根据 256mm 的观察距离，以及导出的 a、b、c、d 和 ϕ 的值，我们能得到对一个 16 samples/mm 的采样间距为 32×32 的离散视觉 MTF。模糊函数的各向异性会引起二值输出的误差产生 45°和 135°的优先图，模糊函数的非零宽度会产生可见低频误差，这样做的代价是高频误差不可见。为了对一个特定的观察距离和点距利用这个 MTF，利用式（1-32）中简单的几何关系得出，角频率值必须与空间频率值相关联。

1.4.6　彩色视觉模型及 S-CIE LAB

通常来说，彩色视觉模型是亮度模型的扩展延伸，它是利用人类视觉在亮度和色度上的差异获得的。Kolpatzik 和 Bouman 将他们的亮度模型延伸到色彩上，利用对立色彩描述来分离亮度通道和色度通道，提出了一个简单独立通道模型。对于色度部分，他们利用熟知的事实，即相对于空间频率，对比灵敏度在色度中的空间变化比在亮度中的下降要早和快。他们利用 Mullen 的实验结果通过式（1-34）得出色度频率响应：

$$V_C(f) = A_C \exp(-\alpha f) \tag{1-34}$$

式中，α =0.419；A_C=100；径向空间频率 f 定义在式（1-29）中。

图 1-18 展示了亮度的平方级和色度频率响应图。两者都具有低通滤波特性，但只有亮

度频率响应在 45°的奇数倍时才会减少，这会使频域内对角线方向有更多的亮度误差。色度频率响应比亮度频率响应有更窄的带宽，比起对亮度和色度同样的响应，利用该色度频率响应，会允许更多不易观察到的低频色度误差，并且它们允许在亮度和色度之间进行调整权衡。将亮度频率响应以一个权重因数相乘得到，当权重因数增大时，更多的误差被迫进入色度成分。

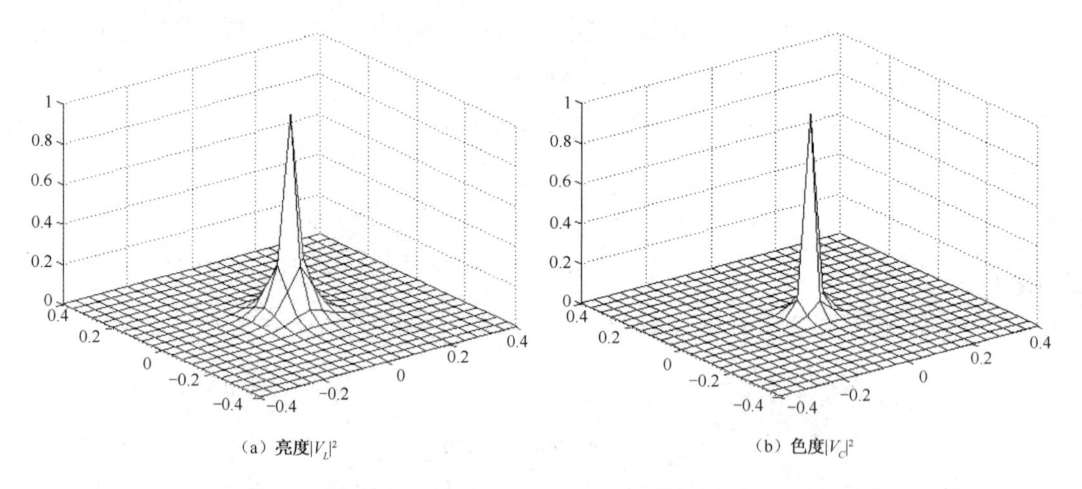

图 1-18 亮度的平方级和色度频率响应图

Zhang 和 Wandell 延伸了 CIE LAB 来解释一个数字彩色图像复制中的空间误差和色彩误差，他们将这个新方法称为空间-CIE LAB 或 S-CIE LAB。设计目标为在一个小区域或良好图案区域中对彩色图像运用空间滤波器，而不采用传统的 CIE LAB。计算 S-CIE LAB 的过程如下。

（1）将输入图像数据转换成一个对立色彩空间。这种色彩转换以指定的 CIE XYZ 值为依据，使输入图像转换为代表亮度、红绿色、蓝黄色部分的三个对立色彩平面。

（2）每个对立色彩平面与二维内核相卷积，这个二维内核形状是由颜色因素的视觉空间敏感度决定的；每个区域里的内核集中为一个。低通滤波是用来模拟 HVS 的空间模糊。这个卷积计算基于图案色彩分离的概念，在色彩转换中不依赖于图像的空间图案，空间卷积也不依赖于图像的颜色。色彩转换和空间滤波器的系数是从精神物理学测量估算得出的，这是由 Poirson、Wandell、Bauml 和 Wandell 提出的。

（3）过滤后的表示形式转换回 CIE XYZ 空间，然后变为 CIE LAB 代表形式，代表形式包括空间滤波和 CIE LAB 处理。

（4）原始 S-CIE LAB 代表形式与其复制品的差异在于复制错误的方法的不同。该不同用数值 ΔE_s 表示，它是传统 CIE LAB 精确计算的 ΔE_{ab}。

S-CIE LAB 反映了空间和色彩的灵敏度，是一个 HVS 和数字成像模型。S-CIE LAB 也可作为一个色彩结构度量，这个度量已经运用于印刷后的半色调图像，以及改善多级半色调图像。在 Zhang 和 Wandell 的实验中，与标准 CIE LAB 相比，S-CIE LAB 与感知数据的相关性更好。

1.4.7　视觉模型的应用

传统的客观图像质量评价方法，如均方误差（MSE）、峰值信噪比（PSNR）等通过与标准图像比较像素的灰度差异来评价图像质量的退化程度，在这些评价方法的实际运用中发现，这些评价方法与主观感受并不是一致的。因此，人们试图从其他角度来构建图像质量评价模型，基于各种因素的图像质量评价方法也不断地被提出，如结构相似度（SSIM），但大多数方法都没有考虑人眼视觉特性。

由于图像最终由人接收，因此客观图像质量评价方法应该考虑人眼视觉特性。通过大量实验研究得知，对于同一视频图像的评价分析，如果考虑了人眼视觉特性，其评价结果要远远优于没有考虑人眼视觉特性的评价方法的评价结果。因此，很有必要在图像质量评价中引入人眼视觉特性，基于 HVS 的图像质量评价方法也受到了研究人员的广泛关注。

视觉模型的特性除了前面提到的亮度适应性、对比敏感度，还有马赫效应、掩蔽效应、视觉惰性及多通道性。

马赫效应是指由于侧抑制特性对图像边缘有增强作用，人眼对高、低频成分的响应较低，对中频成分的响应较高，因此人眼在观察亮度发生跃变时，会看到边缘暗侧更暗、亮侧更亮的现象。当人眼观察一幅一边暗、一边亮，中间的过渡是缓慢斜变的图像时，人的主观视觉感受是亮的一边更亮，暗的一边更暗，靠近亮的一边比远离亮的一边显得更暗，靠近暗的一边比远离暗的一边显得更亮，马赫效应如图 1-19 所示。

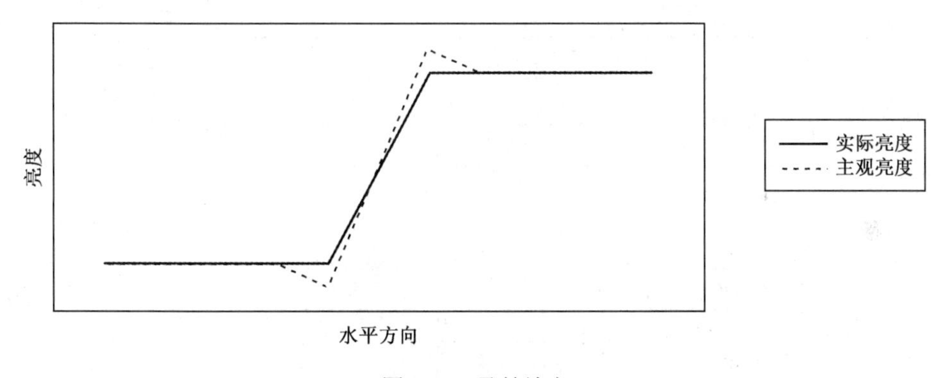

图 1-19　马赫效应

掩蔽效应是 HVS 的一个重要特性，在图像处理过程中，特别是在描述视觉激励的相互作用时起着非常重要的作用。它是指原激励在出现一个新的激励后的可视度降低的现象，或者是在超阈值对比度背景下原激励被掩盖的现象。掩蔽效应在原始信号和掩蔽信号具有相同的频率和方向时最强。通常情况下，当激励单独存在时很容易被辨别，因此一般激励也不会单独存在。观察者对掩盖物的熟悉程度及掩盖物的相位、方向、带宽都会对掩蔽效应产生影响，除此之外，视觉系统的 JND 的变化也是由掩蔽效应导致的，掩蔽效应分为以下三种。

（1）纹理掩盖：相比于平坦区域，对于边缘、纹理区域中的噪声，人眼敏感度较小。

（2）对比度掩盖：在非常亮或非常暗的区域人眼对失真的敏感度下降。

（3）运动掩盖和切换掩盖：人眼对失真的敏感度在场景切换时或视频序列高速运动时会下降。

视觉惰性是指人眼的亮度感觉并不是随着光的消失而立刻消失的，而是按照一定的指数函数规律逐渐减小的。相比长时间的光刺激，在重复频率较低的情况下，短暂的光刺激更醒目。电影电视的播放就充分利用了人眼的视觉惰性，通过在一定时间内连续播放多帧连续图像序列，达到给人眼以景物连续运动的感觉。

多通道性是指 HVS 可以看成一组滤波器，而该滤波器组则是各视觉机制的近似装置，它们将可见数据分解成一组各方向、空间频率和时间频率带宽均有限的信号，这种有限带宽信号称为通道。

基于 HVS 的图像质量评价 JND 方法，就是利用视觉模型实际应用的一个例子。它的基本思想是：把原始图像和失真图像作为输入，经过一系列基于 HVS 的处理，输出一幅 JND 图，JND 图上的像素值以 JND（Just Noticeable Difference）为单位，它不仅能显示出两幅图像中差别的幅度，而且能显示出其位置。JND 模型的框架如图 1-20 所示。

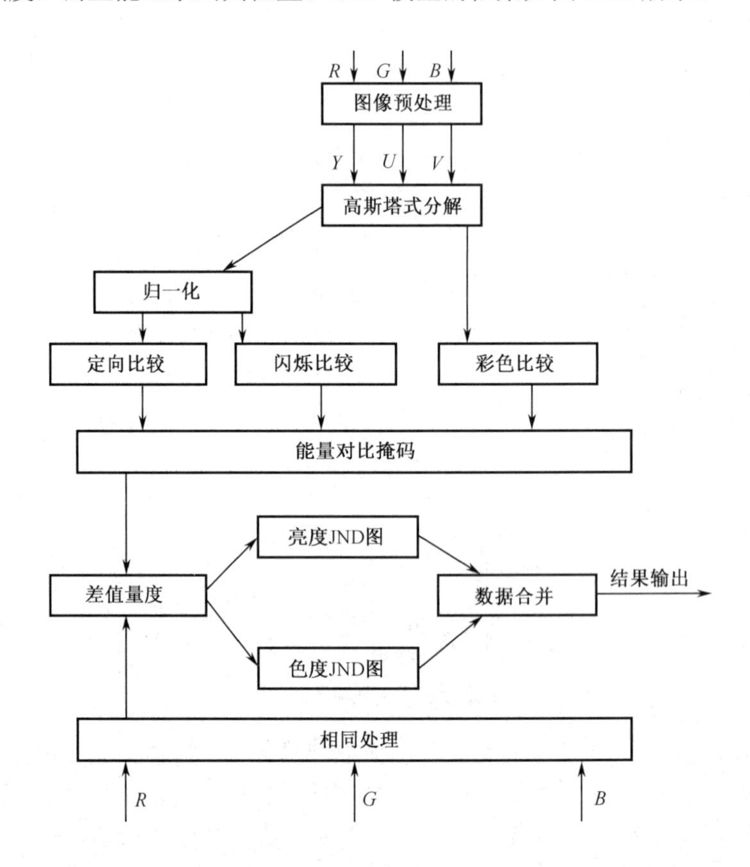

图 1-20　JND 模型的框架

JND 模型的具体做法是：对图像进行预处理，把 R、G、B 分量转换成更符合人的视觉特性的一个亮度和两个色度分量 Y、U、V。利用高斯塔式分解对每个序列进行滤波和下采样处理。对亮度信号进行归一化处理，即依据亮度的时变平均值设定图像的总增益，以模拟 HVS 对总体亮度值的相对不敏感性。经过归一化处理的数据还要进行三种比较操作：定向比较、闪烁比较和彩色比较。这三种比较实际上是计算每个像素值与所有像素值总和的比值并进行塔形舍入，这样当比值是 1 时就说明图像的对比度刚好达到人眼可觉察的门限，即一个 JND

单位。将对比图像通过能量对比掩码，能量对比掩码模拟人眼的掩蔽效应。最后把经过上述相同处理的原始参考视频和失真视频的输出进行差值运算，得到每个亮度和色度分量的 JND 图，进而合并得到一幅完整的 JND 图。

将该方法与传统的客观评价方法相比较，运用拟合后的客观评价成绩与主观成绩之间的相关系数（Correlation Coefficient，CC），能够很好地反映客观评价方法的准确性；主观成绩和客观成绩之间的排列次序相关系数（Rank Order Correlation Coefficient，ROCC），反映了客观评价方法预测的离出率（Outlier Ratio，OR）。

CC 的计算公式如下：

$$\mathrm{CC}=\frac{\sum_{i=1}^{n}(x_i-\overline{x})(y_i-\overline{y})}{\sqrt{\sum_{i=1}^{n}(x_i-\overline{x})^2\sum_{i=1}^{n}(y_i-\overline{y})^2}} \tag{1-35}$$

式中，x_i 表示第 i 幅图像的客观评价成绩经过 logistic 函数拟合后的成绩；$\overline{x}$ 表示拟合后成绩的平均值；y_i 表示第 i 幅图像的主观成绩；$\overline{y}$ 表示所有主观成绩的平均值；n 表示用于测试的图像的总数。

ROCC 的计算公式如下：

$$\mathrm{ROCC}=1-\frac{6\sum_{i=1}^{n}(rx_i-ry_i)^2}{n(n^2-1)} \tag{1-36}$$

式中，rx_i 和 ry_i 分别表示主观成绩和客观评价成绩经过从小到大排序后，第 i 幅图像在各自序列中的序号；n 表示用于测试的图像的总数。

OR 的计算公式如下：

$$\mathrm{OR}=\frac{n_1}{n} \tag{1-37}$$

式中，n 表示用于测试的图像的总数；n_1 表示所有客观评分满足非线性回归后的成绩超出主观成绩两倍方差的个数；OR 表示离出率。

实验证明，相比 PSNR 和 SSIM，基于 HVS 的图像质量评价 JND 方法得到的相关系数和排列次序相关系数更大，而得到的离出率相对更小，这说明此方法较以前方法有很大的改进。相关实验图及数据表格如图 1-21、图 1-22 及表 1-1 所示。

图 1-21　原始图像

图 1-22　失真图像

表 1-1　图像测试结果

评价方法	相关系数	排列次序相关系数	离出率
PSNR	0.9298	0.9013	0.1732
SSIM	0.9655	0.9498	0.044
基于 HVS 的图像质量评价 JND 方法	0.9803	0.9711	0.0234

基于 HVS 的 JND 模型充分考虑了人眼视觉特性，包含评估动态和复杂视频序列的三个方面：空域分析、时域分析和全色彩分析，且独立于编码过程和失真类型，基本满足了一个健壮的客观评估方法的要求，因此有较高的应用价值。

另一种利用人眼视觉特性中对比灵敏度的图像质量评价方法也被提出了。它根据人眼对边缘信息的敏感性，首先对图像的边缘信息进行增强，然后利用人眼对局部区域感兴趣的心理特性，在进行评估前，对原始图像和失真图像进行区域显著增强。该方法很好地考虑了人眼视觉特性。

基于对比敏感度的图像质量评价框图如图 1-23 所示。

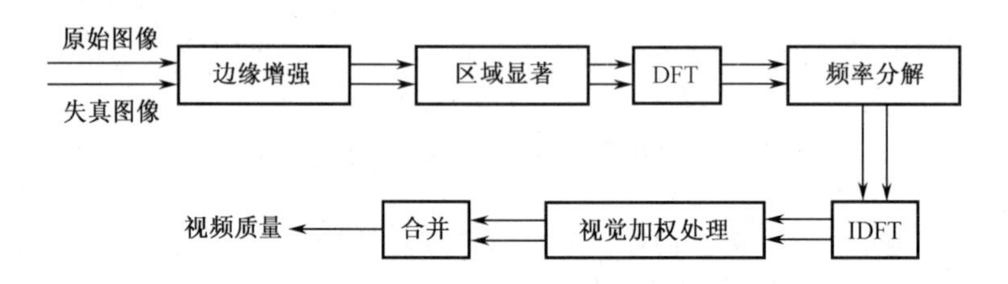

图 1-23　基于对比敏感度的图像质量评价框图

基于对比敏感度的图像质量评价方法利用 Sobel 算子对原始图像和失真图像分别进行了边缘增强，突出了边缘结构信息；利用人眼对低频敏感、高频不敏感的特性，用边缘亮度的平方表示局部区域的显著性，对局部区域进行显著增强以突出人眼感兴趣区域；利用离散傅里叶变换，将原始图像和失真图像分别进行 DFT 变换和 IDFT 变换。二维 DFT 变换和 IDFT 变换公式如下所示。

$$F(u,v)=\frac{1}{MN}\sum_{x=0}^{M-1}\sum_{y=0}^{N-1}f(x,y)\exp\left[-\mathrm{j}2\pi\left(\frac{ux}{M}+\frac{vy}{N}\right)\right] \tag{1-38}$$

$$f(x,y)=\frac{1}{MN}\sum_{x=0}^{M-1}\sum_{y=0}^{N-1}F(u,v)\exp\left[\mathrm{j}2\pi\left(\frac{ux}{M}+\frac{vy}{N}\right)\right] \tag{1-39}$$

由大量实验可知，在 3～6cpd 的空间频率分量上，人眼表现最为敏感。因此依据人眼视觉特性在［0, 4.5cpd］的范围内，对经过离散傅里叶变换得到的原始图像和失真图像的频谱进行子带分割。分割方法是进行等频宽的子带分割，即三个宽度均为 1.5cpd 的子带和一个直流分量。将子带分割滤波后，通过离散傅里叶反变换得到三个子带图像。

由于对于不同的频率分量，人眼的敏感度也不同，因此对于含有不同频率分量的各子带，也就需要赋予相应不同的权值。最后对所得结果进行加权处理，获得归一化均方误差。

为了模拟视觉皮层的合并过程，需要对上述处理过程所得到的归一化均方误差进行 Minkowski 合并，其公式如下。

$$M = \left(\sum_i |S_i|^{\beta} \right)^{\frac{1}{\beta}} \tag{1-40}$$

式中，S_i 为不同通道的损伤强度；β 为合并参数。

实验结果表明，相比 PSNR 和 SSIM，基于对比敏感度的图像质量评价方法得到的相关系数和排列次序相关系数更大，也就代表着与原始图像更相符，而离出率相对更小，表示本方法的测试结果更稳定。实验结果表明，基于对比敏感度的图像质量评价方法较 PSNR 和 SSIM 有较大的改进。相关实验图及数据表如图 1-24、图 1-25 及表 1-2 所示。

图 1-24　原始图像

图 1-25　失真图像

表 1-2　图像测试结果

评 价 方 法	相 关 系 数	排列次序相关系数	离　出　率
PSNR	0.9227	0.8912	0.1879
SSIM	0.9674	0.9478	0.039
基于对比敏感度的图像质量评价方法	0.9752	0.9531	0.0232

从该实验可知，相比 PSNR 和 SSIM，在客观评价尺度上，基于对比敏感度的图像质量评价方法具有较大的改进。

第 2 章
色 彩 空 间

色彩空间（Color Space）是对色彩的组织方式。借助色彩空间和针对物理设备的测试，可以得到色彩的固定模拟和数字表示。色彩空间可以通过任意挑选一些色彩来定义，如彩通系统就是把一组特定的色彩作为样本，然后给每个色彩定义名字和代码；色彩空间也可以基于严谨的数学模型来定义。

色彩模型（Color Model）是一种抽象的数学模型，它通过一组数字来描述色彩（如 RGB 使用三元组、CMYK 使用四元组）。如果一个色彩模型与绝对色彩空间没有映射关系，那么它是与特定应用要求几乎没有关系的任意色彩系统。

如果在色彩模型和一个特定的参照色彩空间之间创建特定的映射函数，那么就会在这个参照色彩空间中出现有限的“覆盖区”（Footprint），称为色域。色彩空间由色彩模型和色域共同定义。例如，Adobe RGB 和 sRGB 都基于 RGB 色彩模型，但它们是两个不同的绝对色彩空间。

在定义色彩空间时，通常使用 CIE LAB 或者 CIE XYZ 色彩空间作为参考标准。这两个色彩空间在设计时便要求包含普通人眼可见的所有色彩。

由于色彩空间有着固定的色彩模型和映射函数组合，在非正式场合下，这一词汇也被用来指代色彩模型。尽管固定的色彩空间有固定的色彩模型与之对应，这样的用法严格意义上是错误的，但是人们一直习惯这样使用。

人眼对光刺激特性呈现出一种反应空间或有效范围，该空间与自然物体、电子显示器和印刷图像的特性之间相关，为实现基于电子显示器或印刷图像的图文信息再现和相互转化，在此方面相关学者做了大量基础性研究工作。本章基于现有的研究基础，按照半色调信息隐藏与防伪技术实现的目标，首先介绍了色视觉特性、色彩、色彩的表示，然后重点介绍了彩色图像复制、色彩的测量与评价标准。

2.1 色视觉特性

色彩实际上是人的一种视觉感受，即色觉，是光作用于人眼后引起除形象外的视觉特性。色觉的形成需要具备三种要素：健全的视觉感官（人眼）、光源、呈色的物体。

2.1.1　人眼的色彩感知

人的眼睛有接收及分析视像的能力，从而形成视觉，以辨认物象的外貌和所处的空间（距离），以及该物在外形和空间上的改变。眼睛接收到的物象信息主要是有关物象的空间、色彩、形状及动态。根据获得的信息，我们可辨认外物和对外物做出适当的反应。

形成色觉的生理基础是由眼球、视神经和大脑组成的视觉器官。人的眼球结构示意图如图 2-1 所示，其中眼球是视觉器官的重要组成部分。有光线时，人的眼睛能辨别物象本体的明暗，物体有了明暗的对比，眼睛便能产生视觉的空间深度，看到对象的立体程度。同时眼睛能识别形状，有助我们辨认物体的形态。人眼通过接收及聚合光线，对光照进行反应，将其信息传达给大脑，大脑做出响应形成色觉。

眼球被整个包裹在一层巩膜之内，巩膜如同摄影机的黑箱，眼球分为前层、中层、后层。眼球前层的作用主要是接收及聚合光线，由角膜、瞳孔、虹膜和晶状体组成。光线首先穿过角膜这片透明薄膜，虹膜内缩形成瞳孔，杂光被脉络膜吸收，光线经由瞳孔及晶状体被收聚在眼球后层的视网膜上，由于眼球内有睫状体，它的伸拉作用可使晶状体变形，因而调节屈光度，使光线能聚焦到视网膜上形成影像。

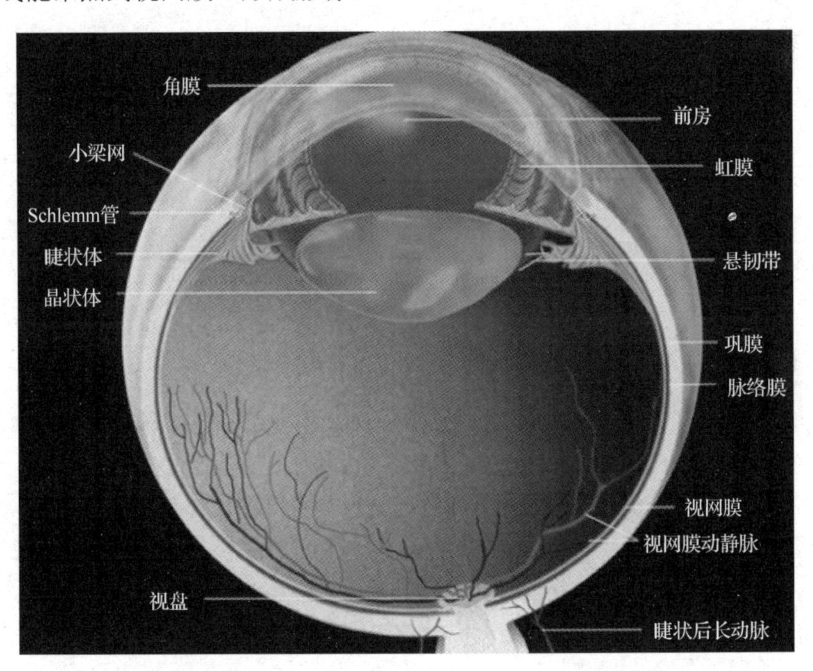

图 2-1　人的眼球结构示意图（图片来源于《眼球解剖结构》）

不同波长的光线经过反射到达人眼后，呈现的是一个连续的光谱分布函数，在数学上表现为无穷维的巴拿赫空间（函数空间）。光谱进入人眼后，刺激三种视锥细胞，视锥细胞的感光特性相当于在这个充满光谱的无穷维空间中建起了三个基底，经由色彩识别器——大脑处理，将色彩“投影”到由三个基底构建的空间中。由于色视觉响应的线性，这一过程相当于光谱分布函数与三个基底做内积。“内积”过程就相当于 Grassmann 混色定律的具体表现。

人的眼睛有针对短波长（S，420～440nm）、中波长（M，530～540nm）和长波长（L，560～580nm）的光感受器——视锥细胞，视锥细胞通过不同的刺激比例来描述任意一种色彩，称之为 LMS 空间。人的眼睛中存在三种视锥细胞，对应三维色彩空间的三个基底。视杆细胞大约有 1.2 亿个，均匀地分布在整个视网膜上，其形状细长，可以接受微弱光线的刺激，分辨物体的形状和明暗，但是不能分辨物体的色彩和细节。视锥细胞感受强光和色彩，产生明视觉，对物体细节和色彩分辨力强，我们能够读书看报，视锥细胞功不可没。视杆细胞和视锥细胞接收到的信息随后被传送给视网膜上的近 100 万个节细胞，这些节细胞将来自视杆细胞和视锥细胞的信息通过视神经发送给大脑。

2.1.2 光源特性

自然界存在的光源分为自然光源和人造光源，最典型的自然光源就是太阳光，而生活中的日光灯、白炽灯等则属于人造光源。光源发射的不同光谱能量会导致接收端接收到不同的色彩。

光源的光谱能量不同，对人眼的刺激也就不同，从而导致人眼识别到光的不同色彩，人们将特定波长的感知定义为色彩。可见光是人眼看得见的电磁波，可见光光谱分布图如图 2-2 所示。

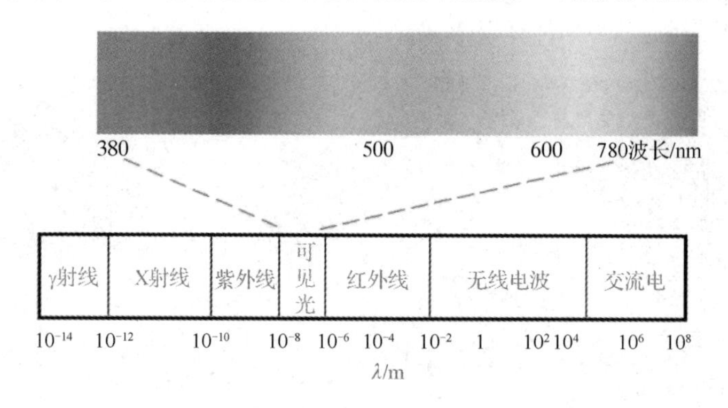

图 2-2　可见光光谱分布图

光源发出一系列不同频率波长的光，哪部分波长的能量最强，光散发的色彩就偏向于该波长的光。而不同频率的波，可以分解为许多不同频率的三角函数的波的合集。将波长频率-振幅的函数关系描述成光谱图，根据光分解出来的频率的连续与否，光谱图可分为连续光谱图和离散光谱图。而不同频率的波长可以计算出该频率的能量，也可以对发射的光谱功率进行测量，继而光的能量就可表示为分布在不同频率上的光谱图。

2.1.3 色彩呈现机制

自然界的物体纷呈复杂，其中彩色物体指的是选择性吸收和反射（透射）不同波长的物体。光的反射和透射示意图如图 2-3 所示。

为了理解简单，我们一般用红、绿、蓝光来代表，不同的红、绿、蓝光混合得到不同的色彩。如图 2-3 所示，物体吸收了白光中的绿光和蓝光，反射了红光，人眼看到该物体会呈现红色；物体吸收了白光中的红光和蓝光，反射了绿光，人眼就会看到绿色；物体吸收了白光中的红光和绿光，反射了蓝光，人眼就会看到蓝色；而当物体吸收了白光中的红光、绿光和蓝光时，可见光中无光线反射，人眼就会看到黑色。

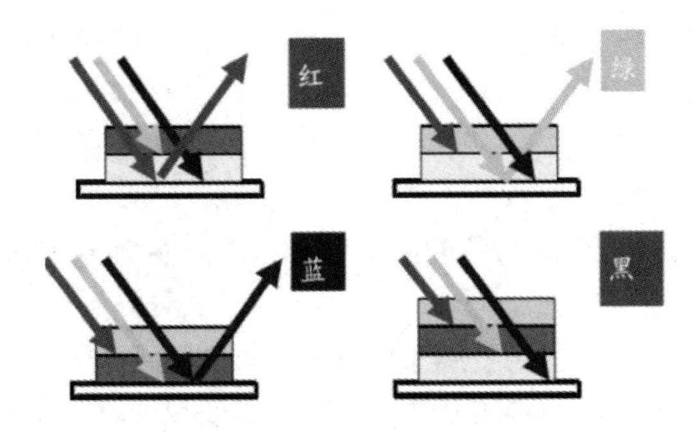

图 2-3　光的反射和透射示意图

印刷业的油墨也具有这样的特性。当油墨层较厚时，主要表现为吸收和反射特性；当油墨摊在承印物上形成一个薄膜时，具有反射、透射和吸收特性，光照射在油墨上，会透射过油墨，在油墨和承印物之间发生多次反射后被吸收或者透射出去。

2.2　色彩

2.2.1　比色法及其 CIE 色刺激规范

比色法是对事物的色彩进行衡量和评价的方法，国际照明委员会（CIE）的推进是比色法发展的驱动力，这个国际组织通过一系列 CIE 出版物对比色法进行定义和说明。

人眼视觉色彩的感知性、光源和在色域中的光谱测量构成了比色法的基础。不同的成像设备利用不同的色彩空间，最熟悉的例子就是电视的 RGB 空间和打印机的 CMY（或 CMYK）空间。设备产生的色彩是依据设备的特点而定的，为确保在不同的设备中有一个合适的色彩还原，就需要一个不依赖于设备的色彩空间来作为一个可靠的交换标准，如利用比色法来对所有色彩给出一个定量测量的 CIE 色彩空间。

CIE 比色规则的方法基于加法混色的色彩匹配规则，加法混色的原则被称为 Grassmann 混色定律，具体内容如下。

（1）指定的混合色必须需要三个独立的变量来说明。

（2）在加法混色过程中，具有相同色彩外观的色彩（不考虑其光谱的组成）能够刺激产生相同的结果。

（3）如果混合色的一部分发生了变化，则混合色也相应地发生了变化。

第一条 Grassmann 混色定律建立了所谓的“色觉”——所有色调都可以由三种不同的刺激混合色相匹配，其中，在这种约束条件下，三原色的选定应使任何一种原色不能由其余两种原色相加混合得到。

第二条 Grassmann 混色定律意味着刺激不同的光谱辐射分布（分布谱光辉）可能会产生相同的色彩，这种不同的物理刺激引起相同的色彩匹配，被称为“不同光谱能量分布的同色光”。因为一个相同的色彩匹配可能由不同的混合物的部分组合而成，所以这一现象又称为“同色异谱”。

第三条 Grassmann 混色定律建立了混合色的刺激比例与相加性的度量。

相应地，比色法的定律如下。

（1）对称律。如果色刺激值 A 与色刺激值 B 相匹配，则色刺激值 B 与色刺激值 A 相匹配。

（2）交换律。如果色刺激值 A 与色刺激值 B 相匹配，色刺激值 B 与色刺激值 C 相匹配，则色刺激值 A 与色刺激值 C 相匹配。

（3）均衡律。如果色刺激值 A 与色刺激值 B 相匹配，则色刺激值 αA 与色刺激值 αB 相匹配。其中 α 为正因素，其中任何色彩的刺激功率谱增加或减少，其相对光谱分布均保持不变。

（4）相加律。如果色刺激值 A 与色刺激值 B 相匹配，色刺激值 C 与色刺激值 D 相匹配，并且色刺激值$(A+C)$与色刺激值$(B+D)$相匹配，则色刺激值$(A+D)$与色刺激值$(B+C)$相匹配。其中色刺激值$(A+C)$、色刺激值$(B+D)$、色刺激值$(A+D)$、色刺激值$(B+C)$分别表示色刺激值 A 与色刺激值 C 相加混合、色刺激值 B 与色刺激值 D 相加混合、色刺激值 A 与色刺激值 D 相加混合、色刺激值 B 与色刺激值 C 相加混合。

CIE 三色刺激规范或 CIE XYZ 建立在使用对象的频谱信息、光源和色彩匹配函数上的 Grassmann 混色定律。CIE XYZ 是一个在视觉上的不均匀色彩空间。在数学上，CIE XYZ 是所有三个光谱产物的可见区的积分：

$$\begin{aligned}
X &= k\int P(\lambda)I(\lambda)\bar{x}(\lambda)\,\mathrm{d}\lambda \cong k\sum P(\lambda)I(\lambda)\bar{x}(\lambda)\Delta\lambda \\
Y &= k\int P(\lambda)I(\lambda)\bar{y}(\lambda)\,\mathrm{d}\lambda \cong k\sum P(\lambda)I(\lambda)\bar{y}(\lambda)\Delta\lambda \\
Z &= k\int P(\lambda)I(\lambda)\bar{z}(\lambda)\,\mathrm{d}\lambda \cong k\sum P(\lambda)I(\lambda)\bar{z}(\lambda)\Delta\lambda
\end{aligned} \tag{2-1}$$

$$k = \frac{100}{\sum I(\lambda)\bar{y}(\lambda)\Delta\lambda}$$

式中，X、Y、Z 是物体的三色刺激值；λ 是波长。在实践中，积分可近似为有限步骤的累加，通常在 10nm 的间隔内。被测物的频谱 $P(\lambda)$是由色彩匹配函数$[\bar{x}(\lambda),\bar{y}(\lambda),\bar{z}(\lambda)]$与一个标准光源 $I(\lambda)$加权得到的。所得频谱结合所有可见区相来给出对应 X、Y 或 Z 的色刺激值。

色彩的三维属性由绘制在直角坐标系中的每个三色刺激的成分值表示，这个结果被称为“三色刺激空间”。

三维三色刺激空间投影到二维平面上产生 X、Y 色度图，如图 2-4 所示。

用数学方法表示为

$$x = \frac{X}{X+Y+Z}$$

$$y = \frac{Y}{X+Y+Z}$$

$$z = \frac{Z}{X+Y+Z}$$

$$x+y+z=1 \tag{2-2}$$

式中，x、y、z 为色度坐标，它们是三色刺激值的标准化。由于三个色度坐标的和为 1，因此色度规范只需要由两个色度坐标 x 和 y 确定。色彩轨迹的边界是色彩匹配函数（光谱色）的平面线图，色度坐标代表任何色彩的三个刺激 X、Y 和 Z 的相对量；然而它们没有表明所得色彩的亮度，亮度包含在 Y 值中，因此描述一个完整的色彩是由三个元素(x, y, Y)决定的。

色度图能提供十分有用的信息，如主要的波形、互补色和色彩的纯度。主波长是以一个原则为基础的，这个原则是：在一个色度图中，所有包含两个成分的混色的所有刺激都倾向于一条直线。因此，通过延长连接色彩和光源的光谱轨迹线就能得到一种色彩的主波长。举例来说，在图 2-4 中，色彩 S_1 的主波长为 584nm。由于一个光谱色的补色在该色与所用光源的连线处的另一侧，因此在光源 D_{65} 下的色彩 S_1 的补色为 483nm。一个色彩和它的补色以合适的比例添加到一起就能产生白色。如果为了使主波长的延长线与“紫色线”(400nm 与 700nm 之间的连线）相交，即直线连接了两个极端光谱色（通常为 380～770nm)，那么在可见光谱中就不会有主波长。在这种情况下，通过用带有后缀“c”的互补谱色来指定主波长，通过向后延长光谱轨迹线得到数值。例如，在图 2-4 中，色彩 S_2 的主波长为 530c nm。

纯色谱线就是表示饱和纯度为 100%的光谱轨迹，光源表示纯度为 0%的完全不饱和色。CIE 将给定中间色的纯度定义为两个距离的比值：一个距离为光源到色彩的距离，另一个距离为从光源经过色彩到光谱轨迹或紫色线的距离。在图 2-4 中，色彩 S_1 的纯度表示为 $a/(a+b)$，色彩 S_2 的纯度表示为 $c/(c+d)$。

两色或多色的混合色的 CIE 色度坐标也遵循 Grassmann 混色定律，这说明 CIE 彩色规格除了需要一个物体的频谱，还需要色彩匹配函数和光源的频谱。色彩匹配函数也被称为 CIE 标准观察组，代表一个具有正常色觉的普通观察者，它是由实验所决定的。实验包括测试光只对物体的一半进行照射。一个观察者试图通过在另一半物体上调整三个相加原色 $\bar{r}$ 、$\bar{g}$ 和 $\bar{b}$ 来感知匹配（色度、饱和度与亮度）测试光，如图 2-5 所示。

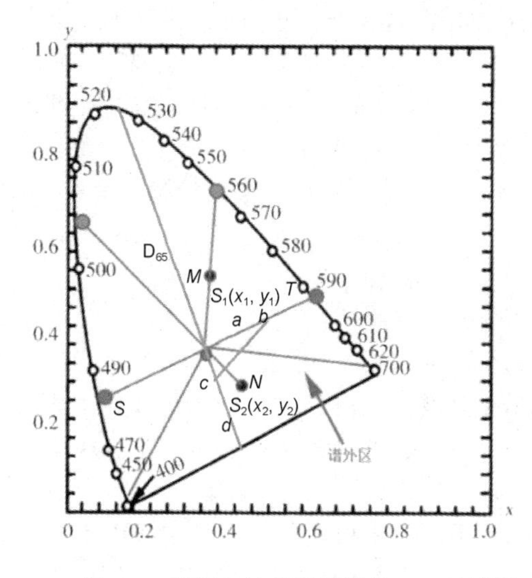

图 2-4 描述主波长和纯度的 CIE 色度图

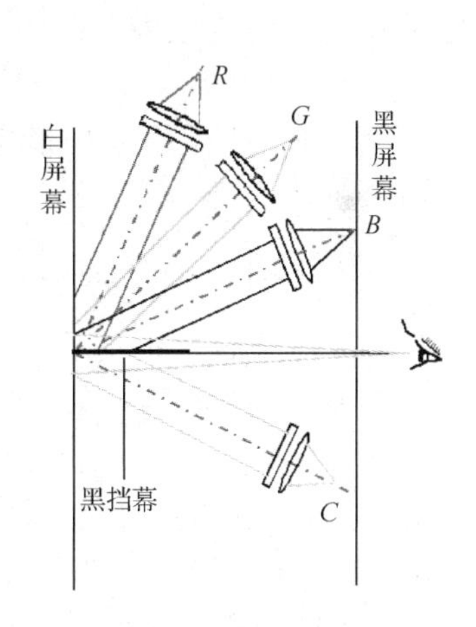

图 2-5 色彩匹配实验

数学上可表示为

$$\Omega = \bar{r}R + \bar{g}G + \bar{b}B \tag{2-3}$$

式中，Ω 表示测试光的色彩；R、G、B 相当于红色匹配光、绿色匹配光、蓝色匹配光；$\bar{r}$ 、$\bar{g}$ 和 $\bar{b}$ 是相关光的相对量。通过这种排列，一些色彩（如在蓝绿色区域）就不能与所加的三原色相匹配。这个问题可以通过在测试光旁边加入一个原色光来解决。例如，对测试光加入红色以匹配一个蓝绿色：

$$\Omega + \bar{r}R = \bar{g}G + \bar{b}B \tag{2-4}$$

在数学上，对测试光加入红色与从另两个原色中减去红色相对应：

$$\Omega = -\bar{r}R + \bar{g}G + \bar{b}B \tag{2-5}$$

图 2-6 描绘了$\bar{r}$、$\bar{g}$ 和$\bar{b}$ 的光谱，可看到在曲线的一些部分显示为负值。

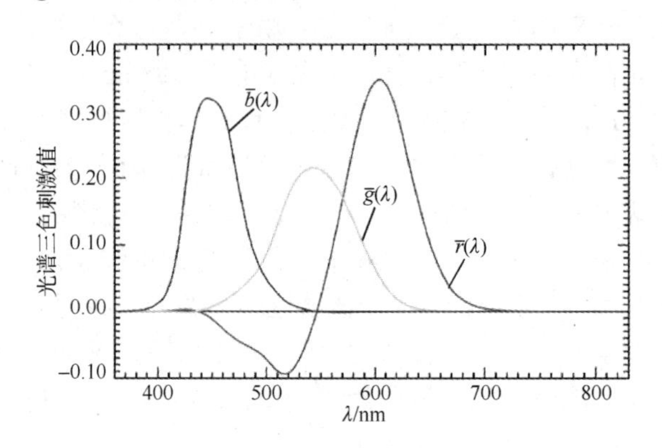

图 2-6　CIE RGB 光谱三色刺激值

CIE 建议了两个标准观察组：CIE 1931 2°观察组和 CIE 1964 10°观察组。CIE 1931 2°观察组$\bar{x}(\lambda)$、$\bar{y}(\lambda)$、$\bar{z}(\lambda)$是利用在波长 700.0nm、546.1nm 和 435.8nm 处的光谱匹配刺激 R、G、B 的光谱三色刺激值$\bar{r}(\lambda)$、$\bar{g}(\lambda)$、$\bar{b}(\lambda)$得到的。CIE 1964 10°观察组$\bar{x}_{10}(\lambda)$、$\bar{y}_{10}(\lambda)$、$\bar{z}_{10}(\lambda)$是由光谱三色刺激值关于匹配刺激 R_{10}、G_{10}、B_{10} 得到的。它们依据的波数为 15500cm^{-1}、19000cm^{-1} 和 22500cm^{-1}，大约与 645.2nm、536.3nm 和 444.4nm 的波长分别对应。

CIE 标准光源是另一个 CIE 色彩规范，并且具有多种标准光源，如光源 A、B、C、D。CIE 光源 A 是在色温为 2856K 环境下工作的一个气体填充钨丝灯，而且光源 B 和 C 是通过将它们与在光室中由化学溶液制成的一个滤镜相连接而得到的，并且来源于光源 A。对于光源 B 和 C 可以由不同的化学溶液得到。CIE 光源 A 是依据普朗克辐射定律计算得到的。

普朗克辐射定律：

$$P_e(\lambda, T)=2hc^2/\lambda^{-5}/[\exp(hc/\lambda kT)^{-1}]$$
$$P_e(\lambda, T)=c_1\lambda^{-5}[\exp(c_2/\lambda T)^{-1}]^{-1} \tag{2-6}$$

式中，$c_1=2\pi hc^2=3.741844\times10^{-12}$（W·m^2）；$c_2=ch/k=1.4388$（m·K）；$P_e(\lambda, T)$表示黑体光谱辐射出射度，单位为 W·m^{-2}·Sr^{-1}·m^{-1}；λ 表示辐射波长（μm）；T 表示黑体绝对温度（K，$T=t+273$℃）；c 表示光速（2.998×10^8m/s）；h 表示普朗克常数（6.626×10^{-34}J·S）；k 表示玻尔兹曼常数（1.380×10^{-23}J/K）。

CIE 光源 D 在数学上是模仿各阶段的自然光，是来自太阳和天空中各种不同辐射的组合。对这些组合的许多测量分析表明，在自然光下，日光的相对色温与它的相对的光谱能量分布之间有一个简单的关系。因此，光源 D 被设定为开尔文色温乘以 100；如 D_{50} 是光源在 5000K 下得到的。使用最频繁的光源为 D_{50}，它被视为印刷工艺行业的标准观察光源，D_{65} 是需要在日光下进行比色法的首选光源。

2.2.2　色域

图 2-7 所示的色度图展示了一个二维图表中的色域边界。由于亮度轴没有给出，所以这个边界只是一个投影的色域。这个色度图的马蹄形是一个由纯度最高色彩的光谱色形成的理

想色域，而在实际中，这些色彩是不能获得的，实际的色彩设备有更小的色域。图 2-7 表示了一个典型显示器、打印机和胶片在一个色度图中的色域。色域的大部分是由显示器和打印机重叠而成的；但是也有一些区域，显示器可以呈现而打印机却不能着色，反之亦然。这就给图像复制提出了一个问题，这就需要一些不同种类的色域绘图来解决实际问题。

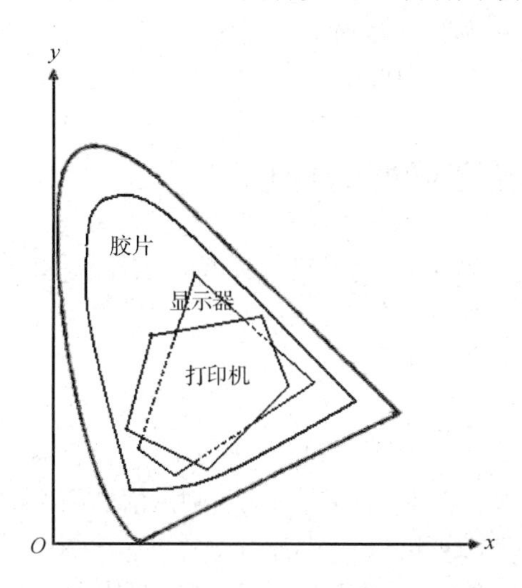

图 2-7　显示器、打印机和胶片典型的色域图

2.2.3　同色异谱

Grassmann 混色定律的第二条表明两个光源或两个刺激在色彩外观不同甚至光谱辐射分布不同的情况下仍可能会相匹配。一对同色异谱色彩应当满足以下条件：

$$
\begin{aligned}
X &= \int_\lambda \varphi_1(\lambda)\bar{x}(\lambda)\mathrm{d}\lambda = \int_\lambda \varphi_2(\lambda)\bar{x}(\lambda)\mathrm{d}\lambda \\
Y &= \int_\lambda \varphi_1(\lambda)\bar{y}(\lambda)\mathrm{d}\lambda = \int_\lambda \varphi_2(\lambda)\bar{y}(\lambda)\mathrm{d}\lambda \\
Z &= \int_\lambda \varphi_1(\lambda)\bar{z}(\lambda)\mathrm{d}\lambda = \int_\lambda \varphi_2(\lambda)\bar{z}(\lambda)\mathrm{d}\lambda
\end{aligned} \tag{2-7}
$$

式中，$\varphi_1(\lambda)$、$\varphi_2(\lambda)$ 为两个不同的色刺激函数，它们可以在许多方面都有不同。例如，它们可以是不同的光源：

$$\varphi_1(\lambda) = I_1(\lambda)\,,\quad \varphi_2(\lambda) = I_2(\lambda) \tag{2-8}$$

这种情况可能会发生在两个光源具有相同的色度，但其中一个是全辐射而另一个是高度选择性辐射时。当两个光源为同色异谱时，在观察者之间观察它们时，它们会表现出相同的色彩。但当两个同色异谱的光源被用来照明一个光谱选择性对象时，该对象就不一定会有相同的色彩外观。

另一种可能的情况是，它们表示不同的对象被相同光源照射：

$$\varphi_1(\lambda) = P_1(\lambda)I(\lambda)\,,\quad \varphi_2(\lambda) = P_2(\lambda)I(\lambda) \tag{2-9}$$

在这种情况下，具有不同光谱能量分布的同色光给出了相同的（或非常接近的）色度测量值，但是若利用一个不同的光源进行照射则会显得不同。

最复杂的情况是，不同的光源照射不同的对象：

$$\varphi_1(\lambda)=P_1(\lambda)I_1(\lambda)，\quad \varphi_2(\lambda)=P_2(\lambda)I_2(\lambda) \tag{2-10}$$

在通常情况下，同色异谱的匹配对观察者或者一个光源是特定的。无论是观察者还是光源改变，同色异谱便不再匹配。在一些情况下，若有第二个光源进行照射，则同色异谱依旧能够匹配适用。通常，在三个或更多的波长中，若有两个样本的反射率相等，则同色异谱能够匹配适用。这些样本在同一光源下会趋于同色异谱，如果波长的相交点位置合适，那么它们可能会为第二个光源提供同色异谱匹配。

2.2.4 色彩同色异谱程度的评价

对于同色异谱程度的定性描述为，如果样品间的光谱反射率因数曲线形状很不同、交叉点很少，那么同色异谱程度就很高；相反，如果样品间的光谱反射率因数曲线形状很相似，或者交叉点很多，那么同色异谱程度就很低。

1．测试“照明体同色异谱指数”

对于特定参照照明体和观察者具有相同的三色刺激值的两个同色异谱样品，用具有不同相对功率分布的测试照明体所造成的两样品间的色差（ΔE）作为照明体同色异谱指数 M_i。CIE 推荐的参照照明体为 CIE 标准照明体 D_{65}，测试照明体为 F_1、F_2、F_3。F_1、F_2 和 F_3 的波长与相对功率的对应关系分别如图 2-8～图 2-10 所示。

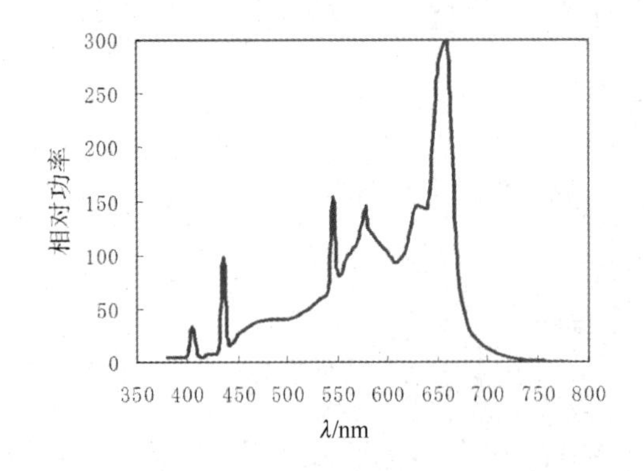

图 2-8　F_1 的波长与相对功率的对应关系

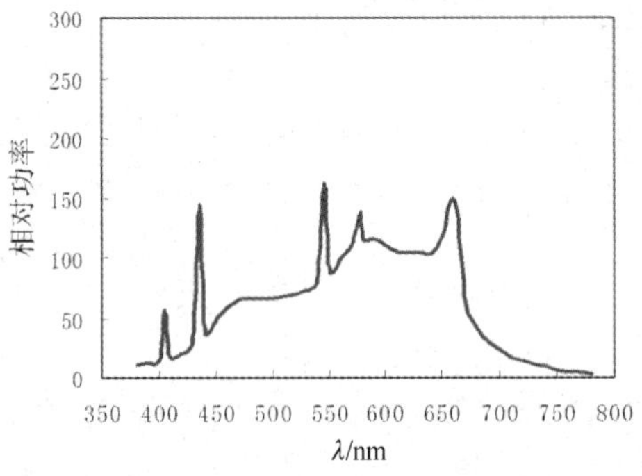

图 2-9　F_2 的波长与相对功率的对应关系

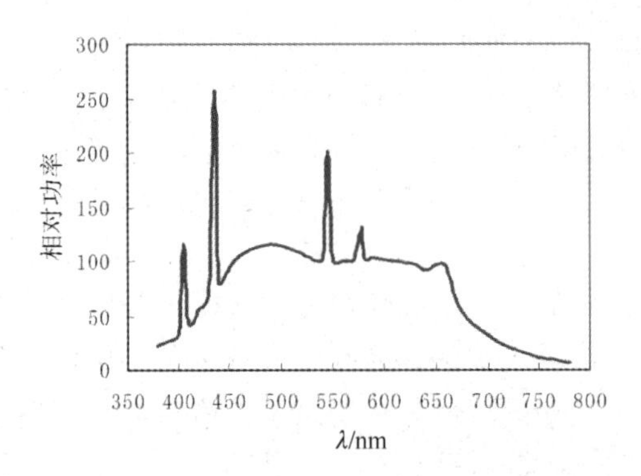

图 2-10　F_3 的波长与相对功率的对应关系

2．CIE 推荐的模拟日光的色度学评价方法

对荧光样品在标准照明体 D 下，每对也是匹配的，但在模拟日光照明下一般不会匹配，它们的色差平均值就定义为紫外线的同色异谱指数，表明模拟日光标准照明体 D 紫外区域的程度。

按照同色异谱指数的大小，CIE 将它分为五个等级，如表 2-1 所示。

表 2-1　CIE 模拟日光的等级评价

ΔE(CIE LAB)	ΔE(CIE LUV)	等　级
<0.25	<0.32	A
0.25～0.5	0.32～0.65	B
0.5～1.0	0.65～1.3	C
1.0～2.0	1.3～2.6	D
>2.0	>2.6	E

可见光同色异谱指数的等级由第一个字母来表示，紫外线的等级由第二个字母来表示。例如，一个模拟光源 D_{65} 在 CIE LAB 匀色空间的可见光同色异谱指数为 0.3，紫外线同色异谱指数为 0.6，则该模拟光源 D_{65} 具有 BC 级。

目前认为，具有 BC（CIE LAB）等级以上的模拟日光可用于大多数实际场合，我国《目测评定纺织品色牢度用标准光源条件》中采用的模拟光源 D_{65} 的一级标准为 BC（CIE LAB）级，二级标准为 CD（CIE LAB）级。

2.2.5　感知空间的统一

视觉色彩空间的统一是源自 CIE XYZ 的非线性变换。CIE LUV 是 1967UCS 色度坐标 u'、v'、Y 的变换：

若 $Y/Y_n \geqslant 0.008\,856$，

则
$$L^* = 116(Y/Y_n)^{1/3} - 16 \tag{2-11}$$

若 $Y/Y_n < 0.008\,856$，

则
$$L^* = 903.3(Y/Y_n) \tag{2-12}$$

$$u^* = 13L^*(u' - u'_n)，\quad v^* = 13L^*(v' - v'_n) \tag{2-13}$$

式中，L^*为亮度。X_n、Y_n、Z_n 为光源的三色刺激值，并且有

$$u' = \frac{4X}{X + 15Y + 3Z}，\quad v' = \frac{9Y}{X + 15Y + 3Z} \tag{2-14}$$

在 CIE LUV 中的色差为欧几里得距离公式：

$$\Delta E_{uv} = (\Delta L^{*2} + \Delta u^{*2} + \Delta v^{*2})^{1/2} \tag{2-15}$$

有时需要鉴定色差的成分，用来作为感知色调和色度的相关性。相对色度定义为

$$C^*_{uv} = (u^{*2} + v^{*2})^{1/2} \tag{2-16}$$

相对色度属性被称为“饱和度”，定义为

$$S^*_{uv} = 13(u^{*2} + v^{*2})^{1/2} \tag{2-17}$$

或

$$S_{uv}^* = C_{uv}^* / L^* \tag{2-18}$$

色相角定义为

$$h_{uv}^* = \arctan(v^* / u^*) \tag{2-19}$$

色相差定义为

$$\Delta h_{uv}^* = (\Delta E_{uv}^{*\,2} - \Delta L^{*2} - \Delta U_{uv}^{*\,2})^{1/2} \tag{2-20}$$

由 CIE LAB 是 1931 CIE XYZ 的非线性变换，可得到式（2-21）：

$$\begin{aligned} L^* &= 116 f(Y / Y_n) - 16 \\ a^* &= 500[f(X / X_n) - f(Y / Y_n)] \\ b^* &= 200[f(Y / Y_n) - f(Z / Z_n)] \end{aligned} \tag{2-21}$$

且

$$\begin{cases} f(t) = t^{1/3}, & 1 \geqslant t > 0.008856 \\ f(t) = 7.787t + 16/116, & 0 \leqslant t \leqslant 0.008856 \end{cases} \tag{2-22}$$

与 CIE LUV 相似，相对色度定义为

$$C_{ab}^* = (a^{*2} + b^{*2})^{1/2} \tag{2-23}$$

色相角定义为

$$h_{ab}^* = \arctan(b^* / a^*) \tag{2-24}$$

色差 ΔE_{ab}^* 定义为 CIE LAB 的三维空间欧几里得距离，如式（2-25）：

$$\Delta E_{ab}^* = (\Delta L^{*2} + \Delta a^{*2} + \Delta b^{*2})^{1/2} \tag{2-25}$$

明显的色差是一个 ΔE_{ab} 单位。CIE LAB 可能是当今最为普及的色彩空间，然而为感知小范围的色彩而获得合适且统一的算法这个问题还没有解决。CIE 在评估色彩差异调整方面还需要继续努力研究。

2.3 色彩的表示

2.3.1 色彩匹配函数

由于人眼对于不同光线的混合反映是线性的，两束不同色彩（C_1和C_2）的光，如果视锥细胞对它们的反映为r_1和r_2，按照比例混合，得到第三种色彩 $C_3 = \alpha C_1 + \beta C_2$，那么视锥细胞对于混合色的反映也是之前两个反映的线性叠加：$r_3 = \alpha r_1 + \beta r_2$。人眼存在三种视锥细胞，理论上用三种色彩的光就可以混合出自然界的任意一种色彩。

1801 年，Thomas Young 在其演讲“光的波动理论”上提出了色觉的三原色理论，他认为人的眼睛有三种不同类型的色彩感知接收器，大体上相当于红、绿、蓝三种基色的接收器，即色视觉是由 R、G 和 B 各波段相对刺激值决定的。Hermann Grassmann 将他的矢量分析技术与色彩混合结合，最后 James Maxwell 对其进行重大改进，探索了三种基色的关系，他认为三种基色相加产生的色调，不能覆盖整个感知色调的色域，而相减混色产生的色调却可以。

他认为色彩表面的色调和饱和度对眼睛的敏感度比明度对眼睛的敏感度低。

20 世纪 20 年代，W. David Wright 和 John Guild 选择 700nm、546.1nm 和 435.8nm 三种光作为原色光，若干视力正常的人以 2°视角对等能光谱逐一波长进行色彩匹配，从而得到等能光谱色每一波长的三色刺激值：$\bar{r}(\lambda)$、$\bar{g}(\lambda)$、$\bar{b}(\lambda)$，它们控制三个主光束 R、G 和 B 中的每个光束的光强度，试图匹配出与测试色彩 C 相同的比例。若这个时候三种色彩的光强度分别为 r、g 和 b，那么根据光色叠加的线性性质可以得到：

$$C = rR + gG + bB \tag{2-26}$$

也就是说，比重为 r、g、b 的 R、G、B，匹配出来的色彩就为 C。而 C 可以遍历整个光谱色，依照同样的技术实现所有色彩的纯光谱色混合叠加的数据，这就是色彩匹配函数（Color-Matching Function，CMF）。色彩匹配函数是重要的色度量，是在色彩现象研究中把物理刺激与生理响应结合起来的纽带。

但是并不是所有色彩都能用这样的方法实现匹配，在匹配过程中会出现这样的一种情况，即在测试色彩 C 已经确定的情况下，R、G 和 B 三原色不管怎么调试比例都无法混合出色彩 C，如三原色光束之一的光强度已经为 0，需要继续缩小该光束的比例才能混合出色彩与 C 匹配。这时候需要在色彩 C 中混入三色光中的一种或者几种继续调节，直到匹配。这样的情况，在左边色彩 C 中加入，相当于在混合光中减去，这就导致了色彩匹配函数曲线出现了负值，即匹配这段光谱色时，混合色彩需要补色才能匹配。

例如，$Y_{555} = 1.30R + 0.97G + (-0.01B)$，即 $Y_{555} + 0.01B = 1.30R + 0.97G$。其中，波长为 555nm 的黄光，需要 1.30 份的红光与 0.97 份的绿光混合，再向 555nm 的黄光中加入 0.01 份的蓝光才可匹配。

通过色彩匹配函数可以将任何一种物理上的光谱分布转换到线性色彩空间中。

2.3.2 RGB

在 2°视角范围内匹配的等能光谱色的各种色彩得到的平均数据，就是匹配等能光谱色所需要三原色的量，即该色彩的三色刺激值。以此来代替人眼的平均色彩的视觉特性，以便于标定色彩和进行色度计算，式（2-26）中的 R、G 和 B 就是色彩 C 的三色刺激值。三色刺激值不是用物理单位，而是用色度学单位来度量的，规定匹配某种指定的标准白光（W）的三色刺激值相等，且均为 1 单位。所以对于既定的三原色，每种色彩的三色刺激值是相等的，因而可以用三色刺激值来表示色彩。

为了建立统一的色彩度量参数，在大量实验数据的基础上，CIE 选定了三色系统的一组三原色如下。

红为波长为 700.0nm 的可见光谱，绿为波长为 546.1nm 的水银光谱，蓝为波长为 435.8nm 的水银光谱。红、绿、蓝三原色的明视觉光谱效率函数值比为 0.0041(R)∶0.98433(G)∶0.01777(B)。

R、G、B 是色彩匹配函数 $\bar{r}(\lambda)$、$\bar{g}(\lambda)$、$\bar{b}(\lambda)$ 的值，根据式（2-27）定义 r、g、b。

$$\begin{aligned} r &= R/(R+G+B) \\ g &= G/(R+G+B) \\ b &= B/(G+G+B) \end{aligned} \tag{2-27}$$

根据视觉的数学模型和色彩匹配实验的结果，CIE 规定了用三条曲线表示一套色彩匹配函数。图 2-11 为 CIE1931-RGB 表色系统的光谱三色刺激值曲线图。规定观察者的视角是 2°，因此该曲线是标准观察者的三色刺激值曲线，归一化的权重因子称为色彩匹配函数 $\bar{r}(\lambda)$、$\bar{g}(\lambda)$ 和 $\bar{b}(\lambda)$。

图 2-11 显示了波长 $\lambda = 540$nm 的光谱纯色的三个匹配值，其中红色为负值。色彩在 380～700nm，可以通过下列积分计算光谱 $I(\lambda)$ 的三色刺激值：

$$
\begin{aligned}
R &= k\int I(\lambda)\bar{r}(\lambda)\mathrm{d}\lambda \\
G &= k\int I(\lambda)\bar{g}(\lambda)\mathrm{d}\lambda \\
B &= k\int I(\lambda)\bar{b}(\lambda)\mathrm{d}\lambda
\end{aligned}
\tag{2-28}
$$

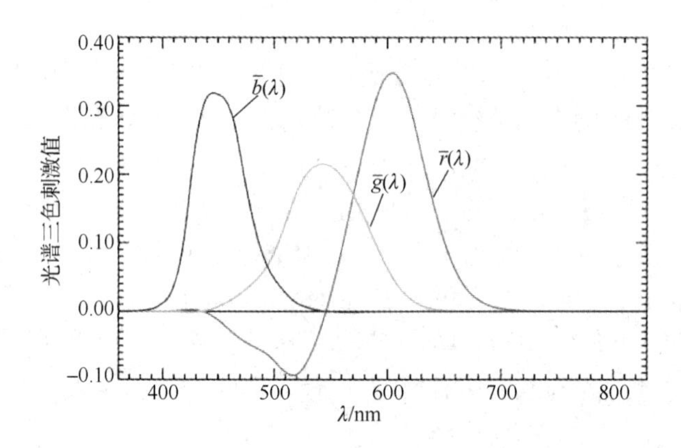

图 2-11　CIE1931-RGB 表色系统的光谱三色刺激值曲线图

定义的这些色彩匹配函数称为“1931 CIE 标准观察者”，如图 2-11 中的曲线所示，这种曲线通常规范化为一定面积（固定为特定值），如式（2-29）所示。

$$\int_0^\infty \bar{r}(\lambda)\mathrm{d}\lambda = \int_0^\infty \bar{g}(\lambda)\mathrm{d}\lambda = \int_0^\infty \bar{b}(\lambda)\mathrm{d}\lambda \tag{2-29}$$

通过对 Wright-Guild 数据的多次实验验证和修正，最终决定使用光谱色度坐标 $r_7(\lambda)$、$g_7(\lambda)$ 和 $b_7(\lambda)$，修正后的数据可用于所需的转换到 CIE RGB 系统，其中等能白色可表示为

$$
\begin{aligned}
\text{White} &= 0.301R(700) + 0.314G(546) + 0.385B(436) \\
&= 0.333R'(700) + 0.333G'(546) + 0.333B'(436)
\end{aligned}
\tag{2-30}
$$

色度坐标采用标准观察者颜色匹配函数（光谱三色刺激值）来进行计算，对于任何的单色光谱光，可以得到式（2-31）：

$$\bar{r}(\lambda)L_R + \bar{g}(\lambda)L_G + \bar{b}(\lambda)L_B = V(\lambda) \tag{2-31}$$

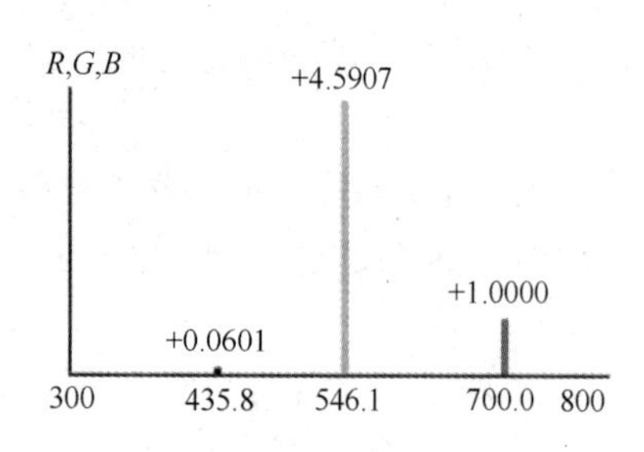

图 2-12　CIE RGB 三原色

图 2-12 表示 CIE RGB 三原色的比例，即当三原色光的相对亮度比例为 $L_R : L_G : L_B = 1.000 : 4.5907 : 0.0601$ 时，就能匹配出等能白光。

当两个光源对标准观察者（1931 CIE 标准观察者）有相同的视觉色彩时，它们有相同的三色刺激值。

2.3.3 HSV

HSV 色彩模型如图 2-13 所示，是根据色彩的直观特性提出来的，用六角锥体模型来表示色彩空间。

其中，H 为色相（Hue），S 为饱和度（Saturation），V 为明度（Value），该方法是将 RGB 色彩空间中表示的色彩点用倒圆锥表示。

色相 H 取值范围为 0°～360°，红色 R、绿色 G 和蓝色 B 分别位于 0°、120°和 240°，因为黄色 Y、青色 M 和品红色 C 与红色 R、绿色 G 和蓝色 B 互为补色，在图上表示为过圆心的直径两端的点，如图 2-14 所示。

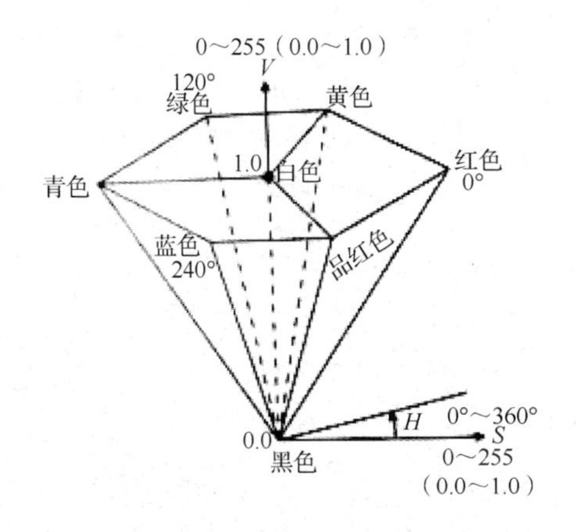

图 2-13　HSV 色彩模型

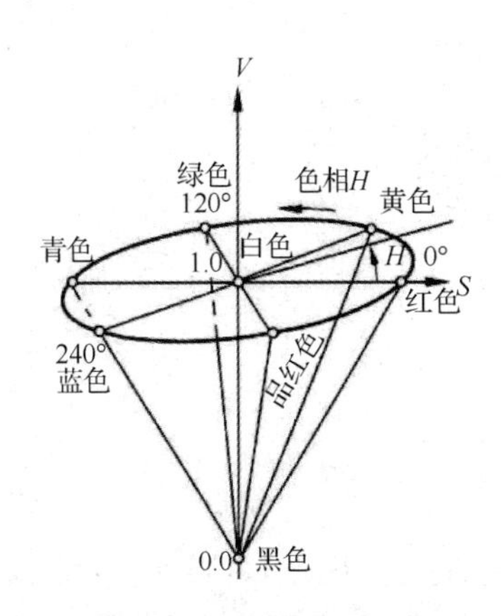

图 2-14　HSV 色彩空间示意图

饱和度 S（Saturation）也称为纯度，表示接近光谱色的程度，为比例值，取值为 0～100%。饱和度越高，色彩越深且越明艳。

明度 V（Value）表示色彩明亮的程度，范围为由黑到白明度逐渐升高，表示颜色越明亮，范围是 0～100%，明度为 0 表示纯黑色（此时颜色最暗），明度为 100 表示光谱色，明度也用 B（Brightness）表示，所以 HSV 也表示为 HSB，明度与物体的反射和透射有关。

圆锥顶部的中心处 $V = \max$，$S = 0$，H 表示白色。HSV 三维表示可认为是从 RGB 立方体演化来的。RGB 色彩空间模型和 HSV 色彩空间模型分别如图 2-15 和图 2-16 所示。

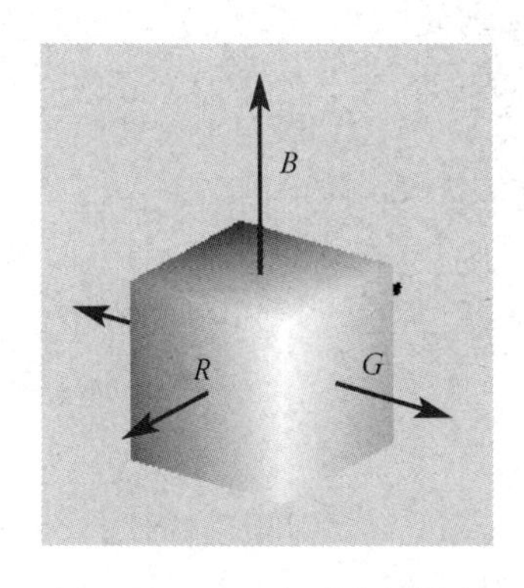

图 2-15　RGB 色彩空间模型

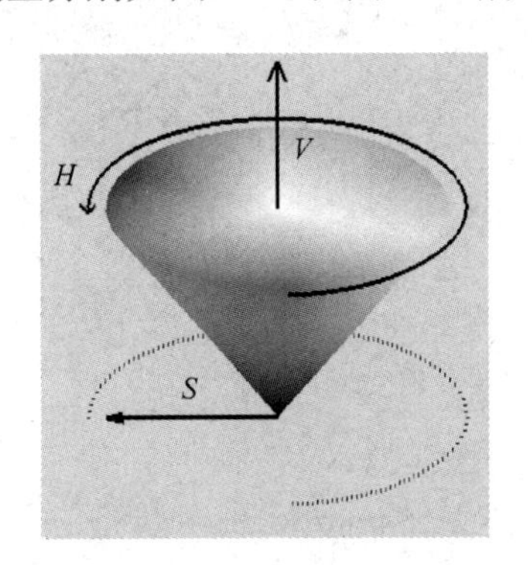

图 2-16　HSV 色彩空间模型

所以 HSV 色彩空间和 RGB 色彩空间可以相互转换，从 RGB 色彩空间到 HSV 色彩空间

的转换公式为

$$
\begin{aligned}
&\min = \min(R,G,B) \\
&\max = \max(R,G,B) \\
&\begin{cases}
h = 0^\circ, & \max = \min \\
h = 60^\circ \times \dfrac{g-b}{\max-\min} + 0^\circ, & \max = r,\ g \geqslant b \\
h = 60^\circ \times \dfrac{g-b}{\max-\min} + 360^\circ, & \max = r,\ g < b \\
h = 60^\circ \times \dfrac{b-r}{\max-\min} + 120^\circ, & \max = g \\
h = 60^\circ \times \dfrac{b-r}{\max-\min} + 240^\circ, & \max = b
\end{cases} \\
&\begin{cases}
s = 0^\circ, & \max = 0 \\
s = \dfrac{\max-\min}{\max} = 1 - \dfrac{\min}{\max}, & \text{其他}
\end{cases} \\
&v = \max
\end{aligned}
\tag{2-32}
$$

2.3.4 HSL

HSL 指的是：Hue（色相）、Saturation（饱和度或纯度）、Lightness（亮度）。HSL 中的 L 分量为亮度，亮度为 100 表示白色，亮度为 0 表示黑色；HSV 中的 V 分量为明度，明度为 100 表示光谱色，明度为 0 表示黑色。

HSL 的 H（Hue）分量指的是人眼所能感知的色彩范围，这些色彩分布在一个平面的色相环上，取值范围是 0°～360°的圆心角，每个角度可以代表一种色彩。色相值的意义在于，我们可以在不改变光感的情况下，通过旋转色相环来改变色彩。在实际应用中，我们需要记住色相环上的六大主色，用作基本参照：360°/0°红色、60°黄色、120°绿色、180°青色、240°蓝色、300°品红色，它们在色相环上按照 60°圆心角的间隔排列，如图 2-17 所示。

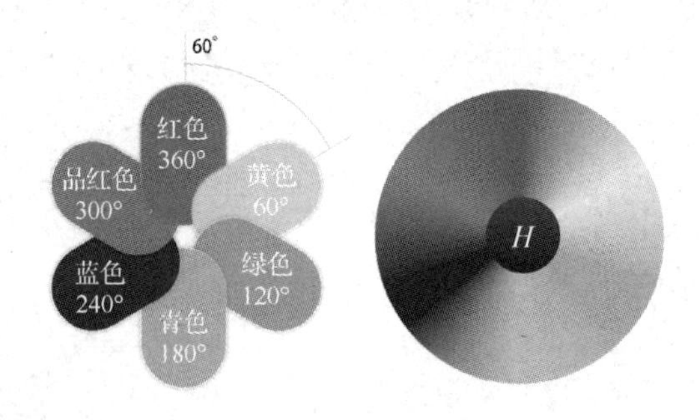

图 2-17　色相环的六大主色

HSL 的 S（Saturation）分量指的是色彩的饱和度，它用 0～100%的值描述了相同色相、明度下色彩饱和度（纯度）的变化。数值越大，色彩中的灰色越少，色彩越鲜艳，呈现一种从理性（灰度）到感性（纯色）的变化，饱和度（纯度）示意图如图 2-18 所示。

HSL 的 L（Lightness）分量指的是色彩的亮度，其作用是控制色彩的明暗变化，亮度为

100 表示白色，亮度为 0 表示黑色。它同样使用了 0～100%的取值范围。数值越小，色彩越暗，越接近于黑色；数值越大，色彩越亮，越接近于白色，亮度示意图如图 2-19 所示。

图 2-18　饱和度（纯度）示意图

图 2-19　亮度示意图

HSV 和 HSL 在色彩表达目的上类似，但在方法上有区别。二者在数学上都表现为圆柱形，如图 2-20 和图 2-21 所示。其中，Hue 表示色相，Saturation 表示饱和度（纯度），Lightness 表示亮度，Value 表示明度。

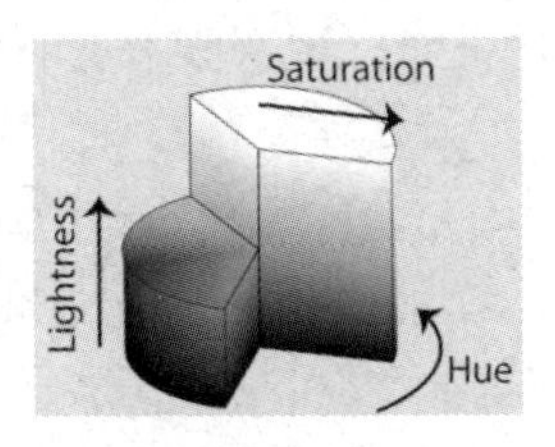

图 2-20　HSL 圆柱形示意图

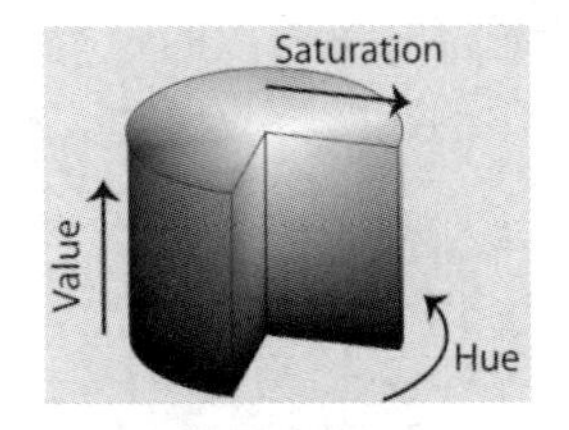

图 2-21　HSV 圆柱形示意图

在 HSL 和 HSV 中，“色相”指相同的性质，它们对“饱和度”的定义是明显不同的。对于一些人，HSL 更好地反映了“饱和度”和“亮度”作为两个独立参数的直觉观念；但是对于另一些人，HSL 的饱和度定义是错误的，因为非常柔和的几乎白色的色彩在 HSL 可以被定义为完全饱和。

2.3.5　XYZ

CIE RGB 空间或其他 RGB 色彩空间的观察者通常由三个非负值的色彩匹配函数集定义，导致其他空间中的三色刺激值对于某些实数可能会有负坐标色彩。因为坐标部分出现负值，在使用和计算方面很不方便，因此 CIE 就对色彩匹配函数进行线性变换，变换到一个所有分量都为正的空间中，而三原色未必是真正的色彩，CIE 选取了三个假想色来作为色彩的三色刺激值，并以 X、Y 和 Z 来表示，变换后的色彩空间就是 CIE XYZ 色彩空间。

在实际应用中，我们无法对色光采用减法，就像屏幕无法显示出负的色彩一样，因此一般不使用线性组合而使用锥组合，在 CIE XYZ 中，RGB 系统基本上由三个非正交基向量定义，如图 2-22 和图 2-23 所示。

在 CIE XYZ 和 CIE RGB 色彩转换的过程中，若需要某个色彩的光，则可通过色彩匹配函数的计算得到 XYZ 数值，转换完成之后得到的是一个线性的 RGB 数值，需要对数值进行

Gamma 校正才能正确显示出 RGB 屏幕上的值。

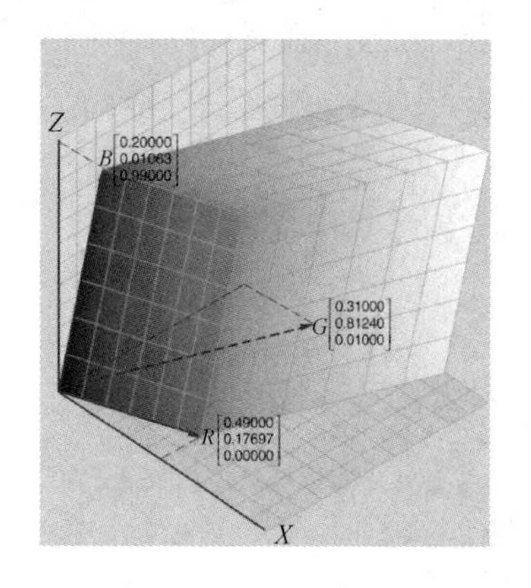

图 2-22　XYZ 系统中的 RGB 色彩矢量立方体

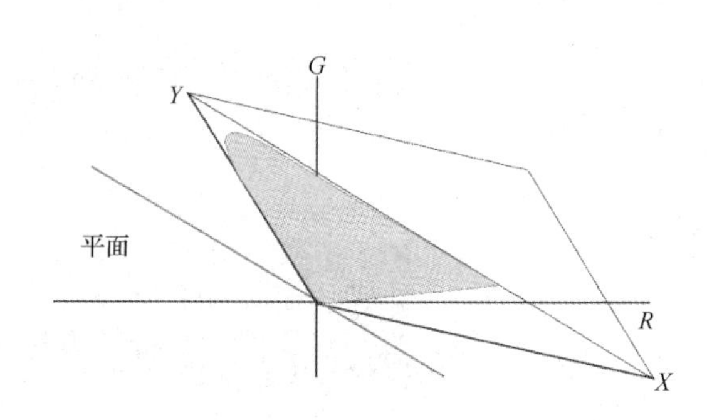

图 2-23　二维的 RG 与 XY 显示

每个 RGB 色彩空间对应的 Gamma 校正公式不一样，一般是 $C = C_{\text{lin}}^{1/\gamma}$，$\gamma = 2.2$，在少数情况下是 $\gamma = 1.8$。在 SRGB 等通行标准中，做了 Gamma 编码，这是为了消除屏幕反光、器件非线性带来的光污染现象，进一步提升编码效率，因为人眼对暗色调相对不敏感，用线性分布的编码在暗部会有较大的浪费；另一个原因是和早期的 CRT 显示器本身的物理特性有关，为了和人眼的亮度响应协调。校正公式如下：

$$\begin{bmatrix} R_{\text{lin}} \\ G_{\text{lin}} \\ B_{\text{lin}} \end{bmatrix} = \boldsymbol{M} \begin{bmatrix} X \\ Y \\ Z \end{bmatrix} \tag{2-33}$$

式中，lin 表示线性空间；$\boldsymbol{M}$ 为转换矩阵。

CIE XYZ 和 CIE RGB 的坐标系可以通过线性方程组进行转换：

$$\begin{aligned} X &= C_{xr} R \\ X &= 0.49000R + 0.31000G + 0.20000B \\ Y &= 0.17697R + 0.81240G + 0.01063B \\ Z &= 0.01000G + 0.99000B \\ R &= C_{xr} X \\ R &= 2.36461X - 0.89654Y - 0.46807Z \\ G &= -0.51517X + 1.42641Y + 0.08876Z \\ B &= 0.00520X - 0.01441Y + 1.00920Z \end{aligned} \tag{2-34}$$

新的色彩空间为了避免混淆，采用三个新的色彩匹配函数来定义：$\bar{x}$、$\bar{y}$ 和 $\bar{z}$，带有频谱功率分布 $I(\lambda)$ 的色彩对应的三色刺激值为

$$\begin{aligned} X &= \int_0^\infty I(\lambda)\bar{x}(\lambda)\mathrm{d}\lambda \\ Y &= \int_0^\infty I(\lambda)\bar{y}(\lambda)\mathrm{d}\lambda \\ Z &= \int_0^\infty I(\lambda)\bar{z}(\lambda)\mathrm{d}\lambda \end{aligned} \tag{2-35}$$

图 2-24 显示了在 380～780nm 之间的（间隔 5nm）CIE1931 标准色度观察者 XYZ 函数。

如图 2-24 所示，新的色彩匹配函数在所有地方均大于零，$\bar{y}(\lambda)$ 色彩匹配函数精确地等

于“CIE 标准适应光观察者”（CIE1926）的适应光发光效率函数$V(\lambda)$。图 2-25 是描述感知明度对波长的变化的空间曲线。

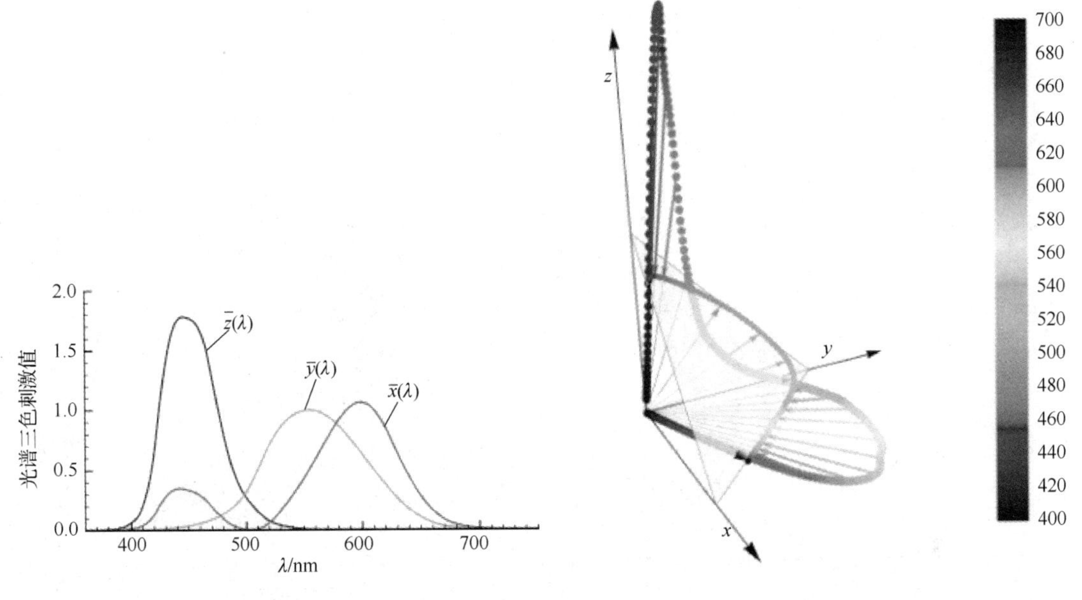

图 2-24　CIE1931-XYZ 表色系统标准色度观察者光谱三色刺激值曲线

图 2-25　CIE XYZ 色彩空间中的纯色光谱图

图 2-25 位于三维空间中，并且轨迹不均匀，导致计算和应用不方便，所以将此曲线投影至平面$x+y+z=1$上进行归一化处理，其中色度值x、y、z取决于色调和饱和度，与亮度无关，因此可以用色度图来指定人眼如何感受给定光谱的光的工具。色度图在感知上不均匀，色度图不能指定物体（或印刷油墨）的色彩，因为在观察物体时观察到的色度也取决于光源。

$$
\begin{aligned}
x &= \frac{X}{X+Y+Z} \\
y &= \frac{Y}{X+Y+Z} \\
z &= \frac{Z}{X+Y+Z}
\end{aligned}
\tag{2-36}
$$

由式（2-27）可知，$r+g+b=1$，因此只需要知道r、g、b中的任意两个值，就可以确定第三个变量，将色彩匹配函数在 r-g 坐标系中画出，就得到如图 2-26 所示的 r-g 色度图。

因为 RGB 色彩空间存在负值，使用不方便，所以在现实生活中，需要一个新的坐标系来表达，即 XYZ 色彩空间，新的色彩空间需要包含原来的所有色域，如果选择色度图上的任意两个色彩点，则可以通过混合这两种色彩形成位于两个点之间的直线中的所有色彩。因此，色域必须是凸形的。通过混合三个光源形成的所有色彩都能在色度图上由光源点形成的三角形内找到，即找到一个三角形包含 r-g 色度图，如图 2-27 所示。

因为$x+y+z=1$，z可以用x、y来表示，如式（2-37）所示。对于恒定能量白点，要求$x=y=z=1/3$。

$$z = 1 - x - y$$
$$X = \frac{x}{y}Y \qquad (2\text{-}37)$$
$$Z = \frac{z}{y}Y$$

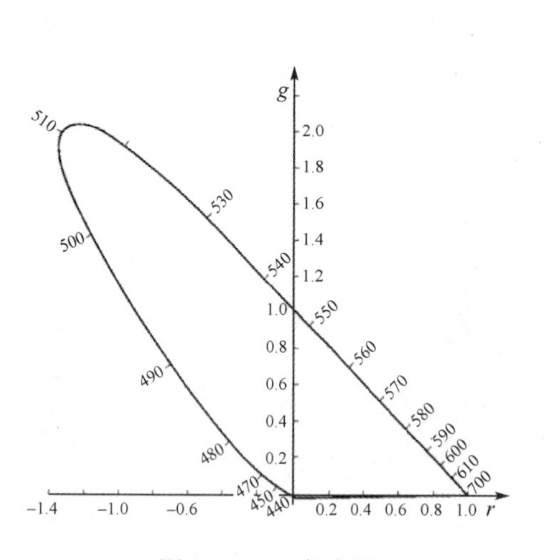

图 2-26　*r-g* 色度图

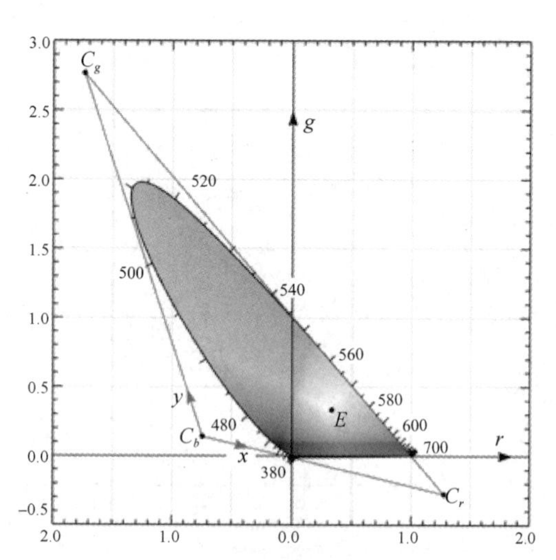

图 2-27　CIE *r-g* 色度图中展示 CIE XYZ 色彩空间的三角形构造

由于 z 可以由 $x+y+z=1$ 导出，因此通常不考虑 z。用另外两个系数 x 和 y 表示色彩，并绘制以 x 和 y 为坐标的二维图形，相当于把 $X+Y+Z=1$ 平面投射到(X, Y)平面，也就是 $Z=0$ 的平面。图 2-28 表示 *x-y* 色度图，图 2-29 表示色调与饱和度示意图。

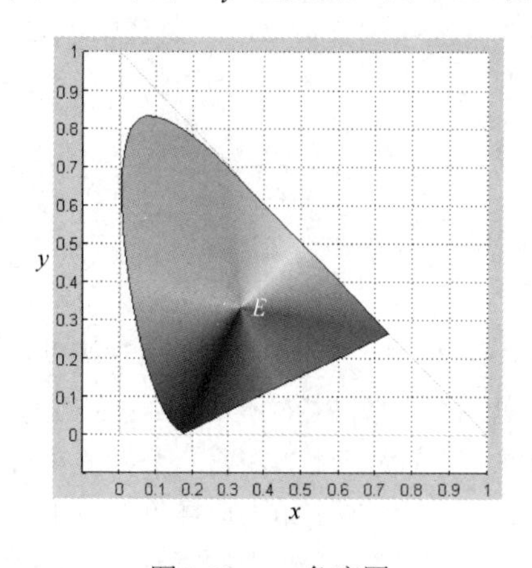

图 2-28　*x-y* 色度图

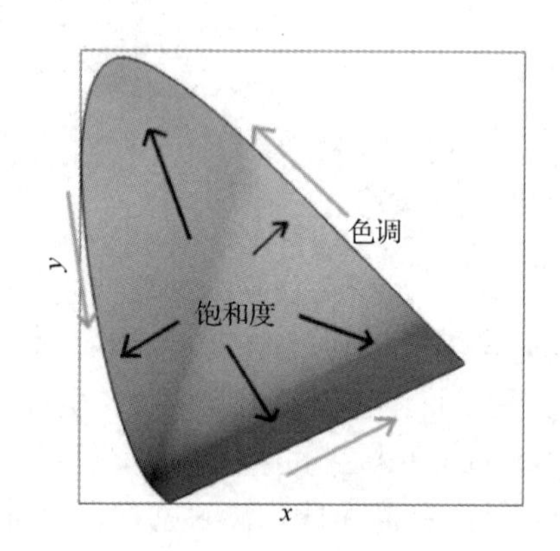

图 2-29　色调与饱和度示意图

图 2-28 中，x 表示红色分量，y 表示绿色分量，E 点代表白光，它的坐标为(1/3,1/3)。色度图包含一切物理上能实现的色彩，其光谱轨迹如图 2-30（a）所示，光谱轨迹代表最大饱和度。图 2-30（b）中标注的数字为该光谱色的波长，380～700nm 表示色调的变化。

在等色调波长线上，彩色光越靠近 E 点表示白光成分越多，饱和度越低，到 E 点变成白光；相反，彩色光越靠近光谱轨迹表示白光成分越少，饱和度越高，即色彩越纯。两种色彩之间的距离和色彩感知的色差有差异，图 2-31 表示 CIE1931-xyY 色度图的感知均匀性。

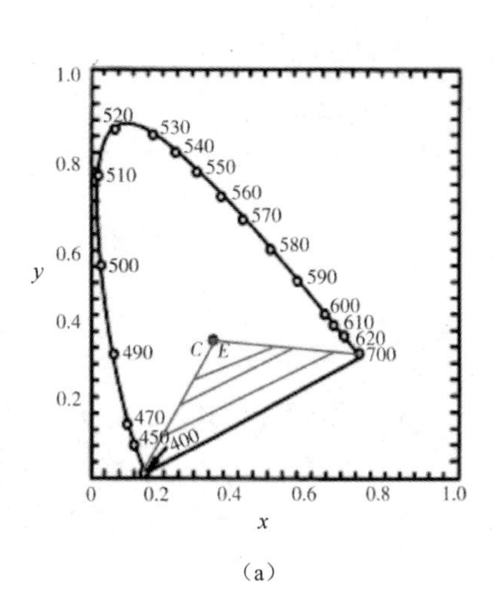

（a）

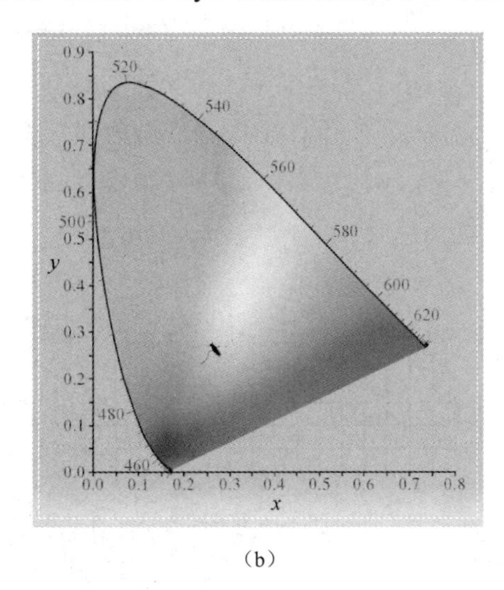

（b）

图 2-30　色度图的光谱轨迹图

CIE1931-XYZ 表色系统光谱三色刺激值和 CIE1931-RGB 之间表色系统光谱三色刺激值之间的转换关系为

$$
\begin{aligned}
\bar{x}(\lambda) &= 2.7696\bar{r}(\lambda) + 1.7518\bar{g}(\lambda) + 1.13014\bar{b}(\lambda) \\
\bar{y}(\lambda) &= 1.0000\bar{r}(\lambda) + 4.9507\bar{g}(\lambda) + 0.0601\bar{b}(\lambda) \\
\bar{z}(\lambda) &= 0.0000\bar{r}(\lambda) + 0.0565\bar{g}(\lambda) + 5.5942\bar{b}(\lambda)
\end{aligned}
\tag{2-38}
$$

CIE1931-XYZ 标准观察者的各参数适用于 2°视场的中央观察条件（1°～4°的视场），人眼观察物体细节时的分辨力与观察时视场的大小有关，实验表明，人眼用小视场（小于 4°）观察色彩时辨别差异的能力较低，当视场从 4°增大至 10°时，色彩匹配的精度和辨别色差的能力都有提高；但视场再进一步增大时，色彩匹配的精度提高就不大了。在 2°和 10°视场下，相同的色彩所呈现的色彩也是不一样的，因此在色彩测量中，也必须标注测量时选用的视场。

1964 年，CIE 定义了一个额外的标准观察者，这次是基于 10°的视野，这被称为 10°视场的“CIE1964-XYZ 补充色度学系统标准色度观察者”，如图 2-32 所示。

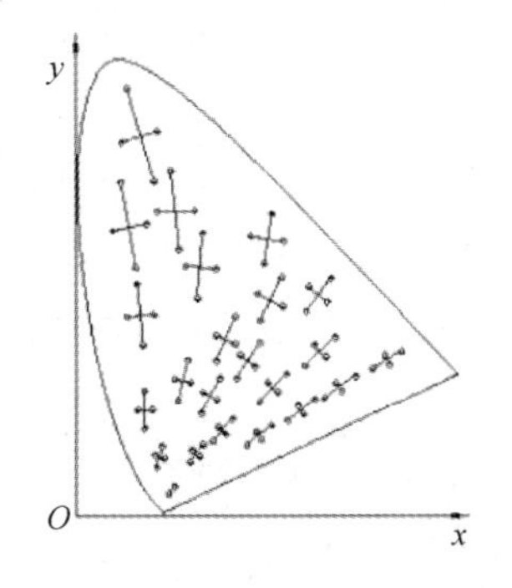

图 2-31　CIE1931-xyY 色度图的感知均匀性

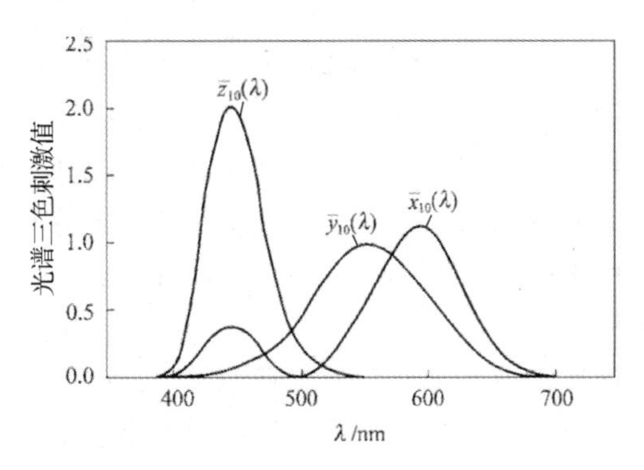

图 2-32　CIE1964-XYZ 补充色度学系统标准色度观察者光谱三色刺激值曲线

CIE1964-XYZ 补充色度学系统标准色度观察者光谱三色刺激值可由 CIE1964-RGB 表色系统标准色度观察者光谱三色刺激值转换，如式（2-39）所示：

$$\begin{aligned}\bar{x}_{10}(v)&=0.341080\bar{r}_{10}(v)+0.189145\bar{g}_{10}(v)+0.387529\bar{b}_{10}(v)\\\bar{y}_{10}(v)&=0.139058\bar{r}_{10}(v)+0.837460\bar{g}_{10}(v)+0.073316\bar{b}_{10}(v)\\\bar{z}_{10}(v)&=0.000000\bar{r}_{10}(v)+0.039553\bar{g}_{10}(v)+2.026200\bar{b}_{10}(v)\end{aligned}\tag{2-39}$$

$x_{10}(\lambda)$-$y_{10}(\lambda)$ 色度图光谱轨迹上的光谱色的色度坐标如式（2-40）所示：

$$\begin{aligned}x_{10}(\lambda)&=\frac{\bar{x}_{10}(\lambda)}{\bar{x}_{10}(\lambda)+\bar{y}_{10}(\lambda)+\bar{z}_{10}(\lambda)}\\y_{10}(\lambda)&=\frac{\bar{y}_{10}(\lambda)}{\bar{x}_{10}(\lambda)+\bar{y}_{10}(\lambda)+\bar{z}_{10}(\lambda)}\end{aligned}\tag{2-40}$$

在 CIE1964-XYZ 补充色度学系统色度图中，等能白光的色度坐标如式（2-41）所示：

$$x_{10E}=0.3333,\quad y_{10E}=0.3333\tag{2-41}$$

在 400～500nm 区间，$\bar{y}_{10}(\lambda)$ 10°视场下的曲线，高于 2°视场的 $\bar{y}_{10}(\lambda)$ 的数值，如图 2-33 和图 2-34 所示。

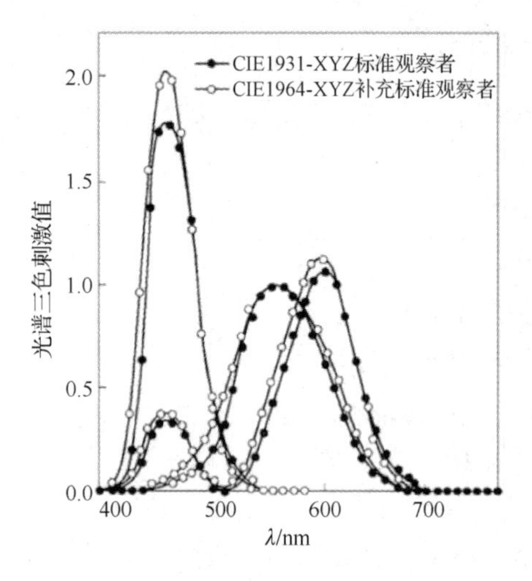

图 2-33　2°视场和 10°视场标准观察者光谱补充三色刺激值曲线的比较

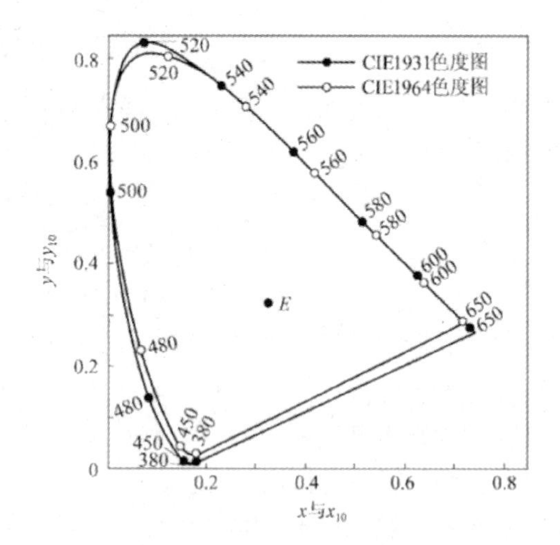

图 2-34　CIE1931 表色系统与 CIE1964 标准色度学系统光谱轨迹比较

2.3.6　CIE LAB

CIE XYZ 解决了 CIE RGB 出现负值的问题，但是由于它计算复杂，存在色彩空间表示和视觉差异等感知均匀性问题，1976 年，专家们对 CIE 1931 XYZ 系统进行了非线性变换得到 CIE LAB 色彩空间，其中，*L* 表示明度，*a* 表示从品红色至绿色的范围，*b* 表示从黄色至蓝色的范围。

CIE LAB 色彩空间建立在 HSV 色彩空间的基础上，用 CIE LAB 色彩空间指定的色彩无论在什么设备上生成的色彩都相同，CIE LAB 用来描述人眼可见的所有色彩的最完备的色彩模型，作为与设备无关的模型参照。CIE LAB 的非线性关系模拟人眼的非线性响应。CIE1976 LAB 色彩空间是由 CIE XYZ 色彩空间经过数学转换得到的，转换公式为

$$L^* = 116(Y / Y_0)^{\frac{1}{3}} - 16$$

$$a^* = 500[(X / X_0)^{\frac{1}{3}} - (Y / Y_0)^{\frac{1}{3}}] \tag{2-42}$$

$$b^* = 200[(Y / Y_0)^{\frac{1}{3}} - (Z / Z_0)^{\frac{1}{3}}]$$

且

$$f(K) = K^{\frac{1}{3}},\ K > (6 / 29)^{\frac{1}{3}} \tag{2-43}$$

否则，

$$f(K) = \frac{1}{3}\left(\frac{29}{6}\right)^2 K + \frac{16}{116} \tag{2-44}$$

式中，X、Y、Z 为物体的三色刺激值；X_0、Y_0、Z_0 为标准照明体（参照白点）的三色刺激值。在上述转换过程中发生了三次方根的运算，这种非线性变换会导致原先的马蹄形轨迹不能保持原样，以笛卡儿直角坐标系来建立新的色彩空间，新的坐标系中包含三对对立色，红对绿、蓝对黄、黑对白。

CIE LAB 色彩模型也称视觉三色模型，对色系统连接起来可以检测视锥细胞的差异。CIE LAB 色彩空间中的 L 分量用于表示从纯黑到纯白的亮度，为黑通道，取值范围为[0,100]。a 描述的是红绿通道，$+a$ 表示红色，$-a$ 表示绿色，取值范围为[−127,128]；b 描述的是黄蓝通道，$+b$ 表示黄色，$-b$ 表示蓝色，取值范围为[−127,128]，如图 2-35 所示。

同样是±0.01 的差值变化，如果这个色彩本来属于绿色区域，那么变换后的色彩人眼感觉变化不大；如果这个色彩本来属于蓝色区域，那么变换后的色彩人眼就容易分辨。对 CIE XYZ 色彩空间进行非线性变换后的 CIE LAB 色彩空间解决了感知不均匀的问题，采用 MacAdam 椭圆描述的色彩差异度量线性化的色彩差异感知，人眼的感知变化与 CIE LAB 色彩空间同步，所以在 CIE LAB 色彩空间中，可以以点作为三维空间中的每个色彩，这样色彩差异就可以变现为空间中的欧几里得距离，如图 2-36 所示。

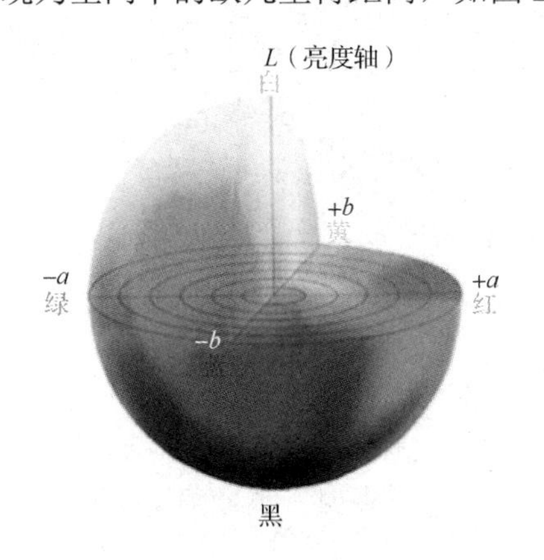

图 2-35　CIE LAB 色彩空间表示

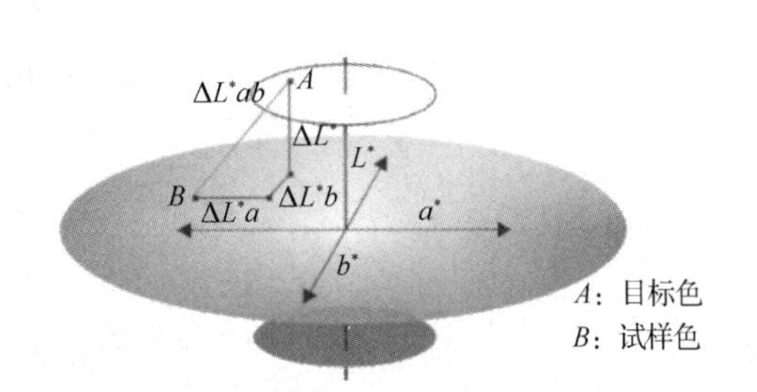

图 2-36　CIE LAB 色彩空间色彩差异示意图

若 CIE LAB 色彩空间中的两个色彩坐标表示为(L_1^*, a_1^*, b_1^*)和(L_2^*, a_2^*, b_2^*)，它们之间的欧几里得距离表示为ΔE（常被称为“Delta E”，或者ΔE_{ab}^*），则有

$$\Delta E_{ab}^* = \sqrt{(L_2^* - L_1^*)^2 + (a_2^* - a_1^*)^2 + (b_2^* - b_1^*)^2} \tag{2-45}$$

麦克亚当椭圆在这里的意义类似于微分几何中的度规张量（Metric Tensor），CIE LAB 色彩空间的感知均匀性用微分几何的观点来看就是映射关系更为平坦。

从 CIE LAB 色彩空间的 L 轴方向的垂直截面得到的圆形为 CIE LAB 色度图，如图 2-37 所示。

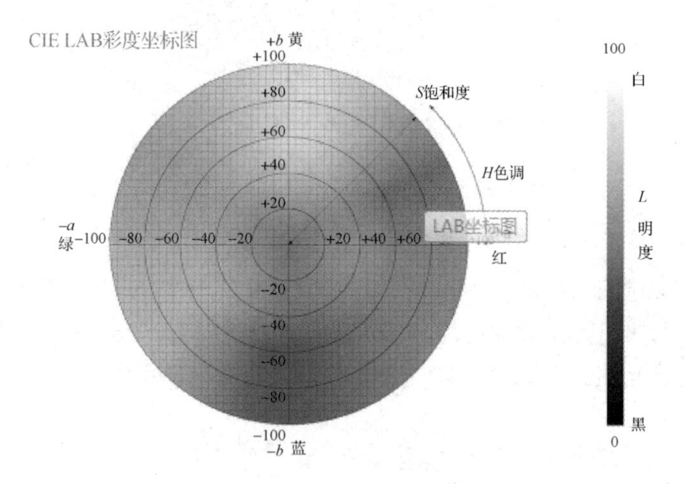

图 2-37　CIE LAB 彩度坐标图

圆心饱和度最低，沿着半径方向饱和度逐渐增大；圆周方向表示色相的变化，色相是由角度来表示的：

$$\text{Hub} = \arctan(b / a) \tag{2-46}$$

2.3.7　CMYK

在印刷中，根据色料混合的相关实验，以黄色（Y）、品红色（M）、青色（C）三种色料为基础，以任意两色或者三色按照不同的比例相混合，可以调配出其他所有色彩，也将黄色（Y）、品红色（M）、青色（C）称为色料三原色，也称为减色法的三原色，如图 2-38 所示。

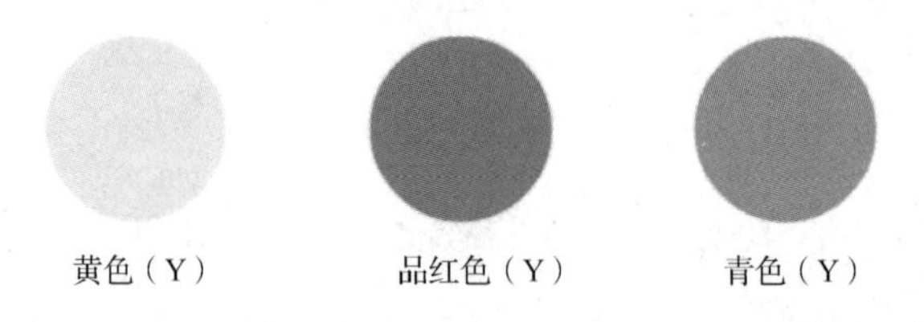

图 2-38　色料三原色

色料的重叠区域为色料相加区域，使色彩变暗，三原色混合得到复色，色料混合时吸收了相应的色光，使光能减弱，所以该方法也称减色法。理论上来说，等量的 C、M、Y 墨混合得到等量的 K 墨，但是一般来说不会产生纯净的 K 墨。

印刷生产中，K 墨的更多替代品起到了节省油墨的作用，还可以提高生产效率和生产质量，印刷生产中对油墨的节省主要通过分色技术中心的灰色成分替代（GCR）和底色去除（UCR）来实现，本质来说都是用 K 墨替代部分或者全部彩色油墨叠印形成中性灰色。印刷就是通过 C、M、Y、K 四色印版上的网点转印油墨到承印物上得到所需图像的色彩和阶调，在 CMYK 色彩空间中，CMYK 值对应唯一的印刷品色。

印刷的色彩是基于油墨的特性、纸张、打印的设备等实现的，不同印刷条件打印同一个样品的结果是不一样的，这说明 CMYK 色彩空间和 RGB 色彩空间一样是与设备相关的。CMYK 色彩空间是用 C、M、Y 作为三维坐标，用纵向方向作为黑色的浓度，变化范围为 0～100%，如图 2-39 所示。

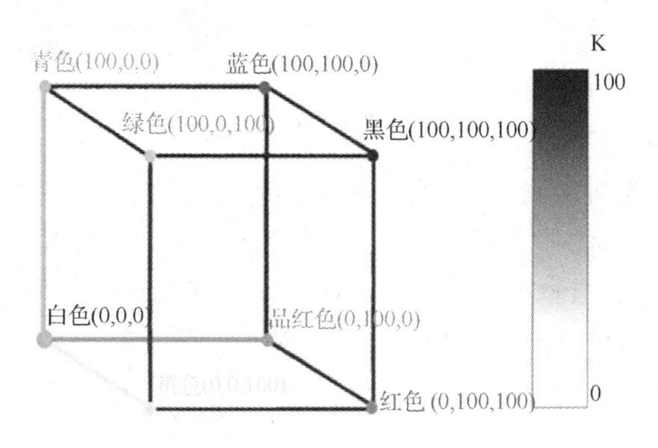

图 2-39　CMYK 色彩空间模型

2.3.8　孟塞尔色彩标准

除 CIE 的标准色度系统表色法之外，还有很多的表色方法，如美国画家孟塞尔于 1925 年创立的表色系统——孟塞尔色彩系统表色法。它是一套以心理学角度定位的、根据色彩特点所制定的色彩分类和标定系统，类似于三维球体的空间模型，将色彩的色相、饱和度及明度表现出来。全套体系由色彩立体模型、色彩图册和色彩表示说明书构成。

孟塞尔在从红到紫的光谱中，等间地选择 5 个主色相，即红色（R）、黄色（Y）、绿色（G）、蓝色（B）和紫色（P）。相邻两色之间相互混色又得到：黄红色（YR）、黄绿色（GY）、蓝绿色（BG）、蓝紫色（PB）和紫红色（RP），首尾相接，构成一个色环，为孟塞尔色相环，这 10 个色相又细分为 10 个等级，共 100 个中间色相。在每个色相中，10 个等级中的第 5 级定位这个色相中的代表色，如 5R、5Y、5BG、5GY 等。孟塞尔色相环如图 2-40 所示。

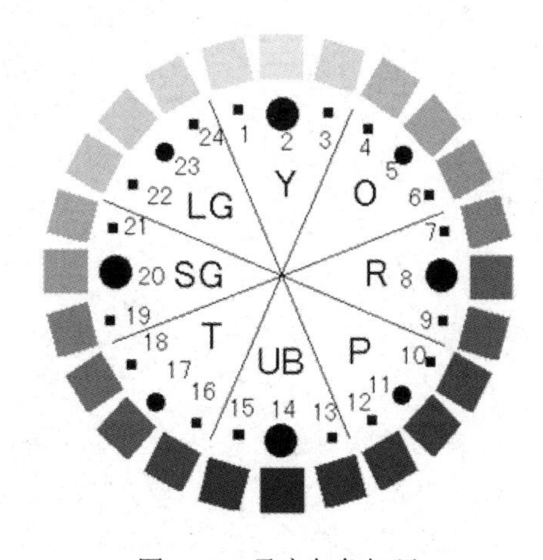

图 2-40　孟塞尔色相环

孟塞尔色彩图册共分为 40 个色相，任何色彩都用色相、明度、饱和度表示，如 5R/4/14 表示色相为第 5 号红色，明度为 4，饱和度为 14，该色为中间明度，饱和度为最高的红。最纯的 10 种色彩表示如图 2-41 所示。

图 2-41　最纯的 10 种色彩表示

孟塞尔体系的球状空间模型，用旋转直角坐标的方法，组成了一个类似球体的立体模型，如图 2-42 所示。孟塞尔色彩立体纵向的色彩明度色阶共分为 11 级，由于理想白与理想黑不存在，故只存在 1～9 级，中心轴的顶端为白色，中心轴的底端为黑色。

若从对应的色相方向将孟塞尔色彩立体垂直剖开得到 40 个色相的样品图，每个色相为图册的一页，共 40 页，即孟塞尔色彩图册，图 2-43 为孟塞尔图册的某一页。

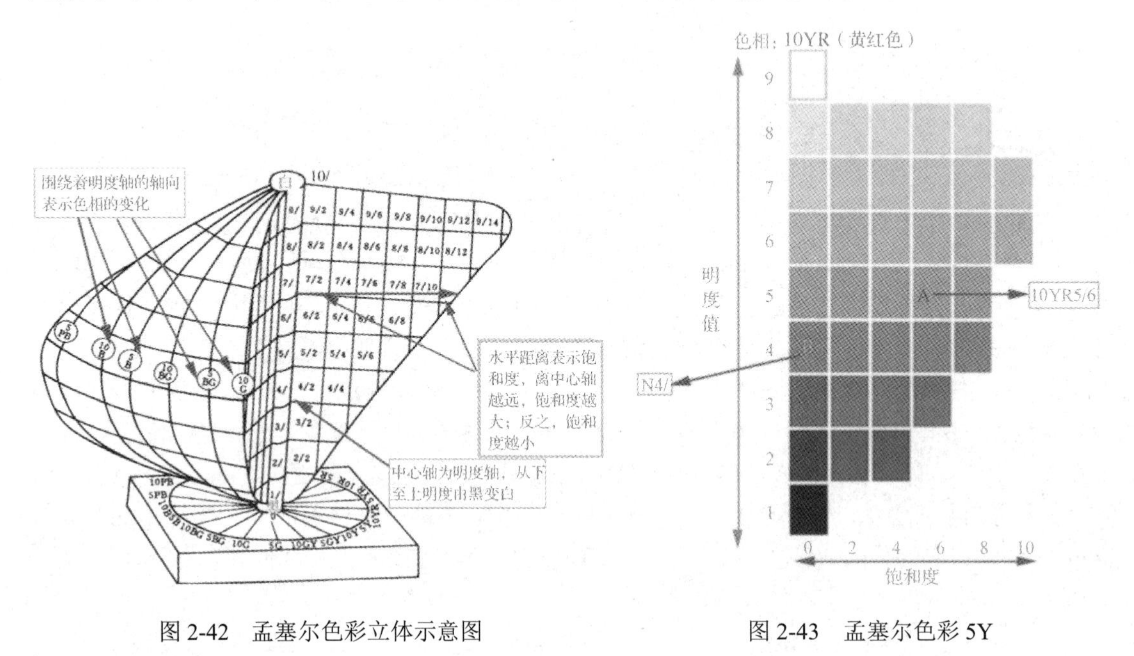

图 2-42　孟塞尔色彩立体示意图　　　　图 2-43　孟塞尔色彩 5Y

2.4　彩色图像复制

2.4.1　色彩复制

在通常情况下，色彩复制是将场景或对象进行转换以尽可能忠实地呈现原稿，这个过程是通过信息链的传递来完成的。并且在多数情况下，感光材料（溴化银或透明/正片）被用作中间载体，感光材料在整个复制过程中，如图像处理、网屏处理、材料、传递特性和其他参数也起着重要的作用。

对于忠实复制的一种简洁性的描述为产生相同的光谱，虽然这在实际中无法实现。忠实复制能够在所有光照条件下使得复制品的效果与原稿相同，并且在制作合适的样张时，该要求显得尤为重要。

在对报纸和杂志进行编辑时，通常要求原稿的复制图像要具有吸引力。因此，此时就可用“感染力”或“主管优化”这些术语来表达其效果。

在多数情况下，图片机构提供的电子图片比印刷时采用的色域要大很多，因此在将图像文件转换到印刷文件时，就需要采取折中的方法。不同复制方法在 CIE LAB 系统中的色域如图 2-44 所示。

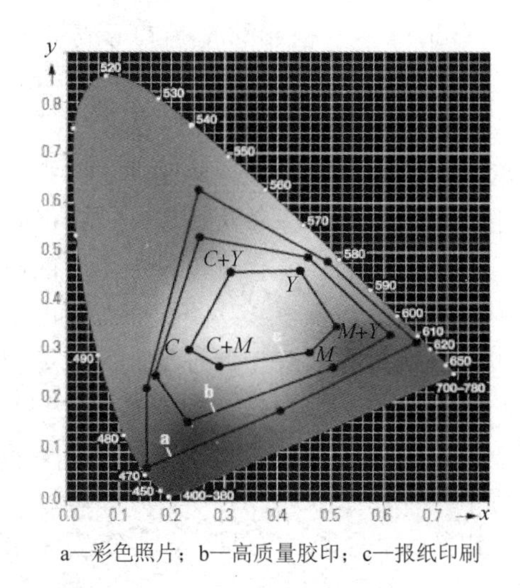

a—彩色照片；b—高质量胶印；c—报纸印刷

图 2-44　不同复制方法在 CIE LAB 系统中的色域

在主观优化或忠实复制中必须确保说明书和广告中所展示的公司产品与制造商的色彩要求一致。为了遵循共同的指导方案，视觉匹配的方法就是附加专业色谱样本的色样。例如，若某公司的专用色彩不能满意地从三原色中混合出来，那么就需要增加一个单独的色彩（也称专色）才能达到所需要的结果。通常在图像信息数据的分色中不考虑专色，而且专色只用于产生单独的色版。

在忠实复制的条件下，很大程度上可采用自动的方式；而在主观优化的条件下，由于图像处理的自动分析和优化法的发展只有几年的时间，还不能取代手动处理，因此即使是训练有素的图像处理专家也不可避免地需要进行手动调节。

影响色彩复制质量的主要因素有油墨、承印物、印刷工艺、印刷条件、原稿特性及粉色参数等。在这些因素中，油墨和承印物的色彩特性对复制色域有最主要的影响。其他影响色彩复制质量的因素，如加网技术，也起着重要的作用。例如，在传统调幅加网中，加网线数、加网角度及网点大小都将影响印刷品的质量。

如果要复制一个物体，那么在整个复制过程中，曝光时物体的照明、可能存在的反射、对比度及光源的色温都将对结果产生影响；而在这个过程中，感光材料仅作为中间信息的载体。

影响色彩复制质量的主要因素还有实际的色彩被分解或分色的过程。需要强调的是，多色印刷主要是三色复制的过程（所有色彩都是由三原色混合而成的），尽管在实际生产中加入了第四个色彩“黑色”，但是“色彩信息是由三原色组成的”这一基本事实并未改变。因此为获得忠实复制的印刷品，在分色中完成分色作用的滤色片必须与油墨相适应。若该适应性不好就需要进行色彩转换。

2.4.2 分色

在彩色图像的合成中，分色是以减色混合为基础的。在多色印刷中，在某种程度上网点是相互独立的，但也有可能重叠；并且减色法混合（单色网点的叠印）和加色法混合（观察者观察到的半色调网点的单色的综合效果）都有可能发生在印张上。

在具有感应磷图层的彩色显示屏中，相邻的光栅点形成了一个类似的加色法混合效果（而在印刷中，被照射的半色调网点/彩色区域，反射其光线到达人眼，在人眼中形成相应的色刺激）。

在印刷过程中，施加到承印物上的墨层必须是透明的，即按减色法混合的物理原理才会有效（类似滤色片）。在完全叠印的大面积色彩中，会产生特有的减色法混合。在该情况下，如果只有减色法混合，那么所得混合色的亮度会随着墨层厚度的增大而减小。

在多色印刷的加网过程中，网屏结构和色彩套印的调整不可避免地会产生一个不同于加色法和减色法的复杂组合，这就需要对油墨的光谱特性提出特定的要求，即无论承印材料上的网点是相邻的（加色法）还是叠加的（减色法），观察者感受到的色彩都是相同的。而要达到这一要求，需要理想的原色具有矩形的光谱分布，并且不连续的值必须在 0 和 1 之间，且间断点不能超过两个。必须将不连续点与三原色光谱分布相适应，而且要选择出间断点使得生成的实地色彩的色彩范围尽可能大。经测试表明，第一个理想间断点在 489～495nm，第二个在 574～575nm，相应的光谱分布如图 2-45 所示。

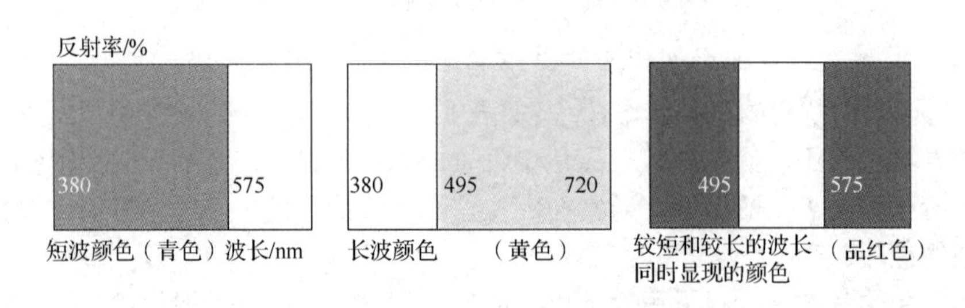

图 2-45　理想色彩的光谱分布（相对光谱反射）

通过理想色彩能够很容易地计算出色彩复制。若把品红色、青色和黄色作为油墨，则通过减色法可以由三原色混合产生红色、绿色和蓝紫色。如果把三原色的位置及第一次减色混合的色彩位置加入 $u'v'$ 坐标平面中，可以发现，原色恰好位于混合色的连线上。如图 2-46 所示，图中 E 点（中性色）由原色和相对的混合色连接得到。将三原色以相同的比例混合可以得到理想的中性灰；而色域则由 $u'v'$ 坐标平面中三角形的位置和大小来确定。图 2-46 是用 u'、v' 系统的投影来替代 x、y 系统的投影。

在这个理想的色彩转换中，将 RGB 数据和 CMY 数据进行转换就变成一个很微小的操作。第一代 PostScript 页面描述语言的色彩转换程序就是根据这个简单的色彩光谱分布模型选择出的：

$$C=1.0-R$$

$$M=1.0-G \quad (2\text{-}47)$$
$$Y=1.0-B$$

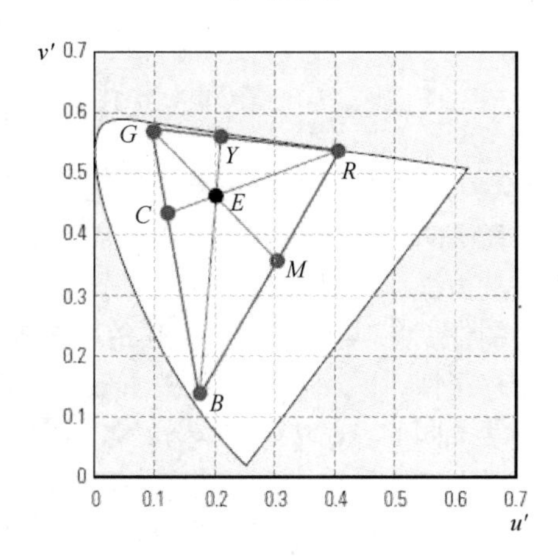

图 2-46　三原色及其减色法的混合色的位置

图 2-47 给出了实际的三原色的典型光谱分布，它同时说明了与“理想色彩”的间断点。从图 2-47 中可以得出，实际的三原色并没有反射或吸收光谱的理想成分，并且还产生了大量不需要的负效应光谱，这就导致了无法获得印刷理论中可实现的色域。

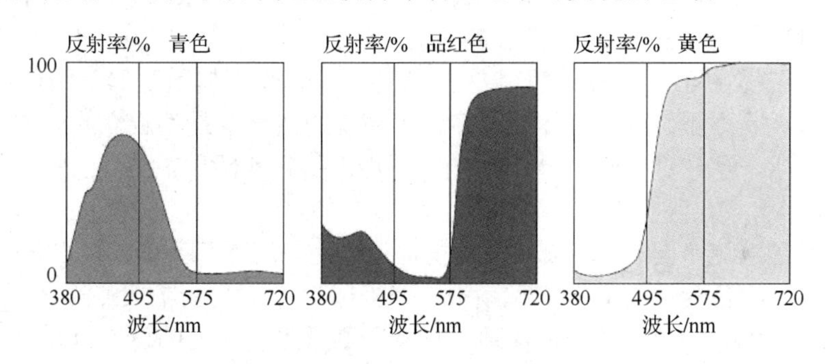

图 2-47　多色印刷中油墨的光谱分布

此外，在印刷色彩区域内，加色法混合产生的效果与减色法混合产生的效果并没有产生相同的色彩，这就使得在加网过程中导致了图像合成上的偏差。这也就是相同比例的三原色无法生成中性灰，并且 RGB 值也不能仅通过“转换”来变成 CMY 值的这一事实。

在实际生产中，将不同比例的三原色的确定组合能够生成一个中性灰（如胶印中获得一个深灰的分色版/胶片值为：青色 70%，品红色 60%，黄色 60%；浅灰的分色版/胶片值为：青色 24%，品红色 18%，黄色 18%）。这些数据考虑了实际印刷中三原色的色彩特性，并作为一种确定灰平衡过程的有效控制工具。然而它不能直接转换为其他色彩标准和印刷方式，但对于理想油墨是可行的。

概括可得，在印刷中理想三原色组合的需求如下。

（1）三原色的光谱反射系数或吸收特性应与理想原色尽可能接近。

（2）三原色位置的选择应尽可能产生大的色域。

（3）在印刷中，相同比例的三原色通过加色法或减色法混合，应该产生一个尽可能中性的灰色调（在理想的承印材料上）。

在色彩环或色彩空间中，一阶混合色（二次色）应尽可能位于两个原色的中间位置。

2.4.3 复制工艺

与选择理想的基色和分色滤色片相似，在色彩复制过程中，制版过程和材料的协调也是十分重要的。通过拍照将一个真实的场景转换为一个印刷品，其中包含了一个多级信息的传递链。这个链的接口和参数通常由操作者进行有目的的干预。

在实际生产中，如果一些图像变化/复制是不可变化的（静态的），那么就需要链条中的其他可操作链环来适应这个静态特性。因此，只有某些真实的颜料可用于印刷油墨，但它们的光谱特性与最佳的原色是非常不同的。所以在制作分色胶片时，在假定理想的色彩方案下，分色滤色片就必须以“错误补偿”的方法来适应这些特性。

调整阶调或反差曲线可以适配复制技术中的有关技术环节，并且该技术已经在实践中证明了其价值。而在实际中，用户在对模拟信息传递链的精细协调几乎没有其他选择。正是因为这个原因，CMYK 的分色数据使用极其广泛。

尽管从信息论的观点来看，RGB 或 CIE LAB 色彩系统中的图像数据的处理具有许多好处，但是经验丰富的专家最终还是选择印刷基色用于处理数据，一方面是因为他们可以在最终色调上进行干预调整；另一方面是因为在没有实际色彩管理的系统中，调节 RGB 的色调不可能对 CMYK 色彩系统产生特定的影响。

现在的复制技术得出了基色的色调足以代表一个图像复制系统的复制曲线的投影这一假设。但是种假设是不正确的，至少在许多输出系统的情况下是不成立的（如胶版印刷和其他传统的印刷技术，但主要在无压印刷系统的情况下）。在实际中，混合色彩的色调并不与原色呈比例变化。

为了更好地理解这个问题，就需要借助视觉等距的色度参考系统（如 CIE LAB）。要做到这一点，就需要一个色度计和 Lab 坐标系中 7 个坐标点在 a^*b^*上的投影平面，来确定青色、品红色、黄色、红色、绿色、蓝色的实地面积及印刷纸张空白处的色彩位置。如果确定了 6 个单色色调的实际 Lab 坐标，那么就能够产生起始于白点（纸张的色彩），终止于实地面积的 6 条曲线。从图 2-48 中可以得出，三原色和二次色的色调呈非线性变化。

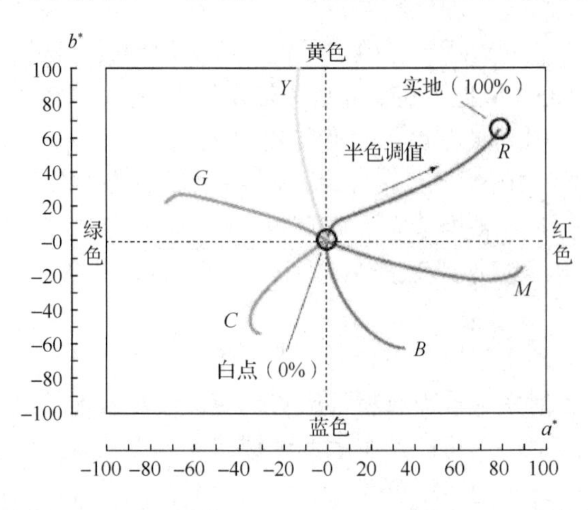

图 2-48 在 CIE LAB 系统中，三原色 CMY 及其叠印的间色 RGB 在色彩空间的色调曲线

假设在 CIE LAB 图中，色度的投影在视觉上是等距的，那么就可以得出这样一个结论，即原色的色调不足以代表满足复制要求的特性曲线。这种特性在许多输出系统中是相当典型的。因此基于色调变化的图像调节是不可靠的。由于缺乏其他合适的方法，因此该技术在模拟复制技术中还是十分必要的，但几乎不用于数字处理。而实践证实了，专业人员在色调上的有意干预措施更多的是依靠直觉，很少依靠数字。

通过色调曲线来协调处理模拟和数字中的子模块也被称为特性曲线的传递。它可由密度计或类似密度计的设备来控制（如图像处理软件），但只能在下列严格条件下成立。

（1）在子模块中使用相同的色彩模式（如 CMYK）。

（2）三原色的色彩位置相同。

（3）子模块具有相同的复制特性曲线。

只有当上述条件都满足时，设备才能通过色调曲线/特性曲线来适配，而在其他情况下就需要运用更加复杂的色彩空间转换，需要色度计来确定色彩空间转换的参数。

只有在采用相同的色彩模式下，色调曲线才能用于过程控制。由于在复制过程之前已经产生了 4 个相关分色通道和印刷系统的 CMYK 色彩空间转换，因此只要协调胶片到印版的工艺或印版到印刷品的工艺就能够轻松地满足这些要求。在这种情况下，原色的色彩位置并没有发生改变。在数字印刷系统的控制中，常常会出现许多不同的情况，如 PostScript 数据文件。如果利用 RGB 数据来控制打印机，那么该输出就不能只通过色调曲线来变成打印机的 CMYK 数据，因此就不能满足特性曲线的传递的第一个条件。

即使信息传递链的两个子模块的色彩模式相同，特性曲线的传递也不可能实现。事实上，有两种基于 CMYK 的印刷系统可用于适应彩色复印机到胶版印刷的复制，但通常三原色的色彩位置有很大的差异，因此不能满足第二个条件。

近年来，基于 NIP 技术的数字印刷系统不再通过选择特别合适的着色剂来调节适合印刷复制过程中的色度特性。在此就用到了借助于色彩管理系统和色度测量技术的多维色彩转换调节设备。

2.4.4　K 版

从根本上说，多色印刷中采用的黑色是用黑色油墨直接生成的，它用来减少用三原色生成黑色或灰色的技术花费，并用来减少高质量彩色油墨的使用；K 版可降低油墨缺陷及分色制版误差给彩色复制带来的影响，可减轻暗调部分的偏色现象，以及稳定中、暗调颜色；K 版还能加强中间调和暗调层次，增大图像密度和反差。

控制黑色分色版有多种方式，即使用青色、品红色、黄色和黑色来完善彩色结构。

- 由底色去除（UCR）组成的彩色结构。
- 非彩色结构（或 GCR：灰成分替代）。
- 由底色增益（UCA）组成的非彩色结构。

这些过程会由以下的例子来说明（图 2-49 只是给出了一个例子，并没有精确的度量和全面的理解）。

1．彩色结构

在彩色结构中，所有的色相（色调）都是由三原色青色（C）、品红色（M）、黄色（Y）组成的。黑色（K）也可能被用于强调图像的暗调，改善图像的轮廓。暗色调是通过将三原色以适当的比例混合而来的。

例如，若要印刷较深的青色，则根据所需要的黑度值，将品红色和黄色等量地加入青色，但所加的品红色和黄色的量都要小于青色。这部分品红色和黄色与其等量的青色混合成黑色，从而这混合而成的黑色就使得剩余的青色色彩加深。该情况可以通过一个例子来清楚地表达。图2-49（a）中的棕色是由70%青色、80%品红色和90%黄色组成的，因此总覆盖面积为240%。在这当中没有使用黑色。但由于三个色彩的比例都很高，因此就不能容易地保持色彩平衡。

在图2-49（a）中棕色的彩色结构包含彩色部分和非彩色部分。其中非彩色部分由70%青色、70%品红色和70%黄色组成，它们在叠印后产生了一个很接近灰色的色彩，而剩下的10%品红色和20%黄色就形成了彩色部分。

2．底色去除

底色去除是彩色结构的一种变形，非彩色部分中的一部分由黑色来替代。假设在图2-49（b）中的棕色采用30%的底色去除，因此由青色、品红色、黄色组成的非彩色部分就从70%减少到40%，减少的部分就由黑色来替代。因此覆盖面积就不再是240%，而是180%。由于大大降低了油墨沾污的危害（收纸时已印刷的图像转移到上一张纸的背面）且更容易把握色彩平衡，因此底色去除大大简化了印刷机的任务。

3．非彩色结构

与彩色结构不同，在非彩色结构原理中，所有非彩色成分都由黑色来替代（GCR：灰成分替代）。因此色彩的加深不再通过增加彩色的方法来实现，而是通过使用黑色来实现。图2-49（c）中的棕色只由品红色、黄色、黑色组成，且覆盖面积仅为100%。因此在全图和全色调中，青色、品红色、黄色的比例大大降低，印刷过程更加稳定，油墨的吸附程度也显著地提高。

4．底色增益

底色增益（UCA）是非彩色结构的一种变形。如果中性黑的油墨不充足，为了强调中性灰图像的暗调，在非彩色部分增加青色、品红色和黄色的比例并降低黑色的成分，如图2-49（d）中C、M、Y增加比例和K下降比例均为25%。在图像构成中，该方法被广泛地使用并在实践中证明了其价值。通过这种方法，图像质量和印刷品质量能够很好地保持一致。

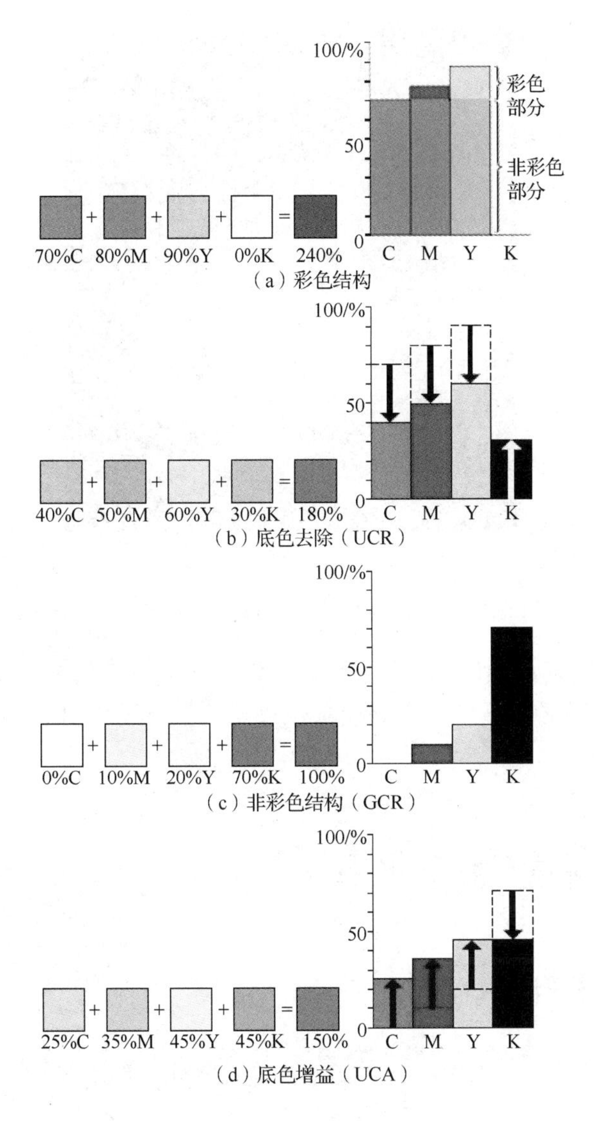

图 2-49 以棕色的多色印刷为例，确定黑色分色版的示例

2.4.5 高保真彩色印刷

为了在多色印刷中获得更大的色彩范围，其目标就需要做到以下几点。

（1）尽可能与人眼视觉敏感性所反映的色彩空间相一致。

（2）获得高级显示器或照片的色域。

（3）对于特殊的印刷行业甚至可以利用超过四色的色彩来完成（如在 CMYK 色彩系统中添加补色系统中的 R、G、B）。

例如，印刷作用可以采用 7 个印刷机组的单张纸胶印机来完成，这也被称为高保真彩色印刷。在图 2-50 中就描绘了该方法在 CIE 标准色彩空间中的色域与传统多色印刷的比较。

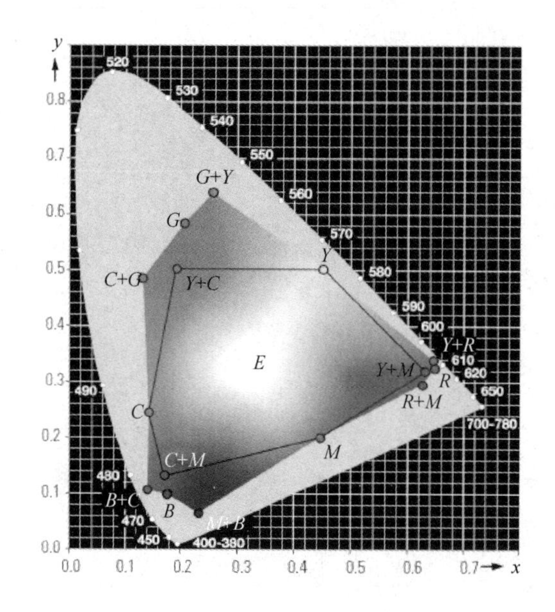

图 2-50　在 CIE(*x*,*y*,*Y*)色度图中，高保真彩色印刷（CMY+RGB）与传统多色印刷的比较

使用六色印刷的方式，即除 C、M、Y、K 外再加上两种色彩，也能扩大色彩范围。因此在高保真彩色印刷中，也存在“高保真六色系统”，如用橙色和绿色这样的专色来进行印刷。

2.5　色彩的测量与评价标准

2.5.1　标准照明体

在影响物体色彩的波长范围内，具有某一特定的相对功率分布，定义为照明体，黑体轨迹和照明体如图 2-51 所示。

标准照明体 A，代表绝对温度为 2856K 的完全辐射体的光。

标准照明体 B，代表相关色温为 4847K 的直射阳光，相当于中午的太阳光，其色度点紧挨着黑体轨迹。

标准照明体 C，代表相关色温为 6774K 的平均日光，相当于阴天天空的光。

标准照明体 D，代表除标准照明体 D_{65} 外的其他日光，如 D_{55}、D_{75}。它们的相关色温为 5000K、5500K、7500K。

标准照明体的相对功率分布曲线如图 2-52 所示。

实践表明，标准照明体 C 在测量中普遍采用，在色度学领域内，A 和 D_{65} 是应用最广泛的标准照明体。

光源是指可以观察的产生辐射功率的物体，有人造光源和自然光源之分。标准光源用人造光源来实现 CIE 标准照明体的相对光谱分布。CIE 推荐的标准光源有 A 和 C。

标准光源 A 由相关色温为 2856K 的充气螺旋钨丝来实现。

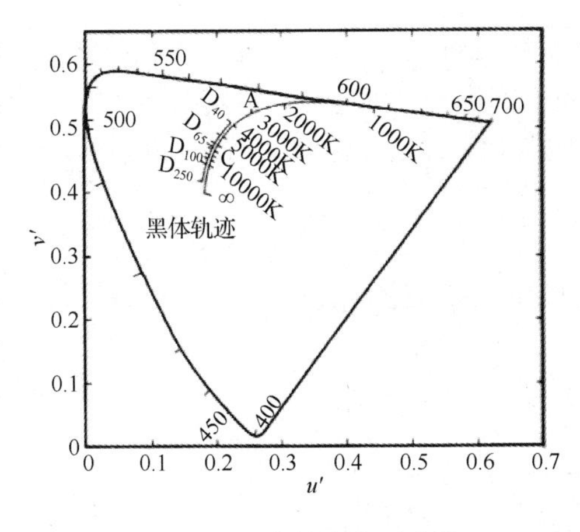

图 2-51　黑体轨迹和照明体

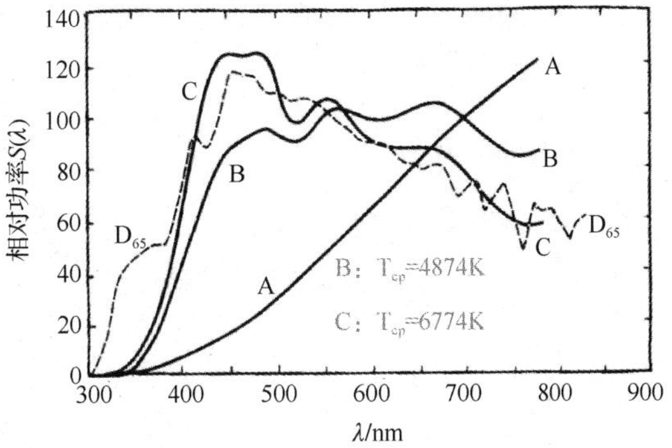

图 2-52　标准照明体的相对功率分布曲线

标准光源 C 由标准光源 A 结合一定特定的戴维斯−吉伯逊液体滤光器实现。

但是标准光源的价格昂贵，是普通照明灯的几十倍，一般采用北窗下的日光灯，避免在强烈日光直射的条件下评价色彩。

2.5.2　色差

1．CIE1976-LAB 色差

CIE1976-LAB 色差其实就是均方误差：

$$\begin{aligned}\Delta E &= \sqrt{(L_2^* - L_1^*)^2 + (a_2^* - a_1^*)^2 + (b_2^* - b_1^*)^2} \\ &= \sqrt{\Delta L^{*2} + \Delta a^{*2} + \Delta b^{*2}} = \sqrt{\Delta L^{*2} + \Delta C_{ab}^{*2} + \Delta_{ab}^{*2}}\end{aligned} \quad (2\text{-}48)$$

因为三个通道对人眼的影响是不同的，并且同一通道不同取值范围对人眼的影响也不同，不同区域的等色差示意图如图 2-53 所示。

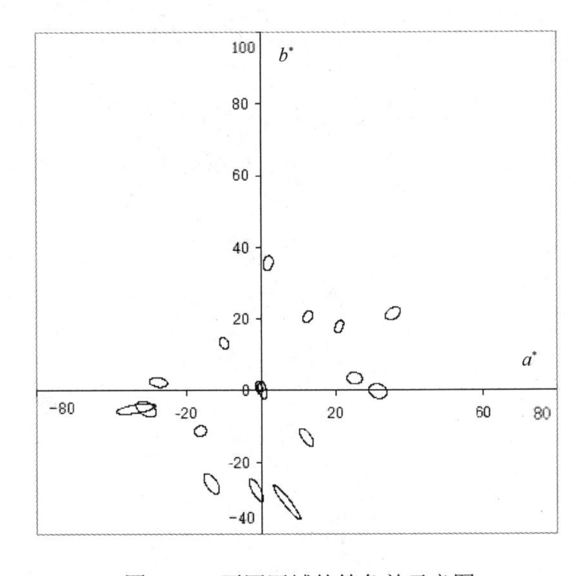

图 2-53　不同区域的等色差示意图

图 2-53 中，横轴为 a^*，纵轴为 b^*，椭圆面积越大，表示人眼对高彩度的敏感度越低。对于低饱和度的色彩，椭圆的形状变得接近圆形；对于高饱和度的色彩，椭圆在饱和度方向变得更长，在色调方向变得更窄。在色调方向上，椭圆越窄，饱和度越低，色差的敏感度越高。

2．CIE94 色差

CIE94 色差基于 CIE LAB 色彩空间，在 CIE1976-LAB 色差公式的基础上进行了修改，CIE94 引入了 ΔV，即色差的视觉量化值。

$$\Delta V = K_E^{-1}\Delta E_{94}^* \tag{2-49}$$

CIE94 公式如下：

$$\Delta E_{94}^* = \sqrt{\left(\frac{\Delta L^*}{K_L S_L}\right)^2 + \left(\frac{\Delta C_{ab}^*}{K_C S_C}\right)^2 + \left(\frac{\Delta H_{ab}^*}{K_H S_H}\right)^2} \tag{2-50}$$

$S_L = 1$，如果色差刺激符合参考条件，则 $K_L = K_C = K_H = 1$，对于纺织行业，建议采用 $K_L = K_C$，$K_H = 2$。

$$\begin{aligned} S_H &= 1 + 0.015C_{ab,x}^* \\ S_C &= 1 + 0.045C_{ab,x}^* \end{aligned} \tag{2-51}$$

在参考条件（$K_L = K_C = K_H = 1$）下，若使用条件和参考条件发生偏差，则会导致在视觉上每一个分量的改变，可以单独地调整色差公式中的各个分量以适应这种改变。

当 a、b 的绝对值较大的时候，敏感系数也除以一个很大的数，a 和 b 的值与各自的敏感系数成正比，比例分别为 0.045 和 0.015。但是色差公式的改进不够，所有椭圆除了左下角蓝色区域，都指向了坐标原点，蓝色区域人眼的敏感度高，对变化的容忍度低。

3．CIEDE2000 色差

针对 CIE94 中蓝光的波长短，且无法产生蓝光的问题，CIE 在 2000 年对之前的公式进行了改进。

CIE LAB 空间中的两个色彩坐标表示为(L_1^*, a_1^*, b_1^*)和(L_2^*, a_2^*, b_2^*)，CIEDE2000 色差可表示为

$$\Delta E_{00}(L_1^*, a_1^*, b_1^*, L_2^*, a_2^*, b_2^*) = \Delta E_{00}^{12} \tag{2-52}$$

给定两个 CIE LAB 的色值 $\{L_i^*, a_i^*, b_i^*\}_{i=1}^2$ 和参数加权因子 K_L、K_C和K_H。色差的计算可分为以下三个部分。

第一部分：计算 C_i'、h_i'：

$$C_{i,ab}^* = \sqrt{(a_i^*)^2 + (b_i^*)^2}\text{，}\quad i = 1,2 \tag{2-53}$$

$$\overline{C^*} = \frac{C_{1,ab}^* + C_{2,ab}^*}{2} \tag{2-54}$$

$$G = 0.5\left(1 - \sqrt{\frac{\overline{C^*}_{ab}^{\,7}}{\overline{C^*}_{ab}^{\,7} + 25^7}}\right) \tag{2-55}$$

$$a_i' = (1 + G)a_i^*\text{，}\quad i = 1,2 \tag{2-56}$$

$$C_i' = \sqrt{(a_i')^2 + (b_i^*)^2}\text{，}\quad i = 1,2 \tag{2-57}$$

$$\begin{cases} h_i' = 0, & b_i^* = a_i' = 0, \ i = 1,2 \\ h_i' = \arctan(b_i^*, a_i'), & \text{其他} \end{cases} \tag{2-58}$$

第二部分：计算 $\Delta L'$、$\Delta C'$、$\Delta H'$：

$$\begin{aligned} \Delta L' &= L_2^* - L_1^* \\ \Delta C' &= C_2' - C_1' \end{aligned} \tag{2-59}$$

$$\begin{cases} \Delta h' = 0, & C_1'C_2' = 0 \\ \Delta h' = h_2' - h_1', & C_1'C_2' \neq 0, \ |h_2' - h_1'| \leqslant 180° \\ \Delta h' = (h_2' - h_1') - 360°, & C_1'C_2' \neq 0, \ |h_2' - h_1'| > 180° \\ \Delta h' = (h_2' - h_1') + 360°, & C_1'C_2' \neq 0, \ |h_2' - h_1'| < -180° \end{cases} \tag{2-60}$$

$$\Delta H' = 2\sqrt{C_1'C_2'}\sin\left(\frac{\Delta h'}{2}\right) \tag{2-61}$$

第三部分：计算 CIEDE2000 色差 ΔE_{00}^{12}：

$$\begin{aligned} \overline{L'} &= (L_1^* + L_2^*)/2 \\ \overline{C'} &= (C_1' + C_2')/2 \end{aligned} \tag{2-62}$$

$$\begin{cases} \overline{h'} = \dfrac{h_1' + h_2'}{2}, & |h_1' - h_2'| \leqslant 180°, \ C_1'C_2' \neq 0 \\ \overline{h'} = \dfrac{h_1' + h_2' + 360°}{2}, & |h_1' - h_2'| \leqslant 180°, \ (h_1' + h_2') < 360°, \ C_1'C_2' \neq 0 \\ \overline{h'} = \dfrac{h_1' + h_2' - 360°}{2}, & |h_1' - h_2'| \leqslant 180°, \ (h_1' + h_2') \geqslant 360°, \ C_1'C_2' \neq 0 \\ \overline{h'} = (h_1' + h_2'), & C_1'C_2' = 0 \end{cases} \tag{2-63}$$

$$T = 1 - 0.17\cos(\overline{h} - 30°) + 0.24\cos(2\overline{h}) + 0.32\cos(3\overline{h} + 6°) - 0.2\cos(4\overline{h'} - 63°) \tag{2-64}$$

$$\Delta\theta = 30\exp\left\{-\left[\frac{h' - 275°}{25}\right]^2\right\} \tag{2-65}$$

$$R_C = 2\sqrt{\frac{\overline{C'}^7}{\overline{C'}^7 + 25^7}} \tag{2-66}$$

$$S_L = 1 + \frac{0.015(\overline{L'} - 50)^2}{\sqrt{20 + (\overline{L'} - 50)^2}} \tag{2-67}$$

$$\begin{aligned} S_C &= 1 + 0.045\overline{C'} \\ S_H &= 1 + 0.015\overline{C'}T \\ R_T &= -\sin(2\Delta\theta)R_C \end{aligned} \tag{2-68}$$

$$\begin{aligned} \Delta E_{00}^{12} &= \Delta E_{00}(L_1^*, a_1^*, b_1^*, L_2^*, a_2^*, b_2^*) \\ &= \sqrt{\left(\frac{\Delta L'}{K_L S_L}\right)^2 + \left(\frac{\Delta C}{K_C S_C}\right)^2 + \left(\frac{\Delta H}{K_H S_H}\right)^2 + \left(\frac{\Delta C}{K_C S_C}\right) + \left(\frac{\Delta H}{K_H S_H}\right)} \end{aligned} \tag{2-69}$$

第 3 章
印刷品质量评价与检测

印刷品质量的好坏与人的主观判断有关，不同的人对相同的印刷品有着不同的评价，而且印刷品的质量在很大程度上取决于印前和印刷的准备工作、使用的机器和印刷材料，印刷品的最终质量由印后加工及其设备决定。但为了对印刷品的质量进行客观评价，就需要制定一系列的规范体系来衡量印刷品的质量。通常以文字或数字为主的印刷品将准确性、易读性、墨色一致性等指标作为控制和评价印刷品质量的指标；以图像为主的印刷品将阶调值、层次、套印、网点、*K* 值、颜色、外观等指标作为控制和评价印刷品质量的指标。这通常被解释为“印刷品的各项外观的综合效果”，即图像的阶调复制、层次复制、颜色复制、版面干净、图文规范正确等。印刷品质量的影响因素和质量指标如图 3-1 所示。

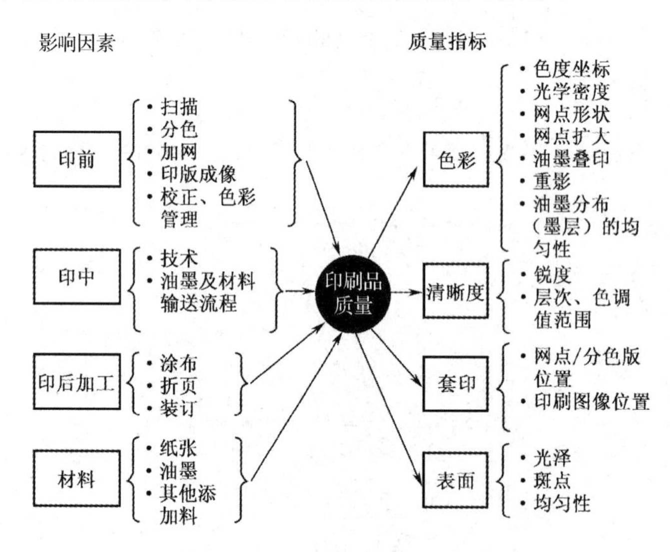

图 3-1　印刷品质量的影响因素和质量指标

半色调信息隐藏与防伪技术和印刷工艺加工过程是“毛”与“皮”的关系问题，前者必须基于后者实现，如果没有后者的实现和应用的落地生根，那么前者就是无源之水和无本之物。

本章主要介绍传统印刷、数字印刷、印刷品质量评价、印刷品质量检测和印刷品质量控制。

3.1 传统印刷

传统印刷技术（Conventional Printing Technologies）也称需要印版的印刷技术（Printing Technologies with a Printing Master），所有需要印版的印刷技术都有一个共同点，即信息是由部分涂有油墨的基材表面产生的。油墨是在接触区转移的，所以必须在印版和印刷承印物或中间载体之间施加足够的与工艺相关的接触压力。当印版或中间载体上的油墨层与印刷承印物接触时，只有部分油墨层转移到承印物上。印版是在图 3-2 中的所有印刷方式中用来承载信息的介质，其物理特性是区分各种印刷方式的最主要的特征。印版的材料决定了所生产印刷品的特征，对油墨具有的特定性质提出了要求，影响了油墨的使用。印版决定了承印物的种类，影响了印刷机的设计和结构。这些都直接或间接地决定了何种印刷方式最适合何种产品。

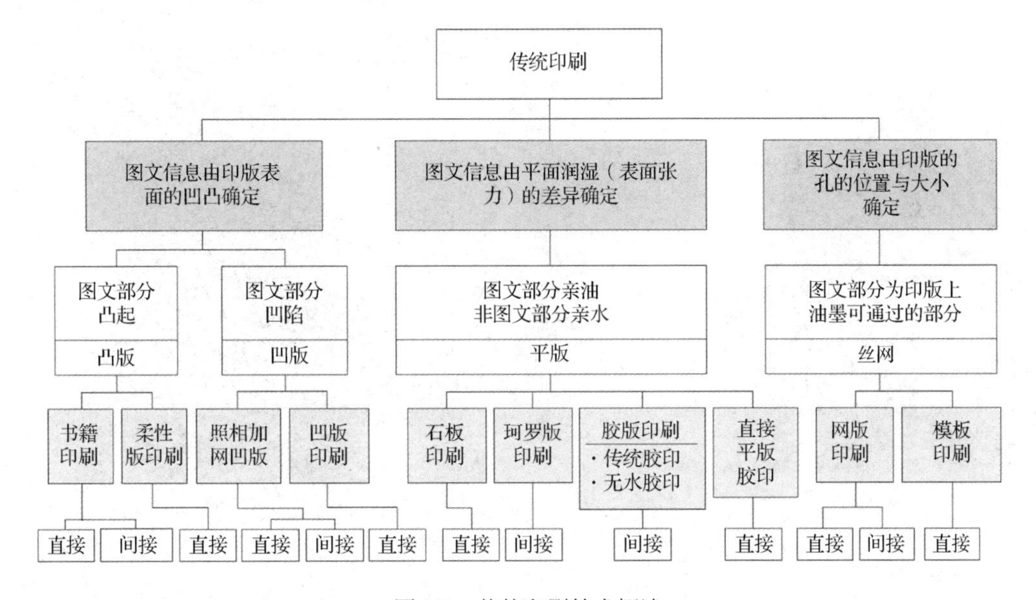

图 3-2　传统印刷技术概述

但观察图文部分和非图文部分的交接处时，能够看到传统印刷方式是如何区分图文部分和非图文部分的，如图 3-3 所示。胶版印刷是平版工艺，图文部分和非图文部分几乎是在同一平面上的；凹版印刷是雕刻工艺，图文部分低于非图文部分；柔性版印刷是凸版工艺，即从印版上看，图文部分高于非图文部分；丝网印刷属于漏印工艺。

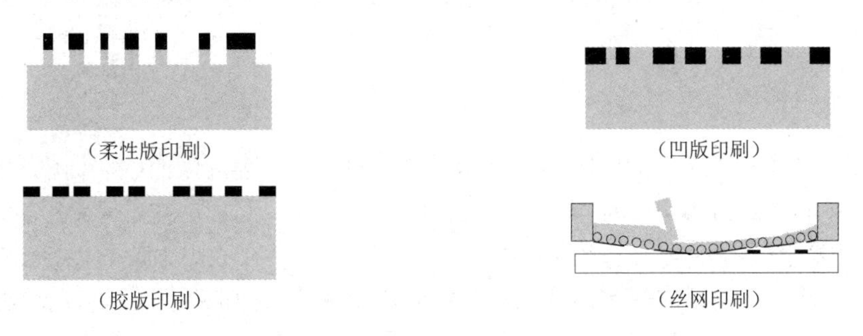

图 3-3　图像载体的物理特性

3.1.1 胶印

平版印刷术是由 Alois Senefelder 在 1796 年发明的，他将要印的图像用一种特殊的墨水画在石头上，在上墨前先将石头浸湿，之后石头表面的非图文部分就不会上墨，如图 3-4 所示。这是最原始的平版印刷方式，而胶版印刷（简称“胶印”）是目前主要的平版印刷技术。它是一种间接平版印刷技术，油墨先从印版转移到柔性中间载体——橡皮布上，然后转移到承印物上。

胶印原理如图 3-5 所示。一般为了达到图文部分亲油斥水，非图文部分亲水斥油的效果，常见的方式分为以下两种：传统胶印、无水胶印。

图 3-4　石印机（手动）

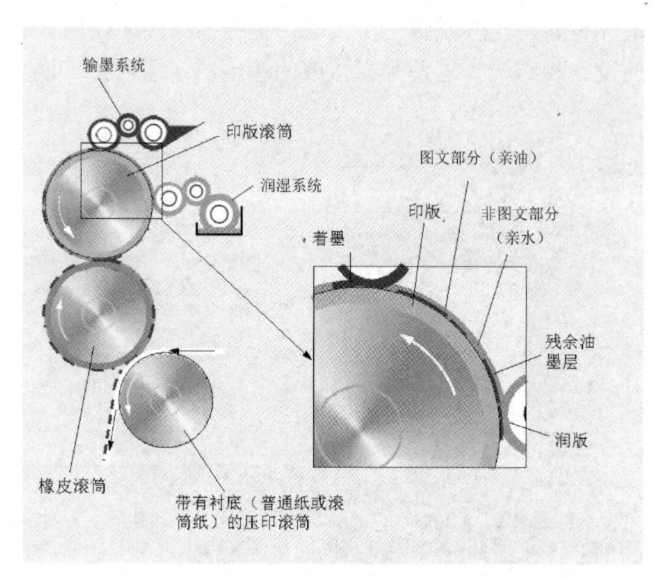

图 3-5　胶印原理

1. 传统胶印

传统胶印方法区分图文部分和非图文部分是通过印版表面不同的化学性质造成不同的润湿性实现的。采用润版液（加入一些添加剂的水）润湿印版，通过水辊将润版液涂布到印版上，形成很薄的水膜。印版的非图文部分亲水，即可吸附水，而图文部分亲油，几乎不亲水。润版液膜可以防止油墨转移。迄今为止，由于这种技术传播最广，油墨和润版液之间的相斥性始终与胶印相关。因此，胶印需要润湿和输墨系统。普通单张纸胶印机的印刷机组如图 3-6 所示。

2. 无水胶印

无水胶印（又称干胶印）的印版表面是斥油的，通常由一种适当的硅层构成，如图 3-7 所示。预先对硅层（约 2μm 厚）进行曝光，使其露出亲油区域。当油墨被墨辊涂到印版最干燥的地方时，图文和非图文部分对油墨的吸附力差不多。但油墨会在吸附力最弱点自己分离。当油墨被墨辊上到硅层时，油墨的内聚力要大于其对硅树脂橡胶表面的吸附力。所以，除了油墨内部的分裂，硅层的低表面能使油墨完全脱离印版表面。

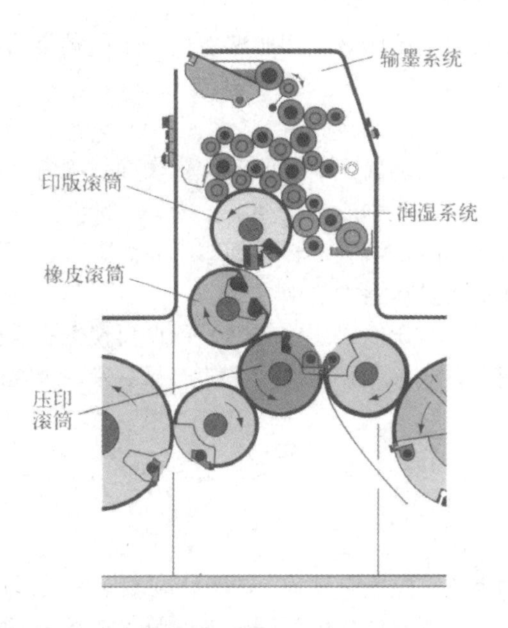

图 3-6　普通单张纸胶印机的印刷机组

传统胶印和无水胶印都需要相应的印版和专门的油墨。但在传统胶印机中，必须为印版着墨提供以下两种不同的物流。

- 油墨供给。
- 润版液供给。

油墨供给和润版液供给以一种复杂的方式在印版表面相连。通常，印版的底基由铝或聚酯组成，在底基层上生成图像。胶印版的显微照片如图 3-7 所示，图 3-7（a）是传统胶印铝版，图 3-7（b）是无水胶印硅层涂布版。

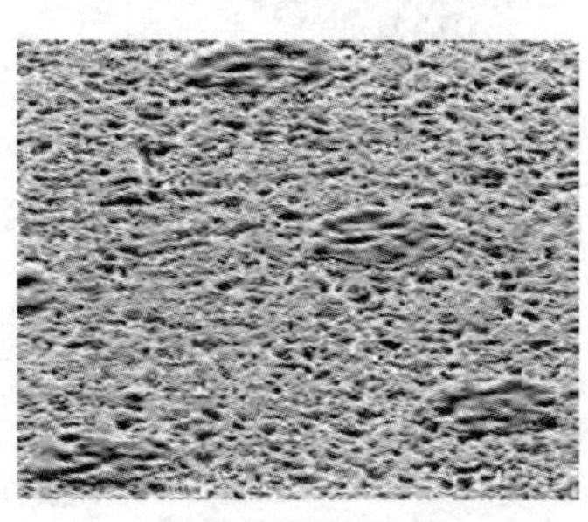

（a）传统胶印铝板

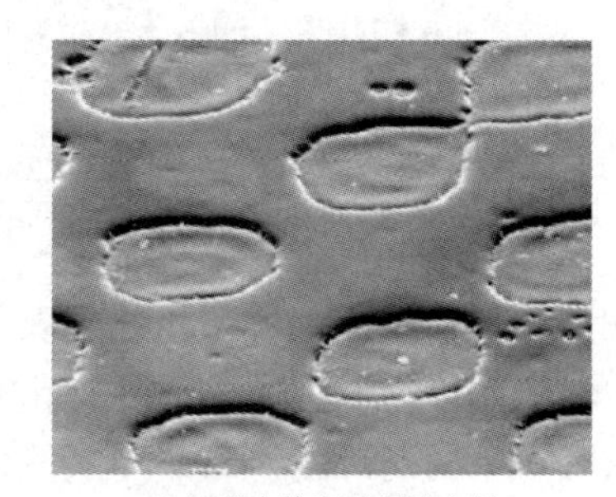

（b）无水胶印硅层涂布版

图 3-7　胶印版的显微照片

3．胶印的主要优势

（1）胶印印制细节非常精细，即使用粗糙的纸张印刷也具有优良的阶调复制。

（2）胶印能够复制清晰的线条图和文字，可以印刷尺寸较小的印刷品，也可以在很小的面积内印刷大量信息。

（3）胶印使用传统网点和调频网点进行阶调复制都很精细。

（4）胶印有很多方式进行制版，具有相对低廉的印前成本。

（5）胶印可用于制作大幅面的印版，印刷速度快，不同种类的纸张都可以使用。

4．胶印的局限

（1）由于油墨和橡皮滚筒的剥离力，胶印对纸张表面强度有较高的要求。

（2）为达到水墨平衡，胶印印刷成本较高。

（3）由于压力等因素的影响，油墨在转移到印纸表面上时会发生少量的扩展，图文网点的面积覆盖率增大，从而形成网点增大的现象。

（4）相对于凸印和凹印，胶印的墨层比较薄，色调再现性不够强。

在整个印刷媒体范围中，从小册子到高质量的产品目录，现在通过胶印技术，都能够达到很高的水平。

3.1.2 凹印

第一种真正意义上的半色调技术是凹雕。凹版印刷（简称“凹印”）就是一个凹雕的过程，即图文部分低于非图文部分。图文部分由不同深度的雕刻在镀铜基板或金属基板上的凹槽组成。凹槽里充满油墨，凸起的空白部分的油墨被刮墨装置刮去。承印物被压到基板上，在压力下，凹槽中的油墨转移到承印物上。这个过程形成了一个接近连续调的图像，凹印具有很好的复制性能，灰度层次的再现很精致。凹印示意图如图 3-8 所示。

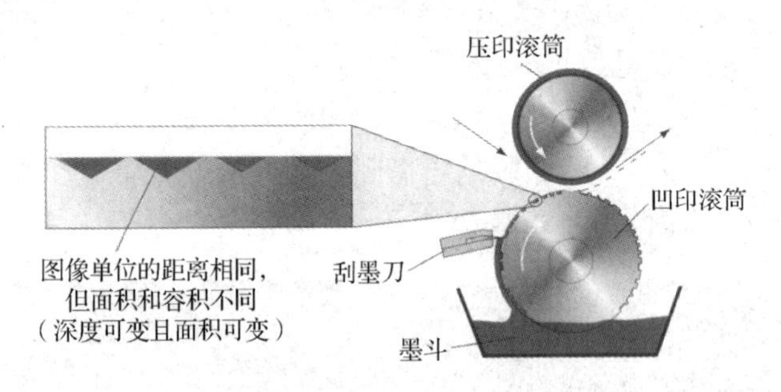

图 3-8　凹印示意图

传统的凹印与其他传统印刷方式相比具有自己的特点——不使用网目调原理就可以印刷出灰阶。例如，将凹印的印刷区域分成具有相同面积但不同深度的网穴，印刷出不同的灰度级是因为其网穴具有不同的深度，深的网穴能保留更多的油墨，可以比浅的网穴印刷出更深的阶调。

现在凹印滚筒有多种成像方式，既可以只是网穴面积不同，也可以只是深度不同，还可以是二者均不同。图 3-9 列举了复制连续调原稿的不同凹印技术。这里必须注意，由于印刷质量高，凹印不仅有深度可变的网穴，还有意义特殊的面积可变/深度可变的网穴。现在仅仅面积可变（半色调）的凹印已经很少使用。

发展到目前，使用以下三种方式制作凹版：

- 化学腐蚀；
- 电子机械雕刻；
- 激光雕刻。

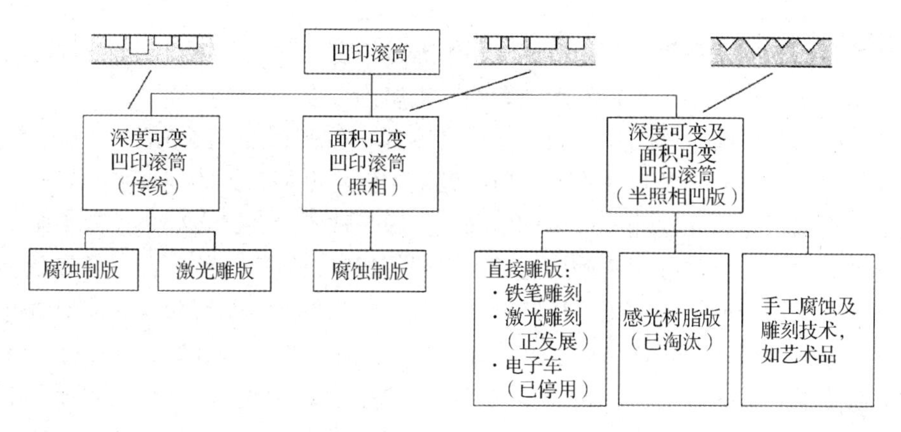

图 3-9　凹版制版总览

1．化学腐蚀

用于制作凹印滚筒的化学腐蚀方式被称为网目调凹版或直接转移。这种方式使用了与其他制版工艺相似的光化学方式，并且与其他印刷方式相同，只能得到不同面积的灰度级。凹印滚筒的表面喷涂了高反差的感光树脂，通过阳图胶片在紫外线下曝光。因为使用阳图胶片，所以生成网点必须使用一种特殊的网目调网屏，其在暗调和实地部分的网点不能完全交联，以使刮墨刀在经过实地部分时得到支撑。在紫外线下曝光使非图文部分更加坚固，而图文部分不受影响。在冲洗过程中，未曝光区域被清洗掉，仅留下铜表层来继续成像。直接在铜层上蚀刻使这种系统非常适合使用单次冲洗蚀刻机。在深度上会有些微波动，但其范围一般在42～44μm。网目调方式简化并加速了制版过程，但与传统凹印相比牺牲了复制质量。

2．电子机械雕刻

电子机械雕刻的过程是由钻石制成的雕刻头在旋转的滚筒上进行雕刻，形成倒棱锥形的网穴。雕刻的深度越深，网穴的容积越大。雕刻头的后边有一个钻石刮墨刀，其作用是去毛刺。可以根据具体图像制作出面积和深度不相同的网穴，雕刻速度一般是 4000 个/秒。

电子机械雕刻避免了化学腐蚀的不稳定性，使图像转移过程得到更好的控制。雕刻的网穴形状整齐，光滑的网墙改善了油墨的转移性，使印刷品具有平滑的阶调层次。

3．激光雕刻

从原理上讲，激光雕刻应用一路或多路高能激光束，在滚筒表面的待雕刻材料（金属层或基漆层）上，烧蚀出网穴或露铜的网穴形状，直接形成网穴印版，或为后续加工网穴做好准备。激光雕刻包含两种略有差异的雕刻技术。第一种是用高能量激光直接雕刻滚筒金属表面，形成凹版网穴。瑞士 Daetwyler 公司采取雕刻锌层的妥协方法，实现了激光雕刻的目标。第二种则是在铜滚筒上先涂敷黑色基漆层，再用激光烧蚀网穴区域，使网穴处的铜层裸露出来，非网穴处由基漆层保护抗蚀，待腐蚀后即可获得凹下的网穴，这是德国 Hell 公司在 Drupa2000 上推出的 HelioBeam C2000 采用的技术方案。尽管从基本原理上两者的差异似乎并不大，但从网穴特征、工艺过程等细节上分析，两者各具特色。

激光雕刻凹版基漆层技术利用激光记录的高分辨率，使激光在基漆上烧蚀出的网穴轮廓、文字、图形轮廓达到高精度。网穴轮廓面积随图像颜色的深浅明暗而变化。因此，经过后续腐蚀处理得到的网穴属于“面积可变、凹下深度不变的网穴”（实际上，在腐蚀过程中，网穴轮廓面积的大小仍然会在一定程度上影响网穴腐蚀深度）。

激光雕刻金属锌层技术采用单束氩离子激光雕刻，雕刻速度为 35 000～70 000 个/秒。从激光记录技术上看，曝光光斑尺寸不变，用图像记录信号调制激光的记录强度，即可雕刻出上述特征的网穴。一次激光曝光即产生一个网穴。这一技术的关键之处是：为了保证图像层次再现，对激光曝光强度进行了精确控制。如果图像数字信号为 8 位，可以携带 256 级图像层次信息，则要求激光能量也精确地控制为 256 级，以在数十至数百微米的范围内雕刻出多级深度的网穴。图像层次的再现依赖于激光雕刻精度控制。由于网线数在 70～200 线/厘米，在此雕刻分辨率下，文字和图形的轮廓精度尚可，但并不高。为了改善雕刻质量，该公司又在提高雕刻分辨率的基础上，推出了多光束组合网穴。具体实现方法是用 7 个激光曝光点组成一个网穴（雕刻分辨率为原来的 3 倍），这样雕刻的网穴的类型为面积和凹下深度都可变。网穴的面积可以有 7 级变化而凹下深度有多级变化。分辨率的提高可以改善文字和图形的雕刻质量，同时网穴面积的多级变化又可以降低对激光强度调制的精度要求。从雕刻工艺流程上看，因为雕刻对象是金属锌层，所以需要建立镀锌、锌层表面加工生产线。

通过上面所进行的技术比较，可以得到目前激光雕刻技术的类型、技术水平、网穴特征和工艺流程构成。

从传统意义和上述情况来看，由于印版主要依靠几乎无法标准化的、复杂的复制和蚀刻处理，因此只有深度可变的凹印的重要性现在已经逐渐丧失。由此，工业上开始逐渐盛行使用电子机械雕刻、面积可变/深度可变滚筒的凹版印刷。常见的凹印滚筒的结构如图 3-10 所示。

凹印滚筒的刚体表面上电镀有基础铜层（厚约 2mm），其上又镀有一层大约 100μm 的可雕刻铜层。凹印滚筒钢体的基础铜层上要么是可雕刻铜层，要么是 Ballard 层。这种可剥离层也可以通过电镀的方法锁到基础铜层上，然后在这个可剥离层上雕刻印刷图像。

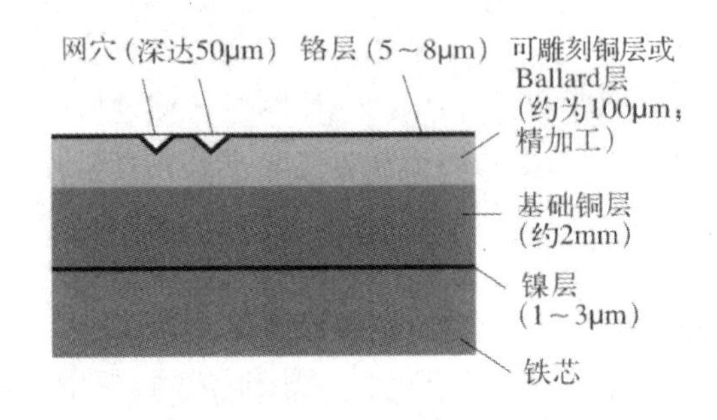

图 3-10　常见的凹印滚筒的结构

在凹印的加网中，图文部分被分解成印刷的基本单元网穴及非印刷单元网墙。网墙引导刮墨刀刮去多余的印刷油墨。刮墨后，油墨保留在网穴里。如果油墨留在网墙上，则印刷品会发生糊版现象；如果刮墨刀局部有问题，则会导致刮墨刀断裂。在使用过程中，将凹印滚筒浸入墨槽的油墨中，滚筒上的网穴也完全浸入油墨中。用刮墨刀刮去多余的油墨，使油墨存留在网穴中。刮墨后会产生动态的油墨背压，这主要取决于刮墨刀的接触角、印刷速度和油墨黏度。在现代印刷中，大多选择高性能的凹版印刷机和接触角大的刮墨刀。

总的来讲，凹印的主要优势如下。

- 在合适的承印物上色彩复制质量高。
- 浪费较少，在印刷生产中印刷质量稳定。
- 可以使用挥发性强的油墨，这也是凹印能够印刷多种承印物和不需要高能耗干燥的关键。
- 在深度与面积都可变的凹印中，可以获得不同大小、不同色彩饱和度的网点。
- 生产速度高。

凹印的局限如下。

- 凹印滚筒的制作成本远远高于其他印刷方式。
- 文字或线条有锯齿，所有图像都有网穴网纹，影响了线条图的复制和文字的易读性。
- 对纸张要求较高。

凹印作为一种主要的印刷方式，其典型的产品是期刊、杂志、邮购产品的说明书等大批量、高质量的印刷产品。

3.1.3　柔印

凸版印刷（简称“凸印”）是最古老的印刷方式，源于谷登堡的发明。凸印印版表面坚硬，材质为金属版或感光树脂版。图文部分凸出于空白部分，是所有凸印的共同点。凸印所有的印刷部分都在同一高度上（图像区域），通过墨辊来涂布相同厚度的墨层，随后将油墨转移到承印物上。图 3-11 描述了凸印的印刷原理。

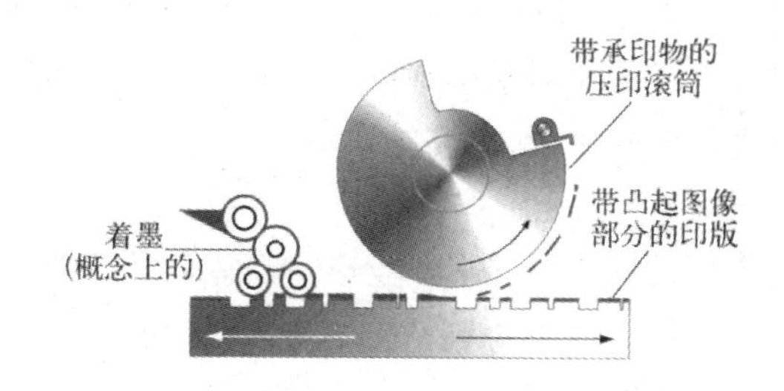

图 3-11　凸印的印刷原理

这种印刷方式会把凸出的图文部分印到纸张上，而凹进去的非图文部分则不会被印到纸张上。凸起的内容被滚筒加上油墨，然后印纸被印版挤压形成图文部分。

随着合成橡胶和塑料基板的增多，活性版印刷派生出了现代的柔性版印刷（简称“柔印”）。柔印是唯一仍在不断发展的凸印，主要应用于包装、商标和报纸的印刷。柔印的主要特点是使用比书刊印刷印版相对柔软的印版，并能满足特殊的传墨要求。通过使用柔性（软）版印版和合适油墨（低黏度），能够在吸收性和非吸收性的承印物上进行印刷。柔印的工作原理如图 3-12 所示。柔性版印版具有柔性，一般用双面胶将印版粘在滚筒上。印版的图文部分被液体油墨润湿后，在轻压作用下将承载图文信息的油墨转移到承印物上，印刷过程简单。墨槽中的液体油墨通过传墨辊传递到网纹辊上。油墨充满网纹辊表面的墨坑，以此来控制传递到柔性版印版上的墨量。柔性版印版凸出的部分将油墨传递到纸张上。

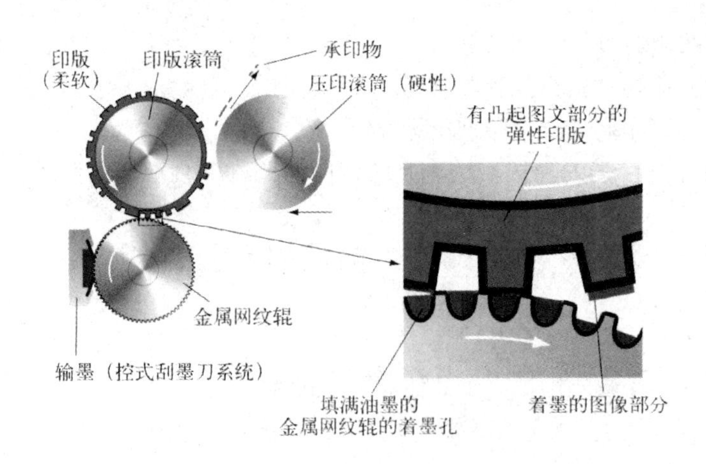

图 3-12　柔印的工作原理

对印版滚筒来说，橡胶或塑料基板很重要，油墨是通过压印滚筒的压力转移到印刷承印物上的。在早先专门使用橡皮版时，只能印刷实地图案和线条较粗的中低档质量的印刷品。但今天可以采用冲洗型感光树脂版完成高质量印刷品的印刷，尤其是包装印刷，如 BASF 公司的 Nylofex 印版和杜邦公司的 Cyrel 印版。这些产品都能够实现 60l/cm 的加网。

感光树脂版已经成为四色印刷和其他高质量印刷的标准版材，其制作原理如下：将感光树脂被铺到一层不可伸展的基层上，使柔印具有稳定性。将柔性版印版表面覆盖阴图胶片后在紫外线下曝光，而图文部分的凸起程度则由透明基层的整体曝光来决定。曝光使感光树脂与凸起部粘连，随后未曝光的树脂被除去，留下的是凸起的图文部分。某些柔印产品，如礼盒包装和墙纸，需要无接缝的连续印刷，因此一般采用激光雕刻的橡胶包覆辊。印版制成后是平版，然后用双面胶将感光树脂版粘贴在印版滚筒上。柔性版印版相对较厚，成像后是平的，在安装到印版滚筒上时需要弯曲，因此在制版时要补偿图文被弯曲的变形。

总的来讲，柔印的主要优点如下。

- 与凹印一样可以使用挥发性强的油墨，能够印刷多种类型的承印物和不需要高耗能干燥。相对于在包装印刷领域的主要对手——凹印，印前成本要低。
- 可以方便地改变重复印刷的长度。
- 柔性版印版的基板可以被很快地和便宜地制作，并且已经增加了活版印刷过程中不需要维持水墨平衡的优势，而不像平版印刷那样。
- 柔印的网点周围无压痕，印刷品的轮廓清晰、墨色浓厚。

柔印局限如下。

- 相对胶印和凹印，阶调复制效果差。
- 加网线数较低。
- 很难印刷出平滑的阶调图像。
- 不适合印刷小字，并且在同一块印版上很难同时印刷网目调图像和实地。

柔印是在塑料薄膜或其他非吸收性材料上进行食品包装印刷的主要印刷工艺。随着 UV 油墨的发展和对网纹辊控制技术的进步，柔印的市场有望进一步拓展。

3.1.4　丝印

丝网印刷（简称“丝印”）是通过在丝网上施压来转移油墨的，将制好的丝网版覆盖在需要印刷的材料上，然后将液体油墨置于丝网版面，用橡胶或塑料刮墨刀将油墨铺满丝网版面，在刮墨刀的挤压下，油墨从丝网的网孔中挤下去，附着在承印物上，如图 3-13 所示。丝印模板的作用与印版的作用类似。常用的丝网是一种由天然丝、塑料或金属丝/丝线制成的精细织物。现在常采用塑料或金属丝。油墨通过图像细节上未被模板覆盖的网孔来转移/叠印。因此，丝网印版是丝网和模板的组合。

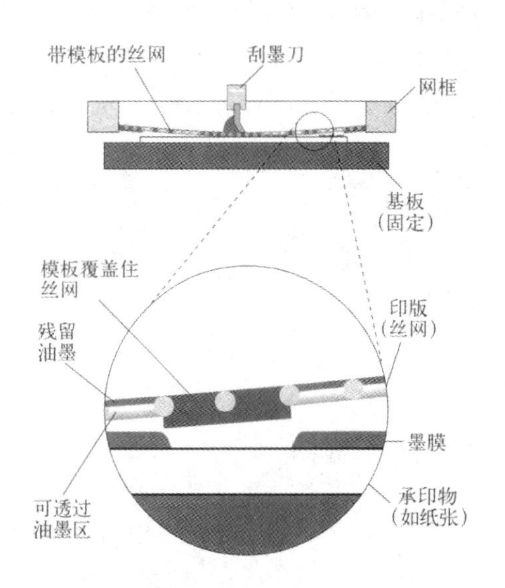

图 3-13　丝印示意图

决定丝印特性和织物（丝网）质量的因素有丝网材料的类型、丝网的精细度（织物每厘米的经线数和纬线数）、丝网厚度、丝网顶边到底边的距离、网目张开的程度（所有张开的网目占织物总表面积的百分比）。

丝网的精细度为 10～200 目/cm。最常用的网目在 90～120 目/cm。图 3-14（a）是一种丝网织物（尼龙化纤）的显微照片，丝网被覆盖区域为非图文部分。图 3-14（b）是一个半色调彩色印刷品的显微照片。可以发现，网点边缘凹口的方向会根据丝网结构而有所改变。

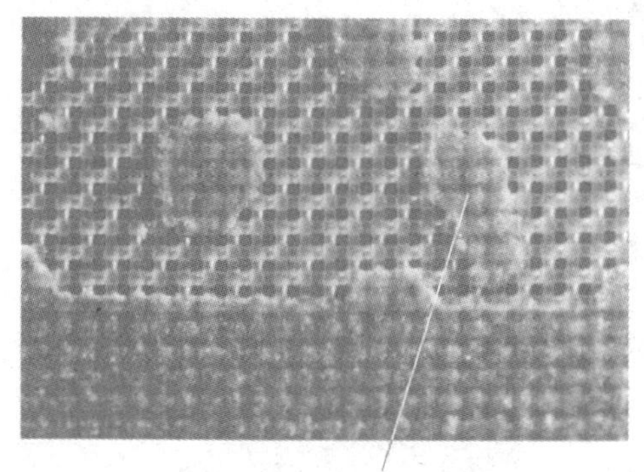

（a）带模板的丝网结构

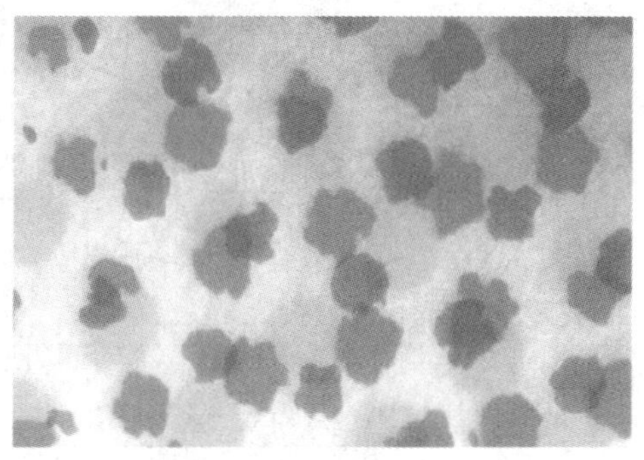
（b）三色丝网印刷品的半色调网点

图 3-14　丝网印刷品的显微照片

复杂图案的加网和印刷要求使用具有非常高精细度的丝网，并能够与印刷图像复制要求的清晰度相匹配。在加网中，丝网的精细度（目/cm）是印刷图像加网线数的 3～4 倍（l/cm），即每个网目面积表面上有 9～16 个不同的网点。

实际印刷图像由丝网上的模板决定。模板放在丝网与刮墨刀工作相对的一面，以免模板的损害和撕裂。手工模板可以采用类似划或刻的方法来制作，并转移到丝网的下侧，这种模板多用于印制简单的、实地面积的印刷品。

为了长久地保存印刷品（半色调印刷品、多色印刷品），现在的模板几乎全部使用重氮感光染料的专用丝网乳剂制作。经过涂布和干燥后，将正拷贝片与涂布感光胶的丝网面密接（与刮墨刀不接触的一面），并使用紫外线进行曝光。紫外线使非图文区域（胶片拷贝的透明部分）的乳剂膜硬化，图文区域则未硬化，在显影时通过喷射水流洗去。随后再进行干燥处理。最后采用漆（丝网填充物）覆盖修补可能出现的缺陷。在实际生产中，丝印的方法有 3 种，如图 3-15 所示。

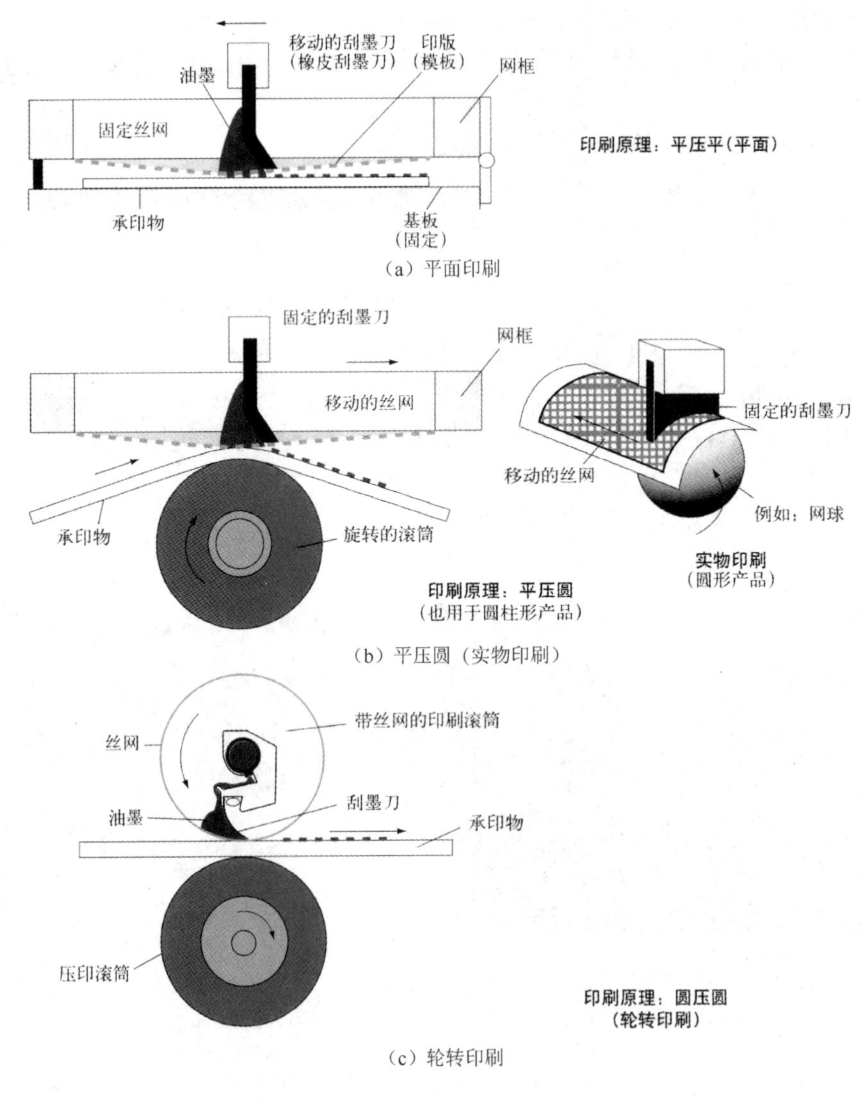

图 3-15　丝印技术

1. 平压平法（平面印刷）

平压平法指采用平的印版和承印物，通过刮墨刀使油墨穿过网孔，并转移到承印物上。一般该类型的印刷机有铰链式和垂直起落式两种。前者是用铰链连接在平台式印刷机的后部，网框、版台和刮墨刀同步运动。后者是版台从丝网下方滑出接收承印物，然后滑回进行印刷，再滑出将承印物递给干燥装置。后者印刷速度明显快于前者。

2．平压圆法（实物印刷）

（1）采用平的印版，通过一个轮转滚筒向承印物印刷。在同一方向上，印版和压印滚筒同步移动，同时刮墨刀使油墨穿过网孔，转移到承印物上。

（2）印版和刮墨刀与承印物的形状（曲面、拱形、圆形）相适配。在一个方向上，印版和承印物同步，刮墨刀的位置固定。这种方法用于雏头盒和球体的印刷，即曲面印刷。

3．圆压圆法（轮转印刷）

圆压圆法中的印刷丝网是滚筒状的。印版、承印物和压印滚筒同步移动，油墨从滚筒状的印版里转移到承印物上。实际的印刷过程可以细分为 4 个不同阶段，如图 3-15 所示（采用一种简单的形式来更加清楚地表达丝印）。丝网由网框来固定，承印物平铺在印刷台组件的基板上，在印刷的过程中始终很牢固地置放。在刮墨刀的推动下，丝网上的油墨像潮水般地移动。墨流下面的油墨可以穿过丝网，这个时期称为填充阶段。在接触阶段，刮墨刀前缘的油墨再一次穿过丝网，并且与承印物接触。在粘连阶段，刮墨刀的后缘保证油墨、印版与承印物黏附在一起。在释放阶段，丝网的拉力将墨膜中的墨丝拉出，即残留的油墨保存在丝网的网眼中，而均匀的墨层则保留到承印物上。

丝印可以获得一个很厚的墨膜（通常为 20～100μm，而胶印为 0.5～2μm）。模板厚度（模板高出丝网的距离）决定了墨膜厚度。

丝网印刷机根据印刷活件和承印物，可以采用最灵活多变的油墨类型及灵活多变的印刷特性。与其他印刷技术相比，丝印具有更广泛的油墨选择性。

作为主要印刷方式之一，丝印是唯一一种通过漏印完成印刷的方式，而不是从图像载体进行转移的印刷方式。丝印中的丝网作为油墨的存储体、介质，而其他印刷方式都需要独立的供墨系统。

丝印独特的优势在于：

- 具有高覆盖力和不透明性，色彩鲜艳；
- 几乎可以在所有的承印物上印刷；
- 可以在曲面、不平整和脆弱的表面印刷；
- 能印出厚实、不透明的墨层；
- 可以使用特种油墨和涂料。

丝印的局限性为：

- 印刷速度低；
- 难以复制精细的图像和小字；
- 线数较低。

3.2　数字印刷

数字印刷也可以称为无印版的印刷方式。早在 20 世纪 70 年代，数字印刷已经商业化——

施乐 PARC 推出的激光打印机生产了大量的个性化印刷品。数字印刷是从普通印刷市场分化出来的，更侧重于文件的完整性。随着数字印刷机的速度和质量的提高，以及 pdf 和 PostScript 数据流的加入，数字印刷逐渐占据一部分市场。

3.2.1 喷墨印刷

从原理上讲，喷墨 NIP 技术并不需要静电摄影中的光导鼓这种图像信息的中间载体。在喷墨方式中，靠喷嘴直接将墨滴喷到承印物表面。产生墨滴的方法有很多，但共同的特征是通过其对高频数字静电信号的反映来控制墨滴在承印物上的位置。墨滴的形成需要控制液体油墨从存储室被压入喷嘴时的压力，这样才能使油墨断裂形成墨滴，可以使用不同的技术来达到这个效果。如图 3-16 所示，喷墨印刷技术可分为以下两种：

- 连续喷墨；
- 按需喷墨。

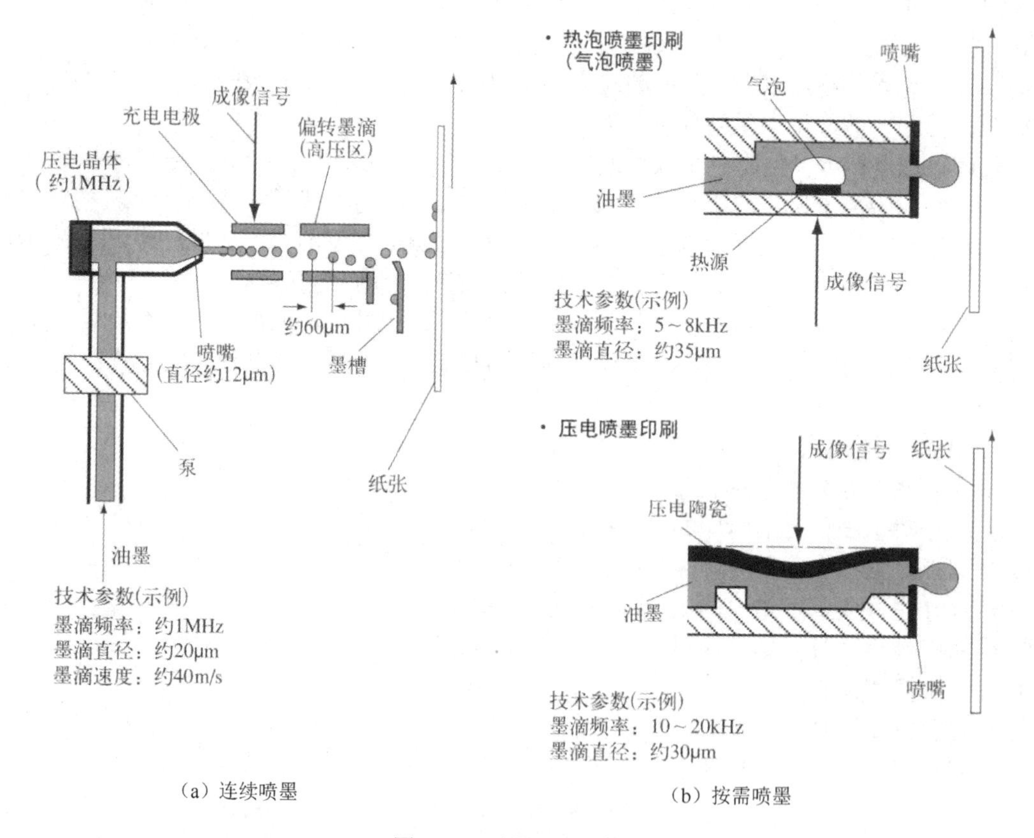

（a）连续喷墨

（b）按需喷墨

图 3-16 喷墨印刷技术

1. 连续喷墨

连续喷墨是先生成恒定的墨流，再根据图像进行充电，并通过电子方法进行控制的技术。在压力的作用下从狭窄的喷嘴中喷出连续不断的墨流，高速使墨流断裂成墨滴，而墨滴生成的尺寸和频率取决于液体油墨的表面张力、压力及喷嘴的直径。为了保证墨滴尺寸和间距的均一性，通过对装在油墨腔上的压电晶体施加高频交流电（一般为 1MHz），给油墨施加高频振动压力。

而对单个墨滴落点是通过在墨滴离开喷嘴时给其施加静电电荷进行控制的。带有电荷的墨滴穿过一个带有相同电荷的充电板，它们相互排斥，墨滴偏转到达承印物上的落点位置。偏转量和在承印物上的落点位置取决于墨滴在离开喷嘴时所充电荷数量的多少，随后又被施加到充电板上光栅化的电子文件输出后所形成的电子信号脉冲强度控制。而墨滴所携带的电量取决于其离开喷嘴时充电板所施加的电压。充电板上的电量是预先设定好的，有 32 个充电级别。第 1 个级别会使墨滴通过时不发生偏转，而第 32 个级别会使墨滴产生最大限度的偏转。通过这种方式形成图文部分和非图文部分。

另一种喷墨技术被用于多色喷墨印刷头，这种喷墨印刷头是由间距很小的喷墨阵列组成的，每个喷嘴都可以生成墨流，而偏转板上的电荷是不变的。形成图像的墨滴不需要充电，而是笔直地喷到承印物上，只有不需要的墨滴才会被充电并偏转到集墨器中。所以，多色喷墨印刷的运行过程比单喷头简单，但对喷嘴组装的精度要求相当高。

2．按需喷墨

按需喷墨与连续喷墨最大的不同是，其施加在墨腔上的压力是不连续的，是按图像的需要来产生微小墨滴的。最主要的按需喷墨技术是热泡喷墨和压电喷墨。热泡喷墨（也称气泡喷墨）是指通过加热来产生墨滴，并使墨腔中的液体油墨局部汽化。压电喷墨是指通过机械作用使喷腔变形，由一个压电信号和腔壁的压电特性产生的动作，从而使墨滴成形，并从喷嘴中喷射出来。根据技术条件，热泡喷墨产生墨滴的频率要低于压电喷墨产生墨滴的频率。

从系统的观点来看，喷墨印刷是以印刷图像形式在普通纸张上转移信息的最简单的技术（类似相纸曝光的光束）。喷墨印刷只根据与图像有关的信号来产生墨滴，并直接喷射到承印物上，不需要任何中间载体。

以喷墨印刷技术为基础的印刷系统，通常比传统有版印刷技术的速度低，即印刷作业的速度更慢，特别是在采用一个喷嘴进行成像时。图 3-17 所示的多色喷墨印刷系统采用四个喷墨装置（四色油墨）来生成四色印刷品。为了获得这种效果，把纸张固定在一个鼓上，喷墨印刷系统（配置青色、品红色、黄色和黑色）向承印物转移各个分色版，通过成像头的轴向扫描运动及鼓的高速旋转来完成图像的印刷。在如图 3-17 所示的喷墨印刷系统中，一个 A3 大小的多色印刷品，大约在 5min 内完成（分辨率为 300dpi，每个像素约 10 个灰度级）。这种系统主要应用在数字化印前，或者在计算机直接制版工艺（数字化、无胶片的印版制作工艺）的印版制作前生产一些需要的样张，用于事前检查数据文件的质量、内容及叠印质量。

图 3-17　多色喷墨印刷系统（连续喷墨）

显然，喷墨印刷技术在采用300～600dpi的分辨率时，每个像素可以产生若干个灰度级，经常会在一个像素上叠加若干滴墨滴。当灰度级建立了30个左右时，需要采用高频连续喷墨系统。

为了提高喷墨印刷系统的生产能力，要尽量配置与印刷幅面宽度相同的喷嘴。

在喷墨印刷中，油墨干燥是一个特殊的问题，要特别注意纸张表面对油墨的承载能力。尽管油墨的特殊成分及合适的干燥工艺，能够扩大适用纸张的范围，但对于高质量要求的印件，则经常采用专门涂布的纸张。热熔油墨具有快干及允许在不同纸张上印刷的特性，因而也很重要。

喷墨印刷能在相纸上达到冲印般的效果。在普通纸上，图文打印则比较毛糙，边缘会有洇墨的现象，喷墨专用纸的厚度类似复印纸。图像更能反映问题，喷墨机的图像墨点非常细小，即使能看见也是不规则排列的，在黑白图片上表现得更明显。由于喷墨设备产生的墨滴尺寸和形状均匀性良好，因此更适合采用频率调制半色调技术。

3.2.2 激光打印

激光打印是应用范围最广的数字印刷技术，其基本过程源于卡尔逊的静电印刷术。电子照相术的基础是通过给静电场放电形成潜影来选择性地吸收色粉，然后将色粉转移到纸张上。激光打印的核心是覆盖着感光导体材料的光导鼓，这种光导体在被光线照射后会失去正电荷。光导鼓的表面经电晕放电被充上正电荷，然后激光被一组转镜反射后照射到光导鼓表面，由于光导鼓是旋转的，其结果就是一系列非常接近的线阵。激光经过控制器的调制（开或关），通过邻近的光线组成的图案来逐点曝光光导鼓。这种特殊的图案是数据光栅化后形成的点阵图。点阵图在光导鼓的表面充电形成潜影，之后色粉再被充上负电荷。

干色粉是色粉和磁性载体材料混合后精细研磨的粉末。HP-Indigo的液体电子油墨含有分散在液体里的可充电颗粒。潜像在色粉沉积到光导鼓表面时显影。显影体（色粉+载体）被磁锯吸引并形成一个将色粉转移到显影鼓上的磁刷。因为色粉带有正电荷，会吸引负电荷（光导鼓的充电区，非图文区域带有正电荷）。显影鼓曝光得越多，吸引到显影鼓上的色粉也越多。当色粉从显影机构脱落后，新的色粉被自动色粉定量补充系统补充给正在进行显影的机构。

随着色粉图案被定位，光导鼓带动一张纸随着其下的一个带子转动。纸张被转换电刷充上负电，其电荷强度高于静电图像的负电荷强度，所以纸张可以将色粉拉离。通过以与光导鼓同样的速度运动，纸张可以精确地得到影像图案。为使纸张顺利地从光导鼓剥离，在接收色粉后，纸张电荷被放电电刷放净。不过，常常不能100%地放净，会有一些色粉附着在光导鼓上，必须用固定软垫或旋转的充电器将其清除。可以通过使用预充电的scorotron充电器来帮助清洁，充电器给仍在光导鼓上的色粉充电，以增强色粉对清洁器的吸附力。清洁完成后，光导鼓的表面要通过一个放电管（这个明亮的光源擦除光导鼓表面静电影像），然后光导鼓的表面通过充电器重新充上正电荷。

转移后，色粉仍被静电力吸附在纸张上，还需要最终的定影，既可以采用加热的方式，也可以同时采用加热且加压的方式将色粉熔化，使其融入纸张纤维。加热辊的温度一般在200℃，必须使用高温使色粉快速熔化。还可采用其他方法进行定影，如溶剂挥发或高强熔融。激光打印原理图如图 3-18 所示。

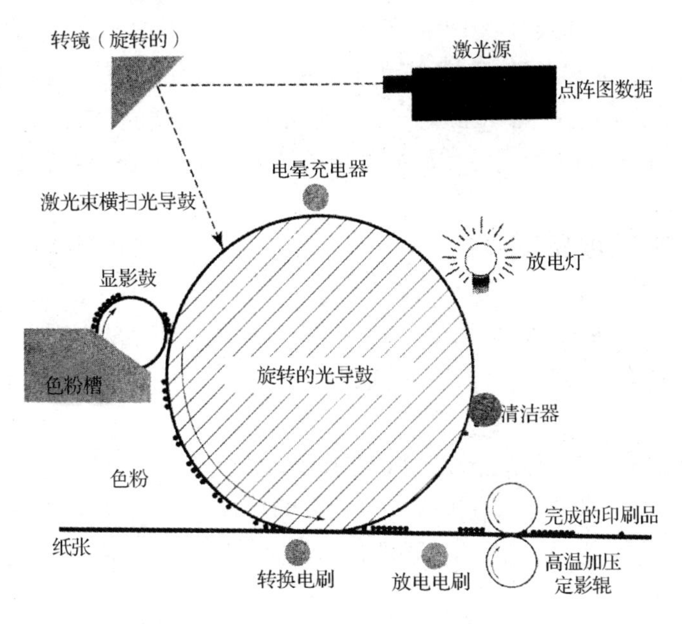

图 3-18　激光打印原理图

第一个彩色系统只是简单地将四个直接成像鼓集合在一起分别印刷黄色、品红色、青色、黑色。同时进行这些步骤会减慢速度，引起套准问题，最终使设备工作速度降低，图像质量下降。制造商利用间接载体和橡皮布转印的原理，单独或一次转移提高速度和质量。最新的技术能够改进彩色质量，随着纸张处理和图像定影的改进，提高生产力和产品耐用性。电子照相术印刷机在高速、高分辨率上有局限性。激光的分辨率有限，色粉有扰乱影响，会影响印刷速度。将色粉熔融到纸张上，不仅限制了承印物的范围，还会引起纸张卷曲，所以必须进行晾纸。

早期的打印机在 20 世纪 70 年代之前也能产生半色调，但是它们最初的 300dpi 的分辨极限使得加网线数在 65lpi。抖动技术被应用后分辨率提高到 600dpi 甚至更高，这使得激光打印更像是印刷。

彩色图片在普通纸上利用激光打印后，会有铜版纸的手感，色彩方面较暗淡，与印刷出来的效果类似，仔细观察浅色的部分和印刷一样是规则点排列出来的。黑色文字的部分非常锐利，对光看着色部分会有炭笔的感觉。对于彩色文字，小号字有些机器则会出现套色不准的现象；浅色字有时候是规则点排列的。对于黑白图灰色的部分，明显是规则点排列的，边缘很锐利。

激光打印更适合打印文本和类似漫画的黑白图，因为现代漫画往往用网点表现灰色以降低印刷成本，普通纸上的彩色文档则会有很强的表现力。

3.3　印刷品质量评价

3.1 节和 3.2 节对传统印刷工艺和数字印刷工艺做了简要的介绍，并从理论上对各种印刷方式所生产的印刷品质量做了简要评价，接下来将从实际应用中对印刷品进行评价。不同的印刷品质量在某些方面（如具有明确的物理化指标）比较易于评价，而在某些涉及人主观感受的方面则比较复杂。通常来说，对于彩色印刷品质量的评价从三个方面进行：印刷品所带来的心理感受（单件产品的主观心理感受）、印刷品对原稿再现的精确程度（单件产品客观测量数据），以及印刷品达到作为商品使用的复制质量指标要求（产品批量特性）。

3.3.1 不同角度的评价

对于一件印刷品，其质量无论是对于生产者还是使用者都是从主观评价开始的。但针对彩色印刷品的主观评价，主要是人们自身的角度，加上各自的心理感受和艺术要求，通常不考虑彩色原稿。

对任意一件印刷品，首先就是外观要具有吸引力，而物体的外观又由多方面的因素相互作用而决定，如光属性、物体的视觉特征、观察者的感官等。因此印刷品的外观（包括颜色、光泽、形状、质地、透明度等方面）需要具有良好的质量，并且不同批次的统一产品也应达到印刷效果一致。

一般来说，印刷品的主观评价常常根据使用目的的不同进行区别对待，对艺术作品的主观评价是看其对原稿的忠实程度。若二次原稿存在偏色或失真，则应以原作品或原背景为标准。但由于印刷只能做到接近原稿，不能完全忠实于原稿，所以应将印刷品的主观评价转换为客观物理测量，与原稿相比较。而对于用于商业的彩色印刷品，就一定要忠于原稿。

在进行主观评价时，不仅要考虑接受对象的一般心理要求，还需要在一定的客观条件下进行评价，如影响主观评价的最重要因素——光照。在评价时只有在显色性高且色温标准的自然光或人造光下，彩色图像才能显示其真实面貌；只有在足够适宜的亮度与漫反射光下，视觉上才能分辨出图像的暗调与亮调的层次。

当对印刷品质量进行主观评价时，首先就是要分析色调的分布及色彩的搭配情况，然后是图像的选择及摆放位置，接下来是文字的设计等。由于印刷品是采用一定工艺，按照预定的标准，根据原稿、印版、纸张、油墨和印刷机的相互配合印刷而成的，因此在评价印刷品时不仅要利用人眼视觉将印刷品与样张相比较，及时校正，而且要按照质量标准进行评定。

从技术角度对印刷品的评价包括对图像清晰度、色彩与阶调再现、光泽度和质感等方面。在这些因素中，如色彩和阶调可以用数值来表示，在复制过程中可以对这些因素加以控制，有些不能用数值来表示的因素可以用语言来描述。

3.3.2 印刷品评价的内容

印刷品的表面区域可分为信息表面和非信息表面。

信息表面的内容如下。

- 线条图像（包括文字）；

- 单色半色调图像；
- 彩色半色调图像。

它们的作用就是传递印刷品所要表达的信息。

非信息表面的内容如下。

- 未被印刷的空白纸面（或其他未被印刷的承印物表面）；
- 均匀的实地印刷表面；
- 均匀的半色调表面。

它们通常作为背景，借以突出、衬托信息表面。

信息表面内容的品质由以下因素决定。

- 线条图像的表面质量参数有图像的形状质量、线条的特效处理、边缘反差及线条密度等；
- 单色半色调图像的表面质量参数有印刷图像各部分的阶调值、网点质量（如清晰度、网点缺损等）等；
- 彩色半色调图像的表面质量参数有印刷图像各部分的阶调值和色彩、多色网点的叠印质量、影像的清晰度等。

对于非信息表面内容的评价主要有两个方面：一是与原稿尽可能一致；二是要求其表面有较好的均匀度。衡量指标包括：印刷品表面的漫反射与镜面反射的特性、承印物的透明度、承印物表面纹理与质感特性、印刷的实地与网点质量特性。

概括来说，对印刷品质量评定的内容主要包括印刷品复制的阶调层次、色调和色彩的复制、复制层次清晰度及印刷品复制的表观质量。

对于印刷品来说，首先进入人眼的是其阶调与层次的分布，因此阶调与层次的分布在表现图像形象和明暗方面发挥着主导作用，对其评价可以使用阶调层次复制曲线来实现。具体来说，就是考虑原稿的反射密度在印刷品上的再现情况。从理论上说，将原稿的密度特性曲线与印刷品的密度特性曲线进行比较时，若完全再现原稿的阶调（印刷品上各部分的密度与相应原稿各部分的密度相同），则阶调层次复制曲线为过原点，呈 45°的直线。而在实际中由于种种因素的影响，印刷品的密度通常比原稿的密度要低。如果在复制过程中为了保持阶调的相对再现，就需要在保持整体的密度范围内，按照平均密度进行梯级比例压缩，使得印刷品的密度特性曲线通过提升高光和中间调的反差来接近原稿上图像的视觉效果。

对于色彩和色调的复制，由于分色制版印刷的材料、器材及印刷复制方式的缺陷，自然景物或原稿的许多色彩不能完全在印刷品上忠实再现。因此在做色彩的分解和印刷再现时就必须进行校色调整和适当的再分配，在进行色彩和色调复制评价时也涉及人为的主观因素，这使得在对印刷品色彩再现进行评价时要考虑以原稿的色彩为基础，对于忠实于原稿的部分就可以按客观技术标准来衡量，而不能忠实于原稿的部分就需要结合主观因素来进行评价。

通常来说，彩色印刷图像比单色印刷图像要复杂，但在评价印刷品的颜色时，只能用印刷品灯光反射密度或色差来作为评价的大致标准。但考虑到人眼视觉对颜色的适应性，印刷品的色彩再现的评价方法就不能仅限于考虑再现效果和原稿的颜色一致，还需要考虑包含观察条件和视觉观察方法的评价方法。

在具体评价色彩再现时，可以从色相、饱和度（彩度）、明度这三个方面考虑。其中，明度以密度的方式来表达，可以按照阶调再现性的方式进行评价。

评价复制层次的清晰度要考虑以下三个方面的内容。

- 图像层次边界的实度。这就要求将原稿层次边界的实度（锐度）作为基础，在整个复制过程中，图像层次边界的过渡宽度是逐步加宽的，并且层次边界的实度是不能复原的。
- 图像两相邻层次明暗对比变化的清晰度，即细微反差。它主要由原稿层次级差决定，也受到阶调层次复制压缩与层次调整分配的影响。
- 原稿或印刷画面层次的分辨率，即图像细微层次的细微程度。它可以表现客观景物组成物质的本质面貌，即质感。在经过制版印刷后，原稿层次的细微程度不能复原。

在衡量印刷画面细微层次的解像力时，要求达到能明显分辨出层次的 2′视角，若小于 1′视角，视觉上就无法分辨了。若要测量印刷品对原稿层次解像力的损失程度，则可用不同宽度的细微线条同原稿一起进行印刷复制，再测量印刷线条的锐度与解像力，就可得知图像在图纸过程中的损失和还原程度。在评价细微层次反差时，要求在标准的亮度条件下。由于人眼对亮调层次能够精确分辨到 0.01 的密度，对于暗调层次，即使达到 0.05 也不易察觉。因此可以通过该视觉上的生理物理量结合层次复制所强调的效果，并以原稿层次反差为比较基础，建立凭借细微层次反差强调效果的客观技术衡量标准。

印刷品的清晰度主要和网点的再现性相关联，网点轮廓、网点扩大等都可能会影响印刷品的清晰度。

印刷品复制的阶调层次、色调和色彩的复制、复制层次清晰度都属于绝对质量特性，而印刷品复制的表观质量则是平均质量特性，它主要解决批量印刷品质量前后均一的问题。

在具体印刷时，随着印刷数量的增加，印刷时间的延长，这段时间所产生的各种变化因素都有可能反映到印刷品上。而印刷品各印张之间的质量波动，可以从以下几个方面予以说明。

- 视觉上的分辨能力。例如，在标准观察距离上，当加网线数为 150lpi 时，套准变化的最大允许值为 0.05mm。如果超出了这个范围，在视觉上就能够感受到图像的变化。
- 生产设备的固有特性所产生的一些无法控制的图像变化。例如，现有印刷机的输墨装置不能保证印张密度的前后一致，在同一批印刷品上，其密度变化可达 0.15。
- 允许的偏差极限，这与产品类型和客户的需求有关。例如，报纸可允许有较大的色彩变化，而化妆品或食品包装就不允许有较大的色差。

3.3.3 评价方法

评价印刷品质量的方法主要有三种，它们分别是主观评价方法、客观评价方法和综合评价方法。

（1）主观评价是一种非仪器的评价，通过人眼来判断印刷品质量的好坏，因此主观评价具有主观性。由于对印刷品质量的主观评价没有统一的标准，因此主观评价具有局限性。又由于不同的人、不同的环境等都会影响印刷品的评价结果，因此主观评价又具有不一致性。

主观评价的常用方法有目视评价方法和定性指标评价方法。目视评价方法是指在相同的评价环境下（如光源、照射强度一致），由多个有经验的管理人员、技术人员和用户来观察原稿和印刷品，对各个印刷品按优、良、差分等级，并统计各等级的频数，再综合计算评价结果。定性指标评价方法是指按一定的定性指标，列出每个指标对质量（色彩、层次、清晰度）影响的重要程度，由多个有经验的评价人员评分，最后进行总分统计。印刷品质量评定如表 3-1 所示。

表 3-1　印刷品质量评定

评 价 指 标	质量因素重要性排序	得　分
质感	STC	
亮调	TSC	
中间调	TSC	
暗调	TSC	
清晰度	STC	
柔和度	TSC	
鲜明度	CST	
反差	TCS	
光泽度	SCT	
色彩匹配	CTS	
肤色	CTS	
外观	CTS	
层次损失	TSC	
中性灰	CTS	

注：C 代表色彩，T 代表层次，S 代表清晰度。

按质量因素加权得到最终得分，相应的 C、T、S 对应的优、良、差的加权系数分别为 2.5、2.0、1.5。综合评定值 W 为式（3-1）：

$$W = \sum K_1 C_i + \sum K_2 T_i + \sum K_3 S_i \tag{3-1}$$

式中，

$$K_1 + K_2 + K_3 = 1$$

具体的评价步骤：先根据样张的相似性对样张进行分组，并给各个组标明一个唯一的数字，该数字可以代表该组的质量优劣等级，即该组在所有组中质量的排列名次；然后在各个组中对样张进行比较分析；最后得出质量最好的样张。

在复制环节中，要保证稳定一致的观察条件的关键因素是光源的光谱能力分布、照明光源的发光强度和均匀度、观察环境和照明环境的稳定性。要想获得准确的色彩和色调值，就需要标准的光源。当今业界公认的光源是色温为 5000K（D_{50}）、显色指数（Color Rendering Index，CRI）在 90 以上的光源。显色指数是指在某一光源照明下观察对象的色彩效果与该观察对象在特定条件下，由其他参考光源照明所得到的色彩效果的一致程度，显色指数为 100 表示完全一致。在印刷车间，一般选择色温较高（3500～4100K）、显色指数较好的日光灯作为光源。

为了模拟最终的图像观察环境，通常使用低照度的光源（P2）；当需要“强调比较图像细节效果”时，应该在高于平时观察的照度下进行。在普通情况下，一般选择标准照度条件。

在评价时，除标准光源外，观察角度也直接影响评判结果。根据国际标准在评判时使用两种观察角度。一种是0°光源及45°观察（0°/45°），即光源从0°（垂直）入射角照射在印刷品上，而观察者以45°的方位来观察印刷品；另一种是45°光源及0°观察（45°/0°），以这种方式观察时需要特定的45°斜台，使光源以入射角为45°的情况照射印刷品，观察者则垂直观察。这两种方式都需要将印刷品尽可能地放在光源中间，此外若需要观察比较多的印刷品，尽量避免将它们重叠观察。

除上述的条件外，评价时还需要标准的观察环境，对观察环境的具体要求有以下几个方面。

- 应使观察环境对图像辨别的干扰达到最小。为了避免其他视觉因素影响对透射稿或印刷品的评定，评定人员要避免在进入环境后立即进行工作。
- 尽量排除多余的光线。因为其他光源所发出的光线或其他物体的反射光都会对观察造成影响，最好的条件就是在暗室内使用光源箱。
- 在观察环境中不应该有强烈的色彩存在。这是因为强烈的色彩可能会发生无法避免的反射，因此要求中性无光的外围环境（如观察环境中的天花板、墙壁、地板等）在各方向上至少延伸出观察空间的1/3。侧面和背景的颜色应为中性灰（以孟塞尔明度值为6～8，反射率为43%为准），在视野范围内反射物亮度不应该超过印刷品表面亮度的4倍。周围环境的反射率要小于60%，最好小于20%。

除上述条件外，主观评价方法还要考虑观察者的精神状态，如尽量避免观察者长时间进行连续评价对印刷品评定造成的影响。

随着信息技术的发展，越来越多的印刷业采用计算机显示器进行软打样，那么此时的观察条件就需要满足以下要求。

- 显示屏的白色接近D_{65}标准，白色亮度必须大于75cd/m^2，通常情况下大于100cd/m^{2}即可。
- 在进行观察时，环境照度必须低于64 lx，最好低于32 lx。并且环境照明色温必须小于或等于显示屏白点的色温。
- 显示图像周围区域的颜色应为中性灰，最好是最低闪烁度的灰色或黑色，色度值与显示屏的白点接近。
- 显示器放置的区域周围应没有强烈色彩反射物（包括衣物）。这样做的目的是避免强烈的色彩反射到显示屏上，对观察结果造成影响。其理想状态是，视野中的所有墙壁、地板、家具等的颜色都应该是灰色或不影响视觉效果的颜色。
- 在观察环境中应该避免其他光源或光斑的出现。这就要求显示器放置在无直接照明体、窗户等这些能使显示屏产生反射的物体的环境中。

对彩色印刷品进行评定时，若只有主观的评定，就无法进行标准化生产。因此引入客观评价，其同主观评价一起能获得较精确的评价体系。

（2）客观评价方法是利用适当的检测手段，在具体实施时对印刷品的各个质量特性进行测量，并用数据加以表示的一种评价方法。从主观评价的质量因素可得，整个印刷品的质量可以由加权来获得。相应地，在客观评价方法中同样可以运用加权的方法来测定印刷品的质量，而这些因素的权重可用多变量回归分析方法和模糊数学的方法求得。常见的评价参数及其权重如表3-2所示。

表 3-2　常见的评价参数及其权重

测量评价参数项目	标　记	评价重要程度（权重）
阶调密度误差	TE	1.7
网点形状参数	SF	1.7
网点周围蹭脏的附加密度	SD	1.6
网点扩大	DG	1.5
三次色的色度	LE	1.0
网点内有效密度比	DP	0.6
实地密度	D	0.6
饱和度	A	0.5
灰度	G	0.5
色相误差	LS	0.3

（3）综合评价方法是以根据客观评价的手段获得的数据为基础，与主观评价的各种因素相互参照后，得到共同的评价标准，然后将数据通过计算、做表，得出印刷品的综合质量评分的一种评价方法。综合评价方法弥补了主观评价方法在评价印刷品质量的结果上存在的诸多问题。

综合评价方法的一般步骤如下。

- 参数检测与计算。使用密度计和网点面积密度计，对那些与图像同时印刷的阶调梯尺（C、M、Y、K）和色彩控制条进行测量，以求得所需的项目指标值。
- 制作评分表。先将各项目的测量值换算成离散的等级评分（若满分为 10，则有 10 个等级），然后将评价权重（可以进行归一化处理）乘以等级评分就可计算出各项目的实际得分，最后将此分数合计，就可得出印刷品的综合质量评分。

3.4　印刷品质量检测

由于印刷产品属于视觉产品，因此印刷品外观的好坏取决于光在物体上产生的影响，检测一个印刷品质量的优劣可以使用密度测量方法、色度测量方法及分光光度计测量方法。

3.4.1　密度测量方法

在印刷中，密度定义为表面吸收入射光的比例，但由于吸收光的数量很难用精密仪器来测量，因此密度就可间接表示为物体吸收光量大小的性质，即若吸收光量大，则密度高；若物体吸收光量小，则密度低。

当光射向不透明的物体时，一部分光被吸收，另一部分光被反射。定义光的反射率 F 为反射光通量 Φ_f 与入射光通量 Φ_0 的比值，该比值为常数。

$$F=\frac{\Phi_f}{\Phi_0} \tag{3-2}$$

反射密度定义了反射光与密度之间的关系，等于反射率 F 的倒数再取以 10 为底的对数：

$$D_{\mathrm{f}} = \lg\frac{1}{F} \tag{3-3}$$

该定义不仅从数值上解释了密度，而且其值相当于以人眼所观察到的现象来描述密度。反射测定的结果与测量装置的几何条件和测试物体表面的光泽性质有密切的关系。在实际反射测量仪器中主要采用 45°/0°和 0°/45°两种几何测量条件。

当光射向具有光透过能力的物体时，光线有一部分被吸收，有一部分被透射。因此定义光的透射率ρ 为透射光通量Φ_{t}与入射光通量Φ_0的比值，该比值为常数。

$$\rho = \frac{\Phi_{\mathrm{t}}}{\Phi_0} \tag{3-4}$$

透射密度是反映具有一定透明性的材料的吸收光的性能，用透射率的倒数再取以 10 为底的对数表示（密度越大，表明材料吸收的光越多）。设透射率为ρ，则透射密度 D 为

$$D = \lg\frac{1}{\rho} \tag{3-5}$$

不同墨膜厚度的光学密度如图 3-19 所示。

在测定透射密度时要尽量满足如下条件：入射光束必须能从半空间体均匀地射到被测物体上，并且只测定垂直通过被测物的光线。入射光束经过乌布利希求变换就可以使光束满足上述条件。

在印刷行业应用最广泛的是使用密度计来测量光学密度。通常密度计由三部分组成，即照明系统、采集光和测量系统、信号处理系统。

照明系统由光源、照明光路和供给光源能量的电源组成。该系统使光源发出的光经过转换并符合 ANI/ISO 标准，使得光源的相对光谱分布符合标准光源 A 标准（2856K±100K）。

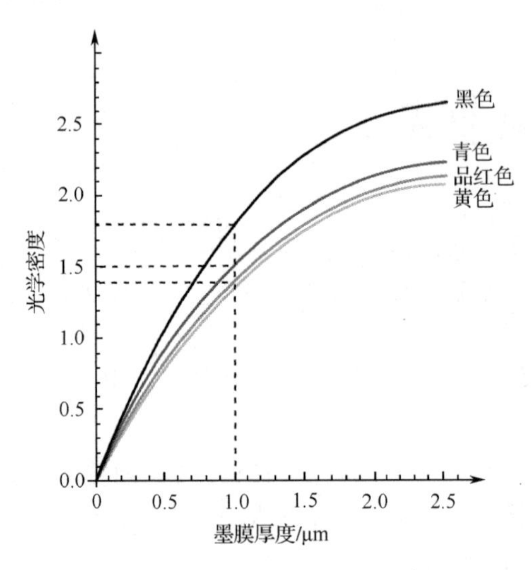

图 3-19　不同墨膜厚度的光学密度

采集光和测量系统由光传感器、采集光的光路和只将可见光谱的那部分光线传送到光传感器而把其他部分光线过滤的滤色片组成。在进行密度测量时，密度计光路上有效光谱灵敏度（等于光传感器的相对光谱分布函数 $S(\lambda)_{\mathrm{r}}$ 和滤色片的透射率λ的积）与光源相对光谱分布

函数 $S(\lambda)$的积应该是符合标准的，其中光源的光谱辐射也是标准的。

信号处理系统得到代表入射光和接收到的光能量的光子信号，并进行计算和显示。

密度计的示意图如图 3-20 所示。

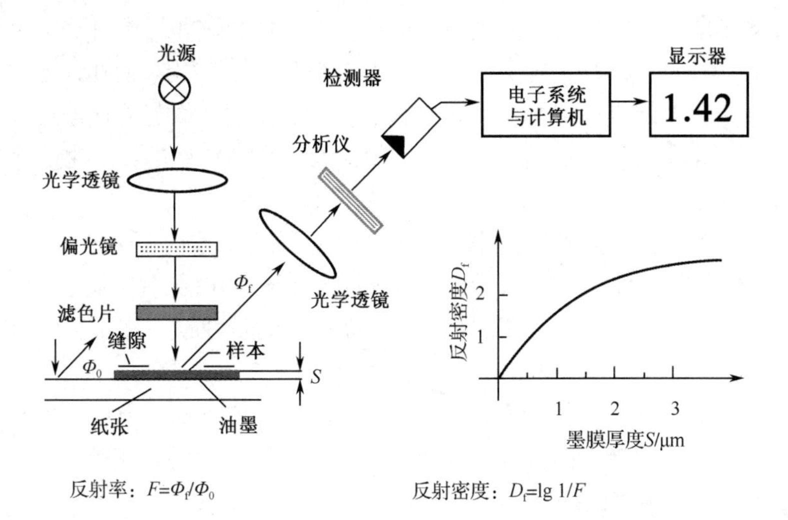

图 3-20　密度计的示意图

密度测量系统不仅需要使密度计的光谱响应准确地模拟人眼视觉特性，还需要弥补人眼不能量化密度的缺陷，与此同时还要满足光学设计中的几何条件。

在用密度计测量色彩时就需要用到滤色片，而滤色片的一个重要特性参数就是带宽。滤色片的带宽就是允许通过的可见光谱的范围。

人眼视觉可感受到的可见光谱范围为 400～700nm，其中，400～500nm 为蓝色光谱，450～600nm 为绿色光谱，500～700nm 为红色光谱。而每种宽谱滤色片大约能够传过 300nm 范围内可见光中的 100nm，其功能与人眼的红色、绿色、蓝色接收器相类似。图 3-21 描述了人眼的三种彩色感色机制大致的感光度。

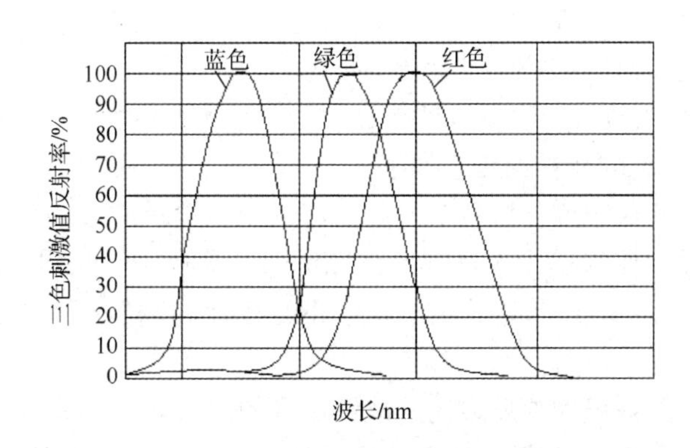

图 3-21　人眼的三种彩色感色机制大致的感光度（已将峰值调整为 100%）

宽谱滤色片相当于彩色扫描仪中分色用的滤色片；窄谱滤色片一般为干涉滤色片，其带宽约为 20nm。

宽谱密度计通常用于测量印刷系统中的某些属性，如墨量、印刷反差、曝光量、网点扩大率、偏色、灰度等。在使用窄谱密度计时，若光谱位于最大吸收波长的中心，则它具有最大的灵敏度，但它存在较大的死区，因此窄谱密度计通常用于测量已知颜色。

在密度计测量中，为了提高其准确性，标准化组织对印刷和摄影过程中用来测定和校准的标准参考材料（CRM）进行了定义，其中 T-Ref 就是一个 CRM。而在检测中，由于密度计和相关环节的操作会对结果造成影响，因此就需要对由密度计引起的误差进行检测。

（1）检测密度计在操作中引起的变化，即检测操作人员和密度计产生的变量的稳定程度可用以下步骤来完成。

① 校准密度计，用 T-Ref 测试条检查，以在生产设定中才能正常使用。

② 使用等同于校准密度的青色、品红色、黄色、黑色和白色测试块的 T-Ref 测试条或采用制造商提供的测试条进行测试，要求每个测试条每小时读 3 次，在不关闭密度计的条件下至少测试 20h，但不要求连续测 20h。

③ 用 X 直方图/R 图分析这些数据。将这 20 组 3 次的测量值中每组数的平均值绘在图上，计算最大和最小控制极限的范围。每种颜色采用一张 X 直方图/R 图。

④ 利用结果来说明测量系统的不可靠性。

若同一个操作人员使用两台密度计测量，且使用相同的测试条，则能比较出密度计之间的差异；若两个操作人员使用同一台密度计测量，且使用相同的测试条，则能比较出操作人员之间的差异。

（2）密度计的摆放位置也会对检测造成影响，因此密度计自身引起的变量的检测通过以下步骤完成。

① 校准密度计，用 T-Ref 测试条检查，这样在生产设定中才能正常进行。

② 从印刷样张或打样样张上裁下白色、黑色、青色、品红色、黄色的测试条，将它们牢牢贴在密度计底座的小孔上，检查并确保在按下密度计测量头时，小孔能够完全被测试条覆盖。

③ 操作人员每隔 2min 按下测量头一次，直到获得至少 20 组的 3 个测量读数（测量 60 次）。

④ 将每种颜色都重复步骤③。

⑤ 利用结果来说明测量系统中密度计的不可靠性。

上述步骤用于排除人员对密度计的影响后，比较密度计本身的差异和密度计之间的差别。

（3）测量环境所引起的变量的步骤如下。

① 从统计的角度确认密度计测量头引起的变量的稳定程度。

② 创建一个系统，使得操作人员利用计算机通过遥控装置来启动密度计进行测量。这就排除了由于放置或上下动作产生的影响，使得密度计的测量头在任何时刻都处于向下的位置。

③ 将密度计所在的环境的温度设定为能够达到的最低温度，或将其放置到低温区域。

④ 在室温低时，操作人员每隔 2min，利用计算机启动一次密度计光源，直到得到照射 20 组的 3 个测量读数（测量 60 次）。

⑤ 用 T-Ref 测试条或其他测试条对每种颜色重复步骤④，并用 X 直方图/R 图来分析。

⑥ 设定室温，使得密度计处于所能达到的最高温的状态，或将其移动到温暖区域。

⑦ 在室温高时，操作人员每隔 2min，利用计算机启动一次密度计光源，直到得到照射 20 组的 3 个测量读数（测量 60 次）。

⑧ 对每种颜色重复步骤⑦，并用 X 直方图/R 图来分析。

⑨ 比较两组 X 直方图/R 图平均值的分布范围，记下各种情况下密度计周围的温度。

（4）虽然照射到密度计周围区域的光线一般不会对密度计造成影响，但这种光线（游离光）会通过密度计对测量结果产生影响，评估由周围光线引起的变量的步骤如下。

① 用统计的方法确认密度计测量头引起的变量是稳定的，如温度的变化不会影响密度计的稳定性。

② 创建一个系统，使得操作人员利用计算机通过遥控装置来启动密度计进行测量。这排除了由于放置或上下动作引起的变化，使得密度计的测量头在任何时刻都处于向下的位置。

③ 将强光照射在密度计上或将密度计放置在明亮、持续照明的区域。

④ 在环境明亮的情况下，操作人员每隔 2min，利用计算机启动一次密度计光源，直到得到照射 20 组的 3 个测量读数（测量 60 次）。

⑤ 用 T-Ref 测试条或其他测试条对每种颜色重复步骤④，并用 X 直方图/R 图来分析。

⑥ 关闭光源，将密度计放在暗区域或将密度计罩住。

⑦ 在周围黑暗的环境下，操作人员每隔 2min，利用计算机启动一次密度计光源，直到得到照射 20 组的 3 个测量读数（测量 60 次）。

⑧ 用 T-Ref 测试条或其他测试条对每种颜色重复步骤⑦，并用 X 直方图/R 图来分析。

⑨ 比较两组 X 直方图/R 图平均值的分布范围，指出周围环境的光线进入密度计后对测量的影响。

（5）在反射密度计中，光孔直径为 2～4nm，虽然光孔直径在测量纸张上的实地测试块不是引起变量的主要原因，但它在测量半色调子区域中有较大的影响。因此为了确定这个变量的程度，可用同一制造商生产的两台密度计来测量。选择密度计时可使其中一台密度计的光孔直径约为 2nm，另一台密度计的光孔直径较大（3.5nm 或 4nm）。测试步骤如下。

① 像生产设定那样校验两台密度计，用 T-Ref 测试条检查，确保它们都符合状态 T 响应。

② 用生产中一般使用的加网线数（133 lpi、150 lpi、120 lpi 等）的印刷控制条选用 50%的网点测试块，先用大光孔的密度计测量，再用小光孔的密度计测量，将大光孔和小光孔的密度计的读数，分别记录在两张 X 直方图/R 图上。

③ 重复步骤②，由相同的操作人员测量同一块 50%的网点测试块。测量 120 次，其中 60 次（20 组的 3 个测量读数）测量数据记录在大光孔的 X 直方图/R 图上，另外 60 次测量数据记录在小光孔的 X 直方图/R 图上。在测量时应把密度计放在 50%的网点测试块上不同的位置。120 个测量读数可以在一段时间内进行，不需要按照指定时间间隔来测量。

④ 分析两张 X 直方图/R 图，比较两台设备产生的平均值和每组数值的分布范围。

上述步骤就说明了光孔直径对密度计和操作人员组成的系统产生的变量的影响程度。

（6）在测定影响密度计精度的变量中，密度计的校准也是至关重要的，其校准的方法如下。

① 使用能让操作人员利用计算机，通过遥控装置启动密度计的测量设备。

② 操作人员每隔 1h 启动一次密度计光源，在不关闭密度计的条件下持续 4 天。用 T-Ref

测试条或其他测试条的白色测试块来完成这个步骤。

③ 使用T-Ref测试条或其他测试条的黑色测试块重复步骤②。

④ 用控制图标出从白色测试块和黑色测试块得到的数据，在图上画出目标及光度测量系统的控制上限和控制下限。

⑤ 在读数逼近、达到、超过白色测试块和黑色测试块的控制限时，在图上指出密度计需重新校验的测量数目。

3.4.2 色度测量方法

色度计用于测量印刷品的色度，它类似于HVS，通过直接测量得到与三色刺激值成比例的仪器响应数值，直接换算出三色刺激值。色度计的原理就是用滤波器来校正仪器光源和探测元件的光谱特性，使输出电信号大小与三色刺激值成正比，与人眼视觉相协调。因此，用色度计对印刷品进行检测时，可以对印刷油墨的颜色进行精确描述，并使检测结果与人眼视觉一致。

利用光电色度计测量颜色的方法，在原理上与密度计十分类似，其外观与操作方法也与密度计相似，但它们最主要的差别有以下两点。

（1）光电色度计用于观察颜色，其功能与人眼相近，而密度计则考虑油墨的特殊灵敏度。

（2）光电色度计可以处理及计算不同的颜色数据（如色彩空间转换、色差计算等），并且可以让用户在三维空间上画出色彩坐标，而密度计却没有描述色彩的功能。光电色度计可以直接显示三色刺激值$x(\lambda)$、$y(\lambda)$、$z(\lambda)$，大多数还可以把三色刺激值转换成匀色空间坐标，如转换成CIE LAB坐标。但由于普遍使用的照明条件只有一两种，因此用光电色度计测量得到的色彩并不总能表现视觉色彩。另外，CIE LAB色彩空间对于印刷复制来说并不能像CIE LUV那样计算饱和度，所以它并不是最好的表色系统。但是光电色度计在确定色差方面有很好的精度，可用于印刷车间做色差比较和相对色差的测量。

色度计可以看作一个反射率计或一个带有专门滤色片但不带对数变换器的密度计。加入滤色片的目的是根据CIE光谱的三色刺激值在色度计的每个通道中给光谱的各个波长加权。色度计主要涉及的是反射率问题，它不同于密度计的对数问题，但反射率却能经过转换变成密度值，反之依旧可行。

（3）过去在工业上广泛使用的三色滤色片色度计通过模仿人眼视距的过程来提供符合标准的测量值，其采用了标准光源来照明需要评价的样本。图3-22为采用三色滤色片的光电色度计。在测量中，传感器的灵敏度也需要将滤色片转换成与观察者的视觉灵敏度相吻合的程度。大多数色度计只安装一组滤色片来完成这两项工作。色度计通常只有一个传感器，并在传感器前放置三四个滤色片（四个滤色片是为了更好地调节短波部分$x(\lambda)$曲线），在色度计标定正确的情况下就能够读出数据，并将其转换成三色刺激值。这种色度计的优点是在短时间内有良好的重复性，但由于视觉灵敏度与滤色片和传感器的关系难以真正匹配，因此色度计的精度不够高。正是由于这个原因和样本精度的限制，色度计的计算结果就不需要太多的位数输出，反射率值（%）、三色刺激值L^*、a^*、b^*及色差值通常精确到小数点后两位。

在利用色度计进行测量时需要利用标准光源、标准观察几何条件及标准白。国际上规定的标准光源为光源 A、光源 B、光源 C 及光源 D_{65}，我国把光源 D_{65} 作为标准光源；标准观察几何条件是 45°/0°观察角及 0°/45°观察角；而标准白的定义为测量反射（透射）率参数时的理想漫反射（透射）体，它与反射空间的发光密度和方向无关，是一个完全无光泽的白色表面，但标准白是一个理想状态，实际上只能近似模拟其特性。

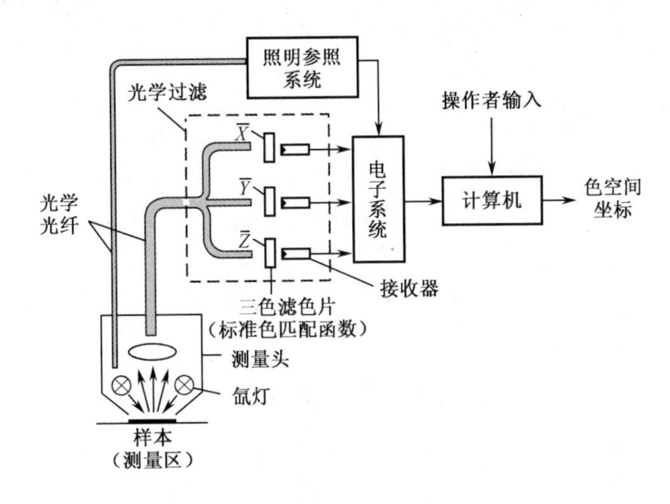

图 3-22　采用三色滤色片的光电色度计

3.4.3　分光光度计测量方法

分光光度计是进行光谱测量的仪器，它通过测量物体的光谱亮度因数或光谱透射比，选用 CIE 推荐的标准照明体和标准观察者，经积分计算求得颜色的三色刺激值。其积分计算为：将可见光谱的光以一定波长（5nm、10nm、20nm）照射到色彩表面，逐点测量反射率。将各波长光的反射率值与各波长之间的关系进行描点，就可获得色彩表面的分光光度曲线。相对于色度计，分光光度计可以提供更多信息，还能当作色度计或密度计使用。分光光度计可测量分光光度曲线，因此它对鉴别同色异谱现象具有十分重要的作用。

分光光度计的主要组成部分如下。

（1）光源。要求测量所用的照明条件包括可见光谱的所有波长。例如，在测量发荧光的样本时，要求反射率曲线和由反射率曲线算出的三色刺激值能够正确再现视觉色彩，要求测量所用光源的辐射分布符合色彩匹配要求的辐射分布。

（2）积分球元件。积分球内壁涂以白色，壁上开有小孔，以便让照明样本所需的光线出入。光源放置在球内或球附近，以便用扩散光为球壁照明，因此球上的一个或两个小孔是为了方便放置被测样本或标准白板。大多数的孔径是可以连续改变的，以适应被测样本的大小，最常用的孔径是 2～3nm。

（3）光的色散元件。对样本的反射光进行色散是为了逐波长地测量样本的反射率。这种色散方式可以得到等间隔的不同波长的光，从而在使用过程中不必改变光圈。

（4）光电传感器。它是由光电池、光电二极管或光电倍增管装配而成的。

图 3-23 和图 3-24 分别为分光光度计的原理图及光路示意图。

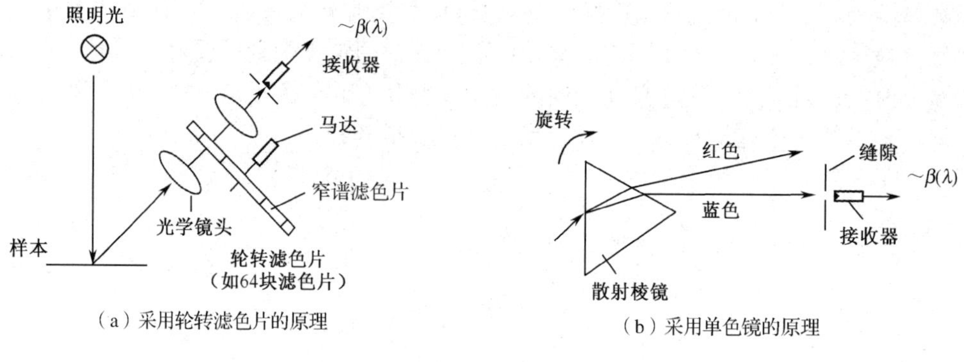

（a）采用轮转滤色片的原理　　（b）采用单色镜的原理

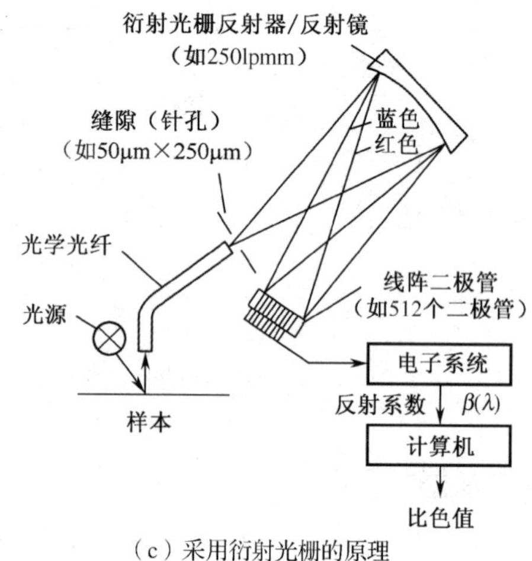

（c）采用衍射光栅的原理

图3-23　分光光度计的原理图

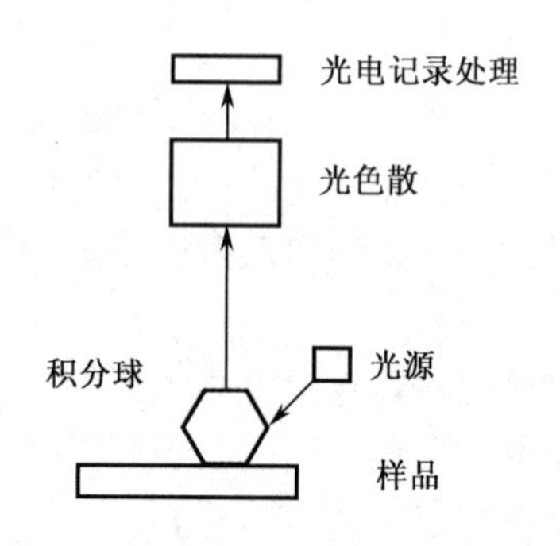

图3-24　分光光度计的光路示意图

根据分光光度计的测量数值可以计算密度值和色度值，分析同色异谱现象。新兴的分光光度计还可以将测量数据直接转换成其他表色系统的参数，转换方法与色度计一样。

3.5　印刷品质量控制

一件印刷品要通过印前、印中、印后三个阶段才能完成，每一道工序都和印刷品质量有关，所以印刷品的质量控制必须涵盖印前至印后。印刷品的质量控制，不能只靠经验，而是要靠现代化的科学方法，这里特别要强调数据化、规范化和标准化，强调从原材料、生产过程到成品的全过程进行控制。印前包括设计、制版，印中包括切纸、调墨、印刷，印后包括上光、压光、覆膜、电化铝烫印、凹凸压印、对裱、模切、糊盒。印刷是很重要的一个环节，反映了设计和制版的效果，是产品的主要生产线。印后加工能增加印刷品的附加值，点缀产品，是最后一个环节。

3.5.1　设计与制版

对于一件印刷品，人眼对其质量评价的第一要素就是其外观，因此设计是彩色印刷品保证质量至关重要的一环，它必须达到图案、色彩、文字的综合体现效果，突出主体，同时要考虑到制版和印刷及印后加工的可行性及实际效果。在用色上，除专色外，尽可能地减少颜色或叠色；在文字上，必须做到文字与图案的排列结合妥当，尽可能地避免使用过细、过小的阴文和阳文字体，避免会给印刷带来困难的不必要的复杂的图案结构。

制版是包装装潢设计和印刷的中间环节，是设计和印刷的桥梁，起到承上启下的作用。制版不仅要正确地反映原稿的设计要求，还要纠正不符合印刷工艺要求的部分。在制版工作中，首先要抓好原稿的质量审定，原稿质量不符合要求的坚决不用。在分色制版时，要考虑胶印机的设备情况，按传统分色制版，还是按非彩色分色制版，另外还要了解各个印刷机的印刷网点扩大曲线。对于制版中的各道工序的质量都要进行严格控制，要有数据监控。

3.5.2　纸张

对于印刷纸张，一般要求纸张表面强度要高，薄厚要一致，吸墨性要好，伸缩性要小，呈中性或弱酸性，要有韧性，表面平整，外观质量要好。

对纸张的检验一般从以下几个角度进行。

（1）含水量。纸张的含水量变化对印刷很重要。纸张由植物纤维、填充料、胶料等制成，很容易吸收水分。印刷中纸张的含水量变化会引起纸张尺寸、形状的变化，从而影响套印和输纸等，所以印刷中必须对纸张进行检验，看其含水量是否达到标准。一般铜版纸的含水量在 5%左右，白板纸的含水量在 7%左右。

（2）白度。纸张的白度决定了色彩的呈色范围。白度高，色彩鲜艳，色彩层次反差大；白度低，油墨的色彩饱和度低，色彩暗浊，色彩层次反差小。因此在进货时，要对纸张进行白度检验，使整批纸的白度保持一致。

（3）薄厚。纸张的薄厚会影响印刷时的压力，给印刷压力分配带来困难。具体反映在，印刷品的网点是否平服，实地是否结实，最终印刷品颜色深浅是否不一。

（4）外观。纸张表面是否凹凸不平，是否有纸疙瘩、沙子、色斑、尘埃点、极光带等，这些会给印刷带来不利的影响，使印刷品出现质量问题。

（5）克重。对于用作包装袋的印刷纸张，要求盒子有挺度，所以要保持克重一致。对纸张的克重按标准进行检测时，偏差不能过大。

（6）适性。通过印刷的适性检测可以知道纸张的印刷性能，如掉纸毛、吸墨性、干燥性等。

纸张保管的好坏直接影响纸张的质量和使用效果，因此，要合理地选择纸张的储存场地，注意存放环境，做好清洁、通风、避光、防潮等工作。

纸张在储存时，不宜堆放得太高，另外要按品种、规格进行堆放；由于纸张含水量会随环境温湿度的变化而变化，特别是拆件后的纸堆，一定要离开地垫搁板，不得堆靠墙面，以防通风不良受潮，造成霉变。纸张存放的环境湿度一般控制在 50%～60%。环境相对湿度和纸张含水量的关系如表 3-3 所示，纸张不仅要防潮，还要防晒、防热和防火，纸张受阳光暴晒后含水量会急剧变化，引起形变，纸质会变脆、发黄。如果环境温度超过 38℃，那么纸张的机械强度会下降。涂料纸会产生纸与纸相粘连的现象，以致涂层脱落。除上述注意事项外，还需要注意纸张的防折，纸张堆放时，每令之间不得互相交错叠放，否则会造成纸端因吸湿或脱湿引起纸张褶皱变形。

表 3-3　环境相对湿度和纸张含水量的关系

相对湿度/%	40	50	60	65	70	80	90
纸张含水量/%	3.8	4.9	5.9	6.5	7.8	8.9	9.9

3.5.3　油墨

油墨的性能包括色调、亮度、着色力和透明度。油墨的色调是指油墨反射光波某一部分的性能，也是油墨颜色区别最大的地方。各种颜色由不同的光波波长来决定，油墨通过吸收、反射、透射一定波长来显现固有的颜色。油墨的亮度是指油墨反射光波量的多少。同一色彩，反射大则油墨色彩亮。油墨的色调和亮度用 L^*、a^*、b^*来表示，L^*表示明暗，a^*表示红绿方向，b^*表示黄蓝方向，可以用分光光度计来测定。

着色力表示油墨的浓度和饱和度。着色力强，油墨用量少，着色力是油墨品质的先决条件。油墨着色力的强弱与油墨的色彩度有关，即和油墨的灰度、色偏、色效率有关。

把油墨涂成均匀薄膜，使承受墨膜物质的底色能显现或不显现，这种性能称为透明度或遮盖率，透明度在油墨叠印时非常重要，它决定了油墨叠色的效果。

油墨的耐光性、抗酸性、抗碱性、抗醇性及抗水性中，耐光性是指油墨在阳光的作用下，其色彩变化的性能。抗水性不好，在印刷过程中会出现“化水”和“水化”现象，使水斗溶液及整个印版都染上一层有色水层；同时会使油墨乳化，降低黏度和黏着性，使色彩发生变化。

在印刷中油墨的黏度是传送涂料的主要手段，而且油墨的黏度是决定分离能的条件，也是油墨相互之间传递的主要条件。黏度过低，油墨容易堆版、堆橡皮布、乳化、浮脏、堆胶辊；增高黏度可使网点清晰，油墨在干燥后印迹光泽好；但黏度过高会使墨层在版面断墨造成花版，纸张拉毛脱粉，因此必须根据纸张性能、墨层和网点层次来正确掌握黏度。正确的黏度易使颜料固着于纸面，油墨的连接料完全干固后，也能使颜料固着于纸面。没有一定黏度的油墨在干燥过程中，连接料容易渗透到纸张内部，使印刷的墨迹缺乏光泽。而且适当的流动性会保证油墨的正常传递，使印迹结实、平服。若油墨过稠，则供墨将不正常，往往会使同一产品在印刷中前深后淡或前淡后深；若油墨过稀，则会引起润滑作用，使墨辊之间无法由摩擦传递，造成印迹扩大，层次损失，质量低劣。

在印刷过程中，油墨的干燥是一个复杂的理化过程，若干燥太慢，则易使印刷品粘脏、搭坏，甚至使套印工作无法进行；若干燥过快，则会造成墨辊咬牢、糊版、拉毛，印迹过干及玻璃化，套色印不上等问题。而且影响干燥的因素也很多，正确添加燥油（油墨中添加的干燥剂）是解决这一问题的关键。但在油墨中添加燥油只是控制印迹干燥的一个方面，决定干燥速度的还有印刷过程中的各种变化因素，油墨的乳化、墨层的厚度、润版液酸性的强弱、纸张的吸收性能、车间温度和纸张的保管堆放情况等，都与印迹干燥有着密切的关系。

3.5.4 润版液的控制

在胶印中胶印润版液的作用是，在印版空白部分形成均匀的水膜，以抵制油墨向空白部分浸润，防止脏版。

由于橡皮滚筒、水辊、墨辊与印版不断摩擦，印版上的亲水层遭到破坏，因此需要利用润版液中的电解质与磨损暴露的版基金属铝进行化学反应，形成新的亲水层，不断维护印版的亲水性。控制印版版面的油墨温度，一般油墨的黏度随着温度的变化而变化，实验表明，温度从 25℃上升到 35℃，油墨的黏度从 50Pa·s 下降到 25Pa·s，油墨的流动性增加，就会造成油墨严重铺展，严重影响印刷品的质量。

润版液可分为以下几类。

- 普通型润版液。其主要成分有水、磷酸、硝酸铵、磷酸二氢铵、铬酸等。此类润版液的表面张力较大，铺展性能较差，空白部分的水膜较厚，有红色和白色两种。红色的润版液由于对人体皮肤有害已经不再使用，目前白色的润版液一般在单色或双色胶印机上使用。
- 酒精润版液。酒精润版液一般是在普通型润版液中加入乙醇或异丙醇配制而成的。乙醇是一种表面活性物质，可以降低溶液的表面张力，会改变润版液在印版上的铺展性能，使润版液用量减少，而且又薄又均匀，一般乙醇的用量为 8%～12%。
- 非离子表面活性剂润版液。目前市场上的各类润湿粉剂就是润湿剂。在使用时只要把粉末状的润湿剂用一定量的水溶解，就可以加入水斗中印刷。非离子表面活性剂润版液比酒精润版液成本低，无毒性、不挥发，在传统的胶印机传水装置上就可以使用，不必配备专用的润湿系统。

在使用胶印润版液时，要特别注意其用量，也就是润版原液和水的配比。润版原液的用量要考虑很多因素：印版表面涂布的消耗、车间的温湿度对润版液挥发的影响等。针对不同情况，润版原液和水的配比不同。例如，油墨不同，它的油性、黏度、流动性等会有差异，润版原液的用量也就不同。印版的图文结构、面积大小、载墨量大小、环境温湿度、纸张的性质都影响润版原液的用量。

在实际生产中必须注意以下问题。

- 酒精的用量。酒精的加入能使润版液的表面张力降低，使印版的润湿性好，可以大大降低用水量，从而提高印刷品的干燥速度，降低印版表面温度，稳定油墨的黏度。但是如果酒精加得过多，由于其具有挥发性，会污染环境，严重时会引起火灾甚至爆炸。同时酒精加得过多还会和润版液的树胶起反应，生成沉淀物，影响输水系统的工作，对水墨平衡不利。自来水的表面张力在 72dyn 左右，油墨的表面张力为 30～36dyn。

要使润版液的表面张力和油墨的表面张力一致，使二者达到平衡，这样可以控制油墨的乳化程度，所以酒精用量一般控制在 8%～15%。

- 润版原液的用量。润版原液的用量很重要。如果润版原液的用量少，印刷时印版易起脏；如果润版原液的用量过多，油墨易乳化，印版易花版等。润版原液的用量一般控制在 2%～3%。
- 温湿度的设定。在印刷时，随着时间的延长，速度的增加，印版表面温度会升高。温度升高会使印版表面水分挥发，油墨黏度下降，传墨不良，还会使印版起脏，因此降低印版表面温度对水墨平衡很重要。一般要求车间的温度为 25℃±3℃，湿度为 50%～60%。冷却箱使润版液的温度为 10～12℃。
- pH 值和电导率的控制。pH 值和电导率用来反映对润版液状况的控制效果。大量实践证明，润版液的 pH 值控制在 5.0～6.0 较为稳定，印版寿命长，水墨平衡好，印刷品质量好。电导率易受水的硬度、酒精用量、灰尘、油墨的混入物的影响，要求根据水质情况进行确定。水质情况有软水和硬水之分，软水一般电导率为 0～225μs/cm，硬水一般电导率在 450μs/cm 以上。硬水中主要是 Ca^{2+}含量较多，Ca^{2+}会与油墨中的树脂接触形成皂化钙，而皂化钙是亲油的，会造成传水不良，所以电导率一般控制在 800～1500μs/cm。
- 印版版面润湿液的控制。印版版面润湿液的多少会影响水墨平衡，过少印版会起脏，过多油墨会乳化，造成飞墨、印迹不干等。所以一定要控制好印版上的“水”量。在实际生产中，使用印刷品不起脏时的最小水量，也就是要用最小的印版水量进行印刷。

总之，正确地控制、使用润版液，能够保证印刷的顺利进行，提高印刷品的质量，减少印刷事故的发生，使生产有序进行。

3.5.5 橡皮布的控制

目前印刷厂使用的橡皮布大致可分为气垫型橡皮布和普通型橡皮布两大类。普通型橡皮布由底布、弹性橡胶黏合剂、表面胶层组成。由于橡胶本身有体积不可压缩的特点，当表面胶层受压后，就会在压印区的周围引起凸包。这个凸包使得胶印压印接触区的周向前后弧线上的最大半径（凸包处）和最小半径（弧线中点）相差很大，从而使橡皮滚筒和印版滚筒之间、橡皮滚筒和压印滚筒之间在压印时的滑动量增加，以致网点扩大变形，使得整个印刷品的图文转移质量下降。

气垫型橡皮布除底布、弹性橡胶黏合剂、表面胶层外，还在表面胶层下增加了微泡的海绵微孔层。微泡的海绵微孔层由无数微小封闭的空气球分散在胶层中，当橡皮布表面胶层受到压力后，微泡中的空气球在压力的作用下缩小自身的体积，于是橡皮布便产生垂直的压缩，不再向压印区前后两边发展，在压印过程中没有凸包现象产生，从而减少了橡皮布在压印时的滑动情况。网点的转移及整个图文的转移正确性高，特别是多色胶印机网点转移时的扩大率可以减少，阶调、色彩的还原正确性高，使得印刷品图文质量大大提高。由于气垫型橡皮布有微孔层，因此它比普通型橡皮布具有更好的敏弹性、恢复性和耐冲击性。多色胶印机在印刷过程中可以使压力稳定。当然气垫型橡皮布和普通型橡皮布在价格上会使成本有所增加。

普通型橡皮布可以在单色胶印或实地版印刷时使用，一般采用软性的衬垫物，印一些普通的印刷品。相对气垫型橡皮布来说，印刷压缩量大，网点扩大也较大。多色胶印机一般采用气垫型橡皮布加上中性或硬性的衬垫物，这样印刷压缩量小，网点扩大也小。如果气垫型橡皮布采用软性的衬垫物作为包衬，则印刷压缩量会增大，网点扩大易铺展，就会抵消气垫型橡皮布本身对网点转移精确高的优势，因此在使用橡皮布的同时要注意包衬性质的配合。

橡皮布在使用过程中需要注意以下几点。

（1）正确地绷紧橡皮布。橡皮布必须在适当的绷紧力作用下紧固在橡皮滚筒上。如果橡皮布绷得太松，在压印时会产生挤压下的位移从而不能及时复位，会导致重影故障发生。当然橡皮布也不能绷得太紧，过紧的橡皮布会导致胶层变薄，弹性降低，进而导致压力不足，而且会加速橡皮布的老化，使油墨出现转移不良现象，影响产品的质量，同时缩短橡皮布的使用寿命。紧固在橡皮滚筒上的橡皮布自身会产生内应力和它的绷紧力相抗衡，内应力会随时间的延长逐步衰减，使绷紧度下降，这种现象称为橡皮布的应力松弛。应力松弛特别表现在新换的橡皮布上，因此新橡皮布在换装时不能一次绷得太紧，要在合压印刷一段时间后，再次绷紧，反复 2～3 次，才能使应力松弛现象减弱，橡皮布的绷紧度在较长时间内保持稳定。

（2）正确地测量橡皮布。胶印中，印刷压力的大小通常用包衬在滚筒上的橡皮布合压时的最大压缩量来表示，单位是毫米，正确地测量包衬的厚度是计算印刷压力的关键。由于橡皮布在滚筒上受拉伸长后，胶层变薄，厚度降低，因此橡皮布在没有装在橡皮滚筒上和装在橡皮滚筒上，测得的厚度是不一样的，因此要正确地计算包衬值。测量橡皮布最好使用筒经仪，但是目前很多印刷厂并没有配备筒经仪，通常用千分尺测量橡皮布及包衬的厚度。由于千分尺是在橡皮布没有安装在滚筒上的状态下测量的，因此操作者应对橡皮布安装在滚筒上绷紧后的厚度和没有安装之前的厚度的差有一个正确的估计，才会不出现较大压力偏差。相对地讲，软性包衬的压力差影响较小，但硬性包衬的压力差影响较大。

（3）正确地安装橡皮布。使用橡皮布要注意正确区分橡皮布的经纬方向。将橡皮布的经向环绕滚筒的轴线，才能达到印刷的效果。因为这样橡皮布不易拉伸变形，而橡皮布的纬向容易拉伸变形，所以橡皮布不能盲目安装。一般橡皮布背后有明显的丝缕标志，如有一条红色或蓝色的经线，安装时应使经线与滚筒轴向相垂直。在裁切橡皮布时，要注意裁成矩形，两边长度一样。装入夹板中两边要平行，这样橡皮布绷紧时，不会一侧紧、一侧松。另外还要注意滚筒的中心距，两侧一定要相等，否则可能使橡皮滚筒相对于压印滚筒或印版滚筒的轴线不平行，橡皮布一侧受到的压力大，向前赶的速度快；另一侧受到的压力小，向前赶的速度慢，最终使橡皮布产生扭转，使得印刷品网点变形，印刷品质量变差。

（4）注意橡皮布的清洗、保养。随着印刷时间的延长，橡皮布表层因为物理吸收黏附着许多纸毛、纸粉及墨皮等。如果不及时清洗，厚厚的纸毛、纸粉就会增加局部的印刷压力，使得橡皮布局部发生更多的塑性变形，时间一长会使堆积处局部凹陷，所以印刷产生的纸毛、纸粉、纸屑、墨皮等应及时清洗干净。橡皮布具有光和热的老化特点，购买后的橡皮布应该用黑纸包装储存在阴凉的地方。清洗橡皮布时应选用挥发较快的溶剂，因为用挥发慢的溶剂清洗橡皮布会使橡皮布溶胀进而老化，所以清洗橡皮布的溶剂也要洗干净。对于某一产品印完后，若遇到较长时间停机，则要松开橡皮布的绷紧装置，使橡皮布放松，起到预防橡皮布应力松弛的效果。

（5）正确地选用橡皮布的包衬。硬、中、软三种性质的包衬的印刷适性如表 3-4 所示。

橡皮布下面必须要有包衬，目前有三种性质的包衬：硬性包衬、中性包衬、软性包衬。使用哪种包衬，必须根据印刷产品的特点及设备的情况来决定。从表 3-4 可知，硬性包衬网点再现性比软性包衬好，硬性包衬压缩变形和压力作用都比较小。但是如果设备精度低，使用软性包衬能缓和出现墨杠的现象。

表 3-4　硬、中、软三种性质的包衬的印刷适性

硬 性 包 衬	中 性 包 衬	软 性 包 衬
网点清晰，圆实光洁，再现性好，适合精细产品复制	网点较光洁，实地较平服	网点不够光洁，变形较大，实地较平服
纸面受墨量较少，墨层厚度比软性包衬薄	墨层传递性好，着墨力强，耗墨量少，背面粘脏少	印迹墨层比较厚实，耗墨量大，背面宜粘脏
图文几何形状变化小	橡皮布挤压变形小，纸张拖梢扇形变化小	图文的宽度尺寸增量比较多，套准误差较大
加减少量包衬厚度对印迹结实程度有较大影响，垫补橡皮布时容易起硬口	加减少量包衬厚度对印迹结实程度有影响，垫补橡皮布时起硬口，不太明显	垫补橡皮布时不易起硬口，加减衬垫，对印迹结实程度的影响较小
版面摩擦多，印版不耐磨而损版，如果不是多层金属版或 PS 版，印版耐印率较低	版面摩擦少，对 PS 版或平凹版均能保持应有的耐印率，印版损坏率较小	版面的摩擦量小，多数滑动量由于橡皮布位移消除，故印版使用寿命较长，应用平凹版能保持一定的印刷量
水斗润版液的原液用量要适当加大	水斗润版液的原液用量要略大于软性包衬，以保持版面整洁	水斗润版稀释液中，原液用量可以减少，也能保持版面的整洁性
输纸歪斜、打褶、多张等现象会容易损坏橡皮布	输纸歪斜、出褶等现象会损坏橡皮布	输纸歪斜等现象不大会损坏橡皮布，因有软垫的弹性缓冲
橡皮布平整度要求较高，压力小，印刷过程中难度大	橡皮布平整度要求较高，压力稍小，在印刷过程中难度稍大	橡皮布平整度有一定的误差，压力较大，印刷中容易掌握、难度小
对机器精度要求较高，否则容易产生印版局部花版、糊版等现象	对机器精度要求较高，否则容易产生花版、糊版等现象，也容易出现条杠	对机器精度要求不太高，一般陈旧设备也不易产生花版、糊版等现象，也不易出现条杠

（6）正确地保管橡皮布。橡皮布应保管储存于阴凉、通风、避光的地方，并远离热源和酸碱等化工产品，存放环境的温湿度要适宜，防止过早老化。橡皮布的有效期限一般为一年至一年半（以成品日期起计），如果超期保存，那么其机械性能将逐渐下降。因此入库保管的橡皮布应标明成品日期及时间，以利于发放使用和更新储备。橡皮布应面对面或背对背平放，也可以卷好竖放于筒中，应避免过分挤压。在印刷作业开始或结束时，必须及时清洗橡皮布，清除表面的纸毛、填料、墨膜、水膜等杂物，保持胶面洁净。中途停机时间稍长时，也应及时清洗。清洗橡皮布应用专用清洗剂，使用汽油或煤油清洗效果稍差。为了延长橡皮布的使用寿命及保持其良好的印刷适性，橡皮布应轮换使用，一般每种颜色至少备两块，一块使用，一块备用。备用的橡皮布应清洗干净，涂上滑石粉，并加避光包装后平放于台面上。

橡皮布是胶印必备的原材料之一，而且它对胶印产品的质量有很大的影响，包装印刷工作者不能对此马马虎虎，必须引起重视，在平时的工作中要不断地研究、分析，同时要总结经验，还要向周围的同事请教，使橡皮布能得到正确合理的使用。

3.5.6　印刷过程色序的控制

当前胶印产品所占的印刷比例较大，而且客户对胶印印刷质量要求也越来越高，这就要求印刷工作者对胶印产品生产过程中的质量控制要多加重视。目前胶印的印刷方式有干式叠印和湿式叠印两种。

所谓干式叠印，就是一种颜色印好以后，等油墨基本干燥后再印第二色。而湿式叠印是一种颜色印好以后，油墨还未干燥就印第二色、第三色、第四色等几种颜色。干式叠印和湿式叠印的印刷方式主要取决于胶印设备。目前胶印机中，单色胶印机属于干式叠印，多色胶印机属于湿式叠印，而双色胶印机既有干式叠印又有湿式叠印，所以胶印机设备不同，其叠印方式也不同。

胶印的颜色不管是哪种胶印机都要一种颜色一种颜色地叠印，所以要合理安排印刷色序。印刷色序不可以随意排列，什么样的色序安排和油墨的转移及印刷品的色彩效果有着密切的关系，所以色序安排得合理与否直接关系到印刷品的质量。胶印产品是彩色连续调原稿的复制印刷品，在印刷中有油墨直接印在纸张上，也有油墨叠印在油墨上，后者的难度比前者大，这种叠印的方式如前面所述，可分为两种方式，即干式叠印和湿式叠印。

1. 干式叠印的特点

（1）保持一定的润湿性，使后印油墨能够附着在上面。

（2）保持一定的黏性，使后印油墨的吸附力大于后印油墨的内聚力。

（3）油墨墨膜的润湿性随着时间的增加而下降。对于完全干燥的墨层，新的油墨很难在它上面附着，在印刷中称为晶化现象。

（4）油墨的黏性先是随着时间的增加慢慢上升，直至最大值，然后随着干燥时间的增加慢慢下降，直至完全干固，失去黏性。要求前一色的油墨墨膜有一定的干燥，但不能彻底干固。

干式叠印的关键是前一色的墨“干”，未干或干过头都会引起印刷的质量故障。

2. 湿式叠印的特点

由于油墨在湿的状态下叠印，因此湿式叠印的油墨墨厚不如干式叠印。

叠印时的油墨黏性问题必须注意，前印油墨的黏性要比后印油墨的黏性高，这样后印油墨才能顺利地吸附上去；反之，如果后印油墨的黏性比前印油墨的黏性高，那么后印油墨会反拉前印油墨，使叠印无法进行。前印油墨和后印油墨即使黏性相等也无法保证油墨的正常转移，不能顺利叠印。

必须选择快固着的油墨，否则会影响湿式叠印的效果。湿式叠印最常见的问题就是混色。如前面所说，如果后印油墨的黏性高于前印油墨的黏性，油墨就会交混产生反拉。有时由于油墨质量问题不能及时固着，在印刷的压力作用下，也会产生混色现象。

3. 单色机的叠印色序

单色机属于典型的干式叠印，传统工艺色序基本是 Y—M—C—BK—专色或 Y—C—M—BK—专色。

单色机的色序安排原则：图像部分黄色面积最大且黄墨粉质较重，干燥较快不会影响后色的叠印；透明度差、遮盖力强的油墨先印，所以单色机胶印用的油墨一般是铅铬黄透明度差的油墨；淡色调先印，深色调后印，单色机一种颜色一种颜色地叠印，颜色只会加深不会减淡，一旦淡色有误可以调整，但一旦深色有误，则很难纠正；主要色调先印，次要色调后印，如暖色调以YM为主，色序安排是Y—M—C—BK—专色，冷色调以YC为主，色序安排是Y—C—M—BK—专色。

4．多色机的叠印色序

多色机属于典型的湿式叠印，它的色序安排一般是BK—C—M—Y—专色或BK—M—C—Y—专色。

多色机的色序安排原则：印刷面积小的色先印，印刷面积大的色后印。从油墨的转移效果看，油墨直接向纸张转移比向墨膜转移容易得多。为尽可能利用空白纸面转移的作用，提高油墨的转移率，应将印刷面积小的色放在前一色，依次递增，这样每一种颜色都有一定面积直接印在纸上。彩色图像分色版印刷面积一般是黑版面积最小，所以放在第一色；黄版面积最大，所以放在最后一色。主要色调在后，次要色调在前。

主要色调面积大，次要色调面积小，而且将主要色调放在最后相邻两色组印刷，色相稳定。例如，人物等暖色调的色序安排是BK—C—M—Y，有专色就加上专色；风景等冷色调的色序安排是BK—M—C—Y，有专色就加上专色。

黏性高的油墨先印，黏性低的油墨后印，这主要考虑油墨的转移情况。如果黏性高的油墨后印，则会产生反拉现象造成混色。油墨的黏性大小为第一色>第二色>第三色>第四色>专色。

明度低的油墨先印，明度高的油墨后印，明度高的油墨颜色鲜艳明快，这对图像色彩效果至关重要。为了减少明度低的油墨对鲜明色调的覆盖，要把明度高的油墨放在后印。

5．双色机的叠印色序

双色机属于混合叠印，既有干式叠印，又有湿式叠印。第一色和第二色、第三色和第四色属于湿式叠印，但是后两色叠印属于干式叠印。

双色机叠印色序的安排原则：将印刷面积小的色版和副色版放在第一色和第二色，将印刷面积大的色版、主要色版放在第三色和第四色，专色放在最后印；将图像印刷面积重叠较少的二色编在同一组印刷，这样可以减少混色现象；将印刷套印精度高的二色编在一组印刷，这样可以避免纸张变形的影响，保证套印的准确性。所以根据以上原则，双色机的色序是BK—Y—M—C，有专色加专色。因为先印黑色和黄色掌握墨色比较容易，黄墨着色力低，用量大，黏度适中，可以减少纸张拉毛现象。品红色和青色放在第二色组对主要色套印有利。以人物为主的暖色调画面的色序可以采用BK—C—M—Y；以风景为主的冷色调画面的色序可以采用BK—M—C—Y。

双色印刷还要注意：第二组和第一组印刷时要掌握好间隔时间，第一组墨不能未干燥，也不能干燥过头晶化，影响叠印。

综上所述，包装胶印的色序要掌握一个总原则：包装印刷品的色序安排，要根据产品的特点，按照机器的类型、干湿叠印的方式，采取最佳方案，一旦方案定下，在以后印同类产品时不能随意改动色序。在印刷中要知道色序和印刷品的颜色有关，色序和印刷油墨转移有关，色序和油墨的叠印有关，色序和印刷适性有关，最终色序和印刷品的质量有关。

3.5.7　车间环境温湿度控制及工艺操作的稳定控制

车间环境温湿度的变化，严重影响油墨和纸张的性能，影响印刷品的质量。温度高，油墨流动性大，网点容易扩大；反之，温度低，油墨流动性小，不易下墨，引起拉纸毛、剥皮等弊病。湿度高，纸张容易吸水，造成荷叶边；湿度低，纸张容易脱水，造成紧边。

一般车间的温湿度控制：温度为 24～28℃，湿度为 50%～65%。

包装印刷品要求还原性和重复性好，必须建立一整套工艺操作规程，如色序、水墨平衡、水辊压力、墨辊压力、印刷压力等都必须严格控制。在操作上要做到三平、二小和四勤。

（1）三平——滚筒平、墨辊平、水辊平。

（2）二小——印版版面水分小、各接触压力小（包括印刷压力）。

（3）四勤——勤捣墨斗、勤洗橡皮布、勤看印版版面水分、勤检查印刷印样。

3.5.8　胶印中的水墨平衡

水墨平衡是指当印版上图文部分印迹墨层为 2～3μm 时，版面空白部分的水层为 0.5～1μm，油墨的乳化值为 15%～26%，产生轻微的 W/O（油包水）型乳化现象，用最少供液量与印版上的油墨相抗衡。水墨平衡对印刷品质量的影响如表 3-5 所示。

表 3-5　水墨平衡对印刷品质量的影响

墨量减少（<2～3μm）	墨量增加	水量减少（<0.5～1μm）	水量增大	墨量和水量都增大
• 色彩暗淡 • 密度值不够，图像层次丢失	• 微小颗粒进入空白部分 • 产生起脏、糊版现象	• 图像变深 • 产生起脏现象	• 图文收缩，图像减淡 • 油墨乳化，细微层次丢失，图像平浮，光泽减少	• 高速运转时，水墨受到挤压，产生严重的 O/W（水包油）型乳化现象 • 图案层次受损，印迹不干

如果润版液的体积在印版上超过 26%，就会打破水墨平衡，发生过量的乳化。为了使胶印达到水墨平衡，应注意：温度和湿度的控制，车间的温度控制在 18～25℃，湿度控制在 50%～60%；印刷机运转速度不易过快或过慢；保持水辊压力、墨辊压力及印刷压力的平衡；版面墨量和水量的控制，应掌握好“水大墨大”；润版液的 pH 值一般控制在 5.0～6.0，并且油墨辅助材料应当适当、适量地使用。

3.5.9　测控条在印刷上的应用

很多印刷操作者，是凭经验对印刷品质量进行控制的，所以印刷品质量往往不稳定。为了稳定印刷品质量，常在印刷品上采用测控条方法，将质量数据化、规范化。测控条有很多种，如晒版测控条、3M印刷测控条、布鲁纳尔测控条。一般情况下采用布鲁纳尔测控条，如图3-25所示。测控条使操作者不但能用仪器测量印刷品质量，还能用放大镜目测印刷品的质量，如网点扩大、网点移动、小网点再现等，从而使印刷品质量在生产第一线得到控制。

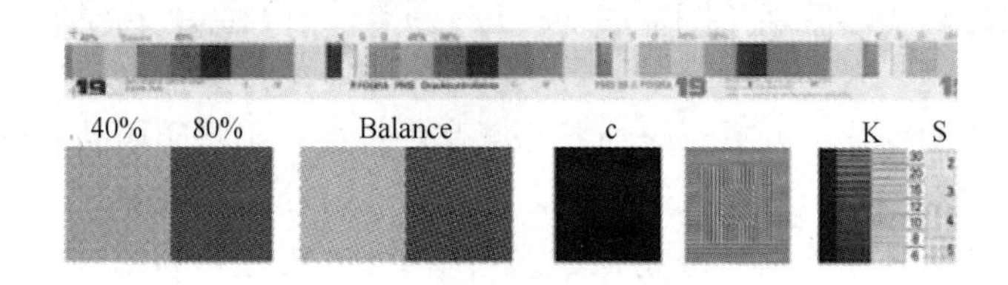

图3-25　布鲁纳尔测控条

布鲁纳尔测控条的基本结构如图3-26所示。第一块表示实地，可用反射密度仪测定实地密度值和色偏值，也可用目测和标准样进行对比；第二块表示25线75%粗网区（暗调）；第三块表示150线75%细网区（暗调）；第四块表示25线50%粗网区（中间调）；第五块表示150线50%细网区（中间调）。150线细网区的四角折线用来控制滑动情况，竖线变粗说明横向滑动，横线变粗说明纵向滑动。150线细网区中4个50%方形搭角网点用来控制晒版深浅，搭角过分说明晒深了，反之说明晒淡了。150线细网中心及12个阴网空心点，与其对应的12个大小的阳图小黑点，用来控制打样、印刷中网点扩大变化，由此可以看出重影、套印问题。12个小黑点的标准数据是0.3%、1%、2%、3%、4%、5%、6%、8%、10%、12%、15%、20%，与其对应的空心点是99.5%、99%、98%、97%、96%、95%、94%、92%、90%、88%、85%、80%。阴阳十字线能反映网点的点形变化，即竖方向和横方向的变化。

图3-26　布鲁纳尔测控条的基本结构

第六块表示0.3%～5%小网点区（亮调），如图3-27所示。方格中的0.3%、1%、2%、3%、4%、5%的细网点是用来检查晒版和印刷等小网点再现情况的。

用反射密度仪测定50%细网区和50%粗网区的密度，即可算出印刷纸面上的网点扩大值。若测定部位是75%网点区，可测出暗调部分的网点扩大值；若不用反射密度仪，可用放大镜目测晒版空心点和打样、印刷空心点中的孔位保留多少来确定网点扩大值。例如，空心点保留4个为扩大10%，保留3个为扩大12%，依此类推。

第三代布鲁纳尔测控条又增加了以下功能。

- 灰平衡平网块：看墨量均匀性。
- 五级不同线条：看晒版的质量。
- 三原色块：间色块（二块）、复色块（三色）。
- 线条格：看套印准确性。

在印刷完成后，需要按照标准进行检查，可以采取百分比、GB 2828或全数的检查抽样方法；抽样一定要有记录；不合格品、成品一定要分开堆放，要有标识。

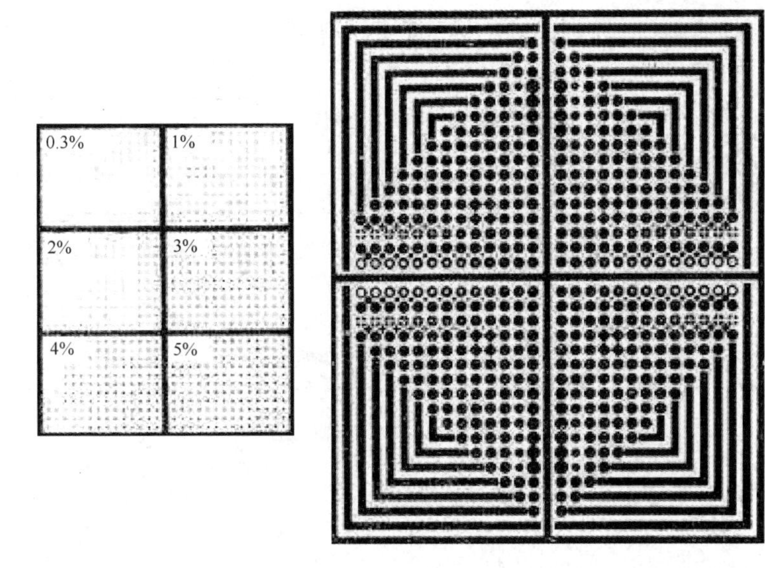

图 3-27　第六块布鲁纳尔测控条及其第五块的结构功能放大图

3.5.10　胶印印刷标准

现在普遍使用的胶印标准为 GB/T 7705—1987、CY/T 5—1999、GB/T 9851—1990、CY/T 3—1999。

印刷品分为精细印刷品和一般印刷品两类，精细印刷品指采用高质量印刷材料和精制版工艺生产的质量符合精细产品各项指标的高档印刷品。除精细印刷品以外的其他装潢印刷品为一般印刷品。外观要求：成品整洁，无明显的脏污、残缺；文字印刷清晰完整，小于 5 号的字要清晰地印出来，可以明确看清其表达的意思，不模糊；不允许出现明显的条杠；网纹清晰均匀，无明显的变形和残缺；版面干净，无明显的脏迹；印刷接版色调应基本一致；精细印刷品的尺寸允许误差为<0.5mm，一般印刷品的尺寸允许误差为<1.0mm；文字完整、清楚，位置准确。成品规格误差要求如表 3-6 所示。

表 3-6　成品规格误差要求

成品规格误差分类	成 品 幅 面	极限误差/mm
裁切成品误差	363mm×516mm（4 开）及以下	±1.0
	363mm×516mm（4 开）以上	±1.5
模切成品误差	129mm×184mm（32 开）及以下	±0.5
	129mm×184mm（32 开）以上	±1.0
有对称要求的成品图案位置误差	129mm×184mm（32 开）及以下	±0.5
	129mm×184mm（32 开）以上	±1.0

网纹印刷要求：正常小网点百分率应不小于 5%；50%网点扩大值要求精细印刷品应不大于 12%，一般印刷品应不大于 18%。

套印误差标准：多色版图像轮廓及位置应准确套合，精细印刷品的套印允许误差≤0.20mm，一般印刷品的套印允许误差≤0.30mm。套印误差标准如表 3-7 所示。

表 3-7 套印误差标准

套印部件	极限误差/mm	
	精细印刷品	一般印刷品
主要部位	≤0.20	≤0.30
次要部位	≤0.50	≤0.80

质量要求：同批次产品质量控制如表 3-8 所示，印刷品实地密度范围如表 3-9 所示。亮调用网点面积表示。

表 3-8 同批次产品质量控制

指标名称	单位	符号	指标值			
			精细印刷品		一般印刷品	
同色密度偏差		Ds	≤0.050		≤0.070	
同批同色色差	CIEL*a*b*	ΔE	$L^*>$ 50.00	$L^*\leq$ 50.00	$L^*>$ 50.00	$L^*\leq$ 50.00
			≤5.00	≤4.00	≤6.00	≤5.00
墨层光泽度	%	Gs(60)	≥30.00		—	

表 3-9 印刷品实地密度范围

色别	精细印刷品实地密度	一般印刷品实地密度
黄色（Y）	0.85～1.10	0.80～1.05
品红色（M）	1.25～1.50	1.15～1.40
青色（C）	1.30～1.55	1.25～1.50
黑色（K）	1.40～1.70	1.20～1.50

精细印刷品亮调再现为2%～4%网点面积，一般印刷品亮调再现为3%～5%网点面积。

网点要求：网点清晰，角度准确，不出现重影。精细印刷品50%网点扩大值范围为10%～20%，一般印刷品50%网点扩大值范围为10%～25%。

相对反差值（*K*值）：*K*值应符合表3-10的规定。

颜色要求：颜色应符合原稿，真实、自然、协调。

表 3-10 相对反差值（*K*值）范围

色别	精细印刷品 *K* 值	一般印刷品 *K* 值
黄色	0.25～0.35	0.20～0.30
品红色、青色、黑色	0.35～0.45	0.30～0.40

同批产品不同印张的实地密度允许误差为：青色（C）、品红色（M）≤0.15，黑色（B）≤0.20，黄色（Y）≤0.10，并且颜色应符合付印样。

第 4 章
半色调加网的基础理论

半色调技术是传统印刷中用来处理阶调并模拟连续调的方法，通常也称为加网技术。半色调是相对于连续调表示阶调的一种方法，一般我们看到银盐相片上的影像是由连续的层次构成的，像这样的影像称为连续调影像。相对而言，印刷机或打印机打印的图像，只能借由着墨或不着墨两种阶调来表现层次，像这样的二值化影像称为半色调影像。只要这样调整不同形式、不同大小的墨点，利用人眼可以将图像中邻近墨点进行视觉积分的原理，在一定的距离观察下，便可以使二值化影像重现连续调的感觉。也就是说，当这些墨点越小时，二值化影像就可以在越短的观测距离下，被人眼观测积分成近似连续调的影像。

随着计算机技术的发展，数位半色调（Digital Halftoning）技术已经取代了传统的过网程序。一般数位过网的网点分成两种形式，分别为调幅网点（Amplitude Modulation，AM）与调频网点（Frequency Modulation，FM），简单来说，AM 是利用网点面积大小来表现图像的浓淡深浅的；而 FM 则是以网点排列间距的疏密不同来呈现图像层次的。

本章主要介绍传统印刷阶调控制、半色调加网、半色调网点物理特征、常见的加网类型、网点变形及补偿措施、半色调加网质量要求。

4.1 传统印刷阶调控制

半色调技术的历史可以追溯到 1852 年，Fox Talbot 将黑色纱布放置在一个感光材料和一个物体之间来复制图像，纱布的结构产生了一个网屏编码图像。在照相技术发明后，人们对印刷品还原其连续调形式的要求不断增加，Georg Meisenbach 通过照相半色调的方法创建了加网的基础，并且该方法沿用至今。Georg Meisenbach 利用一种栅格结构创造可重复利用的网屏，将连续调图像经加网分解成网目调图像，该方法在长期的发展中不断完善。

1893 年，Louis 和 Max Levy 获得了照相制版工艺印刷网屏的专利。该技术将原稿的连续调值分解后得到大小不同的网点，以便用于印刷。

由此可得到，加网技术就是将连续调原稿变成适用于印刷的黑白信息元素的介质。由不同大小的半色调网点来表现不同的明暗程度。由于 HVS 的特性，在一定的观察范围内，网目调呈现的特性就是“平滑的”，即在视觉上观察到的图像与原连续调图像一致，因此单位面积上的网点数越多，呈现的效果就越精细。以术语“加网线数”（或加网频率）来定义网点之间的距离。在正常阅读距离（30cm）处观察一幅 60l/cm 的图像，人眼便不能区分出单个网点。

4.1.1 阶调控制

在阴图、透明正片或反射图像中，密度范围被定义为在最亮部分与最暗部分的光密度差 ΔD。只有在特殊情况下，原稿的密度范围才能达到印刷条件。例如，透明正片的密度范围为 ΔD =2.0，而用于凹印的氮素连续调阳图的密度范围为 ΔD =1.35。在这种情况下，原稿的密度范围 ΔD =2.0 在复制中就应当发生变化，因此所有图像数据就会尽可能地在 ΔD =1.35 的范围内再现。尽管无损图像是不可能获得的，但尽可能少地减少视觉感知误差却是可以做到的。这就意味着在图像复制中，要尽可能多地运用连续调阳图上的细节。图 4-1 就描述了将原稿密度传递到印刷密度上的不同复制特性曲线。

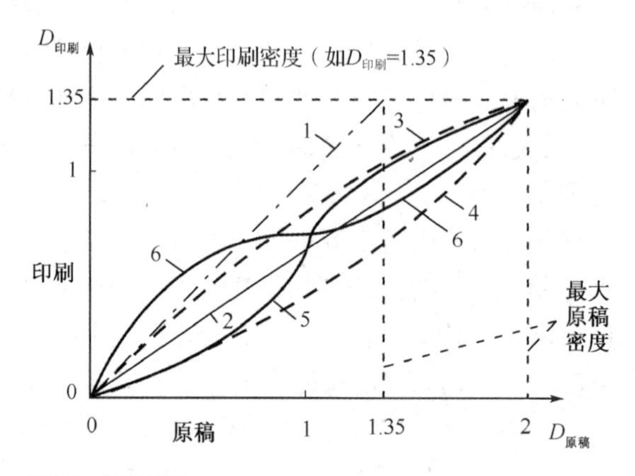

曲线 1—保真复制；

曲线 2—对密度范围进行线性复制；

曲线 3—按 Yule 理论复制（亮调反差增强）；

曲线 4—暗调反差增强的复制；

曲线 5—中间调反差增强的复制；

曲线 6—按 Person 理论复制（亮调及暗调反差增强）。

图 4-1　在印刷中采用多种特性曲线（复制特性曲线）进行原稿密度范围的复制/传递

密度值为 1∶1 的传递（保真复制）只能再现部分图像数据，这对应于图 4-1 中的 45°特性曲线 1，对于该曲线，图像中密度值低于 1.35 的内容将被如实地复制，而所有高于 1.35 的密度值的原稿的细节（该例子中的密度值为 2）都与最大密度值 1.35 的效果相同，因而它们在阴影区丢失。特性曲线 2 提供了一种将整个原稿密度范围压缩到期望复制的密度范围内的可能性。如果我们假设可见细节的密度差 ΔD=0.02，那么透明正片上的可见细节区域在复制时就会消失，这就可能与整个图像的大量信息丢失相关联。因此，根据图像内容，确定暗调（高密度）区的细节是否比亮调（低密度）区的细节更重要是十分必要的。若亮调区更重要，则应使用特性曲线 3 进行复制；反之，则使用特性曲线 4。若图像需要使中间调复制的效果最好，如人像，则特性曲线 5 是最合适的。特性曲线 6 对于亮调和暗调的细节复制效果要优于中间调。

通过控制胶片的反差系数，能够获得不同的特性曲线，因此就有具有不同反差系数的胶片，如图 4-2 所示。

显影处理和蒙版的使用（反差压缩蒙版、高光蒙版等）也会影响特性曲线的斜率和线性。

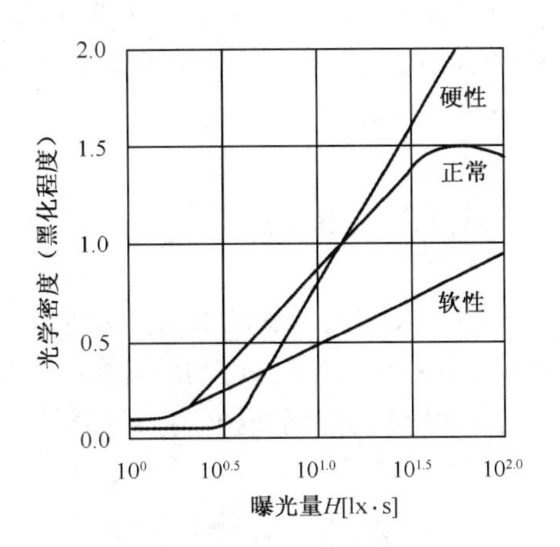

图 4-2　可以实现密度与阶调匹配的不同层次曲线的胶片

4.1.2　照相加网工艺

连续调图像的加网是指具有连续调的原稿或胶片，进行投影或接触加网。在这两种情况下，振幅调制的周期网屏能够产生大小不同但间距相等的网点。图 4-3 说明了由一个连续调原稿生成一幅半色调阳图的特例，其中图像信息是由不同形状的半色调网点组成的。

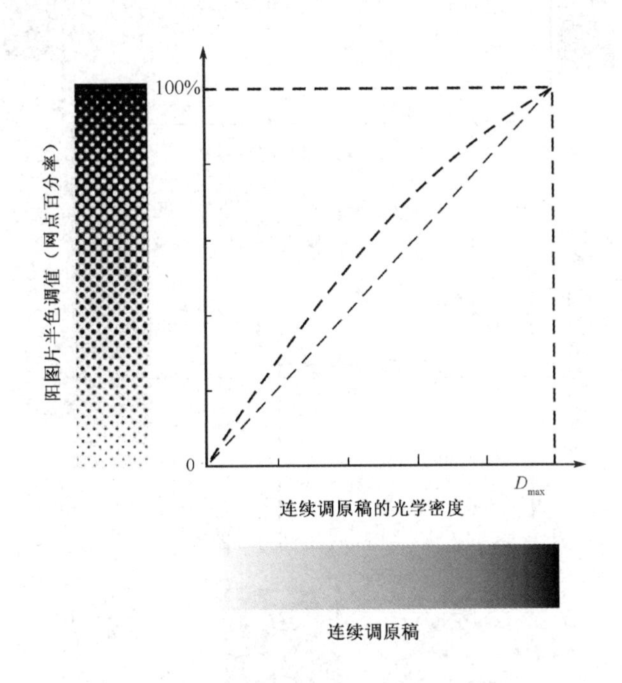

图 4-3　连续调原稿的光学密度与阳图印版的阳图片半色调值之间的关系

根据制版所用的印版类型的不同，在阴图印版和阳图印版上就产生了差异。其中阳图印版需要阳图胶片，而阴图印版需要阴图胶片。为了对不同类型的印版事先补偿网点大小的固有变化（网点扩大），在制作加网胶片时就需要合适的特性曲线。

图 4-3 描述了如何通过一个特殊的特性曲线，制作阳版的网点阳片。1882 年，德国人 Georg Meisenbach 首创了将连续调图像经加网分解成网目调图像进行制版印刷的加网技术，

该技术使得连续灰度级被加网成不同的网点。照相加网就是利用网屏对光线的分割作用，将连续调图像分解成大小不同的网点的网目调图像的方法，而基于在光路中的特殊玻璃网屏的加网方法就被称为投影加网。

4.1.3 投影加网

投影加网的示意图如图 4-4 所示，在与制版照相机距离 h 处的胶片前放置一个玻璃网屏（该网屏由两块互成 90°的玻璃直线网屏黏合而成）。例如，网线间距 w=1/60cm 的直线间距对应于 60l/cm 的加网线数，而且网线宽度 l=w/2 并被染成黑色。

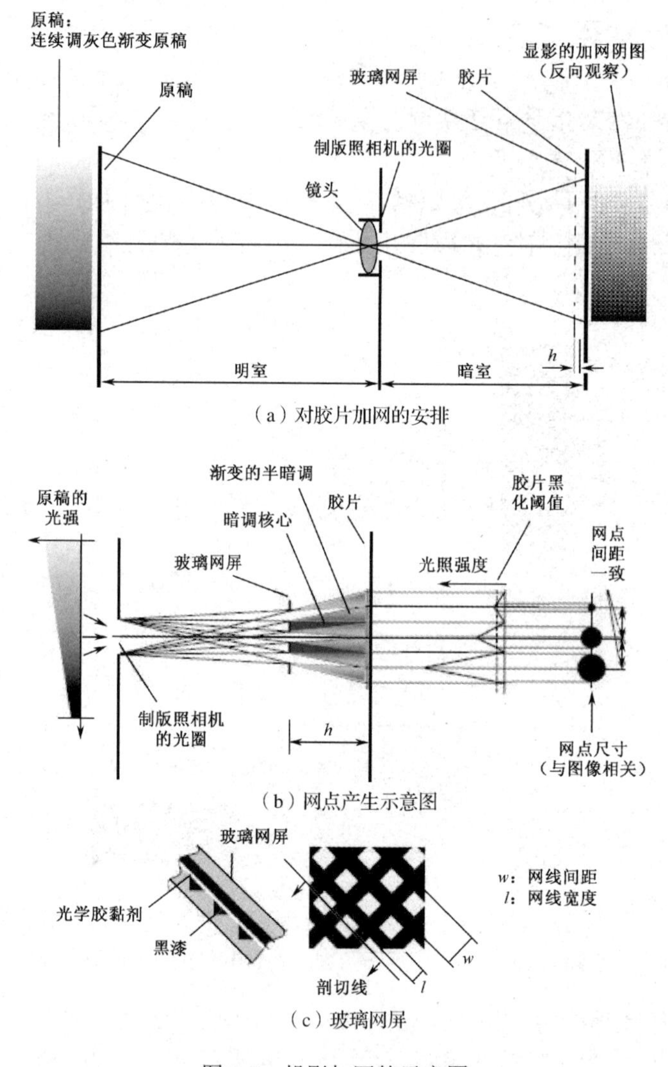

（a）对胶片加网的安排

（b）网点产生示意图

（c）玻璃网屏

图 4-4 投影加网的示意图

玻璃网屏对于水平直线可以以一定的角度进行旋转。在胶片平面上，为了使网屏上每个网孔后的照相机的光圈的孔径都成像为一个网点，网屏距离 h 就需要调节到合适的大小。该网点是胶片上最亮的区域，并且该网点间的距离增大时，胶片平面上的光强随之降低直至达到最小值，而后进入下一个网点区域，光强又会逐渐升高。

将一幅连续调图像（原稿）装入照相机的原稿架，由于不均匀的亮度，胶片平面内所呈现出的图像表现出具有虚晕的网点结构。要将不均匀的亮度造成的虚晕网点转换成边缘清晰、遮盖力高、大小不同的网点，就必须使用“里斯型特硬片”。这类胶片能制作出高透明度和高遮盖力（黑色）的图像区域，并且两者间没有过渡区域。黑色区域的密度 D=3。

研究表明，使用投影网屏制作网点阳图时，其密度值会出现递增的现象。若将一幅阶调正确的网点阳图（图像部分是黑色的）复制成网点阴图（图像部分是白色的），则其传递曲线不再是线性的。采用特殊的曝光方法可以制作出阶调精确的照相加网复制品。

4.1.4　接触网屏

接触网屏是包含上述光强的网点结构（虚晕灰度过渡型网点结构）的曝光显影胶片。通常进行工业化生产接触网屏并提供多种不同的规格：不同的网点形状、不同的接触网点密度分布特性。图 4-5 是接触网屏示意图，考虑了网点阳图和阴图不同层次变化的网点密度剖面分布状态，借助这些阳图型接触网屏和阴图型接触网屏，就可获得阶调精确的照相加网复制品，而不需要进行附加的辅助曝光。用于制作印版的阳图型和阴图型接触网屏分别利用阳图和阴图进行曝光晒版。

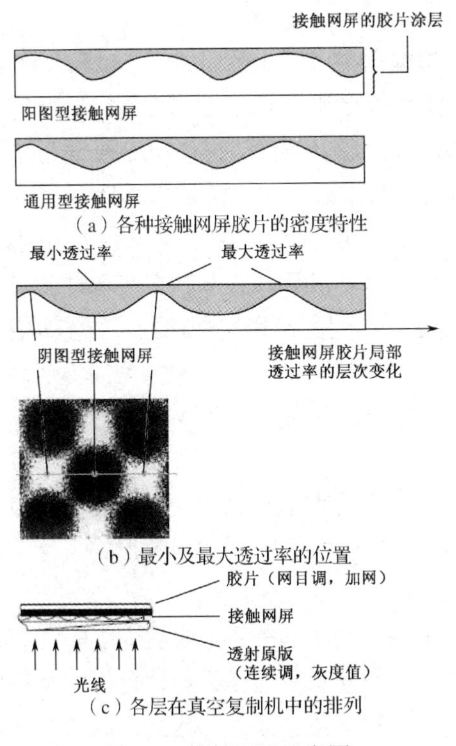

图 4-5　接触网屏示意图

将接触网屏放入真空复制架中，其图层直接与需曝光胶片的感光层接触。由原稿调制的光线通过接触网屏到达胶片，产生随着原稿密度不同而大小不同的网点。

4.1.5 网点阶调值

根据 Neugebauer 的理论，网点阶调值φ_i定义为

$$\varphi_i = (1-\beta_R)/(1-\beta_V) \tag{4-1}$$

式中，β_R为漫反射系数，$1-\beta_V$为光吸收量。由于网点阶调值（简称阶调值）在一个可控区域内图像元素的有效面积覆盖率的光学效果，因此它也称面积覆盖率。由于漫反射系数β和光学密度D之间存在β=10^{-D}的关系，因此在印刷中，光学上的有效网点阶调值（在印刷中光学上的有效面积覆盖率）为

$$F_D = (1-10^{-D_R})/(1-10^{-D_V}) \tag{4-2}$$

式中，D_R是网点密度；D_V是实地密度。这个著名的 Murray-Davies 公式描述了光学密度与网点阶调值之间的关系。若网点阶调值以百分比的形式表示，则该等式表述为

$$F_D[\%] = [(1-10^{-D_R})/(1-10^{-D_V})]\cdot 100\% \tag{4-3}$$

在印刷中，为了确定光学上的有效网点阶调值，则需要使用反射密度计来测定网点密度值和实地密度值。根据式（4-2），F_D可由这两个密度值计算得到。

测量胶片上的 D_R 和 D_V，需要使用透射密度计。胶片原版网点阶调值 F_F 相应地按照 Murray-Davies 公式计算得出。

从原稿到印刷结束，图像数据经历了一系列的工艺步骤，这些步骤之间的载体相互联系。信息由原稿传递到胶片、从胶片传递到印版、再从印版传递到纸张上。其目的是控制从原稿到印刷品的整个色调级的传递，以便尽可能获得与预期质量一致的整体特性曲线。

从印刷过程可以得知，胶印和柔印的网点阶调值再现，与印刷结果的网点阶调值增大（网点扩大）相联系（与印版的网点阶调值相比），印刷特性曲线就描述了这种关系，印刷特性曲线表明，作为晒版原版使用的胶片，其网点面积覆盖率与印刷品网点面积覆盖率之间的关系也包含了以印版网点面积覆盖率绘制的印刷特性曲线。网点扩大的程度（Z=F_D−F_F）与印刷机的调节、正式批量印刷用纸的质量、油墨特性及加网线数等因素相关。例如，如果中间调的网点扩大率为18%，这就意味着面积覆盖率为50%的网点在印刷品上呈现的网点面积覆盖率为68%。

尽管从原稿到印版传递的网点阶调值存在变化，但是变化较小。印版特性曲线表示为印版网点阶调值 F_D 与胶片原版网点阶调值 F_F 间的函数形式。这两种系统性的网点阶调值的变化必须在复制过程中予以补偿。

特性曲线系统描述了各个量值之间的关系，该系统被称为“Goldberg 图表”。第一象限描述了印刷品密度与原稿密度的函数关系，并作为整体再现的特性曲线。第二象限包含了印刷品密度与印刷品网点阶调值之间的函数关系，并将其作为印刷特性曲线。第三象限为印版网点阶调值与胶片网点阶调值之间的函数关系，并将其作为印版特性曲线。第四象限的曲线可以由其他三条曲线逐点构造出来，它描述了胶片原版网点阶调值与原稿密度之间的函数关系。该曲线（第四象限）在复制过程中必须根据胶片材料、曝光方法等予以实现。

4.2　半色调加网

4.2.1　网点

网点是用来表现连续调图像层次与颜色变化的一个基本印刷单元，它的状态（大小和形状）和行为特征将影响到最终的印刷品能否正确地还原原稿的阶调和色彩变化。

加网后，连续调的原稿转换成网目调的图像，此时网点面积就表示像素值。像素值越高（亮），网点面积率就越低；像素值越低（暗），网点面积率就越高。由于加网后图像在人的视网膜中产生的综合效果是颜色和层次的逐渐变化，而加网后图像由无数个面积不等的网点组成，因此人眼观察到的是明暗层次变化的图像。

网点可以有不同的形状，而其形状就是指单个网点的边缘形态或 50%网点呈现的几何形态。在传统加网中，网点的形状由相应的网屏结构决定。在图像复制过程中，网点除表现其特征外，还会影响对复制结果的质量要求。

传统加网使用的网点形状有正方形、菱形、圆形、椭圆形等。

当选用正方形网点进行图像复制时，在 50%网点处，黑色与白色刚好相间呈棋盘状，它对于原稿层次的传递较为敏感。正方形网点只有在 50%面积率处才能真正显示其形状，而在大于或小于 50%时，由于在网点形成过程中受到光学和化学的影响，因此在其角点处会发生形变，结果使得网点形状方中带圆，甚至成为圆。由于正方形网点在面积率达到 50%后，网点之间的四角相连，在印刷时就容易引起油墨的堵塞和粘连，导致网点扩大，从而在此时网点的扩张系数最大。图 4-6 为呈 90°排列的 50%正方形网点。

菱形网点的两条对角线通常是不相等的，因此在图像中，除亮调区的小网点呈独立状态，暗调区菱形的四个角相连接外，中间调区的大部分网点都是长轴间相互连接的。对于菱形网点，面积率为 25%时发生网点长轴的交接，面积率为 75%时发生网点短轴的交接。尽管菱形网点在 25%和 75%处由于网点扩大而产生了阶调跳跃，但菱形网点的交接仅发生在两个顶角上，所以其产生的阶调跳跃要比正方形网点产生的阶调跳跃要缓和。用菱形网点表现的画面阶调柔和，并在 30%～70%中间调范围内表现最好，层次丰富，因此适用于人物和风景画。图 4-7 为大小从 0%（左）渐变到 100%（右）的菱形网点。

图 4-6　呈 90°排列的 50%正方形网点

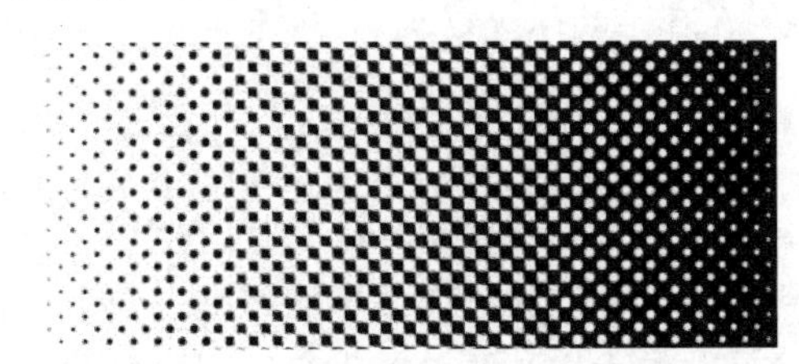

图 4-7　大小从 0%（左）渐变到 100%（右）的菱形网点

椭圆形网点与对角线不等的菱形网点相似，区别为四角是圆的，因此不会像菱形网点那样在 25%面积率处交接，在 75%面积率时也没有明显的阶调跳跃现象。图 4-8 为大小从 0%（左）渐变到 100%（右）的椭圆形网点。

圆形网点在同面积的网点中周长最短。在利用圆形网点进行加网时，图像中亮调和中间调处的网点均互不相连，仅在暗调处才连接，因此中间调以下的网点扩大很小，可较好地保留中间调层次。

相对其他形状的网点而言，圆形网点扩张系数最小。在正常情况下，圆形网点在70%面积率处四周相连，并且相连后扩张系数很大，从而导致了印刷时因暗调区网点油墨量过大而容易在周边堆积，使得暗调区失去应有的层次，在通常情况下，印刷中往往避免使用圆形网点。但若要表现亮调区、中间调区的层次，利用圆形网点还是十分有利的。图4-9为大小渐变的圆形网点。

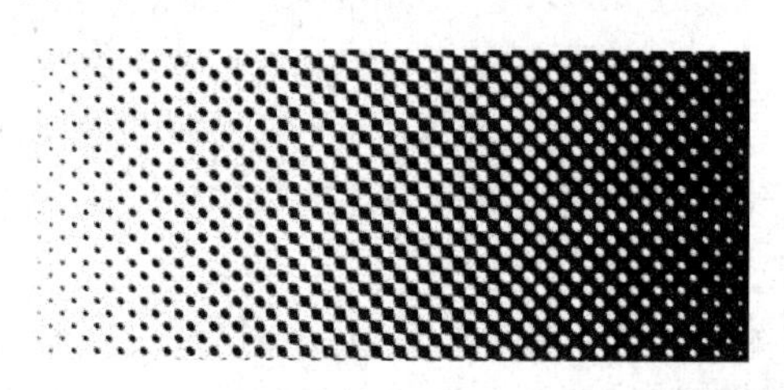

图4-8　大小从0%（左）渐变到100%（右）的椭圆形网点

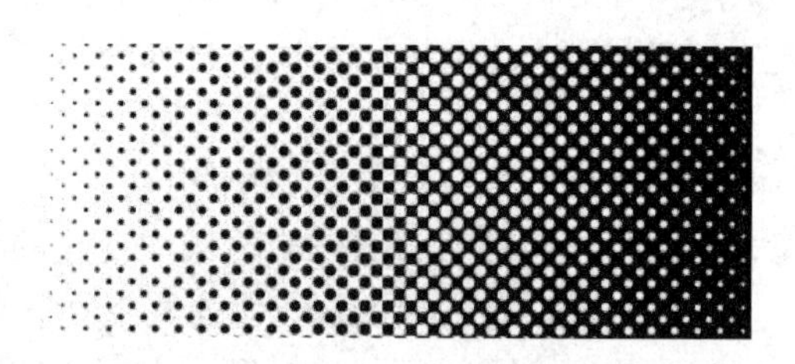

图4-9　大小渐变的圆形网点

通过大量实验能得出，最佳的网点形状应该是菱形网点，在亮调区和暗调区为圆形网点，而在中间调区为椭圆形网点。

由于数字半色调没有产生任意形状网点的能力，它极其依赖像素的形状，因此像素大小和形状对于半色调网点有十分重要的影响，而圆形网点重叠模型就能体现出构成数字半色调网点的主要部分。

圆形网点重叠模型不是唯一的网点重叠模型。Neugebauer方程是根据重叠区域连接的概率，利用Demichel的网点重叠模型得到的。Demichel模型用于解释色彩混合，然而圆形网点重叠模型用来修正由于过大的像素引起的色调复制。圆形网点重叠模型假定了在网点边界是以常数吸收率ε_{max}及在它的外围吸收率ε_{min}的一个固定大小的理想圆形。像素的重叠区域是利用几何关系计算得到的，所得密度或反射率是一个逻辑“或”运算。

重叠区域的大小取决于像素的位置和像素的大小。垂直（或水平）重叠与对角线重叠不相同，如图4-10所示。

若两个直径为$\sqrt{2}\,\tau_s$的像素在对角线方向没有重叠区域，而在垂直或水平方向有重叠（它们对于方形网格是相同的），则重叠区域可利用几何关系计算得到，如图4-10的左下角。重叠区域A_V是由两个半径为$\tau_s/\sqrt{2}$的四分之一圆形封闭在宽为$\tau_s/\sqrt{2}$的正方形内形成的。

$$A_V=\frac{\pi r^2}{4}+\frac{\pi r^2}{4}-r^2=\frac{(\pi-2)\tau_s^2}{4}=0.2854\tau_s^2 \tag{4-4}$$

若像素的直径大于$\sqrt{2}\,\tau_s$，则可利用图4-10右侧的几何关系来计算重叠区域。重叠区域的面积为两个相同大小的扇形面积减去一个平行四边形的面积。在对角线重叠的情况下，连接两个重叠像素中心的直线为平行四边形的对角线，并且长度为$\sqrt{2}\,\tau_s$。因此，我们可利用三角形公式［式（4-5）］计算出由两条半径和一条对角线所形成的三角形的角度。

$$e_1^2=e_2^2+e_3^2-2e_2e_3\cos\theta_1 \tag{4-5}$$

式中，e_1、e_2、e_3为三角形的三边长，θ_1为e_1的对角。对图4-10中的三角形PQR，由$e_1=r$、$e_2=r$、$e_3=\sqrt{2}\tau_s$、$\theta_1=\theta$可得式（4-6）：

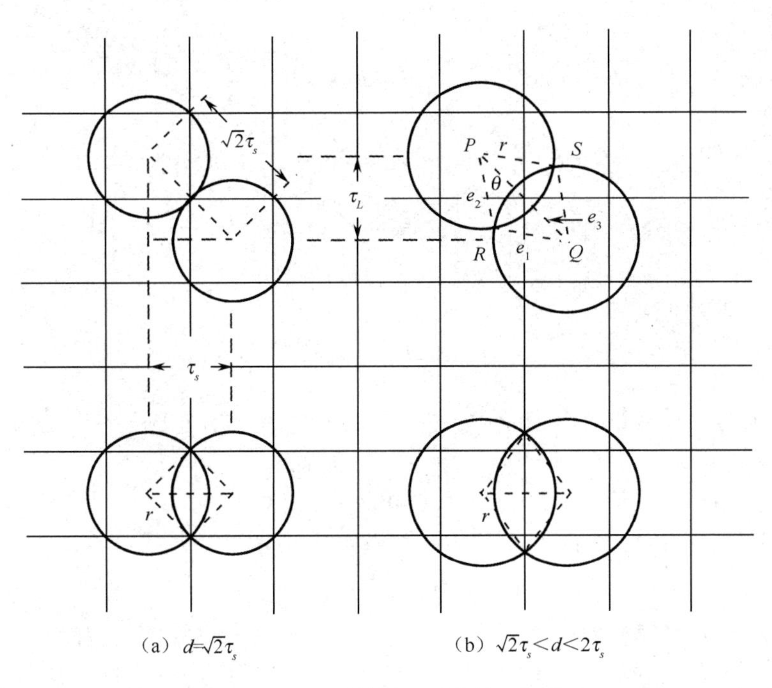

（a）$d=\sqrt{2}\tau_s$　　（b）$\sqrt{2}\tau_s<d<2\tau_s$

图 4-10　两个重叠圆形网点的几何关系

$$\cos\theta=\frac{\tau_s}{\sqrt{2}r}$$

$$\sin\theta=\left[1-\frac{\tau_s^2}{2r^2}\right]^{1/2}$$

$$\theta=\arcsin\left\{\left[1-\frac{\tau_s^2}{2r^2}\right]^{1/2}\right\} \tag{4-6}$$

角度为 2θ 的扇形面积 A_S（以点 P、R、S 表示）为

$$A_S=\theta r^2=r^2\arcsin\left\{\left[1-\frac{\tau_s^2}{2r^2}\right]^{1/2}\right\} \tag{4-7}$$

边长为 r，对角线为 $\sqrt{2}\ \tau_s$ 的平行四边形 $PRQS$ 面积 A_P 为

$$A_P=r\sqrt{2}\tau_s\sin\left(\arcsin\left\{\left[1-\frac{\tau_s^2}{2r^2}\right]^{1/2}\right\}\right)=\tau_s\left(2r^2-\tau_s^2\right)^{1/2} \tag{4-8}$$

已知 A_S、A_P，我们便能计算出对角重叠面积 A_d 为

$$A_d=2A_S-A_P=2r^2\arcsin\left\{\left[1-\frac{\tau_s^2}{2r^2}\right]^{1/2}\right\}-\tau_s\left(2r^2-\tau_s^2\right)^{1/2} \tag{4-9}$$

类似地，垂直或水平的重叠区域也能通过平行四边形对角线的长度算出，在这个例子中，对角线的长度为 τ_s，我们得到：

$$\cos\theta=\frac{\tau_s}{2r},\quad \sin\theta=\left[1-\frac{\tau_s^2}{4r^2}\right]^{1/2}$$

$$\theta = \arccos\left[\frac{\tau_s}{2r}\right],\quad \theta = \arcsin\left\{\left[1-\frac{\tau_s^2}{4r^2}\right]^{1/2}\right\} \tag{4-10}$$

扇形面积 A_S 为

$$A_S = r^2 \arccos\left[\frac{\tau_s}{2r}\right],\quad A_S = r^2 \arcsin\left\{\left[1-\frac{\tau_s^2}{4r^2}\right]^{1/2}\right\} \tag{4-11}$$

平行四边形面积 A_P 为

$$A_P = \frac{\tau_s}{2}\left(4r^2 - \tau_s^2\right)^{1/2} \tag{4-12}$$

垂直或水平的区域重叠面积 A_V 为

$$A_V = 2r^2 \arccos\left[\frac{\tau_s}{2r}\right] - \frac{\tau_s}{2}\left(4r^2 - \tau_s^2\right)^{1/2} \tag{4-13}$$

另一个有用的关系为过大的网点和数字网格 τ_s^2 大小之间的区域差异 A_e：

$$A_e = \pi r^2 - \tau_s^2 \tag{4-14}$$

理想圆形网点重叠模型被许多研究者使用，用来说明来自线性模型的误差。Roetling 和 Holladay 在 1979 年报道了一个电子绘图仪的网点重叠模型对聚集态半色调网点的应用。Stucki 利用圆形网点重叠模型来修正打印机误差扩散中的失真。Pryor、Cinque、Rubinsten 和 Allebach 也将圆形网点重叠模型作为一个半色调处理的主要部分。Pappas 和 Neuhoff 得出了一个明确的圆形网点重叠模型公式，而且把它运用到误差扩散、灰度传真和彩色图像中。这个模型计算了在每个像素处关于三个面积系数α、β、γ的网点重叠量，α、β、γ的定义如图 4-11 的阴影区所示。

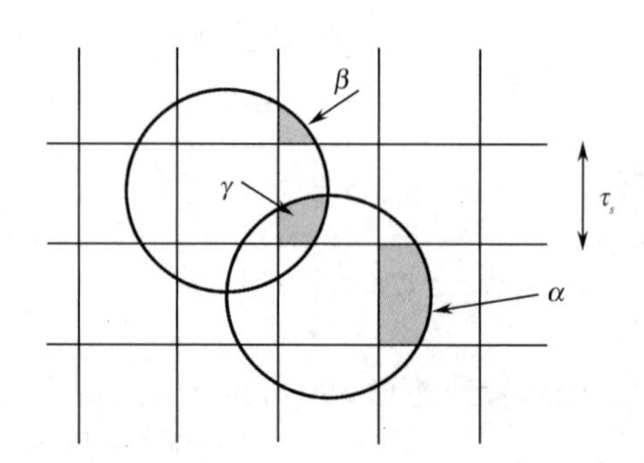

图 4-11　α、β、γ的定义

每个面积系数对像素面积$\tau_L\tau_s$（或对方形像素面积 τ_s^2）进行规范化。图 4-11 表示如果位置被网点覆盖，则像素 $p(i, j)$的值为 1；如果像素 $p(i, j)$覆盖了网格，则相邻的垂直线或水平线会提供一个面积为α 的区域，并且相邻的对角线会对该像素提供一个面积为β 的区域；当两个像素在对角线方向上重叠时，重叠面积 γ 必须减少以适应逻辑条件“或”。通过利用这些面积系数，圆形网点重叠模型可表示为

$$\begin{cases} p(i,j) = P[W(i,j)] = 1, & p(i,j) = 1 \\ p(i,j) = P[W(i,j)] = \kappa_1\alpha + \kappa_2\beta - \kappa_3\gamma, & p(i,j) = 0 \end{cases} \tag{4-15}$$

式中，$W(i,j)$由像素 $p(i,j)$和它的 8 个相邻像素决定；κ_1 为横向和纵向黑色像素的数量；κ_2 为

对角线邻近的黑色像素的数量，并且与任何横向或纵向的黑色像素都不连接；κ_3 为成对相邻的黑色像素的数量，其中一个是水平相邻，另一个是垂直相邻。

式（4-16）为实际像素半径 r 与最小重叠半径 $\tau_s/\sqrt{2}$ 的比值。

$$\rho = \frac{\sqrt{2}r}{\tau_s} \tag{4-16}$$

利用式（4-9）、式（4-13）和式（4-14）使重叠面积 A_d、A_V、A_e 标准化，并且使它们与面积系数α、β、γ相关联，得到：

$$\begin{aligned}
\frac{A_d}{\tau_s^2} &= 2\beta + 2\gamma = 2\frac{r^2}{\tau_s^2}\arcsin\left\{\left[1-\frac{\tau_s^2}{2r^2}\right]^{1/2}\right\} - \frac{\left(2r^2-\tau_s^2\right)^{1/2}}{\tau_s} \\
\frac{A_V}{\tau_s^2} &= 2\alpha + 2\beta = 2\frac{r^2}{\tau_s^2}\arccos\left[\frac{\tau_s}{2r^2}\right] - \frac{\left(4r^2-\tau_s^2\right)^{1/2}}{2\tau_s} \\
\frac{A_e}{\tau_s^2} &= 4\alpha + 4\beta = \frac{\left(\pi r^2-\tau_s^2\right)}{\tau_s^2}
\end{aligned} \tag{4-17}$$

将式（4-16）代入式（4-17）得到：

$$\begin{aligned}
\beta+\gamma &= \frac{\rho^2}{2}\arcsin\left[\left(1-\frac{1}{\rho^2}\right)^{1/2}\right] - \frac{(\rho^2-1)^{1/2}}{2} \\
\alpha+2\beta &= \frac{\rho^2}{2}\arccos\left[\frac{1}{\sqrt{2}\rho}\right] - \frac{(2\rho^2-1)^{1/2}}{4} \\
\alpha+\beta &= \frac{\pi\rho^2}{8} - \frac{1}{4}
\end{aligned} \tag{4-18}$$

从中便得到系数α、β、γ的值，即

$$\begin{aligned}
\alpha &= \frac{\pi\rho^2}{4} + \frac{(2\rho^2-1)^{1/2}}{4} - \frac{\rho^2}{2}\arccos\left[\frac{1}{\sqrt{2}\rho}\right] - \frac{1}{2} \\
\beta &= -\frac{\pi\rho^2}{8} - \frac{(2\rho^2-1)^{1/2}}{4} + \frac{\rho^2}{2}\arccos\left[\frac{1}{\sqrt{2}\rho}\right] + \frac{1}{4} \\
\gamma &= \frac{\rho^2}{2}\arcsin\left[\left(1-\frac{1}{\rho^2}\right)^{1/2}\right] - \frac{(\rho^2-1)^{1/2}}{2} - \beta
\end{aligned} \tag{4-19}$$

Pappas 与 Neuhoff 给出了与式（4-19）等价的公式，如式（4-20）所示：

$$\begin{aligned}
\alpha &= \frac{(2\rho^2-1)^{1/2}}{4} + \frac{\rho^2}{2}\arcsin\left[\frac{1}{\sqrt{2}\rho}\right] - \frac{1}{2} \\
\beta &= \frac{\pi\rho^2}{8} - \frac{(2\rho^2-1)^{1/2}}{4} - \frac{\rho^2}{2}\arcsin\left[\frac{1}{\sqrt{2}\rho}\right] + \frac{1}{4} \\
\gamma &= \frac{\rho^2}{2}\arcsin\left[\left(1-\frac{1}{\rho^2}\right)^{1/2}\right] - \frac{(\rho^2-1)^{1/2}}{2} - \beta
\end{aligned} \tag{4-20}$$

由于像素的直径在 $\sqrt{2}\,\tau_s$～$2\tau_s$ 之间，黑色像素能够覆盖 $\tau_s \times \tau_s$ 的方形区，但不能够完全

覆盖在垂直或水平位置相分离的两个黑色像素之间的白色像素。图 4-12 展现了过大重叠网点作为输入像素的模式，图 4-13 解释了图 4-12 中的像素图案如何通过面积系数α、β、γ。利用式（4-19）或式（4-20）及系数ρ=1.25，就能得到α=0.33、β=0.029、γ=0.098。这些计算得到的面积系数给出了图 4-13 的图案值，结果如表 4-1 所示。

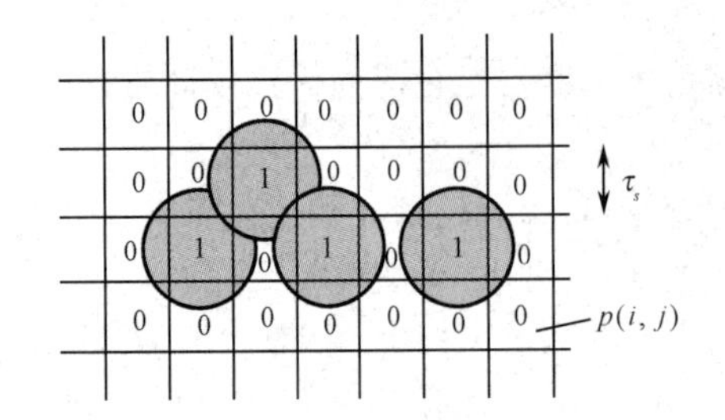

图 4-12　过大重叠网点作为输入像素的模式

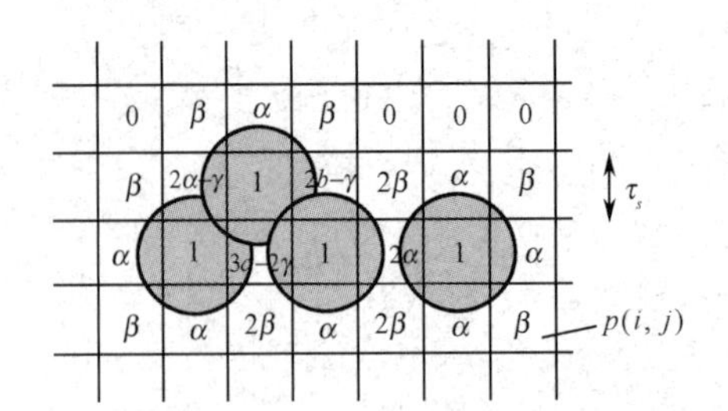

图 4-13　对应图 4-12 像素模式的圆形网点重叠模型

表 4-1　图 4-12 和图 4-13 中的数值

图 4-12 中的数值							图 4-13 中的数值						
0	0	0	0	0	0	0	0.00	0.03	0.33	0.03	0.00	0.00	0.00
0	0	1	0	0	0	0	0.03	0.56	1.00	0.56	0.06	0.33	0.03
0	1	0	1	0	1	0	0.33	1.00	0.79	0.11	0.66	1.00	0.33
0	0	0	0	0	0	0	0.03	0.33	0.06	0.33	0.06	0.33	0.03

Pappas 和 Neuhoff 用这个圆形网点重叠模型来分析不同级别的半色调网点以预测网点图案的实际输出反射率值。然后调整半色调网点的门限级别，这样网点图案的输出反射率值就与输入反射率值相匹配了。这个修正产生了具有少量孤立像素的图案，这是由于计算给出了在纸张上得到的更准确的实际反射率的估计值。这个圆形网点重叠模型与 HVS 一起组成了基于模型的半色调的基础。

4.2.2　网角

网角是网点中心连线与水平线的夹角，称为网线角度或加网角度。一般按逆时针方向测得的角度就是该加网结构的网角。由于网点的排列结构由呈 90°的纵横两列组成，因此 30°的网角就与 120°、210°和 300°等价。为了简便，常用 0°～90°来表示网角。

由于菱形网点在纵向和横向的网点形状不同，因此网点在排列时会在一个方向上使长轴的对角线相连，在另一个方向上使短轴的对角线相连，并且只有相差 180°的两列方向才能完全一致。因此，菱形网点的排列方向在 180°内表示。

对于 HVS 来说，当网角为 0°时，能够看清每个网点排成的行；当网角为 15°时，可能会看得更清晰；当网角为 45°时，大脑引起的混乱使得人眼对行的印象变模糊，但还能看清点，但看不出线，这也是黑白图像的网角设定在 45°的原因。通常来说，45°网角所表现出的图像稳定而不呆板，视觉最舒服，是最佳的网角；15°和 75°次之，图像不够稳定也不呆板；0°（90°）网角所表现出的图像虽然稳定但最呆板，视觉效果最差，这也是在四色印刷中把黄色安排在 0°的原因。

在长期的生产过程中，传统加网得出了最佳的网角组合，其中青版为 15°、黑版为 45°、品红版为 75°。在实际需要中这些色版的网角组合可以进行变化。

将三个主色的网角互成 30°排列，并将黄版安排在 0°主要是因为当两种或两种以上不同角度的网点套印在一起时会产生因遮光和透光作用引起的龟纹，这在印刷中是需要避免的。从理论计算和实验证明得知，当两套印版的网角相差 30°时，龟纹在视觉上不再干扰人眼，因此在四色印刷时三种强色应各自相隔 30°。

在四色印刷中，黄色油墨对光的反射系数最大，品红色油墨和青色油墨次之，黑色油墨对光的反射系数最小，因此将黄色称为弱色，其余三者称为强色。由于反射系数越大越接近于白色，不容易被人眼察觉，弱色网点组成的条纹不易显示，因此通常将黄色安排在 0°（或 90°）。

在彩色印刷中，45°网角应安排给图像最主要的色版，15°和 75°则安排给另外两个强色。

在普通的原稿图像中，黄色、青色、黑色和品红色可分别安排在 0°、15°、45°和 75°，其中黑色起着骨架的作用。

若在以暖色调为主的原稿图像中（黄色和品红色为主），则可将各色版网角安排为：黄版 0°、青版 15°、品红版 45°、黑版 75°，此时品红色和黄色相差 45°，不易产生明显可见的龟纹。

若在以冷色调为主的原稿图像中（青色为主），则可将各色版网角安排为：黄版 0°、品红版 15°、青版 45°、黑版 75°；或黄版 0°、黑版 15°、青版 45°、品红版 75°。

4.2.3　加网线数

加网线数是单位长度内的网点个数的度量。当长度计量单位为英制时，常用的加网线数计量单位为线数/英寸（lpi）；当长度计量单位为公制时，常用的加网线数计量单位为线数/厘米（l/cm）。加网线数的倒数为网点宽度。

由于在不同的观察距离下观看同一印刷品时，其层次在人眼中的反映是不同的，因此加网线数主要由视觉距离来决定。视觉距离近时网点要细，视觉距离远时网点可以粗糙些。

视觉敏锐度是人眼分辨物体细节的能力，在数量上等于眼睛刚好可以辨认两点的最小视角（分）的倒数。实验证明，正常人的视角一般在 1′左右（视力为 1.0），考虑到正常视觉距离为 250mm，人眼所能分辨的两点间最小距离为

$$D=S\text{（视觉距离）}\times A\text{（视角）}$$

计算可得视力 1.0 的人眼能分辨的最小距离 $D=250\times(3.14\div180\div60)=0.073$mm。

因此当印刷品中所用的网点间距小于该距离时，人眼就认为由网点组成的网目调图像与原稿的连续调图像在视觉上没有区别。

通常，加网线数越大，网点越小，能够表现的图像层次就越丰富，并且从理论上看，网线越细，印刷品能表现出的层次和细节就越多。通常，平版印刷品常用的加网线数为 133lpi 和 150lpi；精细的印刷品通常采用 175lpi，有的甚至高达 200lpi；对于大幅海报、宣传画和报纸等，可采用较小的加网线数，如 60～80lpi。

加网线数的选择还关系到印刷时使用的纸张。若要使用较大的加网线数，则应选用质量较高的纸张，若纸张质量较差，则图像亮调区的网点过小，无法印刷到纸张上，使得画面失去亮调层次，而且由于粗糙纸张的吸墨量要高于表面光洁纸张的吸墨量，因此在图像的暗调区网点过早结合，暗调层次丢失。

4.2.4 网点测量与计算

网点的大小用网点面积率（网点覆盖率）来衡量，它是指网点覆盖面积（着墨部分）与网目单元的面积之比。印刷中习惯把网点面积率分成10个层次，称为成数。例如，网点面积率为30%的网点称为3成网点，100%的网点称为实地。网点成数还可以进一步细分为22个层次，相邻层次间距为5%。

网点的大小通过密度计测量得到，通常有三种方法：第一种方法是用连续密度计测量得出密度，再换算成网点面积率；第二种方法是用网点密度计测量，直接得出网点面积率；第三种方法是用读数显微镜测得网点的几何参数，再换算成网点面积率。

上述方法中的第一种利用了Murray-Davies公式［式（4-21）～式（4-23）］，该公式通过半色调网点的光吸收率来导出反射率。图4-14描述了半色调印刷的Murray-Davies模型。在单位面积内，如果实地油墨的反射率为P_V，那么通过网点面积率F_D加权得到的半色调网点吸收量为$1-P_V$。半色调单位面积反射率P是单位面积白色反射率（是1或介质的反射率P_W）减去网点的吸收率。

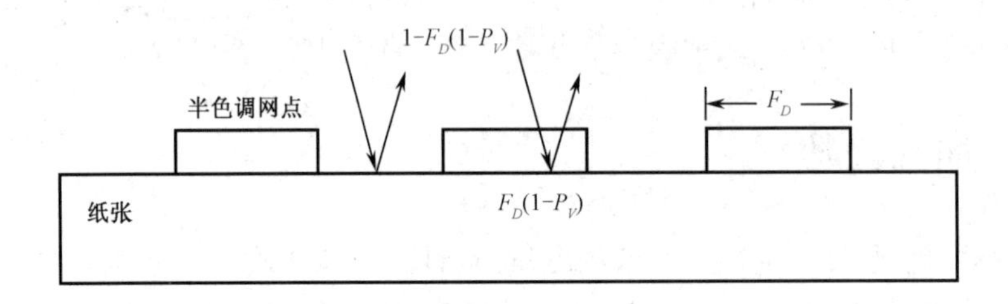

图4-14 半色调印刷的Murray-Davies模型

$$P=1-F_D(1-P_V) \quad 或 \quad P=P_W-F_D(P_W-P_V) \tag{4-21}$$

式（4-21）通过用密度反射率关系在密度域中表示为

$$D_R=-\lg P$$

且

$$D_V=-\lg P_V \quad 或 \quad P_V=10^{-D_V}$$

则得到式（4-22）：

$$D_R=-\lg[1-F_D(1-10^{-D_V})] \tag{4-22}$$

重新组合式（4-22），可得式（4-23）：

$$F_D=\frac{1-10^{-D_R}}{1-10^{-D_V}} \tag{4-23}$$

式（4-23）通过测量实地反射率和半色调网点反射率来确定网点面积率。

Murray-Davies的频谱方程式为

$$D(\lambda)=-\lg[1-F_D(1-10^{-D_V(\lambda)})] \tag{4-24}$$

当测量透明片上的网点时，D_V往往会很大，从而式（4-23）可简化为

$$F_D=1-10^{-D_R} \tag{4-25}$$

4.2.5　网目调特征

在产生网目调前需要知道与原稿和复制设备有关的四大基本因素，即放大系数、复制密度范围、阶调特性和网点复制特性。

放大系数是指页面上图像的尺寸与原稿图像尺寸的比值。传统制版技术在加网前需要注意，只有放大系数相同的一组原稿才能合在一起加网，且其他加网条件也必须相同；桌面出版系统则没有这样的限制。

密度对反射稿而言是印刷品墨色深浅程度的度量，即密度=lg(入射光通量÷反射光通量)；密度对透射稿而言是光通过的能力的度量，即密度=入射光通量÷反射光通量。而密度范围则表示图片上最黑和最白部分之间的差异，复制密度范围=最暗密度读数-最亮密度读数。对于反射稿，密度读数为 0.00 表示反射率为 100%（全部反射，极高光）；对于透射稿，密度读数为 0.00 表示透射率为 100%，即光线能够全部透过。

由于印刷油墨光线的吸收率只能达到 99%，因此现有的复制技术能达到的密度上限为 2.0。

因为在不同的印刷纸张上，印刷工艺所能复制的密度范围不同，所以网目调工艺在复制图像中必须保留图像中重要的阶调，并且允许损失的应该是那些不重要的细节。照相制版的阶调可以是以下三种阶调组的任意一种：正常照片——在亮调区和暗调区能够保持同等重要的细节；高调照片——在亮调区可保持最重要的细节；低调照片——在暗调区可保持最重要的细节。为了保持原稿在不同区域内的重要细节，在制作网目调图像时需要分别拍照。

网点复制特性是指在一套给定的印刷工艺条件下（包括网点形状、网角、加网线数、晒版、承印物、油墨、印刷机精度等）能够印刷再现的最大和最小网点。由于纸张和印刷工艺对可复制的网点范围有很大的影响，因此在制作网目调图像时必须知道用于制版和印刷的设备和纸张标准。

4.3　半色调网点物理特征

4.3.1　网点面积率与光学密度的关系

印刷品上的色调的深浅（浓淡）是利用网点面积率的大小来表现的。某个区域的色调值，是根据该区域反射到观察者眼睛里总的光量，即网点之间空白区域（间隙）反射的光量及网点上反射光量的和决定的。虽然有时网点上反射的光量很小，但对于色调值仍然有一定的影响。要了解网点面积率与光学密度的关系，首先需要了解网点面积率与光学密度。

网点面积率的大小可以用网点密度计测量，也可以用读数显微镜测量单个网点的几何参数，再换算出单个网点的面积率；如果将单个网点的面积率乘以 $1cm^2$ 内的网点数，则可测得某一色调区的网点面积率。为了与常规意义上的网点面积率区分，将它称为该色调区的网点几何面积。

例如，如果某色调区的网点几何面积是该区域总面积的 15%，网点间的白色空隙是总面积的 85%，则称这一区域的网点面积率为 15%（一成半的网点）。网点本身的明暗程度，可用光学密度计测量印刷品上网点面积率为100%部分的光学密度来表示；而色调光学密度则是指某一区域内网点及网点间隙反射光量的总和，网点越大，总的反射光量越小，色调光学密度值越大。

以下简要介绍一下光学密度。

1．黑白底片和照片的光学密度

（1）透光率。当光线投射到底片上时，由于底片上银粒对光线的吸收和阻挡，光线只能透过一部分。如果以 F_0 表示入射的光量，F 表示透过的光量，T 表示透过的光量与投射到底片上的光量的比（通常称 T 为透光率），则

$$T=\frac{F}{F_0} \tag{4-26}$$

显然，透光率是一个相对数值，它与入射光的总量无关。当 T=0.1 时，表示透过的光线为 10%。

（2）阻光比。在实践中把透光率的倒数 $1/T$ 称为阻光比，以 O 表示：

$$O=\frac{1}{T}=\frac{F_0}{F} \tag{4-27}$$

（3）光学密度。阻光比以 10 为底的对数，称为光学密度（或称透射光密度），以 D_0 表示，即

$$D_0=\lg\frac{1}{T}=\lg\frac{F_0}{F} \tag{4-28}$$

从以上关系可知，当入射的光量等于透过的光量时，阻光比为1.0，此时的光学密度为0，表示投射的光全部透过去了；当透光率为1/100时，阻光比为100，光学密度为2.0。

实际工作中见到的底片，大多数是连续色调的阳图底片或阴图底片，其光学密度往往是逐步变化的，因此光学密度的值不一定是整数。

（4）反射率。当光线照射到印刷品上时，光的一部分被吸收，另一部分被反射。印刷品上色调深的地方反射的光量少，其反射密度大；色调浅的地方反射的光量多，其反射密度小。

反射密度的计量由反射率得到。反射率可定义如下：印刷品上某一色调区反射出来的光量 F 与印刷品白纸部分反射出来的光量 F_0 的比值，通常以 R 表示。

$$R=\frac{F(\text{色调区})}{F_0(\text{白纸})} \tag{4-29}$$

反射率倒数以 10 为底的对数，被称为反射光学密度，以 D 表示，即

$$D=\lg\frac{1}{R} \tag{4-30}$$

2．彩色底片和照片的光学密度

（1）彩色底片的光学密度。彩色底片上的影像是由叠合在一起的三层乳剂中的染料分别形成的黄色、品红色和青色染料影像综合的结果，可以用透射式彩色密度计来测量。这样的彩色密度计上有红、绿、蓝三种颜色的滤色片。测量原理可简述如下：要测量黄色染料影像的密度，可根据减色原理，黄色染料影像吸收蓝光，因此其光学密度越大，吸收的蓝光就会越多，黄色染料影像的光学密度可用蓝滤色片测得的数值表示（黄色染料影像的分解密度）。

同理，可由红滤色片测得青色染料影像的分解密度；用绿滤色片测得品红色染料影像的分解密度。

彩色底片上的影像由黄色、品红色和青色三种染料重叠形成，因此当用蓝滤色片测定黄色染料影像的光学密度时，同时测得了品红色加青色染料影像的光学密度，它们的和称为加和密度。

（2）彩色照片的光学密度。由彩色摄影得到的照片，也是由叠合在一起的三层乳剂分别形成的黄色、品红色和青色染料影像综合的结果。测量时采用反射式彩色密度计，利用红、绿、蓝三种颜色的滤色片，测得彩色影像的分解光学密度和加和密度。

（3）彩色印刷品上的光学密度。彩色印刷品上图像色彩的再现，是由黄色、品红色、青色和黑色大小不同的网点组合而成的。通常用反射式彩色密度计测量其光学密度，同样需利用红、绿、蓝三种颜色的滤色片，根据需要测得分解密度或积分密度（合成密度），以指导打样和印刷的色彩控制。

网点面积率与光学密度之间的关系为以下几种。

① 网点面积率和网点光学密度之间的关系。

由上述可知，印刷品上某一区域的反射光学密度为

$$D = \lg\frac{1}{R} = \lg\frac{F_0(\text{白纸})}{\text{F}(\text{色调区})} \tag{4-31}$$

色调区反射的光量，一部分是从网点上来的。因此，整个色调区反射的光量的总强度是网点反射的光量 F_d 与网点间的白色间隙反射的光量 F_0 的和。若以 P 表示色调区网点面积率（覆盖率，%），则网点间的白色间隙所构成的总面积为(1−P)，得式（4-32）：

$$F = P \times F_d + (1-P) \times F_0 \tag{4-32}$$

将式（4-32）代入式（4-31），得式（4-33）：

$$D_R = \lg\frac{1}{1-P\left(1-\dfrac{F_d}{F_0}\right)} \tag{4-33}$$

式中，$\dfrac{F_d}{F_0}$ 是网点的反射比，即网点反射的光量与相应的白色间隙反射的光量的比，取其倒数的对数来表示，则称为网点的光学密度 d。设 $\dfrac{F_d}{F_0} = r_d$，则 $d = \lg\dfrac{1}{r_d}$，并有 $r_d=10^{-d}$，代入式（4-33），可得式（4-34）：

$$D = \lg\frac{1}{1-P\left(1-10^{-d}\right)} \tag{4-34}$$

式（4-34）说明了印刷品上网点面积率与网点光学密度之间的关系。

② 网点面积率与色调光学密度之间的关系。色调光学密度与网点面积率之间并不是简单的正比例关系，它们之间的关系是比较复杂的。原因之一在于，印刷品上的网点并不是全实地的，从网点的表面上会反射出一定的光量，其反射的光量的强度取决于网点的光学密度值。网点的光学密度值越大，反射的光量就越小；反之，光学密度值越小，反射的光量就越大。另一个主要的原因是，人的眼睛并不是单纯地依据光强度去衡呈色调的。例如，同样功率的辐射，在不同的光谱部位表现为不同的明亮程度。图 4-15 说明了上述特点，图中给出了

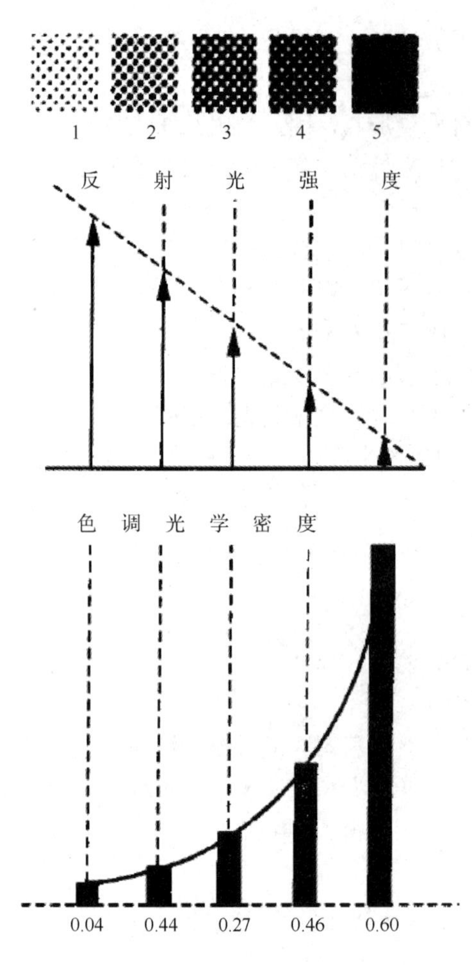

图 4-15　网点面积率与色调光学密度

5 个不同网点面积率的网点，它们的面积以均匀的比例（20%）增大，但是色调光学密度并不是按均匀的比例增大的，而是呈现出非线性特点。

例如，对网点面积率为10%的网点，其色调光学密度为0.04；当网点面积率增加到30%时，色调光学密度相应增加到 0.14（增量为 0.10）；当网点面积率增加到50%时，色调光学密度为0.27，此时的增量并不是0.10，而是0.13；当网点面积率增加到70%时，情况就更不同了，色调光学密度增加到了0.46，净增0.19；当网点面积率达到 90%时，色调光学密度为0.60，增量为0.14。可把色调光学密度在网点面积率每增加20%后的增量列出为0.10、0.13、0.19、0.14。可见，虽然色调光学密度随网点面积率的增大而增大，但不是成比例地增大。

由以上特点可以归纳出，网点面积率均匀递增时，色调光学密度却并不随之均匀递增。通常情况下，当网点面积率较小时，色调光学密度随网点面积率增加而缓慢增加，当网点面积率超过 50%时，色调光学密度迅速增加。

生产上用的灰梯尺通常以网点面积率每改变 5%为一级来制作。因此，在光学密度小的一端，眼睛难以辨别连续色调之间的光学密度差别；在光学密度大的一端，一个色调与下一个色调之间的光学密度差别非常显著，这就是人眼光学上的非线性效应。

3．网点光学密度与色调光学密度

（1）影响网点光学密度的因素。由平版印刷得到的网点光学密度通常在 1.5～1.7 范围内（黑版），有的印刷品偶尔也会出现较小或较大的光学密度。影响平版印刷品网点光学密度最主要的因素是印刷油墨的性质，如油墨的着色力、遮盖力和干燥后的状态（有光泽或无光泽）等，这些因素对反射光学密度均有影响。

① 水分多少。当油墨转移到纸张表面时，在油墨中所含水分的多少也是很重要的因素。油墨中所含水分越多，印刷品上的油墨越呈现灰色的倾向。有时，过量的水分会将网点的光学密度降低到 1.0。为了获得比较理想的印刷品，在可能的条件下，应避免向版面供给过多的水分。通常，如果水量减少到足以使网点的光学密度在 1.5 左右时（黑版），则会得到较好的复制效果。

② 网点状况。印版上图像的网点状态也会影响复制出的网点的光学密度。如果图像吸墨不足，则印刷品上的网点呈灰色。

③ 纸张。印刷用的纸张质量和品种也将对网点光学密度有影响。不同质量的纸张，其白度是有差别的，纸张越白，与油墨的反差就越大。由于网点光学密度是这种反差的一个量度，

因此网点光学密度也就越大。

④ 纸张表面平滑度。网点光学密度同样受纸张表面平滑度的影响。以平版印刷为例，黏附在纸张上的油墨是一层很薄的薄膜。在表面平滑的纸张上，油墨表面是平滑的；在表面平滑度较差的纸张上，油墨表面是粗糙的。因此，将同一种油墨印在平滑的纸张上，要比印在平滑度较差的纸张上获得的网点光学密度大些，即看起来颜色较深。例如，在铜版纸上，网点光学密度可以达到 1.6（黑版）；而在一般的纸上，网点光学密度最大只能达到 1.4（黑版）。

（2）网点光学密度和色调光学密度的关系。在网点面积率相同的条件下，比较不同的网点光学密度可了解网点光学密度和色调光学密度间的关系，如表 4-2 所示。

表 4-2 网点光学密度与色调光学密度对比（网点面积率为 70%）

网点光学密度	色调光学密度
0.0	0.000
0.2	0.130
0.4	0.238
0.6	0.323
0.8	0.387
1.0	0.432
1.5	0.492
2.0	0.513
2.0 以上	0.523

表 4-2 给出了当网点面积率为 70%时，不同网点光学密度和色调光学密度之间的对比关系。从表 4-2 中可见，当网点光学密度较小时对色调光学密度的影响较大，而当网点光学密度较大时对色调光学密度影响较小。此外，网点光学密度的相同变化，对于不同网点面积率的色调光学密度的影响不是均匀分布的，如表 4-3 所示。

当网点光学密度从 1.2 增加到 1.4 时，实地（100%网点面积率）网点区域的色调光学密度改变量为 0.20；而五成（50%网点面积率）网点区域的色调光学密度只改变了 0.01；小于五成网点区域，色调光学密度改变量小于 0.01。HVS 最高只能分辨出 0.01 的光学密度差，因此当印刷品的网点光学密度从 1.2 增加到 1.4 时，对于网点面积率为七成半（75%网点面积率）左右的色调区，其影响是能够看到的，但是并不明显。而在网点面积率大于 90%的部分，影响则十分显著。

表 4-3 网点光学密度改变对色调光学密度的影响

网点面积率	色调光学密度		网点光学密度差
	网点光学密度 1.2	网点光学密度 1.4	
0	0	0	0
25%	0.116	0.119	0.003
50%	0.275	0.285	0.010
75%	0.530	0.560	0.030
100%	1.200	1.400	0.200

4.3.2 数字网点的构成特点

为了实现彩色图像复制，需经历分色、阶调调整、清晰度强调等过程，最终以青色、品红色、黄色、黑色四色版网点的叠合再现原稿图像。用数字方法对图像加网时，网点生成方法及网点的构成形式与传统加网方法有不少区别，本节将从网目调单元、像素与加网线数方面叙述。

1. 网目调单元

传统照相加网技术是利用网屏对原稿进行离散化的，该过程把原稿分割成若干个面积相等的小方格，制版照相机根据原稿在不同部位有不同的亮度从而产生不同的光量，在胶片上获得不同尺寸的网点。

在桌面出版系统进入实际应用后，从数字图像转换为网目调图像通常采用照排机或胶片记录仪这样的输出设备把网点逐个记录在胶片上，一个网点由有限个激光束曝光点组成。显然，输出设备的激光束对胶片只能通过曝光和不曝光两种形式工作，即照排机和胶片记录仪是典型的二值设备，像素与组成网点的激光束曝光点是“一对多”的映射关系。照排机和胶片记录仪以逐行扫描的方式工作，其作用是使计算机记录在页面上的元素栅格化（光栅化），故人们把照排机和胶片记录仪称为光栅（扫描）输出设备。

从微观上看，数字化方法产生的网目调网点图像由成千上万个更小的点组成，它们由照排机或胶片记录仪发出的激光束投射到胶片上曝光成像。为了在二值设备上获得规定大小的网点，需要将一个网目调单元（形成网点的基本单元）划分为更细小的单位，即记录设备以固定的坐标将记录平面划分为细小的网格，这个网格称为记录栅格（Recorder Grid）。对照排机这样的记录设备，记录栅格的每一个单元可大可小，它由设备的输出分辨率决定。但是，同一台记录设备的分辨率通常仅有有限的几挡，因此对同一台记录设备而言，记录栅格的每一个单元也只有几挡大小。

记录栅格中的某一个小方格被称为设备像素（Device Pixel）。显然，每一个这样的小方格的大小是相同的。

假定有一个面积率为100%的正方形网点，如图4-16所示，设其边长为A，现在将它沿水平和垂直方向均细分为10格，则该网点由100个小方格组成，这100个小方格组成了一个网目调单元，又称为网点单元。因此，网目调单元是一个用于包含网点的区域，只有100%网点面积率的网点才会与网目调单元一样大。

当照排机的激光束在该网目调单元的一个小方格上曝光时，该网点的网点百分比（面积率）为1%，如图4-16（b）所示。图4-16（a）所示的网点百分比为12%。若激光束一个也没有在网目调单元中曝光，则其网点百分比为0；若激光束在网目调单元的每一个小方格上均曝光，则该网点为一个100%的网点。

网目调单元中小方格的多少决定了网点轮廓形状接近理想形状的程度。对一个同样尺寸的网点，如果沿纵向和横向划分的格子越多，则该网点的轮廓就越接近理想形状，即该网点的轮廓形状越精细。例如，图4-17给出了相同尺寸的两个网目调单元，图4-17（a）的网目调单元由$24 \times 24 = 576$个小方格组成，图4-17（b）的网目调单元由$12 \times 12 = 144$个小方格组成。现在要形成一个圆形网点，图4-17（a）形成的圆形网点轮廓更接近于圆形，而图4-17（b）形成的圆形网点轮廓较为粗糙。

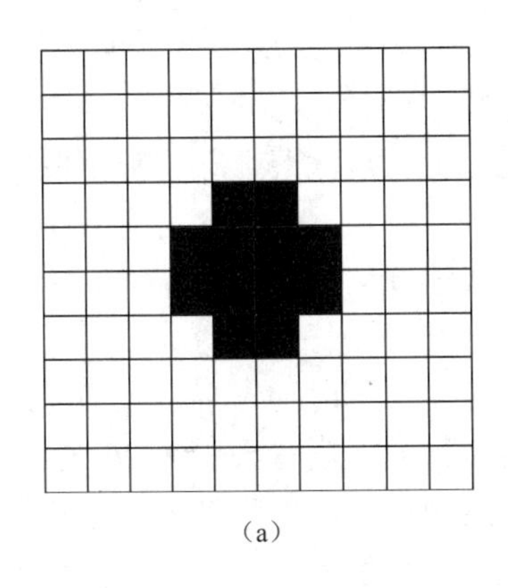
（a）

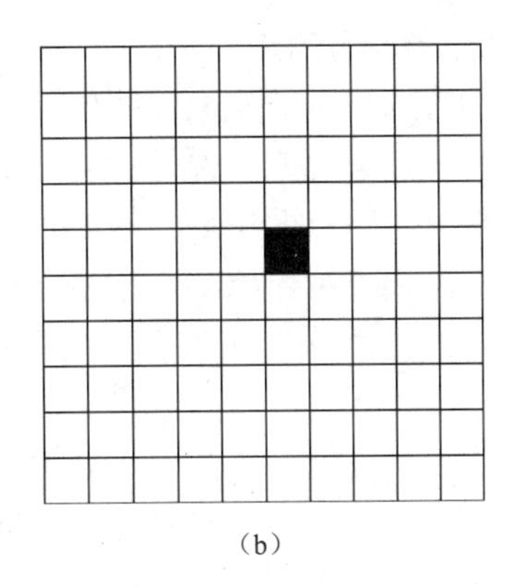
（b）

图 4-16　网目调单元

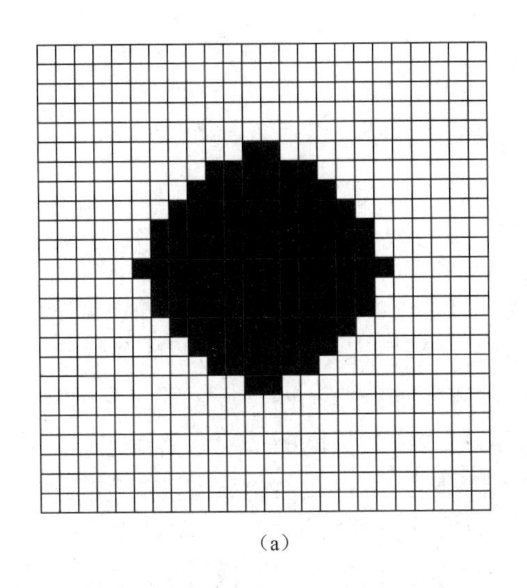
（a）

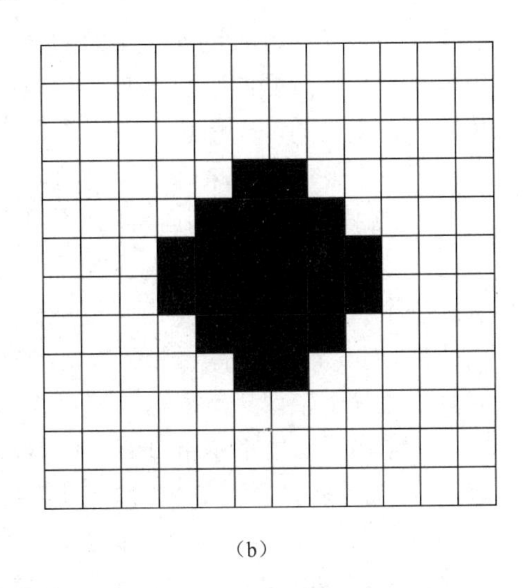
（b）

图 4-17　相同尺寸的两个网目调单元

2．像素与加网线数

为了进一步讨论数字加网的需要，有必要先来解释有关数字图像的像素、像素值与分辨率，以及加网线数与加网质量因子。

1）像素

像素与原稿有紧密的联系，像素有两个基本属性。一是位置属性，像素对应于抽样时图像数字化设备划分的一个个小方格，在图像数字化后，这些小方格就变成了一组数字信息，它们被称为像素。因此，每一个像素均有确定的空间位置，具体数值决定于原稿及扫描设备如何划分原稿。数字图像其实是一个有序排列的二维数组，像素在这样的二维数组中也有确定的位置。当数字图像在屏幕上显示时，每一个像素对应于屏幕上的一个显示点。二是数值属性，像素的数值属性很容易理解，因为数字图像就是一个二维数组，它与数学上的二维数组的不同在于数字图像数组中的数字代表了像素的值，这些数值实际上代表的是某一位置上一个小区域（小方格）上的平均亮度。因此，像素的数值属性说明它具有确定的物理意义，不是抽象的数字。

2）像素值与分辨率

数字图像的像素值是原稿图像被数字化时由计算机赋予的值，它代表了原稿某一个小方格的平均亮度信息，或者说是该小方格的平均反射（透射）密度信息。在将数字图像转化为网目调图像时，网点面积率（网点百分比）与数字图像的像素值（灰度值）有直接的关系，即网点以其大小表示原稿某一个小方格的平均亮度信息。流行的图像处理软件通常用 8 位表示一个像素，这样总共有 256 个灰度等级（像素值在 0～255），每个等级代表不同的亮度，高档的扫描仪（如滚筒扫描仪或高档平板扫描仪）在数字化原稿时通常采用更高的位深，即用更多的位数来表示一个像素，如 12 位或 16 位，此时像素的灰度等级为 4096 或 65 536。

数字图像的另一个重要指标是分辨率，它用单位长度内包含的像素数表示，常用单位为 dpi（每英寸光点数）或 ppi（每英寸像素数）。分辨率决定了数字图像在单位长度内的平均信息密度，具有较高分辨率的图像将使数据量呈几何级数增加。图像的分辨率虽然采用了与图像输出设备（或输入设备）相同的分辨率，但它们在本质上是不同的，这表现在物理设备的分辨率是不可改变的，它与数字化设备的硬件构成有关，购买高分辨率的输入或输出设备意味着经费支出的成倍增长。图像分辨率与输入或输出设备的分辨率则不同，它不是一成不变的，可以由使用情况来确定，并可随时修改。

3）加网线数与加网质量因子

在 4.2.3 节中已对加网线数做了详细的介绍，这里不再赘述。对于图像加网质量因子，由于四色印刷的四个印版采用不同的加网角度，加网线数等于图像分辨率这一原则将受到严峻的挑战，即仅保证图像的分辨率与加网线数相等是不够的，在多数情况下还得提高图像分辨率。加网线数等于图像分辨率这一原则仅适合于沿水平和垂直方向加网（加网角度 0°或 90°）的情况。当加网角度不等于 0°或 90°时，在对角线方向上会发生像素不够的情况，其中最不理想的是当加网角度为 45°时，如图 4-18 所示，当加网角度为 45°时，在对角线方向上图像的像素数不够了，它不能满足输出一个网点需要一个像素的要求，需要提高图像的分辨率。因此，无论是对灰度图像还是对彩色图像，考虑到均要采用 45°的加网角度，需将图像的分辨率提高 1.414 倍，取整数为 1.5。为了更加方便，桌面出版系统在扫描原稿时使用的一条实用规则是按加网线数的 2 倍取图像的扫描分辨率。其实，为满足数字加网的基本要求，取 1.5 倍的加网线数扫描就够了。

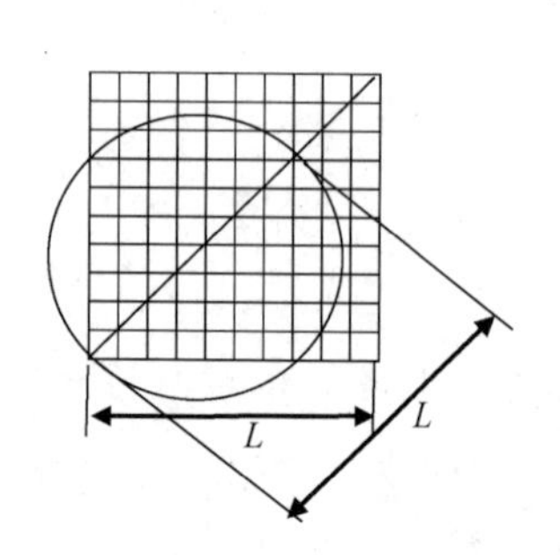

图 4-18　加网角度为 45° 时需提高图像分辨率

从理论上讲，用以产生一个网点的像素数越多，复制效果就越好。因此，许多文献把图像分辨率与加网线数之比称为加网质量因子。但这样将大大增加输出处理的时间，对是否能提高图像输出质量也是有问题的。

4.3.3　记录分辨率

记录分辨率指的是输出设备的记录精度，是逐点扫描方式的图像输出设备可以在单位长度上扫描曝光的光点数。为了与图像分辨率的写法区分，本书以 spi（spot per inch，每英寸光点数）表示记录设备的分辨率。但是需要注意，照排机的生产和供应商通常采用 dpi 表示设备的记录分辨率。目前，特别重要的是要搞清楚照排机的分辨率 dpi 与扫描仪的分辨率不同，扫描仪的每一个点可用于产生一个像素，该像素是原稿某一区域平均亮度的数字表示。通常打印机也采用 dpi 表示其输出精度，但需要得知其是否用一个点在纸上产生一个像素，如果是一个网点，则由 $n \times n$ 个墨粉点组成一个网点；如果不是，则该打印机很可能需要利用抖动技术来产生墨粉点。照排机的 dpi 指的是在 1 英寸内可曝光多少个激光光点，并由有限个激光光点来组成一个数字网点。因此，从实际尺寸来看，照排机的一个激光光点要远小于数字图像的一个像素所代表的物理尺寸。

记录分辨率与加网的关系密切，首先是记录分辨率与网点形状的关系。对于同一加网线数来说，输出设备的记录分辨率越高，表示构成网点的点阵密度越大；当采用越多的设备像素来构成一个网目调单元时，一个网点能反映的灰度等级越高，网点的轮廓（边缘）将越细腻和光滑。记录分辨率高的另一个好处是可以更方便地改变加网角度，在电子分色机中，构成网目调单元的点阵数保持不变，加网线数的增加或减少，由输出光束孔径的相应调节来实现，即加网线数决定了网点的最小直径。照排机的记录分辨率不是任意可变的，只能分成有限的级数。因此，加网线数的改变只能通过改变网目调单元的密度（大小）来实现。

其次是记录分辨率与网目调单元的关系。记录分辨率高并不意味着网点一定很精细，它还与用多少个设备像素来组成一个网目调单元有关，因为网目调单元的大小几乎可以自由指定。例如，对于一台 2400spi 的照排机，可以用 16×16 个设备像素组成一个网目调单元，也可以用 12×12 个设备像素组成一个网目调单元。显然，设备的最高记录分辨率是一个定值，它是不能改变的，但网目调单元的大小却是可以控制的。原则上，网目调单元越小，加网线数就可以取得越高。当用 16×16 个设备像素组成一个网目调单元时，可以达到的最高加网线数为 2400/16=150lpi；若网目调单元由 12×12 个设备像素构成，则最高加网线数可取 2400/12=200lpi。

最后是记录分辨率与加网线数的关系。像素映射为网点传统照相加网技术通过网屏将图像分割成若干个面积相等的小方格，根据原稿的亮度差异产生不同的光量，最后分割成的小方格中形成大小不同的点子（网点）。数字加网技术采用了完全不同的加网方法，页面中的图像由设备的记录分辨率和加网线数匹配来生成类似于照相加网网格的网点栅格点阵。在生成每一个网点时，由输出设备（照排机）的控制单元控制输出记录光点在栅格点阵中各个单元上是否曝光来实现。因此，数字加网在一个规定的二值化平面内进行运算，并通过输出设备的控制单元获得与像素值匹配的网点，该网点的相对大小完全取决于像素值，但网点的形状和加网角度由用户指定。

二值化平面是设备的记录平面，加了“二值化” 三字是为了强调在输出设备的记录平面内，任一记录点只能从 0 或 1 中取一个数。网点的相对大小，即网点面积率，与网点的绝对尺寸不同。网点的相对大小由数字图像的像素值决定。例如，像素的灰度值为 127 时将产生一个 50%网点面积率的网点。网点的绝对尺寸不仅与像素有关，还取决于网目调单元由多少个设备像素来组成。

网目调单元点阵中包含的小方格（记录栅格）数由输出设备的记录分辨率和加网线数决定，可以用式（4-35）表示。

$$n = (\mathrm{spi} / \mathrm{lpi})^2 \tag{4-35}$$

式中　n——网目调单元点阵包含的记录栅格数；

spi——输出设备的记录分辨率；

lpi——加网线数。

一个网目调单元中包含记录栅格的个数表示该网目调单元可表达灰度层次的能力，可称为网目调层次数，实际应用中，往往会不加区分地称之为网点层次。

由式（4-35）可知，若记录分辨率越高，则构成网点的栅格点阵也可以越大，能表现的灰度级数当然也越多。当记录分辨率固定时（输出设备的记录分辨率只有有限的挡数），网目调栅格点阵中能包含的单元数也就固定下来。每个网目调单元中可包含的记录栅格数必须是整数，因此只能相对有限地选择加网线数。这样，在使用数字方法加网时，通常不能保证得到指定的加网线数，往往会使得设定的加网线数与输出后实际得到的线数有所偏离。

4.4 常见的加网类型

在印刷过程中，印版是信息载体的介质，信息的传递通过油墨的转移来实现。在承印物上，所有信息都由图像元素（转移的油墨）和非图像元素（无油墨）来体现。

为了使原稿图像能在承印物上以连续调的形式显示，需要将原稿分解为极小的网点，通过这些网点的大小或距离间的改变来表现原稿图像，该过程称为加网。由此可得，加网的主要作用就是进行半色调处理，模拟原稿连续调的层次，最后转换为二值图像输出。由于大多数印刷技术都采用了二值的工作方式，并且只能完成转移油墨或不转移油墨这两种操作之一，因此加网技术是十分重要的。

通常来说，模拟加网以周期函数作为网屏。将输入的模拟信号与周期函数相比较，以确定半色调网点的大小。网屏和输入信号可取任何值，网点可取任何宽度和任何相位关系。

由于加网后的图像是由网点来呈现原稿图像的层次的，因此网点的大小及排列方式将直接影响印刷品的质量。图4-19就描述了网点大小、网点形状及网点分布情况。

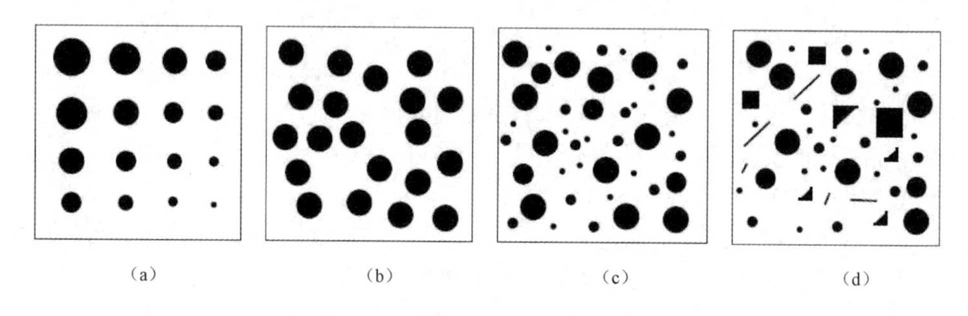

图4-19　网点大小、网点形状及网点分布情况

图4-19（a）为周期性加网（调幅加网），其特点是网点距离相同，网点大小不同，网点形状相同。

图4-19（b）为非周期性加网（调频加网），其特点是网点距离不同，网点大小相同，网点形状相同。

图4-19（c）为非周期性加网，其特点是网点距离不同，网点大小不同，网点形状相同。

图 4-19（d）为非周期性加网，其特点是网点距离不同，网点大小不同，网点形状不同。

对彩色印刷的加网处理，实际上是通过适当的印版，把几种不同分色版叠印到承印物上的过程。例如，在四色印刷的印前过程中，首先需要制作青、品红、黄、黑四个印版，然后在印刷机的四个印刷机组上，将这四种独立的颜色一次性地连续印刷到纸张上，这样就获得了与原稿一致的多色印刷品。图 4-20 就描述了印刷过程中信息流程的原理和基本步骤。

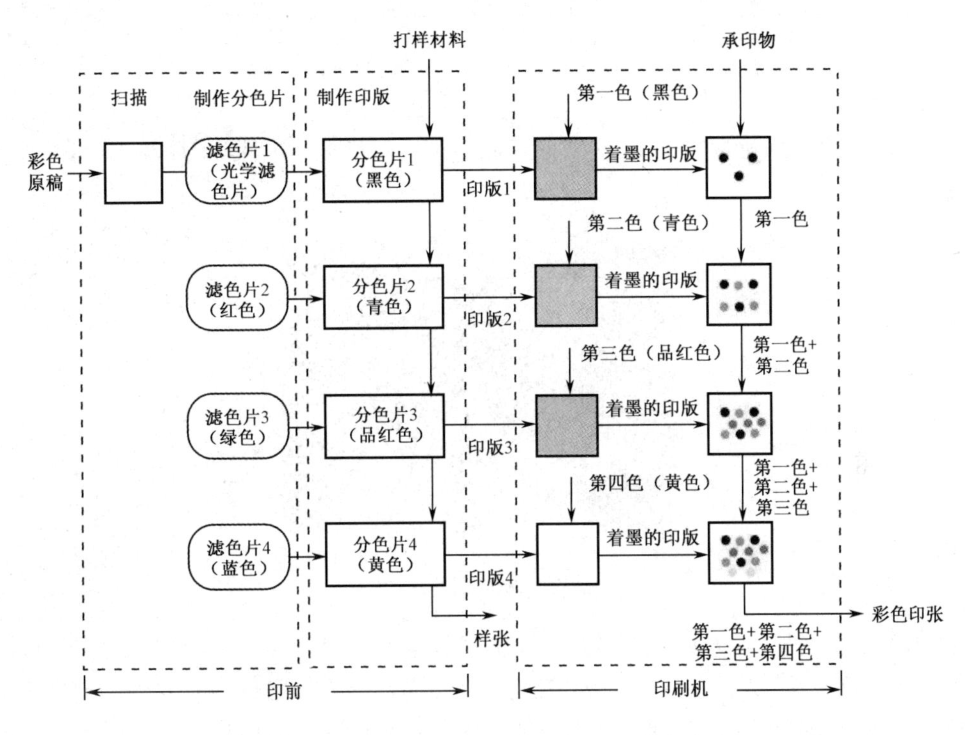

图 4-20　印刷过程中信息流程的原理和基本步骤

4.4.1　调幅加网

调幅和调频这两个名词源于无线电技术中对电信号的处理方法。在印刷中，调幅是幅度调制，表示运用改变网点大小的方法来再现连续调的原稿，对照无线电中的含义，网点大小的改变属于幅度调制。

由于印刷机的特性，调幅加网是最典型、最常用的加网方式之一。调幅加网的网点由中心向外生长，并且网点中心间的距离是固定的。在模拟原稿的连续调层次时，调幅网点由原稿的像素值来控制其增长，图 4-21 就形象地说明了调幅网点的幅度调制特性。

图 4-21 包含 5 个网目调单元，并且每个网目调单元包含 49 个小方格，这些小方格就相当于设备的像素。为了说明调幅网点的幅度调制特性，这 5 个网目调单元沿水平方向依次排列，正中间的网目调单元中的网点最大（网点面积率最大，共有 13 个像素为黑色），在这一网目调单元左右两侧的像素逐渐减少，网点幅度（网点面积率）逐渐变小。由此可以看出，图像像素的灰度值决定了网点面积率，单位长度上的数目决定了加网线数，小点从中心向四周按规律扩散，集中分布，形成网点，扩散的规律决定了网点形状和加网角度，水平与垂直方向上网点间距相等。从图 4-21 中可知，传统调幅加网可以用网点面积率、网点形状、加网

角度和加网线数 4 个参数来表示。

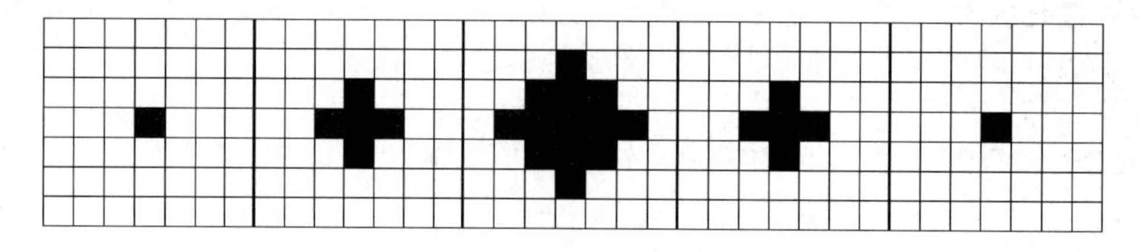

图 4-21　常规调幅网点

在加网后的图像中网点的大小就表现了原连续调图像层次的深浅。图 4-22 为调幅加网后的图像。

图 4-22　调幅加网后的图像

由于调幅加网技术比较成熟，并且在中间调区能够完美表现图像特性，对设备环境和设备条件要求不高，所以它广泛运用于印前处理。然而，调幅加网也存在着一定的缺陷。

首先，由于调幅网点间的距离是固定的，因此在亮调区和暗调区无法表现图像的细微层次，不能做到高保真印刷，并且随着像素灰度值的增加，调幅网点面积增大，最终在网点之间产生相互连接，这就使得阶调发生跳跃。其次，当四色印刷时，由于加网角度的不同，容易形成龟纹，而且加网角度只能取特定的值，不支持四色以上的印刷。

为了克服调幅加网的缺陷，调频加网被提出。

4.4.2　调频加网

相对于调幅网点，调频加网技术不改变网点大小，而是通过计算机按数字图像的像素值产生大小相同的点群，这些点的面积总和等于一个常规网点的大小，但这些大小相同的点在一个网目调单元内是随机分布的。

由于调频加网的网点是随机分布的，因此它的分布密度（频率，网点个数的多少）用来表现连续调原稿的层次，并且调频加网随着加网算法的不同而有不同的空间位置，它没有加网线数、加网角度的概念。图 4-23 给出了调频网点频率调制的示意图。

图 4-23 所示的调频网点所在区域与图 4-21 中的调幅网点所在区域相同，但不再称为网目调单元。从图 4-23 中可以得知，调频网点的每一个曝光点在一个特定区域中是随机分布的，它不像调幅网点那样聚集在一起成为一个点群，因此没有固定的形状。

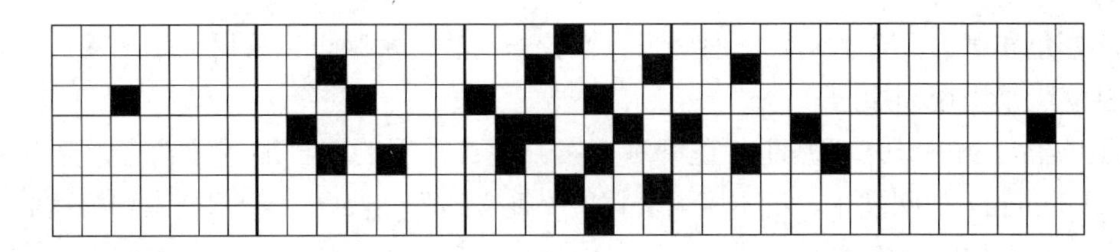

图 4-23　调频网点频率调制的示意图

相对于调幅加网而言，调频加网能够复制出更多的图像细节，可解决细线的锯齿及断裂、带纹理图像及栅格的撞网、龟纹和玫瑰斑等问题，无须考虑加网角度，就能实现高线数印刷的效果，进行高保真印刷。图 4-24 为调频加网后的图像。

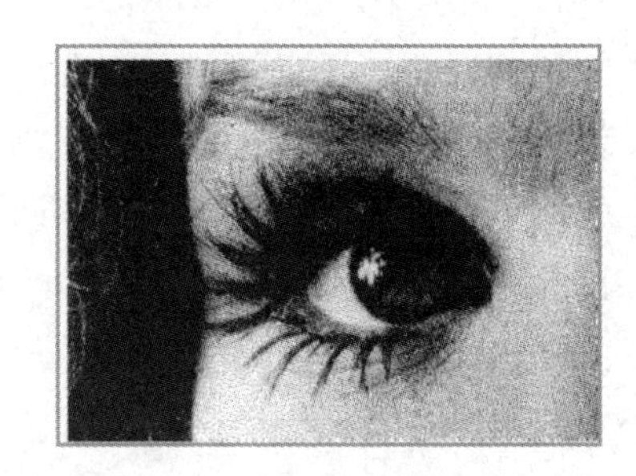

图 4-24　调频加网后的图像

尽管调频加网相对于调幅加网有许多优势，但其自身依旧存在着不足之处。首先，因为调频网点大小相同而具有颗粒感，在中间调区难以控制每组网点的位置；其次，在整个生产过程中，由于网点尺寸太小，在印版上成像难度大，对设备和环境要求很高，所以调频加网比调幅加网需要更细致的工艺和监测技术。

4.4.3　混合加网

由于调幅加网和调频加网都有其各自的优缺点，因此新兴的混合加网技术借鉴了调幅加网和调频加网的网点特性，既体现了调频网点的高解像力、层次再现性的优势，又具有调幅网点的稳定性和可操作性。

混合加网的一大特点是在沿用原有设备输出分辨率的条件下，实现超 300lpi 的画面精度且不影响输出速度。混合加网也没有传统的高线数加网工艺所需要的苛刻条件，印刷适性与传统的调幅网点相同，即在现有的印刷条件下就能真正实现 1%～99% 网点再现。

混合加网利用了调幅加网和调频加网各自的优点进行混合，常用的混合方式有以下三种。

第一种方式是将图像分成不同部分，在很精细、层次感比较丰富的范围用调频加网，以表现细微的差异，而在平网部分以调幅加网来表现，但这种方式需要花大量的时间用来计算，且调幅加网和调频加网交界处变得可见，在再现的图像中会产生干扰视觉连贯性的人工痕迹。

第二种方式是在中间调区用调幅加网，暗调区和亮调区用调频加网，这种方式能够产生柔和的图像再现，仍然能够显示出细节，又称高网线加网。在该方式中，调频网点确保网点不会过小，直接制版机或印刷机能实现。但是调幅加网和调频加网之间的交界还是能清楚地看出来的。

第三种方式是采用大小可变化的调频网点或随机分布的调幅网点，即同时调制网点的大小并调节网点的位置，产生的加网图像兼具调频网点的分布特性和调幅网点的阶调表现。这类混合型加网技术也称“二阶调频加网”。

对于彩色印刷的混合加网，一般对干扰性较弱的浅色黄版可以采用调幅加网，对其他三种深色油墨版采用调频加网。

新型的混合加网技术都基于上述几种方案。现在常用的混合加网技术有爱克发公司的“晶华”（Sublima）加网技术、日本网屏公司的“视必达”（Spekta）加网技术和柯达的“视方佳”（Staccoto）加网技术。

“晶华”加网技术以调幅加网技术来表现中间调（8%～92%）的层次，而在亮调（0%～8%）和暗调（92%～100%），用调频加网技术以大小相同的网点分布的密度来表现层次，调幅和调频的转换点随加网线数的变化而变化，这就使得在网点转换处能够平滑地过渡，基本消除了龟纹和玫瑰斑。“晶华”加网技术采用爱克发公司的专利——XM超频运算法，即当调幅网点向调频网点过渡时，亮调区网点从调幅网点逐渐减小到可复制的最小尺寸，此时便淡出而以调频网点代替；同样，暗调区网点也从调幅网点逐渐扩大过渡到调频网点，而且调频的随机网点延续了调幅网点的角度，完全消除了过渡痕迹，让两种频率的网点巧妙地融合，实现平稳过渡。亮调区和暗调区的网点大小一致、疏密相同。由于“晶华”加网技术中采用了“最小可印刷点”（相当于175lpi、2%的调幅网点，21μm大小）的概念，无论中间调向亮调或暗调过渡，最小网点始终满足普通印刷的工艺要求，从而在印刷品真正实现1%～99%网点的还原。同时网点计算采用了“分布精确计算法”，显著提高了计算效率。

“视必达”加网技术是日本网屏公司于2001年开发的一种混合加网技术，能够避免龟纹和断线等问题。“视必达”加网技术能够根据画面中色彩、层次的变化适时地选用“类调频网点”，它在网点面积率为1%～10%的亮调区及90%～99%的暗调区，像调频网点一样，使用大小相同的细网点，并以这些网点的疏密程度来表现图像的层次变化，但最小网点的尺寸比通常使用的要大些，从而弥补了调频网点难于印刷的不足。在10%～90%的中间调区，又会像调幅网点一样改变网点大小，但所有网点的位置都具有随机性，这意味着加网角度不存在了。这一技术使得“视必达”加网技术可以在常规的2400dpi、175lpi的生产条件下实现相当于300lpi以上的超精细加网的质量，同时避免了玫瑰斑和龟纹对印刷品质量的影响。“视必达”加网技术更容易达到忠实于原稿的再现效果。例如，它可以使皮肤的中间调更加生动自然，在复制其他要求忠实于生活的颜色时也有很好的效果。

“视方佳”与“视必达”一样，都属于二阶调频加网方式。但是“视方佳”加网技术更加趋向于调频加网技术，它采用高频率随机网点插入技术，可表现细微的细节，提高图像的色彩保真度。

“视方佳”加网技术采用二次调频加网。一次调频加网只使用随机算法，将原本单位面积里的网点充分打散，所以在中间调区产生重复的概率很大。当多个色版的中间调相互叠加时，就会产生水波样的条纹，因此将完全打散的调频网点先进行一次重组，然后再次打散，就得到了所需要的二次调频网点。

“视方佳”加网技术在亮调区和暗调区使用一阶调频网点，而在易出现问题的中间调区，使用大小不等的网点以避免产生平网区域的问题。“视方佳”加网技术的加网结构经过优化后，不仅可以彻底避免玫瑰斑和龟纹的产生，而且可使网目调结构更加稳定，减少颗粒、网点增大和中间调油墨的堆积现象的发生。

4.4.4 扩频加网

在通信中，扩频是指利用与信息无关的伪随机码，用调制方法将已调制信号的频谱宽度扩展得比原调制信号的带宽宽得多的过程，也就是说，扩频信号是不可预测的伪随机的宽带信号。由于在调频加网中，网点分布是随机的，在印刷过程中难以控制，因此利用与通信中相似的扩频方式，就能使网点以一种伪随机的方式进行分布，可以称扩频加网为伪随机加网。这就使得加网后的图像在视觉上，网点是随机分布的，保持了调频网点的特性；而在实际的计算中，网点的分布遵循一定的规律，这就使得扩频加网在一定程度上降低了印刷生产难度。

在半色调加网算法中可以充分借鉴扩频通信技术，尤其是用直接序列扩频（DSSS）方法解决半色调网点空间分布的伪随机化处理，使其在满足图像再现前提下，实现高可靠、超大容量信息隐藏功能。并且采用这种方法隐藏的信息理论上可以隐藏于噪声中，识别时可以通过对印刷图像解决，产生非常显著的处理增益，获取高信噪比的隐藏信息，进而可靠提取隐藏和防伪信息。

基于 DSSS 的半色调加网算法，主要利用 Walsh 正交函数基，对连续调像素进行二维伪随机数据调制，实现单元半色调像素的空间伪随机分布，解调时把接收恢复出的数据与半色调信息隐藏时所使用的伪随机序列进行相关运算，实现解扩的功能。在具体实现上，由于扩频网点的分布方式是遵循一定规则的，可以参考调幅加网的方式，对网点进行形状的控制。例如，对某一灰度值的像素进行加网处理，就可以对其形状和位置进行控制。图 4-25 就描述了在像素值相同的情况下，对扩频网点形状及位置的控制。

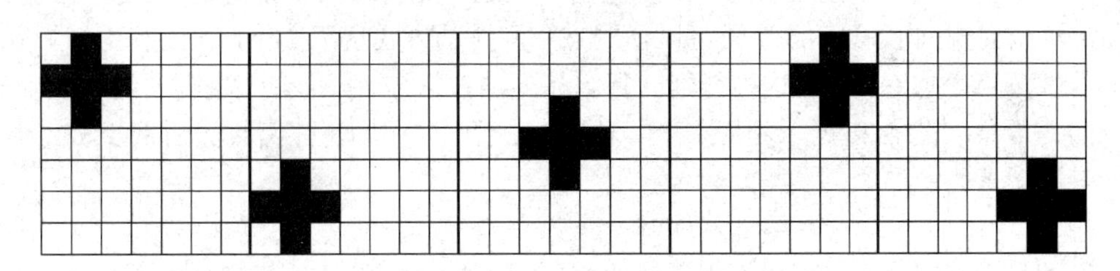

图 4-25　扩频网点

由图 4-25 可知，扩频加网与混合加网的不同之处在于，扩频加网是将调幅加网和调频加网混合运用于每个网目调单元，而不像混合加网那样在整幅图像上分区进行加网处理，这就使得网点的形状和位置更具多样性。因此扩频加网除了能够避免龟纹、玫瑰斑的产生，实现高保真印刷，因其不可预测性还能够运用于印刷防伪等领域。

4.4.5 艺术加网

艺术加网在很多情况下就是指利用半色调网点的微结构图像进行加网。这种加网算法输出的图像的纹理细部特征人眼难以分辨，可以用之达到特殊的艺术效果，也可有一定的防伪特性。艺术加网与基于调幅加网的信息隐藏类似，如用各种形状的图形或图案代替常规网点，达到再现图像阶调和层次的目的。该加网方法可以通过调整网点函数的数学模型，来灵活控制网点的形状。

艺术加网的具体加网过程是先利用抖动算法把网点排列成需要的形状，也可以利用一定的算法把作为网点的图形或图案的轮廓描述出来，然后对轮廓使用扩大、缩小或其他非线性变换算法，使轮廓曲线与图像灰度值一一对应，最后用轮廓所描述的图形或图案完成对图像的加网。图 4-26 就是艺术加网所生成的图像，在图像的亮调区，网点轮廓边缘表现为鱼形；暗调区采用反向网点，空白部分的轮廓表现为雁形；而中间调区则用鱼形和雁形分别表现着墨部分和空白部分。改变控制网点形状的数学模型，可以把鱼形和雁形变成其他形状，如各种线条图案，以丰富加网的种类。

图 4-26　鱼形和雁形网点加网

可以通过将图像用栅格进行分割，并用函数控制栅格变形，就可以起到控制网点变形的效果。一种变化形式为：通过从网点定义空间（确定网点的形状）非线性变换到网点表现空间（确定网点的排列形式）。该形式可以使网点空间排列方式富于变化，从而产生如膨胀、收缩和非线性变形等加网效果，这样得到的复制品无法被扫描（扫描会产生莫尔纹），从而达到一定的防伪效果。图 4-27 所示为用一个 x 轴、y 轴上不同周期正弦函数加网来表示的半色调图像，其表达式为

$$x' = k_1 x + k_2 \sin(k_3 x)\,,\quad y' = k_4 y + k_5 \sin(k_6 y) \tag{4-36}$$

式中，系数 k 为可变函数，可以根据需要改变。图 4-27 中的 t_s 为空间变换传递函数。

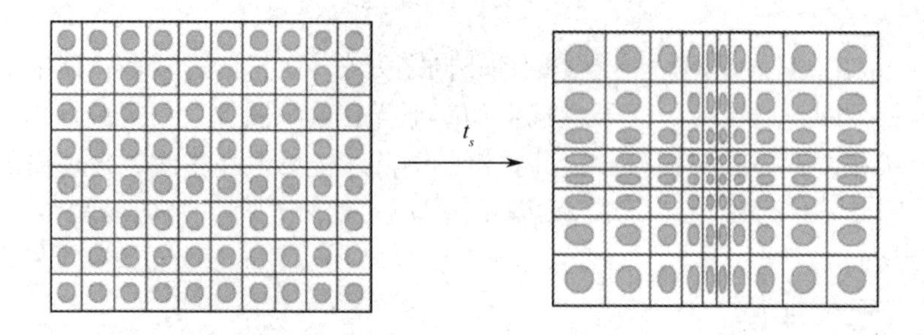

图 4-27　普通 0°加网转换成正弦函数加网

若愿意以牺牲某区域的领域网点来转换该区域网点的话，可以定义一个单位半径为 1 的圆周，在这个圆周内通过一个几何变换，把原来的矩形网格转换为高度变形的网格。在极坐

标下，可以这样描述这个几何变换。

保持每个点在极坐标里的相位角不变，改变点到圆心的距离（达到一个类似鱼眼的效果）。若将圆周的中点定义为坐标原点，该映射的极坐标公式可表示为

$$\theta = \theta' , \quad r' = \begin{cases} \dfrac{mr/(1-r)}{1+mr/(1-r)}, & r \leqslant 1 \\ r, & \text{其他} \end{cases} \tag{4-37}$$

利用式（4-37）进行非线性变换空间转换如图 4-28 所示。

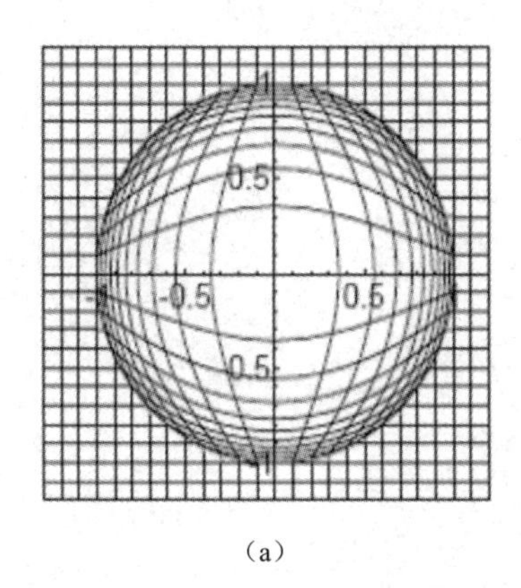

（a）

（b）

图 4-28　利用式（4-37）进行非线性变换空间转换

在不考虑网点损失时，可进行坐标空间变换。式（4-38）表示从(x, y)空间通过具体公式变换，转换到(u, v)空间的变换函数。式（4-38）中的 k 为可变系数，通过 k 的变化可以达到所需要的效果，具体效果如图 4-29 所示。

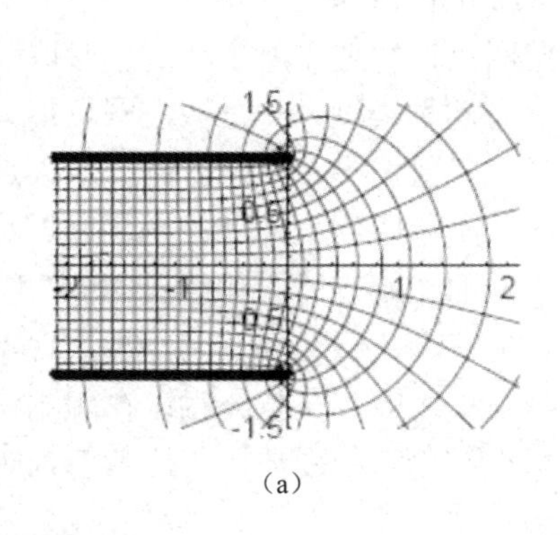

（a）

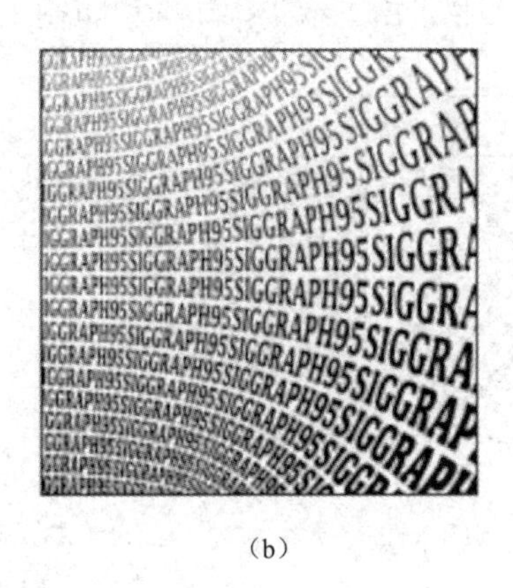

（b）

图 4-29　利用式（4-38）进行非线性变换空间转换

$$w = 1 + z + \mathrm{e}^{z} , \quad w = u + iv , \quad z = x + iy \tag{4-38}$$

微结构对大型户外招贴画和广告画也十分适合，人们从远处观赏到的是画面的整体图像效果，从近处又能获悉蕴藏于网点中的特殊信息。另外，防伪印刷也适合采用艺术加网，把缩微文字或图标（商标）作为网点形状印刷于图像中，因为网点轮廓算法唯一，所以能起到一定的防伪作用。图 4-30 运用了与式（4-38）相类似的计算公式（$w=tg(z)$，$w=u+iv$，$z=x+iy$）进行网点变换，并用缩微文字代替网点后印刷的防伪图像，借助放大镜可以清楚地看到隐藏

于图像中的细小文字，从而起到鉴别真伪的作用。

利用微结构防伪技术可以达到肉眼无法辨析，以及复印扫描无法完整获得网点细节的效果。如果在加网时进行网点扩大补偿，同时利用调频加网技术进行防伪，则可以在有效消除莫尔纹的同时具备防止扫描打印和复印的作用，从而具有一定的防伪实用价值。

图 4-30　利用微缩文字替代网点防伪实例

4.5　网点变形及补偿措施

4.5.1　网点扩大

一直以来，网点扩大现象总是与加网成像联系在一起的。从输入到最终的输出或者从分色版到承印物，由于纸张、油墨和印刷工艺的特性，网点面积就会变大，如图 4-31 所示。例如，在标准条件下以 60l/cm 进行加网时，网点的扩大值为 18%左右，因此网点扩大使得所表达的色彩比预定的更强烈。网点扩大有两种类型——机械性网点扩大和光学网点扩大。在传统半色调中，机械性网点扩大是网点从作为印版的感光片到承印物上的大小变化。虽然现代数字成像利用了不同的印刷方式，如经典印刷、喷墨印刷和热传递打印，但它们依旧会存在网点扩大现象。为适应数字成像，网点扩大的定义扩充为：在印刷过程中比所预定的网点更大或更暗的现象（用比特值来定义几何面积）。

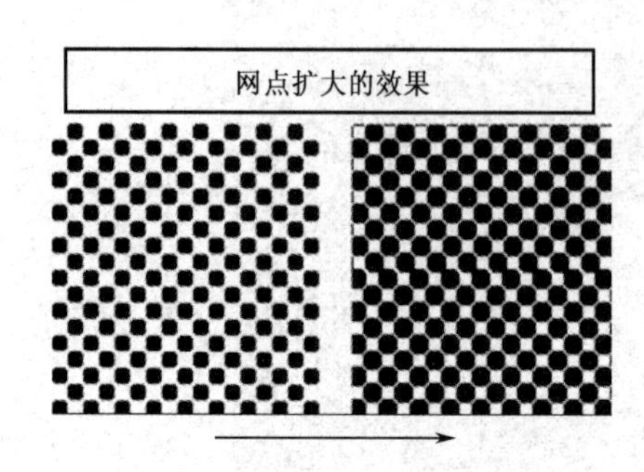

图 4-31　网点扩大示意图

4.5.2　网点扩大及补偿措施

造成机械性网点扩大的原因有很多种，如油墨与纸张的相互作用、印刷工艺和印刷条件，而油墨与纸张的相互作用是最主要的原因。由于油墨的扩散程度依赖于承印物——在良好的铜版纸上网点只扩大了一点，在胶版纸上网点面积有一个适中的增大，而在软性材料（如报纸）上扩散最广。印刷工艺在机械性网点扩大中也发挥着作用。例如，喷墨印刷所形成的网点扩大与静电印刷所形成的网点扩大不同，由于液体油墨的扩散性，喷墨印刷比静电印刷将得到更大的网点扩大。印刷条件，如印压压力、油墨下降速度等，都影响着阶调值/油墨的扩散，而且网点扩大对所用的加网技术也很敏感。通常来说，一个离散的网点比一个聚集态的网点有着更高的网点扩大率。在一个给定的半色调细胞内，所有网点的扩大程度是不同的，这就使得控制网点扩大变得更加复杂。网点扩大在复制整个色调范围中的程度都不同（实验表明了网点扩大在中间色调中扩大最为明显，而在亮调区和暗调区程度相同），它最终导致了印刷品相对于原稿色调复制的失真。印刷条件、承印物的属性、油墨的特性和加网技术，都引起了机械性网点扩大。

虽然这些机械性网点扩大不可避免，但却是可以控制的。例如，选择优质版材、合理控制曝光时间和显影液浓度，在晒版时使得图文清晰、网点结实，这样既能保证网点的有效转移，又能保证印版有较高的耐印力。

严格控制印刷中的水墨平衡，正确控制润版液的浓度及控制好纸张的张力都能够有效地减少网点扩大现象。

实验表明，实验测得的反射率总是小于由 Murray-Davies 公式得出的结果。由于该现象的网点扩大不同于机械性网点扩大，因此称它为光学网点扩大。由于 Yule-Nielsen 模型能更好地解释反射率和网点覆盖面积之间的非线性关系，因此光学网点扩大又称为 Yule-Nielsen 效应。

根据 Murray-Davies 模型可知，网点反射率为

$$P = P_W - F_D(P_W - P_V) \tag{4-39}$$

与该模型相同，Yule-Nielsen 模型中光到达纸张时有一部分 $F_D(1-T_i)$被油墨层吸收（T_i为油墨层的透射率），穿过油墨层后其余的光 $1-F_D(1-T_i)$被纸张表面反射。当光到达空气、油墨与纸张的界面时以系数 P_W反射衰减。在光从纸张射出的过程中，这部分光又被油墨层吸收。最后光在空气和油墨的界面通过表面反射率 r_V来修正。综合光在油墨和纸张上反射的次数，就得到了式（4-40）：

$$P = r_V + P_W(1-r_V)[1-F_D(1-T_i)]^n \tag{4-40}$$

式中，n 为 Yule-Nielsen 值。

假设 r_V=0，那么式（4-40）就变成式（4-41）：

$$P = P_W[1-F_D(1-T_i)]^n \tag{4-41}$$

实地油墨层的透射率定义为

$$T_V = \left[\frac{P_V - r_V}{P_W(1-r_V)}\right]^{1/n} \tag{4-42}$$

式中，P_V为实地油墨层的反射率；P_W为介质的反射率。

利用实地油墨层的透射率和 r_V=0，可得式（4-43）：

$$T_V = \left(\frac{P_V}{P_W}\right)^{1/n} \tag{4-43}$$

将式（4-43）代入式（4-41）就能得到式（4-44）：

$$P = [P_W^{1/n} - F_D(P_W^{1/n} - P_V^{1/n})]^n \tag{4-44}$$

由于反射率 P、P_V和 P_W可通过实验测量得到，因此给定一个 n 值就能决定网点面积。

式（4-44）是光学网点扩大模型最常用的形式。Yule-Nielsen 模型通常与实验数据相适应，即当 n 在 1～2 范围内时，其值下降。该模型的优势在于，它能根据底层纸张和油墨属性推导出 n 值，而不是作为适应数据的一个调整系数。理论和实证尝试已得出涉及 Yule-Nielsen 值（n 值）的油墨和纸张的基本的物理和光学参数。

Kruse 和 Wedin 修正了 Yule-Nielsen 模型来解释光在承印物内部散射的油墨牵引力。这个模型为减少模块化传递函数并朝着更高的加网线数做出了解释，它也针对具有形状的网点形成的不同网点扩大的原因给出了启示。随后，Kruse 和 Gustavson 对在散射介质中的光学网点扩大提出了一个模型——Kruse-Wedin 模型，这个模型预测了通过不同的加网技术在复制过程中产生的色彩偏移。这个模型是基于对光通量在介质表面下降的一个点扩散函数的非线性应用，它成功地预测了在单色印刷中的网点扩大现象。这个模型也许是解释在混合介质中（包括吸收率、传输方向、表面反射、体积反射、漫透射和内表面反射）光相互作用最为周密的模型。光在半色调印刷中可能的传播路径如图 4-32 所示，A 为来自纸张表面的反射；B 为光在到达纸张前被油墨吸收的量；C 为来自油墨表面的反射；D 为来自纸张的散射；E 为光从一个未被油墨覆盖的纸张进入而被吸收的成分；F 为光从一个未被油墨覆盖的纸张进入，随后射出但衰减的光；G 为从油墨层射入而被吸收的光；H 为从油墨层射入并从油墨层射出但衰减的光；I 为从油墨层射入但未从油墨层射出的光。F、G、H 和 I 路径对彩色印刷十分重要，在这之中原色油墨对可见频谱的确定区域十分通透。这个模型除了表面反射 A 和 C，将所有情况都考虑进去了。

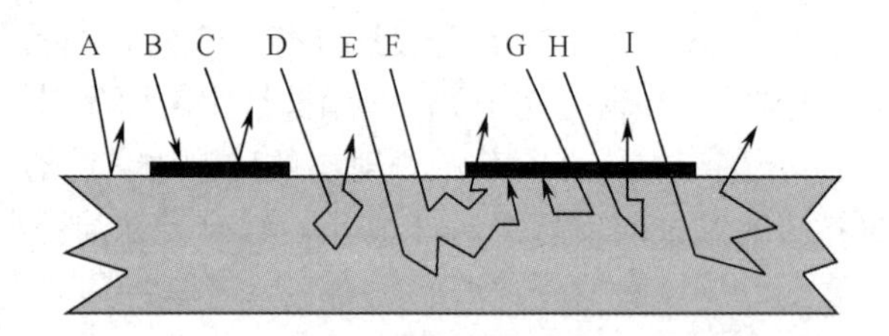

图 4-32　光在半色调印刷中可能的传播路径

Kruse-Wedin 模型通过保留局部图像的油墨量以油墨密度的形式来模拟机械性网点扩大，通过一个具有以点扩散函数（PSF）的理想半色调加网图像的卷积来完成。这个具有清晰和完美半色调网点的半色调加网图像可以通过一个二值图像 $H(x, y)$来描述，0 代表没有油墨的特殊点，1 代表油墨完全覆盖。Kruse 和 Wedin 提出了一个简单的公式，每个原色在一个给定波长λ处，该公式为

$$\begin{cases} T_c(x,y,\lambda) = 10\exp\{-D_c(\lambda)[H_c(x,y) \otimes \Omega(x,y)]\} \\ T_m(x,y,\lambda) = 10\exp\{-D_m(\lambda)[H_m(x,y) \otimes \Omega(x,y)]\} \\ T_y(x,y,\lambda) = 10\exp\{-D_y(\lambda)[H_y(x,y) \otimes \Omega(x,y)]\} \\ T_k(x,y,\lambda) = 10\exp\{-D_k(\lambda)[H_k(x,y) \otimes \Omega(x,y)]\} \end{cases} \tag{4-45}$$

式中，D_c、D_m、D_y、D_k 是原色油墨的实地油墨密度；$\Omega(x, y)$是一个描述油墨模糊化的点扩散函数；$T_i(x, y, \lambda)$是第 i 种原色的传输特性；$\otimes$ 是卷积。在式（4-45）中，卷积并不会改变油墨量，它只是重新分配了油墨层在表面的分布，更专业地说，它模糊了半色调网点的边缘。

对于光学网点扩大，油墨层模拟了它的透光率 $T(x, y, \lambda)$，点扩散函数$\Lambda(x, y, \lambda)$模拟了大量反射的模糊效果，因此反射图像 $P(x, y, \lambda)$可描述为式（4-46）：

$$P(x,y,\lambda)=\{[I(x,y,\lambda)T(x,y,\lambda)]\otimes\Lambda(x,y,\lambda)\}T(x,y,\lambda) \tag{4-46}$$

$$T(x,y,\lambda)=T_c(x,y,\lambda)T_m(x,y,\lambda)T_y(x,y,\lambda)T_k(x,y,\lambda)$$

式（4-46）中，$I(x,y,\lambda)$是入射光强度；乘积 $I(x,y,\lambda)T(x,y,\lambda)$是在承印物上的入射光，其中，卷积描述了被散射的光的反射率，而且在式（4-46）末尾与 $T(x, y, \lambda)$的第二次相乘表示了反射光穿出油墨层的路径。与机械性网点扩大的模型类似，式（4-46）构成了一个非线性传递函数。线性步骤——卷积，描述了承印物表面的反射率特性。

式（4-45）和式（4-46）的核心是两个点扩散函数Ω（x,y）和Λ（x,y,λ）。机械性网点扩大的点扩散函数是一个实际油墨模糊的粗略估计，而且依赖于印刷环境。光学网点扩大的点扩散函数Λ（x,y,λ）考虑了多级光的散射。一个反射点扩散函数的基本外观是在入射点有一个尖峰，然后从中心以径向距离近似指数级衰减。一个典型的漫射与直角检测的模拟点扩散函数如图 4-33 所示。

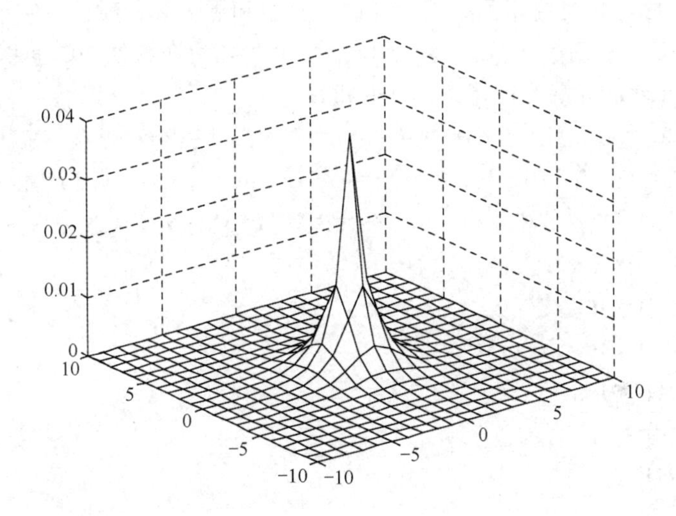

图 4-33　一个典型的漫射与直角检测的模拟点扩散函数

典型的点扩散函数可以通过一个指数方程大致描述为

$$\Lambda(x,y)\approx P_0\frac{a}{2\pi r}\exp(-ar) \tag{4-47}$$

式中，$r=(x^2+y^2)^{1/2}$，系数 P_0 决定了承印物的总反射率，a 控制了点扩散函数的径向延伸。

Gustavson 的仿真表明网点扩大对色域的大小有着重要的影响，具有明显网点扩大的随机网屏通过复制比传统网屏更饱和的绿色和紫色调，给出了一个更大的色域。这个结果被 Andersson 的实验证实。

当发生网点扩大时，我们需要一个修正使色调级恢复正常，这个修正首先对在印刷中的期望的网点扩大进行补偿，因此对一个特殊半色调网点、打印机和纸张的组合需要确定所有色调复制曲线中的网点扩大量。网点扩大修正被运用在聚集态网点和误差扩散算法中，这两种情况下，都可以创建一个能够印刷出合适灰度级复制的位图。但由于修正的误差扩散算法有着更高的空间频率分量及对细节更好的复制，因此我们期望它是一个优先使用的方法。另外，这两个方法修正的效果也有很大的差异。聚集态网点有着更低的频率分量，因此它比误差扩散算法需要更少的修正。正是因为这个更少的修正，聚集态网点对网点扩大的包容性更好，因此当对打印机的网点扩大在时间或空间中的变化不了解，甚至未知时，它可成为一个优势。

4.5.3 网点扩大的修正

纽介堡方程是根据印刷网点模型和 Grassmann 混色定律而建立的印刷品呈色方程。它不仅从色彩学的角度阐明了印刷品呈色的机理，也从数学的角度给出了计算印刷品颜色值的方法，因此在彩色印刷复制中占很重要的地位。在当今数字化制版和数字化印刷的时代，纽介堡方程具有重要的实用价值，成为印刷品颜色计算的最基本公式之一。在彩色管理软件中，纽介堡方程是建立输出设备彩色特性描述文件（Output Device Profile）的重要手段。

假设黄版、品红版、青版上的网点面积率分别为 y、m、c，印刷到白纸上，形成白色、黄色、品红色、青色，以及叠印色红色、绿色、蓝色和黑色 8 种颜色，它们的三色刺激值分别用(X_0, Y_0, Z_0), (X_1, Y_1, Z_1), …, (X_7, Y_7, Z_7)表示，8 种颜色在图像中的面积占有率分别为 a_0, a_1,⋯, a_7，根据 Grassmann 混色定律得式（4-48）：

$$\begin{cases} X(y,m,c) = a_0 \times X_0 + a_1 \times X_1 + a_2 \times X_2 + a_3 \times X_3 + a_4 \times X_4 + a_5 \times X_5 + a_6 \times X_6 + a_7 \times X_7 \\ Y(y,m,c) = a_0 \times Y_0 + a_1 \times Y_1 + a_2 \times Y_2 + a_3 \times Y_3 + a_4 \times Y_4 + a_5 \times Y_5 + a_6 \times Y_6 + a_7 \times Y_7 \\ Z(y,m,c) = a_0 \times Z_0 + a_1 \times Z_1 + a_2 \times Z_2 + a_3 \times Z_3 + a_4 \times Z_4 + a_5 \times Z_5 + a_6 \times Z_6 + a_7 \times Z_7 \end{cases} \tag{4-48}$$

式中，$a_0=(1-y)\times(1-m)\times(1-c)$;

$a_1=y\times(1-m)\times(1-c)$;

$a_2=m\times(1-y)\times(1-c)$;

$a_3=c\times(1-y)\times(1-m)$;

$a_4=y\times m\times(1-c)$;

$a_5=y\times c\times(1-m)$;

$a_6=m\times c\times(1-y)$;

$a_7=y\times m\times c$。

式（4-48）为纽介堡方程。为使表达更加简洁，通常又将式（4-48）写成矩阵形式，如式（4-49）：

$$\begin{bmatrix} X(y,m,c) \\ Y(y,m,c) \\ Z(y,m,c) \end{bmatrix} = \sum_{i=0}^{7} a_i \begin{bmatrix} X_i \\ Y_i \\ Z_i \end{bmatrix} \tag{4-49}$$

通常，三色刺激值(X_0, Y_0, Z_0), (X_1, Y_1, Z_1), ⋯, (X_7, Y_7, Z_7)可以通过测量白纸和各色印刷实地得到。也就是说，这时假设各色网点与所对应实地的颜色相同。

利用色域空间修正纽介堡方程的方法是将整个颜色空间分割成几个子空间，分别对每个子空间选用不同的系数进行计算，以此提高纽介堡方程计算结果的准确度，但是这样做会增加待确定变量的数目。

利用指数修正纽介堡方程是目前应用和讨论较多的一种修正方法。该方法增加了 $1/n_X$、$1/n_Y$、$1/n_Z$，分别作为三色刺激值的指数，则纽介堡方程被修正为

$$\begin{bmatrix} X^{1/n_X}(y,m,c) \\ Y^{1/n_Y}(y,m,c) \\ Z^{1/n_Z}(y,m,c) \end{bmatrix} = \sum_{i=0}^{7} a_i \begin{bmatrix} X_i^{1/n_X} \\ Y_i^{1/n_Y} \\ Z_i^{1/n_Z} \end{bmatrix} \tag{4-50}$$

纽介堡方程中所增加的指数取决于印刷过程、纸张特性和印刷加网线数等因素，要通过实验加以确定。由于不同的印刷过程所得印刷结果不同，n 一般取值为 1.2～3.0。由于修正参数取指数形式，指数的任何微小改变均可能引起计算结果产生较大变化，故对实验条件的要求很高。另外，纽介堡方程本身是非线性方程组，采用指数修正后可能会进一步增加计算难度。

仔细分析纽介堡方程，可以将计算误差形成原因归纳为以下几点。

（1）方程中，印刷网点覆盖面积是用概率统计方法计算得到的，即假设网点的叠印比例与网点面积率成正比，但调幅印刷的网点是按一定规则排列的，并且实际印刷中会出现套印偏差而使网点错位，造成网点覆盖面积偏离理论计算值，最终使计算出的颜色三色刺激值出现偏差。

（2）方程中，原色和叠印色的三色刺激值 X_i、Y_i、Z_i 是通过测量它们的实地色块得到的，而实际上由于网点的墨层厚度、边缘光学效应等因素都与实地色块有差别，因此颜色不会完全相同，致使所计算出的颜色值与实际不一致。

（3）实际印刷时会产生网点扩大现象，测量的实际印刷样张的颜色已包含了网点扩大效应，而在纽介堡方程中并没有考虑。当网点值 c、m、y 为 0 或 1 时，纽介堡方程的计算值与实测值相等，即误差为 0；当网点值 c、m、y 在中间调时，计算值与实测值有明显差别，而亮调和暗调只有较小的偏差。出现这种现象并非偶然，它正好与网点扩大规律吻合，如图 4-34 所示，说明网点扩大对纽介堡方程计算误差存在着影响。

比较上述原因可以得出：网点扩大对纽介堡方程计算误差的影响最大；在印刷过程中网点扩大是需要严格控制的，也是在实际生产中最容易测量的量。因此，可以通过网点扩大量修正纽介堡方程，以消除网点扩大给纽介堡方程带来的误差。

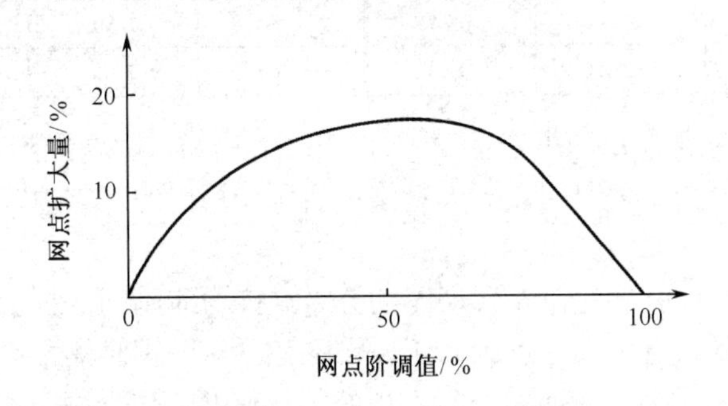

图 4-34　实际印刷的网点扩大曲线图

设待复制的颜色三色刺激值为 X、Y、Z，由于印刷时会出现网点扩大，就必须从相应的 c、m、y 网点值中减去各自的网点扩大量 Δc、Δm、Δy，即以 $c-\Delta c$、$m-\Delta m$、$y-\Delta y$ 的网点值来印刷，这就是对纽介堡方程所进行的网点扩大量修正。

实际上，可以将网点扩大曲线保存为一个数值表，通过查表可以找出相应阶调处的网点扩大量；也可以采用数学拟合方法得出网点扩大曲线表达式，通过计算求出相应阶调处的网点扩大量。

在 CIE $L^*a^*b^*$均匀颜色空间中，$a^*=0$ 且 $b^*=0$ 的点表示非彩色。由于 L^*表示视觉上均匀的明度等级，只要选择等间隔的 L^*值，并计算出对应的三色刺激值 X、Y、Z，代入纽介堡方程并进行网点扩大量修正，就可以计算出视觉上等间隔灰梯尺的网点值，绘制出灰平衡曲线。有关实验使用 Panton 油墨，其相关颜色数据如表 4-4 所示。计算出的印刷灰平衡时的 c、m、y 网点值如表 4-5 所示。

表 4-4　Panton 油墨颜色三色刺激值

序　号	颜　色	X	Y	Z
0	白色	73.95	77.38	88.85
1	黄色	53.84	62.06	6.65
2	品红色	22.77	10.76	11.70
3	青色	9.68	12.04	49.63
4	红色	19.79	9.49	1.02
5	绿色	2.32	7.57	2.92
6	蓝色	2.50	1.44	7.71
7	黑色	1.22	1.23	1.01

表 4-5　计算出的印刷灰平衡时的 c、m、y 网点值

L^*	c	m	y	L^*	c	m	y
75	0.00	0.02	0.07	35	0.45	0.24	0.35
70	0.05	0.04	0.10	30	0.51	0.29	0.39
65	0.11	0.06	0.13	25	0.58	0.34	0.45
60	0.16	0.08	0.16	20	0.64	0.41	0.51
55	0.22	0.11	0.19	15	0.72	0.49	0.58
50	0.27	0.14	0.23	10	0.80	0.59	0.66
45	0.33	0.17	0.26	5	0.89	0.74	0.78
40	0.39	0.20	0.30	0	1.00	1.00	1.00

若以横坐标表示明度值 L^*，纵坐标表示计算出的 c、m、y 网点值，可绘出灰平衡曲线。从图 4-35 中可以看到，采用网点扩大量修正后所计算出的网点值与一般灰平衡规律已经非常接近了。

分析纽介堡方程的计算误差，发现误差的分布规律与印刷网点扩大规律一致，这说明需要对纽介堡方程用印刷网点扩大量进行修正。实际上，从印刷品测量得到的三色刺激值 X、Y、Z 已经包含了网点扩大效应，而纽介堡方程的计算值并不包含网点扩大效应，因此二者必然存在很大的误差。通过对纽介堡方程进行网点扩大量修正，明显改善了计算结果，证明用网点扩大量修正纽介堡方程误差的方法是正确的。通过计算和实验得出以下结论。

（1）已知网点面积率 c、m、y、k，当用纽介堡方程计算印刷品颜色值时，应该加上网点扩大量，即以 $c+\Delta c$、$m+\Delta m$、$y+\Delta y$、$k+\Delta k$ 的网点值去计算，才能得到与印刷品实测颜色三色刺激值相符合的数据。

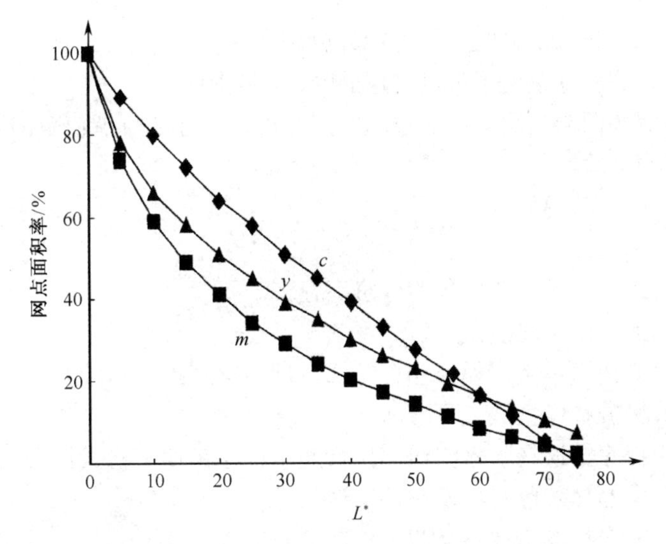

图 4-35　用网点扩大量修正法计算的 c、m、y 印刷灰平衡曲线图

（2）已知印刷品实测颜色三色刺激值 X、Y、Z，当用纽介堡方程计算油墨网点面积率 c、m、y、k 时，应该从计算结果中减去网点扩大量，即实测颜色值是以 $c-\Delta c$、$m-\Delta m$、$y-\Delta y$、$k-\Delta k$ 的网点值印刷得到的。

纽介堡方程的优点在于原理清晰明了，只需要测量少量的油墨色样就可求解。在对印刷工艺进行研究和实验的基础上，上文所提出的基于印刷网点扩大量的修正方法，可以很方便地确定方程修正系数，简化计算过程，并取得较高的计算准确度。

4.6　半色调加网质量要求

在印刷技术领域，很难去定义质量的概念，尤其是对印前技术的质量评估的问题极为突出，这是因为印刷技术领域不仅涉及完整、正确的文字复制，还与人类对图片的鉴赏水平相关联。印刷客户的高期望值、艺术家的想象、印前专家谨慎的优化处理及工业生产中使用的各种不同纸张/承印物所能实现的质量等，都具有很大的争议性，使得对质量的评定更加困难。

产品的质量通常定义为对预期目标的适应性。一方面，由于在客户眼中，产品的适用性是唯一的决定性因素，因此将质量水平调整到最终使用者的平均质量要求上的做法是不明智的；但在另一方面，通常客户对质量的看法会远远高于最终使用者期望和感觉到的结果。

不可否认的是，人眼只能辨别出在正式批量印刷品、机械打样样张、预打样样张上出现的大约两百万种颜色中的一小部分，即使是色彩管理技术也无法改变这一事实。此外，纯手工技艺的印前产品也存在着一定的质量要求。影响印前产品质量的典型错误如下。

（1）错误的数据格式，使用了应用程序的格式，而不是可交换格式，如 PS、EPS、PDF。

（2）分辨率不合适（过于粗糙或过于精细）。

（3）网线频率不合适（过高或过低）。

（4）边缘锐利度不够。

（5）将专色按四色或未定义的颜色进行分色。

（6）图像中重要的部分超出了可以传递的阶调值范围。

（7）对于非周期（调频）网屏，最小的网点在可以传递的阶调值范围以下。

（8）网点形状不合适。

（9）网点阶调值总和过高。

（10）灰度平衡出错。

（11）图像丢失或仅以显示器屏幕的分辨率存在。

（12）线条过细或多次生成线条。

（13）类型缺失或使用不当（如仅包含轮廓，反白类型过于精细）。

（14）预打样或机械打样丢失或不合适。

（15）文字处理程序错误（版本错误、换行连字程序错误、格式错误）。

（16）色彩管理中的输入色彩特性文件错误。

（17）色彩管理输出特性文件不合适。

（18）补漏白处理错误或不合适。

（19）折手拼版、裁切或折页线丢失。

（20）加网角度引起的龟纹。

从输入设备到胶片的输出，原始印前技术完全利用CMYK数据进行工作，但工作缓慢。然而现在，运用独立媒体工作流程的趋势越来越明显，其原理是将输入原稿的色域尽可能长时间地保持，直到输出前才将其压缩到某种再现工艺的色域上。但该方法的问题在于，将与工艺方法无关的CIE数据转换为CMYK数据时，必会造成色域的缩小，而且ICC色彩特性文件中可感知呈现的结果会因为根据色彩特性文件生成工具的开发商的不同而不同。若确定了色彩特性文件生成工具，或确定了CIE数据已经按某种承印材料类型进行了色域剪裁，则在同一色域内，仅需要在印刷条件和工艺之间进行换算，这样色彩压缩匹配结果具有唯一性。

4.6.1 输入/输出分辨率

无论是出于设计的原因而有意降低原稿的清晰度，还是在扫描原稿并向胶片、印版或承印物输出时受到分辨率的限制，图像清晰度都作为衡量印刷品质量的一个重要特性。

原稿的扫描是通过数码照相机或电子分色机来完成的。在扫描过程中，图像信息并没有完全传递，而是依照一种扫描模板，按照预定的精细程度和预定的灰度级对信息进行采集。扫描模板是由扫描仪可分辨的最小图像单元——像素组成的。

我们用（空间）频率（每厘米或每英寸的像素数）来表示像素模板的精细程度，称为扫描精度或扫描分辨率。

在扫描中，扫描模板必须比需要再现的图像细节更加精细。选择扫描分辨率的另一个重要因素就是图像数据所需要的存储空间应该尽可能小。如果将扫描分辨率加倍，那么图像数据是原来的4倍；如果式（4-51）中的质量因子F=2，那么在细节再现和文件大小之间可得到较好的权衡。

$$\text{扫描分辨率}f_s = \text{质量因子}F \times \text{放大倍率}M \times \text{网线频率}L \tag{4-51}$$

例如，如果将一幅尺寸为 5.3cm×8cm 的正片原稿，用 60l/cm 的网线频率进行加网，则其扫描分辨率为

$$f_s = 2 \times 1 \times 60\text{l/cm} = 120\text{l/cm}$$

约为 300dpi。图 4-36 显示了输入像素和输出像素之间的相互关系。

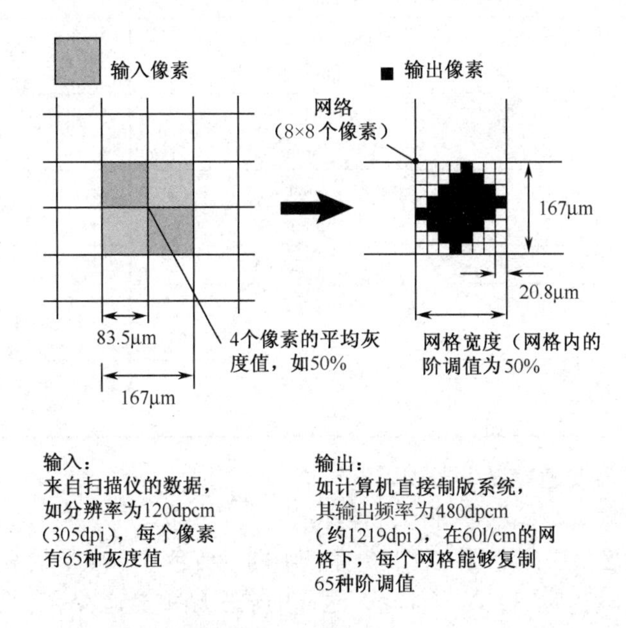

图 4-36　将扫描仪数据转换成网点，以进行数字成像

在输出端的每个网格中，通常安置 4 个输入像素，由于 F=2，所以每个像素占网格面积的 1/4。根据扫描的 4 个输入像素的阶调值（灰度级）获得平均值，并将其结果存入存储器，由此获得的平均值平衡了由设备决定的、分子分色光电传感器信号的微小波动，并且使平滑阶调区的显示更为平稳。扫描分辨率的选择不能过于精细，否则必须处理不必要的过大文件，从而延长了不必要的生产时间。

网线频率也就是常说的加网线数，表 4-6 中列出了重要印刷产品的常用加网线数。

如果对图像的清晰度要求不高，且追求最小的存储量，则式（4-51）中的 F 可以取更低一些的值（如 F=1.4），也就是采用较低的分辨率进行扫描。

若将图像输出到胶片、印版或直接制作成印刷品，则首先必须确定网点形状、加网线数和加网角度。由于网点是由多个记录像素组成的，因此需要确定记录像素的大小。与输入时的扫描分辨率类似，我们称加网时的分辨率为输出频率或寻址频率（又称寻址能力）。由于设备值的不同，输出频率的范围为 197dpcm（500dpi）～1000dpcm（2540dpi），有的甚至会更高。办公用的静电投影打印机一般只提供 118dpcm（300dpi）的输出频率。

表 4-6　典型印刷工艺所采用的加网线数、阶调范围及最小网点的尺寸

印 刷 工 艺	加网线数 （最小网点的尺寸）	阶 调 范 围
欧洲商业胶印	60lpcm（152lpi） （20μm）	3%～97%

续表

印 刷 工 艺	加网线数 （最小网点的尺寸）	阶 调 范 围
日本商业胶印	70lpcm（178lpi） （20μm）	3%～97%
美国卷筒纸期刊胶印 （SWOP）	52lpcm（132lpi） （20μm）	2（4）%～97%
报纸胶印	34～48lpcm （25～40μm）	3%～85%
商业表格印刷	52～60lpcm （20μm）	3%～97%
凹版印刷	70lpcm（178lpi）	5%～95%
柔性版印刷	40～60lpcm （约30μm）	3%～94%
丝网印刷	30～40lpcm （80μm）	10%～90%

输出频率的选择需要考虑以下多种因素。

（1）其值必须足够高，能够准确地再现预定网点的形状。

（2）可再现的灰度级必须足够多，以免在精细的过渡色区出现带状干扰（“断层”现象）。

（3）成像时间（输出时间）尽可能短，过高的输出频率会延长不必要的时间。

从图4-37中可以得出，为了得到一个良好的网点形状，大约只需要10×10个像素，这就意味着记录频率至少是所记录的周期性网点频率的10倍。

选择 10 也考虑了可再现灰度级随着输出频率的增加而急剧上升这一情况。可以明显地看到，设备能记录的图像灰度级仅能达到一个网格内所包含的输出像素数。如果将空白纸张也作为一个灰度级，那么可再现的灰度级为

$$\text{灰度级} = 1 + \left(\frac{\text{输出频率}}{\text{加网线数}}\right)^2 \tag{4-52}$$

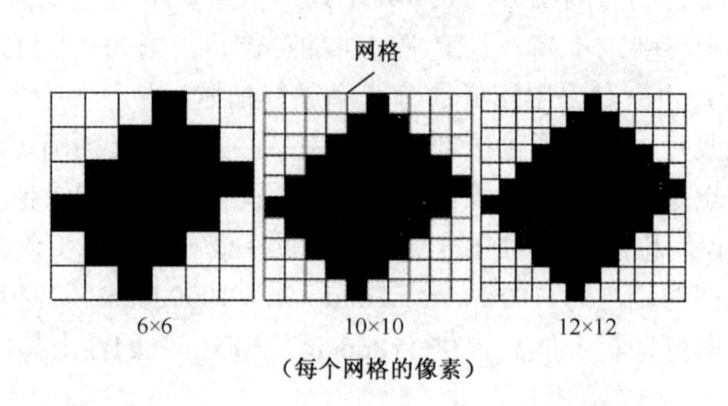

图4-37　设备输出的输出频率变化导致的网点结构（阶调值为50%）

灰度级与加网线数（输出频率）的函数关系如图4-38所示。

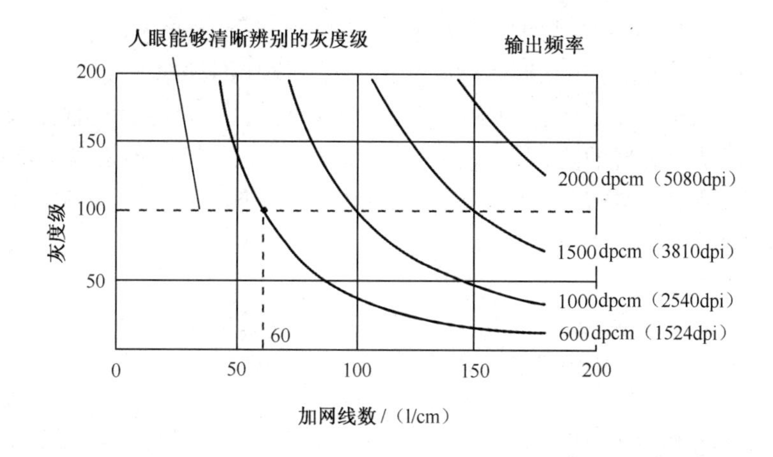

图 4-38　灰度级与加网线数（输出频率）的函数关系

由于人眼不能辨别超过 100 的灰度级，因此 10×10 的网格就已经足够了，它能够产生 101 个不同的灰度值，100 个级差为 1%的灰度级。若加网线数为 60l/cm，则输出频率不必高于 600dpcm（1524dpi）。

加网线数不必超过绝对必要的数值，但由于人们对接近照片的复制效果情有独钟，因此具有创意性的工作经常要求采用极精细的加网线数（120l/cm，305lpi）。但是，极精细的加网线数却伴随着质量的下降，这是因为网点向印版的传递更不稳定，印刷出现的波动更多，更不必说晒版上更高的投入费用了。

若通过记录设备将输出频率限制在较低的数值上，如 600dpcm（1524dpi），当使用高于 60l/cm 的加网线数加网时，灰度级会少于 100。按此推算可得，采用极精细的加网线数 120l/cm 进行加网时，仅能复制出 26 个灰度级。为了能达到 100 个灰度级，输出频率至少要采用 1200dpcm（3048dpi）。若灰度级少于 100，则依图像的不同会产生相应的质量损失，如表 4-7 所示，并且渐变的过渡区会出现视觉可见的阶跃（也称“断层”）。

表 4-7　不同输出频率和加网线数下的灰度级（带*标记的数字表示质量有损失）

加网线数/（l/cm）	输出频率 600dpcm（1524dpi）	输出频率 1000dpcm（2540dpi）	输出频率 2000dpcm（5080dpi）
	灰　度　级		
60	100	279	1112
80	57（*）	157	626
100	37（*）	101	401
120	26（*）	70（*）	279
300	5（*）	12（*）	45（*）

4.6.2　可传递的分辨率

印刷品的灰度值可以由 Murray-Davies 公式的定义给出，与印刷工艺是否加网无关，这点同样适用于没有反差反转的图像载体，如阳图片及大多数印版。对于阴图片及有反差有反转的印版（如胶印聚酯版），可将黑化面积率与 100%的互补数值定义为灰度值。相应地，对于 CMYK 数据组的灰度值，可按照阳图胶片输出时的黑化面积率定义。

对周期性（调幅）网屏而言，由于在各种印刷工艺方法中，其最小直径以下的网点不能够可靠地传递，因此可再现的阶调值范围就会受到限制。这种情况不仅涉及亮调区的“阳图”网点，也涉及暗调区的“阴图”网点，因此图像中的重要网点阶调（图像细节边缘）不能超出给定的阶调值范围，但这并不意味着图像不能出现所述范围外的阶调，而是要避免可见阶跃的产生。

理论上，非周期（调频）网屏不存在可再现的阶调值范围的限制，这是因为其网点可以按任意位置进行分布。但是，网点的直径依旧不能小于最小值。

4.6.3 网点形状

在凹版印刷中，凹印滚筒利用雕刻刀进行机械雕刻，这使得凹版印刷的网穴形状或多或少是预先确定的，而其他印刷工艺，由于网点是由像素生成的，因此其形状是可变的。在阶调值连续上升的情况下，当单一网点在某种确定的面积率下接触时，就导致了阶调值的跳跃性的变化。在传统的调幅加网中，可以采用特殊的网点形状，使网点在不同的阶调值中接触（第一次和第二次网点接触）。这种做法的结果是，通过特殊形状的网点将印刷中产生的阶调值跳跃转移到 3/4 阶调处（暗调处）。利用此类网点可以使以亮调为主的图像得到良好的复制，但由于在网点相连的过程中会产生不良效果，因此该方法并不适用于普通的图像。例如，菱形网点对于方向极为敏感，它们很容易出现不正常的网点扩大。因此，面向胶印和连续表格印刷的 ISO 12647-2 和面向报纸印刷的 ISO 12647-3 都规定了网点的连接应发生在阶调值 40%～60%之间，并且两个阶调值之差不得大于 20%。图 4-39 就描述了菱形网点相接触的情况：第一次接触发生在 50%处，第二次接触发生在 60%处。

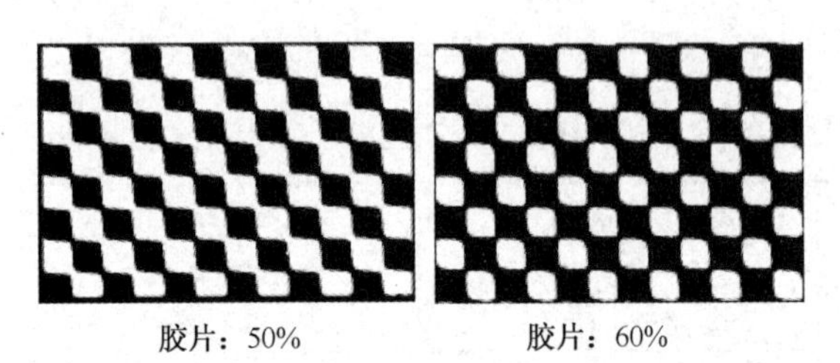

图 4-39 菱形网点第一次（左）和第二次（右）接触

报纸印刷的保真复制及印刷控制条规定采用圆形网点，其原因是阶调值在一定程度上依赖于网点形状，因此为了保持可比性，所有印刷控制条也应采用相同的网点（圆形网点）。圆形网点的优势是：不仅可以利用简单的手段进行测量，而且网点扩大最小。由于印刷控制条并不用来记录印刷特性曲线，所以网点接触不会产生干扰。相反，印刷控制条用于监控正式印刷中一些特定的阶调值情况。

对于柔性版印刷和丝网印刷，第一次网点接触必须不低于 35%，第二次网点接触必须不低于 35%。在雕刻凹版印刷中，不存在网点接触的现象，因此在凹版复制中也没有此类规定，对于不需要印版的印刷技术也无此类规定。

4.6.4　阶调值的影响

在多色印刷过程中，必须对所有参与构图颜色（通常是四色）的油墨进行限制，即最大油墨量，这是因为较厚墨层的干燥不充分会导致干扰性的浮雕结构的产生。阶调值总和是由定义在数据文件中的各个分色计算得到的，即阶调值总和是一个纯粹与复制相关的特性参数，它不考虑阶调值的逐级变化。数值为 100%对应于实地，400%就为 4 个印刷油墨层的叠印。在商业单张纸胶印中，阶调值总和不能超过 350%；在商业轮转胶印中，阶调值总和不能超过 300%；在报纸印刷中，阶调值总和不能超过 260%，并且尽可能保持在 240%以下。由于在出版用的凹印中每个印刷机组都对纸张进行干燥，因此该印刷没有这种限制。

在柔性版印刷中，最大阶调值总和在 280%～320%之间；丝网印刷的优势就在于它具有高墨层厚度，其阶调值总和可达 400%，但是丝网印刷制版通常需要印刷制版的数据与其他数据相转换，因此它的阶调值总和一般较低；而无版印刷工艺还没有此类明确的规定。

印刷特性曲线或绝对阶调增大值是生成分色数据的基础，它们也被纳入了 CIP3 数据中，但其中任何一个属性都不能确定一个分色质量的优劣。应特别指出的是，如果阶调值增大量异乎寻常的低，则印刷质量也不会改善很大，这是因为复制的图像会比样张“更亮”，而且也不能通过提高原稿（打样样张）事先确定的实地密度来消除这种现象，这是因为实地密度的色度和色调与样张不匹配。与数十年前常见的情况类似，如果是由于打样技术的原因，即只能达到比正式印刷生产低的阶调值增大量，那么极低的阶调值增大量对图像是有利的。

对工业化生产而言，在完成“复制”的生产阶段后，就不再干预图像内容了，也就是说，在印刷中不再更改实地着墨和印刷特性曲线，并将其作为一个普遍使用的规则。

印刷复制品的阶调再现质量，只在基于指定生产运行标准的印刷特性曲线的情况下才是适用的，从色彩管理方面这意味着生成 CMYK 数值所使用的输出色彩特性文件应由一个特性化查找表计算得到，而该表适用于已预定的印刷条件，并且所使用的输出色彩特性文件必须与图像数据一起传送，或者必须给出特性数据的名称、来源及黑版参数，从而使接收数据的那一方能够从 CMYK 数据中计算出与其色彩等价的 CIE LAB 数据。

如果系统用于接收 CIE 色彩数据，那么这些数据必须与批量印刷所预定的色域和阶调再现特性相匹配。

为了验证设置是否与输出过程相匹配，应采用预打样，或采用机械打样（采用与连续印刷相对应的印刷技术和材料制作样张）的方法进行。样张上的控制条显示了批量印刷的特性参数（在给定的误差范围内），这些参数包含实地的 CIE LAB 坐标（油墨密度仅起到辅助作用）和原色 CMYK 的阶调值。数字打样的色彩控制条也包括了一系列附加的典型混合色域区，并且每种印刷工艺方法和纸张、色彩坐标必须达到预先给定的数值。

如果预打样或机械打样样张上的色彩控制条具有正确的数值，那么灰平衡是正确的，也就是说，在预定的印刷条件下，原稿上非彩色的复制不会出现偏色。在该情况下，彩色 C、M、Y 的阶调值必须达到某种确定的比例关系，即该比例关系由印刷工艺方法、印刷油墨和承印材料决定。因此，对确定的印刷工艺的灰平衡进行一般性的规定，则其必须被当作近似值。面向不同印刷工艺方法和印刷条件，机械打样和预打样的详细说明，由德国印刷与媒体协会（BVDM）相关的标准说明书或 ISO 12647 标准系列给出。由于胶印至少在中小印量和大印量领域中有优势，因此对于 NIP 技术，令其数据文件与胶印条件相吻合，在经济上是有意义的。

4.6.5 图像效果与补偿

当承印材料高速穿过印刷机时，可能会因为纸张的变形、套准差异和其他因素的影响，各个色版出现“几何局部移位”，该结果就使得在视觉上形成不美观的“白色缝隙”。该现象在锐利的边界处（如在黑底色或黑背景上的红点）尤为明显，这就导致了承印材料的白色显露出来。

这些“缝隙”并非只由印刷引起，在印前处理中也会引起该现象。当边界清晰的彩色页面元素组合到一起时，这种现象同样会出现。因此，可将相互连接的色彩区域进行扩展（增大范围）——通常将较为明亮的部分进行扩展。由于必要的扩张宽度与所使用的纸张网屏有关，因此给出相应的近似数据。加网线数为 60l/cm 的网屏，扩张宽度为 0.1～0.2mm；加网线数为 33l/cm 的网屏，扩张宽度为 0.2～0.4mm。由于扩展范围与相对应的印刷条件相关，因此在生产过程中，扩展量的确定应该尽可能地延后（与输出加网的设定相同）。

生产中一定要避免产生两次扩展。第一次扩展会发生在印前或客户单位中，第二次扩展会发生在印刷中。两次扩展会导致多个细微页面元素边界相接并使细节还原受损。

收缩处理适用于当背景色比前景色明亮的情况。为了使一个黑色区域更“深”，通常在黑色区域上会利用 40%的青色网屏进行加网。若该黑色区域被一个反向类型（黑底白字）打破，则在边界区域能够看到青色。为了消除这种现象，可以进行收缩处理，即将青色区域缩小。“补漏白”用于描述将一种油墨层印刷到另一种油墨层上的油墨接受性。

龟纹是指当两个或多个周期性网屏图案重叠不佳时产生的有规律的粗糙图案。它产生的一个最普遍的原因是在原稿上已经存在了一种有规律的结构，如加网原稿或纺织品的图案。这些干涉图案可以通过选择合适的加网角度，并在处理图像时运用特殊的滤波器软件来避免。

但是由于加网软件的不同，在曝光过程中也可能会产生龟纹。在通常情况下，这种缺陷与所提供的数据无关，而与输出单元有着必然的联系。调频加网就不存在龟纹现象。

第5章 半色调加网的典型算法

数字半色调技术是指将连续调的图像或照片转换成黑白图像元素的技术，用于只能选择打印点或不打印点的二进制设备（如喷墨打印机）的复制。人类的视觉就像一个低通滤波器，会产生图像是连续的灰阶的一种错觉。根据点的具体分布方式，给定的显示设备可以产生或多或少的颗粒度的不同程度的图像保真度。根据人类的视觉系统，通过适当分布排列随机的点来产生最高质量的图像，并保持清晰的边缘和其他精细的细节。但与此同时，某些显示和印刷设备无法连续从一个点再现到另一个点，因此会产生印刷故障，大大降低所要保留的细节。因此，在研究半色调时，主要目标是先确定什么是每一个点的最佳分布位置，然后研究如何以高效的方式产生这些图像。

本章主要介绍数字加网、常用的半色调加网算法、彩色半色调加网及莫尔纹。

5.1 数字加网

数字加网是从传统加网发展而来的，并且与传统加网有着密切的联系。在 PostScript 推广的早期，加网方法首先受到了批评，特别是在使用高端成像设备时，会出现有害的莫尔纹，这是由加网线数和加网角度的不恰当组合引起的。

DIN16547 规定了复制技术常用的无莫尔纹叠印加网角度及标准加网线数，并规定以 0°、15°、45°和 75°为基础，对黄版、青版、黑版和品红版分别加网。这些加网角度可以通过雕刻的玻璃网屏和接触网屏轻松实现。但是实践证明，DIN 标准也存在缺陷。黑版并非总被安排在 45°的位置，黄版与青版之间的 15°差值只是一个折中的方法，并非是理想的，可以通过椭圆形网点来改善。

电子加网问题最终是采用一些由曝光设备像素阵列预先确定的网线系统（加网角度、加网线数）来解决的。由于每种数字化处理都会引起所谓的量化效应（数字量值只能设置按量化等级限定的数值，而不能设置等级之间的数值），因此产生了人眼难以分辨的不准确性，当使用四色印刷时就会导致莫尔纹的出现。

因此数字加网的核心问题就是要避免莫尔纹的出现。

5.1.1 有理正切加网

有理正切加网是数字加网的基础。在加网中，我们都将网格看作正方形，根据加网角度的不同，可将其转动到任意角度，而且网格要与记录栅格对齐，如图 5-1 所示。在某些加网角度下，每个网格的 4 个角点必须与记录栅格的角点准确重合。在该情况下，旋转角点在纵向和横向两个方向都与左下角网格的记录像素保持着整数的距离，如图 5-2 所示。由于纵向距离、横向距离是有理数，并且两者的比值在数学上称为正切，因此在 PostScript 加网中称之为有理正切加网或 RT 加网。

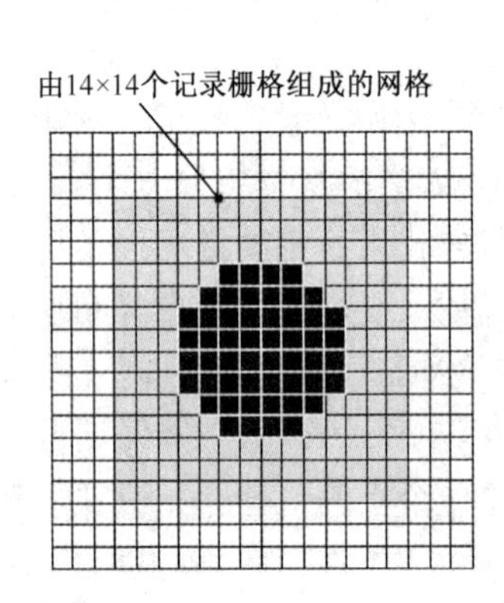

图 5-1　由 14×14=196 个记录栅格组成的网格

（网点面积率约为 26.5%，加网角度为 0°）

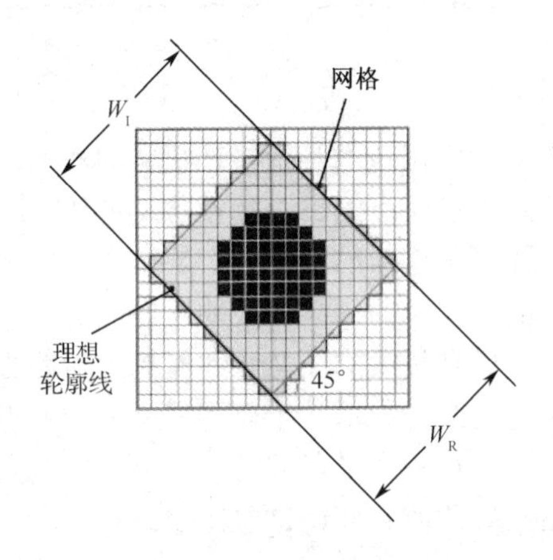

图 5-2　加网角度为 45°的网格

（网格轮廓线偏离理想轮廓线，$W_R>W_I$）

当网格单元的 4 个角点与记录栅格的角点重合时，每个网格由相同数量的像素组成，这也意味着在网格中同样面积率形成的网点形状也是相同的。在四色印刷中为了减少色版间的相互作用产生的莫尔纹，因此将 4 个色版的加网角度分别设置在 0°、15°、45°和 75°。如果把数字加网技术产生的网点设置在 15°，则就会发现网格单元只与左下角的记录栅格的角点重合，而其他 3 个角点都不重合，产生这一现象是因为 15°的正切值是一个无理数。

为了实现有理正切加网，可找一个近似 15°但正切值为有理数的加网角度。将网格定位在曝光设备记录栅格的角点上，并将网格的角点在纵向上移动 3 个记录栅格，这时就得到了加网角度的正切值为 1/3，它所对应的加网角度近似为 18.4°；同样，75°的加网角度也可以通过旋转近似得到正切值为有理数的 71.6°的加网角度。

由于加网线数的定义是单位长度内包含的网点个数，并且当加网角度发生变化时，在同样的单元中就包含了不同数量的网格，因此加网角度的改变使得加网线数也发生了变化。在图 5-3 中将基本节点相连就能显示该情况（0°和 45°与圆的交点明显偏离 18.4°和 71.6°与圆的交点）。

在 0°、±18.4°和 45°的加网角度下，加网线数之比为

$$f_{0°}:f_{\pm 18.4°}:f_{45°}=\sqrt{9}:\sqrt{10}:\sqrt{8} \tag{5-1}$$

因此在实际加网中，各个色版的加网线数符合式（5-1）的比例。

黄版（0°）：加网线数为 50l/cm。

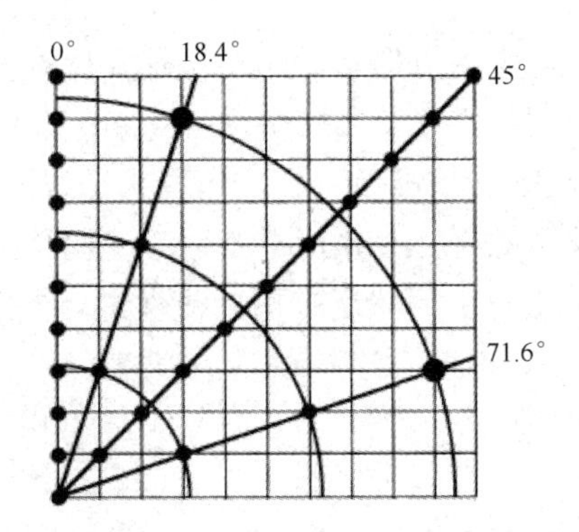

图 5-3 有理正切加网角度（18.4°替换 15°，71.6°替换 75°）和加网线数偏离的理想状态

青版（18.4°）：加网线数为 52.7l/cm。
黑版（45°）：加网线数为 47.1l/cm。
品红版（71.6°）：加网线数为 52.7l/cm。

5.1.2 超细胞加网

有理正切加网角度的选择范围是十分有限的。例如，15°和 75°的加网角度，若网格尺寸太小，就不能够由有理正切加网精确地生成。因此，较大的网格可以精确地遵循加网角度，但其缺点是网点结构能够很容易地被识别，并可能造成细节的丢失。为了修正这一问题，超细胞的概念被提出。它并非只是简单地放大网格，而是将更多的子网格组合成一个更大的网格，如图 5-4 所示。

超细胞的每个子网格，其大小和形状都可以不同，但这些差异在一个超细胞内互相抵消。超细胞网点的生成方式不同于常规网格那样从一个中心点开始，而是从多个中心点开始。例如，图 5-4 中的超细胞就有 9 个中心点。在输出时，如果超细胞的 4 个角点与输出设备的角点重合，那么每一个超细胞都有相同的形状与相同数量的网格单元和网点。总的来说，超细胞能够精确地保持所要求的加网角度，如图 5-5 所示。

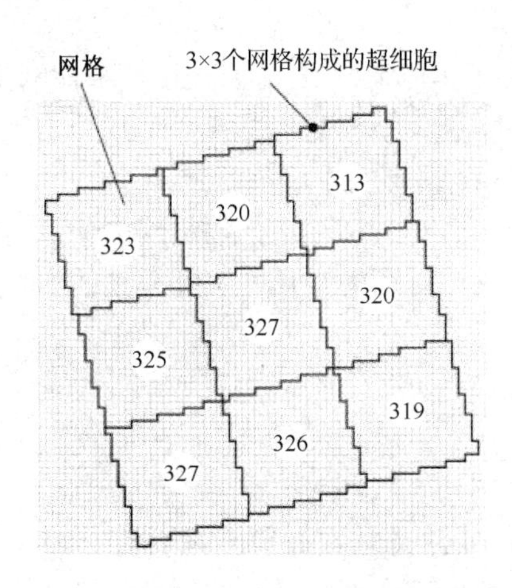

图 5-4 不同网格组成的超细胞（网格内数字表明每个网格可含的像素数）

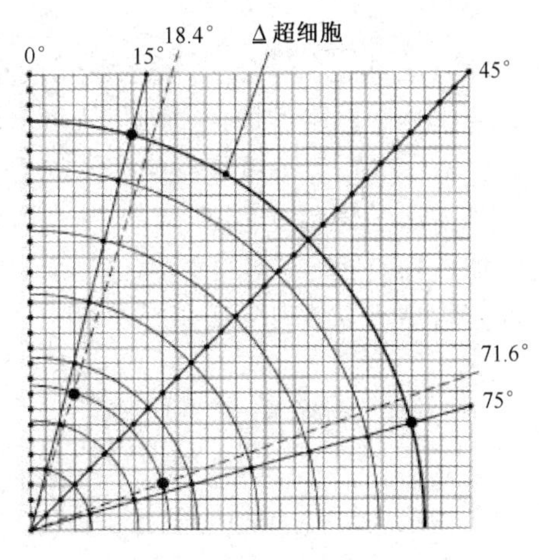

图 5-5 利用超细胞计算能够实现的理想加网角度与相应的加网线数

在进行有理正切加网时，对于网点形状，RIP只需要计算一次，而在计算超细胞时，由于每个子网格的形状都不尽相同，因此就比较烦琐。Adobe公司以“精确加网”的名称将超细胞技术集成到一部分第一级PostScript解释器和所有第二级PostScript解释器。

精确加网技术可以通过特殊的PostScript指令激活。但是，精确加网的处理时间较长，并要求更大的存储容量，故Adobe公司采用专门的硬件进行超细胞计算以增大效率。

5.1.3 无理正切加网

在无理正切加网中，旋转角度的正切值不再是两个整数之比（有理数），而是一个无理数。无理正切加网的基础是一个网屏矩阵，在该矩阵中，网点间的中心距离对应一个特定的值。虽然无理正切加网保持了理想的加网角度，但由于步距序列的不同，网点会发生形变。

图5-6清晰地表明了模拟加网、有理正切加网和无理正切加网形成的加网角度的差异。

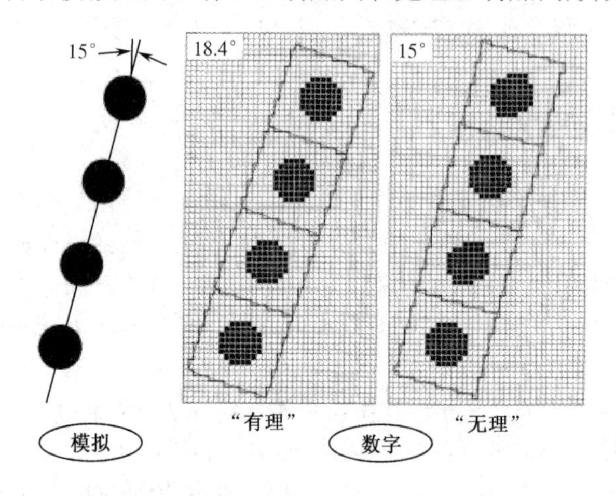

图5-6　模拟加网、有理正切加网和无理正切加网形成的加网角度的差异

为了解决无理正切加网网格角点不能与输出设备记录栅格角点重合的问题，在实现时通常采用以下两种方法。

第一种方法是逐个修正法，该方法可简单概括为：根据实际需要的加网线数和加网角度，精确地计算出每个网格的栅格点阵和特点，将获得的网点大小和形状进行一个接一个网格的角度修正。对于其运算速度和存储空间的问题，可采用超细胞结构的概念去解决。

第二种方法是强制对齐法，该方法是取无理正切角的对边和临边，强制网格角点与输出设备记录栅格角点重合，使之形成有理正切网点。但是该方法的缺点是实际得到的加网角度和加网线数将与预定值发生偏离。

5.1.4 加网输出

在印刷中产生可供印刷的多色页面或序列页面的做法是，在印前就准备好一组完整数据。然后根据前述的加网方法，通过光栅图像处理器处理这些页面，并按位图信息传送到输出设备上。输出设备与其种类无关，它可以是配备NIP技术的打印机（如静电摄影）、胶片记录曝光设备、计算机直接制版系统或直接成像的印刷机。

为产生印刷品而进行的数字信息的操作，在很多情况下产生了新的组织形式，并且这些被纳入各种不同工作流程管理系统中的变化，赋予了数字预打样一种新的意义。

数字预打样用来对一组数字数据进行输出，使其结果尽可能精确地模拟所要印刷的产品。在大多数情况下，最重要的因素是样张与后续印刷品的质量达到视觉匹配。只有使用一些特殊的预打样方法（如网点打样），才能根据正式印刷来设置特殊印刷技术参数（如网点结构）。

对数字成像的印刷系统（如直接成像系统：海德堡公司的 QM-DI），数字预打样具有核心意义。在此生产流程中，不再进行胶片的制作。

基于应用目的和所要求的质量，数字预打样可以分为两种基本类型：软打样和硬打样。数字预打样的方法如图 5-7 所示。

类型		还原质量										花费	
						油墨类型		纸张类型		印张尺寸			
		内容（图文）黑白	内容（图文）彩色（视觉印象满意）	内容+彩色（色彩真实）	内容+彩色+网点结构	专用	生产用	专用	生产用	单独页面（A3，双页A4）	整页（8 页）	成本	时间
软打样		×	×	×	×	×				×		免费	立即
硬打样	蓝图打样	×				×		×		×	×	低	合理
硬打样	折手打样		×			×		×		×	×	满意	合理
硬打样	彩色打样			×		×	(×)	×		×	×	可接受	少
硬打样	网点打样（保真打样）				×	×	(×)	×	(×)	×	(×)	高	少
硬打样	机械打样				×		×		×		×	高	很少

图 5-7 数字预打样的方法（还原质量和花费）

软打样描述了在显示器上模拟的印刷结果。如果原先的软打样是应用知识简单地用色彩显示图像，以检查打印文件的完整性和状态，那么引入 PDF 数据格式和附加的应用软件（观察器），在与色彩管理系统相结合后，软打样在色彩可靠性上取得了显著的进展。显示器上色彩的可靠性对观察条件的依赖性较强，并且色彩并非总与印刷样张匹配。通常，可靠的平面色彩显示以相对较暗的环境为前提，印刷样张必须在接近日光的标准照明条件下观察（如 D_{50}）。

虽然软打样在显示器上对后续的印刷质量的进一步完善还须做出一定的让步，但它仍然是客户和服务商之间在复制技术的合作上的一种有意义的解决方案。图 5-8 描述了已经实现的解决方案，展示了用显示器评价图像的趋势。

硬打样分为以下 5 个基本类型。

（1）蓝图打样。获取一组在内容、折手版式和完整性方面需要印刷的数据的基本情况，就可以制作一个单色蓝图。蓝图在数字印刷中是一个通用的概念，与传统的“重氮复制”不同。

（a）控制台上的显示器

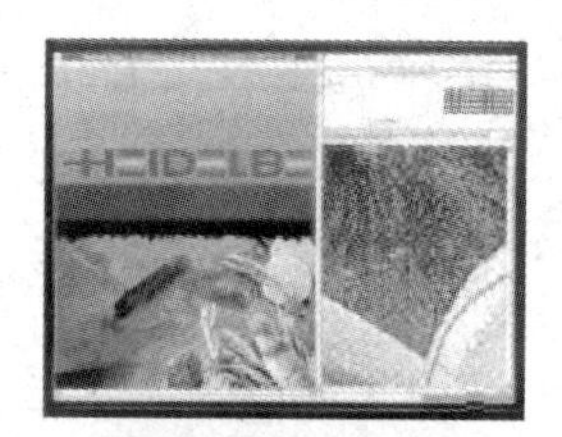

（b）显示器上印刷任务的图像细节

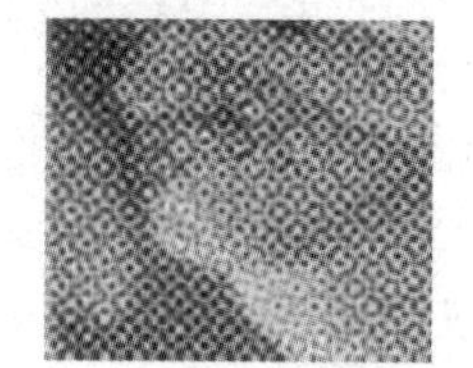

（c）在显示器上检查网点结构

图 5-8　计算机直接印刷/直接成像系统控制台上的软打样（QM-DI，海德堡）

（2）折手打样（版式打样）。折手打样与蓝图打样的目的相同，都是为了获得一个文件的色彩印象（但其色彩不一定可靠），它可以通过制作一个版式样张来获得。

（3）彩色打样。在印刷工业及相关的高品质印刷领域内，这种打样为预定需要印刷的文件提供了色彩真实的、可靠的再现样张。在这方面人们越来越多地采用了标准打印系统，如喷墨打印机（见图 5-9）、热升华打印机（见图 5-10），并配合高性能色彩管理系统共同工作。印刷人员将这样制作出来的彩色样张作为正式批量印刷的参照准则（参照样）保存。

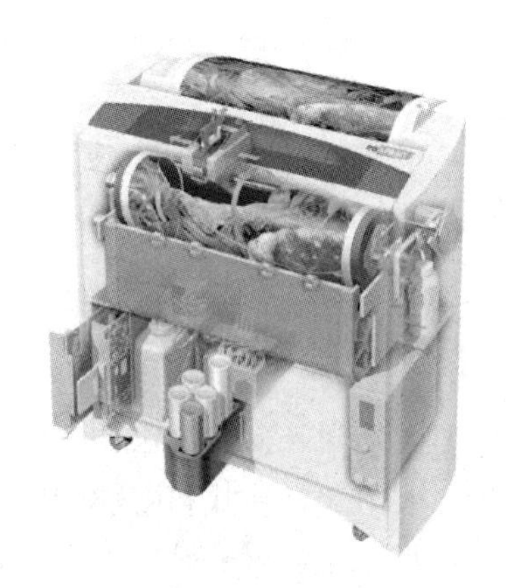

图 5-9　用于彩色打样的喷墨系统（Iris 4 print，赛天使）

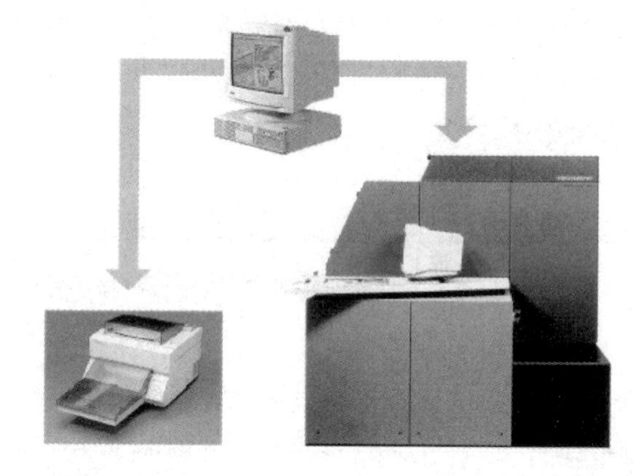

图 5-10　数学预打样系统（热升华）与计算机直接制版/直接成像印刷机连接（柯达 DCP 9500/海德堡 QM-DI）

（4）网点打样（保真打样）。网点打样通过一种数字打印方法来模拟后续印刷过程的网点结构。有关网点结构的信息，使印刷人员能较早地了解阶调值变化，以及与之相关的色彩偏差，或者对颜色偏差的影响。必要时还可以有针对性地掌握传递特性曲线。网点打样反映了网点、加网角度及网线频率对印刷品的影响，展示了多色叠印所能达到的质量。

用 PostScript 数据进行的网点打样存在着固有的误差。这是因为网点结构通常并不是 PostScript 文件的组成部分，打样设备 PostScript 解释器中的网点发生器在构造网点时，必须与成像单元的 RIP 为胶片或印版曝光而生成的网点一样。这就意味着胶片、印版记录设备或者计算机直接制版系统的 RIP 也需要控制预打样设备，如图 5-10 所示。只有这样，才能保证获得同样的网点形状和加网角度。

为了生成“保真打样”，一些制造商提供了专门的打样系统。例如，在图 5-11 和图 5-12 中，设备采用了 CMYK 四色进行工作，通过供体的热转移（烧蚀）到达中间载体或批量印刷的承印物上来完成打样。图 5-11 和图 5-12 所示的这两套系统都与胶片输出设备结构相似，可复制图像的所有细节，包括色彩、网线频率和加网角度。

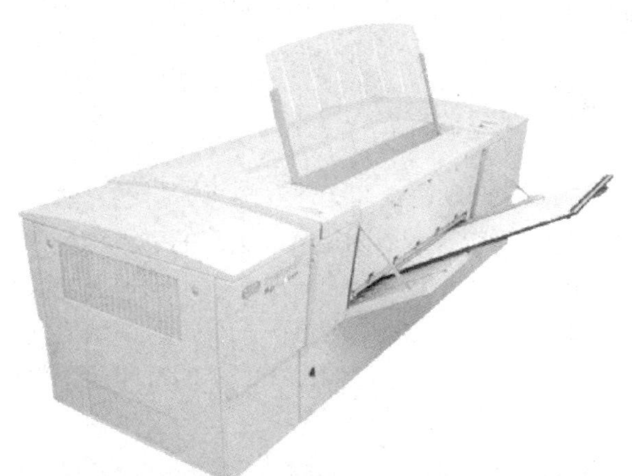

（a）用于计算机直接制版和网点打样制作的多功能系统

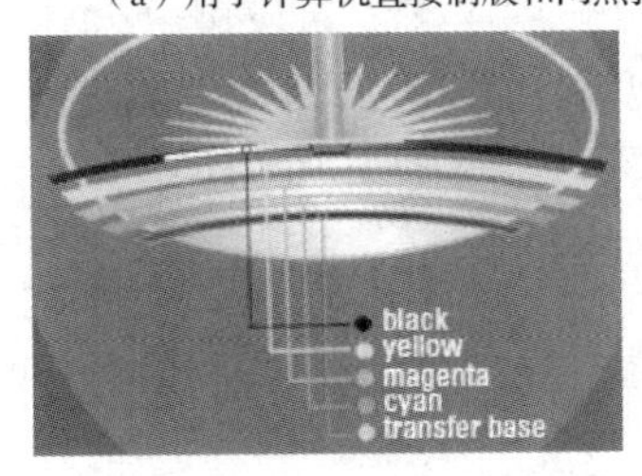

（b）热激光热蚀方法

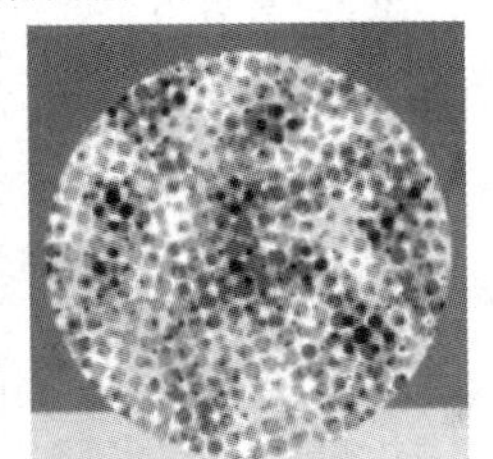

（c）样张的网点结构

图 5-11　通过中间载体进行热转移的网点打样

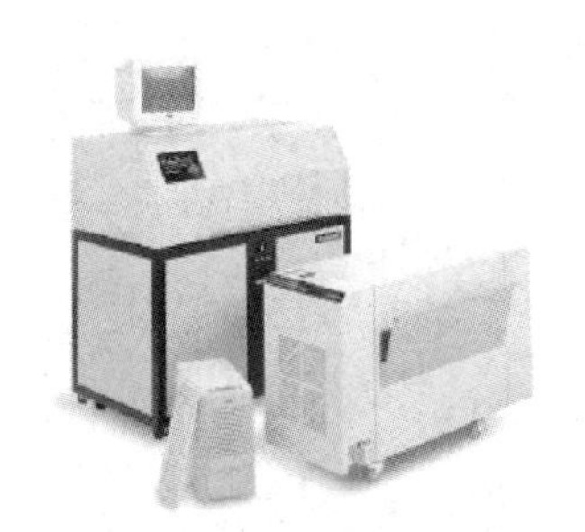

（a）带覆膜装置和工作站/RIP的打样系统

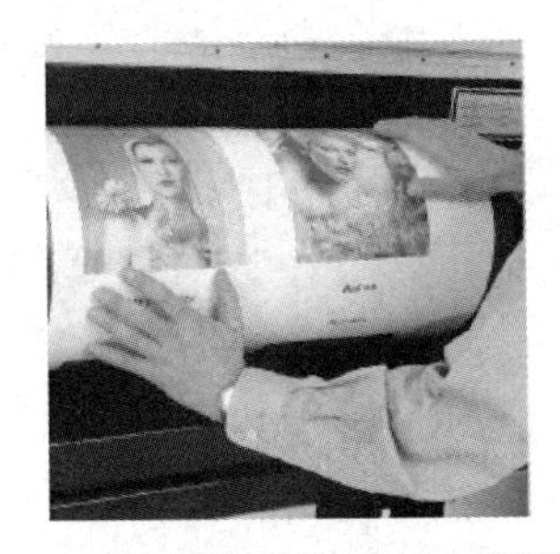

（b）打样单元滚筒上的网点打样样张

（c）色膜和样张

图 5-12　在正式印刷生产的纸张上，通过热转移进行网点打样

（5）机械打样（模拟打样）。机械打样一般在和印刷条件基本相同的情况下，把用原版晒制好的印版，安装在打样机上进行印刷，得到样张。

5.2 常用的半色调加网算法

本节将简要介绍主要的几种加网算法：抖动加网算法、误差扩散算法、点扩散算法、迭代半色调算法及半色调加网实例。

5.2.1 抖动加网算法

抖动加网算法主要分为有序抖动算法和无序（随机）抖动算法。在这两种方式下抖动加网都需要一个模板（Pattern），该模板一般为矩阵，矩阵的值被称为阈值。抖动加网算法的核心是在试图保持图像前后像素的平均值不变的情况下，用模板去铺满原始图像，每一个原始像素都与模板上的一个阈值相对应。比较两个值的大小，若原始值大于对应的阈值，则输出“1”，即打印一个白点（不打墨点）；否则，输出“0”，即打印一个墨点。

1. 有序抖动算法

有序抖动（Order Dither）算法的模板是有规律的，它最初由 Jucliue 提出，其中以 Bayer 有序抖动矩阵为代表，抖动矩阵的生成按照式（5-2）的迭代方式进行：

$$\boldsymbol{D}_n=\begin{bmatrix}4\boldsymbol{D}_{\frac{n}{2}} & 4\boldsymbol{D}_{\frac{n}{2}}+2\boldsymbol{U}_{\frac{n}{2}}\\ 4\boldsymbol{D}_{\frac{n}{2}}+3\boldsymbol{U}_{\frac{n}{2}} & 4\boldsymbol{D}_{\frac{n}{2}}+\boldsymbol{U}_{\frac{n}{2}}\end{bmatrix} \tag{5-2}$$

式中，$n=2^2,2^3,2^4,\cdots,2^r$；$\boldsymbol{U}$ 为 $n\times n$ 的单位矩阵。令 $\boldsymbol{D}_1=0$，$n=2$，可以求出抖动矩阵，如式（5-3）：

$$\boldsymbol{D}_2=\begin{bmatrix}0 & 2\\ 3 & 1\end{bmatrix} \tag{5-3}$$

然后就可以继续推导出 $\boldsymbol{D}_4$ 和 $\boldsymbol{D}_8$ 的抖动矩阵，如式（5-4）和式（5-5）：

$$\boldsymbol{D}_4=\begin{bmatrix}0 & 8 & 2 & 10\\ 12 & 4 & 14 & 6\\ 3 & 11 & 1 & 9\\ 15 & 7 & 13 & 5\end{bmatrix} \tag{5-4}$$

$$\boldsymbol{D}_8=\begin{bmatrix}0 & 32 & 8 & 40 & 2 & 34 & 10 & 42\\ 48 & 16 & 56 & 24 & 50 & 18 & 58 & 26\\ 12 & 44 & 4 & 36 & 14 & 46 & 6 & 38\\ 60 & 28 & 52 & 20 & 62 & 30 & 54 & 22\\ 3 & 35 & 11 & 43 & 1 & 33 & 9 & 41\\ 51 & 19 & 59 & 27 & 49 & 17 & 57 & 25\\ 15 & 47 & 7 & 39 & 13 & 45 & 5 & 37\\ 63 & 31 & 55 & 23 & 61 & 39 & 53 & 21\end{bmatrix} \tag{5-5}$$

在使用 Bayer 抖动时，一般用 8×8 矩阵为宜。如果抖动矩阵太小，则会给抖动结果留下明显的人工痕迹；若抖动矩阵太大，则对进一步提高二值图像的质量没有明显效果，但所需要的处理时间会大大增加。综合以上两点，Bayer 抖动在处理质量和运算时间两个方面进行考虑，8×8 矩阵最为适宜。抖动加网算法处理过程如图 5-13 所示。将待处理的图像信号 $I_{x,y}$ 和抖动信号一起输入比较回路中，此时输入一定的阈值信号。对输入信号和阈值信号按照抖动信号进行比较，若原始值大于对应的阈值，则输出“1”，不打墨；反之，输出“0”，打墨。

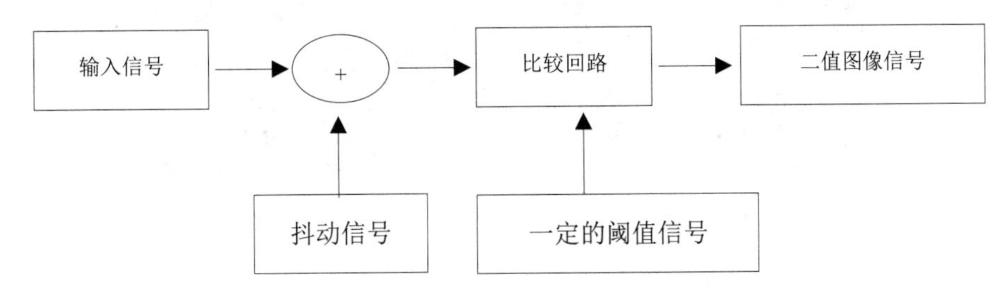

图 5-13　抖动加网算法处理过程

在 MATLAB 中我们使用如下代码进行仿真实验。

```
time = 8;
K = 8;
L = 8;
N = 63;
im = imread(&apos;E:\matlab\1\1.bmp&apos;);
im2 = double(rgb2gray(im));
[rows, cols] = size(im2);
im3 = zeros(rows*time, cols*time);
Mask=[21,63,31,55,23,61,29,53,21;
      42, 0,32, 8,40, 2,34,10,42;
      26,48,16,56,42,50,18,58,26;
      38,12,44, 4,36,14,46, 6,38;
      22,60,28,52,20,62,30,54,22;
      41, 3,35,11,43, 1,33, 9,41;
      25,51,19,59,27,49,17,57,25;
      37,15,47, 7,39,13,45, 5,37];
for i=1 : rows*time
  k = mod(i,K);
  for j=1 : cols*time
    l = mod(j,L);
    pix loor(double(im2(ceil(i/time),ceil(j/time)))/255.0 * N +0.5);
    if pix > Mask(k+1, l+1)
      im3(i,j) = 1;
    else
      im3(i,j) = 0;
    end
  end
end
imshow(im3);
```

Bayer 抖动加网效果图如图 5-14 所示。

图 5-14　Bayer 抖动加网效果图

随着算法的发展，几种类似但效果更好的改进版本相继出现，下列是几种改进版本，包括 Halftone、Screw、CoarseFatting 算法，其抖动矩阵如图 5-15 所示。

$$\begin{bmatrix} 28 & 10 & 18 & 26 & 36 & 44 & 52 & 34 \\ 22 & 2 & 4 & 12 & 48 & 58 & 60 & 42 \\ 14 & 6 & 0 & 20 & 40 & 56 & 62 & 50 \\ 24 & 16 & 8 & 30 & 32 & 54 & 46 & 38 \\ 37 & 45 & 53 & 35 & 29 & 11 & 19 & 27 \\ 49 & 59 & 61 & 43 & 23 & 3 & 5 & 13 \\ 41 & 57 & 63 & 51 & 15 & 7 & 1 & 21 \\ 33 & 55 & 47 & 39 & 25 & 17 & 9 & 31 \end{bmatrix}$$

（a）Halftone

$$\begin{bmatrix} 64 & 53 & 42 & 26 & 27 & 43 & 54 & 61 \\ 60 & 41 & 25 & 14 & 15 & 28 & 44 & 55 \\ 52 & 40 & 13 & 5 & 5 & 6 & 29 & 45 \\ 39 & 24 & 12 & 1 & 1 & 2 & 17 & 30 \\ 38 & 23 & 11 & 4 & 3 & 8 & 18 & 31 \\ 51 & 37 & 22 & 10 & 9 & 19 & 32 & 41 \\ 59 & 50 & 36 & 21 & 20 & 33 & 47 & 56 \\ 63 & 58 & 49 & 35 & 34 & 48 & 57 & 62 \end{bmatrix}$$

（b）Screw

$$\begin{bmatrix} 4 & 14 & 52 & 58 & 56 & 45 & 20 & 6 \\ 16 & 26 & 38 & 50 & 48 & 36 & 28 & 18 \\ 43 & 35 & 31 & 9 & 11 & 25 & 33 & 41 \\ 61 & 46 & 23 & 1 & 3 & 13 & 55 & 60 \\ 57 & 47 & 21 & 7 & 5 & 15 & 53 & 59 \\ 49 & 37 & 29 & 19 & 17 & 27 & 39 & 51 \\ 10 & 24 & 32 & 40 & 42 & 34 & 30 & 8 \\ 2 & 12 & 54 & 60 & 51 & 44 & 22 & 0 \end{bmatrix}$$

（c）CoarseFatting

图 5-15　其他抖动矩阵

2. 无序抖动算法

所谓的无序抖动算法，是指生成抖动矩阵的过程是无序随机的，但是在计算机里一般使用的是伪随机的方式，一般有平方取中法、乘同余发生器、素数模乘同余法、组合乘同余法等，但是都不能取得满意的效果，原因是无论怎样产生随机数，最大点距和最小点距都不受控制，都有不规则的聚集现象。所以，纯理论的无序抖动算法是行不通的。

抖动加网算法是最为简单的加网方法之一，不涉及复杂的算术运算，只是移位和位比较，所以运行速度较快。相对而言，Bayer 抖动更加适合高分辨率输出。但是 Bayer 抖动将一个固定的模式强加于整个图像，从而使抖动后的二值图像带有该模式的痕迹，整个阶调范围内层次信息丢失较多。高频和低频部分由于固定模板的原因，有明显的阶调跃变。有序抖动算法生成的网目调图像有周期性模块出现，这些都是我们不希望出现的。根据抖动加网算法使用的抖动矩阵，仍然可以设计出一个这样的连续调图像：它的每一个像素值都小于并接近抖动矩阵对应位置的元素计算出来的阈值。如果使用该抖动矩阵对图像做网目调化，则该图像会被有序抖动算法网目调化成全 0 的网目调图像。

产生以上现象的根本原因是抖动加网算法使用的固定模板太死板，处理阶调丰富的图像时必然会损失大量的细节，产生大批的人工痕迹。抖动时将图像分割为大小为 $N \times N$ 的块，每块的像素都和阈值矩阵中相应的元素做大小比较。基于以上原因，在实际调频加网中一般不采用有序抖动算法，而是采用误差扩散算法。

5.2.2 误差扩散算法

误差扩散算法是对图像逐像素进行阈值化，并将产生的误差按一定规则扩散到周围像素，误差扩散到的像素，则将其本来的像素值和扩散过来的误差值相加，将结果与阈值做比较。例如，对于 L 灰度等级，一般考虑 $L/2$（取整）为阈值。假设有一像素为 $L/3$，按照设定的阈值，则结果为“0”（黑），但这样做造成了灰度值为 $L/3$ 的误差。如果这个误差扩散到周围的像素，它的影响对最后的抖动结果就不像它表现在一个像素上那样明显。运用一定的法则，对这种误差进行适当处理，会产生一系列新的黑白交替的像素，在视觉上与原来的灰度将会很接近，这就是误差扩散算法的基本思想，其具体步骤是在图像的归一化采集输入信号中加入误差过滤器的输出值得到信号值，然后进行阈值处理得到表示信号，把在表示信号产生中出现的误差扩散到周围相邻区域的信号，然后重复上述步骤。

最具影响力的误差扩散算法是 1975 年 Floyd 与 Steinberg 提出的 Floyd-Steinberg 误差扩散算法。该方法自从产生一直被广泛应用，且误差扩散的思想一直影响着后来的各种网目调算法。它实际上由如图 5-16 所示的误差分配图（误差过滤器）决定。

在如图 5-16 所示的 Floyd-Steinberg 误差过滤器中，数字的总和为 16。在抖动时，若黑点代表的像素点处的像素与阈值之间有误差，则该误差的 7/16 分配给该点的右上方的像素，误差的 3/16 分配给该点的左下方的像素，误差的 5/16 分配给该点的正下方的像素，误差的 1/16 分配给该点的右下方的像素。

误差扩散流程示意图如图 5-17 所示。给定阈值 $T_{i,j}$，原图像的像素灰度值作为输入信号 $I_{i,j}$，当 $I_{i,j}$ 处的像素与阈值之间有误差时，按照误差过滤器的分配法则分配此误差，全部处理结束后再与阈值相比，判断最终输出结果为“1”或“0”。阈值 $T_{i,j}$ 的选取通常取中间值 0.5。曾有人对其他阈值做过尝试，但结果没有明显的优点，所以大多数算法仍然简单地用 0.5 作为阈值。

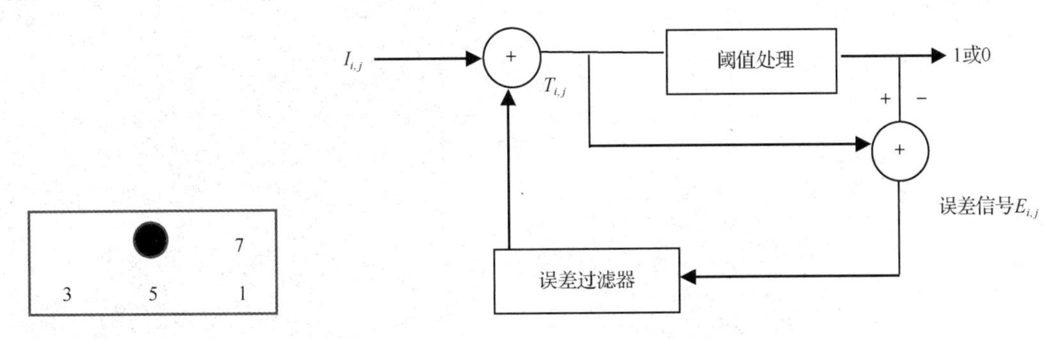

图 5-16 Floyd-Steinberg 误差分配图　　图 5-17 误差扩散流程示意图

一般地，整幅图像从左到右、从上到下依次执行三步操作。

第一步，阈值化输出结果 $I_{i,j}$。

$$I_{i,j}=\begin{cases}1, & I_{i,j} \geqslant T_{i,j} \\ 0, & I_{i,j}<T_{i,j}\end{cases} \tag{5-6}$$

第二步，计算量化误差。量化误差是指输入与输出之间的差。

$$E_{i,j} = I_{i,j} - I'_{i,j} \tag{5-7}$$

第三步，把量化误差根据误差过滤器扩散到邻近未被处理的点。

$$\begin{aligned} I_{i,j+1} &= I_{i,j+1} + \frac{7}{16} \times E_{i,j} \\ I_{i+1,j+1} &= I_{i+1,j+1} + \frac{1}{16} \times E_{i,j} \\ I_{i+1,j} &= I_{i+1,j} + \frac{5}{16} \times E_{i,j} \\ I_{i+1,j-1} &= I_{i+1,j-1} + \frac{3}{16} \times E_{i,j} \end{aligned} \tag{5-8}$$

现举例说明阈值比较和扩散的过程。假设当前输入像素灰度为 0.8，阈值为 0.5，则该点输出 1，量化误差为-0.2。Floyd-Steinberg 误差过滤器的参数为 7/16、3/16、5/16、1/16，将量化误差-0.2 分别乘以 7/16、3/16、5/16 和 1/16 再叠加到右上、左下、正下、右下四个相邻像素上。

MATLAB 中的仿真代码如下。

```
time = 8;
N = 144;
im = imread('F:\photo\1.bmp');
im2 = double(rgb2gray(im));
[rows, cols] = size(im2);
im3 = zeros(rows*time, cols*time);
pix = double(im3);
for i=1 : rows*time
    for j=1 : cols*time
        pix(i,j) = double(im2(ceil(i/time), ceil(j/time)))/255.0 * N + 0.5;
    end
end
for i1=1 : rows*time - 1
    for j1=2 : cols*time -1
        if pix(i1,j1) <= 72
            nError = pix(i1,j1);
            im3(i1,j1) = 0;
        else
            nError = pix(i1,j1) - N;
            im3(i1,j1) = 1;
        end
        pix(i1, j1+1) = pix(i1, j1+1) + (nError * double(7/16.0));
        pix(i1+1, j1-1) = pix(i1+1, j1-1) + (nError * double(3/16.0));
        pix(i1+1, j1) = pix(i1+1, j1) + (nError * double(5/16.0));
        pix(i1+1, j1+1) = pix(i1+1, j1+1) + (nError * double(1/16.0));
    end
end
imwrite(im3,'lijie', 'bmp')
end
```

误差扩散算法效果图如图 5-18 所示。

图 5-18　误差扩散算法效果图

同样，误差扩散算法也有许多改进算法。

（1）蛇形 Floyd-Steinberg 算法：扩散方式与 Floyd-Steinberg 算法一样，但扫描方式不同，Floyd-Steinberg 算法遵循从左到右、从上到下的原则。换一种扫描方式就得到了蛇形 Floyd-Steinberg 算法，其扫描的方式类似蛇形，从左到右，从右到左，再从左到右。

（2）Burkes 算法。

		●	8	4
2	4	8	4	2

（3）Jarris-Judice-Ninke 算法。

		●	7	5
3	5	7	5	3
1	3	5	3	1

（4）Stucki 算法。

		●	8	4
2	4	8	4	2
1	2	4	2	1

误差扩散算法的输出质量是比较好的，远优于抖动加网算法的输出效果，有细腻层次表现，适用于低分辨率输出，这是由其邻域计算过程决定的。误差扩散算法采用螺旋式扫描，有噪声，但没有明显的人工因素。相比抖动加网算法，误差扩散算法的噪声小很多，而且处理后的图像具有更高的细节分辨力。

但是该算法同样存在很多不足：第一，误差过滤器具有非对称性，而在图像网目调过程中误差扩散系数表不断地进行周期性重复，导致产生与误差过滤器的误差扩散方向及扫描方向相关的较明显的滞后纹理与鬼影现象；第二，在某些灰度处会产生类似轮廓的纹理，即伪轮廓。而实验发现，对扩散系数或量化阈值进行调制，能减轻这一现象。综上所述，改进误差扩散算法的主要途径为：设计对称性更好的误差过滤器；在图像网目调过程中对误差过滤器中的系数和阈值化使用的阈值进行合理的调制。

5.2.3 点扩散算法

1987 年，D. E. Knuth 提出的点扩散算法是一种结合有序抖动思想和误差扩散思想的算法，它利用了有序抖动的等级处理方法，同时将误差也进行了扩散。该算法具有有序抖动算法和误差扩散算法两方面的优点。

在进行点扩散处理时，将图像像素的处理顺序划分成许许多多的等级，按照等级的大小逐个处理图像中的每一个像素。处理的过程中，涉及一个参数一等级矩阵 $\boldsymbol{C}$，如图 5-19 所示。等级矩阵 $\boldsymbol{C}$ 大小是 $n×n$，其元素的值为 1～n^2，矩阵中元素的排列顺序是由 D.E.Knuth 提出的。该等级矩阵主要决定处理图像像素的顺序。

35	49	41	33	30	16	24	32
43	59	57	54	22	6	8	11
51	63	62	46	14	2	3	19
39	45	55	38	26	18	1	27
29	15	23	31	36	50	42	34
21	5	7	12	44	60	58	53
13	10	4	20	52	64	61	45
25	17	9	28	40	48	56	37

图 5-19　点扩散 8×8 等级矩阵

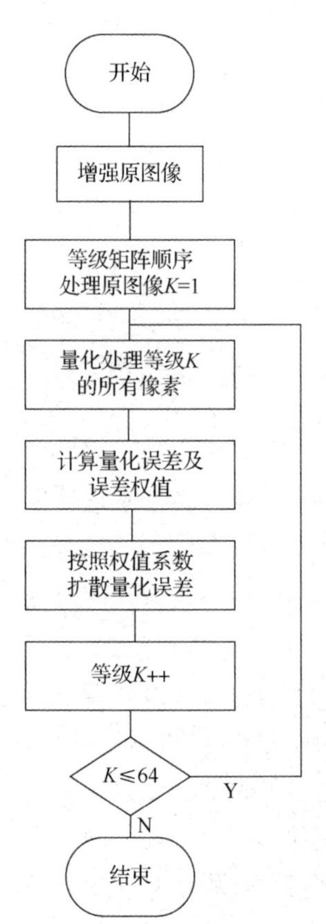

图 5-20　点扩散处理过程

点扩散算法的第一个步骤是将像素进行归类。设灰度图像的像素坐标为(m, n)，按照$(m \bmod M, n \bmod N)$的准则，将整幅图像的所有像素归入 $N×N$ 个类中，其中 N 为常数。当 N=8 时，表示一个分类矩阵中共有 64 个元素，各位置的值表示像素处理的顺序。分类完成后，每个类都是一个和分类矩阵大小相同的像素矩阵。此时(m, n)是连续的灰度，然后将每个像素的灰度值规范化到(0, 1)范围内。

点扩散算法的思想是先处理等级等于 1 的图像中的所有像素，将它们与阈值进行比较，确定网目调图像相应像素的值，然后将量化误差扩散到等级大的相邻像素上。由于人的视觉系统对水平、垂直方向的误差较为敏感，因此在误差分配上，水平、垂直比重大于对角元素，是对角线上像素的 2 倍。设要扩散误差的权值为 weight，扩散的过程中，误差仅仅扩散到与当前处理像素相邻的并且等级大于当前处理像素等级的像素上。所以，权值的计算是仅仅计算要扩散像素的权值。

点扩散处理过程如图 5-20 所示，分为以下 5 个步骤。

（1）将每个像素的灰度值规范化到(0, 1)范围内，然后对原图像进行图像增强，目的是更好地再现原图像的边缘特征信息。增强后，该像素的灰度值为 $f(m, n)$。

（2）将等级矩阵平铺到增强后的图像，量化处理等级 K 的所有像素，量化处理的方法如式（5-9）所示：

$$\begin{cases} f'(m,n)=1, & f(m,n)\geqslant T(x,y) \\ f'(m,n)=0, & f(m,n)<T(x,y) \end{cases} \tag{5-9}$$

（3）计算量化误差及误差权值，设量化误差为 error，则

$$\text{error} = f(m,n) - f'(m,n) \tag{5-10}$$

（4）计算与当前像素相邻的并且等级大于该像素等级的像素的灰度值。水平、垂直方向上的像素误差是对角线上的像素误差的 2 倍。

对角线上的像素的灰度值为 $f'(m,n)+1\times(\text{error/weight})$。

水平、垂直方向上的像素的灰度值为 $f'(m,n)+2\times(\text{error/weight})$。

图 5-21 中，当前像素的等级为 36，与该像素相邻的并且等级大于当前像素的等级分别是 38、50、60 和 44，则其相应的权值为 weight= 1+2+1+2=6。

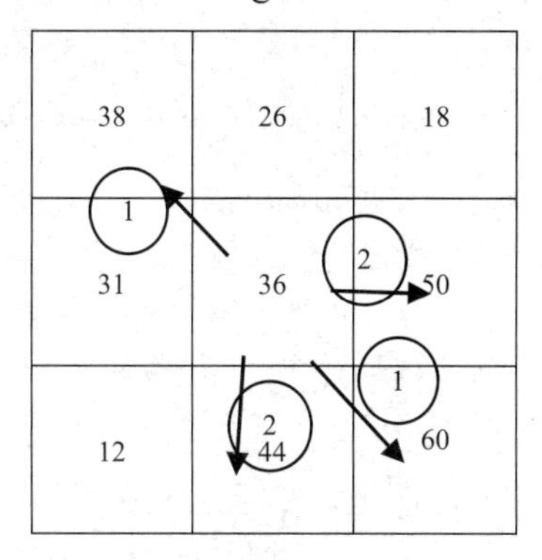

图 5-21　权值计算

（5）重复步骤（2）～（4），分别处理，直至等级 K>64 时处理结束。

在 MATLAB 中我们使用如下代码进行仿真实验。

```
%对图像进行增强
F = [1/9, 1/9, 1/9;1/9, 1/9, 1/9;1/9, 1/9, 1/9];
A = filter2(F, A);
I = (I - 0.8*A)/0.2;
%等级矩阵
K = [35,49,41,33,30,16,24,32;
     43,59,57,54,22,6,8,11;
     51,63,62,46,14,2,3,19;
     39,45,55,38,26,18,1,27;
     29,15,23,31,36,50,42,34;
     21,5,7,12,44,60,58,53;
     13,1,4,20,52,64,61,45;
     25,17,9,28,40,48,56,37];
%求出误差
if I(m,n)<0.5
wc = I(m,n)-0;
I(m,n) = 20;
else
wc = I(m,n)-1;
I(m,n) = 21;
end
%求出权值
for u=m-1:m+1
```

```
for v=n-1:n+1
if u==m && v==n
elseif I(u,v) ~=0 && I(u,v)~=1
weight = weight + 1/((u-m)^2 + (v-n)^2);
%对误差进行处理
weight = 0;
for u=m-1:m+1
for v=n-1:n+1
if u==m && v==n
elseif I(u,v) ~=20 && I(u,v)~=21
I(u,v) = I(u,v) + wc * (1/(u-m)^2 + (v-m)^2)/weight;
```

点扩散加网效果图如图 5-22 所示。

图 5-22　点扩散加网效果图

基于上述过程与结果，得出点扩散算法的优点：

① 处理后得到的网目调图像具有有序抖动算法和误差扩散算法的优点，不具有与图像像素扫描顺序相关的滞后现象；

② 对称性好，视觉感觉良好。

但是，不足之处在于：

① 在处理过程中，丢失了图像的大部分细节信息；

② 处理后得到的图像边缘不平滑；

③ 具有与等级矩阵相关的规律性的纹理等。

点扩散中的误差扩散方法与分配系数和传统误差扩散有所不同。这种方法得到的图像效果最好，在进行主观评价时，最接近原稿。

5.2.4　迭代半色调算法

直接二值搜索算法是迭代半色调算法的典型代表，针对显示或硬拷贝输出设备执行视觉优化处理。这种新颖的半色调算法本质就是搜索由记录像素值组成的二值数组，使连续调图像和半色调图像间的差异最小化。

一般来说，直接二值搜索算法需要建立打印机和视觉系统模型，因此直接二值搜索算法的有效执行总是依赖于特定的模型。

从 20 世纪 90 年代开始，人们对为输出设备建立模型的兴趣大增，发表了大批研究打印机模型的文章，并提出了配合打印机模型的新型半色调算法，直接二值搜索算法就是在这样的研究浪潮中出现的，已成为数字半色调领域的主要研究方向之一。

直接二值搜索算法应该基于某种判断准则，且一旦判断准则建立起来，就成为半色调算法的有效组成部分。在各种判断准则中，以视觉效果判断半色调处理结果相当流行，尽管衡量指标可能各不相同。出现以视觉系统作为半色调处理系统固有成分的这种趋势并不奇怪，因为半色调处理的根本目的在于二值显示和硬拷贝输出，而无论是二值显示还是硬拷贝输出，其效果都应当由视觉系统判断。为了适应上述趋势，有必要探索新的计算方法，使视觉判断成为算法设计的步骤，或作为算法本身的组成部分加以考虑。

本质上，直接二值搜索算法基于启发式的优化处理技术。实践证明，它是一种解决二值信号设计问题的强有力工具。直接二值搜索算法以任意离散参数组成的初始二值图像 $b_0(i, j)$ 开始，判断条件采用总体平方误差，由欧几里得距离公式给定。欧几里得距离公式为

$$E = \| g^*(i,j) - b^*(i,j) \|^2 \tag{5-11}$$

式中，$g^*(i,j)$表示视觉系统对原连续调图像的感觉结果，由视觉系统模型确定；以 $b^*(i,j)$代表半色调图像的理由在于每一次迭代计算的输出总是不同于初始二值图像的输出，因而 $b^*(i,j)$ 并非算法输出的最终结果，仅当满足预先设定的优化准则/条件时才可以写成 $b(i, j)$。优化的最终目标是通过迭代计算，直到满足设定的条件。因此，直接二值搜索过程也是迭代计算过程，初始或中间二值图像的像素按某种预先确定的次序扫描。对于输入连续性图像内每一个待处理的像素，直接二值搜索算法采用局部数值交换的方法寻找可能存在的最优解，数值交换的对象是当前处理像素及该像素的 8 个最近邻域内的任意一个像素。

当前处理像素与该像素的邻域像素的数值交换必然导致总体平方误差的改变，称为误差改变效应。直接二值搜索算法按下述原则执行迭代计算过程：邻域像素值的交换虽然限制在局部的范围内，但引起误差是难以避免的，问题在于最终应保留何种结果。明显的结论是应当保留使得总体平方误差发生最大限度降低的交换结果；如果没有一种交换能导致总体平方误差降低，则作为中间处理结果的二值图像的像素值 $b^*(i,j)$保持不变；当前像素处理结束后，再按规定次序处理下一个像素。

很明显，每一次迭代计算仅仅产生局部的优化结果，只有多次迭代计算满足预先确定的判断准则，才能得到总体最优解。因此，多次迭代计算和多次局部优化构成直接二值搜索算法的整体。在每一次迭代计算过程中，直接二值搜索算法需要遍历初始二值图像 $b_0(i, j)$或中间二值图像 $b^*(i, j)$的每一个像素，分别对应于首次迭代和后续迭代处理，并尝试在当前处理像素与其 8 个最近邻域像素间交换像素值，只有当整个迭代过程没有一个交换结果可以接受时，才能结束直接二值搜索算法。

通常，总体平方误差包含许多局部最小值，可作为直接二值搜索所得结果的离散二值图像 $b(i,j)$的函数，因此最终结果取决于初始二值图像。搜索结果并不与搜索的方式存在明显的相关性，如像素值交换范围从 8 个最近邻域像素扩大到超过 8 个，或立即接受第一次交换试验得出的误差降低结果。此外，修改迭代过程中像素扫描的次序也不会产生明显的改善效果，在此之前，Analoui 和 Allebach 两人还曾经尝试将退火模拟技术与直接二值搜索算法结合，以便使搜索范围能脱离局部最小值的限制。实践结果证明，采用退火模拟技术后，其导致的误差降低效果并不明显，但却以明显增加计算成本为代价。

应用直接二值搜索算法时，必须要考虑的重要因素是计算成本。若以 g 和 b 分别表示需要再现的连续调图像和二值图像，假定 g 和 b 都由 $L=N\times N$ 个像素构成，并支持包含 $K=M\times M$ 个像素区域的点扩散函数，则据 Analoui 和 Allebach 估计，评价二值图像 b 需要执行 $2K$ 次相加计算。由于在计算新的误差时，要求对整幅图像作求和计算，因此大约需要执行 L 次相加计算和 L 次相乘计算。此外，不能不考虑的事实是，只有约 K 项可能发生数值交换结果，因此真正要求执行求和计算的平方误差项也大体上等于 K。这样，相加计算和相乘计算的次数可分别降低到 $3K$ 次和 K 次，计算成本大大减小，比例大约为 $K:L$。在此情况下，每一次迭代计算过程将需要大约 $40KL$ 次相加计算和 $8KL$ 次相乘计算，但如此大的计算工作量难以接受。特别重要的问题是，每次迭代计算独立于数值交换的数量，在迭代计算期间该数量保持不变，然而随着直接二值搜索算法执行过程的逐步展开，数值交换的次数将会迅速下降；

在后面的迭代计算过程中，发生数值交换的次数保持在很低的水平，需要执行的计算工作量大体上正比于可接受的数值交换次数。

直接二值搜索算法以二值图像为初始出发点，这种图像应该在执行迭代计算前预先按某种规则产生。初始二值图像以50%固定阈值比较的方法建立时，由于全局固定阈值算法决定像素值的比较操作过于简单，算法输出的二值半色调图像调性太硬，常呈现为高反差图像。虽然如此，但通过直接二值搜索算法的多次迭代过程和优化，可以从调性太硬的二值图像中建立模拟连续调图像灰色层次的渐变效果，原因在于直接二值搜索是一种渐进式的处理过程，二值图像从搜索开始到结束体现半色调图像视觉质量的逐步改善。

初始二值图像的选择是一个重要的问题，改善直接二值搜索算法的处理效果并不局限于增加迭代计算次数，如果确实存在更有效的技术，应该值得尝试，因为通过增加迭代计算次数的方法改善处理效果代价太高。即使在计算机运算速度大幅度提高的今天，增加迭代计算次数也可能使直接二值搜索算法变得不切合实际，快速收敛是所有算法追求的永恒目标。

让我们改变一下思路，考虑初始二值图像选择的合理性问题，更确切地说是通过初始二值图像的合理选择减少迭代计算次数。若考虑到高分辨率输出设备适合以模拟传统网点的方法再现连续调图像，则最容易想到的方法便是以传统网点图像作为初始二值图像，直接二值搜索算法的处理结果容易在中等分辨率设备上模拟出连续调效果。

比较结果表明，如果分别以模拟传统网点的记录点集聚有序抖动算法和全局固定阈值算法输出的数字半色调图像作为初始二值图像，并执行直接二值搜索算法，建立连续调效果，则初始二值图像选择数字网点图像时仅仅经过 10 次迭代计算，直接二值搜索算法就产生了符合优化准则的处理结果，与选择全局固定阈值算法半色调图像作为初始图像经 100 次迭代处理的结果相比甚至更好，也更适合在中等记录分辨率的硬拷贝设备上输出。

初始二值图像对直接二值搜索算法的收敛速度有明显的影响。若再考虑到直接二值搜索算法在局部误差达到最小值时会停止下来，则初始半色调图像将明显影响最终处理结果。为了比较不同的初始二值图像对直接二值搜索算法最终处理效果的影响，有必要以不同算法生成的二值图像作为初始图像，检查迭代的次数，并由此决定最适合直接二值搜索算法的初始二值图像及相应的算法。

分别使用全局固定阈值算法、记录点集聚有序抖动算法、记录点分散有序抖动算法和经典误差扩散算法，其中全局固定阈值算法使用的阈值取灰度等级的一半。结果如下：使用记录点集聚有序抖动算法产生的网点图像作为迭代起始图像时，迭代计算次数大大低于使用全局固定阈值算法得到的图像作为初始半色调图像时迭代计算次数；以记录点分散有序抖动算法的输出结果作为初始二值图像时，直接二值搜索算法的迭代计算次数与记录点集聚有序抖动算法的迭代计算次数相差不多；经典误差扩散算法产生的半色调图像用于直接二值搜索出发点时，结果图像内仍保留着误差扩散二值图像的纹理结构，原因在于起始误差比其他初始半色调图像直接二值搜索的同类误差低得多，在误差尚未达到其他初始图像直接二值搜索误差前，迭代计算就已经迅速地收敛到目标半色调操作结果。然而，以经典误差扩散初始图像作为初始图像时，迭代计算开始于局部最小误差附近，且结束于该局部最小误差，似乎掉入了局部最小误差的“陷阱”，虽然收敛速度很快，但处理结果不能令人满意。

如果按直接二值搜索算法使用的初始二值图像排序，则最终半色调图像与连续调图像视觉感受的均方根误差按升序排列的次序为经典误差扩散算法、记录点集聚有序抖动算法、记录点分散有序抖动算法和全局固定阈值算法，该排列次序也表明了从最小误差到最大误差的排列次序。值得指出的是，纯粹地按均方根误差排序并不合理，这种排列次序并不符合半色调图像按主观感觉的排列次序。可见，综合性的处理效果排序不能置主观评价排序实验于不顾。但是，即使未曾经过主观评价排序实验，也仍然有理由猜测绝大多数观察者很可能按主观感受排列为记录点集聚有序抖动算法、记录点分散有序抖动算法、全局固定阈值算法和经典误差扩散算法。以记录点集聚有序抖动算法和记录点分散有序抖动算法建立的半色调图像作为初始二值图像时，直接二值搜索算法产生的结果图像如此相似，以至于观察者很难决定两者究竟孰前孰后。考虑到各方面因素，以视觉系统模型为基础确定的误差度指标确实能有效地指导直接二值搜索算法，但不应该视为半色调图像质量的全局性指标。

对于其他迭代算法，数字半色调算法的多样性决定了算法的复杂程度差异，若以最低复杂性层次（设计算法所要求的计算部分除外）而论，则 Sullivan 等人提出的模拟退火算法和 Chu 提出的遗传算法当列于首位，这两种算法都适合产生对视觉影响最小的二值纹理。模拟退火算法和遗传算法均涉及特定的记录像素平均吸收系数，覆盖 0～1 的范围。由于算法本身的特殊性，二值纹理只能预先设计，且呈现特定的结构，是组成半色调算法的基础，每一个记录点位置利用输入连续调图像的灰度值在二值图像堆栈内建立索引，但由于二值图像间缺乏连续性而不能准确地描述相邻灰度等级，产生质量较低的半色调图像。

通过阈值操作以记录点集聚有序抖动的方式实现半色调算法时，必然隐含着对二值图像很大程度上的连续性要求，问题归结为设计合适的记录点集聚方法，以便使输出半色调图像的纹理的可察觉程度最低。以周期性的网屏作为直接二值搜索算法的初始图像时，算法提出者 Allebach 和 Stradling 借助成对交换的启发式搜索方法找到阈值排列次序，使记录点外形的最大加权傅里叶变换系数最小化。在这一研究领域，Mitsa 和 Parker 设计出了具有蓝噪声特征的蒙版，相当于记录点集聚有序抖动算法的阈值矩阵，从吸收系数等于 0.5 开始处理，通过在半色调图像中增加黑色像素的方法得到更高吸收系数的二值图像，但必须保留二值图像的蓝噪声特征；对于吸收系数低于 0.5 的纹理可使用类似得到高于 0.5 吸收系数的方法，但此时应该从半色调图像中减少黑色像素。研究结果表明，设计二值图像或阈值矩阵时涉及很大的计算工作量。然而，只要能形成二值图像或阈值矩阵，就可以通过逐个像素索引或阈值操作的方法对连续调图像执行半色调处理，如比模拟退火算法和遗传算法再复杂一些的经典误差扩散算法，或基于误差扩散原理的各种扩展算法。例如，Eschbach 和 Knox 建议以图像相关的方式确定阈值，要求控制边缘增强的程度，误差扩散算法确实具备这种能力。以蓝噪声概念解释误差扩散由 Ulichney 首先实现，他建议对误差扩散矩阵（误差过滤器）引入随机加权系数，也提出了修改扫描次序的建议。反馈信号算法从另一种角度改进误差扩散效果，由 Sullivan 等人提出的这种算法将误差信号反馈给误差过滤加权系数，需利用过滤信号修正阈值。Stucki 及其后出现的 Pappas 和 Neuhoff 的方法至少在半色调操作时结合使用打印机模型上类似，以循环方式反馈信号时特别考虑到非线性叠加的记录点搭接效应。Eschbach 以脉冲密度调制和误差扩散技术相结合，改善了吸收系数接近于 0 和 1 处的二值纹理。经典误差扩散及其改进算法都以串行方式处理，对连续调图像逐个像素地执行二值化操作。

另一类误差扩散改进算法建立在像素块操作的基础上，目标归结为满足像素块对平均吸收系数的限制条件，以 Roelling 的研究成果最为典型。利用块处理算法产生二值图像时，强调连续调图像细节结构，此时目标约束条件归结为如何保证像素块的细节结构。

无论是逐个像素地执行二值化操作，还是以像素块为基础产生二值图像，输出结果都以一次通过的方式建立。并行处理方式形成多次通过的半色调处理技术，为此需定义所谓的子采样栅格。在每一次信号通过期间，属于子采样栅格陪集的像素执行二值化操作，误差扩散到当前尚未执行二值化操作的像素。虽然 Pali 采用的方法与之类似，但他的算法更应该归类于多重分辨率金字塔框架结构，金字塔每一层的像素邻域模拟固定尺寸的像素块。

大多数迭代优化半色调算法的误差衡量指标归结为频域加权均方根误差，不同算法之间的差异主要体现在优化处理的框架结构。某些算法要求分布更合理的记录点，或者如同再结晶退火那样借助于“内力”的交互作用实现粒子平衡；有人在研究半色调算法时借用了神经网络的概念，引入了新的思路；有的算法通过公式描述将最小化问题表示为数值积分的线性编程问题，以连续量的线性编程与分支搜索技术结合的方式求解；也有人提出基于最小二乘原理的数字半色调优化算法，追求印刷图像与原图像差异最小化。

5.2.5 半色调加网实例

1. 爱克发 CristalRaster（水晶网）加网实例

爱克发 CristalRaster（水晶网）实际上是一种调频加网技术。由于爱克发水晶网的网点比传统调幅加网的网点要小很多，因此该加网方式可被认为是无网屏印刷的实现。由于在印刷过程中难以控制极小网点的尺寸，因此影像技术和无网屏印刷技术并没有被广泛应用，但现代智能影像数字技术、高质量的激光影像输出设备及材料的出现，使得无网屏印刷成为可能。

爱克发水晶网与调频加网一样，所有网点（与记录像素大小相同）都依据原稿的阶调值而改变其空间分布。这些网点的分布受到与之相邻的影像细节和经过统计估测的阶调值的影响。爱克发水晶网技术可在整个影响中持续改变加网线数，即在亮调区和暗调区使用较低的加网线数，在中间调区和细节区使用较高的加网线数。也就是说，越需要细节的信息，加网线数就越高。由于每个网点都是随机分布的，且都经过精密的计算，因此爱克发水晶网的阶调值能够再现更多的细节，并具有印刷一致性的特点。

调频加网在进行图像复制时不会产生干扰和莫尔纹现象，并且对比度明确。但爱克发水晶网最大的优势在于它可以使用更多油墨（增加 15%）来保持细节以优化油墨密度，产生质量更卓越的印刷品。图 5-23 描述了利用爱克发水晶网技术复制阶调值为 25%的效果图。

而其他生产商的调频加网图如图 5-24～图 5-28 所示。

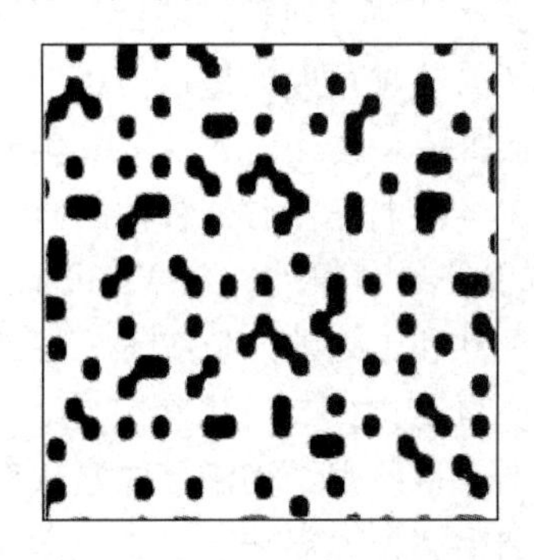

图 5-23　爱克发水晶网（单个网点直径为 21μm）

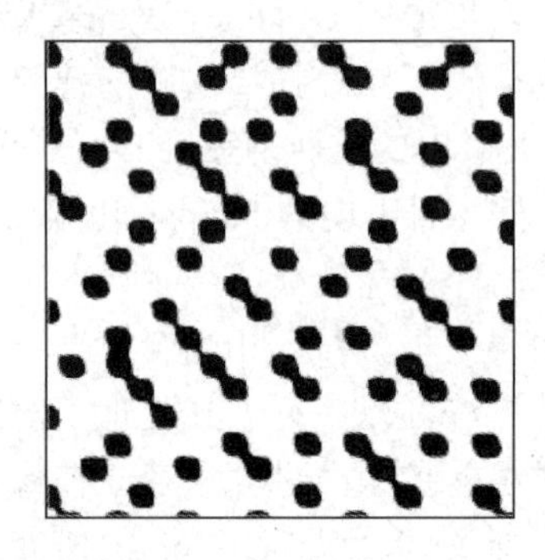

图 5-24　Corsfield FM（单个网点直径为 28μm）

图 5-25　海德堡 Diamond（单个网点直径为 30μm）

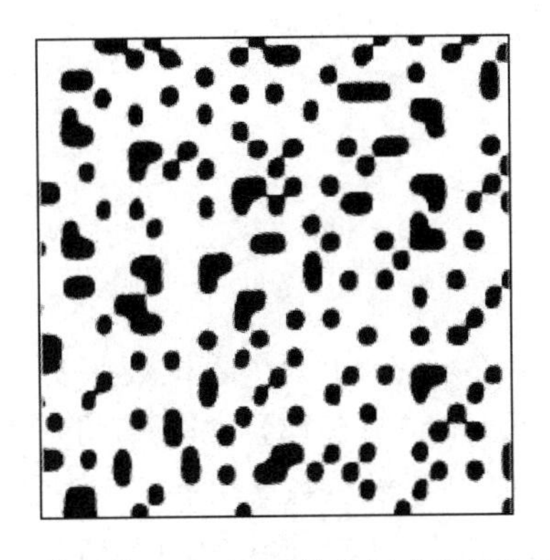

图 5-26　赛天使 Random（单个网点直径为 20μm）

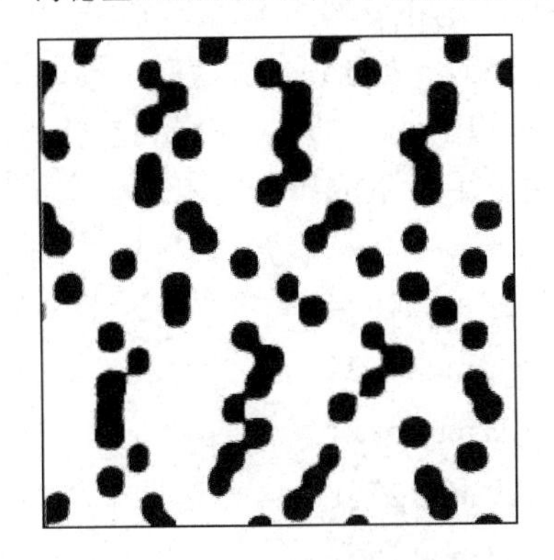

图 5-27　赛天使 Fulltone（单个网点直径为 15～25μm）

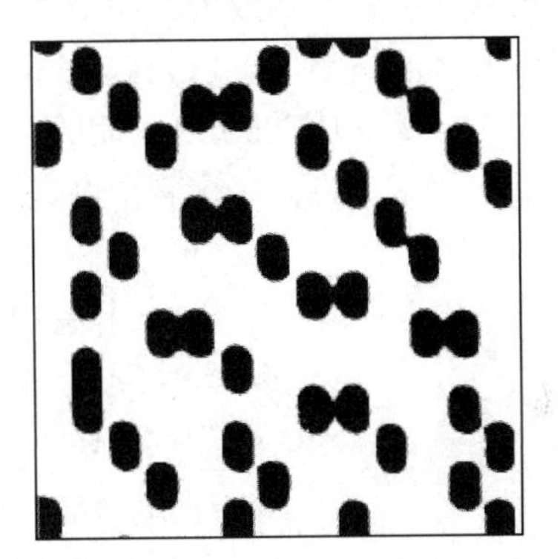

图 5-28　UGRA/FOGRA Velvet
（单个网点直径为 41μm）

2．其他调频加网实例

调频加网的一个最主要的特性就是网点的随机分布性。对于现有的调频加网算法而言，模式抖动、误差扩散抖动都是产生随机网点的有效方式。为获得高效和高品质的印刷品，可根据不同种类的印刷产品选择不同的加网算法。相关文献就提出了乘同伪随机算法以提高加网效率。

对于调频加网的网点，其位置是由灰度值和随机函数共同决定的，选用的随机函数不同，相同像素单位内部随机点生成的位置就不同，加网的效果也不同。例如，对于灰度值为 N 的像素单元，就要连续不少于 N 次地调用随机函数，调用一次产生一个随机数，然后在对应网格位置的微小单元放置网点，直到完成 N 个灰度值为止。如果产生的随机数超过了灰度范围，则需要重新调用随机函数；如果在调用随机函数时产生的随机数与之前的随机数重复，则该随机数为重码，也需要重新调用随机函数。在灰度值较大的情况下，在最后几次调用随机函数时所产生的重码概率较大，甚至有时连续调用随机函数都不能产生新的随机数，这就需要人为地进行补偿伪随机网点，但该行为会导致图像质量的下降。

而乘同伪随机函数具有简便、速度快、周期长、生成的随机数具有良好的统计特性等优点，并且还满足均匀性和独立性，符合调频加网随机数产生的条件。乘同伪随机函数的公式可表示为

$$x_{n+1} = x_n \cdot (a \bmod M) \tag{5-12}$$

式中，

$$\begin{aligned} M &= 2^s \\ a &= 8k \pm 3 \\ x_0 &= 2t+1 \end{aligned} \tag{5-13}$$

式（5-12）表示上一个随机数乘以 a 对 M 的取余得到下一个随机数。其中 M 与 x_0 互素，x_0 与 a 互素。在式（5-13）中，s 是正整数，M 实际上是可产生随机数的周期。因此要求随机数周期比可产生的随机数周期小，一般要求随机数周期为 $M/4$。式（5-12）中的系数 a 一般取与 $2^s/2$ 最接近的值，同时满足式（5-13），其中 k 为任意正整数。

随机数的产生和加网效率取决于参数 a、M 及初始值 x_0 的选取和修正。在 0～255 个灰度级范围内，M 的最小值可以取到 255，即最小周期为 255，M 的最大值为最小周期的 4 倍，同时满足式（5-12），因此 M 修正后的值可取 1024、512 和 256。同时对应得到参数 a 的取值为 29、35、21、19、13。在这两个参数确定后，就得到了用于生成调频网点的 5 个乘同伪随机函数：

$$a=29,\quad M=1024;\quad x_{n+1}=x_n \cdot (29 \bmod 1024) \tag{5-14}$$

$$a=35,\quad M=1024;\quad x_{n+1}=x_n \cdot (35 \bmod 1024) \tag{5-15}$$

$$a=21,\quad M=512;\quad x_{n+1}=x_n \cdot (21 \bmod 512) \tag{5-16}$$

$$a=19,\quad M=256;\quad x_{n+1}=x_n \cdot (19 \bmod 256) \tag{5-17}$$

$$a=13,\quad M=256;\quad x_{n+1}=x_n \cdot (13 \bmod 256) \tag{5-18}$$

在不考虑产生随机数重码的基础上，分别对 5 个乘同伪随机函数进行试验，得到在不同灰度级和初始值条件下调用乘同伪随机函数的最小次数，如表 5-1～表 5-5 所示。

表 5-1　最小次数（1）

初　始　值	1	3	5	7	9
灰度级 1	50				
函数 1	182	184	212	214	216
函数 2	182	206	208	210	211
函数 3	99	101	103	105	107
函数 4	50	52	54	56	58
函数 5	50	52	54	56	58

表 5-2　最小次数（2）

初　始　值	1	3	5	7	9
灰度级 2	100				
函数 1	392	394	396	424	426
函数 2	386	410	412	414	415
函数 3	198	200	202	204	206
函数 4	100	102	104	106	108
函数 5	100	102	104	106	108

表 5-3 最小次数（3）

初 始 值	1	3	5	7	9
灰度级 3	150				
函数 1	601	603	605	607	609
函数 2	590	592	616	618	619
函数 3	297	299	301	303	317
函数 4	150	152	154	156	158
函数 5	150	152	154	156	158

表 5-4 最小次数（4）

初 始 值	1	3	5	7	9
灰度级 4	200				
函数 1	782	784	813	815	817
函数 2	794	796	820	822	823
函数 3	396	398	400	402	416
函数 4	200	202	204	206	208
函数 5	200	202	204	206	208

表 5-5 最小次数（5）

初 始 值	1	3	5	7	9
灰度级 5	250				
函数 1	992	994	996	1024	1026
函数 2	997	999	1001	1024	1025
函数 3	494	496	498	512	514
函数 4	250	252	254	256	258
函数 5	250	252	254	256	258

通过试验以及上述数据可得出，对于同一个乘同伪随机函数：

（1）设定的初始值相同，灰度级越大，调用函数的次数就越多。

（2）相同的灰度级，设定不同的初始值，调用函数的次数不同，初始值越大，调用函数的次数越多，加网效率就越低。

（3）对于相同灰度级的不同像素，每次调用完函数后产生的随机数也有很大的差别，即所产生的随机网点的位置体现出了随机性。

对于不同乘同伪随机函数：

（1）设定的初始值相同，对于相同灰度级而言，M 值越大，调用函数的次数越多，加网效率就越低；反之，M 值越小，调用函数的次数越少，加网效率就越高。

（2）设定的初始值相同，对于不同的灰度级而言，M 值越大，调用函数的次数越多，加网效率就越低；反之，M 值越小，调用函数的次数越少，加网效率就越高。

由此可以得出，选择 M 值较小的乘同伪随机函数，如式（5-17）和式（5-18），或在调用选定乘同伪随机函数时选择较小的初始值都可在一定程度上提高加网效率，在生产中就可根据实际情况在二者之间进行取舍。

5.3 彩色半色调加网

早期开发的半色调算法大多以灰度图像为处理目标，被处理对象为彩色图像时最多只是同一种半色调算法对于彩色图像各主色通道的依次应用。对模拟传统网点的记录点集聚有序抖动算法而言，这种想法确实并无不妥，四种主色的半色调处理结果即使有差异，也仅仅是网点排列角度不同，算法的主体部分不存在原则区别。然而，如果以其他半色调算法重构彩色连续调效果，则问题没有想象的那样简单。如今，彩色打印机的制造成本越来越低，除办公应用外，家庭拥有彩色台式打印机也不再是稀罕事。与此同时，适合商业印刷领域使用的彩色数字印刷机越来越多，输出速度越来越快。高速度和高品质的彩色印刷需要相应数字半色调算法的配合，为此应该设计和开发合理的彩色半色调算法，不能停留在只能处理灰度图像的水平。

5.3.1 彩色半色调加网原理

对于理解彩色加网，首先需要了解单色半色调与彩色半色调的关系。单色半色调算法是针对连续调灰度图像二值硬拷贝输出和显示的转换技术，将原连续调图像的多值像素表示转换成二值编码，只要合理地排列二值记录点的位置，就能够模拟原灰度图像的层次变化，二值图像在眼睛的低通滤波效应作用下感受为连续调图像。所有具备商业应用价值的半色调算法都经过仔细的设计，尽可能消除视觉赝像，为此必须考虑到引起视觉赝像最重要的原因，即网点或记录点的亮度波动。对二值半色调（仅产生黑色和白色记录点）处理来说，产生视觉赝像的因素与记录点的排列/布置方式有关，缓解视觉赝像只能借助于黑色记录点的合理分布。彩色半色调算法通常是三个或四个半色调处理单色平面的笛卡儿乘积，三个单色或四色平面对应于原 RGB 或 CMYK 连续调彩色图像的主色分量。由于各主色等价亮度差异的原因，如果从单色半色调算法考察彩色图像半色调处理结果中的着色记录点，则这些彩色记录点的亮度肯定不相等。

为了产生良好的彩色半色调处理结果，必须在“放置”各成像平面的彩色记录点时遵守下述规则。

① 记录点定位到目标位置后形成的二值图像在视觉上不易察觉，每一种主色平面都应该满足这种要求。

② 彩色记录点叠加后呈现的局部平均颜色与期望颜色相同或类似，因此要求彩色记录点满足位置对准精度。

③ 使用的颜色应该能降低记录点图像的可察觉程度，应该按彩色叠加/合成的原理选择合理的颜色。

在以上规则中，前两个彩色半色调算法设计规则很容易由单色半色调算法满足，第三个规则显然无法从单色半色调处理结果的简单笛卡儿乘积得到满足。

第三个规则用于确认在印刷系统作用下再现给定输入图像颜色时是否使用了恰当的半

色调颜色。例如，显示设备应该选择 RGB，而彩色硬拷贝设备则选择 CMYK。确定基本主色分量并不困难，除非输出设备要求更多的颜色，如不少彩色喷墨打印机以四种以上墨水颜色复制彩色图像。彩色半色调处理更复杂的问题还在于参与复制颜色的参数，如果处理不当，则容易引起色彩空间的畸变，参与复制颜色的参数需作为半色调操作的前处理过程考虑。

连续调彩色图像由红、绿、蓝三色分量构成，假定利用 CMY 三色打印机（如染料热升华打印机）输出，并假定以网点大小的变化模拟不同程度的阶调和颜色，则只要先将 RGB 彩色图像的各主色通道转换到相应的补色，并利用某种数字半色调算法将连续调主色通道图像转换到二值图像即可。改成 CMYK 四色印刷时，以上原则同样适用。由于记录点集聚有序抖动算法输出的半色调图像由网点构成，转换过程几乎不涉及主色通道的相关性，因此可采用主色通道彼此独立的转换原则。然而，对其他算法就未必如此了。例如，不同主色半色调图像内记录点彼此搭接，从而增加印刷图像的颗粒度。用误差扩散算法从分色版图像转换到半色调图像时，当前像素阈值比较引起的误差分配给邻域像素，由于同一位置不同分色版图像的像素值彼此不同，即使误差分配方案相同，因分色版图像当前像素阈值比较引起的误差不同，邻域像素分配到不同的误差，也不再彼此独立。因此，彩色图像往往不能采用通道独立的方法执行半色调处理，受到半色调算法的限制。

以彩色误差扩散为例，误差扩散算法是高性能的数字半色调算法，阈值比较产生的量化误差扩散到之后将要处理的像素，结果半色调图像具有典型的蓝噪声特征。Floyd 和 Steinberg 提出经典误差扩散算法时，原本打算用于灰度图像，也可以扩展应用到彩色图像。然而，如果对经典误差扩散算法不做任何的修改，各自独立地应用到主色通道，则效果并不理想。大量研究结果证实，经典误差扩散算法不能原封不动地移植到彩色半色调处理。以下将介绍 6 种彩色误差扩散原理：可分离误差扩散、色度量化误差扩散、追求最小亮度波动的彩色误差扩散、高质量省墨彩色误差扩散、蓝噪声蒙版三色抖动处理和嵌入式彩色误差扩散。

1. 可分离误差扩散

为了在调色板数量有限的低成本彩色显示器或空间分辨率不高的彩色打印机上高质量地再现连续调彩色数字图像，彩色误差扩散可以提供很好的解决方案。对于打印机领域，输入色彩空间是青色、品红色、黄色和黑色组成的四色关系，输出水平是固定的。举例来说，假定以点对点叠加的方式再现，则二值输出能力的 CMYK 打印机总共存在 8 种可能输出的颜色。

灰度图像连续调再现的误差扩散算法直接移植到各彩色平面时，显然不能反映视觉系统对于彩色噪声的响应特点。按理想状态考虑，阈值比较引起的量化误差必须按频率和颜色扩散，误差扩散的目标应该考虑视觉系统最不敏感的对象。可以期望的是，彩色量化发生在诸如 LAB 那样的均匀感觉色彩空间内，选择的着色剂要和量化的彩色最接近。

Kolpatzik 和 Bouman 利用明度和色度空间可分离的误差过滤器处理彩色平面间的相互关系，在可分离视觉系统模型的基础上以彼此不相关的方式针对明度和色度通道设计各自独立的误差过滤器。由于这种误差过滤器设计时没有考虑到彩色平面的相关性，因此称为标准误差过滤器。尽管如此，由于对误差过滤器没有附加约束条件，因此可以确保扩散红色、绿色和蓝色通道的所有量化误差。Kolpatzik 和 Bouman 按白噪声过程建立了误差图像模型，推导了优化的可分离误差过滤器，分别用于明度和色度通道。上述处理方法意味着假设明度和色度通道不相关，说明从RGB到明度和色度空间的变换矩阵是一元的。

Darnera-Venkala和Evans解决了通用场合的不可分离误差过滤器优化问题，针对所有误差要求扩散的领域，采用不可分离的彩色视觉模型，从RGB到相反色空间的变换具有多元变换性质。这种解决方案的明度和色度可分离误差过滤器包含在矢量误差扩散公式中。

彩色误差扩散的可分离算法不考虑彩色平面的相关性，因此属于标量性质。矢量误差扩散则与此不同，原连续调彩色图像中的每一个像素表示为矢量值。因此，矢量误差扩散的阈值处理步骤应该以确定每一矢量成分的阈值为前提，矢量值的量化误差反馈给系统并经滤波后，添加到邻域的未经半色调处理彩色像素。以矩阵值表示的误差过滤器考虑到了彩色平面的相关性。对于RGB图像，误差过滤器系数组成3×3矩阵。

2．色度量化误差扩散

在着色剂空间（如CMYK空间）中使用均方根误差准则等价于均匀、可分离和标量性质的量化。如果按感觉准则执行量化处理，则视觉量化误差有可能进一步降低。这种方法的典型彩色半色调处理的目的包括色度误差的最小化、明度波动或两者的组合。

Haneishi等人建议利用XYZ和LAB空间执行色彩的扭化和彩色图像的误差扩散处理，此时的再现色域不再是RGB彩色立方体。XYZ和LAB空间的均方根误差准则都用于对最佳输出颜色的决策，当前像素阈值比较产生的量化误差是XYZ空间的矢量，通过合理的误差过滤器扩散到邻域像素。然而，由于色度量化存在亮度的非线性波动，因此LAB空间并不适合误差扩散。色度量化误差扩散算法的执行性能要优于可分离误差扩散算法，但容易在彩色边界上出现所谓的“污染”赝像（颜色的相互渗透）和慢响应（彩色记录点出现位置的滞后现象）赝像等，原因归结于从邻域像素将量化器输入颜色推出到色域外部的累积误差。若对此采取彩色误差裁剪措施，或采用标量和矢量复合的量化方法，则可减少彩色误差扩散的副作用，因标量与矢量结合而得名“半矢量量化”。

上述方法基于如下事实：着色剂空间的误差较小时，矢量量化不会产生所谓的“污染”赝像；若检测出较大的着色剂空间误差，则可以利用标量量化技术，以避免潜在的半色调图像被“污染”的可能性。实现色度量化误差扩散算法时，首先应确定着色剂空间的误差在何处超过了预设的阈值，再据此执行标量性质的量化处理。

3．追求最小亮度波动的彩色误差扩散

根据最小亮度波动准则，特定颜色必须利用半色调集合中亮度波动最小的颜色再现。考虑大面积实地色块的简单例子，可分离误差扩散半色调实践采用8种基本颜色再现实地色块，这些颜色的色貌比表现为离期望颜色距离的某种递减函数。虽然使用8种基本颜色与最小亮度波动准则多少有些矛盾（事实上4种颜色已经足够了，更何况几乎任何实地颜色中的黑色和白色的亮度波动总是最大的），但仍然使用。

为了利用最小亮度波动准则找到所要求的半色调集合，考虑以大尺寸的半色调图像再现任意实地输入颜色。为此需执行半色调图像变换，目的在于保留平均颜色，减少亮度波动，参与半色调处理的颜色数量降低到最小值，即仅仅使用4种颜色。以上条件控制下得到的半色调结果的四色关系将产生要求的半色调集合，称为最小亮度波动四色关系。

上述要求通过油墨重新定位变换得以实现。在油墨重新定位变换的过程中，相邻半色调

“配对”变换到亮度波动最小，但保留它们的平均颜色，如 KW → MG 表示从黑色和白色半色调配对到绿色和品红色半色调配对。显然，KW → MG 定义的相邻半色调配对变换基于最小亮度波动准则，黑色和白色处在排序的两个极端位置，要求从黑色和白色配对变换到最小亮度波动准则的半色调配对时，品红色和绿色配对成为必然的选择，其他主色配对均不满足最小亮度波动准则。经过一系列的变换后，半色调处理过程的每一种输入颜色均可利用 CMYW、KRGB、MYGC、RGMY、RGBM 或 CMGB 之一得以再现，6 种组合中的每一种四色关系显然都具备最小亮度波动特征。显然，由以上 6 种主色组合给定的四色关系使 RGB 立方体划分成 6 个四面体，这些四面体之间彼此没有搭接，可以用图 5-29 表示。

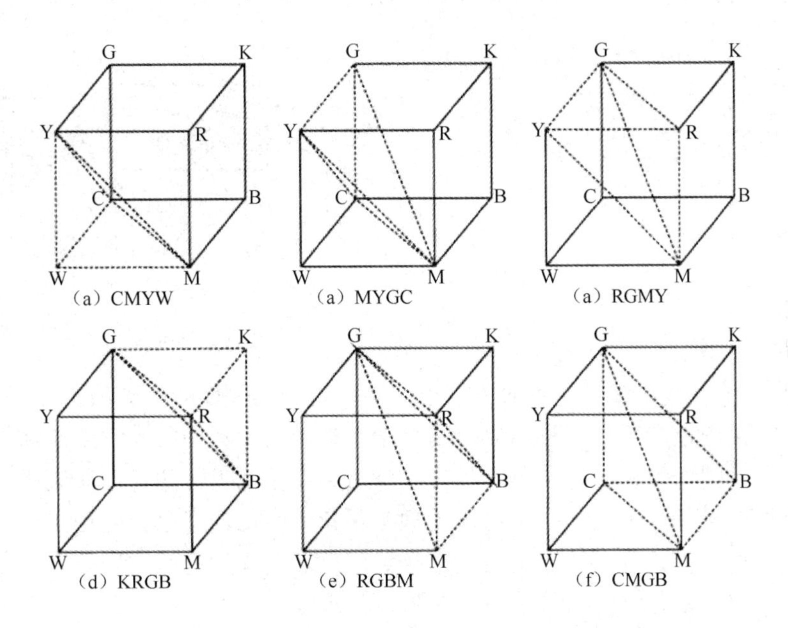

图 5-29　彩色立方体划分成 6 个四面体

4 个顶点组成一个凸壳，每一种半色调四色关系只能再现相应凸壳中的颜色，给定输入颜色的最小亮度波动四色关系显然是其所在四面体顶点的集合。这样，如果给定了某种 RGB 三色关系，那么就可以通过点的位置计算最小亮度波动四色关系。

下面将要讨论的彩色误差扩散算法是标准误差扩散算法的矢量修改版本。记 RGB(i,j)为像素位置(i,j)的 RGB 值，并以 $e(i,j)$表示像素位置(i,j)的累积误差，则彩色误差扩散算法可以用公式化的语言描述，图像中的每一个像素(i,j)执行下述操作。

（1）确定以 RGB(i,j)表示的最小亮度波动四色关系 MBVQ[RGB(i,j)]。

（2）找到属于该最小亮度波动四色关系的顶点 v，应该最靠近 RGB$(i,j)+e(i,j)$。

（3）计算量化误差 RGB$(i,j)+e(i,j)-v$。

（4）将误差分布到未来像素。

可分离误差扩散算法与彩色误差扩散算法间的唯一区别是前文描述的步骤（2），彩色误差扩散算法寻找最接近输入颜色最小亮度波动四色关系的顶点。这样，任何可分离误差扩散就可以修改到彩色误差扩散，与像素排序及误差计算或分布的方式无关，意味着允许以任何误差扩散算法为基础，如 Floyd 和 Steinberg 提出的经典误差扩散算法。

4．高质量省墨彩色误差扩散

灰度图像的误差扩散多种多样，图 5-30 所示的误差扩散流程是其中之一，与经典误差扩散的主要区别表现在要求搜索最大像素位置，且带有前处理和添加少量噪声的功能。连续调灰度图像进入流程后，首先以 11×11 的数字滤波器进行锐化处理，改变滤波器的配置可改变图像的锐化程度。由于这种误差扩散处理过程建立在搜索最大值的基础上，因此对于像素值为常数的输入图像，第一个或最后一个像素都有可能被选择为最大值像素，导致最终图像的高度结构化。为了避免半色调图像内出现明显的结构赝像，可以采用对输入图像添加噪声的方法，但添加的噪声必须极其微量，使得常数图像的像素值产生微小的差异。

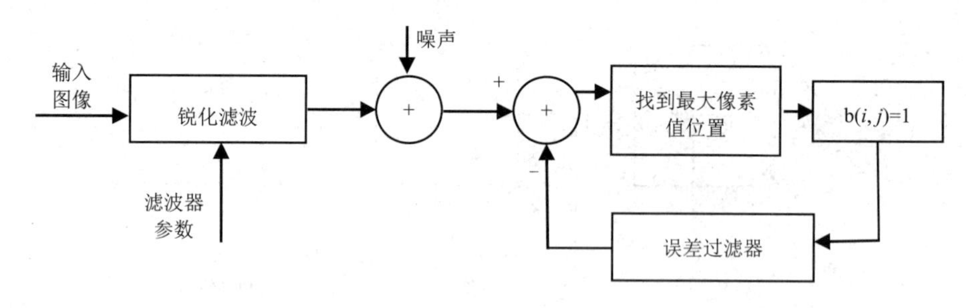

图 5-30　与相关性省墨彩色误差扩散配套的灰度图像处理流程

图 5-30 所示的灰度图像误差扩散方法很容易扩展到相关性彩色半色调处理。假定彩色印刷仅使用青色、品红色和黄色三种油墨，则完全有理由认为其中的一种主色油墨可以按独立于其他两种主色油墨的原则执行半色调处理。考虑到白色纸张上的黄色油墨比起青色和品红色油墨来更不容易看清，因此选择黄色作为独立于其他两色的半色调处理主色通道，操作结果不至于对其他两个主色通道产生明显的影响。四色印刷的处理原则：首先假定一种主色独立于其他三色，对该主色通道执行独立的半色调处理。

独立地完成对黄色通道的半色调处理后，接下来的问题是如何处理青色和品红色，为此需要确定正确的策略，根据一个主色通道独立，其他主色通道相关的特点，相关性省墨彩色误差扩散算法要求尽可能避免记录点挨着记录点的印刷方式，按此要求在整个彩色图像平面上放置青色和品红色记录点。为叙述方便，分别以 c 和 m 标记青色油墨覆盖率和品红色油墨覆盖率，并从预设条件$(c+m)\leqslant 1$ 出发开始讨论，这意味着记录点挨着记录点的印刷方式可完全避免。

如同灰度图像半色调处理那样，相关性省墨彩色误差扩散算法需要在处理前预先计算放置到青色和品红色分色版内不同区域的记录点数，找到青色和品红色通道内的最大像素值。假定发现的最大像素值在青色通道内，则执行量化误差反馈过程，针对青色和品红色通道展开。由于最大像素值在青色通道内发现，因此青色通道的锐化滤波器必须与灰度图像半色调处理准确一致。当然，确定用于品红通道的锐化滤波器需要更多的研究。假定 $c>0.2$，则可计算出青色记录点的平均距离小于 2.23，将其调整到最接近的整数 2；为了尽可能均匀地分布记录点，青色和品红色记录点之间的距离应该等于 1。因此，对于品红版来说只需使用 1×1 的滤波器就足够了。对于 $c<0.2$ 的条件可以按类似的方式处理，先计算青色记录点的平均距离，并按对半原则确定适合品红版的滤波器的尺寸。如果搜索结果表明最大像素值在品红通道内找到，则可以使用同样的处理方法。当前像素的量化误差反馈过程执行结束后，算法从

修改后的青色和品红色通道寻找下一个最大值像素，并在相应主色通道的对应位置上放置下一个记录点，然后再次执行误差反馈过程。上述处理过程需继续重复地执行下去，直到预先确定的记录点全部放置到每一个主色通道对应的阶调区域。

5．蓝噪声蒙版三色抖动处理

彩色半色调处理技术最有可能产生分散的记录点纹理组织，因为不同着色剂记录点的交互作用有机会充分地发展。为此出现了彩色设计准则半色调处理技术，首先设置总的记录点排列方式，在此基础上执行记录点颜色改变的优化处理，但不能改变记录点的总体排列方式，实现方式之一是启发式地通过交替执行的直接二值搜索算法求解。结合使用蓝噪声蒙版的彩色半色调算法将四个蒙版应用到对应的彩色平面，通过蓝噪声特征叠加成彩色图像，来自不同彩色平面的记录点以共同的方式互相排斥，在高光层次等级区域最大限度地分散开来。

为了降低明亮区域的高颗粒度，出现了利用蓝噪声蒙版对 CMY 记录点进行空间分散处理的半色调算法，用来代替明亮区域内的黑色记录点。分析蓝噪声蒙版算法后发现，从当前灰度等级到下一个灰度等级构造半色调图像时无须改变当前的像素位置。以这种限制条件为基础，当打印机的输入灰度等级为 171～255（占动态范围的三分之一），且以 CMY 记录点代替黑色记录点时，记录点的数量应该是输入灰度等级记录点数量的 3 倍。

蓝噪声蒙版 CYK 抖动算法并非只使用三色油墨，它是四色油墨基础上的半色调图像优化算法，分成四色记录点组合和分散处理 CMY 记录点。为了获得高质量的包含蓝噪声特征的彩色半色调处理结果，首要任务在于确定避免记录像素重叠的阈值，并按下述原则处理：低于此阈值时通过蓝噪声蒙版转换成的半色调图像由 CMYK 记录点组成；而高于此阈值时产生的半色调图像则使用经分散处理的 CMY 记录点。为了分散 CMY 记录点，算法使用有共同互斥特性的青色、品红色和黄色修正蓝噪声组合蒙版，因不包括黑色而总共有三种，分别命名为青色修正蓝噪声组合蒙版、品红色修正蓝噪声组合蒙版和黄色修正蓝噪声组合蒙版。对经典蓝噪声蒙版算法而言，在当前蒙版图像基础上更新下一蒙版图像时，下一蒙版图像内的记录点指定到非重叠的位置上。例如，对某一尺寸为 $N\times N$ 的蒙版需要 P 个记录点以降低一个灰度等级，若灰度等级 $g-2$（254）的蒙版图像由 P 个记录点组成，则 $g-3$ 蒙版图像需要 $2P$ 个记录点，而 $g-3$ 蒙版图像应该包含 $3P$ 个记录点，其结果是可以避免蒙版图像的重叠。为了利用空间分散的 CMY 记录点来表示 $g-2$ 这一灰度等级，将青色修正蓝噪声组合蒙版产生的 $g-2$ 蒙版图像指定给青色通道。此后，为避免任何蒙版图像重叠，将品红色修正蓝噪声组合蒙版产生的 $g-2$ 蒙版图像指定给品红色通道，将黄色修正蓝噪声组合蒙版产生的 $g-2$ 蒙版图像指定给黄色通道。

灰度等级低于阈值时，输入图像分离为 CMYK 通道，因此先确定黑色生成函数，再根据底色去除或灰成分替代原则（通常采用底色去除原则）得到青色、品红色和黄色。有了分色结果后，就可执行蓝噪声蒙版 CMY 分散抖动处理，得到由青色、品红色、黄色、黑色记录点组成的输出半色调图像。图 5-31 以图形方式演示分散 CMY 抖动算法的原理，其中图 5-31（a）、图 5-31（b）和图 5-31（c）分别表示单个叠加半色调图像、双重叠加半色调图像和三重叠加半色调图像，而图 5-31（d）、图 5-31（e）和图 5-31（f）则演示指定给 CMY 记录点的半色调图像，以主色油墨的英文首字母标记。

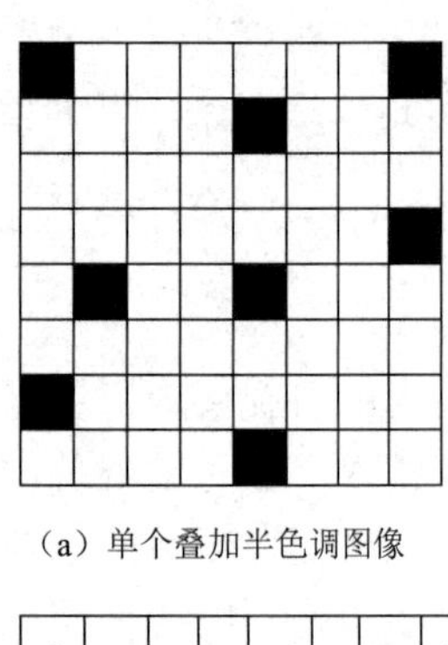

（a）单个叠加半色调图像

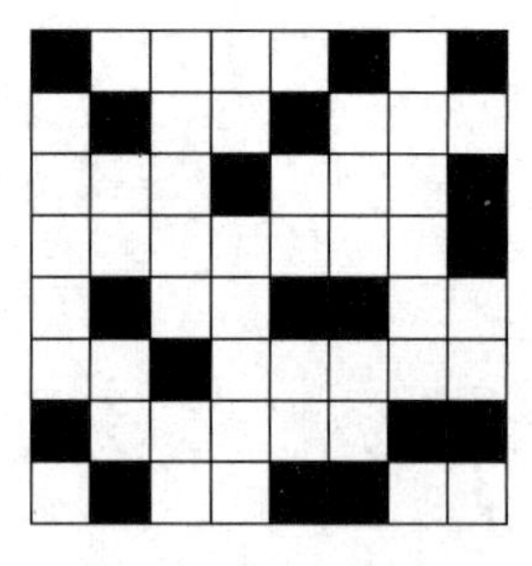

（b）双重叠加半色调图像

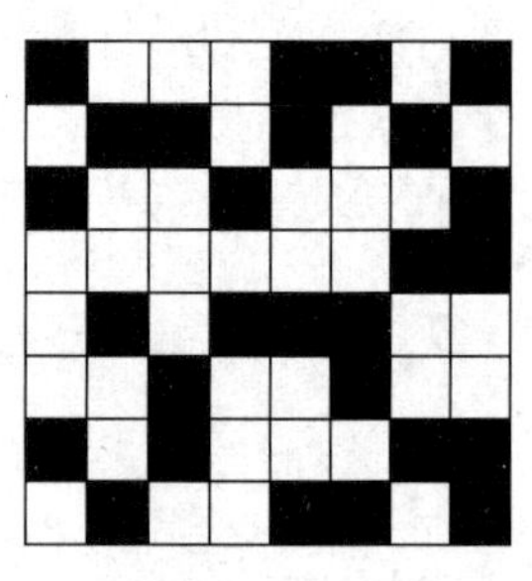

（c）三重叠加半色调图像

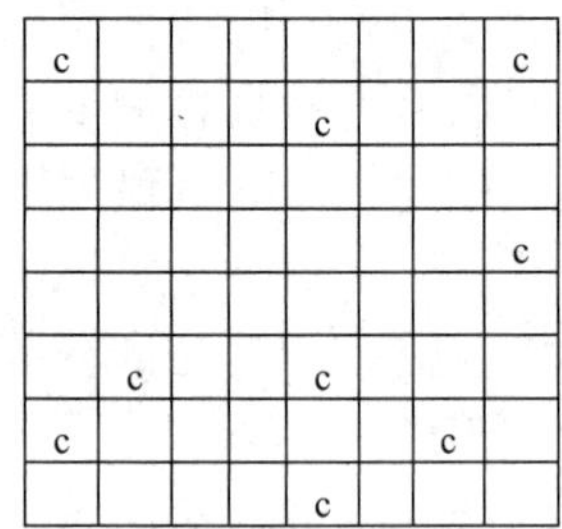

（d）指定青色到单个叠加半色调图像

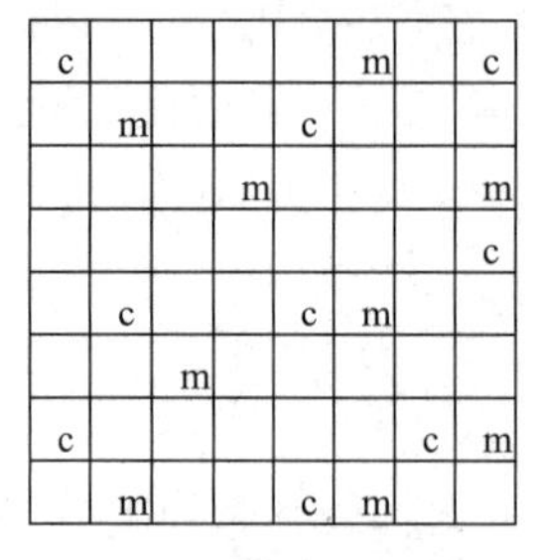

（e）指定青色和品红色到双重叠加半色调图像

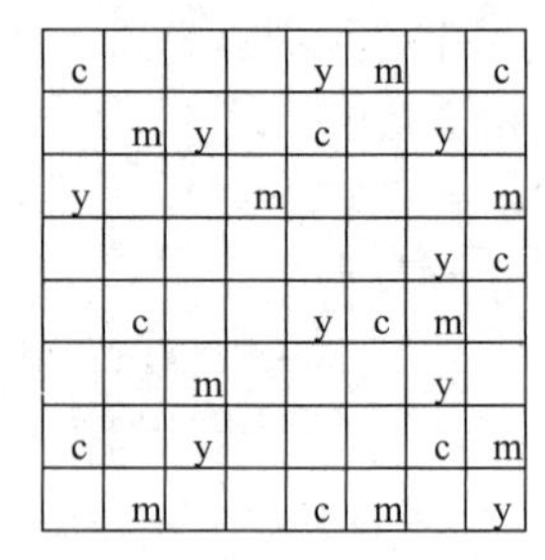

（f）指定青色、品红色、黄色到三重叠加半色调图像

图 5-31　分散 CMY 抖动例子

虽然图 5-31 仅仅用于演示目的，但对于青色、品红色、黄色记录点的空间分散处理原则却表示得很清楚。通过图 5-31 也可以更清楚地理解为什么分散 CMY 抖动仅适用于明亮区域，因为对暗色调区域分散 CMY 抖动无法避免青色、品红色、黄色记录点的重叠。

6．嵌入式彩色误差扩散

这种彩色误差扩散算法主要用于累进式的图像传输、图像数据库和图像浏览系统，也可用于印刷。例如，在 Web 图像浏览系统中，图像以有损的方式存储，误差扩散格式已经被使用不同显示设备的用户接受。举例来说，彩色显示器位分辨率为 8 的用户能接收 8 位的彩色连续调图像，或以累进方式接收图像数据；使用只有单色表示能力显示屏的用户能接收 8 位彩色图像的 1 位数据，意味着只能显示彩色图像的二值误差扩散版本；对 4 位液晶显示器来说，显示能力为 8 位彩色图像的 4 位，说明需要按半色调原理显示 4 位灰度或彩色图像模拟连续调效果。因此，任何用户都可以将图像传送到二值单色或彩色打印机，获得高质量的硬拷贝输出。

事实上存在许多将误差扩散图像嵌入更高层次等级图像的方法。例如，以彼此独立的方式产生两幅误差扩散半色调图像，分别为 1 位误差扩散图像和 3 位误差扩散图像；上述两幅图像组合在一起后，嵌入操作完成，产生包含 1 位误差扩散图像的 4 位层次等级误差扩散图像。通过以上特殊的半色调处理方法，结果图像就具备了嵌入半色调数据的属性。然而，这种方法无法以智能化的方式利用 16 位的全部有效彩色信息或灰度等级，结果半色调图像不如下面要描述的方法产生的图像好。

若以一般方式叙述，则改进后的嵌入式彩色误差扩散算法的目标是将 M 个层次等级的误差扩散图像嵌入 N 个层次等级的误差扩散图像，这里的 $M<N$。这种算法分解成两步操作：

在处理过程的第一阶段，先利用 M 个二进制矢量组成的量化器产生 M 个层次等级的误差扩散彩色半色调输出；进入第二阶段处理步骤后，有序排列的由 N 个二进制矢量构成的量化器分解成 M 个量化器，每一个量化器包含 N/M 个输出层次等级，由此产生 N 个层次等级的误差扩散彩色半色调输出，由第一阶段的 M 个层次等级的误差扩散输出决定使用 M 个 N/M 层次构成的矢量量化器中的哪一个量化器。矢量量化器可以用标量量化器替代，用于处理二值或连续调灰度图像。嵌入式彩色误差扩散算法框图如图 5-32 所示。

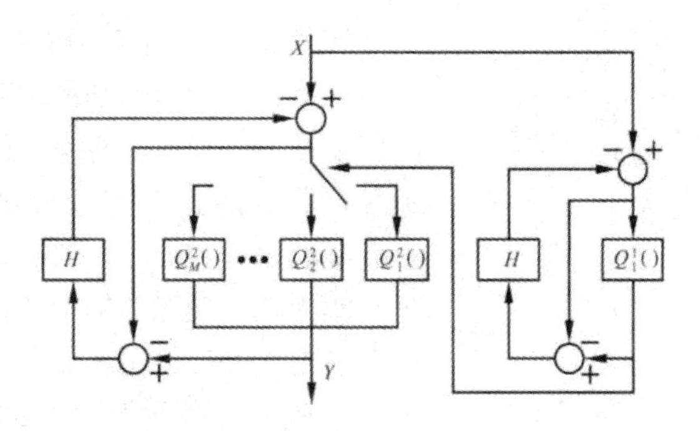

图 5-32　嵌入式彩色误差扩散算法框图

图 5-32 中的 Q^1_1 代表第一阶段使用的 M 个二进制量化器，Q^2_M 表示第二阶段使用的二进制量化器。

5.3.2　彩色半色调加网实例

尽力避免莫尔纹的加网技术是实现彩色图像印刷的核心。采用调幅加网，设置加网角度为 0°、15°、45°、75°，可最大限度地避免莫尔纹，实现传统四色印刷。调幅加网的印刷技术成熟，制版技术难度相对较低。因此，一般情况下，调幅加网是彩色印刷中使用的主要加网技术。但由于加网角度的限制，调幅加网不能适用于四色高保真彩色印刷。高保真彩色印刷通常采用调频加网，因为调频加网不受加网角度的限制，而且在调频加网中，一般任意加网角度的重叠也不会产生莫尔纹。由于调频加网在理论上具有优越性，但对制版和印刷工艺要求严格，因此在实际应用中存在一定的困难。用变频调幅加网方法产生的莫尔纹不同于传统加网方法，使莫尔纹最弱的加网角度不在 45°附近，而是在 20°～30°之间。FCAM 加网与传统加网相结合，可以实现四色以上的无明显条纹的印刷，为高保真彩色印刷提供了一种新的加网方法，其突出的优点是技术难度小，易于实现。

对于每一幅半色调图像，仍然采用成熟的调幅加网算法。改变不同网版图像的网版线数（网版线的频率），在相同加网角度的情况下，FCAM 加网可以在不产生莫尔纹的情况下实现半色调图像的叠加。从理论上讲，因为它只是改变了每个半色调图像的加网线数，可以避免莫尔纹的同时但没有对每幅半色调图像采用调频加网技术，仍然是对成熟的调幅加网方法的一种改进。在调幅加网的基础上，改变不同半色调图像的加网线数的方法称为 FCAM 加网。

为了更清楚地观察实验结果，我们讨论了重叠两幅半色调图像所产生的莫尔纹。在这里，我们暂时不考虑莫尔纹的形状，通过主要莫尔纹之间的距离来判断其强度。显然，距离越大，莫尔纹越容易被看到，对人眼的观察影响就越大。

实验一：我们首先观察了两幅具有相同加网线数（175lpi）的半色调图像以不同角度重叠时的莫尔纹。莫尔纹的强度 P 与加网角度α之间的关系如图 5-33 中的曲线 0 所示。

实验二：一幅半色调图像的加网线数是 175lpi，另一幅半色调图像的加网线数是 150lpi，加网线数的差值是 25lpi。当这两幅半色调图像以不同角度叠加时，莫尔纹的强度为图 5-33 中的曲线 A-1。

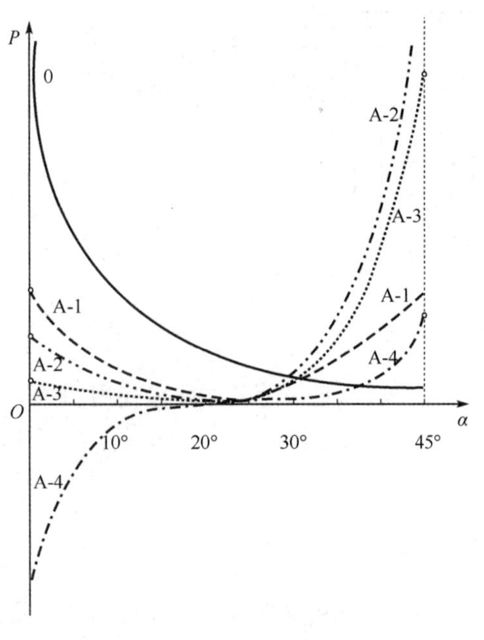

图 5-33　莫尔纹的趋势

实验三：一幅半色调图像的加网线数是 175lpi，另一幅半色调图像的加网线数是 133lpi，加网线数的差值是 42lpi。当这两幅半色调图像以不同角度叠加时，莫尔纹的强度为图 5-33 中的 A-2 曲线。

实验四：一幅半色调图像的加网线数是 175lpi，另一幅半色调图像的加网线数是 120lpi，加网线数的差值是 55lpi。当这两幅半色调图像以不同角度叠加时，莫尔纹的强度为图 5-33 中的 A-3 曲线。

实验五：一幅半色调图像的加网线数是 175lpi，另一幅半色调图像的加网线数是 100lpi，加网线数的差值是 75lpi。当这两幅半色调图像以不同角度叠加时，莫尔纹的强度为图 5-33 中的 A-4 曲线。

实验六：一幅半色调图像的加网线数是 200lpi，另一幅半色调图像的加网线数是 133lpi，加网线数的差值是 67lpi。当这两幅半色调图像在 0°～30°的角度范围内重叠时，莫尔纹几乎不可见；当角度大于 30°时，莫尔纹逐渐可见，并在 45°时达到最大值。

实验七：一幅半色调图像的加网线数是 200lpi，另一幅半色调图像的加网线数是 120lpi，加网线数的差值是 80lpi。当这两幅半色调图像在 0°～30°的角度范围内重叠时，莫尔纹几乎不可见；当角度大于 30°时，莫尔纹逐渐可见，并在 45°时达到最大值。

实验八：一幅半色调图像的加网线数是 225lpi，另一幅半色调图像的加网线数是 133lpi，加网线数的差值是 92lpi。当这两幅半色调图像在 0°～35°的角度范围内重叠时，莫尔纹几乎不可见；当角度大于 35°时，莫尔纹逐渐可见，并在 45°时达到最大值。

由以上实验可以看出，应用 FCAM 加网技术，当两幅半色调图像叠加时，莫尔纹的规律如下。

（1）应用 FCAM 加网技术，当两幅半色调图像的重叠角近似为 0°时，莫尔纹不明显。这显然优于相同加网线数的不同半色调图像叠加。

（2）当一幅图像的加网线数固定时，在一定范围内，固定值与另一幅图像的加网线数差值越大，莫尔纹越小；当加网线数差达到一定值时，莫尔纹达到最小值。

（3）与传统调幅加网不同。当莫尔纹达到最小值时，重叠角不是 45°左右，而是在 20°～30°之间。

根据实验结果，可以提出更多高保真四色加的彩色实现方案，使用 FCAM 加网方案，减少莫尔纹，基本前提是加网线数不同。为了使图像更好地复原，主色调的加网线数要尽可能多，其他颜色按此规律依次减少加网线数。

例如，五色印刷（四色加一色）的实现，根据加网线数为 200lpi 的 Y（0°）C（15°）M（75°）K（45°）四色版，专色的加网线数为 133lpi 或 120lpi，加网角度为 15°，如图 5-34 所示。在本方案中，利用实验六和实验七对应的加网线数差，在 0°～30°的角度范围内，莫尔纹几乎不可见。当专色版的加网角度为 15°时，品红色版与专色版的角度差为 0°，黄色版与专色版的角度差为 15°，黑色版与专色版的角度差为 30°，青色版与专色版的角度差为 30°，所有角度差均在 0～30°范围内。当然，当专色版的加网角度为 75°时，结果是一样的。如果基本四色的加网线数是 225lpi，专色的加网线数是 133lpi，那么效果会更好。

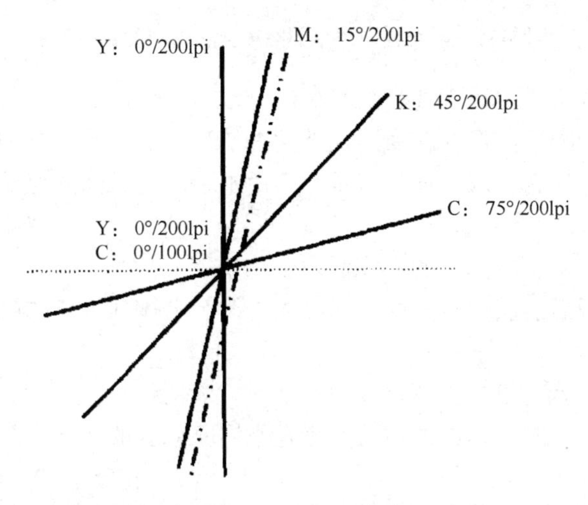

图 5-34 五色印刷加网角度与加网线数

5.4 莫尔纹

对于调幅加网来说，网点是由记录像素聚集而成的。这些记录像素在一个网格内按照一定的生长方式进行生长，然后聚集的记录像素形成了大量的低频分量。因此调幅加网是一个点聚集态有序抖动的过程。由于调幅加网技术的网点具有固定的周期性，再加上后期的晒版印刷等工序，图像复制不得不面对产生莫尔纹、玫瑰斑的问题，因此在印刷中解决这些问题显得尤为关键。

5.4.1 莫尔纹的产生原因

运用物理学知识，当两个或多个具有相同频率的网屏相互重叠时会因为网屏间的遮光和透光作用而产生相当于差频的深浅变化。随着加网角度差的变化，这种深浅也发生变化，进而形成了所谓的莫尔纹，如图 5-35 所示。而在印刷中，莫尔纹是要极力避免的。

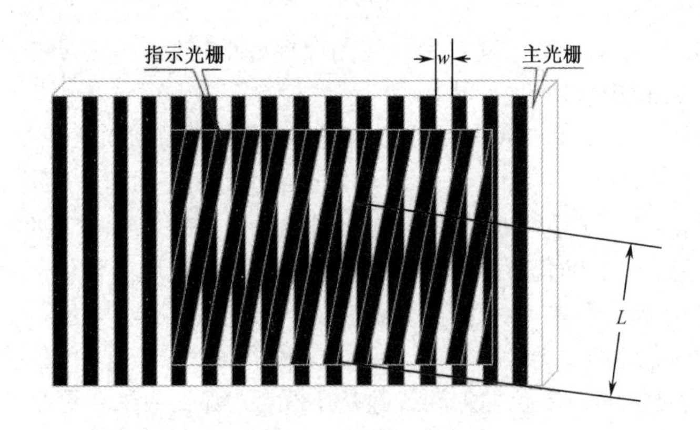

图 5-35　两个相同频率的网屏交叉形成的莫尔纹

在印刷中，莫尔纹可以由以下多种情况引起。

（1）原稿图像或加网后图像存在着周期性的细节，然后与周期性网屏相互作用而产生莫尔纹。例如，若原稿中含有相同周期的背景，则由于不同色版间的遮光和透光作用而产生莫尔纹。

（2）由于多色叠印中加网角度的不同而产生莫尔纹。

（3）扫描类似加网后的图像时，由于扫描线与图像中排列规律的网点图案相互作用而产生莫尔纹。

（4）扫描设备本身就可以产生莫尔纹。

而在这些原因中，引起莫尔纹的主要原因是不同分色版的网屏叠加。

5.4.2　莫尔纹产生的机理及其分布规律

莫尔纹的定性分析可以通过在频域内的图示矢量法来展示，其中网屏可由向量来表示。图 5-36 表明了两个直线网屏（光栅）间的相互作用。频率向量 $\boldsymbol{f}_a$ 和 $\boldsymbol{f}_b$ 代表了两个网屏以角度 θ 相交。这两个向量的和为 $\boldsymbol{f}_m$，它与两个网屏因相互作用产生的莫尔纹相关。由于周期是频率的倒数（频率向量越短，周期越长），$\boldsymbol{f}_m$ 的长度定性地表示了莫尔纹的周期，它比网屏周期 $1/\boldsymbol{f}_a$ 和 $1/\boldsymbol{f}_b$ 都要长。

由图 5-36 可以得出莫尔频率（令两个网屏频率分别为 f_1、f_2）与莫尔周期：

$$f_m = |f_1 - f_2| \tag{5-19}$$

$$\tau_m = \frac{1}{f_m} \tag{5-20}$$

从式（5-19）可以得出，若网屏频率 f_1 和 f_2 之间的差异越小，则莫尔频率越低。莫尔周期 τ_m 越大，莫尔纹现象越不明显。

两个网屏的叠加所产生的莫尔纹是最简单的形式，这种莫尔纹在两个网屏叠加的交界处形成亮带和暗带的周期性波动。因此该情况下莫尔纹有两种特殊的形式。

（1）当两个网屏以相同的角度但在频率（或周期）上有细微的不同叠加时，莫尔带与原始网屏平行，如图 5-37 所示。

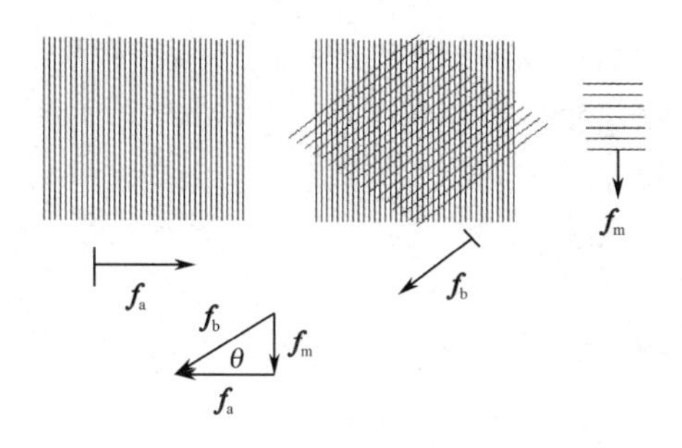

图 5-36　对两个网屏产生的莫尔纹的定性分析

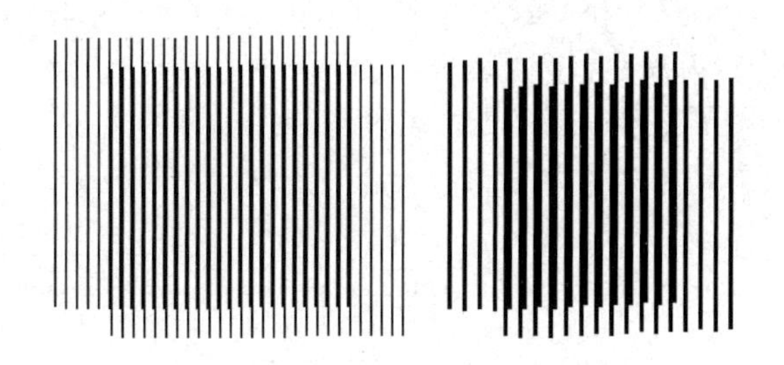

图 5-37　两个平行网屏叠加时产生的莫尔带及其局部放大图

利用频率和周期的倒数关系我们得到：

$$f_{\mathrm{m}}=\left|\frac{1}{\tau_1}-\frac{1}{\tau_2}\right|=\frac{|\tau_1-\tau_2|}{\tau_1\tau_2} \tag{5-21}$$

$$\tau_{\mathrm{m}}=\frac{1}{f_{\mathrm{m}}}=\frac{\tau_1\tau_2}{|\tau_1-\tau_2|} \tag{5-22}$$

式中，τ_1、τ_2为两个网屏的周期。式（5-21）和式（5-22）只在τ_1、τ_2相对差异很小的情况下才适用。

当两个网屏有相同的周期或其中一个为另一个周期的整数倍时，莫尔现象就会完全消失（更准确地说，它的周期变为“无穷大”），如图 5-38（a）所示。但该状态是一个不稳定的无莫尔纹状态，在任何网屏中任何频率或角度的不准确都可能会使莫尔周期回到它的可见范围内并且引起莫尔纹的重现，如图 5-38（b）所示。

（2）当两个网屏以相同的周期、不同角度重叠形成夹角θ时，莫尔带就会出现在θ的角平分处，如图 5-39 所示。

莫尔周期τ_{m}能从网屏周期与网角函数导出。在图 5-39 中，RQ 的距离为网屏周期τ，则

$$QQ'=\frac{\tau}{\cos(\theta/2)} \tag{5-23}$$

$$\tau_{\mathrm{m}}=OP=\frac{PQ}{\tan(\theta/2)}=\frac{QQ'}{2\tan(\theta/2)} \tag{5-24}$$

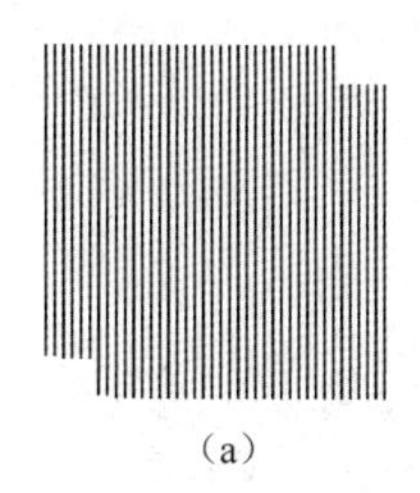
（a）

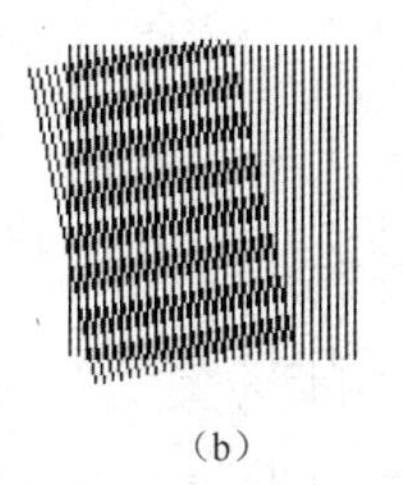
（b）

图 5-38　相同周期的网屏形成的无莫尔纹状态及由角度变化引起的莫尔纹

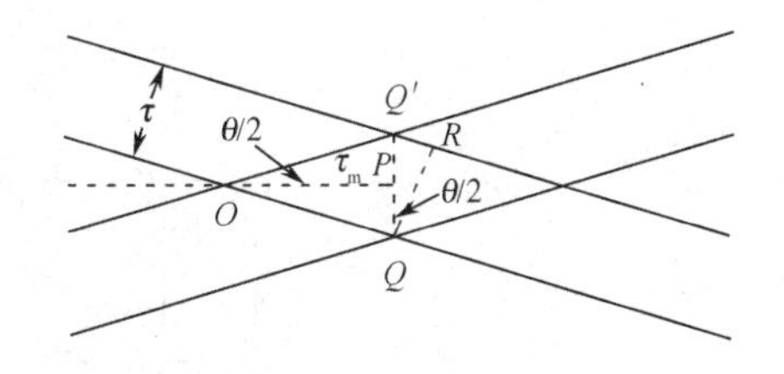

图 5-39　周期相同的网屏形成的莫尔带

将式（5-23）代入式（5-24），可得到：

$$\tau_{\mathrm{m}}=\frac{\tau\cot(\theta/2)}{2\cos(\theta/2)}=\frac{\tau}{2\sin(\theta/2)} \tag{5-25}$$

式（5-25）表明τ_m是与 $\sin(\theta/2)$成反比的函数；当θ减小到 0°时，τ_m增大到无限大，如图 5-40 所示。θ角越小，莫尔纹越明显，直到θ=0°时达到一个无莫尔纹状态。当θ=0°时，两个网屏是准确对齐的，这时$\tau_m=\infty$且莫尔纹足够大以至于不能被察觉；当角度达到 180°时，τ_m又会是无穷大。这两个表现关于 90°角的垂直线对称，因此可以得到：

$$\tau_m = \frac{\tau}{2\sin[(180^\circ - \theta)/2]} \tag{5-26}$$

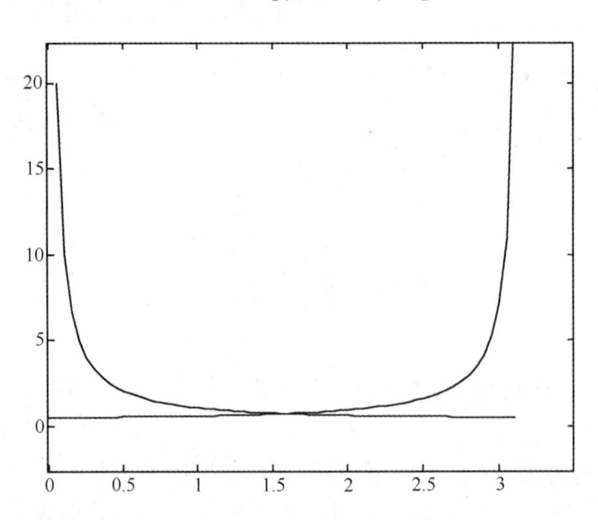

图 5-40　两个相同的网屏的夹角与莫尔纹之间的关系

（横坐标为夹角值，纵坐标为莫尔纹的距离）

当两个网屏平行时（θ=0°）莫尔纹就会消失，但这是一个极不稳定的无莫尔纹状态，一个微小的不重合位移就会引起莫尔纹的重现。由于莫尔纹强度随着θ的增大而减小，当θ接近 45°时，它就几乎不可见了；当$\theta\geqslant$60°时，$\tau_m\leqslant\tau$，这时就表明了莫尔纹缩小到小于网屏周期。这个结果使得对图像不再感受到莫尔纹的存在；当θ为 90°时，两个网屏之间的夹角被平分，达到了一个最低稳定状态，在这个状态中莫尔纹完全消失了，如图 5-41 所示。注意，τ_m与τ成正比而与 $\sin(\theta/2)$成反比。在一个小角度时，比例系数 $1/[\sin(\theta/2)]$就会变得十分大。这使得τ_m对在τ中的小偏差十分敏感。

图 5-41　一个稳定的无莫尔纹状态

（3）通常情况下，两个网屏会在频率和角度有细微的差别，而此时莫尔周期τ_m为式（5-27）或式（5-28）：

$$\tau_m = \frac{\tau_1\tau_2}{\sqrt{\tau_1^2+\tau_2^2-2\tau_1\tau_2\cos\theta}} \tag{5-27}$$

$$\tau_m = \frac{\tau_1\tau_2}{\sqrt{\tau_1^2+\tau_2^2-2\tau_1\tau_2\cos(180°-\theta)}} \tag{5-28}$$

当$\tau_1=\tau_2$时，式（5-27）、式（5-28）就可简化为式（5-25）、式（5-26）。而且当$\theta=0°$时，式（5-27）简化为式（5-22）。这表明式（5-27）、式（5-28）确实是基本表达式。注意到，若$\theta\neq0°$，即使当$\tau_1=\tau_2$时，也不会有无莫尔纹状态。

双色网点叠印莫尔纹的数学模型表明，莫尔纹的产生与变化规律与各色网点的加网线数及网线之间的夹角有关。计算机仿真实验证明，在加网线数相同的条件下，各色网点的加网线数越高，网线之间的角度差越大，则莫尔纹的频率越大、间距越小、可视程度越小；各通道的加网角度越是相互接近，莫尔纹的间距越大，可视程度越大，且莫尔纹对图像的色彩与层次的干扰和破坏作用就越大。

在四色印刷中，由于每一色版都具有正交的两个方向，因此在平行网屏所确定的莫尔纹的垂直位置上，存在着另一组形状和大小相同的莫尔纹。因此就可以利用这种四重对称性，即 90°与零度角旋转后的结果相同，我们能得到两个相互交叉为 90°的交叉带，可分别得到式（5-29）、式（5-30）：

$$\tau_m = \frac{\tau}{2\sin(\theta/2)} \tag{5-29}$$

$$\tau_m = \frac{\tau}{2\sin[(90°-\theta)/2]} \tag{5-30}$$

对于具有两个不同周期τ_1和τ_2的网屏，莫尔周期τ_m分别为式（5-31）、式（5-32）：

$$\tau_m = \frac{\tau_1\tau_2}{\sqrt{\tau_1^2+\tau_2^2-2\tau_1\tau_2\cos\theta}} \tag{5-31}$$

$$\tau_m = \frac{\tau_1\tau_2}{\sqrt{\tau_1^2+\tau_2^2-2\tau_1\tau_2\cos(90°-\theta)}} \tag{5-32}$$

当$\tau_1=\tau_2$时，式（5-32）和式（5-31）变为式（5-30）和式（5-29）。从图 5-42 可得，当两个网屏的夹角为 0°～45°时，产生的莫尔纹最明显（“主莫尔纹”），而其余角度下莫尔纹（“次莫尔纹”）较小并不易察觉；随着角度的增加，由θ角产生的莫尔纹逐渐不明显，而余角的莫尔纹逐渐占主导地位。

在实践中人们还发现，当加网线数相同的两个色版叠加时，若在 0°～90°之间转动一个色版，则不仅会看到上述的莫尔纹，而且在 33°～45°和 50°～75°之间存在着另一种莫尔纹，但由于其对人眼的刺激性较弱，故称为“亚莫尔纹”，它是在“主莫尔纹”和“次莫尔纹”相互作用下产生的。

在四色加网印刷中，莫尔纹的形成要比两个网屏叠加所形成的莫尔纹要复杂得多。若将加网线数相同的四个色版的加网角度分别设置为品红版 15°、青版 75°（−15°）、黄版 0°、黑版 45°，品红版的空间频率分布为$F_1(u,v)$，青版的空间频率分布$F_2(u,v)$，则根据卷积定理，这两个色版相互叠加时所产生的空间频率$F_3(u,v)$为

$$F_3(u,v)=F_1(u,v)\otimes F_2(u,v) \tag{5-33}$$

式中，u、v 分别为各色版网点图案在水平和垂直方向上的空间频率分量。

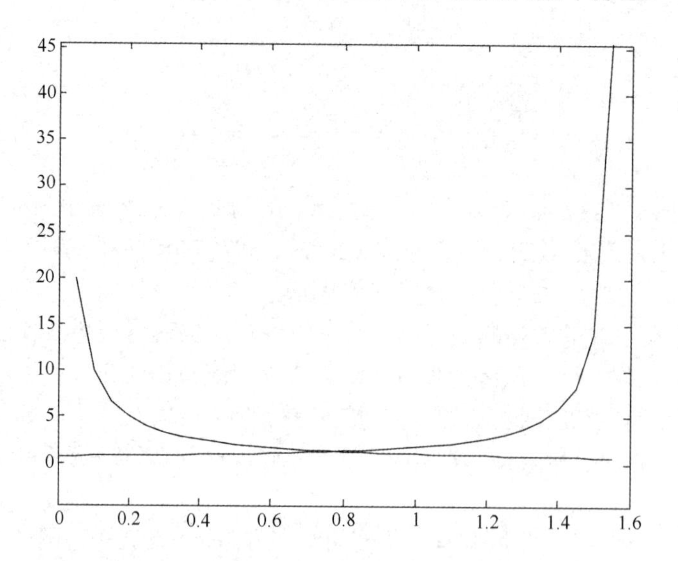

图5-42　两个相同的交叉网屏的夹角与莫尔纹之间的关系

（横坐标为夹角值，纵坐标为莫尔纹的距离）

当完成15°品红版和−15°青版的叠加后，再继续叠加45°版，原点附近的空间频率成分如图5-43所示。

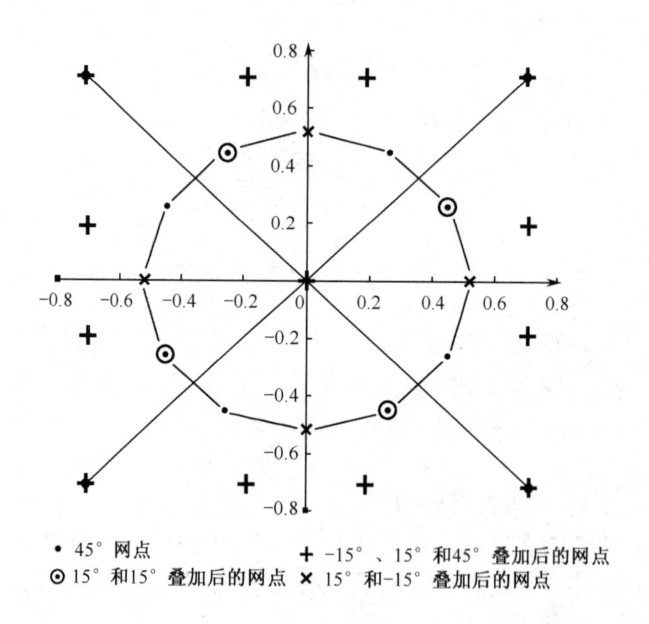

图5-43　频率相同的45°、15°和−15°网屏重叠时产生的空间频率成分（典型的莫尔纹）

若上述的角度足够精确，则在原点附近的空间频率成分正好与原点重合；若不够精确，则在离原点极近的周围会出现空间频率成分，进而产生粗大网纹状的莫尔纹。

5.4.3 莫尔纹的消除

当具有周期性的图案相互叠加时一定会出现莫尔纹，因此取莫尔周期的最小值或使莫尔周期超过纸张宽度就能防止莫尔纹的产生。

在 RIP 输出时，合理地安排各色版的加网角度。深色版或主色版宜采用 45°，其他颜色优先选用 15°和 75°。为了降低四色印刷中 15°角度差形成的莫尔纹对印刷图像的影响，优先将黄版设为 90°，并且作为最后的色序进行印刷，以降低整个版面的莫尔纹强度。在七色高保真印刷中，宜采用 C/R-75°、M/G-15°、Y/G-90°、K-45°的方案。对于半色调原稿，必须进行消网处理，通过改变光孔，降低解像力，或对虚焦距使原稿上的网点模糊发虚，或利用高斯模糊滤波器进行反复消网，这些措施都可以有效地抑制扫描引起的莫尔纹。高斯模糊滤波器对图像的品质有损害作用，半径不可超出 0.7～1.2 像素。消网处理前后的效果对比如图 5-44 所示。

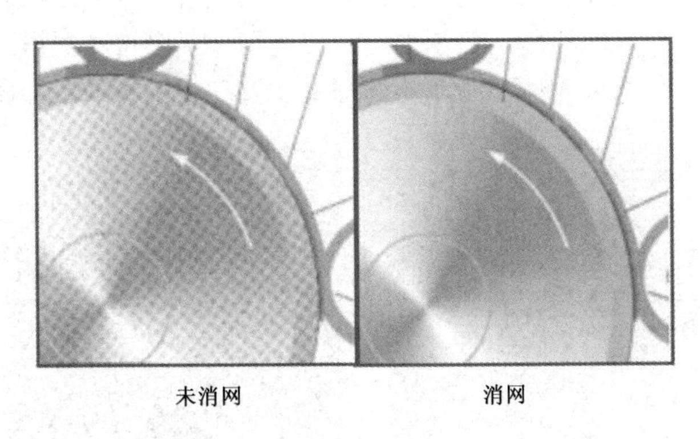

图 5-44　消网处理前后的效果对比

在前文中已经介绍过，早期的有理正切加网技术只能形成±18.4°的角度，但随着计算机运算速度的提高，出现的超细胞加网结构就能够精确地逼近±15°角，并且现在该技术已经运用得十分普遍了，因此可利用现代超细胞加网结构将莫尔纹控制在最小范围内。

当用扫描输入设备将已经加网的图像扫描到图像处理系统中时，通常也会出现莫尔纹。为了减少莫尔纹的产生可以采用以下两种措施。

（1）利用高分辨率进行扫描，以降低网点在扫描时产生的变形。

（2）采用使莫尔纹的空间频率成为最大值的扫描分辨率。而最大扫描分辨率与加网线数和加网角度有关，呈离散状态。

对带网图像进行扫描时，如图 5-45 所示，设置的扫描分辨率应使对角相邻的两网点间的扫描线数（n）为奇数。

由此可得，设置的扫描分辨率应为

$$\mathrm{dpi} = \frac{n \times \mathrm{lpi}}{2\cos\alpha} \tag{5-34}$$

式中，dpi 为建议采用的扫描分辨率；n 为扫描时在两个对角网点间的扫描线数；lpi 为印刷品的加网线数；α为印刷品的加网角度。

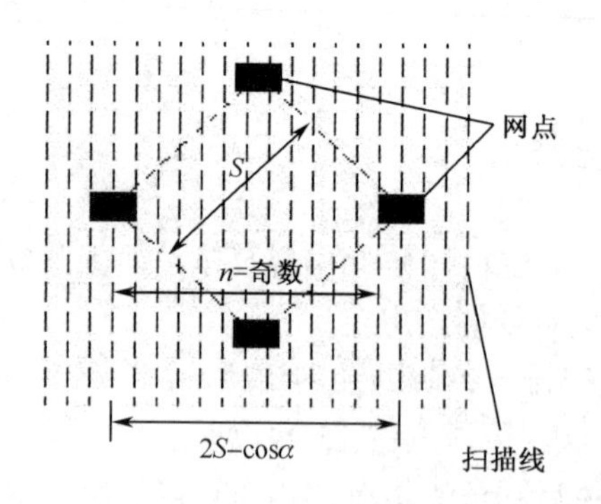

图 5-45　为防止莫尔纹出现所建议的扫描线与网点的相互关系

例如，在报纸印刷中，通常采用 65lpi 的加网线数，若使用 45°的加网角度，且 n=9，则可得扫描分辨率为 dpi=(65×9)/1.414=413.7 ≈ 414。在复制具有纺织花纹或细线图案等特殊精细条纹的原稿时，采用 375lpi 以上的高加网线数，或者调频加网、混合加网等技术，都可以较好地解决原稿条纹引起的莫尔纹问题。调频加网采用随机分布的网点来模拟图像的阶调层次，无固定的加网角度，从而消除了莫尔纹。混合加网技术会自动根据画面的颜色和层次的变化，适时地选用调幅加网或调频加网，从而抑制了莫尔纹的形成，如图 5-46 所示。

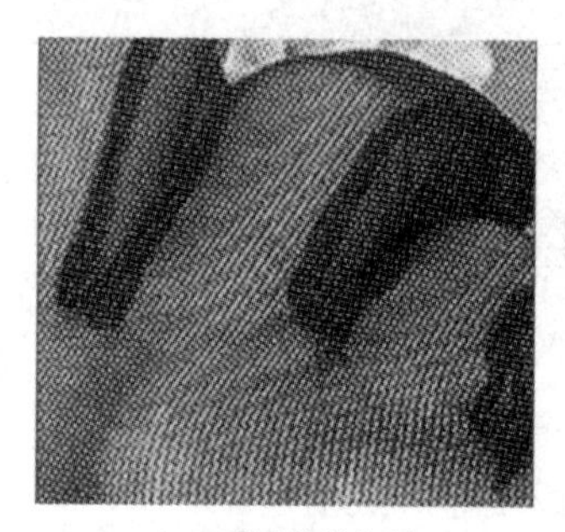
（a）采用传统加网

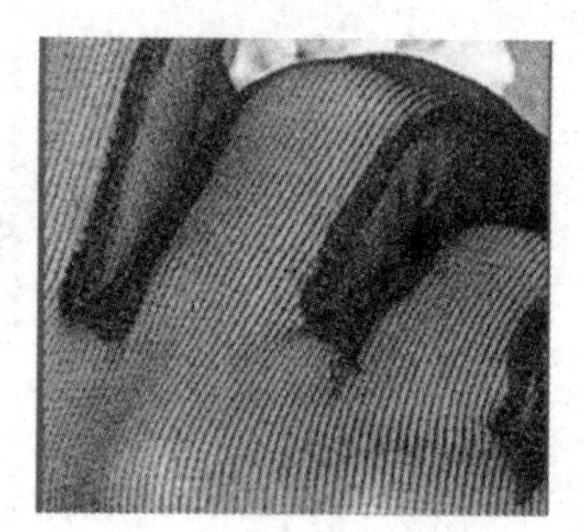
（b）采用混合加网

图 5-46　传统加网与混合加网技术的效果对比

利用商业彩色打印机打印彩色图像时，为防止莫尔纹的产生，可以使用如下方式。

（1）按照模拟信号来记录色彩密度，如彩色热升华打印机。

（2）先按照数字信号将彩色密度转换成网点再进行记录。

由于在利用彩色打印机进行图像输出时，输出的网点与印刷的加网不完全相同，因此在输出图像时就可利用打印机良好的位置记录精度将各色版的角度固定，并按照与网点记录位置成反相位的条件来叠加各色版，这样各色版的叠加就失去了随机性，色彩就更容易校正，从而莫尔纹就得以避免或控制。

5.4.4　莫尔纹防伪

虽然在印刷过程中都要尽量避免莫尔纹的产生，但是同样可以利用这种在印刷上需要杜绝的现象来进行防伪工作。在常规印刷条件和工艺过程中，通过应用制版技术中产生的莫尔纹来达到难以仿制的效果。这一途径的优点在于：从生产的成本而言，由于采用常规的印刷方式，无论是纸张、油墨，还是印刷机械等印刷要素都可采用印刷机构现有的常规型号和设备，因此省去了引进特殊设备或增加特殊工序的资金投入、技术维护和人力资源的成本，比较经济实用。从有效性而言，通过对莫尔纹的参数设置来产生莫尔纹的不同变化，工艺简单，但是其规律性较难掌握，低端仿制（如通过扫描、彩色复印等手段）的效果难以乱真，因此该方法比较可靠有效；从应用性而言，采用莫尔纹防伪，可印制成商品防伪标识或直接用于产品说明等商品附件，美观而显见，并且可以与其他防伪技术组合使用，用途广泛。这些优点与其他印刷方式相比，就凸显出其性价比的优越性了。

莫尔纹防伪的具体实现需要运用专色来完成。在包装印刷中，经常需要把某一种企业指定的颜色印制成专色。这就要求在设计制作过程中，将这一颜色特征的区域以专色通道的形式加以表现。在后期的分色加网中，专色通道被处理成 CMYK 后的第五张胶片。在印制了 CMYK 后，印上调配好的专色油墨。甚至在特殊要求的产品包装印刷中，专色有好几种，如再印制专金、专银等。

我们可以将图像的背景在专色通道中加以处理。在加网时，设置不同于四色的网点参数（加网角度、加网线数等），使这一角度可以和四色中的某一个色版形成莫尔纹，得到第五张胶片。而这张胶片上的加网角度数值的设置是特殊而微妙的，或者说，只有设置者本人才知道确切数值。这张胶片与四色胶片中的某个色版之间形成的莫尔纹会因为微小的数值变化而呈现明显的差异。因此我们就可以通过设置这些特殊而微妙的数值，来给不法分子设置障碍，让他们的伪造企图难以得逞。

莫尔纹的可靠性在于决定莫尔纹变化的变量。我们知道，影响莫尔纹周期变化的因素很多，包括加网角度、加网线数等。同时，我们也可以人为地增加这些变量，使其变化规律更复杂、更不易掌握。因此伪造者如果想猜测这些变量进而加以仿制，难度极大。

另外，仿制者希望通过扫描或复印等方式也是难以乱假成真的。这是因为，莫尔纹由网点组成，必然是极为细小的，而复制和扫描都将导致网点扩大和糊化。如果在扫描稿的基础上再度加网，那么得到的印刷品与原件之间必然会产生明显的差异，也就难以达到仿制的效果。同时，为了增加其可靠性，我们还可以将莫尔纹与其他防伪方式相结合。例如，在背景上采用其他随机图案来增加复杂度；采用防伪油墨来印刷莫尔纹版；采用特殊纸张（如水印纸）作为承印基础等。

莫尔纹防伪在制作工艺上，采用的是常规印刷的方式。其流程从对原稿的处理制作、拼版分色输出到打样印刷，与常规印刷无异。莫尔纹版的制作，仅需要参照专色工艺，用一套可以进行精确加网的 RIP 输出系统，以及在四色基础上额外出胶片，就可以进行多色印刷。因此相比其他防伪方式，莫尔纹防伪显得十分方便、简洁，无须投入过多人力和技术。

采用常规印刷方式，仅需一套可精确加网的 RIP 输出系统与比四色多输出的有限胶片量，而其他基本印刷要素都可采用一般输出公司和印刷机构现有的常规型号和设备，不需要其他特殊工序的资金投入、人力配备与技术维护，这些优势决定了其性价比的优越性，使莫尔纹防伪显得经济实用。即便在莫尔纹防伪工艺上结合其他防伪方式，如油墨和纸张防伪等，其防伪性能更综合且全面，其成本提升幅度却不会同比上涨。将原来竭力避免的莫尔纹应用于防伪领域，尚属于构想阶段。虽然辅以实验论证，但是由于时间和经费，我们只对莫尔纹防伪的一小部分理论进行了实验。要将莫尔纹真正用于防伪包装设计的生产实践，仍需要更多理论和实践上的研究和拓展。

第 6 章
半色调信息隐藏

半色调信息隐藏技术在满足印刷图像灰度和颜色再现条件下，利用半色调网点的大小和空间伪随机分布的空域特性、半色调网点图像的变换域（频谱）特性，或者多通道彩色半色调网点图像的同色异谱的色域特性实现信息隐藏，解决信息的视觉不见性，进而达到防伪、防复制和反假冒侵权的目的。半色调信息隐藏技术领域自 20 世纪 90 年代兴起，历久弥新，不断发展壮大，已经成为印刷防伪领域的主流技术。

本章主要介绍基于调幅网点形状的信息隐藏、基于调频网点伪随机空间位置的信息隐藏、矢量半色调网点信息隐藏、最低有效位信息隐藏、基于 CMYK 同色异谱特性的信息隐藏、变换域信息隐藏和半色调信息隐藏的评价。

6.1 基于调幅网点形状的信息隐藏

在传统调幅加网中，所用的加网形式就是运用不同的网点大小来进行图像的二值化，网点的大小对应原稿图像中相应的灰度值。对于不同的图像类型，或是同一幅图像中不同的阶调可使用不同形状的网点。由此可得，若要对图像进行信息隐藏，则可利用调幅加网中不同形状的网点，图 6-1 就表现了不同形状的网点的调制效果。例如，对于需要进行隐藏的图文采用一种形状的网点，而对于包含该图文的图像采用另一种形状的网点，然后就可按照普通调幅加网的方式进行半色调加网处理。信息隐藏的具体流程如图 6-2 所示。

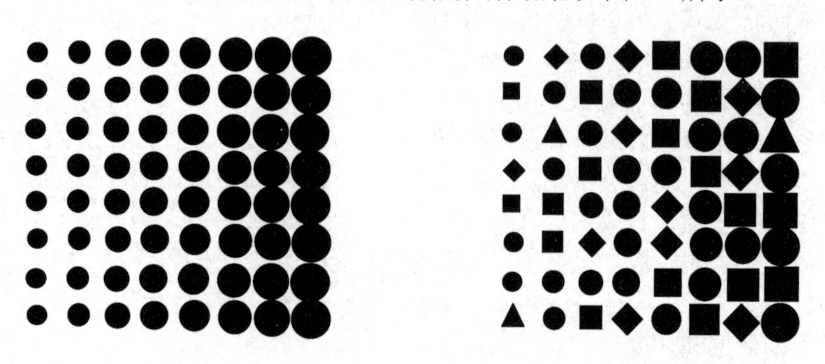

图 6-1　调制前网点图（未加载信息）和调制后网点图（已加载信息）

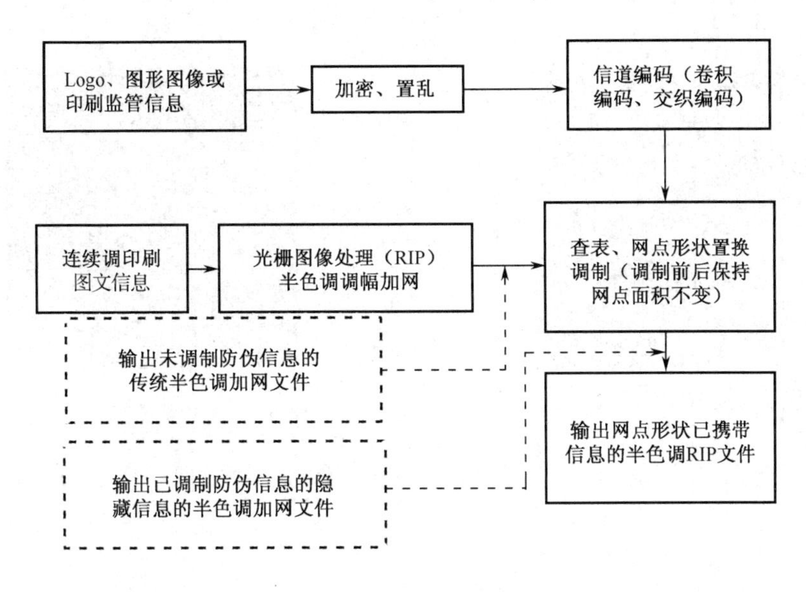

图 6-2　信息隐藏的具体流程

将不同的网点形状运用于信息隐藏可获得满意的效果。例如，如果将一幅 Logo 图像，如图 6-3 所示，隐藏到另一幅连续调图像中，如图 6-4 所示，那么在调制时就可利用不同的网点形状进行加网处理。在该例子中，对 Logo 图像加网时用圆形网点，而将隐藏该 Logo 的图像运用方形网点，该加网结果如图 6-5 所示，并且从这幅加网图像中可以看到，在图像中央有个与图 6-3 相同的 Logo。这就说明通过运用不同的网点形状确实能够达到信息隐藏的目的。

图 6-3　需要隐藏的 Logo 图像

图 6-4　原连续调图像

图 6-5　嵌入 Logo 信息后的图像

为了达到更好的效果，使隐藏的图文信息人眼不可感知，就可以对 Logo 信息进行加密。而加密方法可以有多种方式。

传统的加密方法是对图像进行迭代加密，通过迭代的次数对图像进行置乱，而该方法在解密时就可以用相同的迭代方法和迭代次数进行图像提取。图 6-6 为图 6-3 迭代 30 次后的置乱图像。但从该置乱图像中可以看出，虽然迭代后的图像已没有了原始图像的形状，但还是具有一定规则的纹路，这就使得在图像嵌入后会产生龟纹。为了避免龟纹的产生，就可以利用一种伪随机的方式对图像进行置乱，使得人们用肉眼不能感知出纹理规律。一种伪随机置乱的效果如图 6-7 所示。

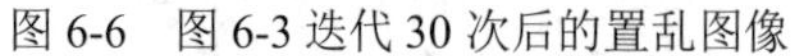

图 6-6　图 6-3 迭代 30 次后的置乱图像

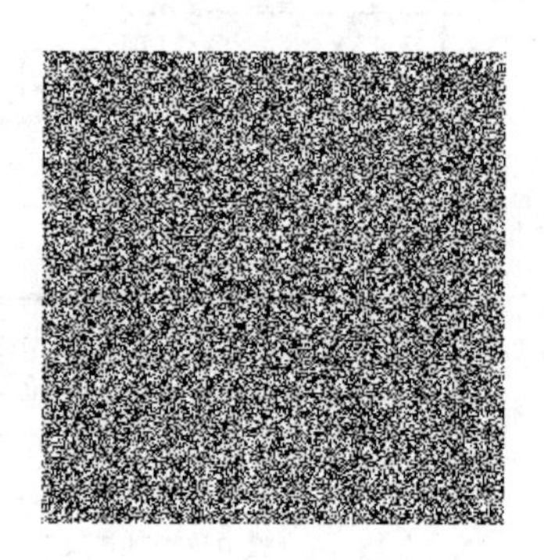

图 6-7　一种伪随机置乱的效果

先将图 6-3 apple.bmp 二值图像读入（imread('apple.bmp')），作为防伪信息 message（256×256）。

防伪信息嵌入的步骤如下。

（1）根据防伪信息对 Lena 图（见图 6-4）信息 Image（256×256）进行调制加网。基于调幅加网的信息隐藏 MATLAB 程序如下。

```
function tiaofu=halftone(ssss)
model1=[64 53 42 26 27 43 54 61
        60 41 25 14 15 28 44 55
        52 40 13 5 6 16 29 45
        39 24 12 1 2 7 17 30
        38 23 11 4 3 8 18 31
        51 37 22 10 9 19 32 46
        59 50 36 21 20 33 47 56
        63 58 49 53 34 48 57 62];   %圆形网点阈值矩阵

ssss=64*(1-ssss/255);                   %将 256 级图像转为 64 级图像
for m=1:8
      for n=1:8
%加网灰度值与矩阵中的每一个值比较，如果原始图像灰度值大于模板灰度值则曝光，即有着墨点；否则不曝光
          if ssss>model1(m,n)
             tiaofu(m,n)=0;
             else
                tiaofu(m,n)=255;
          end
       end
     end
end
```

（2）信息的调制加网算法的主要代码如下。

```
if message(i,j)==1
bw(i,j)={halftone(Image)};              %若防伪信息为 1，则进行圆形加网
else if message(i,j)==0
bw(i,j)={halftonesquare(Image)};        %若防伪信息为 0，则进行方形加网
```

将防伪信息进行普通迭代加密处理的程序代码如下。

```
for k=1:30            %迭代次数为 30 次
 for x=1:leth
   for y=1:wide1
        x1=x+y ;
        y1=x+2*y ;
        if x1>leth1
            x1=mod(x1,leth1) ;
      end;
         if y1>wide1
          y1=mod(y1,wide1) ;
         end;
         if x1==0
          x1=leth1 ;
         end ;
         if y1==0
          y1=wide1;
         end ;
          w1(x1,y1) =message(x,y);
     end ;
 end ;
message =w1 ;
end ;
```

将防伪信息进行伪随机混沌加密处理的程序代码如下。

```
x(1)=0.4;
for i=1:m*n-1
    x(i+1)=3.7*x(i)*(1-x(i));
end
[y,num]=sort(x);  %将产生的混沌序列进行排序
                  %B=sort(A)，对一维或二维数组进行升序排序，并返回排序
                  %当 A 为二维数组时，对数组每一列进行排序
S=uint8(zeros(m,n));  %产生一个与原始图像大小相同的 0 矩阵
        for i=1:m
            for j=1:n
                 if w1(i,j)==1
                     S(i,j)=255;
        end
            end
        end
        Scambled=uint8(zeros(m,n));
for i=1:m*n
    Scambled(i)=S(num(i));
end
```

将置乱后的图像嵌入连续调图像进行加网处理，通过不同的置乱方式可得到不同的效果图。从图 6-8 和图 6-9 中可以看出，普通迭代置乱后的图像在嵌入连续调图像后会有可见的龟纹，而用伪随机处理后的置乱图像在嵌入连续调图像后获得了良好的效果。

图 6-8　普通迭代置乱后的嵌入图像

图 6-9　利用伪随机置乱后的嵌入图像

信息的提取实际上是信息隐藏的逆过程。具体的提取步骤如下。

（1）创建网点模板。选择一定范围内的灰度等级，如在该信息提取中选择网点的灰度级为 58～228。若网点的灰度级范围太小，则提取的误码率太高；若网点的灰度级范围太大，则计算量太大。

模板匹配的网点如图 6-10 所示。

图 6-10　模板匹配的网点

将其中的部分网点放大，如图 6-11 所示。

图 6-11　局部放大图

（2）模板匹配。将加网后的图像与模板中的每个网点进行匹配，若与其中的任何一个网点相同，则将信息标记为 1，否则为 0。将提取后的信息进行保存、显示。

相应的 MATLAB 信息的解调函数代码如下。

```
function newmsg=decodebed(a)
 moban=imread('58-228.png');                                    %网点匹配模板
moban1=mat2cell(moban,ones(8/8,1)*8,ones(1368/8,1)*8);  %将所有网点分离
for i=1:161
      c=isequal(a,moban1{i});    %网点与模板中每个网点进行比较，网点匹配
      if(c==1)
         g=1;
          break;
      end
      g=0;
  end
newmsg=g;
```

若对置乱后嵌入的图像信息进行提取，首先就要经过解置乱处理，而解置乱就是置乱加密的逆过程，具体的迭代解置乱 MATLAB 代码与加密代码相类似，对于 256×256 的图像置换 192 次回到原始图像，应先置乱 30 次，解置乱时就再继续置换 162 次回到原始图像。

进行防伪信息提取后的图像如图 6-12 和图 6-13 所示，其中图 6-12 为没有进行置乱嵌入

的提取图像，图 6-13 为经过置乱后提取的图像。

将图 6-13 解置乱后就得到了图 6-14。从图 6-14 中就能得到经过置乱前的信息，提取后的还原度更高，并且通过适当的滤波方式就能得到满意的效果。

图 6-12　没有进行置乱嵌入的提取图像

图 6-13　经过置乱后提取的图像

图 6-14　解置乱后的图像

6.2　基于调频网点伪随机空间位置的信息隐藏

利用类似调频加网的方式进行信息隐藏也能获得良好的效果。由于调频加网的网点大小是固定的，并且它通过控制网点的密集程度来表现阶调，因此它相对于调幅加网能更好地避免干涉条纹的产生。与基于调幅加网的信息隐藏方式不同，基于调频加网的信息隐藏利用网点的不同位置进行加网，对待嵌入的图像信息采用某种特定的网点排列情况来进行加网调制，而其他网点则采用另一种排列方式进行加网，如图 6-15 和图 6-16 所示。

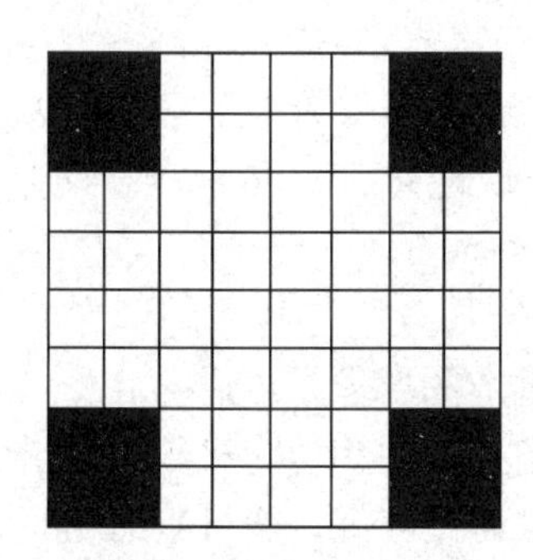

图 6-15　带嵌入图像的网点排列方式

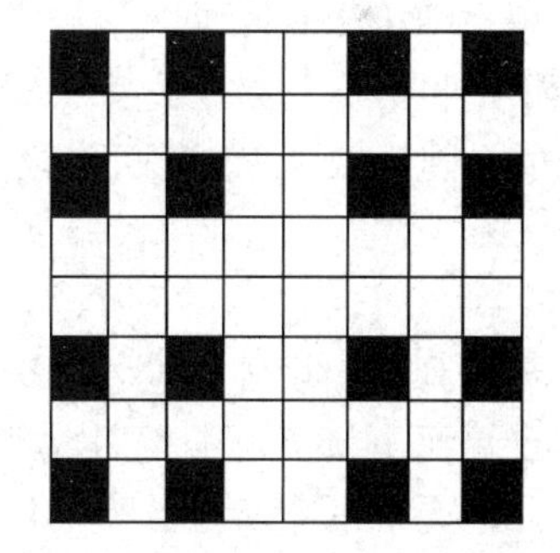

图 6-16　相同灰度值的其他网点排列方式

6.2.1　随机数和伪随机数

由调频加网可知，调频网点的分布是随机的。要了解随机数的性质，首先要知道矩形分布。矩形分布也叫作均匀分布，其中最基本的矩形分布是单位矩形分布，其分布密度函数为

$$f(x)=\begin{cases}1, & 0\leqslant x\leqslant 1\\ 0, & \text{其他}\end{cases} \tag{6-1}$$

从具有单位矩形分布的总体中抽取的简单子样 $X, X_Z, \cdots, X_n$，简称为随机数序列，其中的

每一个个体称为随机数。

随机数具有一个非常重要的性质：对于任意自然数 S，由 S 个随机数所组成 S 维空间上的点（$\xi_{n+1}, \xi_{n+2},\cdots, \xi_{n+S}$）在 S 维空间的单位立体 G_s 上均匀分布，即对任意的 a_i 有

$$0 \leqslant a_i \leqslant 1,\ i=1, 2,\cdots, S$$

下列等式成立：

$$P(\xi_{n+i} \leqslant a_i,\ i=1,2,\cdots,S) = \prod_{i=1}^{S} a_1 \tag{6-2}$$

式中，$P(\,)$表示概率。

如果随机变数序列$\xi_1, \xi_2, \xi_3,\cdots$对于任意自然数 S，由 S 个元素所组成的 S 维空间上的点（$\xi_{n+1}, \xi_{n+2},\cdots, \xi_{n+S}$）在 S 维空间的单位立体 G_s 上均匀分布，则随机变数序列$\xi_1, \xi_2, \xi_3,\cdots$是随机数序列。

由于用物理方法产生的随机数序列无法重复实现，也无法进行程序复算，给验证带来了困难，而且需要为购置随机数序列发生器和电路联系等附加设备支付昂贵的费用。因此，在实际生产运用中选择用数学方法产生随机数，一般用下面的递推公式：

$$\xi_{n+k} = T(\xi_n, \xi_{n+1}, \cdots, \xi_{n+k-1}) \tag{6-3}$$

对于给定的初始值$\xi_1, \xi_2,\cdots, \xi_k$，确定$\xi_{n+k}$，$n=1, 2,\cdots$。

经常遇到的是 $k=1$ 的情况，此时递推公式为

$$\xi_{n+1} = T(\xi_n) \tag{6-4}$$

对于给定的初始值ξ_1，确定ξ_{n+k}，$n=1, 2,\cdots$。

用数学方法产生随机数有两个特点。

（1）递推公式和初始值$\xi_1, \xi_2, \cdots, \xi_k$确定后，整个随机数序列就被唯一确定下来了。或者说，随机数序列中除前 k 个随机数是选定的外，任意一个随机数ξ_{n+k}都被前面的随机数唯一确定了，不满足随机数相互独立的要求。

（2）由于随机数序列是用递推公式确定的，计算机表示的数又是有限多的，因此递推无限继续下去时，随机数序列就不可能不出现重复。一旦出现这样的 n' 和 n''（$n'<n''$），使下面的等式成立：

$$\xi_{n'}+i=\xi_{n''}+i,\ i=1, 2,\cdots, k \tag{6-5}$$

无随机数序列就出现了周期性的循环现象，这与随机数的要求是矛盾的。

正是由于这两个特点，常把用数学递推方法产生的随机数称为伪随机数。对于伪随机数的第一个特点，无法从本质上改变，但只要递推公式选取得比较好，随机数的相互独立性可以近似地满足；对于第二个特点，由于加网时所需要的随机数个数（范围）是有限的，只要个数不超过伪随机数序列出现循环现象的长度就能满足要求。

6.2.2 基于调频加网的信息隐藏实例

传统调频加网相对于传统调幅加网的优势是不会产生龟纹，这是由于调频加网所产生的网点具有随机分布的特性，这种特性打破了网点分布的规律，使得最终的加网图像能够获得良好的视觉外观。利用传统调频加网的方法，再结合类似基于调幅加网的信息隐藏方法，就能够完成基于调频加网的信息隐藏。

对于调频网点的分布需要找到两个合适的调频模板，并且这两个模板能够容易地进行信息提取，如运用两个互补的抖动矩阵。在确定了模板之后，就能够运用类似基于调幅加网的信息隐藏方式进行调制加网。图 6-17 为基于调频加网的信息隐藏图像。从图 6-17 中可以得出，隐藏的信息已经完全不可见，并且原连续调图像在加网后获得了比调幅加网图像更好的效果。

（a）普通迭代加密

（b）混沌加密

图 6-17　基于调频加网的信息隐藏图像

先将图 6-3 apple.bmp 二值图像读入（imread('apple.bmp')），作为防伪信息 message（256×256）。

防伪信息嵌入的步骤如下。

（1）根据防伪信息对 Lena 图（见图 6-4）信息 Image（256×256）进行调制加网。基于调频加网的信息隐藏 MATLAB 程序如下。

```
function tiaofu=frehalftone1(ssss)          %加网函数 frehalftone1
model1=[0 32 8 40 2 34 10 42
       48 16 56 24 50 8 58 26
       12 44 4 36 14 46 6 38
       60 28 52 20 62 30 54 22
       3 35 11 43 1 33 9 41
       51 19 59 27 49 17 57 25
       15 47 7 39 13 45 5 37
       63 31 55 23 61 29 53 21];            %抖动矩阵

ssss=64*(1-ssss/255);                       %将 256 级图像转为 64 级图像
for m=1:8
    for n=1:8
        if ssss>model1(m,n)                 %加网灰度值与矩阵中的每一个值比较
                                            %大于，就曝光，有着墨点，否则不曝光
             tiaofu(m,n)=0;
        else
            tiaofu(m,n)=255;
        end
      end
   end
end
```

（2）信息的调制加网算法的主要代码如下。

```
if message(i,j)==1
bw(i,j)={frehalftone1(Image)}; %防伪信息为 1，进行矩阵 1 加网
else if message(i,j)==0
bw(i,j)={frehalftone2(Image)}; %防伪信息为 0，进行矩阵 2 加网
```

将防伪信息进行普通迭代加密和混沌加密处理的程序代码，与基于调幅加网的信息隐藏方式相同。普通迭代加密和混沌加密的解密的方式与其加密的方式相同，都用相同的系数去置乱图像。

进行信息提取的基于网点位置的模板局部放大图如图 6-18 所示。

图 6-18　进行信息提取的基于网点位置的模板局部放大图

调频网点的随机性及嵌入信息置乱的伪随机性使得最终嵌入信息后的图像质量良好。

6.3　矢量半色调网点信息隐藏

彩色印刷的研究方向之一是在印刷过程引入更多的颜色，以扩展色域，复制出那些常规 CMYK 四色套印无法复制的颜色，如喷墨印刷。对模拟传统网点的记录点集聚有序抖动技术来说，根据以往的经验，引入的额外颜色对应的网点图像必须旋转不同的角度，以避免莫尔纹。然而，分色版的增加使旋转角度受限，原因在于[0°, 90°]范围内可选择的旋转角度数量有限，只要部分网点图像的旋转角度不够，莫尔纹就无法避免。事实上，某些半色调算法可完全消除莫尔纹，如蓝噪声蒙版和误差扩散算法。在这些算法建立的半色调图像内，记录点出现的位置是随机的，因此执行彩色图像的半色调处理时无须旋转网屏角度。但随机半色调技术也存在自己的问题，如误差扩散算法用于彩色图像的半色调处理时容易出现相关的图像、蓝噪声蒙版存在周期性的“瓷砖”图像排列问题等，这些问题对单色连续调图像的半色调处理可不予考虑，但存在更多彩色平面叠加时，结构性的赝像容易被眼睛察觉。

彩色半色调处理技术最有可能产生分散的记录点纹理组织，不同着色剂记录点的交互作用有机会充分地发展。因此，许多半色调研究者提出以彼此相关的方式从分色版连续调图像转换到二值半色调图像的建议，这种处理方法称为矢量半色调。

Miller 和 Sullivan 在矢量空间中处理彩色图像，试图利用误差扩散算法提高彩色半色调处理的视觉质量。他们没有采用对彩色成分各自独立的处理方法，而是将每一个像素作为彩色矢量进入半色调处理流程，这种方法称为矢量误差扩散算法。该算法首先将彩色图像转换到不可分离的色彩空间，指定给像素的半色调颜色与不可分离色彩空间接近。矢量误差扩散算法的误差传递方式与标量误差扩散相同，即矢量误差也分配给邻域的未来像素。Klassen 等人也提出矢量误差扩散算法，旨在使彩色噪声的可察觉程度最小。他们提出的矢量误差扩散算法建立在视觉系统感受特性的基础上，对比灵敏度随空间频率的增加而迅速下降。要想使空间频率增加，应避免印刷那些比邻域像素对比度相对高的像素。例如，明亮的灰色采用非

搭接的青色、品红色和黄色像素叠印的方法。与其他半色调算法相比，经典误差扩散算法在彩色半色调方面表现得更成功，而矢量误差扩散算法中给定像素位置引起的误差则以组合方式扩散到彩色平面，或由独立于色彩空间的设备执行。Kite 等人通过线性误差扩散定量地研究灰度误差扩散引入的锐化和噪声，他们借助于由 Ardalan 和 Paulos 开发的线性扩大模型改变量化器在误差扩散处理流程中的位置，实现σ-δ调制。这种模型可以准确地预测误差扩散半色调图像的噪声和锐化。Amera-Venkata 和 Evans 成功地将灰度图像误差扩散的线性系统模型移植到矢量误差扩散算法，以矩阵扩大模型并利用矩阵值系数组成的误差过滤器特性代替线性扩大模型。他们建议的矩阵扩大模型（包含早期线性扩大模型）作为矩阵扩大模型的特例。矩阵扩大模型在频域中描述矢量彩色误差扩散，预测半色调处理造成的噪声和线性频率畸变。

基于网点形状不变位置随机变的信息隐藏算法是结合基于调幅和调频的加网算法演变而来的。该算法不仅能够有效地进行信息隐藏，提高加网后图像的质量，还能够隐藏海量的数据信息。

该算法的准备工作与基于调幅和调频的信息隐藏算法相同，都需要将被隐藏的图像进行置乱处理。唯一不同的就是在加网中，被隐藏的二值图像信息以位置和形状的方式进行嵌入，具体做法是：若被嵌入二值图像的像素值为 255，则该像素选择随机位置加网，加网的网点随机在网格的四个角排列；若像素值为 0，则加网的网点位于网中心。但这些网点无论在哪个位置分布，它们的形状都是相同的。

该算法的核心 MATLAB 程序代码如下。

```
ww=round(3*rand(256,2048));
for i=1:leth
    for j=1:wide
      if w1(i,j)==255    %若图像的像素值为 255，则选择随机位置加网，网点随机在四个角排列
        wx(i,j)=ww(i,j);
      else
       wx(i,j)=4;         %否则选择第五种加网方法，网点位置在中间
      end
    end
end
for i=1:leth
    for j=1:wide
    conv=I(i,j);
    conv=double(conv);
    switch wx(i,j)
        case 0
            bw(i,j)={lefttone1(conv)};
         case 1
            bw(i,j)={lefttone2(conv)};
         case 2
            bw(i,j)={lefttone3(conv)};
         case 3
            bw(i,j)={lefttone4(conv)};
         case 4
            bw(i,j)={lefttone5(conv)};
```

```
        end
    end
end
```

图 6-19 和图 6-20 分别为待嵌入的图像和嵌入信息后的图像。

从图 6-20 中就可以看出，基于网点形状不变位置随机变的信息隐藏能获得十分满意的效果。

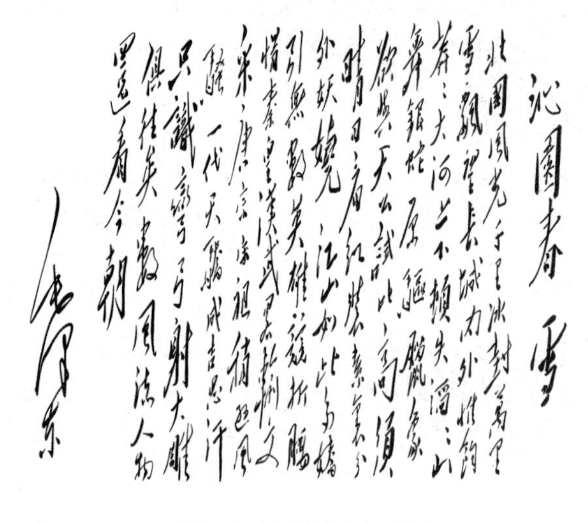

图 6-19　待嵌入的图像

图 6-20　嵌入信息后的图像

6.4　最低有效位信息隐藏

最低有效位（LSB）信息隐藏的基本思想：将私密信息嵌入图像像素值的 LSB，以达到信息隐藏的目的。在进行信息提取时，通过获得嵌入比特数及位置便可以将秘密信息从载体文件中提取出来。

实践证明，任何一幅图像都具备一定的噪声分量，这表现在数据的 LSB 的统计特征具有一定的随机性，秘密信息就依靠这种随机性来隐藏信息，实现隐形性。事实上，无论是声音还是视频，都有这种随机性质。在数字图像中，一幅图像的每个像素是以多比特位的方式构成的；在灰度图像中，每个像素通常为 8 位；在真彩色图像（RGB 方式）中，每个像素为 24 位，其中 RGB 这 3 色各为 8 位，每一位的取值为 0 或 1。在数字图像中，每个像素的各个位对图像的贡献是不同的。对于 8 位的灰度图像，每个像素的数字可表示为

$$g=\sum_{i=0}^{7}b_i 2^i \qquad (6\text{-}6)$$

式中，i 为像素的第几位；b_i 为第 $b_i\in\{0,1\}$ 位的取值。

对于灰度图像，人眼不能分辨全部 256 个灰度等级，4 个左右灰度等级的差异人眼是不能区别的。当对比度比较小时，人眼的分辨能力更差。这样可把整个图像分解为 8 个位平面，从 MSB（最高有效位 7）到 LSB（最低有效位 0）。从位平面的分布来看，随着位平面从低位

到高位（从位平面 0 到位平面 7），位平面图像的特征逐渐变得复杂，细节不断增加。在比较低的位平面，视觉上已不能单纯地从位平面上看出测试图像的信息。由于图像低位所表示的能量很少，改变图像的低位对图像本身并没有多大的影响。LSB 信息隐藏技术就是利用这一点将需要隐藏的秘密信息随机（或连续）地隐藏在载体中较低的位平面。具体做法是先将原始载体图像的空域像素值由十进制转换到二进制，以块图像为例，过程如图 6-21（a）所示，然后用二进制秘密信息中的每一位信息替换与之相对应的载体数据的 LSB，假设待嵌入的二进制秘密信息序列为[0 1 1 0 0 0 1 0 0]，则信息替换过程如图 6-21（b）所示，最后将得到的含秘密信息的二进制数据转换为十进制像素值，从而获得含秘密信息的图像，如图 6-21（c）所示。

信息提取就是上述过程的逆过程。

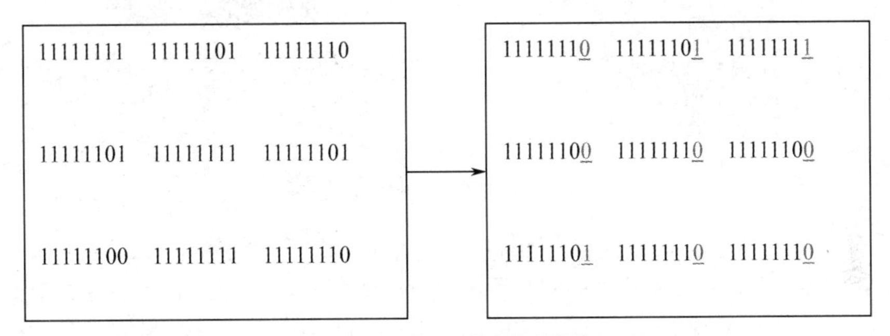

（a）原始图像空域像素值的转换

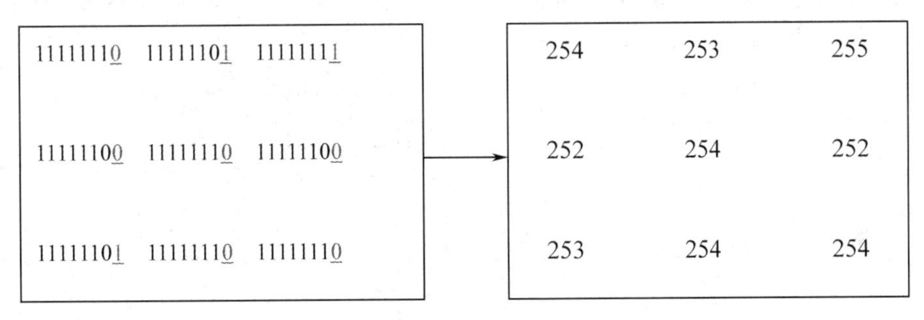

（b）信息替换过程

（c）秘密信息的转换

图 6-21　秘密信息嵌入的具体过程

LSB 信息隐藏的效果图如图 6-22 所示。

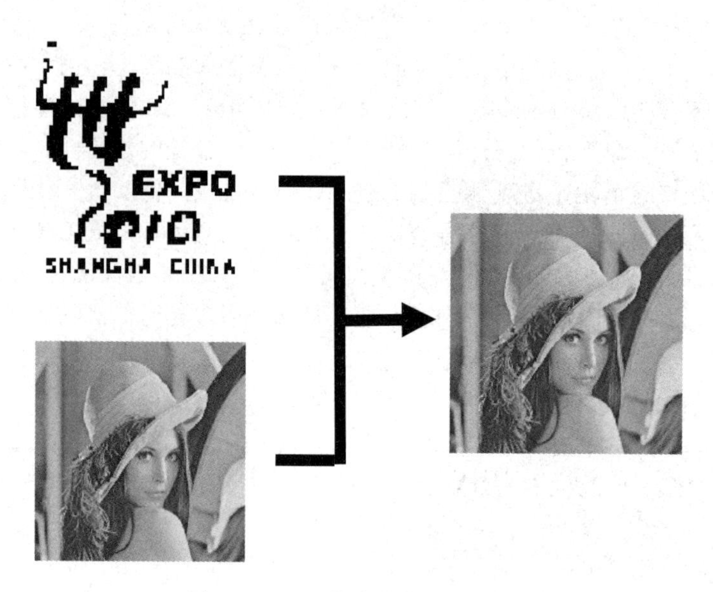

图 6-22　LSB 信息隐藏的效果图

平滑区对噪声非常敏感，视觉阈值较低，只能嵌入少量的秘密信息；非平滑区中边缘区对噪声不是很敏感，可嵌入适量的秘密信息；非平滑区中纹理区对噪声反应不敏感，视觉阈值较高，可嵌入较多的秘密信息。因此，要利用 HVS 的特性进行信息隐藏，首先要根据视觉掩蔽效应将图像划分为不同的类别，以便在不同的噪声敏感区域分别嵌入不同的信息量。载体图像的分块流程如图 6-23 所示。

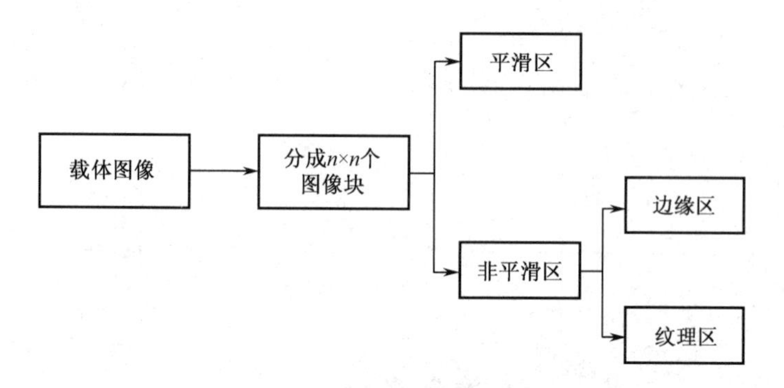

图 6-23　载体图像的分块流程

图像块熵值的计算方法：设图像有 $S_1, S_2, \cdots, S_q$，共 q 种幅值，并且出现的概率分别为 $P_1, P_2, \cdots, P_q$，则每种幅值的信息量为 $\log_2(P_i)$，图像块熵值为

$$H = -\sum_{i=1}^{q} P_i \times \log_2 P_i \tag{6-7}$$

方差用于表示数据分布和离散程度的一维统计特性，但是方差的结果随着像素的灰度值的变化起伏很大，因此利用方差进行多组数据的比较时就显得不太合理，而利用变异系数（也称变异度）来比较则更为合适，它在数量上度量了一个总体的变异性相对于其总体均值的大小。标准方差的计算公式为

$$s = \frac{1}{n-1}\sum_{x,y\in B_{i,j}}\left[f(x,y)-\overline{f}\right]^2 \tag{6-8}$$

式中，n 为图像块 $B_{i,j}$ 中元素的个数；$f(x, y)$为图像块 $B_{i,j}$ 中像素的灰度值，$\overline{f}$ 为图像块 $B_{i,j}$ 的平均灰度值。变异度的计算公式为

$$c = \frac{s}{\overline{F}} \tag{6-9}$$

式中，$\overline{F}$ 为整个图像的平均灰度值。

以 256×256 的灰度图像为例，平滑区、边缘区和纹理区划分的算法如下：将图像分成 8×8 的图像块 $B_{i,j}$，（$i,j=1, 2,\cdots, 32$），产生每个图像块的直方图并计算每种幅值出现的概率，根据式（6-7）求每个图像块的熵值，计算每个图像块的平均灰度值与标准方差，计算整个图像的平均灰度值并按式（6-9）计算其变异度，根据熵值和变异度及设定的熵阈值和变异度阈值将图像块划分成平滑区、边缘区与纹理区。

LSB 算法就是改变图像中的像素值，但是像素值的改变有一定的限度，超过这个限度就会被观察出来，这个限度称为恰可察觉失真（JND）。在对载体图像嵌入信息时，若嵌入的信息量低于 JND 阈值，则载体图像的改变将不会被察觉。在信息隐藏中利用 JND 阈值来隐藏信息，不仅保证了秘密信息的不可见性，还增强了秘密信息的稳健性。大量统计结果表明：平滑区、边缘区、纹理区对应的 JND 阈值分别为 2、4、10（单位为灰度值）。

以 256×256 的灰度图像为例，算法实现如下：将图像分成 8×8 的图像块；按照上述原则区分每个图像块属于哪个区，并且做相应的标记；将秘密信息转化为二进制比特流，并存放于数组中；依次扫描每个图像块，如果该图像块属于平滑区，则该图像块中每个像素的末 1 位嵌入 1 个秘密信息比特流；如果该图像块属于边缘区，则该图像块中每个像素的末 2 位嵌入 2 个秘密信息比特流；如果该图像块属于纹理区，则该图像块中每个像素的末 3 位嵌入 3 个秘密信息比特流。

秘密信息的提取同样是嵌入过程的逆过程，具体步骤为：将图像分成 8×8 的图像块，依次扫描每个图像块，如果该图像块属于平滑区，则提取该图像块中每个像素的末 1 位信息并保存在数组中；如果该图像块属于边缘区，则提取该图像块中每个像素的末 2 位信息并保存在数组中；如果该图像块属于纹理区，则提取该图像块中每个像素的末 3 位信息并保存在数组中。最后把数组中的二进制比特流进行数据重组，恢复成原来的秘密信息。利用 LSB 算法进行信息隐藏不仅隐藏容量大，而且具有较好的隐蔽性。

6.5 基于 CMYK 同色异谱特性的信息隐藏

前述的半色调信息隐藏方法主要针对灰度图像，可以拓展到彩色图像。同时，彩色图像可以有更加独特的信息隐藏方法。对于一幅彩色图像，根据印刷的四原色 CMYK 的每个原色在不同光源（如红外线、紫外线）波段内的响应光谱不同，利用同色异谱原理生成同色异谱防伪图像，实现秘密信息的隐藏。利用印刷的 CMYK 四色色谱和观察的 RGB 三基色色谱具有的同色异谱特性，基于炭黑在红外线下的光学特性及 CMYK 不同配比中 K 墨含量的差异，

使秘密信息在日光下不可见，而在红外线下可见。

同色异谱是色度学中的一个基本概念，在实际生产和生活中有很大的理论和实际意义。同色异谱是这样定义的：如果两个色样在可见光谱内的光谱幅度分布不同，而对于特定的标准观察者和特定的照明体具有相同的三色刺激值，则这两个颜色就是同色异谱色，其颜色反射率也不相同，即

$$R_1(\lambda) \neq R_2(\lambda) \in (380\text{mm}, 80\text{mm}) \tag{6-10}$$

若在给定的照明体和标准观察者条件下，有：

$$\begin{aligned} X_1 &= \int_\lambda \phi^{(1)}(\lambda)\bar{x}(\lambda)\mathrm{d}\lambda = X_2 = \int_\lambda \phi^{(2)}(\lambda)\bar{x}(\lambda)\mathrm{d}\lambda \\ Y_1 &= \int_\lambda \phi^{(1)}(\lambda)\bar{y}(\lambda)\mathrm{d}\lambda = Y_2 = \int_\lambda \phi^{(2)}(\lambda)\bar{y}(\lambda)\mathrm{d}\lambda \\ Z_1 &= \int_\lambda \phi^{(1)}(\lambda)\bar{z}(\lambda)\mathrm{d}\lambda = Z_2 = \int_\lambda \phi^{(2)}(\lambda)\bar{z}(\lambda)\mathrm{d}\lambda \end{aligned} \tag{6-11}$$

则色样1和色样2就是同色异谱色。

式（6-11）中，X_1、Y_1、Z_1和X_2、Y_2、Z_2分别为色样1和色样2的三色刺激值；$\phi^{(1)}$、$\phi^{(2)}$分别为色样1和色样2颜色的光谱分布，且$\phi^{(1)} = R_1(\lambda)S(\lambda)$，$\phi^{(2)} = R_2(\lambda)S(\lambda)$，$S(\lambda)$为照明体相对光谱功率分布；$\bar{x}$、$\bar{y}$、$\bar{z}$为标准观察者匹配函数。

根据同色异谱特性配置四组CMYK比例不同的配色方案，通过比例配色，第一组配色油墨在可见光下和红外线下看到的是相同的白色；第二组配色油墨在可见光下看到的是黑色，在红外线下看到的是白色；第三组配色油墨在可见光下看到的是白色，在红外线下看到的是黑色；第四组配色油墨在可见光下和红外线下看到的是相同的黑色。以此达到防伪信息在可见光下不可见，在红外线下可见的效果。

基于同色异谱的半色调信息隐藏根据 CMYK 配色方案、加网模板对待隐藏图像和载体图像进行半色调加网，将待隐藏图像隐藏到载体图像中，生成安全二维码。

1．设计加网模板

对待隐藏图像和载体图像进行半色调加网时，加网模板的随机化程度会影响调制的效果。如表6-1所示，使用的载体图像——二维码中包含噪点，对图像进行加网的过程中不能对它们产生干扰，因此需要对二维码中所有噪点进行标记，根据标记的结果调用相应的模板。

（1）判定信号点：二维码中每个信息块的中心点是信号采集点，如果该点的像素值等于任意一个噪点的像素值，则说明该点是信号点。

（2）判定黑底白噪点：如果信号点的像素值为255，则该区域为黑底白噪点。

（3）判定白底黑噪点：如果信号点的像素值为0，则该区域为白底黑噪点。

（4）通过以上步骤标记载体图像中的噪点信息，标记结果如表6-2所示。

（5）设计32个加网模板（母版）。母版的设计需要注意均匀化、随机分布，以及C、M、Y、K的比例。

（6）通过计算、实验验证，以这32个母版作为C通道的加网模板，记为moudleC；根据计算出的映射关系，找到moudleC映射到M通道时所对应的模板，并将这些模板旋转90°，得到M通道的模板，记为moudleM；找到moudleM映射到Y通道时所对应的模板，并将这些模板旋转90°，得到Y通道的模板，记为moudleY；找到moudleY映射到K通道时所对应

的模板，并将这些模板旋转 90°，得到 K 通道的模板，记为 moudleK。用这种方法能够得到 128 个加网模板。

表 6-1　信息块中噪点个数及分布

信息块中的噪点							

表 6-2　载体图像的噪点标记结果

黑底白噪点				白底黑噪点			
噪点图像	标记结果	噪点图像	标记结果	噪点图像	标记结果	噪点图像	标记结果
	1111		0111		0000		1000
	1110		0110		0001		1001
	1101		0101		0010		1010
	1100		0100		0011		1011
	1011		0011		0100		1100
	1010		0010		0101		1101
	1001		0001		0110		1110
	1000		0000		0111		1111

2. 图像加网算法

采用的防伪图像嵌入方法是基于网点空间矢量的水印信息隐藏算法的，即分别对图像的 C、M、Y、K 四个通道进行加网，根据载体图像和防伪图像位置的映射关系，将防伪图像嵌入载体图像的对应位置，再将生成的四个通道的图像叠加起来，生成同色异谱安全二维码。算法流程如下。

（1）对载体图像进行分色处理，提取出四个通道的图像。

（2）以 C 通道为例，遍历 C 通道图像的像素值，判定每个像素点的像素值是否满足四组油墨配比中设定的 C 油墨的含量。

（3）根据判断结果及标定的噪点信息调用相对应的模板对C通道图像进行加网。

（4）根据以上步骤对M、Y、K通道进行加网。

（5）将生成的四个通道的图像进行叠加合成，生成安全二维码。

（6）图6-24为对C、M、Y、K四个通道分别进行半色调加网产生的图像，图6-25为生成的安全二维码。可以看出，采取该方法所设计的加网算法及加网模板制作方法，不会对二维码中携带的噪点信息产生干扰，并且能够将待隐藏信息完整的嵌入载体图像中，不影响防伪信息的隐藏效果。

（a）对C通道进行半色调加网产生的图像

（b）对M通道进行半色调加网产生的图像

（c）对Y通道进行半色调加网产生的图像

（d）对K通道进行半色调加网产生的图像

图6-24　对C、M、Y、K四个通道分别进行半色调加网产生的图像

图6-25　生成的安全二维码

3．复合防伪性能检测

使用四种待隐藏图像，将这些待隐藏图像分别与载体图像按照上述的方法进行调制，生成安全二维码并且使用理光Pro C7100数码印刷机，以600dpi的分辨率进行打印。为了更好

地重现二维码，不破坏二维码的加网结构，在打印时需要关闭打印机的色彩管理，避免对图像的网点再现产生干扰。

表 6-3 是安全二维码打印扫描测试结果对比表。第一组图像为打印的安全二维码，在可见光下只能看到二维码，看不到隐藏的防伪信息；第二组图像为打印的安全二维码在红外检测设备下呈现的图像，能够看到隐藏的防伪信息；第三组图像为扫描的安全二维码，可以看出经过扫描，二维码中的一些噪点信息已经丢失；第四组图像为扫描的安全二维码在红外检测设备下呈现的图像，由于图像在扫描之后，颜色信息已经发生改变，不能够再呈现出同色异谱的效果，因此不能呈现出防伪信息。

测试结果说明利用该方法生成的安全二维码具备防伪防复制的功能。

表 6-3　安全二维码打印扫描测试结果对比表

打印的安全二维码	打印的安全二维码在红外检测设备下呈现的图像	扫描的安全二维码	扫描的安全二维码在红外检测设备下呈现的图像

6.6　变换域信息隐藏

基于空间域的信息隐藏算法的最大缺点是稳健性不好，抗信号失真的能力较差，嵌入的信息量不能太多，近年来，基于变换域的信息隐藏算法逐渐成为主流，与基于空间域的信息隐藏算法相比，它具有如下优点。

- 隐藏的信息能量可以散布到空间域的所有载体单元上，有利于保证秘密信息的不可见性。
- 基于变换域的信息隐藏算法具有较好的稳健性，能抵抗噪声、压缩和一部分几何变换攻击。
- 在变换域，HVS 的某些特性（如频率掩蔽效应）可以更方便地结合到秘密信息编码过程中。

数字水印作为信息隐藏的一个重要分支，越来越引起人们的重视。数字水印算法是指用信号处理的方法在数字化的多媒体数据中嵌入隐蔽的标记。它是源于数字媒体版权保护的需要而产生的，是信息隐藏技术的一个重要研究方向。按照数字水印隐藏的位置划分，可以将数字水印算法分为空间域数字水印算法和变换域数字水印算法。

较早的数字水印算法都是空间域上的，空间域数字水印算法使用各种各样的方法直接修改图像的像素，将数字水印直接加载在数据上；变换域数字水印算法是在水印嵌入之前先对载体进行变换，得到变换域系数。设计一定的嵌入准则将水印叠加在载体中，得到修改后的变换域系数，再通过反变换恢复出原始图像。其中，比较常用的变换技术有离散余弦变换和离散小波变换。

1. 离散余弦变换

离散余弦变换（DCT）是1974年由 Ahmed 和 Rao 等人提出的，是一种实数域变换，其变换核心为实数的余弦函数。图像经过 DCT 后，变换域系数几乎不相关，经过反变换重构图像，信道误差和量化误差将像随机噪声一样分散到块中的各个像素，不会造成误差积累。DCT 能将数据块中的能量压缩到部分低频中（DCT 系数矩阵的左上角）。DCT 系数频带如图 6-26 所示。

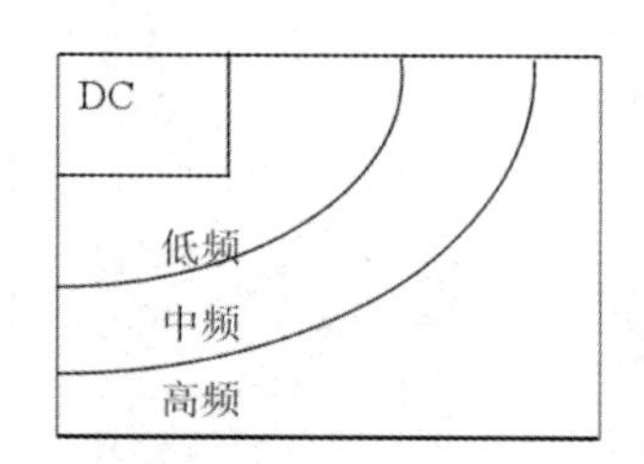

图 6-26　DCT 系数频带

DC 分量是直流分量，是 DCT 系数矩阵中数值最大的，它代表了图像背景的平均值，即图像亮度值。AC 分量是交流分量，分低频、中频、高频三个频带，其中交流分量的低频分布在矩阵的左上角，是三个频带中系数值较大的区域，集中了图像的大部分能量，中频、高频依次向外分布。

人眼对图像的各种成分具有不同的敏感性：①人眼对不同灰度具有不同敏感性，中等灰度最为敏感，过亮或过暗都不敏感。②人眼对平滑区和边缘区敏感，对纹理区和噪声区不敏感。因此，在 DCT 变换域嵌入水印信息时，应结合 HVS 掩蔽特性，对于嵌入的位置主要考虑以下因素。

- 低频集中了图像信号的大部分能量，对图像较为重要，因此嵌入的水印具有足够的稳健性。由于人眼对低频信号非常敏感，在低频信号加入过大的水印信号不能保证其不可见性，但只要选择信息量小，对低频系数改变不大的水印信号即可，而且低频系数通常具有较大的值，信息嵌入后对图像的影响小，有利于保证不可见性。
- DC 系数代表了块的平均亮度，对 DC 系数的改变易引起块效应，对图像的主观质量有明显影响；但 DC 系数振幅较大，较 AC 系数具有更大的感觉容量。
- 根据人眼的频域特性，人眼对图像上不同空间频率具有不同灵敏度，对中频响应较高，而对高频响应较低。

DCT 可以分为基于全局 DCT 的数字水印算法和基于分块 DCT 的数字水印算法。由于基于全局 DCT 的数字水印算法实用性不好，不能很好地利用图像的局部特性，因此目前越来越多的算法都转到分块 DCT 域。基于分块 DCT 的变换信息嵌入算法流程图如图 6-27 所示。

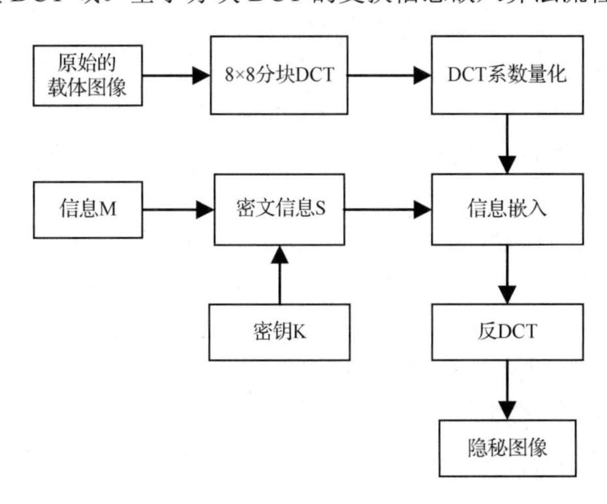

图 6-27　基于分块 DCT 的变换信息嵌入算法流程图

具体步骤如下。

第一步：将原始的载体图像进行 8×8 分块 DCT。

第二步：将变换后得到的 DCT 系数进行量化，选择合适的 DCT 系数块准备嵌入信息。

第三步：将要隐秘的信息加入密钥 K 转换为密文信息 S。

第四步：将密文信息 S 嵌入 DCT 系数块。

第五步：将 DCT 系数矩阵进行反 DCT，得到隐秘图像。

相对于基于全局 DCT 的数字水印算法，基于分块 DCT 的数字水印算法有以下优点。

- 有更好的能量结合能力，稳健性更好。
- 可以更好地利用图像的局部特性。具体来说，利用亮度掩码、对比度掩码和频率掩码，可以在每一个 8×8 的小块范围内对图像特性进行分析，从而使得嵌入强度在不影响透明性的前提下尽可能地增大，以增强稳健性。
- 可以更好地与各种压缩标准相结合，为压缩域水印算法奠定了基础。

2．离散小波变换

离散小波变换（DWT）是对人们熟悉的傅里叶变换与短时傅里叶变换的一个重大突破，并已经成功应用于图像去噪、边缘检测、分割及编码。在新一代的压缩标准（MPEG-4、JPEG 2000）中，离散小波变换成为一种关键技术，小波域的能量分布比较清楚，因此小波域的水印算法有良好的发展前景。

与 DCT 不同的是，DCT 纯粹将空域变换到频率域，而离散小波变换的基础是平移和伸缩变换下的不变性，是对图像的一种多尺度、空间-频率分解，同时保持原始图像的信息，更符合 HVS 的特点。由于离散小波变换在时、频两域都具有表征信号局部特征的能力，因此其特征化和定位攻击能力更强，并且运算量比 DCT 小。采用分块的 DCT 会使重构图像出现马赛克现象，而用离散小波变换则不会出现这种现象。另外，离散小波变换具有分层特性，可将水印分散在原始图像的某个子带或某几个子带。利用离散小波变换的具体算法主要有三种：①基于小波零树结构；②小波多级分解，在不同的分解级上结合 HVS，分别嵌入整数小波变换；③在小波及最大的 n 个系数上嵌入。这些算法嵌入隐秘信息的方式有两种：一种是通过修改系数来嵌入隐秘信息；另一种是通过改变小波系数的值来嵌入隐秘信息，该方法对于以传送隐秘信息为目的的攻击具有很高的稳健性。

在图像经过一次离散小波变换后，原始图像被划分成四个子图，如图 6-28 所示，一个低频子带 LL（垂直和水平方向的低通子带）、一个高频子带 HH（垂直和水平方向的高通子带）、两个中频子带 LH（水平方向的低通子带和垂直方向的高通子带）和 HL（水平方向的高通子带和垂直方向的低通子带），每个子图的大小为原始图像的四分之一。图 6-29 是对大小为 256×256 的灰度图像（Lena 图像）进行一级小波变换分解后的结果。由图可见，LL 子图表示由小波变换分解级数决定的最大尺度、最小分辨率下对原始图像的最佳逼近，它的统计特征与原始图像相似，集中了原始图像的绝大多数能量，称为原始图像的逼近子图。LL 子带系数的改变通常会引起较大的图像失真；HL、LH 和 HH 子图分别是原始图像在不同尺度、不同分辨率下的垂直边缘细节、水平边缘细节和对角边缘细节信息，它们刻画了图像的细节特性，称为细节子图。由于它们的系数相对较小，只包含图像的少部分能量，因此这些部分的改变对图像的影响也较小。

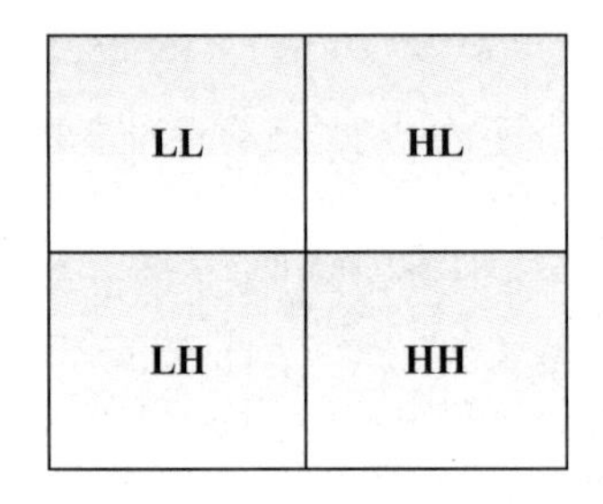

图 6-28 一级小波变换分解的示意图

图 6-29 Lena 图像的一级小波变换分解

若再对低频子带 LL 进行分解，又可以得到更低分辨率的子带，如此反复可以对图像进行多次小波变换分解。图 6-30 为三级小波变换分解的示意图。图 6-31 是对大小为 256×256 的灰度图像（Lena 图像）进行三级小波变换分解后的结果。

LL_3	HL_3	HL_2	HL_1
LH_3	HH_3		
LH_2		HH_2	
LH_1			HH_1

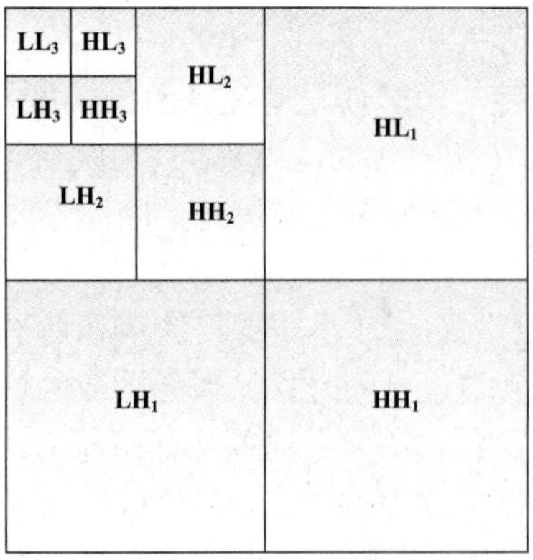

图 6-30 三级小波变换分解的示意图

图 6-31 Lena 图像的三级小波变换分解

利用 HVS 的照度掩蔽特性和纹理掩蔽特性，通过修改细节子图上的某些小波系数来嵌入隐秘信息，即将隐秘信息嵌入图像的纹理和边缘。小波域的嵌入算法通过多分辨率分析的小波分解，将原始图像分解到对数间隔的子频带，然后对原始图像在每个分辨率等级上进行分割，形成互不相交的像块，再按照对视觉效果影响的程度对各像块嵌入信息，最后对嵌入信息后的小波域的图像进行小波反变换。

该方法的信息隐藏方式主要有以下几个步骤。

第一步：对要隐藏的隐秘图像信息进行 Arnold 置乱加密，并按位排成一维序列，形成待嵌入的隐秘信息。

第二步：对载体图像进行三级小波变换分解，得到要嵌入区域（HH_2、HL_2、LH_2、HH_3、HL_3 和 LH_3）的小波变换分解系数。将原始图像的各个 $n \times n$ 子块进行三级小波变换分解，得到第三层低频系数 LL_3，以及每一层的三个细节子带系数。将第三层低频系数 LL_3 扩展为与待嵌入的细节子带同等大小的矩阵，求取余数矩阵，并结合隐秘信息自身的特征，通过调整余数矩阵和细节子带系数之间的关系来完成隐秘信息的嵌入。

第三步：根据二级和三级小波变换分解后的系数和嵌入策略确定被嵌入的小波变换分解系数的位置。

第四步：信息嵌入。将待嵌入信息的一维序列按 HH_2、HL_2、LH_2、HH_3、HL_3 和 LH_3 系数的可嵌入位置从低位到高位顺序嵌入。

第五步：进行三级小波反变换，得到隐藏隐秘信息后的隐秘图像。

6.7 半色调信息隐藏的评价

目前载密图像的不可感知性的评价分为主观评价和客观评价两类，主观评价的典型方法为 ITU—R Rec 500 的质量等级评判法。由于视觉感知能力因人而异，主观评价载密图像的不可感知性很难给出稳定可靠的结论，因此在研究和开发隐藏算法中，实际的度量一般采用客观定量度量的方法。

目前定量度量载密图像的不可感知性的客观指标主要为峰值信噪比（PSNR）或均方误差（MSE），对于一个 $M \times N$ 像素的灰度图像，设隐藏信息前和隐藏信息后每个像素的值分别为 $f(i,j)$ 和 $g(i,j)$，其中，$i=1,2,\cdots,M$，$j=1,2,\cdots,N$，图像的 MSE 和 PSNR 分别表示如下：

$$\text{MSE} = \frac{1}{MN}\sum_{i=1}^{M}\sum_{j=1}^{N}\left[f(i,j)-g(i,j)\right]^2 \tag{6-12}$$

$$\text{PSNR} = 10\lg\left(\frac{\max f(i,j)^2}{\frac{1}{MN}\sum_{i=1}^{N}\sum_{j=1}^{M}\left[f(i,j)-g(i,j)\right]^2}\right) \tag{6-13}$$

由于 PSNR 或 MSE 能定量衡量信息隐藏引入的失真，在一定程度上反映了待检测图像与原始图像的近似程度，且计算简便，因此被广泛使用。但在计算 PSNR 时，对图像是逐点进行的，每个点的所有误差（不管其在图像中的位置）都赋予同样的权值，并且没有考虑与周围像素点的相关性，这与人类视觉特性明显不相符，因此用 PSNR 衡量隐藏算法的不可感知性往往是不准确的。

为了更好地度量隐藏算法的不可感知性，学者们提出了一些新的评价方法，Watson 提出了基于小波域量化噪声视觉权重分析方法，Kaewkameerd 提出了基于小波域的 HVS 模型的门限公式，这两种基于小波域的评价方法计算复杂度过高，影响了应用价值，Wang、朱里和杨威分别提出了图像空域中的结构相似度失真指标，该方法不仅算法复杂度高，而且对图像模糊不够敏感。Voloshynovkiy 等人通过引入噪声视觉可见函数 NVF，提出了一个修正的加权峰值信噪比指标 WPSNR，WPSNR 指标比 PSNR 指标与主观评价更趋于一致，但该指标没有考虑到人眼在不同方向感知度不同这一实际情况。Van den 和 Farrell 提出了基于人类空间视觉的多通道模型的失真度度量指标 CMPSNR，CMPSNR 指标考虑了 HVS 的对比灵敏性和屏蔽现象，是一个基于人类空间视觉的多通道模型，该算法的计算复杂度也非常高。Watson 提出了一个很重要的称为临界差异（Just Noticeable Difference，JND）的概念，指出了在实验中能被识别出来的最小失真，即能够被普遍感知到变化的最小值，在嵌入信息时，要遵循的一个原则就是嵌入信息后导致图像系数的改动不能超过一个单位的 JND 值。Watson 视觉感知模型由三个方面的因素构成：频率敏感性、亮度掩蔽特性和对比度掩蔽特性。由于所获得的视觉计算模型过于复杂，因此很难针对每一幅图像或图像的局部特征来构造自适应的图像视觉压缩算法，人眼视觉特性并没有得到充分利用。

针对 PSNR 存在的缺陷，相关文献中提出了一种分块的客观失真评价方法——PBED，该方法将图像分成 8×8 或 16×16 的块，然后考察这些图像子块的失真情况。PBED 不只在总体上反映了隐藏处理引入的失真，还从微观上对局部的最大失真给出了限制，解决了 PSNR 局部评价较差的问题，计算复杂度也不是很高。但它仍然将每个像素作为独立的点看待，没有考虑图像相邻像素之间的相互影响，HVS 在观看图像时，不仅要获取图像的细微特征，还将各个像素，尤其是将相邻像素视为一个有机的整体的结果。图 6-32 所示的两幅图像中，每个像素的值由[0, 255]之间的随机整数构成，它们是两幅完全不同的图像，它们的 PSNR 非常低，为 7.78，PBED 值远远高于相关文献所提出的变化范围一般不超过 6 的要求，但在 HVS 中它们却是几乎相同的两幅图像，也说明在这两幅图像中可以隐藏巨大的由随机信号调制后的隐秘信息，用 PBED 来评价隐藏效果时仍会影响其嵌入容量。

图 6-32　两幅随机图像

用于评价不可感知性的理想指标应该满足以下几个条件：一是能充分反映人类视觉特性；二是指标的计算是基于空间域的，因为人眼对图像的感知最终是在空间域中进行的；三是计算复杂度较低。基于这种思想，相关文献中提出了一种视觉失真感知函数（Vision Distortion Sensitivity Function，VDSF）来评价隐藏信息后的不可感知性。

基于图像的信息隐藏可看作在强背景（原始图像）下叠加一个弱信号（被隐藏的信息），只要叠加的信号低于对比度门限（Contrast Sensitivity Threshold），HVS 就无法感觉到信号的存在。根据 HVS 的对比度特性，该门限值受背景照度、背景纹理复杂性和信号频率的影响。根据 Daugman 提出的视觉通道的 Gabor 滤波模型，一个像素的值的改变会影响与其相邻的多个像素的视觉效果，即相邻像素之间存在相关性，但这种相关性随着两者之间的距离增加而迅速减小。

设背景照度为 I，根据 Weber 定律，在均匀背景下，人眼刚好可以识别的物体照度为 $I+\Delta I$，ΔI 满足

$$\Delta I \approx 0.02 \times I \tag{6-14}$$

视觉领域的进一步研究表明，人眼的感知系统是一个非线性系统，ΔI 与 I 的关系更接近指数关系。有文献提出了更准确的对比敏感度函数（Contrast Sensitivity Function，CSF）：

$$\Delta I = I_0 \times \max\left\{I, (I / I_0)^{\alpha}\right\} \tag{6-15}$$

式中，I_0 为当 I=0 时的对比度门限；α为常数，$\alpha \in (0.6, 0.7)$。

当多个像素中每个像素的变化均不可感知时，这些像素的变化之和也应该是不可感知的，即没有视觉失真，但当人眼能感知到单个像素的变化，且这些被感知到的像素较多或某个像素失真很严重时才会引起视觉失真，因此衡量视觉失真时应该只考虑人眼能感知到变化的那些像素的变化情况，而不考虑虽然改变了但人眼不能感知到变化的那些像素，这是目前广泛被忽视的问题。

由于人眼对图像平滑区的噪声敏感，对纹理区的噪声不敏感，因此对像素的失真感知度与该像素一定邻域内的平滑度关系很大，坐标（i,j）处一定区域的邻域的平滑度 s 可定义为

$$s_{i,j} = \left(\frac{1}{1+\sigma_{i,j}^2}\right)^{\beta} \tag{6-16}$$

式中，$\sigma_{i,j}^2$ 为均方差：

$$\sigma_{i,j}^2 = \frac{1}{(2E+1)^2} \sum_{l=-E}^{E} \sum_{k=-E}^{E} \left[f(i+l, j+k) - \overline{f}(i,j) \right]^2 \tag{6-17}$$

$$\overline{f}(i,j) = \frac{1}{(1+2E)^2} \sum_{l=-E}^{E} \sum_{k=-E}^{E} f(i+1, j+k) \tag{6-18}$$

s 的值越大（最大值为 1），该邻域越平滑，像素值的变化越易被感知。图像由平滑变为粗糙与由粗糙变为平滑对人眼的视觉感知来说是相同的，而嵌入信息前后邻域内的平滑度一般会发生改变，这就存在平滑度是以原始图像还是以嵌入信息后的图像作为参照的问题，因为粗糙变为平滑时，其感知也是同样非常明显的。但在实际的嵌入处理中，待隐藏的信息一般是经过加密或置乱处理后的数据，这些数据一般都呈现噪声特性，隐藏信息后的图像不会出现由粗糙变为平滑的现象，因此以原始图像的平滑度作为参照更适合衡量嵌入前后的视觉感知量。

根据对比敏感度函数和邻域的平滑度，坐标（i,j）处的噪声感知量 NA 可定义为

$$\mathrm{NA}(i,j) = s_{i,j} \times \sum_{l=-E}^{E} \sum_{k=-E}^{E} \left[\max(0, \left| f(i,j) - g(i+l, j+k) \right| - \Delta f(i+l, j+k))^2 \div d \div (l^2 + k^2 + 1) \right] \tag{6-19}$$

式中

$$d=\begin{cases}1, & l=0\text{或}k=0\\2, & |l|=|k|\text{且}l\neq 0\\1.5, & \text{其他}\end{cases}$$

NA 表示受影响的像素的方向关系量，水平或垂直方向影响最大，正对角线方向影响最小。

式（6-19）中 E 为考虑的邻域的大小。$\Delta f(x,y)$为按式（6-15）计算的坐标为（x,y）的像素的对比敏感度，而 l^2+k^2+1 则反映相邻区域受影响的像素的距离关系，影响量与距离的平方成反比，距离越远，影响越小。

整个图像嵌入信息后的视觉失真感知指标 VDSF 表示为

$$\text{VDSF}=\lg\left(\frac{\max f(i,j)^2}{\dfrac{1}{MN}\sum_{i=1}^{M}\sum_{j=1}^{N}\text{NA}(i,j)}\right) \tag{6-20}$$

当式（6-17）中的 E 和式（6-16）中的β取值为 0 且不考虑像素的最低亮度变化量时（认为所有像素的$\Delta I=0$ 时），VDSF 的值与 PSNR 的值相同，即 PSNR 是 VDSF 的一种特殊情况。VDSF 反映了人类视觉的四个特性。

（1）人眼对视觉信号变化剧烈的地方（纹理区）的噪声不敏感，对平滑区的噪声敏感。

（2）人眼对水平或垂直方向的变化比对角线方向更为敏感。

（3）低于可感知极限的亮度变化是不可感知的。

（4）HVS 在观看图像时，不但要获取图像的细微特征，还将各个像素，尤其是相邻的像素视为一个有机的整体的结果，即相邻位置之间像素是相关的，距离越近，相关性越强，而随着空间距离的增加，像素之间的相关性逐渐减弱。

第7章 信息加密与印刷防伪

半色调信息隐藏解决的是信息隐藏和视觉不可见问题，通常采用特殊的印刷工艺或伪随机置乱算法，实现印刷防伪。这种防伪方法比较简单，数据安全性不高。通常为了提高印刷防伪信息的安全性，需要融合应用数字加密技术，即在实现半色调信息隐藏之前，对其数据进行加密，然后实现信息隐藏，这样即使攻击方对印刷防伪信息不择手段地进行了破解识读，但也只是得到了密文，从而极大地提高和保障了印刷防伪信息的安全性。

本章主要介绍信息加密、印刷防伪和典型的印刷防伪产品。

7.1 信息加密

信息加密是指为了确保所传输的信息数据的完整性、真实性、可靠性，防止信息在存储传输过程中被泄露和篡改，对信息数据进行处理保护的技术。信息加密过程就是按照某种加密算法，将原始的信息数据（明文）转换为用于传输中的信息数据（密文）的过程，一般包括以下要素：①明文：原始的信息数据；②密文：明文经密码变换而成的一种隐蔽形式；③加密算法：发送者对明文进行加密操作时所采用的一组规则；④密钥：它是独立于明文的值，算法根据当时所使用的特定值产生不同的输出，改变密钥就改变了算法的输出。近年来，随着计算机应用技术的不断发展，信息加密技术也越来越复杂多变。通过技术人员的不断研究探索，信息加密技术已经基本能够实现对数据的动态保护，并很好地运用于日益发展的计算机网络应用中，高速有效地维护了计算机网络系统的使用安全。

7.1.1 数字加密

数字加密技术是指对信息进行再次整理编码，从而对信息内容的遮蔽，使得非法用户不能够获得当前信息正确内容的手段。在对数据整合过程中，将部分数据变成非法用户不能识别的乱码，即数字加密，解密就是加密的逆过程。

数字加密技术在信息安全方面要实现的基本功能如下。

（1）机密性。在数字加密技术的保护下，只有信息的发送方和指定的接收方才能够理解所传输的报文信息的含义。窃密者虽然可以截取这段报文信息，但是无法还原信息内容，无法对报文进行还原。

（2）鉴别功能。报文发送方和接收方通过指定口令可以证实信息传输过程中所涉及的对方身份，信息传输的另一方可以识别他们所声称的身份，也就是说，在数字加密技术的防护下，发收双方可以对对方的身份进行鉴别，第三方无法冒充身份与对方通信。

（3）报文完整性。要保证报文信息在传输过程中未被篡改，从而保证报文传输的完整性。

（4）不可否认性。在接收到报文信息之后，要证实报文信息确实来自所宣称的发送方，报文发送方在报文信息发送之后无法做否认操作。

数字加密与算法有什么关系？这二者好似商品包装与工人的关系。算法是数据的加、解密过程的主要工作者，也就是说，加、解密过程是由算法来操作的。以前的数字加密的算法主要有下面的四种。

（1）传统的置换表算法。在加密算法中，最为简捷的算法就是置换表算法，利用置换表中的某个偏移量与数据段恒定的相对应性，这些相对应的偏移量数据在再次输出后即自行变成加密过的文件，解密的过程更为简单，就是参照置换表来对加密过的信息进行解读。该算法的优点就是加、解密的方法简单、迅速，其缺点也显而易见，如果其他人一旦获悉这个置换表，那么文件的加密效果就荡然无存了。

（2）改进之后的置换表算法。改进之后的置换表算法并没有发生多大变化，只是置换表的数量增多，搭配方式相应随机而已，即通过两个或多个置换表的随机搭配组合，对数据进行多次加密，以此来加强数据的加密效果。

（3）XOR操作算法。该算法实际是变换数据位置的算法，即不断将字节在一个数据流内循环地进行移位，再次使用XOR操作对其迅速加密，使其变成密文。该算法的局限就是只能在计算机上进行操作。

（4）循环冗余校验算法。该算法在专业术语中被称为CRC，它是根据网络数据封包或者计算机档案等数据信息产生的，是一种16位或32位校验和的散列函数校验算法，如果数据的其中一位丢失或两位或多位出现错误，校验和出错的结果是必然会出现的。该算法经常被应用于校验传输通道干扰而引发的错误，也被广泛地应用于文件的加密传输。

目前，常见的数字加密技术主要可以分为两大类：对称加密（私钥加密）技术和非对称加密技术（公钥加密技术）。

（1）对称加密技术。对称加密又称私钥加密，指的是信息的发送方和接收方要使用完全相同的密钥，对数据进行加密和解密。这就要求双方必须商定一个公共的密钥作为安全传输秘密信息的前提。对称加密技术是我们日常生活最为常用的数字加密技术之一，该技术的数据加密算法主要有DES、AES和IDEA三种。其中DES数据加密标准算法应值得一提，这是一种对二元数据进行加密的算法，它的密码是64位对称的数据，并且进行分组，而其密钥为随机搭配的56位，余下的8位进行奇偶校验。

对称加密技术对信息编码和解码的速度很快，效率也很高，具有密钥简短、破解困难的特性（只要密钥在未被任何一方泄露的情况下，就能确保所要传输的数据的安全机密和完整度），且加密范围极其广泛，被成功应用于银行电子资金转账领域，可保证银行的计算机安全正常运行。

但对称加密技术也存在一些问题，主要问题在密钥的分发和管理上。因为传输密码的信息必须保密，要么双方当面接触交换密钥，要么在私密的环境中交换密钥，如果通过公共传输系统（如电话、邮政），密钥一旦被截获，那么信息就可能泄露；如果通过加密的方式网上传输，那么就需要另一个密钥，非常麻烦。对称加密技术的另一个问题是无法适应互联网开放环境的需要，因为利用互联网交换保密信息的每对用户都需要一个密钥，假如在网络中有 *N* 个人彼此之间进行通信就需要 *N*（*N*−1）/2 个密钥，每个人如果分别和其他人进行通信，那么每一个人需要保管的密钥就是 *N*−1 个。当 *N* 这个数字很大的时候，整个网络中密钥的总数量就是一个天文数字。

（2）非对称加密技术。非对称加密同时又被称为公钥加密，指的是信息的发送方、接收方要使用不同的密钥对保护数据进行加、解密。密钥会被分类为被加密过的公开密钥和用来解密的私有密钥，现有的技术和设备均达不到由公钥来导出私钥非对称的加密技术的程度，通过密钥交换协议，信息的发送方和接收方不需要事先交换密钥，这样便可直接进行安全的通信，这样既消除了密钥的安全隐患，同时要传输的数据的保密性也得到了提高。RSA、Diffie-Hellman、EIGamal、椭圆曲线等算法是非对称加密技术典型的加密算法。其中 RSA 算法值得一提，当前已知的所有密码攻击对该算法的攻击均是无效的。同时，RSA 算法也是应用最为广泛的知名度相当高的一种公钥算法。除数据加密外，身份认证和数据完整性的验证均可适用于非对称加密技术。因此，非对称加密技术在数字证书、数字签名等信息交换领域被广泛地应用。

与对称加密技术相比，非对称加密技术有突出的优点：①在多人之间传输保密信息所需保管的密钥组合数量很小，在 *N* 个人彼此之间传输保密信息，只需要 *N* 对密钥，远远小于对称加密系统需要 *N*（*N*−1）/2 的要求；②公钥的分发比较方便，无特殊的要求，可以公开；③非对称加密技术可实现数字签名，签名者事后不能否认。

非对称加密技术也有缺点，其最大的缺点就是加、解密速度慢。由于需要进行大数运算，因此无论是用软件还是硬件实现，RSA 算法最快的情况也比 DES 慢两个数量级。

总而言之，数字加密技术就是通过采用传统的置换表算法、改进之后的置换表算法、XOR 操作算法和循环冗余校验算法等加密算法对所要保护的数据信息进行加密保护的，并以此来确保所传送数据的保密度、完整度。数字加密技术在现实中主要应用于信息加密隐藏、安全认证协议、网络数据通信安全协议等方面。

7.1.2　量子密钥

近年来，量子密钥始终是研究者关注的焦点和快速发展的主题，世界各国都积极争取在量子加密技术上占据制高点，目前量子通信应用已形成商业化产品。量子密钥在被用于执行一次一密的加密方式时，所得到的协议是无条件安全的，因此将量子密钥与密码应用程序结合，可实现基于信息论安全的保密通信。

在经典保密通信中，应用经典密钥对数据进行加密，加密方式是基于数学理论，对数据进行代替和移位操作。经典密钥分为对称密钥和非对称密钥两种。对称密钥的密码系统是对外公开的，密钥一旦被窃取将无任何安全性可言。非对称密钥的加、解密速度慢，虽然目前的量子计算机技术还不成熟，但是传统密码系统面临严重的威胁，基于物理学原理产生的量子密钥可以算是目前能够保障信息安全的必要选择。现有的密钥形式对比如表 7-1 所示。

表 7-1　现有的密钥形式对比

密钥形式	理论基础	加密速度	是否公开信道传输	安全性
非对称密钥	数学理论	慢	是	可证明的计算安全性，理论可破解
对称密钥	数学理论	快	否	可实现一次一密，计算安全
量子密钥	不确定性原理和量子不可克隆原理	快	是	无条件安全

1．量子密钥概述

量子密钥是基于量子力学而衍生的量子保密通信技术，它采用量子态来编码通信双方之间的密钥，根据不确定性原理和量子不可克隆原理，在理论上实现通信密钥的绝对安全。

1）不确定性原理

不确定性原理是德国物理学家海森堡于1927年提出的理论。不确定性原理也称为“海森堡测不准原理”，描述了微观世界与宏观世界一个显著的不同。在量子力学里，对于微观粒子的某些物理量，当确定其中一个量时，就无法同时确定另一个量。例如，对于微观世界的一个粒子，永远无法同时确定其位置和动量。微观世界中量子的状态是基于概率的，在对一个量子进行测量时会不可避免地扰乱量子的状态，对一组量的精确测量必然导致另一组量的完全不确定性。

2）量子不可克隆原理

根据量子态叠加原理，沃特思（Wotters）和祖列克（Zurek）在1982年提出了量子不可克隆原理。该原理指出，不存在任何能够完美克隆任意未知量子态的量子复制装置，也不存在量子克隆能够输出与输入状态完全一致的量子态，即在量子力学中，无法实现精确地复制一个量子的状态，使复制后的量子与被复制的量子状态完全一致。

与经典密钥相比，量子密钥在安全保障方面有绝对的安全优势，它被证明是无条件安全的，不受攻击者的计算能力影响。量子密钥的优点如下。

（1）真随机性。量子具有不确定性原理，在密钥协商过程中产生的密钥资源具有真随机性。密钥的真随机性越高，对密钥的破解可能性就越低，量子密钥是由量子物理特性决定的真随机数。

（2）无条件安全。尽管量子密钥在分发初期与非身份验证原语相结合，依赖于一些计算假设，但身份验证机制之后的任何时间的攻击，都不能破坏生成密钥的安全性。利用密钥资源，可实现一次一密的绝对安全通信，无论窃听者多么强大，都不可破译密码系统。

（3）分发方式安全。量子密钥不需要经过任何信道传输密钥，它是通过量子信道和经典信道协商产生的。同时量子具有不可克隆特性，在密钥协商过程中，窃听者无法窃听和复制量子密钥。

（4）窃听监听。由于量子的测量坍缩原理，如果量子信道中存在窃听者，那么会引入额外的误码率，若误码率超过阈值，则表示有窃听者，以此监听是否存在窃听者。

（5）长度随机、实时更新。长度随机是指根据加密数据量的大小选取密钥长度，量子密钥分发形成的密钥池资源，可以实现随机选取长度随机的密钥。随着协商的持续进行，量子密钥池实时更新。

2．量子密钥分发

第一个量子密钥分发协议 BB84 是 1984 年由 Bennett 与 Brassard 在 IEEE 计算机科学技术大会上提出的，它是最为著名并且技术成熟的量子密钥分发协议。量子密钥的制备主要基于 BB84 协议原理，即通过量子密钥分发协议 QKD 机制生成具有真随机性的量子安全密钥。

量子加密依靠量子密钥的物理特性对数据进行加密，而不依赖数学复杂性，是一种可证安全的加密方式。量子加密技术快速发展，在电话网络、数据网络、无线网络中都可以与量子密钥分发融合进行更为安全有效的数据加密。量子密钥分发是量子保密通信的核心工作，也是量子通信技术中实际应用最为广泛的、成熟的技术。量子密钥分发原理如图 7-1 所示。

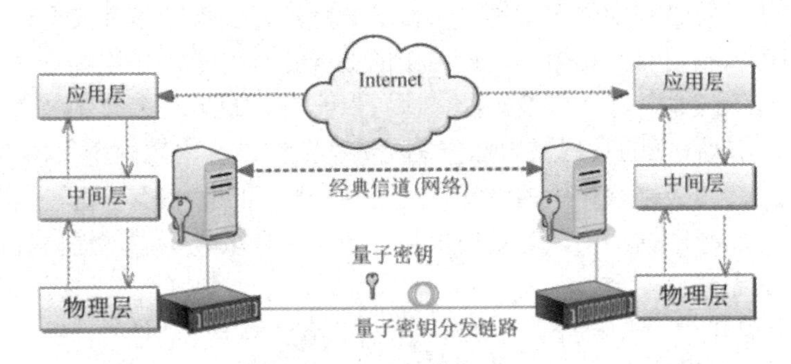

图 7-1　量子密钥分发原理

量子密钥分发技术是通信双方在实际协商时，在 QKD 协议下统一进行，最终形成共享密钥，保护通信双方信息交流安全。在 BB84 协议之下，主要是借助单光子量子态作为信息传输载体，并在这一过程中完成信息编码、传递与检测，最终实现量子密钥的分发。与此同时，针对每个光子而言，通常会随机选择调制基矢，在接收端，会选择随机基矢完成信息传输监测。例如，在偏振编码中，主要采用单光子的偏振态，这种偏振态包括四种类型，除包括水平（0°）、垂直（90°）偏振态以外，还有±45°两种偏振态，其中前者构成水平垂直基（base0），后者构成斜对角基（base1）。通信双方通过事先约定，将水平偏振态或−45°偏振态表示为二进制码 0，将垂直偏振态或+45°偏振态表示二进制码 1。发送方在信息发送时，随机采用 2 组基矢，将随机数 01 编码到单光子偏振状态中，然后通过量子信道发送给接收方。接收方在完成光子接收后，同样会随机采用 2 组基矢的检偏器，对偏振态进行测量检查。如果发现制备基矢与检测基矢二者能够互相兼容，那么说明接收随机数与发送随机数完全一致，否则接收随机数与发送随机数可能会存在一定差异。为了能够提取出相同的信息，发送方与接收方会在协商信道上，比对制备基矢和检测基矢，在发送方与接收方两端，通常都会保留基矢一致部分的信息，因此双方必然会具有相同的随机数序列密钥。

在这个过程中，如果存在窃听现象，从量子不可克隆原理我们能够了解到，窃听者无法准确复制正确的量子比特序列，因此为了能够窃取信息，窃听者只能先截获光子测量，然后进行重发。然而在这个过程中，会有 25%的概率得到错误的测量结果，同时还会对量子态进行一定干扰，最终会增加误码率，而误码率大小将会直接决定密钥是否保留，针对保留的密钥，一般也会通过纠错和保密方式，最终获得安全密钥。

3．量子密钥的应用

随着量子信息产业的发展，量子密码信息技术也在不断进步，量子密钥已经逐渐走进市场，现有量子密钥的应用场景可分为以下4类。

1）根据量子密钥改造通信协议，创建基于量子的新型通信模式

利用量子密钥改造通信协议的方法：将通信协议中利用公钥和对称密钥分发、加密处理的部分，变成利用量子密钥分发产生的量子密钥资源，同时由于量子密钥资源的特点，产生新的解决方案，不改变协议的整体框架，在保证性能的同时，提高协议的安全级别。为做到无条件安全，采用在密码系统中加入一次性密码本（OTP）的解决方案，进行一次一密加密操作，提高安全性，但随着密钥量需求的增加，协议的可用性降低。量子密钥改造现有通信传输协议，实现光纤量子通信与传统网络相结合，可达到高度可信的 IP 网络数据的加密传输，通过量子密钥分发过程中量子密钥不可截获的特点，实现无条件安全通信。改造后的量子保密通信网络可承载所有网络数据，可应用的业务范围广泛，如视频系统、电力系统、医疗系统、轨道运输管理系统等，涉及国防、医疗、金融、政务等多个领域。

2）对传统应用软件中的数据保护部分采用量子密钥进行内容安全保护

将量子密钥应用于应用软件中的方法：利用量子密钥隐藏私有信息，实现内容安全，根据具体应用场景，加密数据不同，对密钥量和更新频率要求也不同，提出具体针对性的解决方案，保障数据的完整、安全。

3）将量子密钥分发、量子加密模块加入硬件设备，构建新型保密硬件设备

将量子密钥应用于硬件设备改造中的方法：在 DSP 板、ARM 板中嵌入 QKD 任务、加密算法、网络管理等模块，目的是构建专业的信号处理，产生一个高度安全的嵌入式系统，通过点对点的公共网络将不同的安全的基础设施连接起来。基于量子密钥分发，构建新型的嵌入式密码系统，实现直接和便携的网络支持，同时封装不必要访问的密钥数据，提高系统安全性。

4）针对量子密钥缺点改造量子密钥的资源，提供基础密码服务

在将量子密钥应用于密码资源改造时，由于量子密钥资源有限，将量子密钥与传统密码方法结合，可产生更多安全可靠的密码资源，构建密钥服务平台。虽然采用这种方法会降低密钥安全性，但是可产生大量密钥资源，为更多应用提供密码服务，通过密钥服务平台给出的接口也可为未加入量子通信网络中的设备服务。

采用量子密钥不仅可以减少传统网络信息传输的安全弊端，也可以有效解决信息传输的安全问题，根据量子密钥的特点，确保信息传输的唯一性、安全性、不可窃听性、不可篡改性，这些都将会大大提高量子密钥的优势。并且量子密钥还具有传统 IPSec 的 IKE 密钥交换中不具备的优势，可以降低数学密码技术中的缺陷，也可以有效提高信息传输中的安全效益，是真正的无法破译密码，也是迄今为止最安全的密码之一。

7.1.3 动态密钥

随着各种破解技术的发展，传统加密方法使用的静态密钥很容易被获取。如何确保工作密钥安全是网络通信中信息安全的关键。研究一种安全的密钥生成、传输、认证等处理机制十分必要，它有着广泛的现实意义和应用前景。如果用来加密的密钥从通信的开始到通信的结束始终不变，那么就容易出现安全问题。所以只有用来加密信息的密钥可以不断更新，才能保证通信系统的安全。

动态密钥的数据并不是一成不变的，而是随着时间、地点和不同的用户操作而发生变化的，从而使造假者无从下手，即使复制出一批相同标识，由于其中的密钥是原先的旧数据，而原版中的密钥已经改变成新数据，系统只接受原版中的新密钥，因此，复制品将永远无法通过系统的验证。动态密钥克服了目前防伪标识一成不变而易于被仿造复制的缺点，保证了每一个防伪标识在任何时候都是唯一合法的，保障了防伪有效性。动态密钥作为信息加密的一个重要部分，已经广泛应用于商标包装、网络隐私信息加密、射频IC卡识别、电子支付等方面。

目前，市面上通常使用的防伪载体为防伪标、防伪卡片、防伪包装、RFID标等；信息形式有镭射图形、二维码、反光水印、动感密文、变色荧光、RFID芯片标签等；鉴别方式主要依靠消费者的直接观察、触摸、号码查询、阅读器读取等。以上防伪方式的一个缺陷是，其识别信息都是静态的，只要商品一出厂，造假者就可为所欲为地加以仿造，无论把标识做得多复杂，很快就有人将其“山寨”出来，始终摆脱不了被仿冒的命运。例如，对于刮开序号查询的方式，仿冒者通过在销售点刮开一些产品序号，抄录后再按这些序号及其规律大量仿制，上网查询的结果都是正品。另一个缺陷就是操作烦琐复杂，消费者必须很深入地了解该防伪方式的关键点，再加以操作和鉴别，往往不同人会得出完全相反的结论，造成真假难辨。

基于RFID和云计算的动态密钥防伪系统完全克服了上述缺陷，其原理机制是：首先向防伪芯片写入初始密钥，再由鉴定终端读取芯片，记录芯片序列号、当前日期和时间、网络IP、鉴定器编码、鉴定次数+1，控制中心生成新的密钥，向芯片写入新密钥，后台数据库写入新密钥。由此，芯片和后台中的密钥等信息均已变成了全新的信息。每一次鉴定时，读取芯片序列号、密钥、当前日期和时间、网络IP、鉴定器编码、鉴定次数+1，然后与后台数据库新的密钥比较是否相符合。如果相符合，则判定此防伪芯片合法，记录芯片序列号、当前日期和时间、网络IP、鉴定器编码、鉴定次数+1，控制中心生成新的密钥，向芯片写入新密钥，后台数据库写入新密钥。依此类推，每一次操作时，芯片和后台中的密钥等信息都成了全新的信息。即使有人复制了相同的防伪芯片出来，所有复制品都将无法通过系统的验证，成为一堆废品。

动态密钥的实现，需要一个物联网验证系统作为基础。该验证系统主要由控制中心（含数据中心）、通信网络、终端设备、RFID智能芯片组成。

1．控制中心

控制中心是整个验证系统的核心与大脑。任何终端、任何区域的控制流程、数据交换及工作指令，均由控制中心统一实时指挥。控制中心包含以下方面的内容：所有防伪的各项控制机制与流程；所有区域的实时数据交换；整个系统的安全机制；全球各种终端的信息实时发布与实时监控；所有信息节点的远程交互流程。

2．通信网络

要进行商品鉴定，必须能够实现多终端接入，兼容大多数常用的通信标准，如ADSL、光纤、GPRS、3G等，以保证每一个只要能上网的地方都能连接到验证鉴定中心。

3．终端设备

多种终端设备是消费者验证产品的重要保障，如立柜机、壁挂机、NFC手机、便携式RFID终端等，广泛适应于各种区域和场所，为广大用户提供便利。

4．RFID智能芯片

RFID智能芯片是动态密钥的基本载体，其制式标准、频率、读/写速度、制造工艺等指标，都需要满足整个验证系统及商品的要求。

在商标防伪方面，动态密钥技术克服了以往采用静态密钥的防伪方式的某些缺陷，展现了巨大优势和潜力，使复制品原形毕露，使造假者无从下手；通过云计算随时随地把物品与后台数据中心紧密地连接起来，通过控制中心，使物品的一举一动都处在严密的掌控之中，即使有人想做手脚，也逃不过控制中心的“法眼”。

7.1.4 数字签名

在现实生活中，人们常常需要进行身份鉴别、数据完整性认证和抗否认。身份鉴别帮助我们确认一个人的身份；数据完整性认证帮助我们识别消息的真伪、是否完整；抗否认防止人们否认自己曾经做过的行为。传统商业中的契约及个人之间的书信等常常采用手书签名、印章和封印等手段，以便获得在法律上认可的身份鉴别、数据完整性认证和抗否认效果。随着信息时代的到来，网络技术飞速发展，信息安全问题也成为当下的热点话题，数字签名便应运而生了。

1．数字签名的原理

数字签名是对个人身份进行认证的技术，它的实现原理类似于纸质版手写签名，通过数字化文档在上面进行数字签名。数字签名技术能够将所有接收到的信息进行验证辨认，其内容不可伪造。在实际运行过程中，接收者能够验证文档是否来自签名者，并对签名的文档修改情况进行检测，切实保证信息的真实性和完整性。

数字签名的过程分两大部分：签名与验证，其原理如图7-2所示。图7-2左侧的发送方为签名，右侧的接收方为验证。发送方将原文用哈希算法求得数字摘要，用签名私人密钥对数字摘要加密得到数字签名，发送方将原文与数字签名一起发送给接收方，接收方验证签名，即用发送方公开密钥解密数字签名，得出数字摘要，接收方将原文采用同样的哈希算法又得一新的数字摘要，将两个数字摘要进行比较，如果二者匹配，则说明经数字签名的电子文件传输成功。

2．数字签名的基本特性

数字签名可以分为简单数字签名、合格数字签名和高级数字签名三种类型。简单数字签名是没有特殊属性的基本签名，我们可以用简单数字签名快速签署任何文件，而不需要注册。不过，这种类型的身份验证也有其局限性，因为身份不能仅通过打开已签名的文档来验证。简单地说，发起操作的人必须在文件上应用手工签名标记才能让文档受到密码戳的保护，虽然这个签名可能很简单，但它仍然可以强大到足以确保数据的完整性。合格数字签名和高级数字签名是专家推荐的最安全的方法，它们可以确保文件的隐私，并提供对签署者的准确跟踪。它们使用唯一的签名密钥，这些密钥在不同的签名者之间是不同的。私有签名密钥确保了不可否认性，以及可以显示签署文件的确切个人。

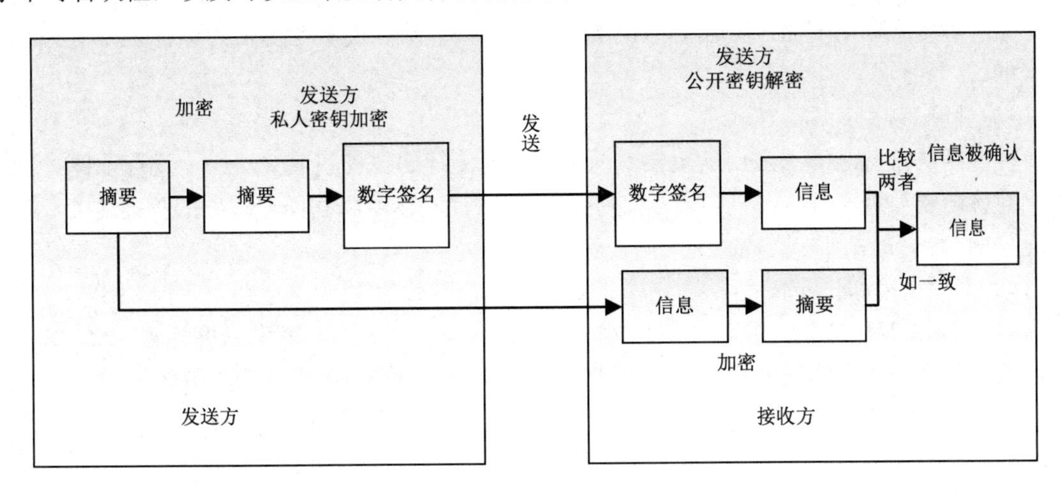

图 7-2　数字签名原理示意图

数字签名的作用是保证发送的信息不会被篡改，是一种基于加密技术的信息认证技术，又称公钥数字签名，是一种通过公钥加密鉴别数字信息的方法。一般来说，完整的数字签名技术必须满足以下几个基本特性。

（1）不可伪造性。数字签名只能由发送方自己签发，其他任何人都不能伪造出发送方的数字签名。

（2）不可否认性。接收方收到数字签名后能够确认该签名是由发送方签发的，同时发送方不能否认发送消息给接收方。

（3）不可篡改性。一旦有第三方截获并篡改了消息，接收方能够轻易地检验出来。

（4）不可重用性。保证消息是新的，而不是已用过的消息的重用，如果重用旧消息时，发送方和接收方都能检验出来，这就要求数字签名具有自毁功能。

（5）可鉴别性。当双方发生争议时，第三方（仲裁机构）能够凭借发送方的消息，通过一种公开的验证算法，来验证数字签名是否为发送方签发的。

3. 数字签名的评价

常见的数字签名算法有许多，如 RSA 算法、DSS 算法等，每种数字签名算法都有其优缺点，如何评价数字签名算法，确定其最佳的应用场合，就成为一个新的问题。迄今为止，人们提出了许多评价方案，可以将其归纳成以下 6 个方面：安全性、算法的过程与实现、性能、密钥长度和传输长度、互操作性、碰撞。

1）安全性

安全性主要是由密码编码算法的安全性来决定的。在各种公钥加密算法中，RSA 算法是出现最早、最成熟的，其安全性得到了业界的公认。其他算法，如 ECC 算法，由于出现时间较晚，被接受的程度尚不如 RSA 算法。DH 算法因为容易受到中间人攻击，一般只在拥有认证机制的情况下使用，不适合于无认证环境。

2）算法的过程与实现

过于复杂的算法将不易于在手持机器、智能卡或嵌入式系统中实现，也可能带来安全隐患。因此签名算法的运算过程是否简单，是否易于实现，不仅决定了该签名算法的应用场合，也在某种程度上影响着整个签名体系的安全性。目前，流行的签名算法大多都是简单和易于实现的。

3）性能

性能是决定签名算法应用的重要方面。在当前流行的各种签名算法中，没有哪种算法能占绝对优势。实验表明，基于中国古代剩余定理改进的 RSA 算法拥有较好的验证速度，而带加速表的 DSS 算法则在签名速度上略占优势。

4）密钥长度和传输长度

基于 DSS 算法的数字签名大都是 340 位的，这与加密算法的密钥长度无关。而 RSA 算法的签名长度与其密钥长度相等，因此 1024 位密钥长度的 RSA 算法产生的数字签名长度也是 1024 位。在传输长度比较重要的场合，DSS 算法可能就是首选。

5）互操作性

在数字签名领域，RSA 几乎是无处不在的，并且早已成为事实上的国际标准。而 DSS 则是由美国政府推出的美国标准，也已成为大多数密码软件的一部分。因此无论是谁，都可以验证用 RSA 算法和 DSS 算法完成的数字签名。而其他一些较新的数字签名算法，则因为普及程度不够，在互操作性方面，不如 RSA 算法和 DSS 算法。

6）碰撞

两条不同的消息由相同的签名算法签名之后，得到了相同的数字签名，这个过程就叫作碰撞（Collision）。数字签名的过程包括摘要和加密两个子过程。对于加密子过程，由于明文和密文是一一对应的，因此不可能出现两条不同的明文对应于同一条密文。而对于摘要子过程，由于摘要的长度是固定的，有可能出现两条不同的消息对应于同一条摘要的情况。对于 MD5 摘要算法，由于其有 128 位摘要长度，因此其发生碰撞的概率为 $1/2^{128}$。而对于 SHA-1 摘要算法，由于其摘要长度可达 256 位，因此其发生碰撞的概率更低。

4. 数字签名的应用

在当下的大数据信息时代，随着公钥加密的普及，数字签名技术得到了飞速发展。基于数字签名的优势，数字签名已经成为目前信息安全领域必不可少的处理技术，具有非常广阔的应用和发展前景。在不同的领域对数字签名有不同的要求，新的数字签名方案也在不断地被提出。例如，在电子政务中，应用数字签名技术能保障电子政务工作流中信息传输的机密性和完整性，有效地防止电子政务中的各种安全隐患；在电子商务中，应用数字签名技术可以解决电子交易过程中的数据不完整、交易双方身份确认和交易中的抵赖行为等问题；在网络通信中，应用数字签名技术可以保证信息传递双方的数据的完整性和保密性，提高网络通信的安全性和可靠性；在区块链中，将签名与区块链系统配对，使用数字签名在区块链发送交易时进行签名验证，可以获得更高级别的安全性，基于数字签名的区块链交易过程如图 7-3 所示。

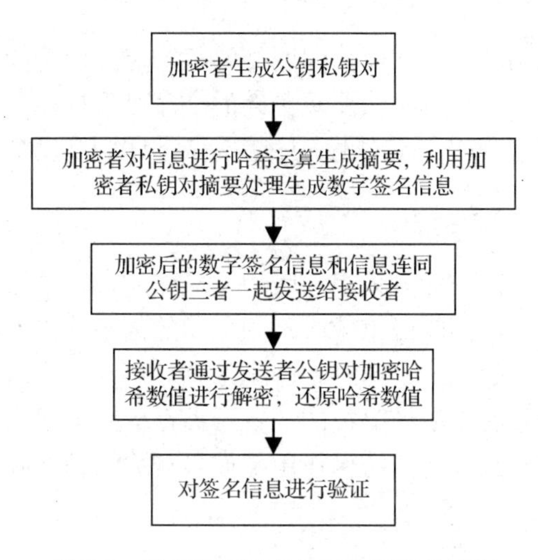

图 7-3　基于数字签名的区块链交易过程

7.2　印刷防伪

印刷防伪是众多产品防伪技术的核心技术之一。印刷防伪用于防止印刷领域出现假冒伪劣印刷生产的行为，隶属于印刷领域的一个分支。它是在专设印刷工艺、印刷设备的支持下的印刷生产，以形成具有某一特殊标识和难以复制的产品形式。印刷防伪以往主要应用于钞票、支票、债券、股票等有价证券的印刷。目前，印刷防伪已广泛应用于商品的包装和商标的印刷。

7.2.1　印刷工艺防伪

随着科技的发展和人们对高质量包装品的需求，包装印刷业近年来开始有了大范围的技术改造。多种先进印刷设备的并用，多种工艺的相互渗透，使产品具有较强的防伪功能。印刷工艺防伪目前已发展了多种技术，诸如平凸合印与多工序合印、多色串印、雕刻凹版印刷、特种光泽印刷等。

1．平凸合印与多工序合印

一般高档包装印刷品多设计有大面积的色块、多色序的连续调画面及复杂的线条、花纹图案等，给单一印刷方式印刷者制造一定难度。例如，采用平凸合印技术进行防伪时，平凸合印技术主要利用凸版印刷机压力大、着墨均匀的长处，进行大面积的实地色块，利用平版印刷机压力平柔和图面层次再现能力强的长处，印四色连续调和复杂线条部分。在印刷工艺的设计上根据需要进行，例如，如果我们要采用平凸合印技术印刷一幅具有大面积实底专色和产品实物照片的包装品，可先用凸印技术印出专色，再用平印技术印出产品图案，由于在这个过程中比通常的四色平版印刷多了一个平印与专色图案的精密套印，这要求在凸版印刷机上设计一个与平印递纸机构相配套的送纸机构和凸印操作规程，以保证平印与凸印的套合精度，这些要求提高了印刷难度，从而使印刷品具有一定防伪功能，所以扬长避短的合印方式是防伪的一种有力手段。一些对防伪要求更高的产品可根据印刷品的特点采用平、凸、凹和平、凸、凹、丝等多工序合印。印刷上工序越复杂，印刷难度越大，防伪功能越强。

2. 多色串印

多色串印也称中色印刷，一般多采用凸版印刷机印刷，它是根据印刷品要求，在墨槽中按一定距离放置隔板，再在不同隔段里放入不同色相的油墨。在串墨辊的串动作用下，相邻部分的油墨混合后再传到印版上。采用这种印刷工艺，可以一次印上多种色彩，并且中间过渡柔和。由于印刷品上很难看出墨槽隔板的放置距离，假冒者很难确定隔板间距，从而增加了假冒的难度，因此也能起到一定的防伪作用。如果在大面积的底纹上采用这种工艺，其防伪作用更加明显。

3. 雕刻凹版印刷

雕刻凹版，原来是一种版画艺术，由画家在铜版上雕刻出均匀、细致的线条，组成清晰美观的图案。用雕刻凹版印制出来的印刷品，粗线条愚层厚实，在纸面上略凸出，并有光泽；细线条即便细如毫发，也仍清晰可辨；色泽经久不变，有利于防止伪造和假冒。

通常我们把用雕刻的方法制成的线条凹版，称为雕刻凹版。为了防止采用电子雕刻及激光雕刻等技术仿制，人们采用新颖与复杂的雕刻图案设计来抵制一般的仿伪者。当今世界各国的钞票、邮票、公债券、股票等有价证券，一般都采用雕刻凹版来印刷。

精雕细刻的图版是早期印刷防伪的主要技术，特别是手工雕刻的版。每个雕刻师均有自己的刀法、风格、绝活，其雕刻线条的深浅、角度别人很难模仿得真，就是其本人也很难做出两块完全相同的雕刻版，因此手工雕刻本身就带有防伪作用，图 7-4 为手工雕刻图像。

图 7-4　手工雕刻图像

用手工雕刻凹版制作直刻式凹版、干点式凹版和蚀刻式凹版，均需把图样转印到版材上，然后依样雕刻或腐蚀。具体方法：首先把薄的半透明纸铺放在原稿上，然后用铅笔或钢笔描出图像轮廓，再把纸翻过来放在铺有复写纸的版材表面，用硬笔依样把图像轮廓线划在版材上。

4. 特种光泽印刷

特种光泽是指采用某种印刷工艺的印刷品，其表面光泽效果有别于普通油墨或印纸所反映的光泽效果。特种光泽印刷是近年来包装印刷领域较流行的新型印刷技术，目前主要的印刷工艺有：①金属光泽印刷：采用铝箔类金属复合纸，着以比较透明的油墨，在印刷品上形成特殊的金属光泽效果；②珠光印刷：在印刷品表面先铺以银浆，再着以极透明的油墨，银光闪光体透过墨层折射出一种珠光效果；③珍珠光泽印刷：采用掺入云母颗粒的油墨印刷，使印刷品产生一种类似珍珠、贝类的光泽效果；④折光印刷：采用折光版通过一定压力将图纹压印在印刷品上产生光折射的独特效果；⑤哑光印刷：采用哑光油墨印刷或普通油墨印刷后再覆以消光膜，从而产出朦胧的弱光泽特色。

上述各种特种光泽印刷，是包装印刷中经常用到的印刷工艺，印出来的包装绚丽多彩、金碧辉煌、流光溢彩、变幻莫测，不但提高了商品档次，而且增加了商品附加值，丰富了包装产品的多样性。由于每一种工艺都有其独特性和一定的工艺难度，而且具有一定的特殊性和隐秘性，因此在增强包装装潢效果的同时，也可以起到一定的防伪作用。

7.2.2 印刷材料防伪

印刷材料防伪主要包括印刷油墨防伪、承印材料防伪。

1. 印刷油墨防伪

印刷油墨防伪是指通过采用防伪油墨进行防伪的印刷技术。防伪油墨是指具有防伪功能的油墨，即在油墨连结料中加入特殊性能的防伪材料，经特殊工艺加工而成的特种印刷油墨。这种油墨加入了一些特殊的材料，具有特殊的加密配方，因此可以区别于普通的油墨。因为这种油墨较稀缺、生产工艺繁杂、成本投入大，所以可更好地确保产品品质。

印刷油墨防伪的具体实施主要以印刷防伪方式将防伪油墨印在票证、产品商标和包装上，通过实施不同的外界条件（主要采用光热、光谱检测等形式）观察油墨印样的色彩变化来实现防伪功能。这类防伪技术具有实施简单、成本低、隐蔽性好、色彩鲜艳、检验方便（甚至手温可以改变颜色）、重现性强等特点。根据防伪要求选择合适的防伪油墨印刷防伪信息，在现代印刷防伪技术中主要应用的防伪油墨有以下几种。

1）磁性防伪油墨

这种油墨是采用具有磁性的粉末作为功能成分所制作的油墨，其适用于钞票、发票、支票等印刷品。其防伪特征是在专用工具检测下，可显示其内含的信息或发出信号，以示其真伪。

2）光学可变防伪油墨。

这种油墨的防伪原理是色料采用多层光学干涉碎膜，其适用于钞票、商标、标记、包装等印刷品，也适用于塑料印刷品。其防伪特征是改变印刷品观察角度时，颜色会发生变化，因此具有用眼就能识别的直观性。其技术要求是既要控制薄膜的层厚，又要有绿-黑、红-绿、金-灰等多组颜色的变化；既不损害印刷品原来的完整图文，又具有防伪作用。

3）紫外荧光油墨

这种油墨分为无色（隐形）荧光油墨和有色荧光油墨，有长波（365nm）和短波（254nm）两种。无色荧光油墨适用于钞票、票据、商标、标签、证件、标牌等印刷品。其防伪原理是在油墨中加入由紫外线激发的可见荧光化（络）合物。由于在这种油墨中加入了一定的荧光发光材料，其防伪特征是印刷品在紫外线（200～400nm）照射下就会显红色、黄色、绿色、蓝色的可见光暗记。因为当无紫外线照射时，无色荧光油墨是隐形无色的，因此不影响画面的整体外观，隐蔽性极好，现已被广泛采用。有色荧光油墨与无色荧光油墨的用途一样，只是印刷品上某一颜色的油墨在紫外线照射下荧光色明显显示，不照射时显示本色，因此隐蔽性强，不易仿制。

4）热敏油墨和红外防伪油墨

热敏油墨是在热作用下，能发生变色效果的油墨，通常分为可逆和不可逆两种。可将暗记用这一油墨印在印刷品的任何位置，颜色有变红、变绿和变黑三种变化。它的鉴别方法简单，用打火机、火柴，甚至烟头就可使暗记发生呈色反应，而无须采用专用工具识别。可逆热敏变色油墨在降温后会自动褪色，恢复原样，此种油墨现已广泛用于商品防伪标贴的印刷。红外防伪油墨是在油墨中加入吸收 700～1500nm 波长的光，激发可见荧光的特殊物质的油墨。红外防伪油墨的防伪特征是用红外线鉴别时会显示隐形图文或发光，因为物质吸收红外线后会存在不同的强度，所以要求红外检测仪应有一定的灵敏度才能准确地检测真伪。红外防伪油墨也分为有色、无色两种，可以用于票据、证券等的防伪印刷。

5）化学反应变色类防伪油墨

（1）防涂改（化学试剂/溶剂挥发性）油墨。其防伪原理是在油墨中加入涂改用的化学物质或具有显色化学反应的物质。这种油墨适用于各种票据、证件的防伪印刷。其防伪特征是当票据、证件被消字灵等涂改液更改时，防涂改底纹会出现消色或变色，印刷物有褪色、显色和变色等很明显的可觉察标记。

（2）压敏变色油墨。其防伪原理是在油墨中加入特殊化学试剂或压敏变色的化合物或微胶囊。其防伪特征是印刷成的有色或隐形图文，在硬质对象或工具的摩擦、按压时即发生化学的压力色变或微胶囊破裂染料的色变，有有色和无色之分，压致显色有红色、绿色、蓝色、紫色、黄色等多种颜色，可根据用户的要求选择显示的颜色并设计暗记。

（3）化学加密油墨。其防伪原理是在油墨中加入特殊化合物。其防伪特征是在预定范围内涂抹一种解密化学试剂后，立即显示出隐蔽图文或产生荧光。不同的温度、气压下有不同的编码、译码化学密写组合。

6）摩擦变色类防伪油墨

（1）金属油墨。这种油墨适用于各种商标、标识的防伪印刷。把这种有色或无色的金属油墨印在特定位置上，鉴别时用含铅、铜等的金属制品一划，就可显出划痕，以辨真伪。

（2）可擦除油墨。这是一种化学溶剂挥发型油墨。可擦除油墨经常用于票据的背面印刷，如出生证明的图案和个人指纹的背景图。如果对票据进行摩擦处理，油墨就会褪色。

（3）碱性油墨。这种油墨适用于一次性使用的防伪印刷品，如各种车票等。识别时用特制的“笔”划过印刷品，观其色变以辨真伪。

7）透印式编号印刷油墨

透印式编号油墨包含一种成分，它可以使红色染料渗透到纸张的纤维，染料可以透印过票据的背面。其防伪特征是通常用于数字编号印刷，犯法者无法用刮刀把数字编号从纸上刮去。

8）湿敏变色油墨

湿敏变色油墨的防伪原理是色料中含有颜色随湿度而变化的物质。其防伪特征是干燥状态为无色（或黑色），潮湿状态变有色（或红色）。这种油墨有可逆和不可逆两种，有蓝色、绿色、红色、黑色四种颜色选择。这种油墨识别时无须鉴别工具，用水即可，便于普及使用。

9）隐形防伪油墨

隐形防伪油墨的防伪原理是在一般的油墨中加入诸如 Isotag、Coircode 等隐形标记。其防伪特征是只有专业人员和特定的仪器及特定波长的光线照射下才会出现特定的标记，从而鉴定真伪。其技术含量较高，防伪性能较好。

10）智能机读防伪油墨

智能机读防伪油墨的防伪原理是先利用智能防伪材料的多变性（防伪材料由多种可变化学物质构成）和特征化合物的性质、种类、数量、含量、存在形式等信息来构成防伪材料的特殊性，再根据这些特殊性、个性生产的防伪材料和制造的检测仪器来达到防伪目的。

2. 承印材料防伪

承印材料防伪是指通过选择与设计具有防伪性能的承印材料进行防伪的技术，具有防伪性能的承印材料种类繁多、性能各异。近年来，随着新技术、新材料和新工艺的发展和应用，利用各种具有特殊性能的印刷承印材料进行防伪的技术得到了较快的发展。目前，具有防伪性能的承印材料应用较多的是防伪纸张和防伪塑料薄膜。

防伪纸张是普通造纸技术与其他特殊工艺和防伪技术相结合的产物，是指在纸张中加入特殊材料。而传统的防伪纸张，只有在强光的环境下才能看清楚其中的水印。为了提高纸张的防伪性能，还需要在制作防伪纸张的过程中加入特殊纤维。

防伪纸张是目前防伪技术中效果最好、综合成本最低的一种方法，在防伪印刷领域中占有重要的位置，具有良好的发展前景。市场上最常见的防伪纸张有印钞纸、水印纸、安全防伪纸、防复印纸、无碳压感纸和热敏纸等。

（1）印钞纸。印钞纸主要用于各国的钞票、有价证券等，这类纸张坚韧、光洁、耐磨、不易断裂。造纸原料以长纤维的棉、麻为主，通常再加入本国特有的物质或配方。例如，日本的印钞纸浆中有三桠皮成分，而法国的印钞纸浆专用阿列河水等。

（2）水印纸。水印纸是一种古老而又有效的传统防伪纸张。它是在造纸的过程中，在丝网上安装事先设计好的水印图文的印版，或者通过印刷滚筒压制而成的。这些图案在平常情况下不容易被看到，在透过强光观察时才可以看到纸张里面的图案。同时这些图案可以根据客户的特定要求而设定，灵活性较好。水印纸主要用于支票、股票和一些要求严格的证书、重要文件等。

（3）安全防伪纸。安全防伪纸是在抄纸时利用特殊装置将金线或塑胶线加入纸页中特定位置的一种防伪纸张，目前应用较多的是环保性较高的聚酯类塑胶线、微型字母安全线、荧光线等。

（4）防复印纸。防复印纸通过防止原件经过复印机复印出和原件一样的复制品，以此达到防止伪造的目的。它可以分为两类：一类为光吸收型防复印纸，该类型的纸张只有表面呈现蓝色和红色的两种，在光的辅助下才可看到印制于纸张表面的图案纹路，其仿造品则看不到这些图案纹路，但是此类纸不适用于日常生活。另一类为光漫反射型防复印纸，纸张的表层附着一层铝制薄膜，因为铝制薄膜可影响到复制设备中的光线，从而导致复印件一片模糊。有部分防复印纸会在复制品上浮现出“复制”和“无效”等字样，有效遏制了复制假冒行为的产生。

（5）无碳压感纸。无碳压感纸是通过压力或打击的力学能量进行记录的一种特殊加工纸的品种。其主要分物理发色和化学发色两类，前者是将纸底层涂布炭黑着色剂（包于特殊的微囊中），使用时通过笔尖或打针机的针尖压力将蜡的微囊划破，炭黑着色剂转移到下页纸上达到复写目的；或者是在下页纸表面涂布暗色调的涂层，之后在上面纸涂布不透明的特殊涂布膜，使用笔压或针打，在表面形成海绵状的不透明层，附着于上页纸的背面。从而将两页纸分开，露出了下页的暗色调花纹而实现复写。化学型无碳压感纸是具有上页、中页、下页三层结构的无碳纸，叠加后在书写压力的作用下使发色层的微囊划破，储于微囊中的无色或有色染料流出，被显色剂吸附，同时发生氧化而呈色。这种纸主要用于票证或发票等。

（6）热敏纸。热敏纸主要是将热敏物质涂布在纸基上而得到的，利用热敏物质的热可逆变色特征来鉴别真伪，具有加热变色、冷却褪色和多次重复显示的特点。目前市场上最常见的热敏纸就是体彩和福彩的彩票纸。

7.2.3 印刷纹理防伪

印刷纹理防伪的原理是利用极细小的线和点构成规则或不规则的线型图案、底纹、团花、浮雕图案等元素，来构成安全版纹，以达到防复制的目的。其中版纹的组成元素可以单独使用，也可以将几种功能综合使用，根据设计者的不同风格，融入鲜明的个性化特征，从而构成更加复杂的图案。版纹可以通过三种方式来形成：①利用专门的绘图工具人工刻画；②利用计算机绘图软件绘制；③采用安全防伪软件直接生成各种纹理。与通过特殊材料、特殊印刷工艺进行防伪相比，版纹防伪具有成本低、防伪性能好、美观等优点。

超线防伪印刷也是印刷纹理防伪的重要组成部分，它是通过采用化学性质敏感的特殊油墨对颜色实底的线条图案进行印刷的。由于微缩文字、超线、团花等防伪图案的线条极细，对于印刷设备的精度要求很高，印刷成本高，因此一般印刷机难以复制，并且这些由实底线条组成的图案还可以根据不同产品的需求加入隐藏的数字或字母等，难以用肉眼看到却可以在专门的检测设备上显现。超线防伪主要优点：①由于光线的干涉及Moire效应，版纹不存在有效的技术来获取底纹的详细信息；②版纹信息量巨大，在有限的时间内难以复制所有信息；③可以防止扫描仪扫描；④可以防止软件模仿复制；⑤线条造型的复杂性、线条变化的丰富性，与光学等其他理论配合，可以非常容易实现折光、开锁、潜影等防伪特技。正是因为上述优点，超线防伪适用于所有平面和包装物件的防伪，如包装防伪、商标防伪、标识防伪、有价证券防伪、书籍和证件防伪等。

常见的超线防伪图像主要有团花、底纹、花边、缩微文字、劈线、潜影、开锁、图像挂网、浮雕、折光等。

1. 团花

以花的各种造型进行加工，夸大处理，配合线条的弧度、疏密，加之色彩的烘托，使其轮廓流畅、层次清晰、结构合理、独自成形，我们称之为团花。超线团花的特点：通过多种方式来制作团花，制作团花方法不同，效果也有明显区别，效果越复杂，模仿难度越高，艺术性越强。团花图像如图7-5所示。

图 7-5　团花图像

2．底纹（又称地纹）

将元素反复变化，形成连绵一片的纹络，即底纹。它具有规律性、连续性、贯穿性、变化性。底纹主要起陪衬和烘托的作用，它一般用色较淡、较浅，线条相对较疏、较细，粗看只见到一层素淡的底色，细看才能发现其中的变化，底纹的变化有多种：平底纹、渐变底纹、波浪底纹等。底纹图像如图 7-6 所示。

 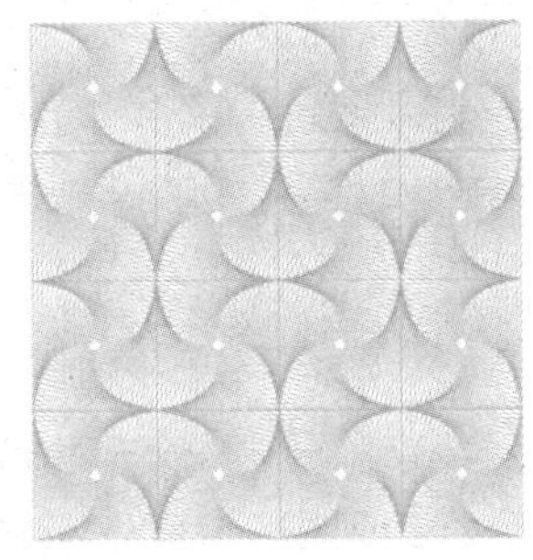

图 7-6　底纹图像

3．花边

连续复制一个或几个元素，形成的框架形式，被称为花边。花边按其结构可分为全封闭式花边和半封闭式花边；按其制作形式可分为单层花边、多层花边、单线花边。由于花边的构成形式为框架形式，因此花边多数起四边的装饰作用。花边图像如图 7-7 所示。

图 7-7　花边图像

4．缩微文字

缩微文字的防伪原理是将文字缩小到一定的程度，以字代替线，一根细细的线，仔细一看却发觉是由文字构成的，再结合版纹的其他功能，便可以将文字线生成许多变化。缩微文字图像如图 7-8 所示。

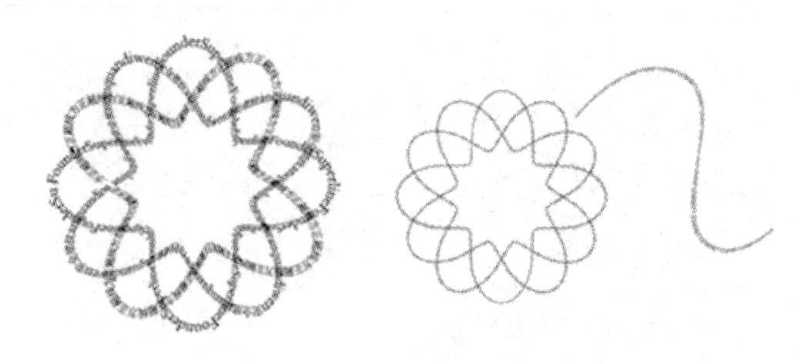

图 7-8　缩微文字图像

5．劈线

将一条线分割成两条或几条细纹，肉眼很难分辨，防伪效果显著。方正超线支持图形劈线与图像劈线。劈线图像如图 7-9 所示。

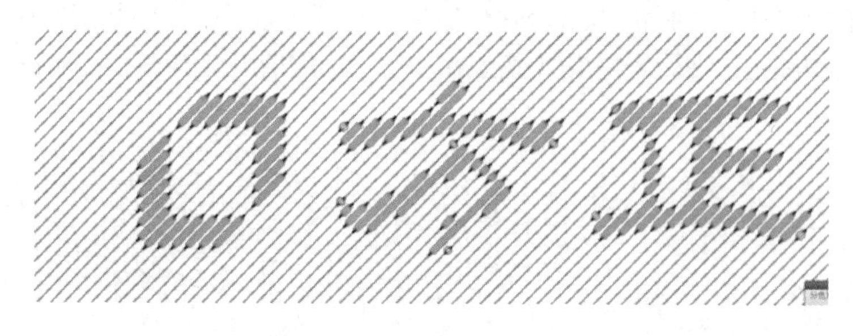

图 7-9　劈线图像

6．潜影

潜影可以理解为将文字或图形潜藏在版纹里，这种潜影技术是从印钞技术中发掘出来的，传统的潜影是在印钞中利用“钞凹机”的油墨厚度，使观众从一个角度能看见潜图，换一个角度又看不见潜图，因而能够起到很好的防伪效果。潜影效果往往需要与特殊的印刷技术相配合才能起到很好的效果。潜影图像如图 7-10 所示。

图 7-10　潜影图像

7．开锁

“开锁”实质是光的干涉现象的一种应用。其防伪原理是：全部内容的构图呈现方式均为线条构成，通过防止扫描，使其无法复制成功，从而达到良好的防伪效果，尤其是潜入“版纹图片”的内部元素，用专门配置的“膜片”置于“版纹图片”上，稍做调整，便可清楚地看到其中的奥妙所在。由于需要配备专用的“膜片”与“版纹图片”配套使用才能生成“开锁”式防伪效果，因此大大提高了防伪的效果，使制假者望而却步。开锁图像如图 7-11 所示。

图 7-11　开锁图像

8．图像挂网

用户可用规则或任意数量的不规则图形对象通过自动排列或多重复制功能得到底纹，然后用此来描述图像。图像挂网可以说是对超线原有图像光栅功能的增强。图像挂网图像如图 7-12 所示。

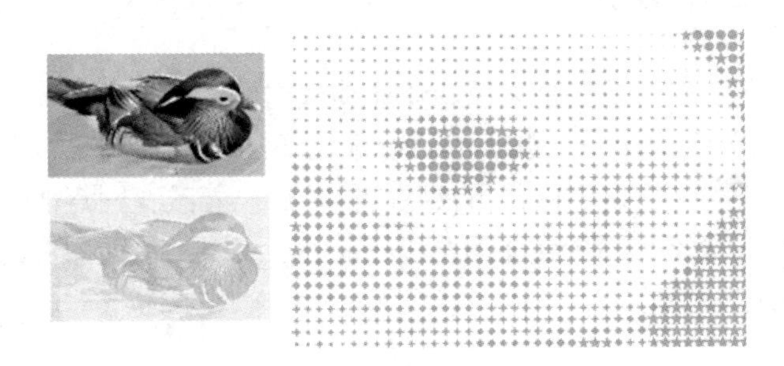

图 7-12　图像挂网图像

9．浮雕

运用线条底纹做底，结合背景图片运行浮雕程序，使画面产生犹如雕刻般的凹凸效果，我们称之为浮雕。由于浮雕是由底纹与图片结合生成的，因此可根据使用的需要任意取材，再经过浮雕程序，便可以产生优美的画面。即使是同一底纹与图片的浮雕，根据其设定的不同，也可以变化出许多不同的深浅效果。浮雕图像如图 7-13 所示。

10．折光

折光分为图形折光和图像折光两种，由于在印刷过程中常采用压纹的技术实现，因此也称为“压纹”。折光是根据线条不同的走向、粗细、间距，利用光的反射原理形成的各种中心发散式、旋转式、流动式的效果。图形折光一般应用于烟盒、酒盒、药盒、卡片，图像折光一般应用于工艺品、金属画制作方面。折光图像如图 7-14 所示。

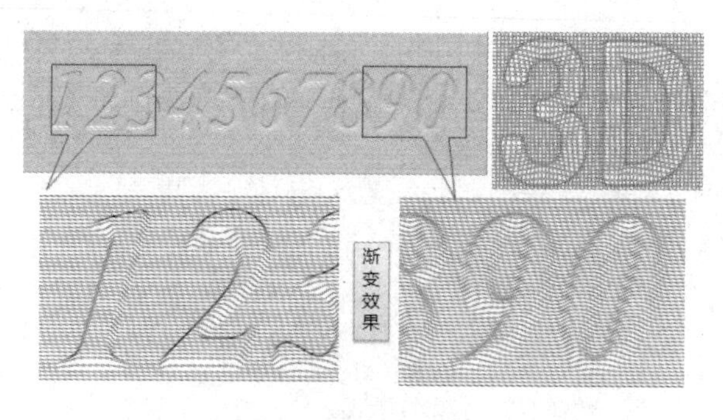

图 7-13　浮雕图像

图 7-14　折光图像

7.2.4　印刷信息防伪

半色调加网技术所实现的效果是把原始的连续调图像转换为半色调图像，使得印刷后的图像在 HVS 中呈现的效果仍然是连续调的。但半色调加网技术只能够实现印刷品在呈色方面的基本要求，所生成的半色调图像并不具备防伪功能。若改变网点的大小、形状、位置等属性，不同的信息用不同属性的网点进行表示，则可以实现半色调图像的信息隐藏，从而为半色调图像附加防伪这一功能。

1．基于网点形状的半色调加网信息隐藏技术

基于网点形状的半色调加网信息隐藏技术的实现思路可以概括为：在对原始的连续调图像进行加网调制的过程中，用待嵌入的防伪信息对调幅网点的形状进行调制，使调制后的调幅网点携带防伪信息，从而实现信息隐藏与防伪，其流程图如 7-15 所示。

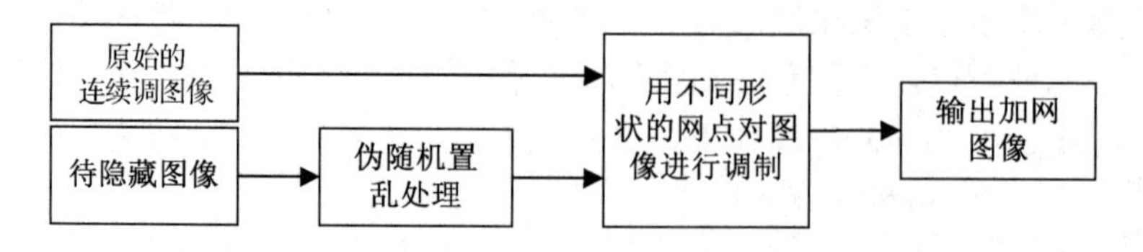

图 7-15　基于网点形状的半色调加网信息隐藏流程图

调幅加网的网点可以由不同函数生成，因此在信息隐藏时可将相同的算法进行编码，若在扫描图像的过程中，调制信号为 01，则在该位置所运用的加网调制方式为方形网点的加网。各种不同形状的网点对应不同的调制信号，如表 7-2 所示。

表 7-2　网点形状与调制信号对应表

调制信号编码	网 点 形 状
00	圆形
01	方形
10	菱形
11	椭圆形

基于网点形状的半色调加网信息隐藏的步骤如下。

（1）生成调幅网点。生成多种形状不同的调幅网点，将调制信号与网点的形状相对应，如果调制信号为 00，则使用圆形的调幅网点。

（2）防伪信息预处理。使用和原始的连续调图像尺寸一致的防伪信息，能够达到简化操作的效果；对待隐藏的防伪信息进行置乱操作，能够消除防伪信息的纹理，提高信息隐藏的效果。

（3）定义防伪信息的调制信号。将防伪信息的像素按照其所在位置，与原始的连续调图像进行一一映射，并对每个像素的坐标进行记录，以此坐标位置来定义其将要在半色调加网的过程中使用的调制信号。

（4）半色调加网。逐点扫描原始的连续调图像，根据步骤（3）中定义的调制信号选用对应形状的调幅网点进行加网，得到植入水印信息的半色调图像。

使用 lena 图像作为原始的连续调图像，北京印刷学院的院标作为待隐藏图像，它们均为 256×256 大小的灰度图像。这里选取调制信号 00 与 10，分别进行圆形与菱形网点的调制。将待隐藏图像的像素值分为两部分，以像素值 128 为界，小于 128 则选择 00 调制，大于 128 则选择 10 调制。

图 7-16（a）是原始的连续调图像，图 7-16（b）是待隐藏图像，图 7-16（c）是嵌入信息后的加网图像，图 7-16（d）是嵌入信息后的图像局部放大图。

（a）原始的连续调图像

（b）待隐藏图像

（c）嵌入信息后的加网图像

（d）嵌入信息后的图像局部放大图

图 7-16　图像信息隐藏前后加网图

由图7-16可知，在进行信息隐藏后，由于网点形状的不同，加网后的图像依然存在隐藏信息的轮廓，这就大大降低了信息的安全性。所以需要对待隐藏图像进行置乱预处理，其目的是消除生成图像中防伪信息的纹理，提高信息隐藏的效果。图7-17（a）为图像置乱图，图7-17（b）为嵌入信息后的加网图像。

（a）图像置乱图

（b）嵌入信息后的加网图像

图7-17　经过图像置乱后及信息隐藏后的加网图像

对比图7-16和图7-17可知，因为加网时的网点形状是互不相同的，所以信息隐藏之后得到的图像中，隐藏信息仍然能十分清晰地被人眼识别，从信息安全性的角度考虑显然是有隐患的。所以很有必要对待隐藏的图文信息进行置乱预处理，以提高加网图像的安全性。

2．基于网点位置的半色调加网信息隐藏技术

基于网点位置的半色调加网信息隐藏技术的实现思路：在对原始的连续调图像进行加网调制的过程中，用待嵌入的防伪信息对调频网点的空间位置进行调制，使调制后的调频网点携带防伪信息，从而实现信息隐藏与防伪。

调频网点的排列方式是记录点根据原始的连续调图像相对应的灰度级进行排列的，这种排列方式是随机的，使用不同的伪随机算法所得到的调频网点的排列方式也有所不同。通过该原理便能够对隐藏信息和非隐藏信息进行区分，其流程图如图7-18所示。

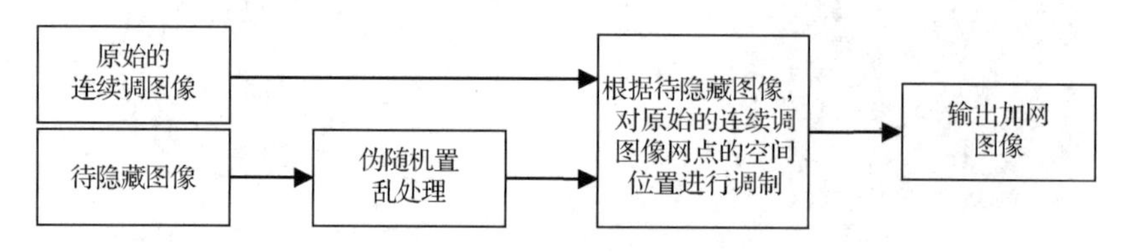

图7-18　基于网点位置的半色调加网信息隐藏流程图

在进行加网的过程中，对于调频网点的阈值矩阵中记录点的随机排列可由伪随机置乱公式获得。在此，首先要生成一个阈值模板，方法是先将0～255的256个灰度级以从小到大的顺序放置在一个16×16的二维矩阵中。然后对这个二维矩阵采用伪随机置乱公式将这256个灰度级随机排列，生成伪随机的阈值模板。在之后的加网过程中，就可根据某一像素值是否携带隐藏信息，使用不同的调制方式来对应不同的图文信息。基于网点位置的半色调加网信息隐藏的步骤如下。

（1）生成伪随机的阈值模板。在之后的半色调加网过程中便能够依据某一个像素值是不

是携带待隐藏信息，进行相应的加网处理。

（2）防伪信息预处理。使用和原始的连续调图像尺寸一致的防伪信息，能够达到简化操作的效果；对待隐藏的防伪信息进行置乱操作。

（3）定义防伪信息的调制信号。将防伪信息的像素按照其所在位置，与原始的连续调图像进行一一映射，并对每个像素的坐标进行记录，以此坐标位置来定义其将要在半色调加网的过程中使用的调制信号。

（4）半色调加网。逐点扫描原始的连续调图像，根据步骤（3）中定义的调制信号选用相对应位置的网点进行加网，得到植入水印信息的半色调图像。

图 7-19（a）是未对防伪信息进行置乱处理所产生的半色调图像，图 7-19（b）是对防伪信息进行置乱处理所产生的半色调图像。

对比图 7-19（a）和图 7-19（b），可以清楚地看到当使用该技术进行信息隐藏时，无论是否对防伪信息进行了置乱处理，所生成的半色调图像中隐藏的防伪信息的轮廓在人眼视距范围内都无法被人眼感知，这是与基于网点形状的半色调加网信息隐藏技术最大的不同之处。除此之外，该技术具备以下两个特点：一是调频网点呈现出不规则的排列；二是具备丰富的灰度级。这两个特点令半色调加网调制产生的半色调图像可以比较好地再现原始的连续调图像的灰度级。

（a）未对防伪信息进行置乱处理所产生的半色调图像

（b）对防伪信息进行置乱处理所产生的半色调图像

图 7-19 调频加网的信息隐藏效果图

7.2.5 印刷光谱防伪

1. 光学防伪技术

光学防伪技术是物理防伪技术中非常重要的一个方面，它利用光与物质相互作用时产生的散射、反射、透射、吸收、衍射等基本规律获得某种特殊的视觉效果，从而形成某种防伪技术和防伪产品。光学防伪技术主要包括光学信息处理防伪检测技术、光学全息防伪检测技术、光学频率转换防伪检测技术、光学图像防伪技术和光扫描防伪检测技术。

1）光学信息处理防伪检测技术

光学信息处理防伪检测技术主要基于相位编码原理，傅里叶光学信息处理系统具有读写复振幅的能力，但复振幅信息中的相位部分在普通光源下是无法看到的，利用相位掩膜器件，将防伪信息隐藏在相位部分，通过专用的联合变换相关器才能进行判读。

因为探测器（如 CCD 摄像机、显微镜）及人眼等只对光强敏感，因此利用光学相位对光学图像进行安全加密是一种行之有效的方法。其加密过程是利用相位掩膜器件完成的，相位掩膜仅改变光学相位，在数学上可用函数 $\exp[jM(x,y)]$描述，其中 $M(x,y)$是一个连续或者离散化的实函数。假设 $M(x,y)$是一个随机函数，原始图像函数为 $f(x,y)$，则当将相位掩膜贴在原始图像上后，复合图像输出为

$$\phi(x,y)=f(x,y)\exp[jM(x,y)] \quad (7\text{-}1)$$

但人眼或探测器看到的仍是 $f(x,y)$，只有采用专用的联合变换相关器才能够对 $M(x,y)$判读，因此通过显微镜观察、拍照或者用计算机扫描器读取，都不能对相位掩膜进行分析和复制。由于采用的是相关计算，二维相位掩膜的相位在二维随机分布，因此制假者想确定掩膜的内容极为困难，只有制作者凭所知道的相位码才可进行判读。

2）光学全息防伪检测技术

光学全息防伪检测技术基于全息术，全息术是基于光的干涉和衍射原理的二步成像的技术，记录的是通过某一物体或被某物体反射的携带了物体信息的波前，该波前在与参考光相干后，入射波的位相扰动转换成光强的调制，从而在感光干板上体现的是干涉条纹而非物体的像。

该技术的具体过程：实物用相干光照射后，实物的散射光与参考光在感光干板上发生干涉并被记录下来，物光波 $O(x, y)$和参考光波 $R(x, y)$分别为

$$\begin{aligned} O(x,y) &= O_0(x,y)\exp[\,\mathrm{j}\phi_O(x,y)] \\ R(x,y) &= R_0(x,y)\exp[\,\mathrm{j}\phi_R(x,y)] \end{aligned} \quad (7\text{-}2)$$

式中，O_0、ϕ_O分别是物光波的振幅和位相到达全息干板时的分布，R_0、ϕ_R分别是参考光波的振幅和位相分布。干涉场光振幅为物光波和参考光波的相干叠加：

$$U(x, y)=O(x, y)+R(x, y) \quad (7\text{-}3)$$

全息干板接收到的是干涉场的光强分布，其曝光光强为

$$\begin{aligned} I(x, y) &= U(x, y)-U^*(x, y) \\ &=|O|^2+|R|^2+O\cdot R^*+R\cdot O^* \end{aligned} \quad (7\text{-}4)$$

所得到的底片称为全息照片或全息图。

假设光强记录为透明片，若用原参考光照射此透明片，则产生的光场为

$$U_c(x, y)=R(x, y)I(x, y)=R|R|^2+R|O|^2+|R|^2O+R^2O^* \quad (7\text{-}5)$$

如果参考光有恒定光强$|R|^2$，则第三项就是物光波前重现，可选择参考光的方向分离式（7-5）中各项得到所需项。

由于人眼或探测器在普通灯光下看不到干板上的信息，只有在特定的条件下才能显示隐藏信息，因此全息术是很有效的防伪技术。

3）光学频率转换防伪检测技术

光学频率转换防伪检测技术利用多光子材料实现防伪。多光子材料包括上转换材料和光子倍增材料（下转换材料）。前者把红外线转变成可见光，后者把紫外线转变成可见光，两者都发生多光子过程。上转换材料吸收多个低能光子，发射一个高能光子，即把几个红外光子“合并”成一个可见光子；光子倍增材料吸收一个高能光子，发射几个低能光子，即把一个紫外光子“分裂”成几个可见光子。

由于激发光源波长都是对于人眼不可见的，因此多光子材料具有良好的隐秘性，转换波长具有唯一性，而且还有使用寿命长、材料制备技术难度高等特点，是应用于防伪领域的新

技术，如可附加在金融证券或有效票证上作为防伪标记；或添加于塑料薄膜中，从而可以方便地与现有的激光全息防伪标识结合在一起，起到综合防伪的效果。

4）光学图像防伪技术

光学图像防伪技术是以光学图像处理为基础，利用生物科学、模式识别、计算机科学等多个学科领域知识的一种前沿检测技术。目前，光学图像防伪技术涉及近 20 种生物特征，主要包括脸像、虹膜、红外脸部热量图、耳形、颅骨、牙形、声音、指纹、掌纹、手形、手背血管、手写签名、笔迹、足迹、步态等。完整的光学图像防伪技术包括图像的实时采集、图像特征库的建立和判别处理算法。光学图像防伪技术的基本检测流程如图 7-20 所示。检测系统首先应该建立被检测对象的有效数据，给出检测依据，通过光学系统对待判断的目标进行图像采集、图像预处理及图像特征提取，将得到的图像特征与有效数据库中的图像特征进行图像匹配，分析待判断的目标与有效数据库中的对应图像的相似度，根据该相似度给出真伪的判断。

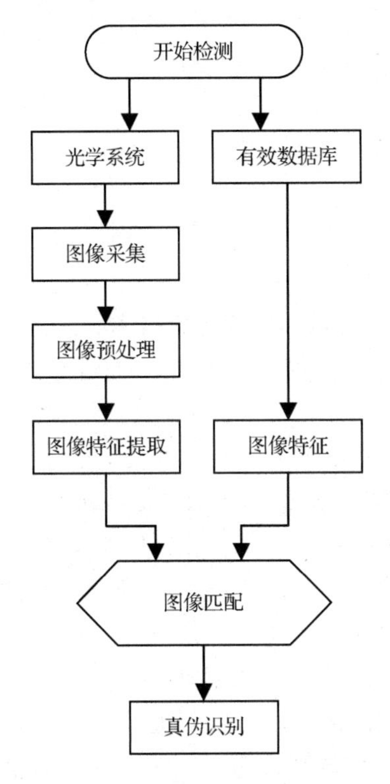

图 7-20　光学图像防伪技术的基本检测流程

5）光扫描防伪检测技术

光扫描防伪检测技术是利用各种光源和光学系统扫描某种特定的对象，根据一定算法鉴别真伪的一种检测技术。通过设计一些特定的编码技术，经图形识别处理后可以显示防伪的信息，从而鉴别信息的真伪。目前常用的光扫描防伪检测技术主要是条形码技术，条形码技术是在计算机技术与信息技术基础上发展起来的一种集编码、印刷、识别、数据采集和处理于一身的新兴技术。

一般来说，条形码技术包括符号技术、识别技术和应用系统设计等。符号技术，即各类条形码的编码原理和条形码符号的设计制作。识别技术，即条形码符号的扫描和译码。一个条形码应用系统由条形码标识、识读设备、计算机及通信接口等组成。应用系统设计，即系统各部分的配置，如确定条形码标识的信息、选择码制，以及设计标识的形状、尺寸、颜色、选择识读设备等，条形码应用系统往往作为计算机的应用系统中的“数据源”，设计条形码应用系统时还应考虑整个应用系统的运作。

较其他防伪技术相比，光学防伪技术有综合性好、识别性强、垄断性高等特点，主要应用于货币、票据、证券等领域。

2．油墨的光学特性

电磁波的波长范围十分广阔，1nm 以下及 103km 以上的光波都处于它的范围内。可见光、红外线及紫外线等都属于电磁波的类别。在电磁波的分布中，可见光仅占很小的部分，之所以称之为可见光，是因为只有它可以被人眼感知，只有它可以引起人眼的视觉响应。

可见光主要分布在 380～780nm 之间，处于该范围之外波长的光，都无法被人眼感知。小于可见光波长范围的附近区域是紫外线区域，红外线的波长范围是大于 780nm。CMYK 四种印刷油墨的光谱响应范围分别为：品红色和黄色的响应区域在 570nm 停止，青色的响应区域在 815nm 停止，黑色的响应区域大于或等于 1000nm，即在 1000nm 以上还可以清晰显示。也就是说，黄墨、品红墨、青墨在红外波段已经停止响应，只有黑墨可以吸收可见光和红外线，从而达到可识别的特征。

3．同色异谱防伪

同色异谱现象结合信息隐藏技术和现代光学技术的防伪应用备受青睐。同色异谱防伪是基于同色异谱现象及 CMYK 四色油墨的光谱特性，通过 CMYK 不同配比中 K 墨含量的差异实现防伪功能的。

根据 CMYK 四色油墨在红外线下的响应特性及灰色成分替代原理（GCR 原理），将所调配颜色通过在加入 K 的同时减少 CMY 的比例，保持颜色色调相同，配置四组 CMYK 比例不同的配色方案。通过比例配色使第一组配色油墨 $C_1M_1Y_1K_1$ 在可见光下和红外线下看到的是相同的白色；使第二组配色油墨 $C_2M_2Y_2K_2$ 在可见光下看到的是黑色，在红外线下看到的是白色；使第三组配色油墨 $C_3M_3Y_3K_3$ 在可见光下看到的是白色，在红外线下看到的是黑色；使第四组配色油墨 $C_4M_4Y_4K_4$ 在可见光下和红外线下看到的是相同的黑色。以此实现可见光下可见 CMYK 叠色显示的载体图像，红外线下可见单色 K 墨显示的待隐藏图像，同色异谱防伪图像的生成，主要可以从同色异谱防伪图像的生成算法、同色异谱防伪图像的颜色配置、同色异谱防伪图像的加网方法三个方面阐述。

1）同色异谱防伪图像的生成算法

首先，要设计一幅 CMYK 四色通道 TIFF 格式的含水印载体图像，作为载体图像和待隐藏图像的载体。CMYK 彩色图像是含有四层信息通道的图像，它的生成需要四个通道分别设计图像后，再合成为一幅图像。因此，同色异谱防伪图像有四个信息通道，每个通道负载一幅图像的信息，不同于灰度图像信息的简单叠加。其次，载体图像和待隐藏图像两幅图像仅提供位置信息，需处理成二值化图像，方便位置信息的提取。根据图像处理操作可知，两幅图像要求与含水印载体图像大小一致，以保证载体图像和待隐藏图像的细节在嵌入含水印载体图像时能够精确地还原。因此在程序中，应对载体图像和待隐藏图像做双线性差值处理，对不符合要求的图像进行缩放处理，缩放后的图像要与含水印载体图像大小保持一致。再次，利用循环遍历函数对载体图像和待隐藏图像进行扫描，根据映射关系做颜色替换，需要 CMYK 四个通道同时进行数据替换。最后，将替换后的四幅灰度图像输送到含水印载体图像的四个通道并保存输出。

2）同色异谱防伪图像的颜色配置

CMYK 不同的配比有四种，分别对应一对白色同色异谱对、一对黑色同色异谱对，共四种颜色。四种颜色的配比特征、对四种颜色的选择和红外特性的结合有效地解决了两幅图像同时呈现的问题。在颜色选择的设计方案中，待隐藏图像和载体图像仅提供位置信息，四种颜色的选择是由两者的位置信息共同决定选取的。当待隐藏图像为白点，载体图像也为白点时，选用 $C_1M_1Y_1K_1$ 配比色；当待隐藏图像为黑点，载体图像为白点时，选用 $C_4M_4Y_4K_4$ 配比色；当待隐藏图像为白点，载体图像为黑点时，选用 $C_2M_2Y_2K_2$ 配比色；当待隐藏图像为黑点，载体图像也为黑点时，选用 $C_3M_3Y_3K_3$ 配比色。

3）同色异谱防伪图像的加网方法

图像印刷品均是经过半色调处理后呈现出来的，用不连续的墨点表示的图像。对同色异谱防伪图像进行加网处理，当前两步的同色异谱图像设计及同色异谱色匹配设置完成后，就要对图像进行半色调加网处理。这里采用调频加网的方式，不涉及加网线数和加网角度的问题，像素值设置：着墨点为 255，空白点为 0。加网的过程如下。

第一步：设计四个不同的加网模板，注意均匀化、随机分布。

第二步：对载体图像进行分色处理，提取出四个通道的图像。

第三步：以 C 通道为例，遍历 C 通道图像的像素值，根据该点的像素值选择相匹配的加网模板，完成加网。

第四步：根据以上步骤对 M、Y、K 通道进行加网。

第五步：将生成的四个通道的图像进行叠加合成，生成半色调防伪图像。

同色异谱防伪图像只需要借助红外检测设备及其在红外光源下的特性，便可观察到清晰的隐藏图文信息，实现了去伪存真的防伪目的，该方法可应用于各个行业的商标图像防伪。

7.2.6　结构光防伪

光是一种电磁波，其波长取值范围很大，小至γ射线、紫外线、可见光、红外线，大到无线电波，但人眼所能感受到的只是其中波长范围内有限的光波，称为可见光。不同波长的单色光进入人眼时，观察到不同的颜色。众所周知，白光（阳光）是由各种波长的单色光混合而成的。当白光照射到物体上，物体反射或透射的光进入人眼，引起人眼的生理反应，人们就观察到了颜色。例如，当白光照射到物体上，物体本身吸收了紫色，其他色光混合在一起被反射或透射，人眼观察到物体呈现出黄绿色。以人类对色彩的感觉为基础，色彩三要素主要包括色调（色相）、饱和度和亮度。人眼观察到的任一彩色光都具有这三个特性，改变其中任何一个要素，对颜色的感知也会发生变化。

随着光学技术的蓬勃发展，结构光（Structure Light）已经被运用于防伪领域了。目前结构光防伪技术主要就是利用结构色来实现防伪目标的。结构色也称为物理色，与色素着色无关，结构色是由于物质的微结构对可见光进行选择性反射和透射而呈现出的颜色，如蛋白石、鱼类的鳞片等所呈现出的色彩。

结构色是由一种或两种以上光与物质共同作用而产生的，与化学色相比，结构色的特点如下。

- 从不同角度观察，结构色呈现不同色彩，即结构色的虹彩效应。
- 结构色是物质的微结构与光相互作用显现出来的物理色，与物理材料的性质有关，保持材料的性状不变，结构色就不褪色。
- 与化学色的制备相比较，结构色绿色环保。

自然界中很多生物体呈现出五彩缤纷的生物色彩。从颜色形成的内因分析，生物体上的颜色主要可分为两类：化学色和结构色，自然界中大部分颜色是由色素产生的，但是还有一些颜色是由非常精细的微结构形成的结构色，这些结构色通常具有光泽，颜色会随视角发生变化，如蝴蝶翅色、鸟类羽色、海产贝壳、甲虫体壁表面等。

1. 结构色的类型

结构色来源于光与微结构的相互作用，一般而言，其光学效应是由下面三种效应之一或者由它们的组合而产生的：薄膜干涉、表面或与周期结构相联系的衍射效应、由亚波长大小的颗粒产生的波长选择性散射。

1）薄膜干涉

自然界生物结构色大多来源于薄膜干涉，干涉形式可分为单层薄膜干涉和多层薄膜干涉。在自然界中常见的是多层薄膜干涉，其产生的结构色比单层薄膜的干涉产生的结构色更加多样，色彩饱和度更高。

自然界中多层膜结构大致有三种形式：第一种为多层层堆结构，每个层堆由均匀层组成，每个层堆对某一特定波长进行调制；第二种称为“啁啾层堆”，即高低折射率膜层的厚度沿薄膜垂直方向系统地减少或者增加；第三种可描述为“混沌层堆”，其高低折射率膜层的厚度是随机变化的。后两种结构中，膜层的层数随样品不同而有所差异，可根据膜层的厚度和膜层折射率确定反射带的位置与宽度，进而得知呈现的颜色。

光在每一个空气和液体的表面都会发生反射，最终真正能够穿透这个层状结构的光反而寥寥无几，反射光的强度自然大大增加。这些反射光汇集到一起，同样可以发生干涉。如果空气膜和液膜的厚度合适，干涉的结果同样可以使得某种颜色的光的强度最大，不仅产生结构色，而且产生比单层膜更加明亮耀眼的结构色。

2）表面或与周期结构相联系的衍射效应

衍射是指光在传播过程中经过障碍物边缘或孔隙时所发生偏离直线传播方向的现象，与干涉现象一样，本质上都是基于波场的线性叠加原理，与干涉效应相比，由表面或复杂的次表面周期结粉产生的衍射效应是较少见的。自然界的衍射结构可以分为以下两种。

第一种为表面规则结构，一些结构表现为表皮上一系列规则间隔的平行或近似平行的沟槽或突起，如一种 Burgess shale 古生物，其表皮有良好的光栅结构，呈现明亮的彩虹色；还有一些类似于乳头状突起阵列的零级光栅表面结构，常见于节肢动物的眼角膜中。

第二种就是在光学波段能产生布拉格衍射效应的结构，这种结构称为晶体衍射光栅或光子晶体，具有这样的结构通常称为“具有光子带隙”的材料。当带隙的范围落在可见光范围内，特定波长的可见光将不能透过该晶体。这些不能传播的光将被光子晶体反射，在具有周期性结构的晶体表面形成相干衍射，产生了能让眼睛感知的结构色。

3）由亚波长大小的颗粒产生的波长选择性散射

散射是指由于介质中存在随机的不均匀性，部分光波偏离原来的传播方向而向不同方向散开的现象。向四面八方散开的光，就是散射光。介质的不均匀可能是介质内部结构疏松起伏，也可能是介质中存在杂质颗粒。光的散射通常可分为两大类：一类是散射后光的波长频率发生改变，如喇曼散射；另一类是散射后光的波长频率不变，如瑞利散射和米氏散射。与颜色相关的散射为第二类散射，散射光的颜色与颗粒的大小及颗粒与周围介质的折射率差有关。当颗粒尺寸小于光的波长时，散射光强和入射光强之比与波长的四次方成反比，散射为瑞利散射，此时短波长蓝色的光会被优先散射，典型例子如天空的蓝色。当颗粒尺寸在光的波长范围之内时，可以观察到很好的蓝色瑞利散射；当颗粒尺寸接近或大于光的波长时，此时可使用米氏散射理论，瑞利散射理论已不再适用，散射颜色不再是蓝色，颗粒会呈现各种颜色，主要是红色和绿色。从介质体系的有序性角度，可将散射分为非关联散射和关联散射。非关联散射是指无序体系的散射，每个散射体与入射光单独发生作用并且相互之间没有影响，如瑞利散射和米氏散射。关联散射的体系具有一定的有序性、周期性，每个散射体之间会产生相互作用。关联散射和非关联散射的一个区别就是关联散射会具有一定的方向性。

2. 结构色显色机理

物质的微结构分为有序结构和无序结构两种。有序结构，即散射体的空间排布具有平移对称性，如光栅、单层膜、光子晶体等。无序结构，即散射体的空间排布失去了平移对称性，如白云中的液滴、涂料中的钛白颗粒等。有序结构的散射体之间具有空间相干性，光的散射等同于所有单体散射的算术求和，因此，一般认为有序结构产生颜色的物理本源是相干散射。伴随对光与结构相互作用认识的深入，特别是在光与无序结构相互作用方面的研究的深入，这种分类方法暴露出了它的局限性。因此，产生结构色的物理机制是物质的微结构对光进行的调制，不同的微结构将会产生不同的光学现象。

结构色的实现方案有很多种，这里简单介绍两种：表面纹理和材料结构本身。

1）表面纹理

表面纹理也是目前行业中用的比较多的一种做结构色方案。大致工艺流程是通过纳米级高精度的激光工艺按照设计好的纹理图样在模具上雕刻出来纹理，此时整个表面被切割出数万个甚至更多的光学衍射单元，之后通过 UV 转印等方式直接印到产品表面或者是膜片上（膜片要做贴合），然后做镀膜、丝印等其他工艺。

2）材料结构本身

通过材料结构本身来做出结构色效果，如光变涂料、光变油墨、光变颜料等。这种特定的纳米光学材料多是由纳米级的薄膜结构复合叠加而成的，这种结构对光形成强烈的干涉等光学效果，可以实现动态的颜色变化及金属光泽，一般材料附着的工艺是真空镀膜、喷涂等。

3. 结构色防伪应用

将结构色彩水凝胶条纹设计成一种具有防伪功能的动态条形码标签。这种条形码比现有的条形码提供了更加复杂的信息，从而提高伪造的难度。通过将近红外线整合到条形码读取器中，这些结构色条纹图案可以在扫描器下显示出动态的颜色变化，甚至是隐藏的编码信息。结构色条纹图案复合材料的这些特征表明了其在模拟结构色生物、构建智能传感器和防伪设备中的潜在应用价值。

7.2.7 激光全息防伪技术

激光全息印刷又称为激光彩虹全息印刷，它是随着光学技术的发展而出现的一种特殊的印刷工艺，能够在二维载体上再现三维图像。激光全息印刷防伪技术与普通的印刷工艺防伪技术有很大的不同，它是通过全息照相技术、全息原版和模压版的制作、模压复制和后加工等工艺得到全息防伪产品的一种技术，一般也称为“激光全息防伪技术”。激光全息防伪技术属于物理学防伪技术的一种，目前常用的是激光彩虹模压全息图防伪技术，它应用激光彩虹全息图制版技术和模压复制技术，在产品上制作一种可视的图文信息，来达到防伪的目的，具有图像清晰、色彩绚丽、立体感强、一次性使用的特点。

全息术是指应用光的干涉和衍射原理，将物体发出的光波以干涉条纹的形式记录下来成为“全息图”，并在一定的条件下再现出原物逼真的三维衍射像的技术。由于记录了物光波的振幅和位相信息，因而称为全息术或全息照相术。“全息”，即全部的信息，既包含振幅信息，又包含位相信息。

1．全息术的发明

全息术的概念最早由盖伯（Gabor）于 1948 年提出，1962 年随着激光器的问世，利思和乌帕特尼克斯在全息术的基础上发明了离轴全息术。1969 年，本顿（Benton）发明了彩虹全息术，掀起以白光显示为特征的全息三维显示新高潮。彩虹全息术与当时发展日趋成熟的全息涂膜压复制技术的结合，便形成了目前的全息印刷产业。

2．激光全息防伪技术发展历程

随着光学全息技术的发展，20 世纪 80 年代，在印刷工业领域出现了一项能够在二维载体上清楚并且大量地复制出三维图像的新印刷工艺，这项新印刷工艺就是全息印刷技术。我国将激光全息技术用于防伪始于 20 世纪 80 年代，直到 20 世纪 90 年代，模压全息防伪达到鼎盛时期。经过数十年的发展，激光全息防伪产品也从最初的全息防伪标识逐步升级发展为第二代、第三代甚至第四代激光全息防伪技术的产品。

1）第一代激光全息防伪技术

第一代激光全息防伪技术主要用于制作激光模压全息防伪标贴。20 世纪 70 年代末，人们发现全息图具有包含三维信息的表面结构（纵横交错的干涉条纹，这种结构可以转移到高密度感光底片等材料）。1980 年，美国科学家利用压印全息技术，将全息表面结构转移到聚酯薄膜上，从而成功地印制出世界上第一张模压全息图，这种激光全息图又称彩虹全息图，通过激光制版将影像制作到塑料薄膜上从而产生五光十色的衍射效果，使图片具有二维、三维空间感。在普通光线下，图片中隐藏的图像、信息会重现，而当光线从某一特定角度照射时，图片上又会出现新的图像。这种模压全息图可以像印刷一样大批量快速复制，成本较低，还可以与各类印刷品结合使用。至此，全息术向应用迈出了决定性的一步。

我国引进和应用激光模压全息防伪技术是在 20 世纪 80 年代末 90 年代初，在引进和使用初期，这种防伪技术确实起到了一定的防伪作用，但随着激光全息防伪技术的迅速扩散和管理的混乱，激光模压全息防伪标贴几乎完全失去了防伪能力，要使该技术能够起到有效的防伪效果，必须加以升级改进。

2）第二代改进型激光全息防伪技术

（1）应用计算机图像处理技术改进激光全息图。其主要有两个方向。

① 计算机合成全息技术。这种技术是将系列普通二维图像经光学成像后，按照全息图的成像原理进行处理后记录在一张全息记录材料上，从而形成计算机像素全息图。

② 计算机控制直接曝光技术。与普通全息成像不同，这种技术不需要拍摄对象，所需图形完全由计算机生成，通过计算机控制两束相干光束，以像素为单位逐点生成全部图案，对不同点可改变双光束之间的夹角，从而制成具有特殊效果的三维全息图。

（2）透明激光全息防伪技术。普通的激光全息图一般是模压而成的，镀铝的作用是增加反射光的强度，使再现图像更加明亮，这样的模压全息图是不透明的，照明光源和观察方向都在观察者一侧。透明激光全息图实际上就是取消了镀铝层，将全息图直接模压在透明的聚酯薄膜上。

（3）反射激光全息防伪技术。反射激光全息图成像原理是将入射激光射到透明的全息乳胶介质上，一部分光作为参考光，另一部分透过介质照亮物体，再由物体散射回介质作为物光，物光和参考光相互干涉，在介质内部生成多层干涉条纹面，介质底片经处理后在介质内部生成多层半透明反射面，用白光点光源照射全息图，介质内部生成的多层半透明反射面将光反射回来，迎着反射光可以看到原物的虚像。

3）第三代加密全息防伪技术

加密全息图是采用光学图像编码加密技术（如激光阅读、光学微缩、低频光刻、随机干涉条纹、莫尔纹等），对防伪图像进行加密而得到的不可见或变成一些散斑的加密图像，这样可以增加其防伪性能。

（1）激光阅读。利用光学共轭原理将文字或图像信息存储在全息图中，在普通环境下，这些信息不会显现，当用激光笔照射时，可以借助于硫酸纸或白纸看到所存储的信息，其表现形式有反射式和透射式两种。

（2）光学微缩。将图文信息用光学微缩的方式记录在全息图上，平常人眼难以辨认，在高倍放大镜下才可以观察到具体内容，一般情况下，中文可缩至 0.1mm，英文可缩至 0.05mm。这种技术可以单独使用，也可以与其他防伪技术（如安全线技术）配合使用，具有较好的防伪效果，如香烟包装的防伪拉线、2005 年版人民币激光全息缩微文字开窗安全线等，都使用了这种技术。

（3）低频光刻。在全息图上以非干涉方式将预先设计好的条纹花样以缩微的形式直接记录在全息图上，这些花样的条纹密度比普通干涉条纹低 1/10，在 100 线/mm 左右，直观效果是在全息图上某些部位具有类似金属光泽的衍射花样，若条纹花样是用计算机产生的全息图，则可用激光再现其信息。

（4）随机干涉条纹。在全息图上记录随机干涉花样，这种花样具有明显的特征，且不可重复，即使同一个人使用同样的工艺在不同的时间所产生的花样都不相同（除静态平面干涉条纹外，还有动态、立体干涉条纹），仿制者根本无法复制，因此这是一种很好的防伪方式。

（5）莫尔干涉加密。利用莫尔纹原理，在其中一套条纹中改变其位相并编码一个图案，这种图案在平时是隐藏的、不能分辨的，当与另一套周期条纹重叠时图案就会显现出来。由于加密全息图不可见或只显现一片噪光，如果没有密钥很难破译，因此具有一定的防伪功能。但由于它在通常环境下无法分辨，因此不具备为普通大众所识别的能力。

4）第四代激光全息防伪技术

目前，激光全息防伪技术仍然在不断地发展，第四代激光全息防伪技术中较典型的主要有组合全息图技术和真三维全息图技术。

（1）组合全息图。组合全息图是将几十甚至几百个不同的二维图像通过几十甚至几百次曝光所记录的全息图。组合全息图的效果可以从两个方面体现：一是类似于平面动态设计，可以拍摄各种花样的平面动态变化图案；二是利用 3D 软件或者借助数码相机，将三维目标的各个侧面及随时间的变化过程记录下来，制作“四维”全息图（所谓“四维”全息图，是指该全息图不仅能够记录和再现物体的三维空间特性，还能记录和再现该三维物体随时间的变化），“四维”全息图是一种防伪性能极高的全息图。

（2）真三维全息图。真三维全息图是利用真实三维雕刻模型制作的全息图，其防伪意义在于以下两个方面。

- 真三维全息图的拍摄难度比普通全息图高很多，尤其是将二者结合起来。
- 即使仿制者能够制作真三维全息图，但三维雕刻及拍摄时物体的角度等也会有很大差异，很难成功。因此，真三维全息图是一种高防伪性的全息图。随着更多的新技术与激光全息防伪技术相结合，激光全息防伪技术会得到更大的发展，新型的激光全息防伪技术会不断地涌现。

任何一项防伪技术单独用于印刷防伪领域，很难在特别长的时间内保持绝对的领先优势，只有跨学科、跨行业，进行有系统、有组织的综合防伪协作，才能从根本上有效地打击假冒伪劣行为。

7.3 典型的印刷防伪产品

7.3.1 二维码防伪

近年来，随着信息自动收集技术的发展，用条形码符号表示更多信息的要求与日俱增，一维条形码虽然提高了信息收集与处理的速度，但由于受到信息容量的限制，仅可作为一种信息标识，而不能对产品进行描述。此外，一维条形码的明显缺点是垂直方向不携带信息，信息密度低。但在工业、储运等场合中扫描往往是为了定位，从而要求还可利用条形码的垂直维度来更好地识别产品，这就要提高条形码的信息密度，并且又要在一个固定面积上印出所需信息，这就产生了具有高密度、大容量、抗磨损等特点的二维条形码（简称“二维码”)。二维条形码的新技术在 20 世纪 80 年代末期逐渐被重视，在信息储存量大、便于携带、便于印刷复制、纠错能力强等特性下，二维条形码在 20 世纪 90 年代初期已逐渐被使用。

二维条形码是用多个与二进制对应的几何图形按一定规律在平面（二维方向）分布的黑白相间的图形来记录数据符号信息的。在代码编制上巧妙地利用了 0、1 比特流的计算机内部逻辑概念，使用若干个与二进制相对应的几何体来表示文字数值信息，通过光电扫描设备或图像输入设备自动识读以实现信息的自动处理，能够以隐含方式存放被防伪对象的信息。不同码制的二维条形码技术具有特定的字符集，每个字符占用的宽度一定，且具有一定的校验功能。

1. 二维条形码的分类

根据二维码的编码原理及结构差异，二维条形码可分为堆叠式和矩阵式两种形式。

1）堆叠式二维条形码

堆叠式二维条形码也称为堆积、重排式、层排式二维条形码。这种条形码是在一维条形码编码原理的基础上，将一维条形码的高度变低，再依需要堆成多行，将多个一维条形码在纵向堆叠而产生的。堆叠式二维条形码在编码设计、校验原理、识读方式等方面都继承了一维条形码的特点，但由于行数增加，对行的辨别、解码、算法等与一维条形码有所不同。比较具有代表性的堆叠式二维条形码有 PDF417、Code16K、Code49 等，其中 PDF417 条形码是目前应用最为广泛的一种码制。PDF417 条形码是一种高密度、高信息含量的便携式数据文件，是实现证件及卡片等大容量、高可靠性信息自动存储、携带并可用机器自动识读的理想手段。图 7-21 所示为堆叠式二维条形码 PDF417 的外观。

图 7-21　堆叠式二维条形码 PDF417 的外观

2）矩阵式二维条形码

矩阵式二维条形码也称为棋盘式二维条形码，这种条形码是利用图像识别原理，以矩阵的形式组成的，在一个矩形空间内，通过黑、白像素在矩阵中的不同分布进行编码，其数据是以二维空间的形态编码的。在矩阵相应元素位置上，用“点”的出现表示二进制的“1”，不出现表示二进制的“0”，点的排列组合确定了矩阵码所代表的意义。其中，点可以是方点、圆点或者其他形状的点。具有代表性的矩阵式二维条形码有 Data Matrix、Maxi Code、Code One、QR Code 等，其中应用最为广泛的矩阵式二维条形码是 QR Code。图 7-22 所示为矩阵式二维条形码的外观。

2. 二维条形码防伪的应用

二维条形码其实本身不具备防伪的功能，但将二维条形码与防伪技术相结合，可以实现二维条形码防伪的功能。下面就二维条形码防伪的一些具体应用进行介绍。

图 7-22　矩阵式二维条形码的外观

1）产品互动防伪系统

它将二维条形码技术、图像处理、模式识别及计算机网络技术很好地结合在一起，既充分发挥了二维条形码便于扫描识别的优势，同时又通过其他技术的支持达到了防伪的目的，该防伪技术在当时具有一定的先进性，且防伪方法具有较高的安全性和可靠性。但该技术在应用中也存在着很大的不足，主要体现在：防伪实施过程较为烦琐；消费者进行产品真伪鉴证时需要自己向防伪中心邮寄或网络传送产品标识物及防伪二维条形码信息，耗时耗资，为此消费者很可能放弃查询而使其利用率降低；企业资金投入也相对较大；企业产品信息需经防伪中心处理后才能最终进入数据库，企业不能自动更新数据库信息，数据跟踪实时性差。

2）可逆温变油墨隐形二维条形码防伪技术

温变油墨是一种特种印刷油墨，根据所使用的温致变色物质性质的不同，可分为不可逆温变油墨及可逆温变油墨两种。较为常用的是可逆温变油墨，它在外界温度升高至一定值后发生颜色变化，当温度降低到原来值时油墨的显现颜色又可以恢复到原来的情况，其整个颜色变化过程是可逆的。所以将可逆温变油墨结合印刷二维条形码，温变前后，二维条形码发生变化，使二维条形码数据信息的读取成功或失败，达到防伪效果，该技术被广泛地应用于防伪印刷、温度显示及个性化产品装饰等领域。

3）二维条形码防伪查询技术

二维条形码防伪查询技术充分地利用了现有智能手机具有的可拍照功能及移动网络通信功能。消费者利用具有拍照功能的手机获取粘贴或印制在产品上的（含有加密信息或不经加密过程的信息）二维条形码图像，通过移动通信网络将拍摄的二维条形码图像传递到服务器端，由服务器对图像进行译码和解密，然后将最终处理的信息反馈给消费者，消费者通过对比产品与查询反馈的信息的一致性，从而实现对产品的真伪鉴证。

4）组合编码防伪技术

该技术利用二维条形码技术、加密及特种印刷技术的优势，与数据防伪技术相结合以达到安全防伪的目的。组合编码防伪技术方法最大的优势在于能够为消费者提供防伪查询功能的同时还可以加大生产企业及市场管理人员对产品的监管力度。

5）覆隐二维条形码防伪技术

在保持条形码原有几何构造不变的情况下，利用光的吸收和反射原理，通过印刷、贴标、烫印，在外界物理条件的辅助下对条形码进行光化学处理，将条形码的明码部分与空白部分的 PCS 值降低到一定的程度，使人眼及普通可见光波段图像阅读设备无法观察到，但仍可以通过专用阅读设备测量得到。覆隐条形码防伪技术可应用于所有条形码中，其具有防复制、防转移、依赖于专用扫描阅读设备的特点。覆隐二维条形码防伪技术已被应用于烟草防伪及专卖管理、门票防伪管理及防窜货管理中。

6）二维条形码水印防伪技术

将二维条形码技术与水印技术相结合应用于防伪领域，是新兴防伪技术的一个研究热点。二维条形码的水印防伪存在两种主要的技术路线：一种是利用二维条形码可对图像、音频及视频等字符外的多媒体信息数据进行编码的特点，将处理完成的水印图像、视频等信息编码到二维条形码中，通过条形码阅读器对二维条形码译码后获取其中的水印信息，从而实现二维条形码的防伪功能；另一种则是充分利用二维条形码的图形化的外观表现形式，将编码有一定信息的二维条形码图像制作成水印信息嵌入其他载体中或者将其他水印信息嵌入二维条形码图像载体中。二维条形码水印防伪技术相对于其他防伪技术的应用范围更为广泛，除可应用于实体物品上的防伪，如票务防伪、证券防伪、商品真伪鉴别等，还可以应用于电子文档数字签名鉴别、网络信息完整性和真伪性识别、电子签章识别等数字化产品领域。

7）二维条形码加密防伪技术

基于二维条形码的信息编码特性和外观表现形式，可以对二维条形码采取外部加密和内部加密两种方式。二维条形码的外部加密方式分为两种：第一种是需要对二维条形码编码之前的信息进行加密，然后将加密的信息编码成二维条形码，该二维条形码经过通用的条形码阅读器扫码译码后得到的信息仍然是具有加密特征的密文信息，要想获取原始非加密信息则需要一次解密过程才能得到；第二种是将以第一种方式加密的二维条形码用特定的条形码阅读器进行识读，这样可以保证未经授权加密的二维条形码不能被其他专用仪器识别，真伪检测更为迅速。二维条形码的内部加密方式，即在掌握二维条形码编码构造原理的基础上，对二维条形码内部某一处或几处的条形码组成元素进行修改，经内部加密的二维条形码同样需要专用的扫码识读仪器才能识别。这种二维条形码加密防伪技术现在多应用于银行票务、凭证、电子印章验证等方面，也可以应用于仓储管理、商品专卖检测及政府部门的有价证券防伪领域。

3．二维条形码防伪技术的优点

二维条形码防伪技术的应用是信息时代防伪行业的一次巨大飞跃。二维条形码防伪技术具有以下几个优点。

（1）信息容量大。二维条形码可储存丰富的文字、图片等多媒化数字化信息，单位面积内信息容量大，可比普通条形码或数字数码信息容量高几十倍。

（2）可靠性强。二维条形码具有纠错功能，当二维条形码被污损或局部损坏时，若损毁面积较小，仍然可以得到正确的识读。同普通条形码相比，二维条形码的译码可靠性高，译码错误率和误码率都较大。二维条形码经过加密后，能够更好地保护编码信息，不易被不法分子复制或盗用。

（3）编码的唯一性。二维条形码防伪系统赋予每一个产品唯一的防伪编码并进行加密。加密后的二维条形码防伪标签贴于产品或包装上，不但方便消费者查询真伪，还方便企业对产品质量或物流窜货进行追溯。

（4）易于识别性。消费者只需要通过手机对二维条形码进行扫描，即可实时查询产品信息，操作简便，实现了产品信息防伪的高效性。

（5）成本低、易使用。二维条形码防伪标签印制非常简单，基本跟数码防伪标签的成本差不多，成本比较低，可以在多种材质上印刷，而且形状、尺寸大小比例可变，增加的成本微乎其微。

（6）一次性。在消费者进行防伪查询时，管理者可通过管理系统的技术处理，增加查询的一次性提示，即提醒消费者本次查询是首次查询。如果消费者查询后发现并没有提示此次查询为首次查询，那么就说明这个有可能是假冒产品。

根据二维条形码防伪技术的优点，我们可以发现，二维条形码防伪技术能够极大地提高企业与消费者的互动性，在识别性、推广性和管理性方面有着其他防伪技术无法比拟的优势。因此，二维条形码防伪技术成为主流的防伪手段只是时间问题，在未来相当长的一段时间内会成为较为有效的防伪技术方案。

7.3.2 激光全息防伪

激光全息防伪是一种用激光进行全息照相的技术，通过全息术来识别产品真伪，并借此针对产品包装观赏性进行优化。相对于其他印刷防伪技术，它不仅能够较好地起到防伪作用，并且具有改善产品外观的装潢效果，提高产品档次。

1．激光全息防伪标签的种类

目前，常用的激光全息防伪技术的最重要的应用形式是激光全息防伪标签。激光全息防伪标签与一般印刷商标相比，具有独特的防伪功能，能增加产品美感，同时以深奥的全息成像原理及色彩斑斓的闪光效果受到消费者的青睐，在国际上被公认为是最先进、最经济的防伪标识，可以广泛应用于轻工、医药、食品、化妆品、电子行业的名优商标、有价证券、机要证卡及豪华工艺品等。激光全息防伪标签能起到防伪作用，其主要原因如下。

- 激光全息技术的制作和复制技术含量高，需专门人才，而且工艺复杂，设备昂贵。
- 激光全息图本身的特性决定其具有难以仿制的特性。由于全息图本身是密度极高的复杂光栅，且彩虹全息图具有再现图像颜色可变的性质，因此采用假彩色编码技术，使不同图案或同一图案中不同部分再现出不同的颜色。因此，即便是同一个人在异地用同样的图案也无法制出光栅完全相同的两张全息图。
- 加密安全、三维全息和真彩色全息等技术的引入加大了激光全息防伪技术的防伪力度。利用特殊的光学编码技术在全息图中加密，用特别的三维物体模型作为目标拍摄的全息图，真彩色全息再现与客观物体颜色一致的图像等技术的科技含量都非常高，因此可以保证采用这些技术制作的防伪标识更不易被仿制。
- 采用防揭型和烫印型两种电化铝薄膜制作模压全息图加大了仿制的难度。防揭型全息图是一次性使用的，全息图印制在复合结构上，当揭去表面材料后，全息图表面结构被破坏，从而留在承印物上的全息图因残缺不全而无法仿制。烫印型全息图也是印刷在复合材料上的，不同的是，它与承印物结合得非常紧密，以至于根本无法从承印物上被揭下。

随着激光全息防伪技术的发展和防伪标签应用形式的不断更新和发展，目前，激光全息防伪标签在实际应用中的主要形式有不干胶型、防揭型、烫印型和加密型等几种。

1）不干胶型激光全息防伪标签

不干胶型激光全息防伪标签使用非常方便，对贴标机械的适应性较好，不同于涂抹胶水及其他胶黏剂，它在生产线上使用不会出现污渍，尤其用于较高档次的包装，效果更为明显，这种标签目前用量也最大。但它的一个致命的缺点是可以反复使用，从一个位置揭下后可以被完整地粘到另一个位置上，使一些造假者可以利用旧的包装及标签制假，因此影响了防伪效果。从防伪的角度考虑，该类标签不宜作为防伪标签使用。

2）防揭型激光全息防伪标签

防揭型激光全息防伪标签的开发弥补了不干胶型激光全息防伪标签的缺陷，它只能一次性使用，当从包装上揭下来时，其上的图像已面目全非，不能再次使用。目前许多企业已在开发防揭型激光全息防伪标签，这种标签是包装领域有发展前途的一种防伪标签。

3）烫印型激光全息防伪标签

烫印型激光全息防伪标签是一种根本不能揭下来的激光防伪标签。将激光全息图制作成电化铝箔，采用烫印方式，直接将防伪商标烫印在包装上，它能够被牢固完整地粘到被包装件上，与被包装件形成一体，防伪效果较好。如果能够合理地选择烫印的位置，其防伪效果会优于上面两种类型的防伪效果。近年来开始广泛使用的激光全息定位烫印技术就是其中的一种。

烫印型激光全息防伪标签使用方便，式样多，还具有一定的装潢效果，适宜在纸张、塑料、有机玻璃等多种包装材料上进行烫印加工。烫印型激光全息防伪标签有多种使用方法，使用的方法不同，防伪效果也就不同，只有根据包装设计的要求合理选用，才能达到最好的防伪效果。

4）加密型激光全息防伪标签

对激光全息防伪标签进行加密可极大地增强防伪效果。目前使用的加密方法主要有图像模糊处理法、莫尔纹法、付氏变换频谱法、密码法等。这些加密方法的使用，极大地提高了激光全息防伪标签的技术含量，其中有些加密方法具有极高的不可识别性，能很好地达到防伪的目的。

影响激光全息防伪标签防伪性能的因素主要是标签的种类及标签的使用位置。不同种类的激光全息防伪标签具有不同的防伪效果，即使是同类的防伪标签因为使用位置不同，防伪效果也存在着明显的差别。

2．激光全息防伪技术的应用

1）激光全息防伪技术在票券上的应用

激光全息防伪技术除了在一般的民用商品上得到了广泛的应用，在安全印刷领域也得到了足够的重视。在钞票防伪领域就应用了激光全息防伪技术（无论是外币还是人民币），开窗安全线是一项较新的防伪技术，具有很好的防伪效果，成本相对也较高，一般小面额的币种上是不采用的，在人民币上，只有 5 元（含 5 元）以上面额才使用该技术。通过放大镜可以清晰地看到安全线上间隔有 R、M、B，这就是应用的激光全息防伪技术，从目前的应用情况看，效果还是不错的。造币（硬币）行业也应用了激光全息防伪技术（幻彩光学可变技术，OVD），是通过衍射物理学基础发展的一项专业技术，是一项独特的、高技术含量的制作工艺。目前，国际上大多数造币厂采用以下两种方法。

一种方法是用激光全息工艺单独生产带有激光图案的全息薄片，然后采用移印技术将其复制在硬币上；另一种方法是采用高解析率的点矩全息技术，直接在硬币上应用激光全息防伪技术，使得硬币上的激光全息图案面显示出红色、绿色、蓝色、黄色等各种迷人的色调。

2）激光全息防伪技术在图书的应用

近年来，图书出版社对图书盗版现象日趋重视，许多图书出版社将本社的标志性内容（如出版社名、电话号码、图书主编人像等信息）存入激光全息防伪标签。应用激光全息防伪技术制作的标签对出版图书进行加工，就形成了图书激光全息防伪标签。激光全息防伪标签实际上是图书出版社名称的延伸，对于图书出版社是一种品牌的象征，对于消费者是一种心理上的安全感，图书出版社的品牌形象和消费者安全意识都是不可或缺的。从这种意义上来说，在图书流通领域，激光全息防伪标签有着不可替代的作用。

3）激光全息防伪技术在烟包上的应用

（1）热烫型激光全息定位箔在烟包上的应用。

在全自动带有定位光标的烫印设备上，通过设备上的摄像头来识别全息防伪烫印箔上的定位光标，当电眼感应到定位光标后，将全息防伪烫印箔上特定部位的全息图通过一定的温度和压力准确地转移到包装盒的指定位置，从而起到防伪和装饰的作用。印刷品的定位烫印，对烫印箔的制作要求比较高，对烫印设备的精度及稳定性要求也高，烫印过程中还要求烫印箔的背胶能与印刷品的表面有良好的结合力，在一定的温度和压力作用下，能完整地把成像层这种高分辨率激光全息图的信息全部转移而不损失，以保证烫印后的全息图仍具有很高的衍射效率。

由于这种防伪技术含量高、制作的图案精美，更能彰显品牌标志的个性魅力，因此它是目前烟包防伪应用中的重要手段之一，目前几乎所有中高档烟包都采用了这种防伪技术。

（2）冷烫型激光全息定位箔在烟包上的应用。

冷烫型激光全息定位箔的制作原理和材料结构组成，与热烫型激光全息定位箔基本相同。两者最大的区别是，热烫型激光全息定位箔是利用温度和压力来转移全息图的，冷烫型激光全息定位箔则是通过胶水和最小压力来完成的，具体工作原理如下。

首先，在承印物上需要转移全息图的地方涂布胶水，通过橡皮滚筒和压印滚筒之间的压力把全息图文转移到承印物上，辅以紫外线让全息图在承印物表面固化。由于不使用温度，且使用最小转印压力，即使是细微的线条、细小的文字都能完整转移，因此整个图文更加生动精细。目前很多烟包都在使用这种技术。

但由于目前冷烫型激光全息定位箔尚未完全解决跳步问题，且在胶水的选择上不宽泛，以及冷烫型激光全息定位箔本身制作工艺还需优化，其质量提升和成本降低尚有较大空间。但随着材料和技术的进一步提升，冷烫型激光全息定位箔在烟包上的工艺展现将更加普遍和精彩，从而为烟包提供新的防伪价值。

（3）全息转移纸。

将图文连续排列的全息图通过涂布单元把胶水均匀涂布在薄膜上并与纸张复合，经干燥后制成全息纸，然后在全息纸上进行印刷。为适应环保要求，目前已将全息复合纸改为全息转移纸，后者表面有激光全息效果但没有 PET 薄膜，更加环保，也能满足包装印刷质量要求。目前，全息转移纸在烟包印刷业被广泛使用并深受欢迎。

按照全息效果、介质种类及图案的随机性，全息转移纸可以分为光柱全息转移纸、素面全息转移纸、高折射亮度全息转移纸、透明硫化锌全息转移纸、定位图案全息转移纸，它们在烟包上应用可以体现不同的防伪效果。但由于全息转移纸表面为非吸收性表面，在印刷时容易产生蹭脏、爆色等质量问题，因此基本都以 UV 油墨印刷为主。

将全息技术与印刷技术融合在一起，把油墨的色彩效果和印刷的灵活性与全息图强大的视觉魅力有机地结合起来，能得到非常奇特的效果，这是单独的全息图无法比拟的。印刷与纸张上全息图的结合方法有三种：第一种是在乱版全息图上进行印刷，全息图和印刷图文之间不需要对准，制作难度最低；第二种是印刷图文与全息图有一定空间关系，印刷图文在全息图上或在全息图周围进行效果补偿，套位要求不高，制作难度稍大；第三种是印刷图文与全息图需严格对准，这种印刷工艺和造纸工艺难度最大，却能给烟包提供最好的防伪效果和最大的设计创意空间。

7.3.3 证卡防伪

1．证卡的种类

证卡应用技术兴起于 20 世纪中叶，随着科学技术的不断发展，证卡技术应用领域越来越广泛。证卡的特征是微电子技术发展带来的卡式电子证件与计算机制证及识别技术的巧妙结合。证卡主要有三种形式：磁（条）卡、集成电路卡和激光卡。

1）磁（条）卡

磁（条）卡是在卡式证件的特定位置上贴覆或涂布一条磁性介质，用磁头可写入、读出信息，已在金融、通道控制等领域得到广泛应用。水印磁和全息磁技术的出现，提高了磁（条）卡的防伪性能，增强了其在性能价格比方面的竞争力，可以说到目前为止，磁（条）卡仍然是最成熟、最具实用性应用、最广泛的卡式证件。

2）集成电路卡

集成电路卡俗称 IC 卡（或智能卡），证卡载体上镶嵌（或注塑）有集成电路芯片，具有存储或微处理器功能，信息容量大，可存储照片、指纹等人体生理资料，保密性能更好，可以不依靠数据库独立运行。集成电路卡有两种类型：一种是“哑”卡，它只含有存储器，用于存储信息，如储值卡，存入一定的钱数，使用者便可以在各种交易中使用；另一种是智能卡，除存储器外，卡中含有微处理器，它对于卡中存储的数据具有支配能力。

集成电路卡分为接触式集成电路卡和非接触式集成电路卡。接触式集成电路卡是信用卡大小的塑料卡在一个嵌入的微小芯片中含有大量的信息。它与磁（条）卡的区别在于：存储的信息量大；有一些集成电路卡能够重编程序对数据进行添加、删除和重新整理。非接触式集成电路卡在许多方面和接触式集成电路卡相同，但非接触式集成电路卡在卡的外表看不到镀金的触点。卡和卡读写器之间的数据传送不需要物理接触，非接触式集成电路卡的优点：可避免触点磨损和电路振动破坏集成电路；元件完全封装在塑料卡中，没有外部连接。

3）激光卡

激光卡又被称为 OMC 卡，是利用光学方式记录信息的卡，其存储容量可达集成电路卡的数百倍，是一种在塑料基上嵌入激光存储器而制成的卡，通过激光将数字化的信息写入，然后通过激光检出器再生。这种卡虽然不能进行演算，但是存储容量可以达到几兆、几十兆，而且不受电磁干扰，安全可靠。现在激光卡能够存图形、图像，如照片、标识符、指纹、X 射线图片等，激光卡主要应用于医疗保健卡、预先付款的借方信用卡、货物清单、通行或入场券等。

2．证卡防伪技术

证卡的伪造与变造的做法通常集中在以下几个方面：①仿制防护/安全薄膜；②更改、替换照片或印刷的数据；③制作彩色复印件；④模拟安全特征；⑤更换集成电路模块；⑥重新编码或改写资料。

所以证卡防伪主要对所用的各种材料、图文设计、生产工艺等进行技术加密，采用特殊的、不易被察觉或者相对复杂的方式与手段，使证件难以被仿制或篡改，如抄制水印、加安全线、掺杂特种成分、缩微印刷、隐形图案、设置安全线、磁性与变色油墨、非常规工艺等。下面是几种常用的证卡防伪方法。

1）采用高科技防伪产品

对于卡体材料、防护材料、标志材料，以及印刷油墨、打印色带和胶黏剂等（芯片材料与卡体材料通用，不便另行设计安全性能，其他材料都可以制成防伪技术产品），设计证卡生产工艺时，从安全角度考虑，应设置可核验的工序或规范，形成保密工艺技术，构成防伪技术产品。

（1）安全防护膜。

采用高科技安全防护膜，保护卡体材料的公共信息和个人资料不被磨损，防止对可视信息的蓄意改变，安全防护膜应具有适当的剥离强度，对卡体黏合良好，任何移动安全防护膜的行为都将导致膜层破坏，无法恢复。该种薄膜也应当对证卡偶然暴露于化学药品，或浸渍其他液体中提供保护，制作用于安全防护的透视全息膜和光立体安全防护膜，不仅需要资金、技术、设备的高投入，还会受到许可证制度的约束。

（2）防伪标识。

防伪标识既可以扼制伪造，又便于识别，所以诸多有价证券和无价证件，几乎都在精美的图文印刷之外增加防伪标识，提高安全防护性能。

（3）油墨配方加密。

公共信息印刷，通常采用彩虹印刷、精细图案底纹等，增加仿制复印难度。油墨配方加密也是钞票、信用卡等常用的防伪技术。

（4）采用特种油墨。

在荧光油墨、磁性油墨之后，近年来又相继出现了湿度变色油墨和光学变色油墨等新一代特种油墨，以高科技专利产品方式垄断市场，达到安全防伪的目的。

（5）材料定点供应，有助于安全防伪。

办公室作业方式的居民身份证个人资料印刷以彩色激光打印机打印为主，无论是何种非冲击式打印设备，所要的色带或色（碳）粉，均要保证个人资料20年耐久性，这些材料目前还要靠进口、定点厂家供货。可以提出定制技术指标或性能，以期不同于市场上供应的商品，有助于提高证卡的安全性。

2）设置持证人生物特征

人体生物特征识别技术用于社会生活和执法业务中识别个人身份，被认为是行之有效的确认人体唯一性的科学方法，如指纹的快速自动化鉴定，在计算机技术迅猛发展的今天已被普遍采用。

指纹鉴定是一个高度专门化的领域，称作自动化指纹鉴定系统（AS）。它根源于执法业务，新兴的民用身份识别，与执法应用不相同。民用 AFIS 不是鉴别或搜寻一个未知的人，而是保证一个公民仅有一个身份证（同一性）。证明持证人与所持证卡的同一性，只需比对储存于证卡的已知指纹特征是否与现场持证人的相同手指指纹一致即可。

为了确定证件与持证人的同一性，还可以将持证人的其他生物特征，如手形、视网膜、声纹等信息，记录到证件或存入数据库。查验时与现场从持证人身体上采集的数据比对，证明同一性。通过计算机专用平台，实现自动录入、查询、比对、确认等操作，建立身份证件的现代化制作，使用与管理系统。

7.3.4 有价证券防伪

随着市场经济的高速发展，有价证券在市场经济中的地位日益重要。有价证券自诞生至今，经历了仿造技术及防伪技术的主动或被动的发展。如今，经济的多元化发展使得票据的种类呈现多元化的趋势，而这些代表着价值的印刷品一般有着多种防伪手段的组合。有价证券印刷既属于专业性很强的印刷技术，又属于安全印刷技术，有着特定的工艺要求与流程，也涉及各种专业的相关知识和技术，尤其在运用各种特殊的技术、技巧上与一般印刷有很大的不同。有价证券所应用的防伪技术，从侧面体现着一个时期防伪印刷技术的最新发展和应用。

以钞票和邮票为代表的有价证券的防伪技术，始终是防伪印刷中最前沿、最具代表的技术，或许应称之为防伪印刷技术最成功的典范。

1．人民币纸币防伪技术

人民币纸币防伪技术是集图案设计、特种纸张、油墨及制印技术于一体的综合性防伪技术。它集合了目前我国防伪技术的精华部分，多种防伪效果良好的防伪技术在人民币纸币上均有应用，打击了造假现象的发生。综合目前的人民币纸币防伪技术，主要包括以下三个方面。

1）人民币的纸张防伪

纸张历来都是纸币的传统防伪手段，具有良好的防伪特点，因此各国的纸币纸张都是特制的，人民币用纸也不例外。印钞纸一般带有网纹，或纸面施有塑性涂料或压光等，在造纸过程中还专门采取一些先进的技术，使纸张具有防伪的特征，以明显区别于其他纸张。我国人民币使用的纸张成分一般为：棉短绒浆 95%、木浆 5%。印制人民币用的纸张是特制的纸张，一般称作钞票用纸，主要具有以下一些特征。

（1）纸张的质地特殊。制造这种纸张的原材料，主要是棉短绒浆，比一般的造纸原材料贵重得多。

（2）无荧光反应。这种纸张所选用的原材料都是纯净清洁、不含杂质、白度很高、不添加荧光增白剂的，呈自然的洁白色，在紫外线的照射下，没有荧光反应。

（3）水印。人民币的钞票用纸，普遍地采用了水印技术。由于水印在造纸过程中已制作定型，而不是后压印上去或印在钞票表面的，因此水印图文都有较强的立体感、层次感，而纸张表面保持了平整光滑。

（4）安全线。安全线在目前的钞票防伪中占据了很重要的地位，将安全线埋入钞票纸的方法有两种：一种是将其完全埋入纸张中间；另一种是将其间隔地埋入纸中，部分显露在纸张表面，一般被称为“开窗式安全线”。

（5）纤维丝和彩点。在造纸时，在纸浆内掺入彩色纤维丝、无色荧光纤维或彩色小片（点），也有的在纸张未定型前，将纤维丝或彩点撒在未干的纸张表面上，而形成带有纤维丝或彩点的纸张。

2）人民币的油墨防伪

印制人民币的油墨是特制的油墨，印钞油墨要求油墨和纸的亲合性好，油墨色调配合十分协调。油墨防伪技术具有实施简单、成本低、隐蔽性好、色彩鲜艳、检验方便、重现性强等特点。我国的人民币在印制过程中使用了多种防伪油墨。针对不同的印刷设备，油墨的调制方法和性能也有所不同；在钞票的不同部位也可使用不同性能的油墨，这就进一步加强了钞票的防伪功能。印制人民币主要使用的油墨有同色异谱油墨、磁性防伪油墨、黄光油墨、光变油墨。

3）人民币的制版和印刷防伪

人民币在制版和印刷过程中使用多种防伪印刷技术，并且各种防伪印刷技术相互渗透，以达到更高的防伪水平，确保防伪技术万无一失。人民币在印刷过程中应用的制版和印刷防伪技术主要有以下几个方面。

（1）雕刻凹版制版和印刷防伪技术。目前人民币的印刷主要以凹版印刷为主，凹印版经雕刻而成，其图案线条呈凹槽形，低于印版的版面，涂布油墨印出图案后，油墨附着于印钞纸上，凸出于纸张表面，图文线条精细、层次丰富、立体感很强，用手触摸有明显的凹凸感。雕刻凹版的制作主要包括“手工雕刻”和“机器雕刻”两种。机器雕刻凹版印刷技术广泛应用于第五套人民币的中国人民银行行名、面额数字、盲文标记等处。

（2）接线印刷防伪技术。接线印刷防伪技术是我国发明的，第五套人民币正面和背面（20元除外）的面额数字和部分图案均采用雕刻凹印接线印刷防伪技术，两种不同墨色线条对接自然完整，更加醒目，更利于各种防伪措施的识别。

（3）号码防伪技术。人民币的号码采用凸印，第五套人民币2005年版对号码防伪技术进行了调整，100元和50元票面取消原横竖双号码中的竖号码，将横号码改为双色异形横号码，正面左下角印有双色异形横号码，左侧部分为暗红色，右侧部分为黑色，字符由中间向左右两边逐渐变小。

（4）对印印刷技术。在第五套人民币1999年版中有阴阳互补对印图案，100元、50元和10元的正面左下方和背面右下方各有一圆形局部图案，透光观察，正背图案组成一个完整的古钱币图案。互补对印是在特殊印刷机上一次印刷完成的，其对印精度是一般胶印机难以达到的，因此具有非常好的防伪效果。

（5）微缩文字。采用特殊的制版工艺，将文字缩小到人眼几乎看不到的程度印到钞票上，需借助放大镜方能观察到。第五套人民币已发行的各券种正面上方及背面下方多处带有胶印和凹印的缩微文字字样，缩微文字在一定程度上能够有效地防止复印及普通胶印伪造。

（6）隐形面额数字。隐形图案技术具有易识别、成本低且防伪效果好的特征。隐形图案技术只能通过雕刻凹版设计和印刷才能实现，它能很好地防止复印和胶印伪造。第五套人民币采用了这一防伪措施，在发行的各券种正面右上方均有一椭圆形（圆形、方形）图案，将票面置于与眼睛接近平行的位置，面对光源平面旋转45°或90°可以看到钞券面额字样。

（7）彩虹印刷（串色印刷）。图案的主色调或背景由不同的颜色组成但线条或图像上的不同颜色呈连续性逐渐过渡，非常自然，没有明显的边界。第五套人民币上的底纹均采用彩虹印刷，其防伪作用非常突出。

2. 邮票防伪技术

邮票作为有价证券，其防伪技术一直受到广大集邮爱好者和社会大众的普遍关注。曾经在相当长的一段时间里，我国邮资票品的防伪技术一直仅限于采用“暗记”“背胶”等少数几种简单的防伪工艺，无论从防伪手段的种类上，还是从防伪工艺的技术水平上来看，都难以满足邮资票品作为有价证券对其印制防伪技术的特殊要求。综合目前邮票的防伪印刷技术，主要包括以下几个方面。

1）材料防伪技术

（1）荧光纤维纸。荧光纤维纸是邮票防伪专用纸，是造纸过程中按配比将无色的荧光纤维条加入纸浆之中，生成的荧光纤维邮票纸，这种专用纸在紫外线激发下能显示出根根荧光纤维条，起到大众识别的防伪作用。

（2）特殊纸张。与其他有价证券一样，德国邮票的用纸采用的是加入黄绿色发光剂的特殊纸张。

（3）荧光加密防伪油墨。荧光加密防伪油墨是采用荧光技术和核加密技术综合研制成的我国新一代邮资票品生产专用油墨。这种油墨在紫光灯照射下显现荧光，广大公众能识别，而油墨中使用的核加密技术可作为邮票专业鉴定时的可靠依据。

2）制版防伪技术

（1）缩微文字。缩微文字是通过先进的制版系统，在制版过程中，将版面特定文字缩微成一条只有在 5～10 倍的放大镜下才能看清内容的细线的新型防伪技术。该技术除具有较强的防伪性能外，还具有一定的趣味性。

（2）隐形文字与底纹。例如，1998 年发行的面值为 11.75 美元的邮票“喷气飞机和航天飞机”是采用了胶版多色印刷的不干胶邮票，当把专用解码镜接触到邮票画面时，就可看到英文“USPS”的隐形文字。

（3）调幅网线和调频网点。其原理是将连续调图像、文字、图形等变换成具有一定的方向性的微小点划线，通过改变其角度，形成潜像。此图案用肉眼并不能看到，但是一经数字化扫描就会显现出来。调频网点是将图像变换成微小的点，依靠点的密集程度来表现图像密度深浅的，如果用复印机复印就会产生龟纹。美国已在一部分邮票中采用了这种防伪方式。邮票整体的胶印网点的方向是规则的，仅在潜像部分改变了网点方向。用肉眼什么也看不出来，但是如果在具有双凸透镜的邮戳检测仪上就能清楚地看出来。

（4）复合印刷技术。日本 1000 日元的高面值普通邮票“松鹰图”和面值 700 日元的普通邮票“四季花鸟图”，为了防止伪造，采用了三色照相凹版加一色雕版印刷技术，特别是雕版使用了致密的直线雕刻线条，再加上背景色使用三色电子照相网点，使原画中的图案被很好地体现出来，鹰的形态十分逼真，其精美的印制具有极强的防伪性。

3）印刷防伪技术

目前邮票的印刷主要选用凹版印刷，这是由于凹版印刷具有较好的防伪性，在防伪印刷中有比较广泛的应用。凹版印刷的特点是用墨量大，因此凹版印刷的线条粗细和油墨的浓淡层次变化丰富，图文有凹凸感，层次多样，线条清晰，易于辨识，给仿冒带来很大的困难。凹版印刷是最早用于防伪领域的印刷技术。

4）印后防伪技术

（1）激光全息防伪技术在邮票印刷中的应用。

世界上第一张带有全息防伪图案的邮票是 1988 年 10 月 18 日由奥地利发放的 8 先令邮票。邮票中央有三个全息图案，由 A 字母和 MADE INAUSTRIA 等构成的帆船造型象征着出口。

（2）异形齿孔防伪、文字镂空防伪技术。

异形齿孔防伪、文字镂空防伪技术科技含量高，是目前具有国际先进水平的一种打齿孔技术。其设备昂贵，加工工艺技术复杂，精度高，技术不易被仿造，防伪效果好，同时容易被大众识别，是票据、证件上较为理想的一种防伪措施。

异形齿孔防伪技术是邮票防伪中常用的方法之一。邮票的制作完毕后都需要打齿孔，最早对邮票打齿孔是为了邮票撕分的方便。后来，人们逐步利用齿孔的形状、排列、疏密等用于邮票的防伪，以防止邮票的仿制，提高其收藏价值。如今，异形齿孔防伪技术已有很大的提高，从而成为邮票防伪的一个重要方面。

国家邮政局邮票印制局于 1998 年印制发行的“何香凝国画作品”邮票第一次采用椭圆异形齿孔，收到了良好的防伪效果。在 1999 年印制发行的“澳门回归祖国”小型纸张上采用“五星”异形齿孔取得了非常好的防伪作用。在“君子兰”小型纸张上的拼音字母和 2001 年版“印花”税票上对中文“税”字采用文字镂空防伪技术，它不仅起到良好的防伪作用，同时又美化了画面图案，而且大众在识别中无须借助任何工具，人人都可以进行鉴别。

第 8 章

印刷信息可靠性编码

利用半色调网点特征（空域、频域、色谱域）实现信息隐藏的前提条件是将信息可靠地记录在承印物上，进而通过识读设备采集图像，提取并识读信息，在此过程中，不可避免地存在因印刷过程中出现的网点变形、错位、飞墨、漏墨，以及图像采集过程中存在的光照、图像畸变、信号噪声等因素造成的原半色调网点信息的失真，这种失真比通常意义上的通信信号信道传输失真更为复杂。因此，为了解决半色调信息隐藏及其可靠识读问题，交叉应用和组合优化通信信道可靠性编码技术，使之能够满足在复杂噪声干扰下引起的半色调网点编码信息的检纠错性能要求，解决此类问题的技术瓶颈问题。

本章首先对通信信道可靠性编码进行介绍，然后构建印刷通信系统，最后讨论印刷信道可靠性编解码。

8.1 通信信道可靠性编码

实际信道中存在噪声和干扰的影响，信号在传输过程中可能出现差错，导致经信道传输后接收到的码元与发送的码元之间存在差异，为了提高系统的可靠性，需要使用可靠性的检纠错编码技术。信道编码又称为差错控制编码、纠错编码，基本思路是待传输的信息在发送端被按照既定的规律加入一定的人为冗余信息，使得原本相互独立的码元序列产生关联性，接收端可以根据这些冗余信息检查并纠正在传输中出现的一些错误，从而改善通信系统的传输质量，保证信息传输的可靠性，正常情况下冗余一般添加在信息序列的后面。级联编码技术是信道编码技术的重要组成部分，它可以减少译码器的计算量，得到等效长码性能，同时能够对突发性问题进行及时处理，从而提升其检纠错能力。图 8-1 是一个经过信道编码后的码字，该码字总共有 n 个符号，其中信息长度为 k 个符号，码字剩余的 $n-k$ 个符号是信息符号经过特定规则计算得到的冗余符号。

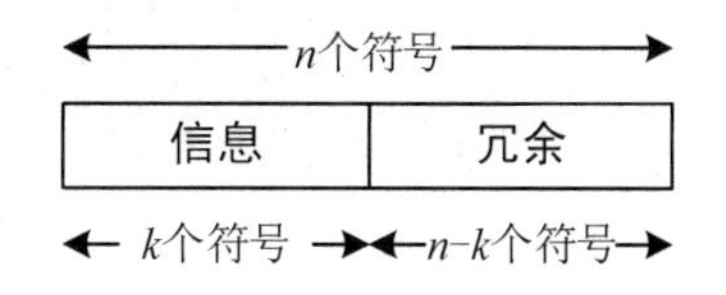

图 8-1　一个经过信道编码后的码字

添加人为的冗余信息的方式和规则有多种，可划分为两大类型：如果规则是线性的，即码元之间的关系为线性关系，那么可以称这类码为线性分组码；否则称为非线性分组码。

信道编码按照编码方法主要可分为线性分组码、卷积码、Turbo 码和 LDPC 码等；根据信息位出现的形式可分为系统码和非系统码；根据码长的长短可分为长码和短码。目前常用的线性分组码有汉明码、BCH 码、RS 码等，这些编码在中等码长和长码下，具有很好的纠错性能。

下面主要介绍信道编码中的线性分组码、BCH 码、RS 码和卷积码。

8.1.1 线性分组码

线性分组码作为信道编码最基础且最重要的一类编码，它在研究其他信道编码上发挥着重要作用。所谓线性，是指码元之间的约束关系是线性的，而分组是指在进行构造时，将输入的信息码组按照每 k 位为一组进行编码，并按照一定的线性规则添加人为的冗余码元信息，最终构成每 n（$n>k$）位为一组的编码输出信息，因此一般线性分组码采用(n, k, d)表示，其中 k 表示输入的信息码组，n 代表输出的信息码组，d 为该线性分组码的最小距离，$n-k$ 代表在编码过程中按照一定线性规则人为添加的冗余信息。这些人为添加的冗余信息是用作接收端检查和纠正在信道传输过程中产生错误的码元，因此也被称为监督码元或者校验码元。

一个(n, k)线性分组码，其信息长度为 n，存在 2^k 个码字，当且仅当全部 2^k 个码字构成域 GF(2)上所有 n 维向量构成的向量空间的一个 k 维子空间被称为(n, k)线性码。由此可知，(n, k)线性分组码 C 构成的一个 k 维子空间归属于 n 维向量空间，那么可以在这个 n 维向量空间中找到 k 个相互独立的向量，即 k 个码字组成的信息码组 X：

$$X=(x_{k-1},x_{k-2},\cdots,x_1,x_0) \tag{8-1}$$

按照一定的编码规则得到长度为 n（$n>k$）个码元的码组 C：

$$C=(c_{n-1},c_{n-2},\cdots,c_1,c_0) \tag{8-2}$$

式中，编码规则可以定义为

$$\begin{cases} c_0 = f_0(x_{k-1},x_{k-2},\cdots,x_1,x_0) \\ c_1 = f_1(x_{k-1},x_{k-2},\cdots,x_1,x_0) \\ \quad\vdots \\ c_{n-1} = f_{n-1}(x_{k-1},x_{k-2},\cdots,x_1,x_0) \end{cases} \tag{8-3}$$

如果 $f_i(\,),i=0,1,\cdots,n-1$ 都为线性函数，那么称码组 C 为线性分组码。如果信息码组 X 和得到的码组 C 的所有码元都来自二元有限域 GF(2)（只有元素 0 和 1），那么把这种线性分组码叫作二元线性分组码。

二元线性分组码(n, k, d)有 2^k 个码字，GF(2)上 n 维线性空间有 2^n 个不同的码组，因此二元线性分组码可以看作是 GF(2)上 n 维线性空间的一个 k 维子空间，所以在码元集合中一定可以找到一组码字 $g_0,g_1,\cdots,g_{k-2},g_{k-1}$，使得所有码字都可以通过这 k 个独立向量线性组合表示，使得码组 C 满足式（8-4）：

$$C=x_{k-1}g_{k-1}+x_{k-2}g_{k-2}+\cdots+x_1g_1+x_0g_0 \tag{8-4}$$

若记 $\boldsymbol{g}_i=(g_{i,0},g_{i,1},\cdots,g_{i,n-2},g_{i,n-1})$，则可将这组码字写成矩阵形式，即$(n, k, d)$线性分组码

的生成矩阵 $\boldsymbol{G}$。

$$\boldsymbol{G}=\begin{bmatrix} g_0 \\ g_1 \\ \vdots \\ g_{k-1} \end{bmatrix}=\begin{bmatrix} g_{0,n-1} & g_{0,n-2} & \cdots & g_{0,0} \\ g_{1,n-1} & g_{1,n-2} & \cdots & g_{1,0} \\ \vdots & \vdots & & \vdots \\ g_{k-1,n-1} & g_{k-1,n-2} & \cdots & g_{k-1,0} \end{bmatrix}$$

$$=\left[\begin{array}{cccc|ccccc} p_{0,n-k-1} & p_{0,n-k-2} & \cdots & p_{0,0} & 1 & 0 & 0 & \cdots & 0 \\ p_{1,n-k-1} & p_{1,n-k-2} & \cdots & p_{1,0} & 0 & 1 & 0 & \cdots & 0 \\ \vdots & \vdots & & \vdots & \vdots & \vdots & \vdots & & \vdots \\ p_{k-1,n-k-1} & p_{k-1,n-k-2} & \cdots & p_{k-1,0} & 0 & 0 & 0 & \cdots & 1 \end{array}\right] \tag{8-5}$$

由式（8-5）可知，线性分组码的生成矩阵 $\boldsymbol{G}$ 是一个 $k\times n$ 的二元矩阵，令 $\boldsymbol{I}_k$ 表示 $k\times k$ 的单位矩阵，那么生成矩阵 $\boldsymbol{G}$ 可表示为 $\boldsymbol{G}=[\boldsymbol{P}\,\boldsymbol{I}_k]$，其中 $\boldsymbol{P}$ 为 $k\times(n-k)$ 维矩阵。

根据数学知识可知，生成矩阵 $\boldsymbol{G}$ 是由 k 个线性无关的行向量组成的，因此存在一个由 $n-k$ 个线性无关的行向量组成的矩阵 $\boldsymbol{H}$ 与之正交，即

$$\boldsymbol{GH}^T=0 \tag{8-6}$$

式中，矩阵 $\boldsymbol{H}$ 为 $(n-k)\times k$ 维矩阵，称为线性分组码的校验矩阵。由于线性分组码的生成矩阵 $\boldsymbol{G}$ 与校验矩阵 $\boldsymbol{H}$ 的正交关系，校验矩阵 $\boldsymbol{H}$ 可以表示为

$$\boldsymbol{H}=\left[\boldsymbol{I}_{n-k}\boldsymbol{P}^T\right] \tag{8-7}$$

根据生成矩阵 $\boldsymbol{G}$ 可以得到唯一对应的校验矩阵 $\boldsymbol{H}$，再根据 $\boldsymbol{G}$ 和 $\boldsymbol{H}$ 可以实现对线性分组码的编码。假设 $\boldsymbol{u}=(u_{k-1},u_{k-2},\cdots,u_1,u_0)$ 为待编码的信息码组，对应的编码后的码组为 $\boldsymbol{C}=(c_{n-1},c_{n-2},\cdots,c_1,c_0)$，那么 $\boldsymbol{C}$、$\boldsymbol{u}$、$\boldsymbol{G}$ 和 $\boldsymbol{H}$ 之间的关系可表示为

$$\begin{gathered}\boldsymbol{CH}^T=0 \\ \boldsymbol{C}=\boldsymbol{uG}\end{gathered} \tag{8-8}$$

8.1.2　BCH 码

BCH（Bose-Chaudhuri-Hocquenghem）码是一类重要的循环码，能够纠正多个随机错误，而且也适用于纠正突发错误。这类码由 Hocquenghem 于 1959 年首次提出，Bose 和 Chaudhuri 在 1960 年也提出了这种码。BCH 码具有严格的代数结构，编码效率较高，并且能够用线性移位寄存器来实现，因此该码在信道编码理论中起着重要的作用。BCH 码可以用有限域 $GF(q^m)$（m 为大于或等于 3 的任意正整数）中生成多项式 $g(x)$ 的根来表示。

$$g(x)=\mathrm{LCM}[m_1(x),m_3(x),\cdots,m_{2t-1}(x)] \tag{8-9}$$

式中，t 为纠错的个数，$m_i(x)$ 为素多项式（$i=1,3,\cdots,2t-1$），LCM 表示取最小公倍数。在特征为 2 的有限域 $GF(2^m)$上，二进制 BCH 码以 $\alpha,\alpha^3,\cdots,\alpha^{2t-1}$ 为根，最小码距 $d\geqslant 2t+1$，在每一个分组中它可以纠正 t（$t<2^m-1$）个随机独立错误，码长 $n=2^m-1$，信息符号长度 $k=n-2t$，至少有 mt 个校验位，监督元位数 $r=n-k\leqslant mt$。

根据生产多项式及循环码的循环移位特性可以构造 BCH 码的生成矩阵 $\boldsymbol{G}$。若设 $C(x)=q(x)g(x)$是 BCH 码的任一码字，则 $\alpha,\alpha^3,\cdots,\alpha^{2t-1}$ 为码多项式 $C(x)$的根，即若码多项式为

$$C(x)=c_{n-1}x^{n-1}+c_{n-2}x^{n-2}+\cdots+c_1x+c_0 \tag{8-10}$$

则

$$C(\alpha^i)=c_{n-1}(\alpha^i)^{n-1}+c_{n-2}(\alpha^i)^{n-2}+\cdots+c_1(\alpha^i)+c_0=0 \tag{8-11}$$

式中，i=1, 3,⋯, 2t−1。根据 $\boldsymbol{CH}^T=0$ 可知，BCH 码的校验矩阵 $\boldsymbol{H}$ 为

$$\boldsymbol{H}=\begin{bmatrix}\alpha^{n-1} & \alpha^{n-2} & \cdots & \alpha & 1\\ (\alpha^3)^{n-1} & (\alpha^3)^{n-2} & \cdots & \alpha^3 & 1\\ \vdots & \vdots & & \vdots & \vdots\\ (\alpha^{2t-1})^{n-1} & (\alpha^{2t-1})^{n-2} & \cdots & \alpha^{2t-1} & 1\end{bmatrix} \tag{8-12}$$

对于定义在 GF(2^3) 上的二元本原 BCH 码，m=3，α 为 GF(2^3) 上的本原元，GF(2^3)上的本原多项式为 $p(x)=x^3+x+1$。校验元的个数为 mt=3，得到纠错能力 t=1 的 (7,4,1)BCH 码，其生成多项式为 $g(x)=x^3+x+1$，根据表 8-1 中 GF(2^3)的元素列表的形式，可以将(7,4,1)BCH 码的校验矩阵 $\boldsymbol{H}$ 写为

$$\begin{aligned}\boldsymbol{H}&=[\alpha^6,\alpha^5,\alpha^4,\alpha^3,\alpha^2,\alpha,1]\\&=\begin{bmatrix}1&1&1&0&1&0&0\\0&1&1&1&0&1&0\\1&1&0&1&0&0&1\end{bmatrix}\end{aligned} \tag{8-13}$$

表 8-1　GF(2^3)的元素列表

幂次 α^k	α 的多项式	多项式系数	十进制表示	最小多项式
α^0	1	001	1	$x+1$
α^1	α	010	2	x^3+x+1
α^2	α^2	100	4	x^3+x+1
α^3	$\alpha+1$	011	3	x^3+x^2+1
α^4	$\alpha^2+\alpha$	110	6	x^3+x+1
α^5	$\alpha^2+\alpha+1$	111	7	x^3+x^2+1
α^6	α^2+1	101	5	x^3+x^2+1

BCH 码可以分为本原 BCH 码和非本原 BCH 码。本原 BCH 码的 $g(x)$中包含最高阶数为 m 的本原多项式 $p(x)$，并且其码长为 $n=2^m-1$；非本原 BCH 码的 $g(x)$中不包含最高阶数为 m 的本原多项式 $p(x)$，并且其码长 n 是 2^m-1 的一个因子，即码长 n 一定可以整除 2^m-1。

BCH 码的编码的关键是生成多项式的选取，或者说是生成矩阵 $\boldsymbol{G}$ 和校验矩阵 $\boldsymbol{H}$ 的构造。对于定义在 GF(q^m)上分组长度 $n=q^m-1$，确定可纠正 t 个错误的 BCH 码，编码步骤如下。

（1）选取一个次数为 m 的既约多项式（一般选取 GF(q^m)的本原多项式）并构造 GF(q^m)。

（2）选取本原元 α，根据纠错能力 t，确定连续根 α^i，并求 $\alpha^i, i=1,3,\cdots,2t-1$ 的最小多项式 $m_i(x)$。

（3）构造可纠正 t 个错误的生成多项式 $g(x)=m_1(x)m_3(x)\cdots m_{2t-1}(x)$。

（4）按照循环码的编码规则和编码电路进行编码，所有加法运算和乘法运算都在 GF(q^m)上进行，以 GF(2^3)为例，纠错能力 t=1 的(7,4,1)BCH 码的加法运算如表 8-2 所示，乘法运算如表 8-3 所示。

表 8-2　GF(2^3)域内的加法运算表

	1	α^1	α^2	α^3	α^4	α^5	α^6
1	0	α^3	α^6	α^1	α^5	α^4	α^2
α^1	α^3	0	α^4	1	α^2	α^6	α^5
α^2	α^6	α^4	0	α^5	α^1	α^3	1
α^3	α^1	1	α^5	0	α^6	α^2	α^4
α^4	α^5	α^2	α^1	α^6	0	1	α^3
α^5	α^4	α^6	α^3	α^2	1	0	α^1
α^6	α^2	α^5	1	α^4	α^3	α^1	0

表 8-3　GF(2^3)域内的乘法运算表

	1	α^1	α^2	α^3	α^4	α^5	α^6
1	1	α^1	α^2	α^3	α^4	α^5	α^6
α^1	α^1	α^2	α^3	α^4	α^5	α^6	1
α^2	α^2	α^3	α^4	α^5	α^6	1	α^1
α^3	α^3	α^4	α^5	α^6	1	α^1	α^2
α^4	α^4	α^5	α^6	1	α^1	α^2	α^3
α^5	α^5	α^6	1	α^1	α^2	α^3	α^4
α^6	α^6	1	α^1	α^2	α^3	α^4	α^5

对于能够纠正 t 个错误的(n,k,d)BCH 码，根据错误位置多项式$\sigma(x)$的定义式：

$$\sigma(x)=\sum_{i=1}^{t}(1-x_i x)=\sum_{i=0}^{t}\sigma_i x^i \tag{8-14}$$

伴随多项式 $S(x)$可表示为

$$S(x)=\sum_{i=0}^{n-k}s_i x^i=\sum_{i=0}^{n-k}\left(\sum_{j=1}^{t}y_j x_j^i\right)x^i，\ s_0=1 \tag{8-15}$$

令 $w(x)=S(x)\sigma(x)$，由于 $w(x)$的次数不会超过 $2t$，因此，有

$$w(x)=\sum_{i=0}^{2t}w_i x^i，\ w_0=1 \tag{8-16}$$

并且

$$\sum_{i=0}^{t}s_{t-i+j}\sigma_i=0，\ j=1,2,\cdots,t \tag{8-17}$$

由错误位置多项式$\sigma(x)$的次数为 t，$w(x)$的次数不会超过 $2t$，可知在伴随多项式 $S(x)$中仅需求幂次小于 t 的项参与计算，从而有

$$w(x)\equiv(S(x)\sigma(x))\bmod(x^{2t+1}) \tag{8-18}$$

这里采用迭代的方法求解错误位置多项式$\sigma(x)$和$w(x)$。迭代算法步骤如下。

（1）初始化：$\sigma^{(-1)}(x)=1$，$w^{(-1)}(x)=0$，$d_{-1}=1$，$D(1)=0$，$\sigma^{(0)}(x)=1$，$w^{(0)}(x)=1$，$d_0=s_1$，$D(0)=0$。

（2）在第 j 次迭代后，$j\leftarrow j+1$，计算 d_j。

$$d_j=s_{j+1}+\sum_{i=1}^{k}s_{j+1-i}\sigma_i^{(j)} \tag{8-19}$$

式中，k 表示多项式的次数。

（3）判断 d_j 是否等于 0，如果等于 0，则使用递推计算公式：

$$\begin{gathered}\sigma^{(j+1)}(x)=\sigma^{(j)}(x)\\ w^{(j+1)}(x)=w^{(j)}(x)\\ (j+1)-D(j+1)=j-D(j)\end{gathered} \tag{8-20}$$

然后进入第（7）步；否则进入第（4）步。

（4）选择 j 之前的第 i 行。

（5）判断 $d_i \neq 0$ 且 $i-D(i)$最大，如果不是，则返回第（4）步；如果是，则进入第（6）步。

（6）迭代计算。

$$\begin{gathered}\sigma^{(j+1)}(x)=\sigma^{(j)}(x)-d_j d_i^{-1} x^{j-i} \sigma^{(i)}(x)\\ w^{(j+1)}(x)=w^{(j)}(x)-d_j d_i^{-1} x^{j-i} w^{(i)}(x)\end{gathered} \tag{8-21}$$

（7）判断 j 是否等于 $2t$，如果不等于，则返回第（2）步；否则进入第（8）步。

（8）完成迭代，得到最终的 $\sigma(x)$ 和 $w(x)$ 。

$$\begin{gathered}\sigma(x)=\sigma^{(j+1)}(x)\\ w(x)=w^{(j+1)}(x)\end{gathered} \tag{8-22}$$

8.1.3 RS 码

RS（Reed-Solomon，理德-所罗门）码是一类纠错能力很强的码，也是一种特殊的非二进制 BCH 码，这种码是在 1960 年由 Reed 和 Solomon 提出来的。在线性分组码中 RS 码的纠错能力和编码效率是最高的，因此被广泛应用在数字通信或数据存储系统，特别适用于对进制调制的场合，同时在实际应用中，RS 码的 q 一般取值为 2 的幂次方，即 $q=2^m$，并且它的码符号是 $GF(2^m)$上的元素。

RS 码的所有码元都取自 $GF(q)$，其码长 $n=q-1$，并且其生成多项式 $g(x)$在 $GF(q)$上有 $n-k$ 个根，根的集合中有 $\delta-1$ 个连续的幂元素。因此码长为 n、设计距离为 δ 的 RS 码的生成多项式为

$$g(x)=\prod_{i=1}^{\delta-1}(x-\alpha^i)=(x-\alpha)(x-\alpha^2)\cdots(x-\alpha^{\delta-1}) \tag{8-23}$$

式中，α 是有限域 $GF(q)$上的本原元素。

通过式（8-23）可以得到一个 q 进制的$(q-1, q-\delta)$RS 码，该码长 $n=q-1$，维数 $k=q-\delta$，最小距离 $\delta=d$。如果 RS 码可以纠正 t 个错误的充要条件是校验矩阵中任何 $2t$ 列元素线性无关，那么最小汉明距离 $d_{\min} \geqslant (\delta=2t-1)$，又根据 Singleton 限可知$(n, k, d)$线性分组码的最大可能的最小距离为 $n-k+1$，所以 RS 码的最小汉明距离 $d_{\min}=\delta=n-k+1$ 。

RS 码的编码方式和 BCH 码的编码方式相同，都是利用生成多项式来构造码字的，并且移位寄存器的系数和运算都是在有限域上进行的。假设 RS 码的输入信息序列为 $m(x)=(m_0, m_1, \cdots, m_{k-1})$，信息多项式可表示为

$$m(x)=m_0+m_1 x+\cdots+m_{k-1} x^{k-1}, \quad m_i \in GF(q) \tag{8-24}$$

那么 RS 码的系统码可以表示为

$$c(x)=m(x)x^{n-k}+r(x)=m(x)x^{n-k}+[m(x)x^{n-k}] \bmod g(x) \tag{8-25}$$

式中，$r(x)$表示 $m(x)x^{n-k}$ 除以生成多项式 $g(x)$得到的余式，同时 RS 码的系统码又是生成多项式 $g(x)$ 的倍式，可以表示为

$$c(x)=q(x)g(x) \tag{8-26}$$

所以用信息序列乘以 x^{n-k}，再除以生成多项式 $g(x)$，可以得到校验多项式 $h(x)$，即校验多项式 $h(x)$可表示为

$$h(x)=\frac{m(x)x^{n-k}}{g(x)} \tag{8-27}$$

RS 码可以采用硬判决译码算法进行译码，假设在 GF(q)上的(n , k , d)RS 码以 $\alpha,\alpha^2,\cdots,\alpha^{2t}$ 为根，其中 α 为有限域中的 n 级元素，具体译码流程如下。

（1）根据接收码多项式 $r(x)$计算伴随多项式。

在接收码字当中可能会产生错误，假设错误图样为 $e(x)=r(x)-c(x)$，则伴随多项式可以表示为

$$S_i=r(\alpha^i)=e(\alpha^i)=\sum_{k=0}^{n-1}e_k\alpha^{ik} \tag{8-28}$$

式中，$i=1, 2,\cdots, 2t$。假设 $r(x)$中有 β 个错误，并且这些错误码字对应的位置分别为$l_1,l_2,\cdots,l_\beta$，对应的错误值分别记为$e_{l_\gamma}\in$ GF(q)，$\gamma=1,2,\cdots,\beta$，那么伴随多项式可以表示为

$$S_i=\sum_{\gamma=0}^{\beta}e_{l_\gamma}(\alpha^i)^{l_\gamma}=\sum_{\gamma=0}^{\beta}e_{l_\gamma}(\alpha^{l_\gamma})^i \tag{8-29}$$

式中，$i=1, 2,\cdots, 2t$。

（2）根据伴随多项式，得到错误位置多项式并求根。

式（8-29）构成了包含 $2t$ 个方程的方程组，可以利用这 $2t$ 个非线性方程求出 β 个未知的错误位置，但是求解起来非常麻烦，因此需要引入错误位置多项式：

$$\sigma(x)=\sum_{\gamma=0}^{\beta}(1-\alpha^{l_\gamma}x)=\sum_{\gamma=0}^{\beta}\sigma_\gamma x^\gamma \tag{8-30}$$

式中，$\sigma_0=1$。这样就将错误位置多项式转换为求多项式$\sigma(x)$的根。

（3）计算错误数值。

可以根据 Forney 算法进行错误数值的计算，具体算法可以概括为式（8-31），具体算法这里就不赘述。

$$e_{l_\gamma}=\frac{\Omega(\sigma_\gamma^{-1})}{\sigma'(\sigma_\gamma^{-1})} \tag{8-31}$$

式中，$\sigma'(\sigma_\gamma^{-1})$为$\sigma(\sigma_\gamma^{-1})$的一阶导数。

在二进制信息传输信道中，因为各种因素的影响，传输过程中会连续成串出现突发错误信息，又由于 RS 码是多进制码，它的其中一个码元包含若干比特位，因此连续出现的错误信息仅仅只是占据了几个码元的位置，如果错误码元的数量小于 RS 码的纠错能力，那么 RS 码可以对连续错误比特位进行纠错。RS 码译码器在对一个码元进行纠错时，相当于纠正了若干突发错误信息。RS 码采用硬判决译码器进行译码时，输出的误符号率 P_s 可表示为

$$P_s \approx \frac{1}{n}\sum_{w=t+1}^{n}\binom{n}{w}P_m^w(1-P_m)^{n-w} \tag{8-32}$$

式中，P_m 为传输信道输出的误码率。系统的调制方式如果采用 BPSK 调制，那么 P_m 可以表示为

$$P_m = 1-\left[1-0.5\text{erfc}\left(\sqrt{R\frac{E_b}{N_0}}\right)\right]^m \tag{8-33}$$

对于非二进制的 RS 码，其误比特率可以用误符号率 P_s 表示为

$$P_b = \frac{2^{m-1}}{2^m-1}P_s \tag{8-34}$$

8.1.4 卷积码

卷积码是信道编码中的一种，也是一种性能非常优越的纠错码。卷积码是由美国麻省理工学院的埃里亚斯（P.Elias）于 1955 年最早提出的主要用来纠正随机错误的一种有记忆、非分组的信道编码技术。卷积码和线性分组码不同，非分组的卷积码产生的码元不仅与自己本身的信息位有关，还和之前在规定时间内的信息位有关。正是因为在编码过程中的这种相关性，再加上卷积码的码组信息位小，所以在相同码率的情况下卷积码的性能比其他分组码都要好。卷积码在通信系统中得到了广泛的应用，如 IS-95、TD-SCDMA、WCDMA、IEEE 802.11 及卫星等系统中均使用了卷积码。

卷积码一般用(n,k,m)来表示，其中 k 代表输入的码元数，即编码长度；n 代表输出码字的码长，即输出信息位的数目；m 代表编码器的移位寄存器的数目；$R=k/n$ 为输入的码元数除以输出的码长，代表卷积码的码率，即卷积码的编码效率，由输入的码元数和输出的码长共同确定，可以用来衡量一个卷积码编码传输信息的有效性能；$N_0=m+1$ 表示编码的约束度，代表卷积码的编码器结构中相关联的码组数；$N=nN_0$ 定义为编码的约束长度，表示卷积码编码过程中相关联的码元的个数。典型的卷积码一般选择 n 和 k（$k<n$）值较小，但是约束长度 N 一般取较大值（$N<10$），这样可以获得不仅简单而且高性能的信道编码。

卷积码的编码器是一个由 k 个输入位、n 个输出位，并且具有 m 级移位寄存器构成的有限状态的有记忆系统。编码器任何一段规定时间内产生的 n 个码元，不仅取决于这段时间输入的 k 个信息位，还取决于前 m 段规定时间内的信息位。图 8-2 表示卷积码的编码器的结构框图。

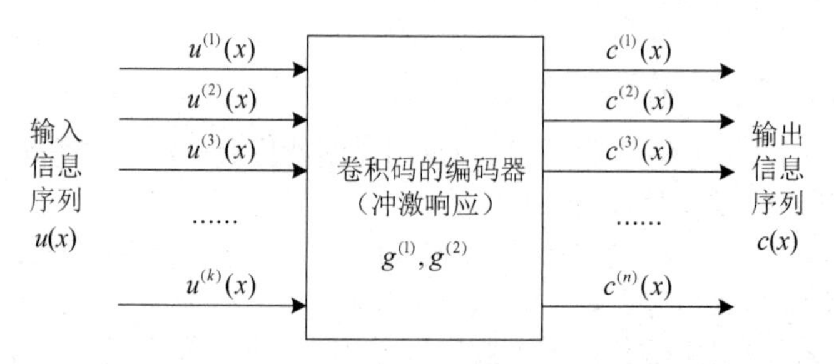

图 8-2　卷积码的编码器的结构框图

卷积码的编码算法由实例二元(2, 1, 3)卷积码引入。图 8-3 为(2, 1, 3)卷积码的编码器结构。该编码器的参数中 k=1、n=2、m=3、N_0=4、N=8，该编码器的编码效率为 $R=k/n=1/2$，相当于每输入 1bit 的信息，编码器就能够输出 2bit 的信息。

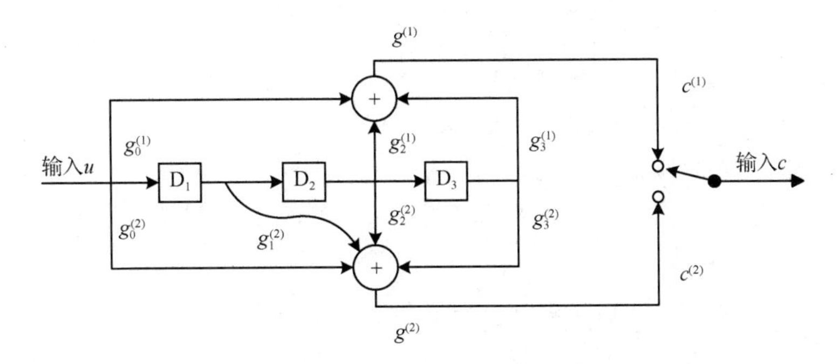

图 8-3　(2, 1, 3)卷积码的编码器结构

卷积编码时，在某一个特定时刻 k 送入一个信息元 u_k，对应移位寄存器 D_1 中存储的数据为 k−1 时刻的输入信息元 u_{k-1}，D_2 中存储的数据为 k−2 时刻的输入信息元 u_{k-2}，D_3 中存储的数据为 k−3 时刻的输入信息元 u_{k-3}，k 时刻生成的两个输出码组为 $c_k^{(1)}$ 和 $c_k^{(2)}$，按照给定的方式进行异或运算，编码规则为

$$\begin{aligned} c_k^{(1)} &= u_k + u_{k-2} + u_{k-3} \\ c_k^{(2)} &= u_k + u_{k-1} + u_{k-2} + u_{k-3} \end{aligned} \tag{8-35}$$

对应的编码输出为

$$c_k = (c_k^{(1)}, c_k^{(2)}) \tag{8-36}$$

由式（8-35）和式（8-36）可以得出，任一特定时刻 k 的输出 c_k，不仅与当前时刻的输入 u_k 有关，还与 k−1 时刻的输入 u_{k-1}、k−2 时刻的输入 u_{k-2} 和 k−3 时刻的输入 u_{k-3} 有关，不仅如此，该 k 时刻的输入信息元还会限制 k+1 时刻和 k+2 时刻的编码输出 c_{k+1} 和 c_{k+2}，最终可以得到的编码输出结果如下：

$$\begin{aligned} c_{k+1}^{(2)} &= u_k + u_{k+1} + u_{k-1} + u_{k-2} \\ c_{k+2}^{(2)} &= u_k + u_{k+1} + u_{k+2} + u_{k-1} \end{aligned} \tag{8-37}$$

一般情况下，任一特定时刻 k 送至编码器的输入信息元为 k_0 个，这些信息元可表示为 $u_k = (u_k^{(1)}, u_k^{(2)}, \cdots, u_k^{(k_0)})$，相应的编码输出信息元可表示为 $c_k = (c_k^{(1)}, c_k^{(2)}, \cdots, c_k^{(k_0)})$，当假设编码器的移位寄存器初始状态为 0，则：

$$c_{j,k} = \sum_{i=1}^{k_0} \sum_{k=0}^{m} u_i g_k^{(i,j)},\ j = 1,2,\cdots,n \tag{8-38}$$

式中，将冲激响应 $g^{(i,j)}$ 定义为

$$g^{(i,j)} = (g_0^{(i,j)}, g_1^{(i,j)}, \cdots, g_m^{(i,j)}) \tag{8-39}$$

式中，$i = 1,2,\cdots,k$，$j = 1,2,\cdots,n$；$g_m^{(i,j)}$ 表示在第 m 个移位寄存器中第 i 个输入对第 j 个输出的影响。

假设编码输入的信息序列为 u=（100……），由于编码器有 m=3 个移位寄存器，因此冲激响应最多可以持续到 $N_0=m+1=4$ 位。故相应的系统冲激响应应为

$$g^{(1)}=(g_0^{(1)},g_1^{(1)},g_2^{(1)},g_3^{(1)})=(1011)$$
$$g^{(2)}=(g_0^{(2)},g_1^{(2)},g_2^{(2)},g_3^{(2)})=(1111) \tag{8-40}$$

编码得到的输出信息组 c_k 可以用单脉冲序列 δ_k 和冲激响应 $g_m^{(1)}$、 $g_m^{(2)}$ 进行表示，结果如下所示：

$$c_k^{(1)}=g_0^{(1)}\delta_k+g_1^{(1)}\delta_{k-1}+g_2^{(1)}\delta_{k-2}+g_3^{(1)}\delta_{k-3}$$
$$c_k^{(2)}=g_0^{(2)}\delta_k+g_1^{(2)}\delta_{k-1}+g_2^{(2)}\delta_{k-2}+g_3^{(2)}\delta_{k-3} \tag{8-41}$$

对于一般的输入信息序列：

$$u_k=(u_{k-3},u_{k-2},u_{k-1},u_k) \tag{8-42}$$

相应的编码方程可写为

$$c_k^{(j)}=g_0^{(j)}u_k+g_1^{(j)}u_{k-1}+g_2^{(j)}u_{k-2}+g_3^{(j)}u_{k-3}=u_k*g^{(i)} \tag{8-43}$$

式中， $j=1,2,\cdots,m$ ， $i=1,2,\cdots,m$ ，*表示卷积运算，即卷积编码可由输入信息序列 u_k 和冲激响应 $g^{(i)}$ 卷积得到。

此时相应的编码输出为

$$c_k=(c_k^{(1)},c_k^{(2)})=(u_k*g^{(1)},u_k*g^{(2)}) \tag{8-44}$$

用 $\boldsymbol{G}_\infty$ 代表卷积码的生成矩阵，该矩阵为一个半无限的矩阵，可以用冲激响应 $g^{(i)}$ 表示，可展开为

$$\boldsymbol{G}_\infty=\begin{bmatrix} g_0^{(1)}g_0^{(2)} & g_1^{(1)}g_1^{(2)} & g_2^{(1)}g_2^{(2)} & g_3^{(1)}g_3^{(2)} & 00 & \cdots \\ 00 & g_0^{(1)}g_0^{(2)} & g_1^{(1)}g_1^{(2)} & g_2^{(1)}g_2^{(2)} & g_3^{(1)}g_3^{(2)} & 00 \\ & 00 & g_0^{(1)}g_0^{(2)} & g_1^{(1)}g_1^{(2)} & g_2^{(1)}g_2^{(2)} & g_3^{(1)}g_3^{(2)} \\ & & & \cdots & \cdots & \cdots \\ & & & & \cdots & \cdots \end{bmatrix} \tag{8-45}$$

若将输入的信息序列 $\boldsymbol{u}_\infty$ 和输出的码字 $\boldsymbol{c}_\infty$ 都用向量的形式表示：

$$\boldsymbol{u}_\infty=(u_0,u_1,u_2,u_3,\cdots)$$
$$\boldsymbol{c}_\infty=(c_0^{(1)},c_0^{(2)},\cdots,c_0^{(n)};c_1^{(1)},c_1^{(2)},\cdots,c_1^{(n)};c_2^{(1)},c_2^{(2)},\cdots,c_2^{(n)};\cdots) \tag{8-46}$$

则上述编码矩阵可改写为矩阵形式：

$$\boldsymbol{c}_\infty=\boldsymbol{u}_\infty\cdot\boldsymbol{G}_\infty \tag{8-47}$$

卷积码的译码可以采用 Viterbi（维特比）译码算法，该算法是在 1967 年由 Viterbi 提出来的，是一种基于码的 Trellis 图的最大似然译码算法，也是一种最佳的概率译码方法。Viterbi 译码算法分为硬判决译码和软判决译码两种实现方式，针对不同的信号可以采用不同的译码实现方式。

一个完整的 Viterbi 译码器一般包括以下几个部分：累加器组、比较器组、度量值寄存器、信息序列寄存器、判决器、其他控制电路等，Viterbi 译码器结构框图如图 8-4 所示。

在一个译码周期内，累加器组完成支路度量值的计算，比较器组实现同一状态的路径距离值比较，将较小路径存入度量值寄存器中，判决器则选出度量值寄存器中值最小的路径度量值，并将相应的信息序列寄存器的译码结果输出。

加比选（Add-Compare-Select， ACS）模块是 Viterbi 译码器中最重要的模块之一。“加”指的是将每条路径的分支度量进行累积。“比”指的是将到达节点的两条路径的累计度量值进

行对比。“选”指的是选出到达节点的两条路径中度量值小的一条路径作为幸存路径。

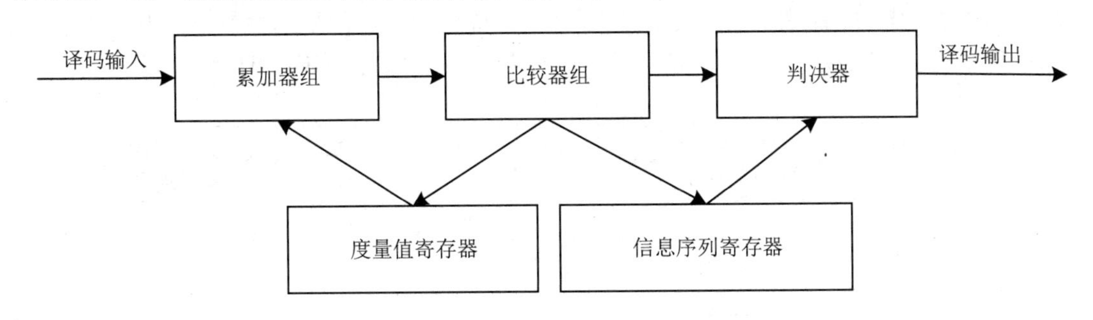

图 8-4　Viterbi 译码器结构框图

Viterbi 译码算法是基于编码器网格图搜索的最大似然译码算法，目的在于在编码器对应网格图中寻找一条与接收序列之间的距离最小的路径。根据解调之后选择的判决方法，在寻找最佳路径的过程中可以采用汉明距离和欧氏距离进行度量值的比较。Viterbi 译码算法不是一次性地在网格图中所有可能的 2^{kL} 条不同的路径中选择一条具有最佳度量值的路径，而是每次接收一段信息序列，进行度量值的计算，并在到达同一状态的路径中选择当前具有较大度量值的路径，舍弃其他路径，从而使得最后留存的路径仅有一条路径，且为具有最大似然函数的路径。Viterbi 译码的具体流程如下。

（1）计算分支路径度量值。计算每一个状态单条路径的分支度量，并存储每一个状态下的最大度量的路径及其度量值。

（2）更新度量路径。对于下一条路径，将前一条幸存路径的度量值与当前各个状态的分支度量值进行相加，挑选具有最大部分路径值的部分路径作为幸存路径，删去进入该状态的其他路径，然后，幸存路径向前延长一个分支。

（3）循环执行步骤（1）和（2）直到输入结束，得到最大度量路径，即最大可能的译码路径。

（4）回溯搜索得到的幸存路径，得到最大可能的译码序列。

Viterbi 译码算法利用了编码器网格图的特殊结构，这种方法不仅可以降低算法计算的复杂度，而且译码速度快、可靠性高。相较于门限译码器和序列译码器，Viterbi 译码器在硬件实现上的复杂度、译码延时及计算复杂度都比较低，因此具有相对较广的应用意义和范围。

8.2　印刷通信系统

在印刷中，半色调加网技术用于将原稿的连续调图像转换为半色调图像，使得印刷后的图像在 HVS 中所呈现的效果是连续调的。并且，半色调加网的方式是通过改变网点的属性来进行操作的，通过不同的网点表达不同的信息。将该技术融合应用现代通信技术、计算机图像处理与识别、信息编解码、信息防伪与信息隐藏、先进印刷工艺，构建了“印刷通信系统”，并通过量子点信息加载及最佳打印输出预失真处理、图像空域和频域均衡，构建了最佳的印刷量子点信息隐藏及打印输出系统。这种半色调信息隐藏技术将印刷作业过程等同于一个特殊的通信过程，将打印输出等同于特殊的信道，通过这种方式，建立如图8-5所示的印刷图文信息打印输出系统的模型（或技术体系架构），进而将现代通信的先进理论、技术交叉应用于印刷量子点信息隐藏的研究中，解决信息隐藏与提取的方法、理论和技术问题。

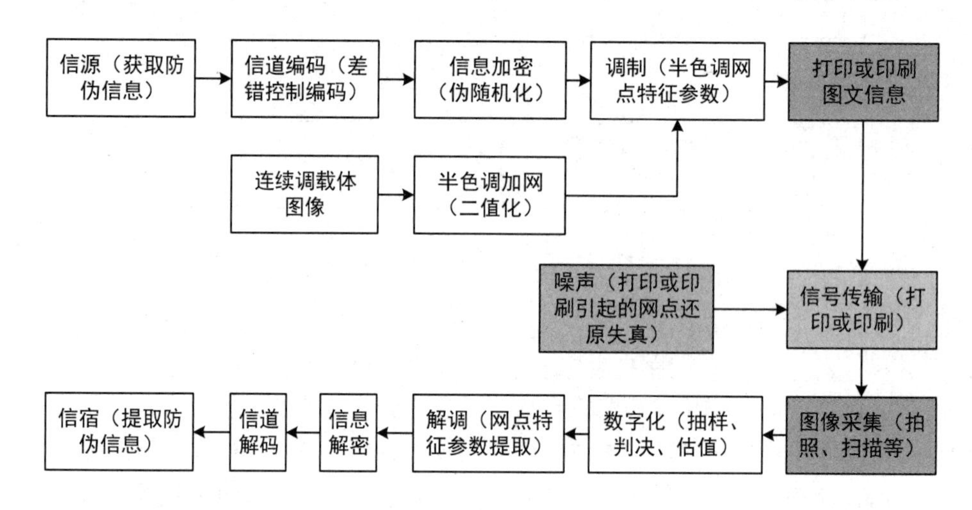

图8-5　印刷图文信息打印输出系统的模型

印刷图文信息打印输出系统可分为两个阶段：半色调印刷图像生成及信息隐藏和半色调印刷图像信息提取与识读。半色调印刷图像生成及信息隐藏的过程：首先获取待防伪的明文信息，经过可靠性信道编码得到伪随机信息序列，对该信息序列进行信息加密，使得信息数据得到进一步的安全处理，再将连续调载体图像进行半色调加网处理，得到二值化后的半色调载体图像，接着将加密后的信息序列通过半色调网点特征参数的选择进行信息调制，植入半色调载体图像中，最后将信息调制得到的图文信息打印或者印刷出来。半色调印刷图像信息提取与识读的过程：首先通过特定的拍摄或者扫描设备采集印刷品，再将采集到的印刷品进行数字化处理，其中包括抽样、判决和估值等，接着将数字化处理后的数据根据网点特征参数进行信息解调处理，然后对解调后的信息进行解密，最后通过可靠性信道解码得到原始明文信息。在半色调印刷图像生成与信息识读中间可能会因为环境等因素存在误差、噪声甚至成块数据被污损等问题，因此在信息传输过程需要通过信道编码、扩频和交织编码处理来消除这种干扰。

通过确立印刷通信系统概念、系统技术架构，以及信息处理与传输流程，将印刷通信系统和电子通信系统有机结合起来，充分汲取电子通信技术的基础理论和共性技术，交叉应用印刷通信系统，解决印刷量子点信息隐藏、打印再现和信息识读（接收）的方法、理论和技术问题，对推动半色调印刷防伪技术乃至纸媒体技术发展与进步具有极其重要的作用。

8.3　印刷信道可靠性编解码

半色调技术基于人眼的低通滤波特性，用灰度数字图像作为操作对象，以含有黑色和白色二值的图像来呈现连续调图像的灰度级，从而避免连续调灰度图像二进制量化输出时由于量化误差而产生对图像质量的影响。通常情况下，半色调的研究是将待隐藏的信息进行置乱处理，然后以加网的方式植入载体图像。在将原始连续调图像转换为半色调图像的过程中，通常需要对防伪信息（图像、商标、防伪标识或者文字等）进行图像加密、检纠错编码等处理，生成伪随机信号，然后用此伪随机信号调制调幅网点的形状，使其携带防伪信息，最终实现信息防伪印刷。在印刷产业中，对连续调图像进行印刷时，需要先将连续调图像进行半色调处理，然后才能够实现原始图文信息的再现。将信道可靠性编码技术应用到半色调图像，产生半色调掩膜图像，从而植入载体图像中，这种以编码的方式进行信息植入的方法相比较于其他信息隐藏的方法更加具有防复制性。通过信息加密、检纠错编码得到的伪随机信息序列，具有安全性高、抗干扰能力强，能够抵抗印刷缺陷、印刷网点丢失及印刷网点变形等特点。

基于印刷量子点的信息防伪与隐藏技术以打印信息防伪领域中最小的成像单元——1×1 或 2×2 单位像素的半色调网点为对象，以半色调网点图像的信息隐藏、信息防伪和信息增值服务为目的，主要针对打印输出的半色调网点点阵图像的污损及其图像检测错误等因素影响下，不可避免地引起的半色调网点点阵信息传输误码，通过交叉应用现代通信信息传输的可靠性及其信道编码技术，构建打印系统图像传输的信道模型，搭建一种适应该信道的最优的半色调网点点阵图像传输的可靠性编码技术，解决印刷防伪领域研究的基础理论及其共性关键技术问题。

半色调图像以点阵数据加载防伪信息，打印半色调网点信息，实现信息隐藏和信息防伪是对原有的半色调信息隐藏和防伪技术的继承、发展和再创新。半色调信息隐藏和防伪技术具有极强的防复制性和海量信息隐藏等特性，可以被广泛用于打印信息防伪领域，用于解决印刷品（如商标、标签、有价证券、门票、证卡等）的防伪及其信息增值服务问题。

8.3.1　印刷通信信道噪声模型

半色调网点信息从数据记录到网点图像的识读（检测与判决）至少需要经过打印（印刷）和扫描（或照相）两个过程，如图 8-6 所示。打印过程：$g_i(x,y)$ 是半色调加网输出的二值化图文数据，$h'_p(x,y)$ 是等效的打印信道，$g_m(x,y)$ 是理想的打印输出的图像，$n_p(x,y)$ 是打印过程中引起的飞墨、漏墨等噪声信息，$g'_m(x,y)$ 是打印再现的图像。扫描过程：$g'_0(x,y)$ 是扫描采集到的电子图像，该图像是 $g'_m(x,y)$ 经过扫描系统 $h'_s(x,y)$ 采集到电子图像 $g_0(x,y)$，同时叠加等效的加性噪声 $n_s(x,y)$ 得到的最终电子图像。

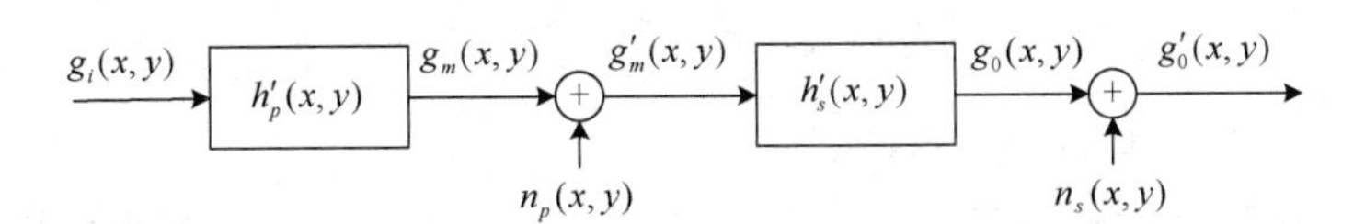

图 8-6　半色调网点信息打印-扫描信道噪声模型

构建打印-扫描信息传输系统，不难理解该系统是一个并行、超高维的数据通信系统，与一般意义上的串行或并行的电子通信系统信道有很大的不同，需要具体问题具体分析，并且优化该系统模型的主要数学特征。

1. 打印信道噪声模型

$g_i(x,y)$是印前处理输出的图像数据，该数据以二进制点阵数据制版为印版，通过印版将油墨转印到承印物上，或直接打印到承印物上，再现为打印图像$g_m(x,y)$，在此过程中，因各种印刷缺陷造成的从$g_i(x,y)$到$g_m(x,y)$出现的失真、谬误等效为理想的打印信道$h_p(x,y)$引入的非线性失真、乘性噪声$k_{np}(x,y)$的打印信道$h'_p(x,y)$，打印输出图像$g_m(x,y)$在飞墨、漏墨等噪声$n_p(x,y)$的污损下最终再现为打印图像$g'_m(x,y)$。

$$g'_m(x,y)=g_i(x,y)\times h'_p(x,y)+n_p(x,y) \tag{8-48}$$

$$h'_p(x,y)=k_{np}(x,y)\times h_p(x,y) \tag{8-49}$$

$$g'_m(x,y)=k_{np}(x,y)\times g_i(x,y)\times h_p(x,y)+n_p(x,y) \tag{8-50}$$

式中，$g'_m(x,y)$图像为打印图像，半色调网点特征加载记录的信息和噪声并存在该图像中，通常为了达到更好的信息隐藏效果，隐藏和记录信息的半色调网点的大小一般需要限定在几十微米以内，但受到打印工艺、设备、承印物和印刷环境等因素限制和影响，并且基于半色调网点特征的信息记录方式的误码率都比较高，因此记录信息的半色调网点的大小一般在10^{-3}～10^{-2}数量级。

2. 扫描信道噪声模型

扫描（或照相）设备采集打印图像过程中，存在着几何畸变，光源及其散射、折射和反射等引起的光照失真，以及光电感应器件噪声等失真和噪声干扰，对这些因素进行建模，等效为理想的扫描信道$h_s(x,y)$引入乘性和几何畸变失真$k_{ns}(x,y)$的扫描系统$h'_s(x,y)$，然后叠加加性噪声$n_s(x,y)$，最终得到被污损了的电子图像$g'_0(x,y)$。

$$g'_0(x,y)=g'_m(x,y)\times h'_s(x,y)+n_s(x,y) \tag{8-51}$$

$$h'_s(x,y)=k_{ns}(x,y)\times h_s(x,y) \tag{8-52}$$

$$g'_0(x,y)=k_{ns}(x,y)\times g'_m(x,y)\times h_s(x,y)+n_s(x,y) \tag{8-53}$$

3. 打印-扫描信道噪声模型

将打印系统和扫描系统级联起来实现电子图像到电子图像的发送与接收全过程，其等效数学模型为

$$\begin{aligned}g'_0(x,y)&=[g_i(x,y)\times h'_p(x,y)+n_p(x,y)]\times h'_s(x,y)+n_s(x,y)\\&=g_i(x,y)\times h'_p(x,y)\times h'_s(x,y)+n_p(x,y)\times h'_s(x,y)+n_s(x,y)\\&=k_n(x,y)\times[g_i(x,y)\times h_{ps}(x,y)]+n_p(x,y)\times[k_{ns}(x,y)\times\\&\quad h_s(x,y)]+n_s(x,y)\end{aligned} \tag{8-54}$$

式中，$h_{ps}(x,y)=h_p(x,y)\times h_s(x,y)$表示打印-扫描的级联系统，$k_n(x,y)=k_{np}(x,y)\times k_{ns}(x,y)$是打印和扫描两个过程引起的几何畸变和乘性失真。式（8-54）表示半色调网点信息识读在受到打印-扫描系统几何畸变和乘性失真干扰下，打印噪声$n_p(x,y)$和半色调网点信息一同被扫描系统无差别“接收”，同时，扫描系统也受到自身噪声的干扰。以上这些因素引起的失真和噪声污损情况有时非常严重，通常会导致半色调网点隐藏信息的污损及其误码率严重恶化，甚至导致这种方法的不可行。因此，要实现半色调信息隐藏及其可靠提取与识别，需要有针

对性地研究可靠性编码技术，以及采用分辨率更高，成像质量更好、更稳定和可靠的打印与扫描设备。

8.3.2 印刷量子点信息可靠性编解码方案

半色调信息隐藏方法通常都是将待隐藏的信息进行置乱处理，然后将置乱后的图像以加网的形式植入载体图像中。基于印刷量子点点阵防伪图像的信息隐藏的方法是将待隐藏的明文信息通过加密的方式实现，这种加密方法是通过印刷信道可靠性编码算法实现的。在印刷信息隐藏与防伪领域，对连续调图像的打印或者印刷需要先将其进行半色调处理，然后才能够实现在打印或者印刷后原始图文信息仍然可以清晰地展现出来。利用印刷量子点信息隐藏编码算法得到的点阵防伪图像就是通过半色调的形式植入载体图像中的，并且经过信道编码得到的网点图像是基于最小印刷墨点的空间矢量特征记录的印刷量子点图像。印刷信道可靠性编码实现的信息隐藏与防伪具有更强的防复制性，并且相较于普通的信息隐藏方法具有更好的隐藏效果和识读效果。

印刷量子点图像的每块识别码区在印刷或打印过程中会造成污损，为了解决因污损而导致的高误码率问题，需要对印刷量子点的生成过程进行可靠性编码。这种可靠性编码的方法是，采用帧同步位作为空间矢量特征来记录位置信息，利用多重检纠错编码来进行数据编码，利用二维奇偶校验来对数据进行检纠错，利用交织变换的迭代处理来解决连串成片的误码问题。印刷量子点信息识读过程是印刷量子点图像生成的反过程，首先对截取的部分印刷量子点点阵防伪图像进行解码匹配，然后对其进行分块解置乱，再将得到的解置乱图像进行多重检纠错解码，得到印刷量子点点阵本原图像，最后对印刷量子点点阵本原图像进行信息解密得到原始的明文信息。印刷量子点点阵防伪图像的生成与识读之间需要经过一个理想通道，对点阵图像进行局部截取。基于印刷信道可靠性编解码的印刷量子点图像生成与识读的流程如图 8-7 所示。

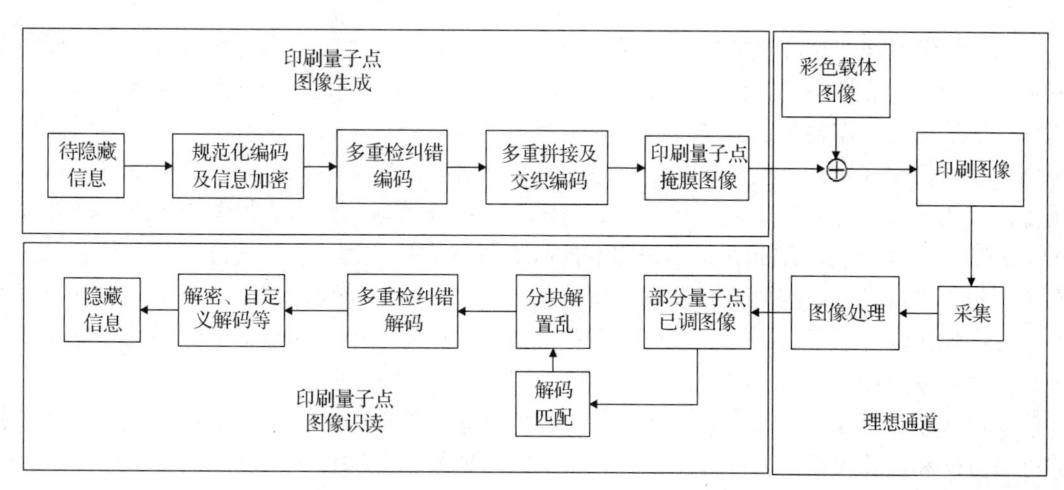

图 8-7 基于印刷信道可靠性编解码的印刷量子点图像生成与识读的流程

1. 基于 BCH 码的印刷量子点信息编解码

印刷量子点图像在打印或光学图像采集过程中存在量子点污损和误判问题，为了解决因污损和误判而导致的高误码率问题，需要对印刷量子点图像的生成过程进行可靠性编码研究。这种可靠性编码的方法包括对待隐藏的明文信息进行预处理，为保证信息安全，需要对预处理后的数据进行DES算法加密，对加密后的一维数据进行进制变换，使之变成二维的二进制码流，再对二维数据进行二维奇偶校验，实现内层检错的功能，然后对其进行BCH编码，实现外层纠错的功能，采用帧同步位作为空间矢量特征来记录量子点位置信息，为保证与商标等载体图像尺寸匹配，需要对得到的印刷量子点点阵本原图像进行周期性复制拼接，再利用交织编码的迭代处理来解决图像连串成片的误码问题，具体方案如图8-8所示。

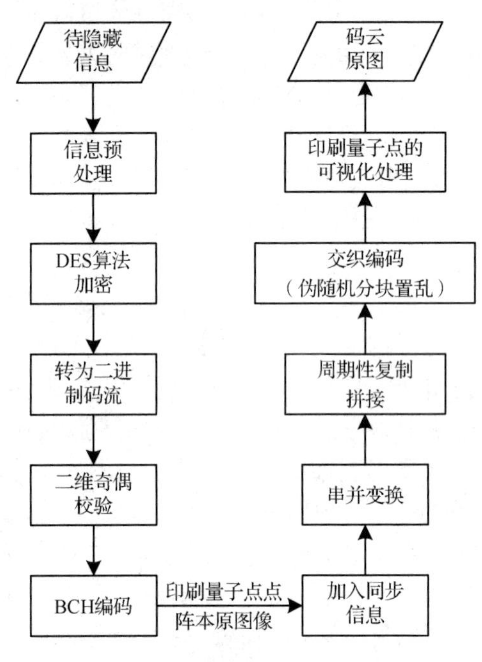

图8-8　基于BCH码的印刷量子点图像生成方案

为了能够实现快速准确的解码识读，需要设计一套符合编码方案的解码方案。该解码方案包括对经过可靠性编码的码云原图进行局部截取得到部分印刷量子点点阵掩膜图像，为了消除可视化效果，需要对部分的掩膜图像进行信息解调处理，得到置乱图像，对该图像进行帧同步信息检测判断。若检测到同步信息，则对其进行解交织编码得到印刷量子点点阵本原图像，对该图像进行并串变换，将二维数据转换为一维数据，然后去掉同步信息，接着进行BCH解码、解奇偶校验编码，最后对得到的数据进行信息解密，识读出原始明文信息。若没有检测到同步信息，则需要判断反置乱次数是否超限，如果超限，那么需要移动到下一位进行处理；如果没有超限，则只需要修改反置乱次数，产生一个新的反置乱数据进行反置乱处理，具体方案如图8-9所示。

印刷量子点图像的防伪信息加入的是一串字符串，信息处理采用MATLAB软件，按照上述处理方法和运算关系，并经过算法优化，构建印刷量子点图像生成的仿真实验过程。对明文信息进行检纠错编码后得到的实验结果如图8-10所示，其中图8-10（a）是二维奇偶校验后的输出图像，图8-10（b）是在图8-10（a）的基础上进行BCH编码后得到的印刷量子点点阵本原输出图像。

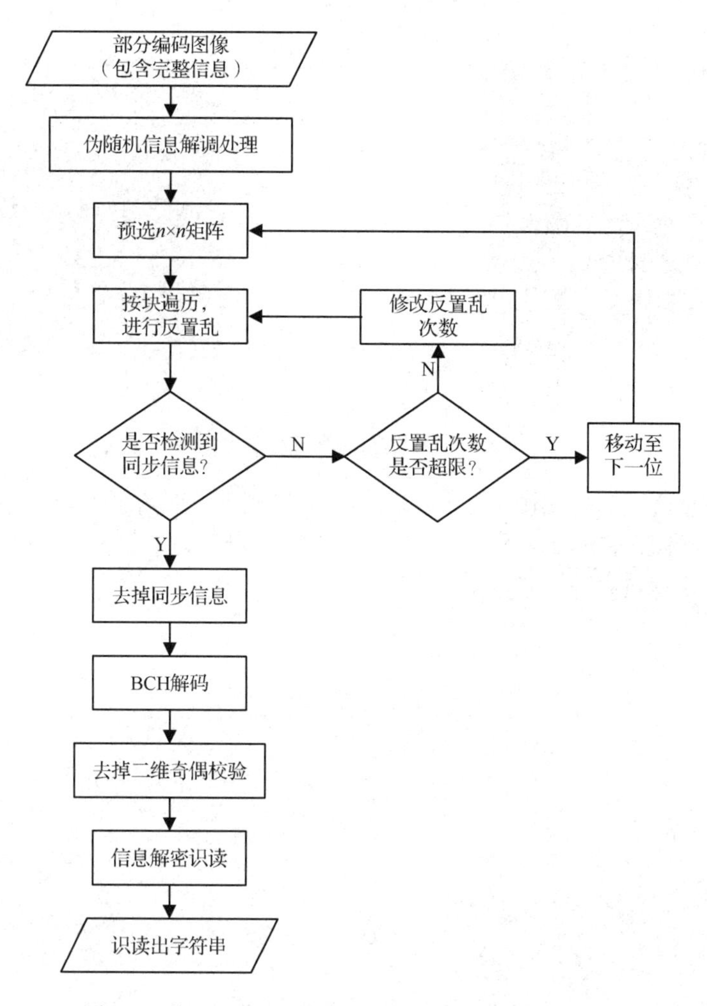

图 8-9　基于 BCH 码的印刷量子点图像信息识读方案

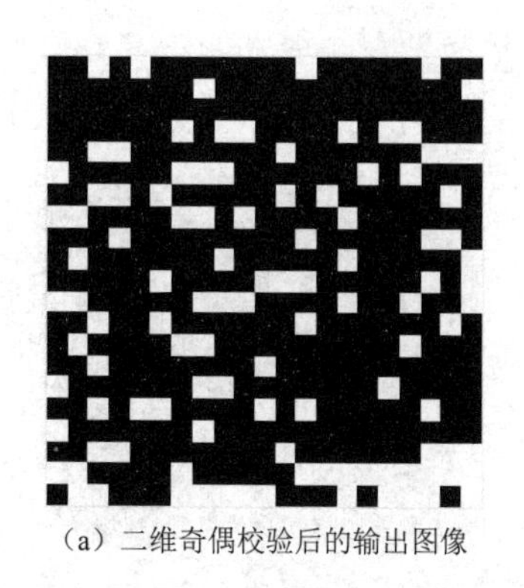

（a）二维奇偶校验后的输出图像

（b）印刷量子点点阵本原输出图像

图 8-10　对明文信息进行检纠错编码后得到的实验结果

为了满足与半色调彩色载体图像尺寸匹配，需要对检纠错编码输出图像进行多重复制拼接。由图 8-11（a）可以看出，多重复制拼接图像具有很明显的纹理特征，这样很容易引起信息安全漏洞，因此需要再对其进行交织迭代置乱运算，得到一个随机性排列的图像，如图 8-11（b）所示。

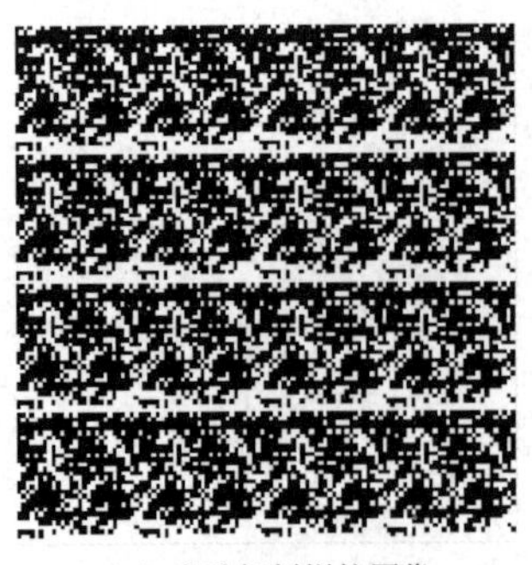

（a）多重复制拼接图像

（b）交织迭代置乱图像

图 8-11　伪随机信息置乱输出图像

对伪随机信息置乱后的图像进行信息调制，得到信息记录容量大、可靠性高的单像素印刷量子点点阵掩膜图像，如图 8-12（a）所示。图 8-12（b）是从图 8-12（a）截取的一块包含完整信息的印刷量子点点阵掩膜图像。

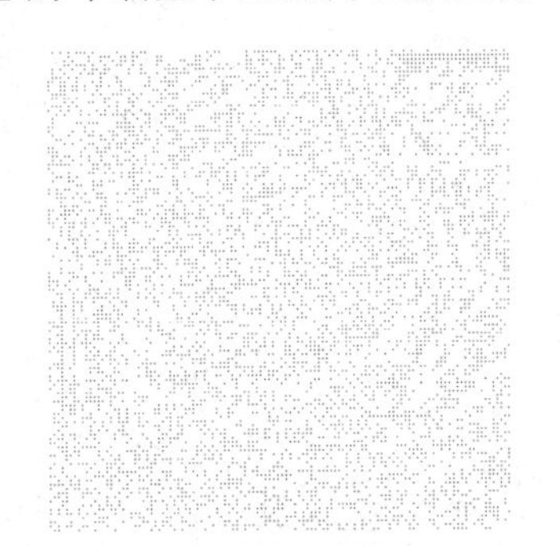

（a）码云原图

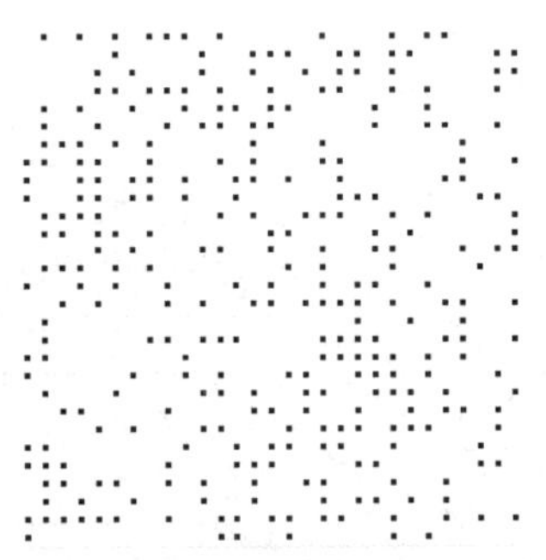

（b）截取的局部码云原图

图 8-12　印刷量子点点阵输出图像

对随机截取的部分码云原图［见图 8-12（b）］进行信息解调，得到如图 8-13（a）所示的置乱图像，再对该图像进行解交织置乱，得到如图 8-13（b）所示的印刷量子点点阵本原图像。

（a）置乱图像

（b）印刷量子点点阵本原图像

图 8-13　检纠错解码输出图像

对解码得到的印刷量子点点阵本原图像去掉同步信息后进行 BCH 解码，然后将得到的解码序列去掉二维奇偶校验，得到二进制的密文信息，再对其进行 DES 加密识读出原始明文信息。借助 MATLAB 仿真工具可完整识读并提取出原始字符的明文信息。

2. 基于卷积码的印刷量子点信息编解码

基于卷积码的印刷量子点图像生成与识读方案和基于 BCH 码的印刷量子点图像生成与识读方案类似，只需要将图 8-8 中的 BCH 编码改成卷积编码，图 8-9 中的 BCH 解码改成 Viterbi 译码。

印刷量子点图像的防伪信息加入的字符串信息和基于 BCH 码的一样，信息处理采用 MATLAB 软件，按照上述处理方法和运算关系，并经过算法优化，构建印刷量子点图像生成的仿真实验过程。对明文信息进行检纠错编码后得到的实验结果如图 8-14 所示，其中图 8-14（a）是二维奇偶校验后的输出图像，图 8-14（b）是在图 8-14（a）的基础上进行卷积编码后得到的印刷量子点点阵本原输出图像。

（a）二维奇偶校验后的输出图像

（b）印刷量子点点阵本原输出图像

图 8-14　对明文信息进行检纠错编码后得到的实验结果

为了满足与半色调彩色载体图像尺寸匹配，对检纠错编码输出图像进行多重复制拼接，如图 8-15（a）所示，由图 8-15（a）可以看出，多重复制拼接图像具有很明显的纹理特征，这样很容易引起信息安全漏洞，因此需要再对其进行交织迭代置乱运算，得到一个随机性排列的图像，如图 8-15（b）所示。

（a）多重复制拼接图像

（b）交织迭代置乱图像

图 8-15　伪随机信息置乱输出图像

对伪随机信息置乱后的图像进行信息调制，得到信息记录容量大、可靠性高的单像素印刷量子点点阵掩膜图像，如图 8-16（a）所示。图 8-16（b）是从图 8-16（a）截取的一块包含完整信息的印刷量子点点阵掩膜图像。

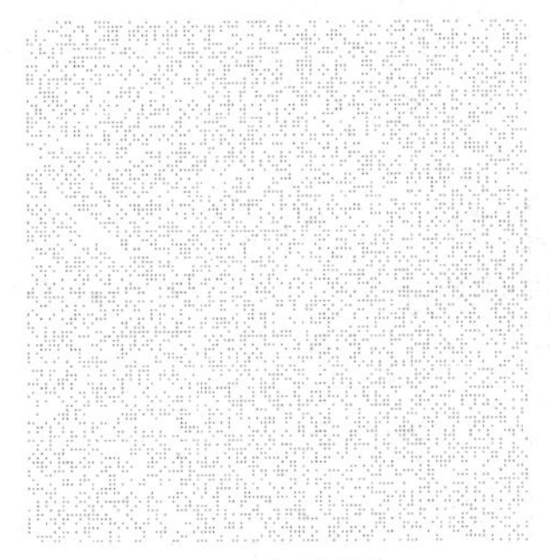

（a）码云原图

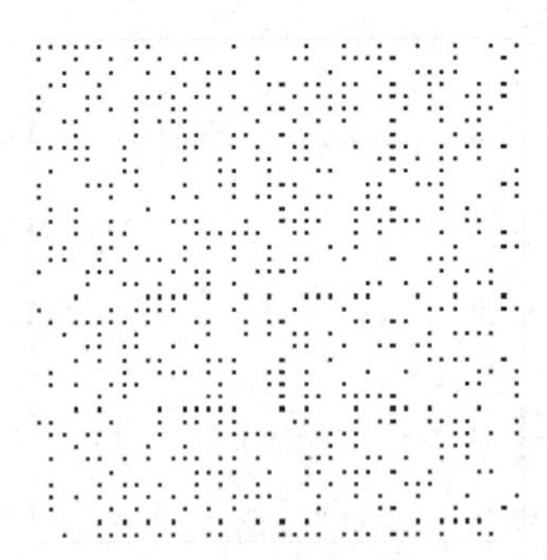

（b）截取的局部码云原图

图 8-16　印刷量子点点阵防伪输出图像

对随机截取的部分码云原图［见图 8-16（b）］进行信息解调，得到如图 8-17（a）所示的置乱图像，再对该图像进行解交织置乱，得到如图 8-17（b）所示的印刷量子点点阵本原图像。

（a）置乱图像

（b）印刷量子点点阵本原图像

图 8-17　检纠错解码输出图像

对解码得到的印刷量子点点阵本原图像去掉同步信息后进行 Viterbi 译码，然后将得到的解码序列去掉二维奇偶校验，得到二进制的密文信息，再对其进行 DES 加密识读出原始明文信息。借助 MATLAB 仿真工具可完整识读并提取出原始字符的明文信息。

3．非关联盲植入载体

待隐藏的明文信息经过信息加密和多重检纠错编码得到印刷量子点点阵本原图像，为了能够实现与载体图像尺寸匹配，需要将点阵本原图像进行周期性多重复制拼接，得到能够满铺于载体图像的印刷量子点防伪图像，然后将复制得到的携带隐藏信息的每块内容进行伪随机信息置乱处理，最后进行信息调制得到印刷量子点点阵防伪图像。对得到的印刷量子点点阵防伪图像进行非关联盲植入，从而实现载体图像中的信息隐藏。印刷量子点点阵防伪图像非关联盲植入载体图像的流程如图 8-18 所示。

基于盲水印的嵌入算法需要考虑到水印的隐蔽性、易碎性和稳健性，又由于三者是相互矛盾的，因此需要结合实际应用需求或应用场景进行博弈，使其达到一种最佳的平衡和使用效果。基于可靠性信道编码的印刷量子点点阵防伪图像是一种基于最小的墨点的半色调网点图像，可以很好地隐藏于载体图像中，且不影响图像质量，具有一定的防复制功能。要想复制纹理图像，就需要采用高精度的复印设备进行复印，或者用高精度的拍照设备抓取纹理图像后，再将拍到的图像缩放到与原图一样的尺寸进行打印或印刷，但是在复制或相应的工艺处理过程中，微小的信息记录载体（墨点）的空间特性信息就会全部或部分丢失，造成信息缺损或者污损，进而达到信息防伪的目的。

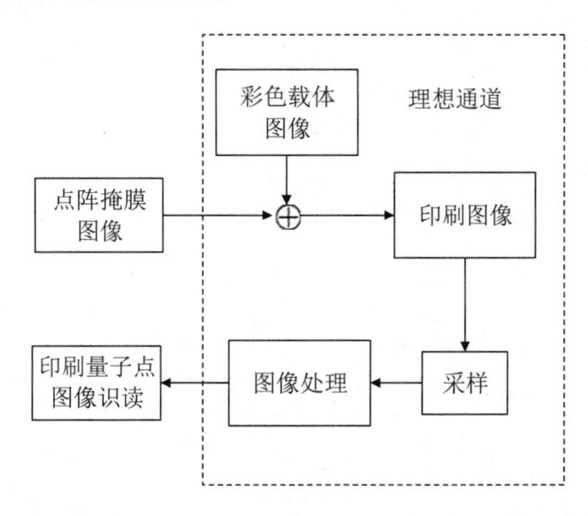

图 8-18　印刷量子点点阵防伪图像非关联盲植入载体图像的流程

将印刷量子点点阵防伪图像以满铺的形式非关联盲植入载体图像中，得到的效果如图 8-19 所示。

图 8-19　非关联盲植入输出图像

8.3.3　印刷图像信息匹配打印

半色调网点信息特征主要指网点的空间点阵分布，也可以通过网点形状变化加载信息。这些特征网点通过伪随机化控制，使其在满足图像显示效果的基础上兼具记录非可视信息，实现信息隐藏、防伪及其增值服务。以特征网点记录非可视信息的防伪方法受打印污损、设备性能、油墨、纸张等因素影响，满足高保真打印再现半色调网点信息记录，实现信息隐藏的有效性和防伪信息识读的有效性兼容是比较困难的。同时，打印输出半色调网点微元信息时，一方面要求在达到打印图像视觉效果前提下，满足信息检测信噪比或误码率要求，实现信息可靠记录；另一方面要求在调制网点微元特征时，提高数据记录容量和防复制技术门槛。

现有的数字打印设备，从工业应用到办公应用，从数字喷墨打印到激光打印，均通过专业的光栅化处理软件或设备固化的光栅化处理软件，对输入图像进行半色调加网。同时，数字喷墨打印或激光打印在打印成像过程中，存在网点图像还原比较严重的失真问题。

半色调网点图像信息打印输出需要高保真还原和再现，即图像经过打印信道传输，仍可有效对抗各种失真和污损问题。同时，利用手机等便携设备快速检测半色调网点信息时，因其网点物理尺度一般在 30μm 左右，为了能够有效采集到分辨率等级为 30μm 左右的图像，半色调网点图像需要具备对抗信息失真和损失的能力。

针对以上问题可以采用打印设备最优化匹配和信道补偿输出的方法来解决半色调网点图像信息打印输出的问题，印刷图像信息匹配打印的技术流程如图 8-20 所示。

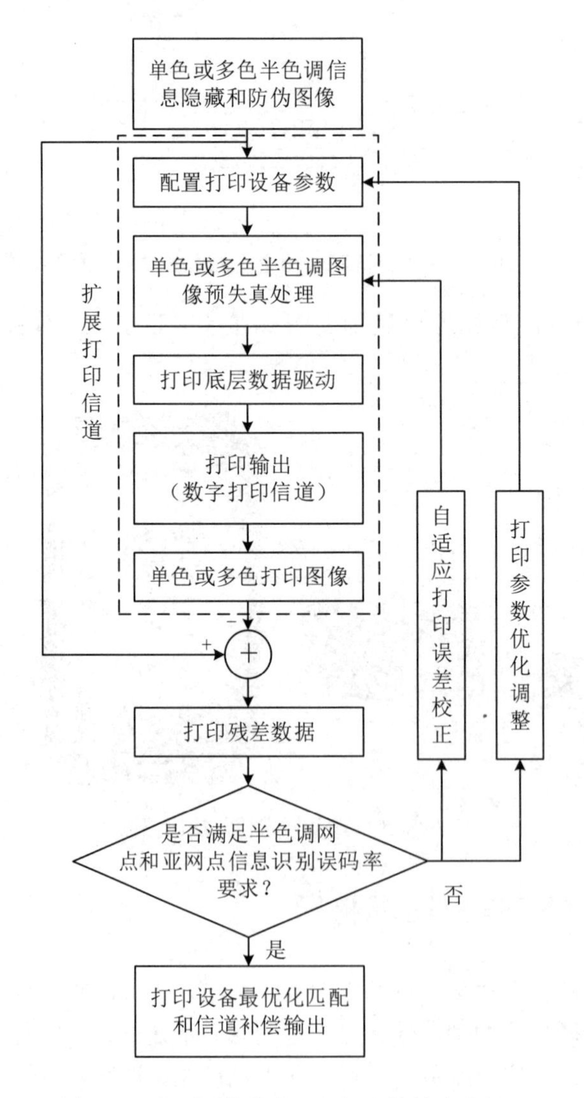

图 8-20　印刷图像信息匹配打印的技术流程

印刷图像信息匹配打印方法的核心是把打印过程等效为一个通信信号的传输过程，进而用通信信道的相关理论研究打印输出问题。首先，应用通信信道的相关理论和技术，构建打印信道模型，把打印图像再现中存在的网点扩大、油墨渗透、网点大小及其稳定性等系统性问题等效为打印信道的系统误差。然后，应用预失真补偿方法，比较打印输出图像与原稿图像，生成误差信息，将该误差信息反馈到单色或者多色（CMYK 同色异谱）连续调图像，通过修改该图像，对消打印过程中出现的一系列误差和失真，使打印输出原稿图像质量满足要求。同时，采用最佳参数匹配打印技术，是为了尽量减少甚至避免打印过程中出现二次加网，影响单色或者多色（CMYK 同色异谱）图像的打印输出效果。

接下来将介绍一种基于分辨率匹配打印的印刷图像信息匹配打印的方法。为了减小打印机的半色调系统对打印网点的影响，需要让原始加网后的半色调灰度图像的分辨率与打印机的分辨率满足对应的关系。然而打印机的分辨率只有固定的几种，为了能够使半色调加网图像的分辨率与打印机的分辨率相互匹配，只能通过调节半色调图像的分辨率来改善打印网点变形的问题。

半色调加网图像的分辨率以 M（ppi）表示，那么图像的两个网点之间的距离可用 $1/M$（inch）表示。打印机的分辨率以 N（dpi）表示，那么两个打印网点之间的最小距离可以用 $1/N$（inch）表示。当图像中两个网点间的距离和打印网点之间的距离不成比例时，即 $nM=N$（$n=1,2,3,\cdots$），如果使用打印机对图像进行输出，那么打印机的半色调系统会对半色调加网图像的网点间距有影响，进而对网点形状造成严重破坏，使打印后的网点间距和网点形状发生了改变，如图 8-21 所示。当 M 和 N 满足一定的比例关系时，输出的半色调图像的网点形状能够达到比较满意的效果，如图 8-22 所示。

（a）打印前半色调网点形状

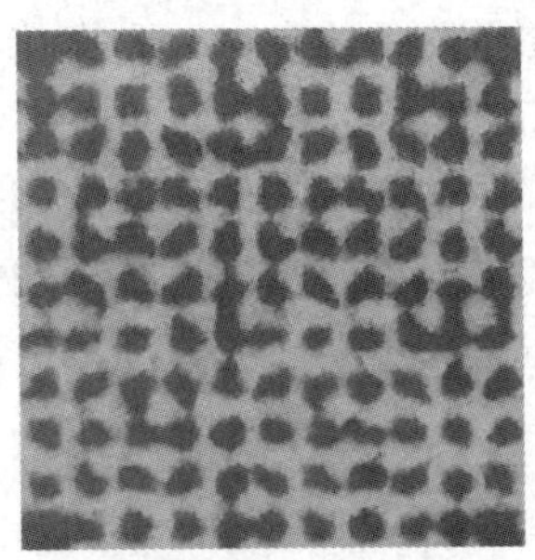
（b）打印后的半色调网点形状

图 8-21　半色调图像网点间距和打印网点间距不成比例的输出图像

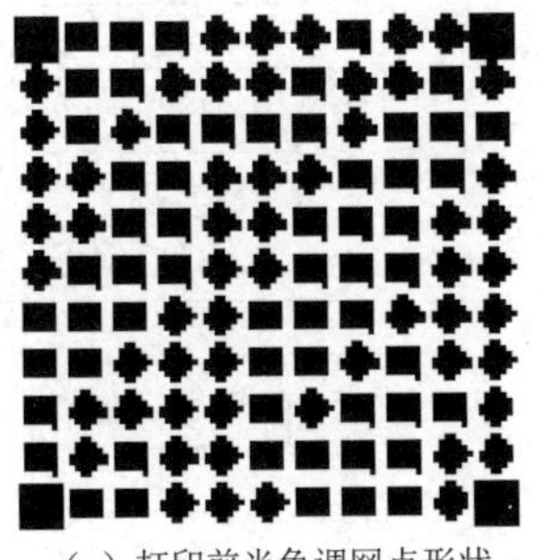
（a）打印前半色调网点形状

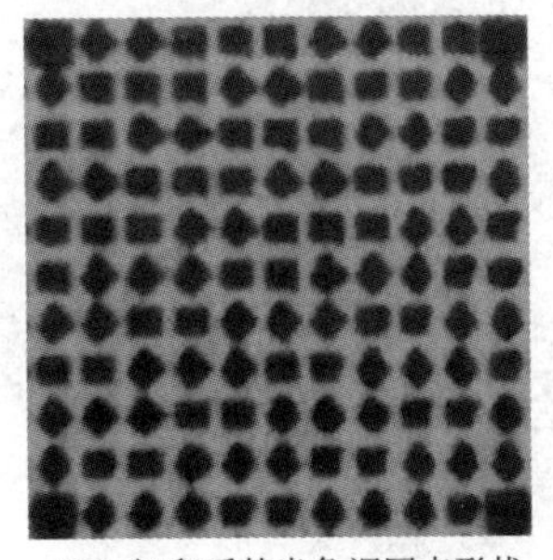
（b）打印后的半色调网点形状

图 8-22　半色调图像网点间距和打印网点间距成比例的输出图像

对一幅有 $a\times b$ 个像素点的图像进行加网处理时，需要加网的矩阵为 $l\times l$（根据不同的情况，l 的取值是不同的），加网后生成的图像有 $la \times lb$ 个像素点。经过这种方式处理后的图像的网点数没有改变，但是每一个网点都是由 $l \times l$ 个像素点逼近的，因此总的像素点的数量是增加的。像素点数量的增加会造成图像的膨胀，可以通过调节图像的分辨率来解决图像的膨胀问题。可以利用式（8-55）调节图像分辨率。

$$m(\text{ppi}) = \frac{M(\text{ppi})}{l}, \quad l \neq 0 \tag{8-55}$$

式中，m(ppi)为连续调图像的分辨率，M(ppi)为半色调图像的分辨率，l 为加网时的矩阵构成。在对原连续调图像进行加网时首先需要确定加网时的网格矩阵构成，在半色调图像的分辨率确定后，通过式（8-55）计算得到所需连续调图像的分辨率 m(ppi)，再将所拥有的图像进行预处理，使其满足需求，然后就可以进行半色调加网，对加网后的图像进行处理得到分辨率为 M(ppi)的半色调图像。通过这种方法得到的半色调加网图像，其印刷后的尺寸与原图像相同，含有较高保真度的网点信息。

8.3.4 印刷图像微结构信息识别

半色调网点图像的印刷量子点之间蕴含着具有判别能力的局部细节空间关系信息，并进一步构成一种微结构，这种微结构携带着区分复杂图像的本质特征。常见的图像信息识别算法无法检测半色调网点图像的印刷量子点，这种印刷量子点的特点是稀疏，面积极小，携带了图像中隐藏的防伪信息，分布在整个图像上，不易被肉眼识别。要提取半色调网点图像中印刷量子点所携带的防伪信息，先要准确识别这些印刷量子点，并且使其与图像的其他信息区别开来。半色调网点图像及其印刷量子点如图 8-23 所示。

在扫描或者拍摄的印刷量子点图像上任意截取一部分，为了能够提取出印刷量子点的样本，首先需要对截取的部分进行规范化处理，印刷量子点图像规范化处理的流程图如图 8-24 所示。

图 8-23　半色调网点图像及其印刷量子点

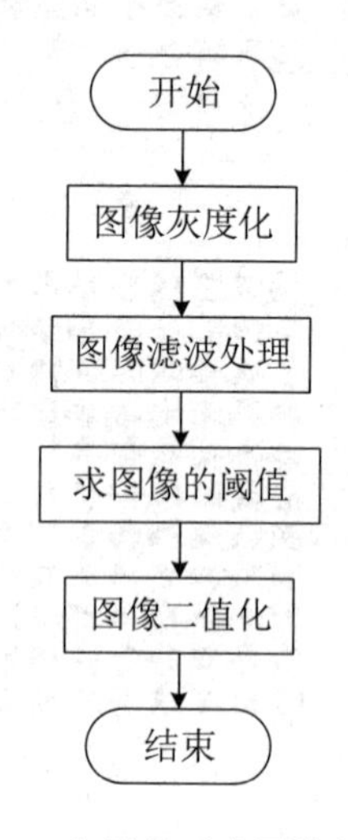

图 8-24　印刷量子点图像规范化处理的流程图

对截取的部分印刷量子点图像先进行灰度化处理，一般可采用加权平均法，考虑到在采集图像的过程会有噪声的影响，对灰度化后的图像需要进行滤波处理，以此来弱化不是印刷量子点的噪声点，滤波过程可采用中值滤波或维纳滤波。之后对滤波过后的图像求取阈值，然后利用该阈值对印刷量子点图像进行二值化处理，将印刷量子点与背景区域区分开来。图 8-25 为印刷量子点图像规范化处理的效果图。

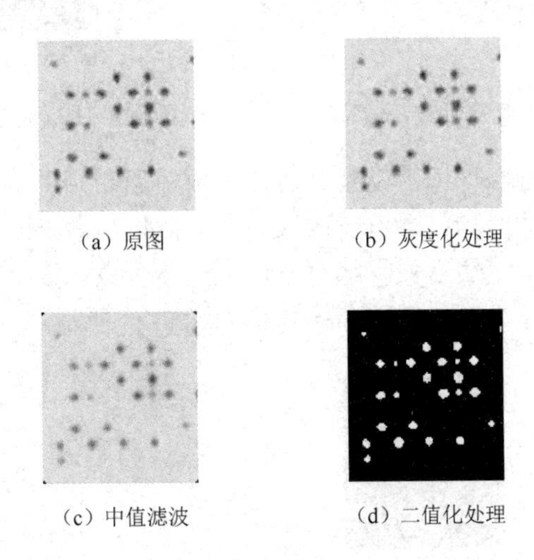

图 8-25　印刷量子点图像规范化处理的效果图

接着需要从规范化处理后的图像中选取一个可以识别出印刷量子点的"标准"，如果符合我们选取的"标准"，那么该网点为需要的印刷量子点，否则就将其视为噪声点。图 8-26 为印刷量子点样本点选取的流程图。

图 8-26　印刷量子点样本点选取的流程图

首先需要对规范化处理后的图像进行图像开运算，以此来消除小区域，以及在纤细点使区域分离和平滑较大区域的边界，并且保证经过开运算后各区域的面积不发生显著改变。开运算的作用与腐蚀操作有相似之处，但是不同于腐蚀操作的是，开运算可以基本保持目标区域的面积不变，因此可以选用开运算来去除一些小颗粒噪声。印刷量子点图像开运算的处理结果如图 8-27 所示。

在图像开运算之后，需要对图像进行连通域标记，然后在标记的连通域中选取需要的样本点。扫描或者拍摄得到的印刷量子点图像近似于圆形和椭圆形，由于圆形是特殊的椭圆形，可以用量子点的长轴和短轴来描述印刷量子点的形状，因此可以选用长轴和短轴之比接近于 1 并且大小适中的印刷量子点作为样本点，以此进行粗采样得到初级样本点模板。印刷量子点粗采样的结果如图 8-28 所示。

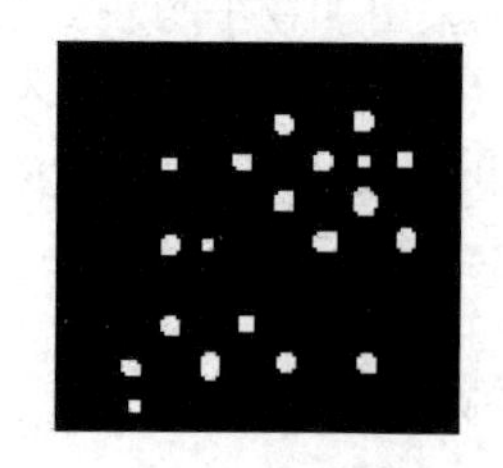

图 8-27　印刷量子点图像开运算的处理结果

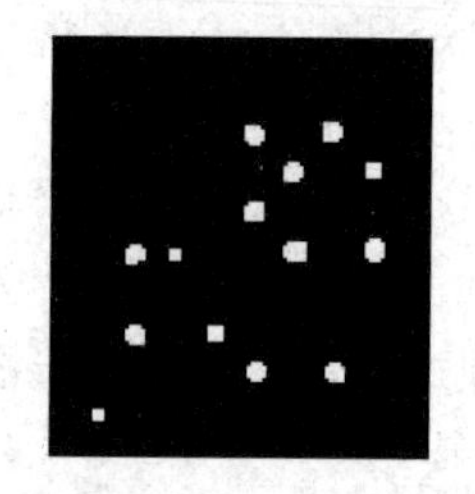

图 8-28　印刷量子点粗采样的结果

在根据形状筛选得到初级样本点模板之后，需要根据印刷量子点的大小来选取样本点。首先计算图像中各连通域的面积，得出连通域中最大面积与最小面积的均值，再计算各点的面积与该均值之差的绝对值，然后保留绝对值最小的一个点，该点为需要的样本点，最后将该点从图像中截取出来，作为一个单独的样本，如图 8-28 所示。

（a）印刷量子点细采样的结果　　（b）印刷量子点样本点

图 8-29　印刷量子点样本点采样结果

接下来就是印刷量子点图像微结构信息识别部分。印刷量子点图像微结构信息识别的流程图如图 8-30 所示。

先在图像规范化处理后的二值图像上进行遍历，以某个像素点(x, y)为中心，选取与样本点图像相同大小的区域，然后计算该区域与样本点的标准差，标准差的计算公式可表示为

$$\sigma=\sqrt{\frac{1}{N}\sum_{i=1}^{N}(x_i-\mu)^2} \tag{8-56}$$

由于图像可以用矩阵表示，因此式（8-56）可以简化为

$$\sigma=\frac{1}{M\times N}\sum_{i=1}^{M}\sum_{j=1}^{N}\left|\boldsymbol{I}_{M(i,j)}-\boldsymbol{I}_{N(i,j)}\right| \tag{8-57}$$

式中，M 和 N 分别为区域矩阵和样本点矩阵的大小，$\boldsymbol{I}_M$ 表示遍历时选取的区域矩阵，$\boldsymbol{I}_N$ 表示样本点矩阵。根据式（8-57）计算得出像素点(x, y)的特征值，并且每次移动一个像素点，依次得出每个像素点的特征值，并将这些特征值存储在一个新的矩阵中，得到一个记录各个像素点特征值的矩阵 $\boldsymbol{S}$。然后为了将这些特征值进行区分，需要从矩阵 $\boldsymbol{S}$ 中得出一个可以区分特征值的阈值。如果标准差小于阈值，那么该点与样本点的相关性较好，将其判为印刷量子点，输出结果为 255；如果标准差大于阈值，那么该点与样本点的相关性不好，将其判为非印刷量子点，输出结果为 0。最后找到输出结果中各区域的中心位置，将该位置作为印刷量子点的标记，其他位置置零。截取的印刷量子点微结构信息识别的结果如图 8-31 所示。

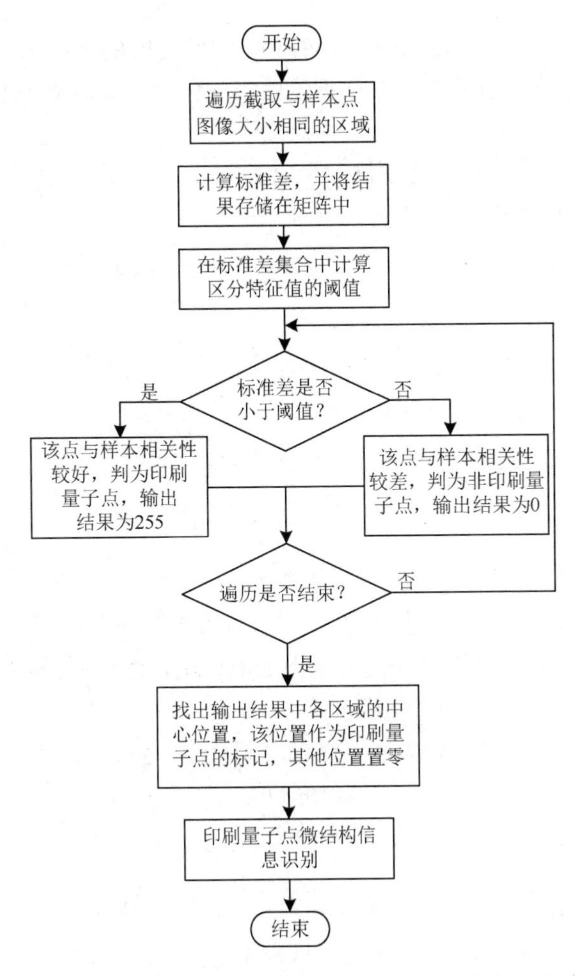

图 8-30　印刷量子点图像微结构信息识别的流程图

图 8-31　截取的印刷量子点微结构信息识别的结果

印刷量子点微结构信息识别之后需要对识别后的信息进行提取。印刷量子点间存在着空间位置关系，这种空间位置关系构成了表现图像特征的微结构信息，找到这种空间位置关系即可提取出印刷量子点图像的微结构信息。首先需要对识别后的印刷量子点图像进行点阵映射图像网格化。所谓网格化，就是将一个印刷量子点及其周围固定范围内的所有点看作一个整体，最后将一个整体提取为一个信息，以达到“降维”的目的。各个印刷量子点在嵌入图像时有着线性关系，只要找到这种线性关系，就可以描述印刷量子点的空间特征。

根据点阵编码规则，在一个区域内搜索距离最近的两个印刷量子点 $D_1(x_1,y_1)$和 $D_2(x_2,y_2)$，中点坐标可表示为$D_m(x_m=(x_1+x_2)/2, y_m=(y_1+y_2)/2)$，它们之间的距离表示为$d_m$。假设所搜索到的两个点在其周围固定范围内的中心，根据这两点的位置关系，有三种可能出现的情况，下面分别进行讨论。

（1）当$x_1=x_2$时，在两点附近再寻找一个点$D_3(x_3, y_3)$，计算D_3与D_2（或D_1）的斜率k与距离d，则可得出方程组：

$$\begin{cases} y = k \times x + y_m - k \times x_m - n_1 \times \dfrac{d}{2} \times \sqrt{k^2+1} \\ y = -\dfrac{1}{k} \times x + y_m + \dfrac{x_m}{k} - n_2 \times d \times \sqrt{\dfrac{1}{k^2}+1} \end{cases} \tag{8-58}$$

式中，$n_1=\cdots,-1,1,3,5,\cdots$，$n_2=\cdots,0,1,2,3,\cdots$。

如果找到的第三个点D_3的x_3和x_1、x_2仍然相等，那么可以得出方程组：

$$\begin{cases} x = x_m - \dfrac{d_m}{2} + n_1 \times d_m \\ y = y_m + n_2 \times d_m \end{cases} \tag{8-59}$$

式中，$n_1, n_2 \in [-y_m / d_m, (Y - y_m) / d_m]$，$n_1, n_2 \in N$，$Y$为图像高度。

（2）当$y_1=y_2$时，在两点附近再寻找一个点$D_3(x_3, y_3)$，计算D_3与D_2（或D_1）的斜率k与距离d，则可得出同式（8-58）的方程组。

如果找到的第三个点D_3的y_3和y_1、y_2仍然相等，那么可以得出方程组：

$$\begin{cases} x = x_m + n_1 \times d_m \\ y = y_m - \dfrac{d_m}{2} + n_2 \times d_m \end{cases} \tag{8-60}$$

式中，$n_1, n_2 \in [-y_m / d_m, (Y - y_m) / d_m]$，$n_1, n_2 \in N$，$Y$为图像高度。

（3）当$x_1 \neq x_2$且$y_1 \neq y_2$时，斜率k可表示为$k=(y_2-y_1)/(x_2-x_1)$，则可得出同式（8-58）的方程组。

根据式（8-58）、式（8-59）和式（8-60）可以对图像进行两个方向的分割，实现印刷量子点图像的网格化。网格化后的印刷量子点的位置信息可以通过两条直线所确定，式（8-60）中的n_1和n_2代表了不同印刷量子点的位置信息，根据以上讨论的情况，n_1和n_2的取值也有三种情况，在不同的情况下使用对应的公式求出n_1和n_2的值，并且对其进行取整，则(n_1, n_2)代表了微结构信息在新矩阵中的坐标，将其存储在对应的位置，即可得到提取出微结构信息的矩阵。

第 9 章
物 品 溯 源

物品溯源通常是指物品或者信息在生产、流通、传输的过程中，利用各种采集和留存方式，获得物品或者信息的关键数据（如流通和传输的起点、节点、终点，数据类别，数据详情，数据采集人，数据采集时间），并通过一定的方式，把数据按照一定的格式和方式进行存储。通过正向、逆向、定向方式查询存储的相关数据，就可以对物品信息进行追溯根源。

本章主要介绍物品溯源系统、区块链、物品溯源技术应用，并对区块链物品绑定和自动识别、安全上链的关键技术——二维码、RFID、NFC 进行了介绍。

9.1 物品溯源系统

物品溯源系统构成比较复杂，为了更便于说明问题，下面以基于安全二维码的农产品溯源系统为例。该系统以安全二维码为信息入口，将物品从土壤里就进行监控，可对其每一天的温湿度、土壤环境等进行直观的数据监测，并可对可能存在生长隐患的环境发出警报。在物品成熟之后，对其打上唯一的二维码，并在系统下的电商平台进行销售。用户在购买此物品后可进行“扫一扫”，查询该物品的生长、生产、包装、销售、流通、生产地、真伪查询等信息。

9.1.1 物品溯源系统流程

物品溯源系统流程如图 9-1 所示。

物品溯源系统从技术层面可以分为五个层级。物品溯源系统架构如图 9-2 所示。

（1）应用层：可以是溯源数据的来源端，也可以是溯源服务的接收端。从线下到线上的数据都是有被篡改的风险的，需要物联网（IoT）设备作为可信的信息化数据手段。同时还有相应企业与个人所设计的前端应用。

（2）服务层：为溯源应用提供核心区块链相关服务，保证了服务的高可用性、高便捷性。可信的分布式身份服务 DID 作为物或人的认证标识，可靠的数据接入，精准的数据计算，安全的元数据管理，这些服务是溯源应用提供能力的保证。

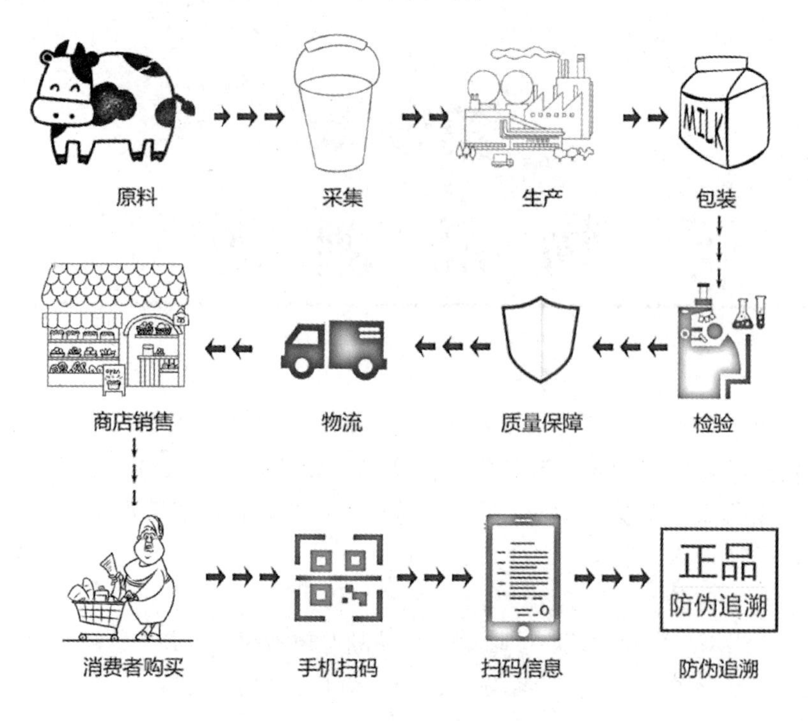

图 9-1　物品溯源系统流程

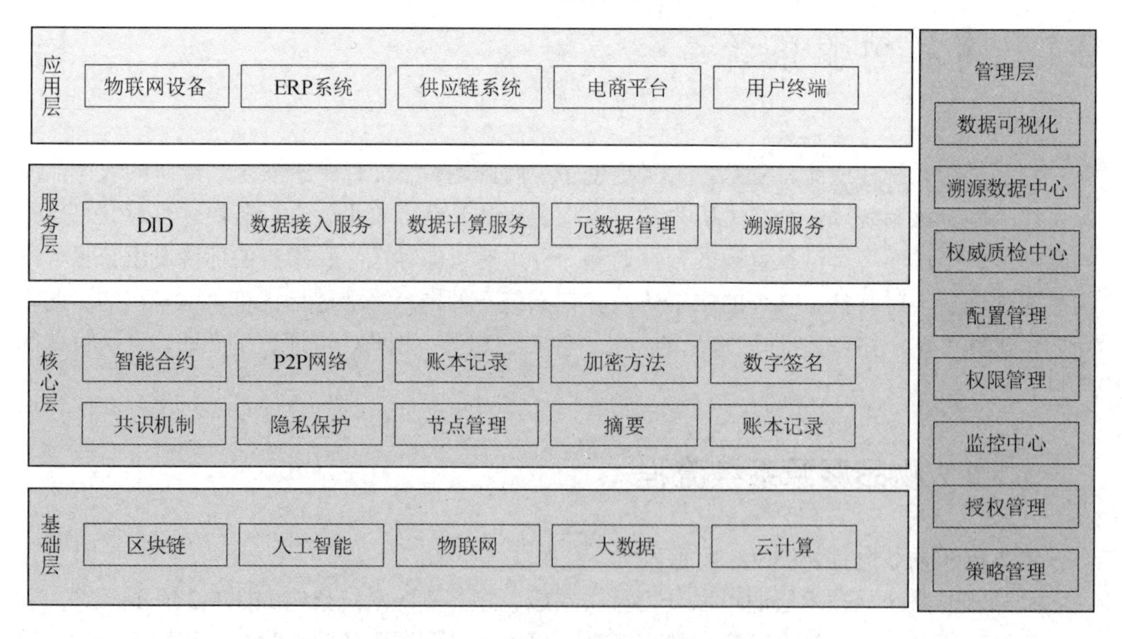

图 9-2　物品溯源系统架构

（3）核心层：是区块链系统的最重要的组成部分，将会影响整个系统的安全性和可靠性。共识机制与 P2P 网络传输是区块链的核心技术，保证了网络的安全性和分布式一致性。

（4）基础层：提供了基本的互联网基础信息服务，主要为上层架构组件提供基础设施，保证上层服务可靠运行，物联网设备决定了数据来源的可靠性，区块链保证了数据的真实性，最后将数据安全地存储、分析和计算，提供高效、精准的数据服务。

（5）管理层：是溯源应用落地过程中必不可少的重要组件。权威质检中心为溯源应用数据提供了最权威的信用背书，认证了实物的可用性，也为对应的数据赋予相符的价值。溯源数据中心收集整个溯源信息流作为数据“原料”，监控中心监控数据在流转中的异常，提供流转数据过程的可靠性。最终通过可视化展示的溯源信息是全流程的、真实的，由区块链作为价值背书的数据。管理层还有一些辅助功能，包括配置管理、权限管理、策略管理、监控中心等，保障了溯源应用的生产可用。

9.1.2　物品溯源系统构成

物品溯源系统平台用户群体可分为三类，即系统管理员、商家、消费者，其系统构成如图 9-3 所示。

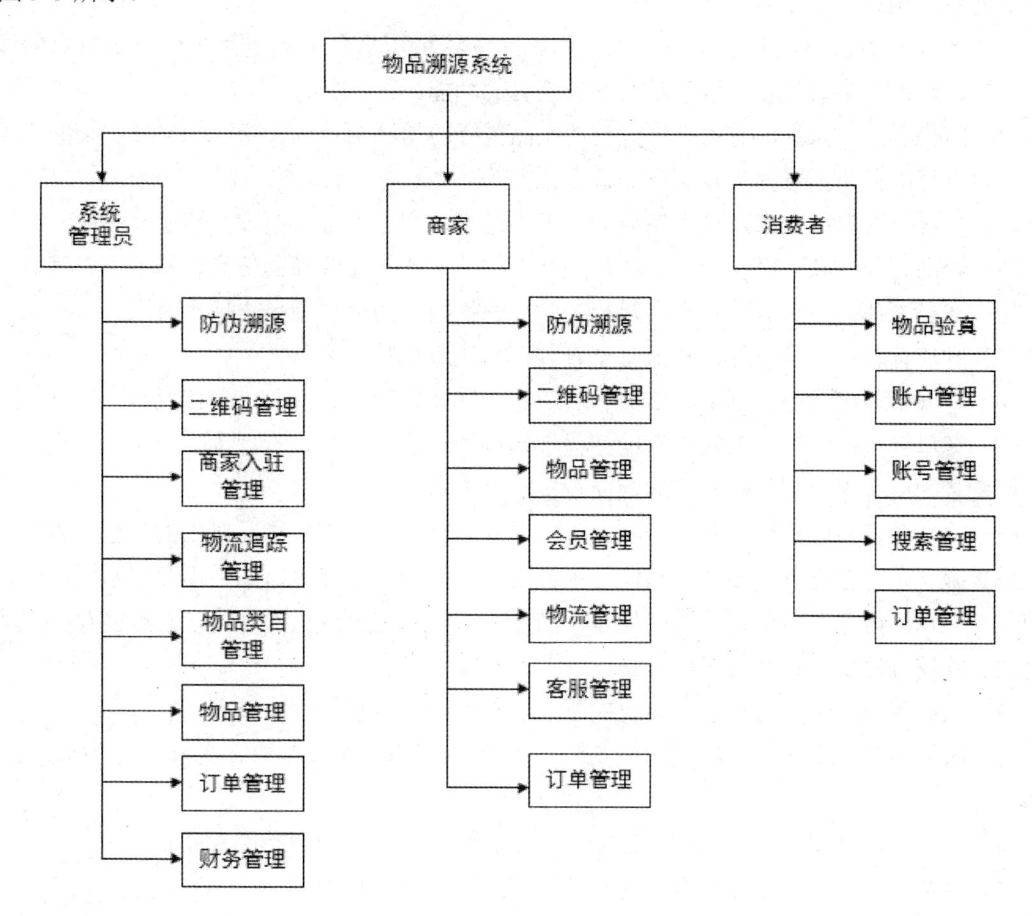

图 9-3　物品溯源系统构成

系统管理员权限是三类用户群体中最高的，主要对整个系统进行管理，以下是系统管理员所拥有的功能。

（1）防伪溯源：系统管理员可以对某一物品进行防伪溯源查询，查看物品对应的安全二维码，在红外光源下是否有暗码，如果有暗码，则说明该物品来自本平台；如果不存在暗码，则提示用户，该物品可能存在假冒伪劣的风险。同时系统平台将记录这次查询，对可能存在假冒伪劣的二维码进行安全预警等工作。

（2）二维码管理：系统管理员可对该平台的二维码进行生产、查询、销毁、赋予物品等。

（3）商家入驻管理：系统管理员可对商家入驻本商城进行审核，具备入驻资格的商家将通过审核，系统管理员还可增加、删除商家，修改商家信息。

（4）物流追踪管理：系统管理员可对已销售的物品进行物流跟踪查询等。

（5）物品类目管理：系统管理员可以对商品类目进行增加、删除或者修改。

（6）物品管理：系统管理员可对物品进行分类、赋码、生产状态监控、查询等。

（7）订单管理：系统管理员可以对商家的相关订单进行查看、审核、管理等。

（8）财务管理：出于安全考虑，财务管理这一部分仅开放给超级管理员，普通管理员不具备查看系统相关资金流动、业绩等权限。

商家所拥有的权限主要是在商家入驻本物品溯源系统平台下的电商平台后对自家的商品、交易、营销策略的管理，以下是商家所拥有的功能。

（1）防伪溯源：商家可对本商店经营的物品进行防伪溯源查询，查看物品被扫描的相关信息，对于可能存在假冒伪劣复制产品进行预警等。

（2）二维码管理：商家可对本商店的二维码进行生产、查询、销毁、赋予物品等。

（3）物品管理：商家可以对自家物品进行上架、下架、修改商品信息、修改库存等。

（4）会员管理：商家具有查看会员相关信息的权限，如会员订单详情等权限。

（5）物流管理：扫描发件、物流状态查询、物流跟踪等。

（6）客服管理：增加、删除、修改客服信息，增加、删除、修改工单信息。

（7）订单管理：商家可以对自家的相关订单进行查看、审核、管理等。

消费者的所有权限都是建立在对商品购买、查询基础上的。

（1）物品验真：用户可以对某一物品进行物品验真查询，扫描物品对应的安全二维码，在红外光源下是否有暗码，如果有暗码，则说明该物品来自本平台；如果不存在暗码，则提示用户，该物品可能存在假冒伪劣的风险。同时系统平台将记录这次查询，对可能存在假冒伪劣的二维码进行安全预警等工作。

（2）账户管理：用户可以查看自己的账户、充值、退款等。

（3）账号管理：用户可以查看、修改个人信息，同时可以新增、删除、修改收货地址等。

（4）搜索管理：用户可以在搜索框输入关键字来查找相应的商品或者商家。

（5）订单管理：用户可以对自己的相关订单进行查询、删除等。

根据上述功能需求可以确立物品溯源系统的实体集和属性集，对该系统进行 E-R 图建模，图 9-4 是物品溯源系统关联模型。

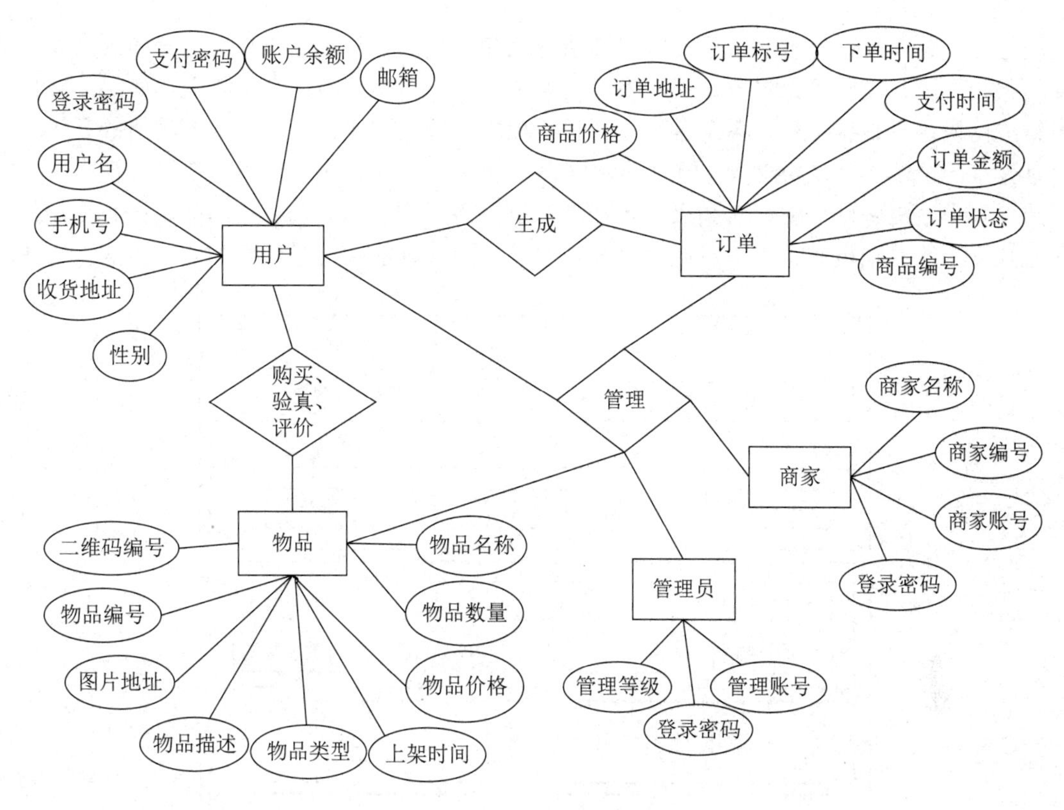

图 9-4　物品溯源系统关联模型

9.2　区块链

从狭义上讲，区块链是时序数据区块相互连接组成的一种链式结构，它用密码学方式来确保分布式账本的不可篡改和不可伪造。从广义上讲，区块链是利用块链式数据结构验证与存储数据、利用分布式节点共识算法生成和更新数据、利用密码学的方式保证数据传输和访问的安全、利用由自动化脚本代码组成的智能合约编程和操作数据的一种全新分布式基础架构与计算范式。

区块链凭借其分布式存储、不可篡改和可追溯等特征，通过与物联网、大数据、云计算、人工智能、5G 等数字技术的有效结合，能够解决溯源产业发展过程中面临的数据存储中心化、信任风险、难以系统化等难题，为溯源产业赋能。

9.2.1　区块链架构

比特币和以太坊是两种具代表性的区块链技术应用，一个是区块链技术的起源，另一个是区块链 2.0 的代表应用，市面上其他使用区块链技术的数字货币大都与之雷同，所以，比特币和以太坊的基础架构是研究学习区块链技术的重要实例。

比特币和以太坊的基础架构如图 9-5 所示。图 9-5 中，虚线表示的是以太坊与比特币的不同之处。总体来说，数字货币的区块链系统包含底层的交易数据、狭义的分布式账本、重要的共识机制、完整可靠的分布式网络、网络之上的分布式应用这几个要素。底层的数据被组织成区块这一数据结构，各个区块按照时间顺序链接成区块链，全分布式网络的各个节点分别保存一份名为区块链的分布式账本，网络中使用 P2P 协议进行通信，通过共识机制达成一致，基于这些基础产生相对高级的各种应用。在该架构中，不可篡改的区块链数据结构、分布式网络的共识机制、工作量证明机制和愈发灵活的智能合约是代表性的创新点。

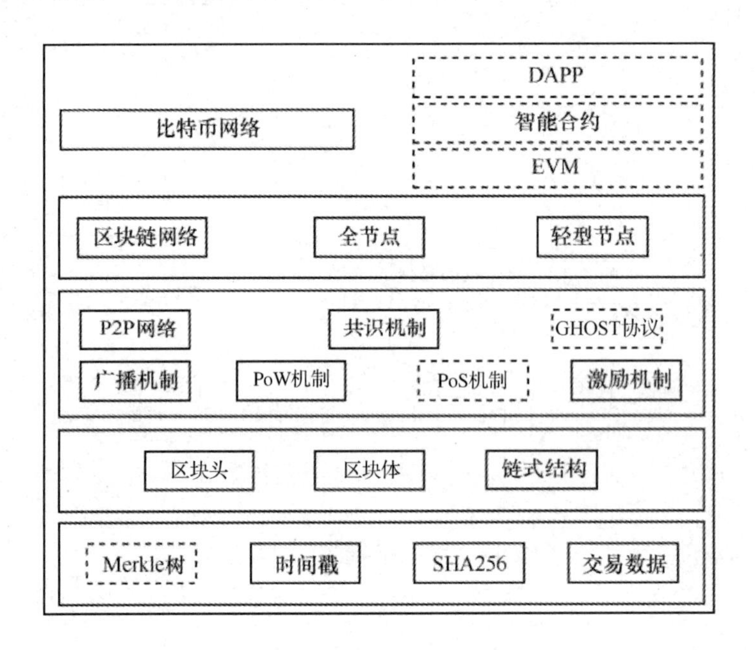

图 9-5　比特币和以太坊的基础架构

9.2.2　区块链关键技术

1．底层数据

在区块链系统中，底层数据并不是存储在区块链中的数据，这些原始数据需要进一步加工才能被写入区块。底层数据最根本的是交易数据，其他的数据只是为了对消息记录进行封装。

（1）交易数据：交易数据是带有一定格式的交易信息，以比特币为例，一条比特币交易信息应包含以下字段：4B 的版本信息，用来明确这笔交易参照的规则；1～9B 的输入计数器，表示被包含的输入数量；变长字节的输入，表示一个或多个输入（地址）；1～9B 的输出计数器，表示被包含的输出数量；变长字节的输出，表示一个或多个输出（地址）；4B 的时钟时间，表示一个 UNIX 时间戳或区块号。

（2）时间戳：时间戳被用来加盖在区块头中，确定了区块的写入时间，同时使区块链具有时序的性质，时间戳可以作为区块数据的存在性证明，有助于形成不可篡改、不可伪造的分布式账本。更为重要的是，时间戳为未来给予区块链技术的互联网和大数据增加了时间维度，使通过区块数据和时间戳来重现历史成为可能。

（3）SHA256 算法：区块链不会直接保存明文的原始交易记录，只是将原始交易记录经过散列运算，得到一定长度的散列值，将这串字母与数字组成的定长字符串记录进区块。比特币使用双 SHA256 散列函数，将任意长度的原始交易记录经过两次 SHA256 散列运算，得到一串 256bit 的散列值，便于存储和查找。SHA256 散列函数具有单向性、定时性、定长性和随机性的优点：单向性指由散列值无法反推得到原来的输入数据（理论上可以，实际上几乎不可能）；定时性指不同长度的数据计算散列值所需要的时间基本一样；定长性指输出的散列值都是相同长度的；随机性指两个相似的输入却有截然不同的输出。同时，SHA256 散列函数也是比特币所使用的算力证明，矿工们寻找一个随机数，使新区块头的双 SHA256 散列值小于或等于一个目标散列值，并且加入难度值，使这个数学问题的解决时间平均为 10min，也就是平均每 10min 产生一个新的区块。

（4）Merkle 树：它是区块链技术的重要组成部分，将已经运算为散列值的交易信息按照二叉树形结构组织起来，保存在区块体中。Merkle 树的生成过程：将区块数据分组进行散列函数运算，将新的散列值放回，再重新拿出两个数据进行运算，一直递归下去，直到剩下唯一的 Merkle 根。比特币采用经典的二叉 Merkle 树，而以太坊采用了改进的 Merkle Patricia 树。Merkle 树的优点：良好的扩展性，不管交易数据怎么样，都可以生成一棵 Merkle 树；查找算法的时间复杂度很低，从底层溯源查找到 Merkle 根来验证一笔交易是否存在或合法，时间复杂度为 lb N，极大降低运行时的资源占用；使轻节点成为可能，轻节点不用保存全部的区块链数据，仅需要保存包含 Merkle 根的区块头，就可以验证交易的合法性。

2．分布式账本

这里使用分布式账本来代替区块链，是为了区别狭义的区块链和广义的区块链，前者是分布式账本这一时序链式数据结构，后者是一个完整的带有数学证明的系统框架。狭义的区块链结构，其每个区块分为区块头和区块体两部分，所有区块按照时序相链接，形成狭义上的区块链。

（1）区块头：区块头的内容有上一区块头的散列值、时间戳、当前 PoW 计算难度值、当前区块 PoW 问题的解（满足要求的随机数），以及 Merkle 根。以比特币为例，具体的数据格式为：4B 的版本字段，用来描述软件版本号；32B（256bit）的父区块头散列值；32B（256bit）的 Merkle 根；4B 的时间戳；4B 的难度目标；4B 的随机数。区块头设计是整个区块链设计中极为重要的一环，区块头包含整个区块的信息，可以唯一标识出一个区块在链中的位置，还可以参与交易合法性的验证，同时体积小，为轻量级客户端的实现提供依据。

（2）区块体：区块体包含一个区块的完整交易信息，以 Merkle 树的形式组织在一起。如图 9-6 所示，Merkle 树的构建过程是一个递归计算散列值的过程，交易 1 经过 SHA256 计算得到 Hash 1，用同样算法得到 Hash 2，将两个散列值串联起来，再做 SHA256 计算，得到 Hash 12，这样一层一层地递归计算散列值，直到最后剩下一个根，就是 Merkle 根。可以看到，Merkle 树的可扩展性很好，不管交易记录有多少，最后都可以产生 Merkle 树及定长的 Merkle 根。同时，Merkle 树的结构保证了查找的高效性，N 个叶子节点的 Merkle 树最长查找路径的长度为 lb N，这种高效性在大规模交易中异常明显。

（3）链式结构：除创世区块外，所有区块均通过包含上一区块头的散列值的方法构成一个区块链。同时，由于包含了时间戳，区块链还带有时序性。时间越久的区块后面所链接的区块越多，修改该区块所花费的代价也就越高，这里借用一个形象的比喻，区块链就好比地壳，越往下层，时间越久远，越稳定，不会轻易发生改变。区块链在增加新区块的时候，有很小的概率发生“分叉”现象，即同一时间挖出两个符合要求的区块。对于“分叉”的解决方法是延长时间，等待下一个区块生成，选择长度最长的支链添加到主链，“分叉”发生的概率很小，多次分叉的概率基本可以忽略不计，“分叉”只是短暂的状态，最终的区块链必然是唯一确定的最长链。

每一个区块链都有一个特殊的头区块，不管从哪个区块开始追溯，最终都会到达这个头区块，即创世区块。这里不得不提到比特币的创世区块，它在北京时间 2009 年 1 月 4 日 02:15:05 被中本聪生成，是比特币诞生的里程碑，也是数字货币的新纪元。

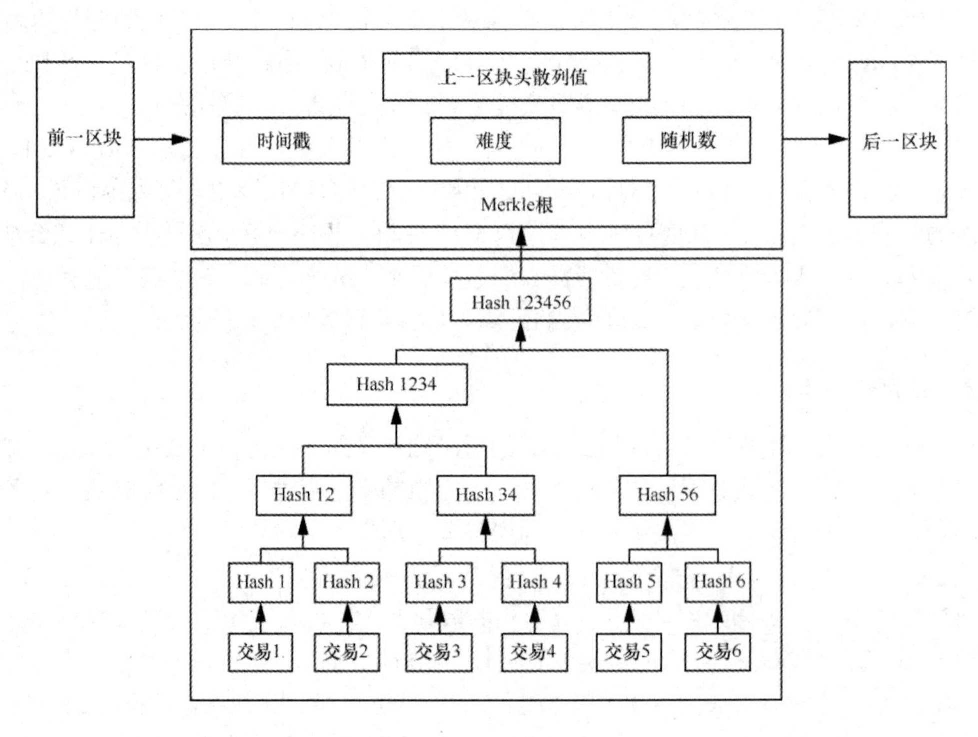

图 9-6　分布式账本模型

3．组网方式和核心机制

分布式账本的内容上面已经介绍完毕，将这个账本用起来才是区块链技术的关键所在。基于分布式账本的区块链网络，采用对等式网络——P2P 网络将所有节点连接在一起，设计 PoW 或其他共识机制使无信任基础的双方在不需要第三方的情况下建立互信，使用广播的方式传播交易信息，加上激励机制来保证节点提供算力以维持整个网络的顺利运行。

（1）P2P 网络：区块链网络的去中心化来自采用 P2P 组网方式，网络中每个节点均地位对等且以扁平式拓扑结构相互连通和交互，不存在任何中心化的特殊节点和层级结构，每个节点均会承担网络路由、验证交易信息、传播交易信息、发现新节点等工作。

（2）广播机制：区块链网络公布交易信息的方式是广播，生成交易信息的节点先将信息广播到相连接的节点，节点验证通过后就会再进行广播，信息会以极快的方式被全网中的节点接收。实际上，并不需要全部节点都保留这条交易信息，只要保证大多数（51%）节点接收到，就可以认为交易通过。如果这条交易信息有问题，如交易者的余额不足以支付，接收到错误消息的节点验证不通过，就会废弃交易数据，不会对它再进行广播。新区块的生成也是通过广播来确认的，找到满足条件的随机数后进行广播，通过验证后确认新区块的记账权，生成新的区块，全网进行同步，将该块添加到主链上。

（3）共识机制：分布式网络的核心难题是如何高效地达成共识，就好比现有的社会系统，中心化程度高的、决策权集中的社会更容易达成共识，如独裁和专制，但是社会的满意度很低；中心化程度低的、决策权分散的社会更难达成共识，如民主投票，但是整个社会的满意度更高。“任何基于网络的数据共享系统，都最多拥有以下 3 条中的 2 条：数据一致性（C）；2 对数据更新具备高可用性（A）；能容忍的网络分区（P），即 CAP 理论，分布式网络已经带有了 P，那么 C 或 A 只能在两者中选择一条。如何在一致性和可用性之间进行平衡，在不影响实际使用体验的前提下还能保证相对可靠的一致性，是研究共识机制的目标。早期的比特币采用高度依赖节点算力的 PoW 机制来保证比特币网络分布式记账的一致性，随着各种竞争币种的发行，更多相似的共识机制得以出现，PoS 机制就是一种基于 PoW 机制并且进行改进的共识机制。

（4）PoW 机制：PoW 机制是由中本聪设计的适用于比特币系统的共识机制，其核心思想是通过引入分布式节点的算力竞争来保证数据一致性和共识的安全性。在比特币中，所有参与“挖矿”的节点都在遍历寻找一个随机数，这个随机数使当前区块的区块头的双 SHA256 运算结果小于或等于某个值，找到符合要求的随机数的节点获得当前区块的记账权，获得一定数额的比特币作为奖励。另外，引入动态难度值，使求解该数学问题所花费的时间在 10min 左右。PoW 机制具有十分重要的意义，将比特币的发行、交易和记录完美地联系起来，同时还保证了记账权的随机性，确保比特币系统的安全和去中心化。

（5）GHOST 协议：GHOST 协议的目的是解决比特币使用 PoW 算力竞争引起的高废区块率带来的算力浪费问题。废区块指的是在新块广播确认的时间里“挖”出的符合要求的区块。GHOST 协议提出在计算最长链时把废区块也包含起来，即在比较哪一个区块具有更多的工作量证明时，不仅有父区块及其祖先区块，还添加其祖先区块的作废后代区块来计算哪个块拥有最大的工作量证明。在以太坊中，采用了简化版 GHOST 协议，废区块只在五代之间参与工作量证明，并且废区块的发现者也会收到一定数量的以太币作为奖励。

（6）PoS 机制：PoW 机制有明显的缺点，算力资源被过多地浪费掉，PoS 机制是为了解决 PoW 机制的缺陷而提出的替代方案。PoS 机制本质上是采用权益证明来代替 PoW 机制的算力证明，记账权由最高权益的节点获得，而不是最高算力的节点。权益证明就是资源证明，拥有最多资源的节点挖矿的难度最小。

（7）激励机制：激励机制是区块链技术中的重要一环，以比特币为例，开采出新的区块的节点会得到一定数量的比特币和记账权，记账权使节点在处理交易数据时得到交易费用。比特币的交易费用基于自愿原则，提供交易费用的交易会被优先处理，而不含交易费用的交易会先放在交易池中，随时间的增加而增加其优先级，最终还是会被处理。激励机制保证了整个区块链网络能够保持向外扩张，促使全节点提供资源，自发维护整个网络。以比特币为例，目前整个比特币网络的算力已经达到 800 000 000GH/s，超过了全球 Top 500 超级计算机的算力总和，想要使整个比特币网络发生变化几乎不可能。

4．区块链节点

在最初的区块链网络设计中，不存在任何中心化的特殊节点和层级结构，每个节点完全对等，承担着网络路由、验证交易信息、传播交易信息、发现新节点等工作。但是实际上物理设备是存在明显性能差距的，以比特币网络为例，可作为节点的设备有个人计算机、服务器、专为比特币挖矿设计的矿机，以及移动端，它们提供的算力相差了几个数量级，并且存储空间也不同。目前市面上可见的移动端存储空间最大不过100GB，而存有全部数据的区块链数据总量已经超过 60GB，想要将移动端作为全节点无疑是不现实的。于是有了全节点和轻型节点，全节点是传统意义上的区块链节点，包含完整的区块链数据，支持全部区块链节点的功能。全节点通常是高性能的计算设备，比特币刚面世时依靠 CPU 来提供算力，后来使用 GPU，发展到现在是专门设计将 SHA256 算法固化到硬件的矿机，算力呈几何增长趋势。轻型节点是依靠全节点存在的节点，不用为区块链网络提供算力，只保存区块链的区块头，由于区块头包含了 Merkle 根，因此可以对交易进行验证。轻型节点多为移动端，如智能手机、平板电脑、移动计算机等。

5．上层应用

目前的区块链应用都具有相似的架构，各家的重心在于研发不同的上层应用。比特币是经典区块链应用，所使用的区块链技术十分具有研究学习价值。然而，比特币本身作为一种数字货币来说存在局限性，虽然可以用很低的成本开发出其他的数字货币，但是很难开发出除数字货币外的应用。以太坊是另一个使用区块链技术的产品，不仅在底层解决了区块链原有的一些问题，更是把区块链技术进行封装，降低区块链和具体上层应用的耦合性。以太坊提供功能强大的智能合约语言来进行上层应用的设计，开发者通过部署智能合约可以方便快捷地开发区块链应用。以太坊的最终目标是将所有节点连接起来，成为一台拥有恐怖算力的虚拟机，虚拟机上运行着各种各样的分布式应用，彻底改变现有的网络架构。

区块链技术的智能合约是一组情景一一应对型的程序化规则和逻辑，是部署在区块链上的去中心化、可信息共享的程序代码。签署合约的各参与方就合约内容达成一致，以智能合约的形式部署在区块链上，即可不依赖任何中心机构自动化地代表各签署方执行合约。智能合约具有自治、去中心化等特点，一旦启动就会自动运行，不需要任何合约签署方的干预。

智能合约的运行过程如下：智能合约封装预定义的若干状态、转换规则、触发条件及对应操作等，经过各方签署后，以程序代码的形式附着在区块链数据上，经过区块链网络的传播和验证后被记入各节点的分布式账本中，区块链可以实时监控整个智能合约的状态，在确认满足特定的触发条件后激活并执行合约。

智能合约对区块链有重要的意义，智能合约不仅赋予了区块链底层数据可编程性，为区块链 2.0 和区块链 3.0 奠定了基础；还封装了区块链网络中各节点的复杂行为，为建立基于区块链技术的上层应用提供方便的接口，拥有了智能合约的区块链技术前景极为广阔。例如，对于互联网金融的股权招募，智能合约可以记录每一笔融资，在成功达到特定融资额度后计算每个投资人的股权份额，或在一段时间后未达到融资额度时将资金退还给投资人。还有互联网租借的业务，将房屋或车辆等实体资产的信息加上访问权限控制的智能合约部署到区块链上，使用者符合特定的访问权限或执行类似付款的操作后就可以使用这些资产。甚至与物联网相结合，在智能家居领域实现智能自动化，如室内温度湿度亮度的自动控制、自动门允许特定的人进入等。

现有水平的智能合约及其应用本质逻辑上还是根据预定义场景的“IF-THEN”类型的条件响应规则，能够满足目前自动化交易和数据处理的需求。未来的智能合约应具备根据未知场景的“WHAT-IF”推演、计算实验和一定程度上的自主决策功能，从而实现由目前“自动化”合约向真正“智能”合约的飞跃。

9.2.3　区块链溯源

区块链溯源是利用区块链技术，通过其独特的不可篡改的分布式账本特性，对物品实现从源头的信息采集记录、原料来源追溯、生产过程、加工环节、仓储信息、检验批次、物流周转到第三方质检、海关出入境、防伪鉴证的全程可追溯。区块链溯源系统框图如图 9-7 所示。

区块链溯源系统流程包括：

① 通过溯源数据生成系统，从真实货物生成原始数据，一般使用 IoT 数据采集方式或人工数据录入方式；

② 将原始数据进行处理后，传入区块链溯源系统，一旦数据进入此系统，整个系统使用区块链技术来保护数据，使信息得到保证，不可篡改；

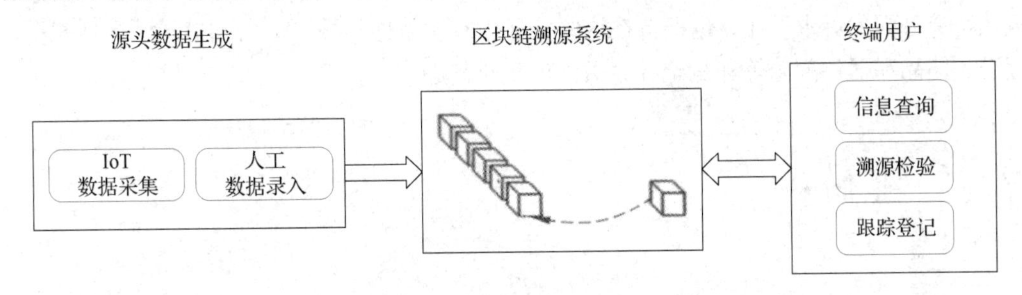

图 9-7　区块链溯源系统框图

③ 各个终端用户对数据进行更新及使用。

其中步骤②和步骤③会对数据进行更新操作，能通过区块链技术实现去中心化的、不可篡改的信息存储，从而解决信任问题。但是，步骤①作为数据入口，如何保证信息采集或者数据录入正确还有待解决。

区块链溯源的技术优势主要体现在以下几个方面。

1. 可追溯性

可追溯性是区块链的特点，也是供应链行业的需求和痛点。以往的溯源系统存在系统复杂、数据冗余等问题，不能快速、有效、精准地追责和召回有问题的商品。区块链系统中的数据不可篡改，并且数据存储在联盟各方，过程中产生的数据可以实时获取，精准定位和追溯。区块链系统中记录的数据包括产品原料从哪里取材、中间在哪家工厂生产、商品在哪里包装和加工、由哪家企业负责运输、销售到了哪些城市和哪些超市等，这些信息在区块链系统中可以快速地获取，对于应急处理社会公共事件有很好的帮助。

2．不可篡改性

一方面，在传统的系统中，数据经常会遭到黑客的攻击，入侵后数据的修改会对业务造成很大的影响，企业的品牌影响力也会下降；另一方面，系统内部的管理员存在为了各种目的对数据进行获取和修改的风险，这些场景都从技术层面无法保证，需要额外的管理成本来解决此类问题，而区块链技术通过巧妙地利用数字签名、加密算法、分布式存储等技术有效地从协议层面解决了篡改的问题，极大增加篡改难度，从技术上保障了数据不可篡改性。

3．透明性

透明性体现在多个方面，数据方面由所有链上商业方共有，所有数据对每个节点都是透明的，任何一方都可以实时获取数据进行核查和分析。例如，供应链金融上的金融机构可以看到业务方的回款情况，经销商可以看到产品的质检报告等，这些特性会极大提高业务商业互信，加快链上物流和金融的流通效率。透明性的另一个方面主要体现在智能合约上，供应链上的智能合约由商业各方共同制定，内容和各方的利益息息相关。他们利用智能合约代替传统的契约和合同，让它不以其中一方或者多方的意志为转移，达到公平的效果。

这三个特点是区块链技术的优势，也是物品溯源行业的痛点问题，所以区块链技术在供应链行业的应用和落地有着得天独厚的条件，不少行业都有着业务全流程信息可视化、业务数据一致认可等方面的诉求，社会也期待在这些行业中有实质性的技术创新和进步，食品安全、疫苗溯源、药品和器件溯源等都是全社会关注的重点问题。

9.3 二维码

二维码是在平面上按照一定的规则分布黑色和白色两种颜色的几何图形，二维码正是靠这些黑色块和白色块所组成的图形来进行信息记录的。在二维码的代码体系中运用了比特流的概念，该概念的运用是基于计算机逻辑“0”和“1”来实现的。在对二维码进行识别和处理时，通常使用图像输入设备、光学扫描设备，且用这些设备进行识别和处理的过程是自动的。

9.3.1 常见的二维码

二维码技术的研究始于20世纪80年代末，常见的二维码主要有PDF417、QR Code、Code 49、Code 16K、Code One等。我国对二维码技术的研究开始于1993年。中国物品编码中心对几种常用的二维码PDF417、QR Code、Data Matrix、Maxi Code、Code 49、Code 16K、Code One的技术规范进行了翻译和跟踪研究。

几种常见二维码如图9-8所示。

Data Matrix

Maxi Code

Aztec Code

QR Code

Vericode

PDF417

Ultracode

Code 49

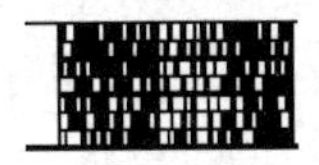
Code 16K

图 9-8　几种常见的二维码

9.3.2　具有防复制功能的二维码

近年来因为二维码安全事故频繁，其安全性受到社会普遍关注，在防复制方面，研发了“网屏编码”“量子云码”“超级码”及“安全二维码”等。

1．网屏编码

网屏编码是一种使用打印机和印刷机等设备在介质上打印或印刷文字、图像时，大量埋入不同文字或图像的编码新技术。网屏编码突破几何学的方法，通过改变网屏网点的调制方式，用不同的力学模型等物理学方法记录信息，同时考虑印刷网屏特性的信息记录与信息隐藏。

网屏编码的信息记录与信息隐藏的原理：通过改变网屏网点的物理学特性，而不改变包括网点的灰度值等在内的印刷网屏特性实现信息记录与信息隐藏，可同时在文字、照片、图像、图形中埋入大量信息。用网屏编码进行信息隐藏时，采用与图像的像素相同灰度的网屏编码的网点进行置换，因此埋入信息后图像的质量不会受到大的影响。图 9-9 为网屏编码图像示例。

图 9-9　网屏编码图像示例

网屏编码的主要优点：发展历史较长，具有一定的影响力；申请获批了 10 余件发明专利；市场推广，尤其是扫码后音视频广告播放具有很好的宣传效果。

网屏编码的主要缺点：编码方式比较简单，抗攻击性不强；用手机直接扫码的印刷品像素点的面积较大，不具有防复制性；具有防复制性的小信号印刷像素点需要用专业设备或给手机加装特殊的放大显微设备才能识读，鉴别使用非常复杂。

2．超级码

超级码的主要优点：在基于二维码的信息溯源方面处于领导地位；建立了相对完善的、庞大的溯源体系；拥有数以几十亿计的扫码数据。

超级码的主要缺点：基本属于普通 QR 二维码，没有防复制性；引入法国 ATT 公司的 SV 码识读极其困难；缺乏自主知识产权的具有防伪功能的二维码产品。

3．安全二维码

基于半色调网点信息的安全二维码是利用网点信息的特性并通过某种算法将半色调加网技术与最常见的 QR 二维码相结合，实现信息隐藏和信息防伪的。图 9-10 为安全二维码图像。

安全二维码的主要优点：与载体普通二维码兼容，是一种基于半色调网点特征的信息防伪和信息隐藏的码中码，且后者信息容量更大；手机可以直接识读；具有非常突出的防复制性；完全自主知识产权，成套技术完全自主开发；采用自助可控的特殊编码方式，信息安全可靠，信息提取的稳健性高。

图 9-10　安全二维码图像

9.3.3　QR 二维码

QR 二维码是目前应用最为广泛的一种二维码，其结构组成如图 9-11 所示。

位置探测图形：这一个功能区域是由 3 个尺寸一样的正方形交替叠加形成的。当二维码成像不能够满足人们的使用需求时，该功能区域便可以发挥自己的作用，可以利用这一区域对二维码进行快速定位及提取。

定位图形：这一个功能区域是由水平方向及垂直方向上的两条相互交叉的直线所组成的，在这两条直线上，有序地分布着黑色块、白色块。

校正图形：这一个功能区域是由若干种形式不一样的正方形组成的。二维码的版本不一样，这一区域的个数也是不一样的。虽然个数可以不一致，但是都要满足同一个原则，即两个相邻的校正图形的中心距离必须是一样的。

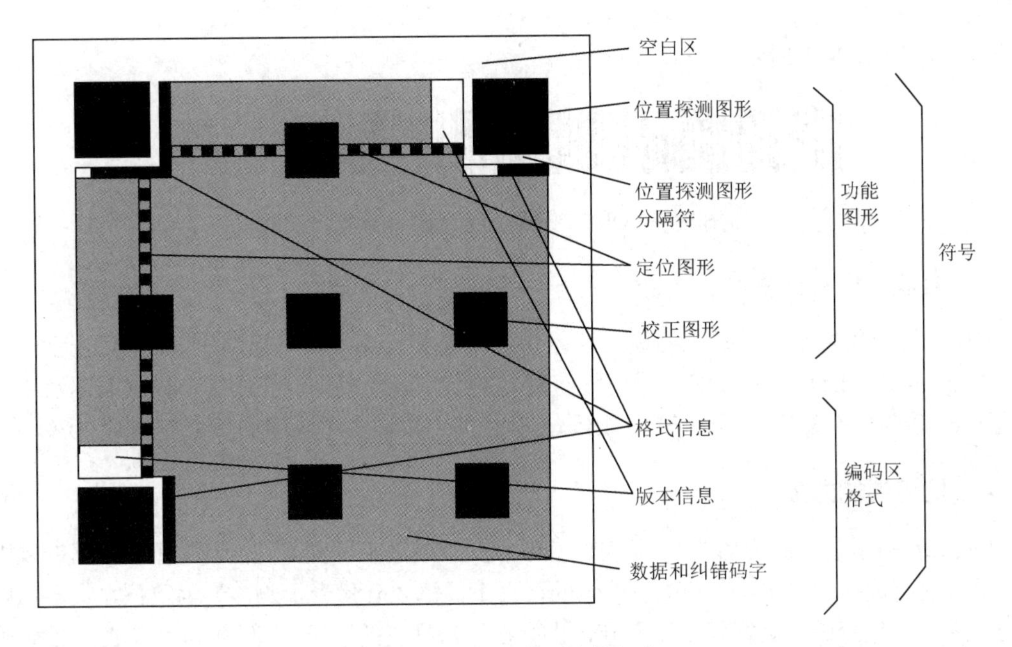

图 9-11　QR 二维码结构组成

格式信息：这一个功能区域的作用是对这个二维码的一些格式的信息进行存储。

版本信息：就目前所使用的二维码来说，版本非常多，因此需要对每个二维码设置它的版本，以便能够区分，这一个功能区域便能实现这一目的。

数据和纠错码字：保存的二维码的实际信息和用于修正二维码损坏带来的错误的纠错码字。

9.3.4　QR 二维码的特点

1．存储大容量信息

传统条形码最多只能支持 20 位左右的信息，QR 二维码则最多可以支持 7089 个数字、4296 个字母、1817 个汉字。图 9-12 为 QR 二维码存储信息示例。

abcdefghijklmnopqrstuvwxyz1234567890abcdefghij
klmnopqrstuvwxyz1234567890abcdefghijklmnopqrs
tuvwxyz1234567890abcdefghijklmnopqrstuvwxyz12
34567890abcdefghijklmnopqrstuvwxyz1234567890
abcdefghijklmnopqrstuvwxyz1234567890abcdefghij
klmnopqrstuvwxyz1234567890abcdefghijklmnopqrs
tuvwxyz1234567890abcdefghijklmnopqrstu

图 9-12　QR 二维码存储信息示例

2．所占空间小

QR 二维码在横向和纵向上都包含信息，而一维条形码只有在一个方向上包含信息，如果用一维条形码与用 QR 二维码表示同样的信息，QR 二维码占用的面积只是一维条形码面积的 1/11，如图 9-13 所示。

图 9-13　QR 二维码与一维条形码面积比较

3．有效表现各种字母

QR 二维码用特定的数据压缩模式表示中国汉字和日本汉字，仅用 13bit 就可表示一个汉字，而 PDF417、Data Matrix 等二维码没有特定的汉字表示模式，在用字节模式表示汉字时，需用 16bit 表示一个汉字，因此 QR 二维码比其他的二维码表示汉字的效率提高了 20%。

4．抗破损能力强

QR 二维码具备“纠错功能”，即使部分编码变脏或破损，也可以恢复数据。数据恢复以码字（组成内部数据的单位，在 QR 二维码的情况下，每 8bit 代表 1 码字）为单位，最多可以纠错约 30%（根据变脏和破损程度的不同，也存在无法恢复的情况）。图 9-14 为 QR 二维码破损情况示例。

图 9-14　QR 二维码破损情况示例

5．任意方向识别

QR 二维码从 360°任一方向均可快速读取，原因在于 QR 二维码中的 3 处定位图案，如图 9-15 所示，可以帮助 QR 二维码不受背景样式的影响，实现快速稳定的读取。

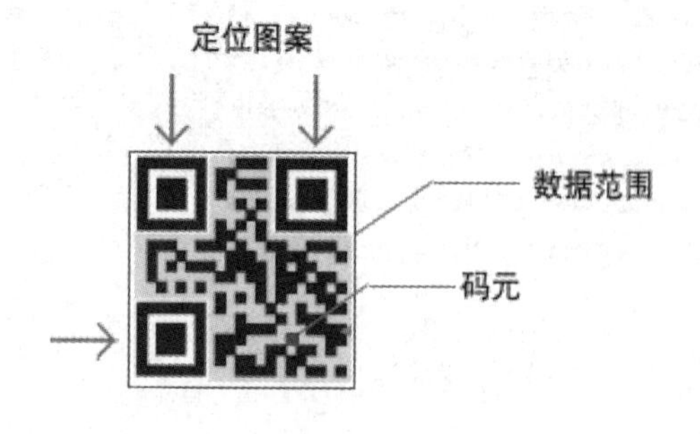

图 9-15　QR 二维码定位图案

6. 支持数据合并功能

QR 二维码可以将数据分割为多个编码，最多支持 16 个 QR 二维码。使用这一功能，还可以在狭长区域内打印 QR 二维码。另外，也可以把多个分割编码合并为单个数据。QR 二维码数据合并与分离如图 9-16 所示。

图 9-16　QR 二维码数据合并与分离

9.3.5　QR 二维码的版本和纠错能力

1. QR 二维码的版本

QR 二维码一共有 40 个尺寸。版本 1 是 21×21 的矩阵，版本 2 是 25×25 的矩阵，版本 3 是 29 的尺寸，每增加一个版本，就会增加 4 的尺寸，公式是：$(V-1)4+21$（V 是版本号），最高是版本 40，$(40-1)4+21=177$，所以最高版本是 177×177 的正方形。QR 二维码版本示例如图 9-17 所示。

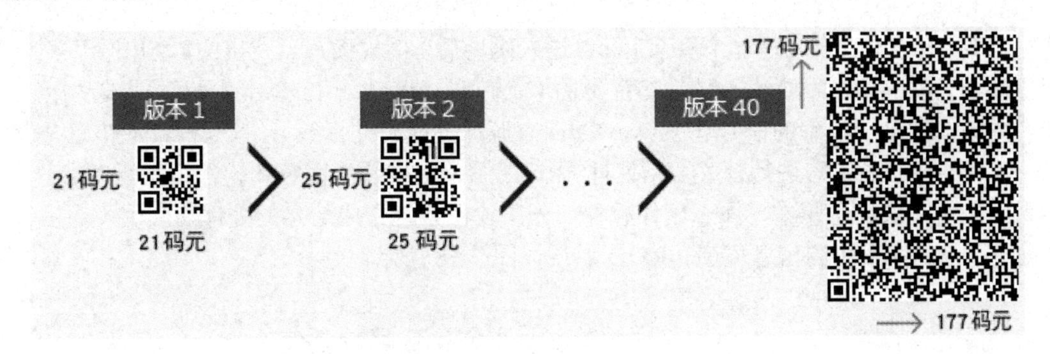

图 9-17　QR 二维码版本示例

2. QR 二维码的纠错能力

QR 二维码具有纠错功能，即使编码变脏或破损，也可自动恢复数据。这一纠错能力具备 4 个级别，用户可根据使用环境选择相应的级别。调高级别，纠错能力也相应提高，但由于数据量会随之增加，编码尺寸也会变大。用户应在综合考虑使用环境、编码尺寸等因素后选择相应的级别。在工厂等容易沾染脏物的环境下，可以选择级别 Q 或 H，在不那么脏的环境下，且数据量较多的时候，也可以选择级别 L。一般情况下，用户大多选择级别 M（15%）。表 9-1 为 QR 二维码的 4 个纠错等级。

表 9-1　QR 二维码的 4 个纠错等级

等　级	错误修正容量
L	7%的字码可被修正
M	15%的字码可被修正
Q	25%的字码可被修正
H	30%的字码可被修正

9.4　RFID

RFID 是 Radio Frequency Identification 的缩写，即射频识别，是一种非接触式的自动识别技术，常称为感应式电子晶片或近接卡、感应卡、非接触卡、电子标签、电子条形码等。RFID 通过射频信号自动识别目标对象并获取相关数据，识别工作无须人工干预，作为条形码的无线版本，RFID 具有条形码所不具备的防水、防磁、耐高温、使用寿命长、读取距离大、标签上数据可以加密、存储数据容量更大、存储信息更改自如等优点，其应用将给零售、物流等产业带来革命性变化。RFID 的应用非常广泛，目前典型应用有动物晶片、汽车晶片防盗器、门禁管制、停车场管制、生产线自动化、物料管理。

9.4.1　RFID 的基本工作原理

RFID 的基本工作原理并不复杂：标签进入磁场后，接收读写器发出的射频信号，凭借感应电流所获得的能量发送出存储在芯片中的产品信息（Passive Tag，无源标签或被动标签），或者主动发送某一频率的信号（Active Tag，有源标签或主动标签）；读写器读取信息并解码后，送至中央信息系统进行有关数据处理。RFID 系统分成边沿系统和软件系统两大部分，边沿系统主要完成信息感知，属于硬件组件部分。软件系统完成信息的处理和应用，通信设施负责整个 RFID 系统的信息传递。RFID 系统如图 9-18 所示。

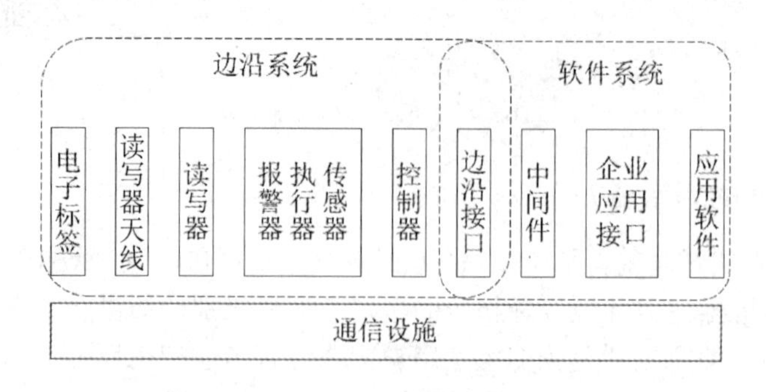

图 9-18　RFID 系统

从电子标签到读写器之间的通信及能量感应方式来看，RFID 系统一般可以分成两类，即电感耦合系统和电磁反向散射耦合系统。电感耦合一般适用于中频、低频工作的近距离 RFID 系统。电磁反向散射耦合，即雷达原理模型，一般适用于超高频、高频、微波工作的远距离 RFID 系统。

RFID 系统的基本工作原理如图 9-19 所示，读写器读取 RFID 标签数据的工作流程：读写器利用它的发射天线广播一定频率的信号，当它的接收半径内有 RFID 标签进入时，RFID 标签的内部会有感应电流产生，感应电流使 RFID 标签芯片开始工作；RFID 标签通过其内置天线发射某一频率的射频信号和读写器之间连接起来，然后开始发送存储器的数据；读写器的接收天线收到来自 RFID 标签的信号之后，利用调节器把信号传给读写器，读写器对此信号解调解码，最后把数据传给数据系统，数据的读取流程结束。数据管理系统写入信息或者发送指令给 RFID 标签的过程也与此相似，首先通过 RFID 读写器发射一定频率的射频信号，然后等 RFID 标签获得能量后发送应答信号，再开始执行所需要的操作。

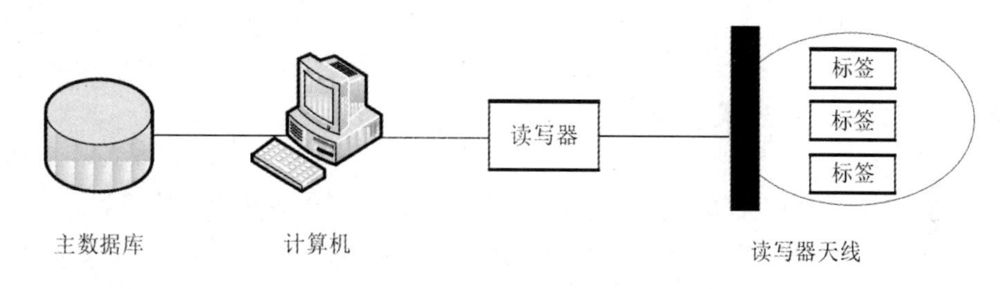

图 9-19 RFID 系统的工作原理

9.4.2 RFID 关键技术

RFID 主要包括产业化关键技术和应用关键技术两方面。

1. RFID 产业化关键技术

RFID 产业化关键技术主要包括标签芯片设计与制造、天线设计与制造、RFID 标签封装技术与装备、RFID 标签集成和读写器设计等。

标签芯片设计与制造：例如，低成本、低功耗的 RFID 芯片设计与制造技术，适合标签芯片实现的新型存储技术，防冲突算法及电路实现技术，芯片安全技术，以及标签芯片与传感器的集成技术等。

天线设计与制造：例如，标签天线匹配技术，针对不同应用对象的 RFID 标签天线结构优化技术，多标签天线优化分布技术，片上天线技术，读写器智能波束扫描天线阵技术，以及 RFID 标签天线设计仿真软件等。

RFID 标签封装技术与装备：例如，基于低温热压的封装工艺，精密机构设计优化，多物理量检测与控制，高速高精运动控制，装备故障自诊断与修复，以及在线检测技术等。

RFID 标签集成：例如，芯片与天线及所附着的特殊材料介质三者之间的匹配技术，标签加工过程中的一致性技术等。

读写器设计：例如，密集读写器技术，抗干扰技术，低成本小型化读写器集成技术，以及读写器安全认证技术等。

2. RFID 应用关键技术

RFID 应用关键技术主要包括 RFID 应用体系架构、RFID 系统集成与数据管理、RFID 公共服务体系、RFID 检测技术与规范等。

RFID 应用体系架构：例如，RFID 应用系统中各种软硬件和数据的接口技术及服务技术等。

RFID 系统集成与数据管理：例如，RFID 与无线通信、传感网络、信息安全、工业控制等的集成技术，RFID 应用系统中间件技术，海量 RFID 信息资源的组织、存储、管理、交换、分发、数据处理和跨平台计算技术等。

RFID 公共服务体系：提供支持 RFID 社会性应用的基础服务体系的认证、注册、编码管理、多编码体系映射、编码解析、检索与跟踪等技术与服务。

RFID 检测技术与规范：例如，面向不同行业应用的 RFID 标签及相关产品物理特性和性能一致性检测技术与规范，标签与读写器之间空中接口一致性检测技术与规范，以及系统解决方案综合性检测技术与规范等。

9.4.3 RFID 技术特点

由于自身的工作原理，RFID 防伪技术在各个防伪领域中具有以下优势。

（1）体积小，方便封装。现在的电子标签在制作外观上可以达到纸一样薄度，贴于商品上，植入电子门票、卡等各类产品中，封装性好，非常方便使用。

（2）读写速度快、识别效率高。在特定范围之内读写器就能操作和识别电子标签，可以不用物理上的接触，而且能够识别运动高速的标签。RFID 防碰撞的机制可以保证读写器同时处理很多个标签，从而很大程度上提升了标签的读写和识别速度。

（3）数据的存储容量大。电子标签的数据存储容量和内部记忆载体有关联，因为存储技术的发展，其存储容量变得越来越大。在未来市场，电子标签的容量需求越来越大，以满足标签中携带的越来越多的信息，电子标签的可擦写和存储容量大的特性，会使电子标签的应用更加广泛。

（4）防污能力强、使用时间长。电子标签使用寿命较长，特别是无源电子标签，在没有被破坏的情况之下，使用寿命一般能长达 10 年之上。电子标签与油墨、全息照片、纸质条形码等传统材料不同，当泥浆、油污等在表面附着时，仍可以正常地读写，在恶劣环境下也可以使用。

（5）可重复多次使用。因为是电子产品，所以电子标签能够多次读写，可以任意删除、修改、增加其存储数据，信息的更新能够很方便地进行。

（6）每一个电子标签在 ROM 中都有全球唯一的 ID 编号，这意味每一个产品都具有一个身份证号码，而且还是唯一的，这种不能修改的编号给伪造增加了难度。

（7）安全性较强、具有自我保护的功能。电子标签中承载的信息为电子式信息，里面的数据信息能够设置密码进行保护，因此数据内容不会被轻易地篡改和伪造。部分电子标签能自我加密、解密，从而防止数据的非法写入和读取。

RFID 防伪技术虽然与传统防伪技术相比有很大优势，但在现如今的防伪应用中还存在不足。

（1）通过利用电子标签中的 ID 编号防伪，和当前的物联网上的商品编号不存在很直接的关联，ID 编号虽然在理论上能够确定防伪标签具有唯一性，实际在其生产过程仍有机会伪造。

（2）电子标签内读取的信息需要通过网络传输，传输过程中的安全性无法保障，不能百分百保证读取信息的真实性和完整性。

（3）电子标签信息的读取需要专门的读写器，商品防伪验证过程也需要生产厂家提供信息支持，但是厂家都会建立各自独立的防伪查询系统，不仅成本花费较大，也给消费者的防伪查询工作增加了很多不便。

（4）RFID 标签一旦接近读写器，就会无条件地自动发出信息，无法确认该 RFID 读写器是否合法。

但是总体来说，RFID 的利还是大于弊的。

9.4.4　RFID 技术应用

自 RFID 普及以来，在各行各业都应用甚广，最初主要应用在物流行业，发展至今在交通、医疗、制造、零售领域都可以看到 RFID 的身影。虽然 RFID 已非新技术，但随智能时代来临，近年产业仍不断透过市场需求开发各式 RFID 应用场景。

以智能制造来说，鉴于对资源和提高成本效率的需求，各制造业者也开始采用 RFID，实现即时位置追踪、资产或人员的监控、生产线上的流程管控及供应链管理等应用。下面是 RFID 在智能制造中的应用。

1．RFID 在智能产品中的应用

RFID 结合智能板卡，可以实现从设计、生产、销售、巡检、诊断维修、信息统计、报废全周期的信息管理、运行信息记录反馈、诊断与分析等功能。对提升产品智能化形象，实现产品全生命周期智能化有重要价值。

2．RFID 在智能物流中的应用

（1）供应链车辆引导与卸货管理：通过 RFID，结合厂区物料供应需求，实现厂区供应商车辆预约、排队、身份识别，以及厂区卸货资源智能化分配。

（2）物流配送周转箱管理：RFID 应用于物流配送周转箱管理可以大大提高物流体系作业效率，实现数字化仓储管理（仓储货位管理、快速实时盘点）等，使管理更加科学、及时、有效，确保供应链的高质量数据交流，由此将带来物流效率的大幅提高，从而降低系统的总体花费成本。

3．RFID 在智能车间中的应用

（1）刀具全生命周期管控：刀具管控的目的是实现对刀具全生命周期信息管理，及时地了解刀具的使用、库存的状态和位置。在刀具采购入库前，为刀具加装 RFID 标签，作为刀具的唯一身份识别信息。在刀具的调度和使用过程中，通过 RFID 读写设备及时采集刀具的信息，就能在系统中清楚地了解刀具是否已经上刀，具体对应的机床，以及使用的周期和时长等。通过及时跟踪刀具位置状态、使用状态，企业能及时地了解刀具磨损情况并进行更换，保证刀具的使用安全。

（2）产线混流制造：混流制造是一定时期内企业在一条流水线上生产多种产品的生产方式，将工艺流程、生产作业方法基本相同的若干产品品种，在一条流水线上科学地编排投产顺序，实行有节奏、按比例的混合连续流水生产，并以品种、产量、工时、设备负荷全面均衡为前提。通过在复杂零件和托盘上安装RFID标签，在加工设备和线体上安装RFID工业读写器，实现产品和设备的智能通信，有效地避免因数据采集不及时导致的工序管理混乱等问题。通过及时采集在制品状态和生产工序状态为MES提供数据支撑，保证MES可及时地生产调度每个工作站，使每个工作站周期都处于繁忙状态，以完成最多的操作量，从而减少闲置时间，提高生产效率。

（3）模具智能维护管理：对模具安装RFID标签，通过对库存、配置、现场的数据采集，从设计延伸到制造、测量和使用的全过程，使数据和制造无缝交互，实现全流程的自动化、无人化。

9.5 NFC

NFC近场通信技术，也是一种射频识别技术。NFC标签属于被动型器件，能够和主动型NFC读写器建立通信。NFC技术在单一芯片上结合感应式读卡器、感应式卡片和点对点的功能，能在短距离内与兼容设备进行识别和交换数据。NFC是一种无源产品，一般依赖电子设备进行激活，无法自行工作。一般来说，手机线圈电生磁，通过NFC线圈的回路电流再生成感应磁场，电子设备在一定范围内接收到磁场信号，随之会产生相匹配的电流并进行传送，依据这一原理，它能很快速地接收传输过来的消息。鉴于此，NFC不适合大范围传播，最好应用于较近范围内。

9.5.1 NFC的基本工作原理

常用的近距离无线通信技术，除了NFC和RFID，还有红外线、蓝牙和WIFI等。NFC与其他传统通信技术相比，具备较高的安全性，且建立连接的速度也是最快的，匹配难度也是最低的，因此将NFC与防伪溯源技术结合具有很好的发展前景。NFC与RFID、蓝牙、WIFI和红外线的对比如表9-2所示。

表9-2 NFC与RFID、蓝牙、WIFI和红外线的对比

技术规范	NFC	RFID	蓝牙	WIFI	红外线
无线电频率	13.56MHz	2.4GHz	2.4GHz	2.4GHz	38kHz
传输距离	<0.1m	<3m	10～100m	300m	<1m
传输速率	424kbit/s	2Mbit/s	1～3Mbit/s	300Mbit/s	115kbit/s
启动速度	<0.1s	<0.1s	1～6s	5s	0.5s
配对难度	无须配对	无须配对	较难	复杂	较难
安全性	极高	中等	高	低	无
成本	低	中	中	高	低

NFC 可以看成由两个集成电路组成：SE 和 NFC 接口。NFC 接口由 NFC 天线和称为 NFC 控制器的 IC 组成，以实现 NFC 交易，以下是对这部分元件简单的介绍。

1. 主控制器

主控制器（基带控制器）是任何智能手机中最重要的元件。主控制器接口（HCI）连接 NFC 控制器和主控制器，设置 NFC 控制器的操作模式，处理通过 HCI 发送和接收的数据，建立 NFC 控制器和 SE 之间的连接也由主控制器完成。

2. NFC 控制器

设备中的 NFC 控制器将来自阅读器的所有数据直接发送到 SE。SE 是防篡改设备（通常是单芯片安全微控制器），为敏感数据提供安全的存储和执行环境（如密钥管理），为攻击提供物理和逻辑保护，确保其内容的完整性和机密性。SE 对于 NFC 移动支付意义重大，在 NFC 支付过程中，安全元件直接与 POS 终端通信而无须 CPU 参与，只有在事务完成后，才会通过安全元件通知 CPU。SE 有三种不同的表现形式，分别是 UICC、嵌入式 SE 和 microSD，其中 UICC 和 microSD 都是可拆卸的。

UICC 是在 NFC 智能手机上提供 SE 基础设施的临时模型。基于 UICC 的 SE 显然为移动网络运营商创造了巨大的优势和机会，因为 SIM 卡由他们发行和管理。但是，生态系统中的其他利益相关者不接受移动网络运营商对 SE 的所有权和管理，并试图寻找其他的替代方案。

嵌入式 SE 在生产制造过程中集成到智能手机中，并且可以在设备交付给最终用户后进行个性化处理。这种解决方案显然对智能手机制造商非常有利。

microSD 对服务提供商是有明显优势的，因为 SIM 卡和手机硬件都不用作 SE。但这个形式却不受市场欢迎，因为每个智能手机都需要新的硬件支持。一般的 NFC 设备架构如图 9-20 所示。

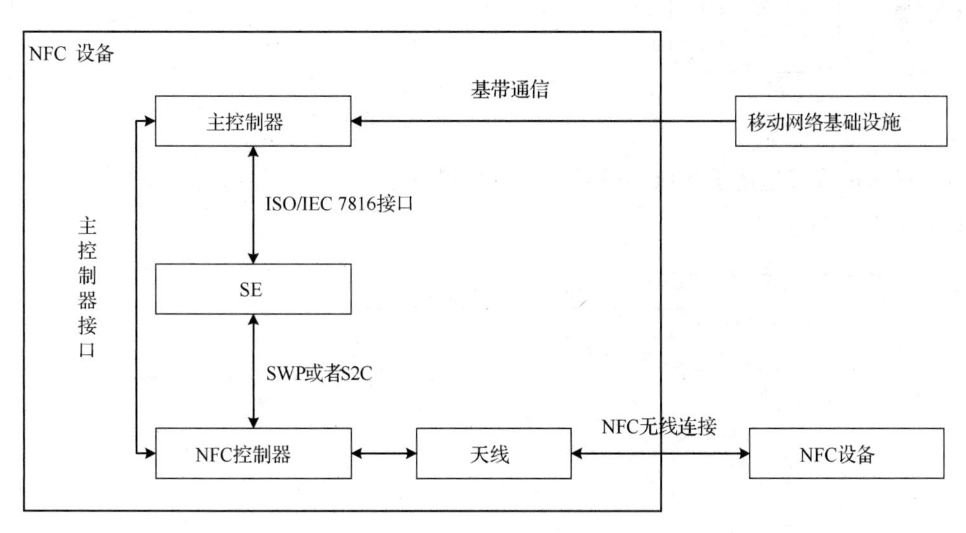

图 9-20　一般的 NFC 设备架构

9.5.2 NFC 的通信模式

NFC 的工作原理依照 NFC 的通信模式分为主动模式、被动模式及双向模式三种，具体工作流程如下。

（1）主动模式为读卡模式，此时的 NFC 终端机作为读卡器主动射频识别和读写别的 NFC 设备和 NFC 卡，如图 9-21 所示。

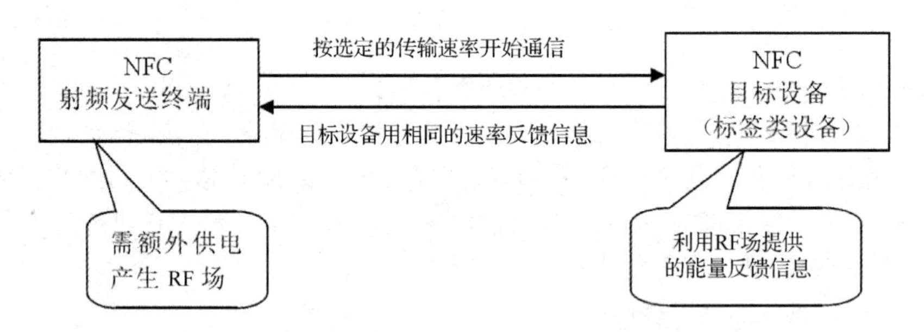

图 9-21　NFC 的主动模式工作原理

（2）被动模式则刚好相反，由 NFC 设备主动射频识别和读写 NFC 终端机，这个时候的终端机则是模拟的 NFC 卡，如图 9-22 所示。

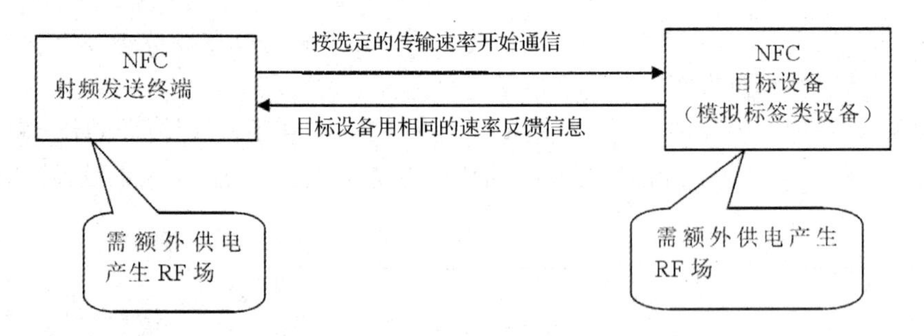

图 9-22　NFC 的被动模式工作原理

（3）双向模式仅适用于 NFC 终端机与 NFC 设备之间通信，双方都主动射频建立点对点的通信，如图 9-23 所示。

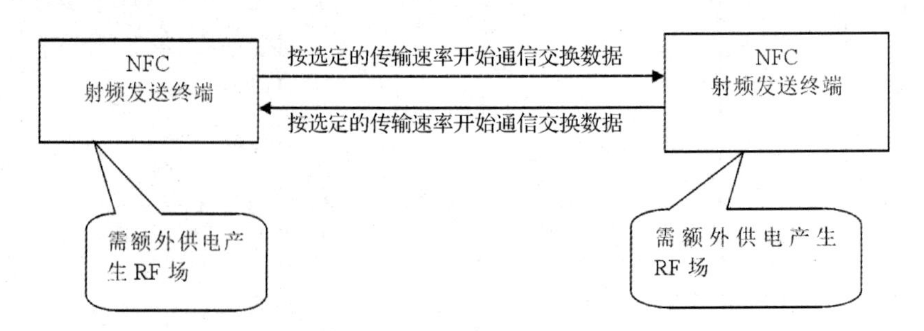

图 9-23　NFC 的双向模式工作原理

9.5.3 NFC 的工作模式

NFC 是一种近场射频通信技术，只支持外设与终端机在小于 10cm 的距离内工作。工作模式分为三种：读卡器模式、仿真卡模式、点对点模式。

（1）读卡器模式的数据直接存储在 NFC 芯片中，通过支持 NFC 功能的手机或其他终端从 NFC 标签、贴纸、卡片等携带 NFC 芯片的介质中读写数据。这种工作模式下的 NFC 外设一般是不需要额外供电的，多应用于消费类场景，主要原因是设备应用成本低，用户使用方便。

（2）仿真卡模式顾名思义就是模仿 NFC 卡，数据存储在支持 NFC 的电子设备上，使用软件将电子设备（如手机、移动终端等）模拟成 NFC 卡，主要的实施技术手段是将 NFC 的信息凭证打包封装在支持 NFC 的手机或移动终端上。NFC 在使用时还需要配备额外的 NFC 射频终端，这种工作模式的使用场景主要体现在门禁和 POS 机的应用。

（3）点对点模式是指 NFC 设备间的数据传输交换，其工作模式有点类似蓝牙和红外线传输，与蓝牙、红外线相比 NFC 的连接速度要优于前者，几乎不需要“等待连接中……”的提示。

9.5.4 NFC 技术应用

随着 NFC 智能手机的普及，在商品防伪溯源领域，消费者不用借助第三方的 App 就可以使用 NFC 智能手机对产品进行防伪溯源信息查询。部分厂家针对不同产品，将 NFC 标签与产品外包装进行结合，将标签的检测线张贴在包装盒的开启部分，如图 9-24 所示。总而言之，需要根据不同的包装产品的特点进行设计，在产品包装开启后，仍可读取 NFC 标签内的产品信息。但是当产品开启使用后，即检测线物理断开后，提示消费者产品已经开启使用，如酒瓶的瓶盖开口位置或者包装盒的开口位置等，如图 9-25 所示。

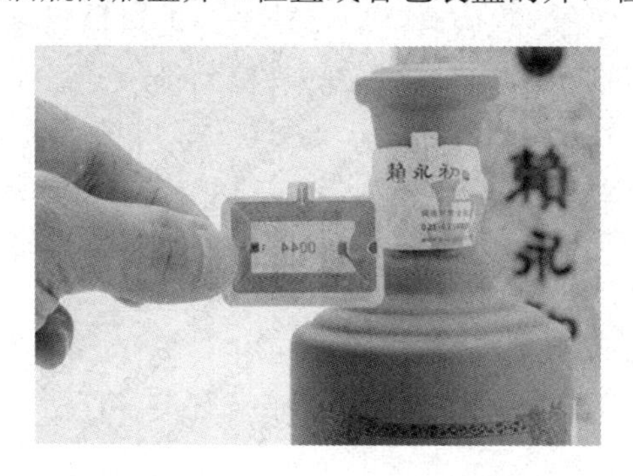

图 9-24 将 NFC 芯片与包装结合

图 9-25 采用新型工艺制作的包装，开启后 NFC 标签毁坏

NFC 在金融支付、交通、电子产品、零售商超、娱乐、医疗、身份识别等众多领域都有着广泛的应用。车辆在通过 NFC 设备触碰闸机口的读卡区域后可以自动打开闸道，实现快速通行；NFC 具有人机交互、机器间交互等功能，可以应用在电子消费领域，实现人对电子产品的便捷操控；目前支持 NFC 的笔记本电脑、NFC 智能电视等不断兴起，促进了物联网的

繁荣；NFC可以促进医疗行业对数据的管理，实现药品追踪管理、医护工作人员管理等；NFC所具有的安全性可以成为身份识别的重要手段，目前已经成功应用在门禁、考勤、访客、会议签到等领域。

9.6 物品溯源技术应用

9.6.1 食品溯源

食品供应链是从食品的初级生产者到消费者各环节的经济利益主体，包括前端的生产资源供应者和后端的作为规制者的政府所组成的整体，是一条包含资金流、信息流和物流的具有特殊性和复杂性的网链。影响食品安全的主要因素存在于原材料供应、制造商加工、物流运输等各个环节中。因此，食品供应链的任何环节出现差错，或者出现人为危害因素都会导致食品安全问题出现。食品供应链的管理包含供应链的风险管理和供应链信息管理，从食品供应链管理的角度，预防食品安全问题出现的研究中，目前国内外学者已经积累了不少的研究基础和实践经验。

1. 食品供应链特点

食品供应链本身的特殊性使其与其他商品供应链存在较大的差异，具体有以下几个特点。

（1）依赖自然环境。农产品是绝大多数食品的原材料，其品质的好坏、产量的多少取决于自然环境情况，如土壤的组成、环境的温度、湿度等。

（2）周转时间更短。部分食品具有时效性，以鲜牛奶为例具有易腐败性，食品供应链生产、加工和运输等步骤都必须进行较严格的时间控制，保障食品以最快的速度运输到消费者手中，以确保食品具有较高的新鲜度。特别是农产品，从农产品的种植到供应链终端的消费者，一般要经历很多环节，每个环节都有着无法预测的风险，很可能因为食物腐败影响食品的增值和带来损失。同时，食品供应链上合作伙伴之间的业务关系也很复杂。在多主体、多环节的状况下，完成食品或原材料的快捷流通和周转，对食品供应链整体提出了较高的要求。

（3）对运输和存储设备要求高。在部分食品或原材料运输和存储过程中，为了确保食品的新鲜度和品质，食品对环境提出了较高的要求，对于一些食品需要在低温环境下存储，这不仅要求冷链技术完备，还要求具有环境监测技术。

（4）季节性及需求不确定性较大。众所周知，果蔬的种植有极其明显的季节性，并且在不同时期，其价格及需求数量存在很大差异。食品供应链环节多，只有食品销售点直接接触消费者，能够较全面地掌握需求信息，其他环节都存在不同程度的需求放大现象，而且越是上游的节点放大效应越严重，同时造成了高库存等供应链管理问题。

（5）质量要求严格，风险性高。在原材料供应、生产加工、运输和销售过程中，有较多不安全因素影响食品品质。随着消费者对食品安全要求的提高，保障食品安全，提高食品品质已经成为食品供应链上各节点不可推卸的责任。一旦发现食品安全问题，不仅会造成食品滞销，接受相应的惩罚，还会影响食品企业的声誉。

信息共享是指食品供应链上的企业可以通过平台实现食品质量数据的有效传递和共享。追溯源头是指可以通过平台查询到食品的生产信息、加工信息、流通和销售等任一环节的食品质量信息。责任到人是指一旦食品出现问题可以追溯食品的溯源信息，迅速确认在哪一个环节出现了问题。一个协调的信息平台不仅能够实现对食品进行正向和逆向的溯源信息查询，而且能够实现对食品生产到供应过程中各环节的控制。企业间可以在保证本企业数据安全的同时实现溯源信息的最大限度的共享。政府可以通过该平台对食品企业的溯源信息进行监督和管理，消费者也可以通过该平台查询到食品的全程溯源信息，如食品的产地、品种、加工信息及是否合格等一系列的溯源信息。

2. 以大型农超为核心的食品溯源平台

以大型农超为核心的食品溯源平台实际上是实现卖场上的各类食品生长、加工、流通和销售的各个环节的食品质量信息数据化的一个数据处理的信息交互平台。从用户管理、数据中心和模块功能将该食品溯源平台分为三个部分，分别是系统管理平台、数据中心和食品安全追溯管理平台，总体规划框架示意图如图 9-26 所示。

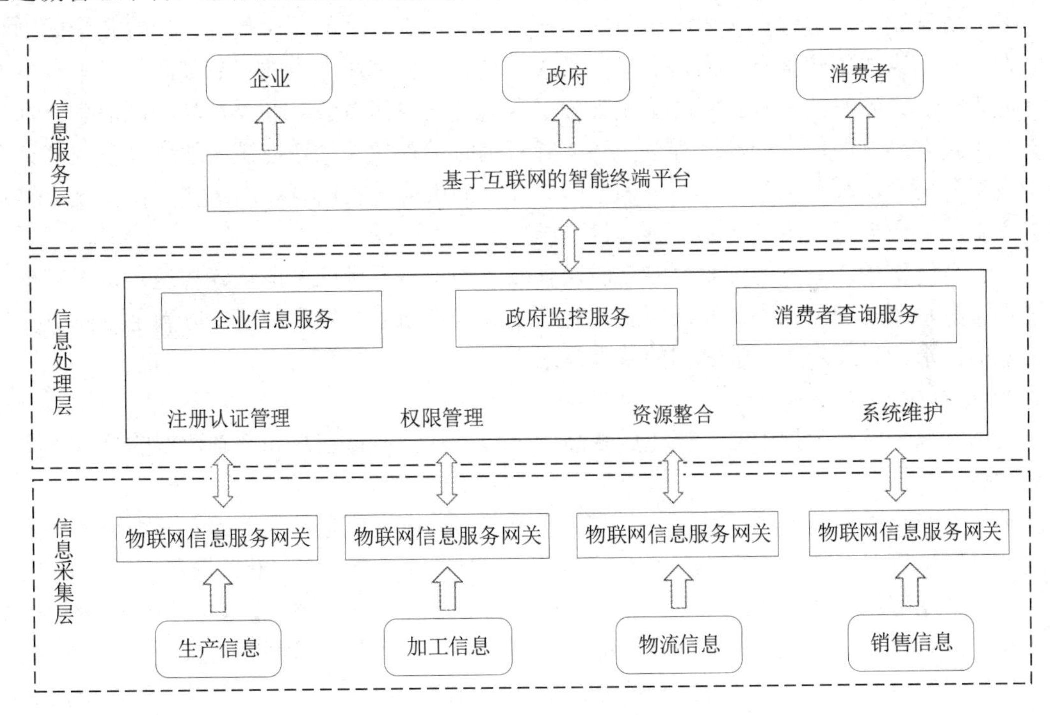

图 9-26　总体规划框架示意图

1）系统管理平台

信息处理层是食品溯源平台不可或缺的一个组成部分，是整个业务最重要的一块也是核心组成部分，系统管理平台包含注册认证管理、权限管理、资源整合、系统维护四个模块。

（1）注册认证管理。本模块以大型农超为核心，食品供应链上的各个企业共享溯源信息前需要先完成平台的注册信息，再经由平台的系统管理员进行审核认证，只有审核认证完成的企业才可以使用该食品溯源平台对本企业的溯源信息进行管理，以及对食品供应链上的其他食品企业溯源信息进行查询。

（2）权限管理。该食品溯源平台是以满足消费者对食品溯源信息查询的需求为目的的，也要保证供应链上各个食品企业的利益。这里根据基于契约合作构建的信息协调机制为基础对该平台共享溯源信息的食品企业依据合作级别进行授权信息访问。由于食品供应链的特殊性，在食品生产的过程中部分溯源信息有关企业的生产机密，该类重要的溯源信息并不能供所有企业共享。在日常的有关食品质量的溯源信息查询中，消费者真正关心的是产品是否合格，而不是检测的具体值。例如，某果蔬中农药含量≤0.1mg/kg 为国家的合格标准，因此在非合作伙伴关系间只需共享其合格信息即可，在重要合作伙伴间可以共享具体检测值。通过共享食品的这些溯源信息，优质的企业间的合格标准可以设置得更严格。这样一来，一方面可以促进企业间溯源信息的意愿，另一方面也可以促进食品行业往更高质量层次上发展。正是由于不同企业的能力及合作的紧密度不同，因此这时候企业需要进行权限管理，只有非常重要的合作伙伴才可以共享该溯源信息。该食品溯源平台可以根据链上不同合作伙伴的合作等级，对溯源信息进行授权管理，对非常重要的合作伙伴提供更优质的服务，彼此进行战略合作，资源共享，在促进该链上食品稳定性的同时，带动非重要合作伙伴进入更深层次的合作。

（3）资源整合。通过整合生产企业的生产信息、加工企业的加工信息、运输企业的物流信息及各个商家的销售信息，为消费者提供该产品整个环节所产生的食品溯源信息来满足消费者吃得放心、安心的需求。同时系统管理平台通过记录消费者对各类食品溯源信息查询的次数、各类食品溯源信息的偏好程度、消费者查询时地理位置的获取及其他相关参数，分析消费者对各类食品溯源信息的偏好，为生产该食品的供应链上所合作的重要合作伙伴提供更多的消费者需求偏好，为其产品改善提供方向。

（4）系统维护。系统管理平台除完成对食品溯源平台日常的注册认证管理、权限管理、资源整合等基本管理需求外，还需要通过对系统进行不断的开发和扩展，以满足企业更多特殊功能的需求，以及相关监管部门的特定需求。

2）数据中心

食品溯源平台的数据中心主要完成食品供应链上各类质量信息和基础数据的录入，实现食品质量信息的可追溯。

种植类产品以果蔬为例，需要录入的信息包括：①产地信息：基地编号、种植者档案、产地环境信息等；②产品信息：产品的名称、保存期限等；③生产信息：农药/化肥等使用情况和使用周期等；④加工处理信息：加工过程、食品添加剂使用情况；⑤产品检验信息：产品质量、检验日期、检验机构及产品标准等；⑥包装信息：包装日期、数量、材料、规格、环境条件信息及批次信息等；⑦运输信息：运输的日期、数量、车型、车号、运输车内温度数据、车辆 GPS 位置等；⑧储存信息：储存日期、位置、设施、环境条件、责任人等；⑨产品销售信息：发货人、市场流向、分销商、进货信息等信息，以及原料生产商、食品加工商、运输企业和销售商等相关企业的信息。

养殖类产品以猪肉为例，需要录入的信息包括：①产地信息：养殖地的坐标、环境等；②品种信息：饲养猪的品种信息等；③生长信息：饲养的信息、防疫的信息、迁移的信息等；④加工信息：屠宰信息、分割信息、批次信息和加工过程食品添加剂使用情况；⑤产品检验信息：产品质量、检验日期、检验机构及产品标准等；⑥运输信息：运输的日期、数量、车型、车号、运输车内温度数据、车辆 GPS 位置等；⑦养殖场、屠宰加工厂、运输企业和销售商等相关企业信息。

我国当前实施可追溯体系，生产档案无产品标识是溯源信息传递困难的非常重要的一个因素。正是基于此，对可追溯信息记录时包含产品标识和档案系统两个部分。产品标识主要是防止在食品安全建设中的部分投机行为。档案系统是用来储存溯源信息的一个数据库，可以追溯食品溯源信息，通过生成的产品二维码可以关联产品的生产档案并查询到食品的溯源信息。因此，在食品信息传递过程中要建立食品的档案管理子系统和标识管理子系统，同时为了保证食品供应链上的食品安全同样需要建立食品质量安全预警系统，将食品质检中所有不合格的质量信息均记录在案。

3）食品安全追溯管理平台

食品安全追溯管理平台主要由政府监管子系统和溯源信息查询子系统组成。政府监管子系统主要服务于相关的政府机构和政府监管部门人员，其功能模块主要包含用户登录、食品信息监控、食品预警信息发布。

为了提高食品供应链的溯源信息发布的可靠性，政府监管部门可以随时登录该食品溯源平台，对食品生产环节、加工环节、运输环节和销售环节等各个环节的食品溯源信息进行监管和查询，可以通过抽检方式对各个环节的信息的真实性进行核实，一旦发现存在有虚假信息或缺失部分溯源信息，政府监管部门可以立即联系对应企业负责人，责令其立即整改处理，必要时可以在平台发布预警通告。

政府监管子系统一定程度上可以提高溯源信息的可靠性，同时由于政府的监控一定程度上可以减少部分企业的投机行为，提高消费者对于该食品溯源平台发布信息的可信度。

溯源信息查询子系统，该模块需要完成追溯码的生成和食品可追溯二维码标签的生成，其功能主要是为消费者提供食品溯源信息的查询服务。为了便于各种消费者不同的查询服务需求，该模块设计了多种查询方式供消费者查询，一定程度上可以提高消费者的好感度，增强其对食品溯源需求的偏好。

该食品溯源平台支持终端查询的方式有网站查询、二维码查询、小程序查询和公众号查询和查询机查询。

（1）网站查询：消费者登录网站然后通过追溯码或身份码进行查询。

（2）二维码查询：消费者可直接通过微信进行扫码查询。

（3）小程序查询：消费者可以通过小程序扫码识别，输入追溯码进行查询。

（4）公众号查询：消费者可以通过关注超市食品溯源平台的公众号，输入追溯码进行查询。

（5）查询机查询：超市提供查询机，消费者可直接通过追溯码在查询机中进行查询。

9.6.2　药品监管

药品作为人们预防、诊断和治疗疾病的重要商品，药品的质量、使用安全直接关系到众多患者的切身利益，关系到人民群众的生命健康利益的维护与保障。其中对于麻醉药品的安全尤为重要，一方面由于麻醉药品在临床使用上能为患者减轻身体上的痛苦，体现了社会的文明程度与人文关怀水平；另一方面这类药物本身还存在一种特殊毒性，即药物依赖性，若使用不当，则会增加患者痛苦及负担；此外如果监管不当，使它通过非法渠道流入社会，就会变成毒品，进而危害社会稳定。

一套完整的药品溯源系统包括药品从生产到使用过程中的所有信息，监管部门和消费者能对整个过程进行监控。通过对药品制造、运输、销售、使用的溯源，能有效加强对药品的质量控制，进一步保证消费者用药安全。目前已有关于院内药品的质量追溯研究，对于存在安全问题的药品，确保通过溯源系统可以加快召回，缩短患者接触不安全药物的时间。

1. 药品溯源系统分析

药品的质量和安全是整个社会的共同责任，政府、药品产业链和消费者都须参与其中。现行的药品溯源管理中，各环节参与度不够，这是影响药品溯源发展的主要因素。在各环节的管理及操作中，信息化程度低，大大降低了药品溯源的主动性。整个药品供应链中的各个参与者需要建立长期且稳定的关系，需要多方协调，共同配合。避免整个系统有大的变动，如果需要变动，尽量使组织、团体、个人都参与其中。

区块链账本上保存药品的当前状态记录和历史记录，历史记录不可更改，由历史记录可以正向推出药品的当前状态记录，反向追溯药品的历史记录，药品的当前状态记录由药品当前的用户负责维护更新，初始用户为药品制造商。

1）制造商

药品制造商每生产一个批次的药品并检验通过后，首先通过私钥签名，获取该批次的药品批文及药品相关信息，节点通过公匙验证后获得相应的权限，生产药品并标识唯一溯源码，将生产管理信息、企业信息、交易信息、药品溯源码信息上链。

2）运输商

运输环节与药品制造环节衔接，包括入库、盘点、分拣、出库、配送运输等工作内容，制造商把药品信息和签名数据一同更新到区块链上，运输商将物流数据上链并对物流数据进行更新。

3）销售商

当药品由制造商向销售商或医疗机构流转时，双方达成交易共识后，首先由销售商或医疗机构对准备购买的药品签名信息进行验证，验证通过后用私钥签名对应药品信息，把签名数据发送给制造商，由制造商更新链上药品状态记录、药品当前所有者及所有者签名信息等。

4）消费者

当药品由销售商或医疗机构直接向最终消费者或其他非链上成员流转时，由销售商或医疗机构把药品最终去向及受众信息更新到链上药品信息，并更新药品状态。

5）监管部门

监管部门通过对制造商、运输商、销售商进行市场准入认证，将其终端作为节点加入到联盟链，同时将监管信息上链，并根据对药品的制造、运输、销售环节信息和消费者反馈信息的抽查对制造商、运输商、销售商做出相应的调整或奖惩。

2. 区块链药品溯源系统设计

1）整体架构

根据目前我国药品流通的一般环节，将区块链药品溯源系统参与方设定为制造商、运输商、销售商、消费者、监管部门五大节点。各节点之间数据实时共享，在保证真实的前提下，实现数据的有效跟踪和追溯。将系统架构分为数据接入、数据服务和用户应用三层，系统架构图如图 9-27 所示。

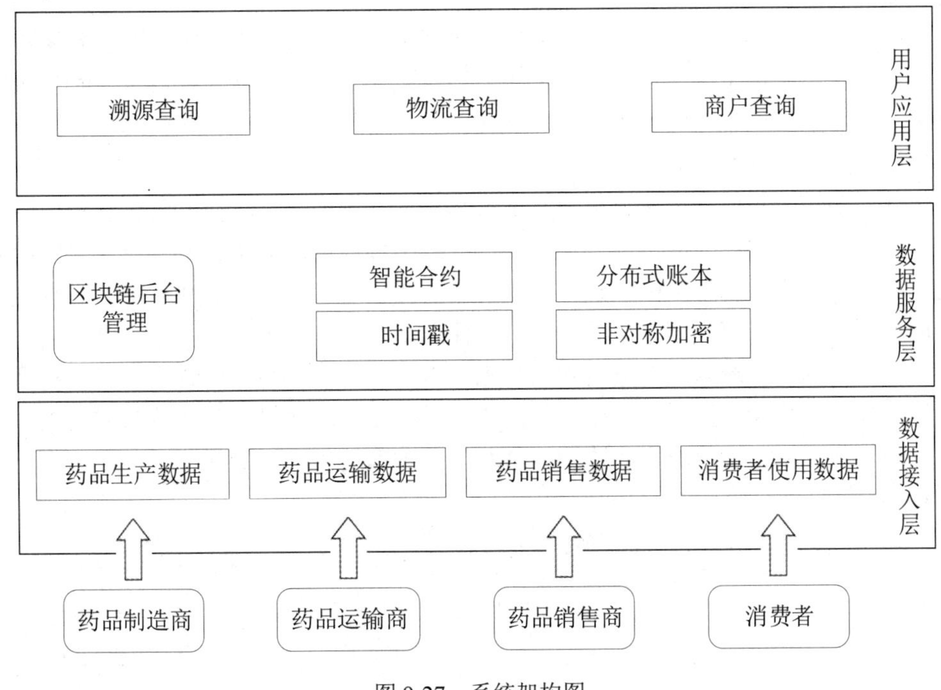

图 9-27　系统架构图

其中，数据接入层的数据来源于药品生产、运输、销售、消费者使用的完整生命周期的信息记录，药品溯源系统将它们按照区块链数据块格式进行封装后，通过加密算法和时间戳的方式将数据记录加入区块链中。数据服务层接入管理机制，采用分布式组网机制使数据分散在各节点数据库，在技术层面保证了区块链的可传递性，同时将国家监管有关法律法规、标准等内容以智能合约的形式嵌入区块链中，使区块链具有良好的可编程性。同时采用非对称加密技术，保证药品信息无法被恶意篡改，保证了系统的安全性。用户应用层的质量溯源系统向药品制造商、运输商、销售商、消费者提供信息查询、质量追溯等服务支撑。三层架构共同确保了药品质量安全性和可追溯性。

2）功能设计

基于对区块链药品溯源系统的业务流程分析，从信息交换与录入、溯源、监管、系统维护四个方面，对系统进行了设计。

需要上链的数据包括：①生产数据上链：系统从生产系统中交换药品的基本属性信息、生产过程中影响药品质量安全的关键信息和基于生产流程的关键信息并上链，如药品检测信息、加工安全控制信息等；②物流信息上链：系统从物流系统中交换运输环节内各项工作内容并上链，如药品订单信息、运输任务信息、出入库记录、运输车辆与实时位置记录等；③交易信息上链：将销售环节的交易细节上链，包括交易时间、交易数量及交易对象等；④药品信息上链：将药品的基本信息上链，包括药品的成分、生产日期、批号等。

可溯源的过程包括：①生产过程溯源：链上所有参与者都可以对链上的药品数据进行查

询追溯，包括生产环境及生产环节是否符合规定等；②运输过程溯源：消费者和其他厂商可以通过获取访问权输入私钥，根据系统拥有权限对运输细节进行读取，实时追踪药品的运送情况；③销售过程溯源：制造商可以通过链上数据追踪本厂药品的流通情况，监管部门通过链上数据追溯药品交易细节。

监管功能包括：①企业资质认证：对链上参与药品各环节的各企业对象进行资质认证；②生产过程监管：对链上生产细节进行严格监控，如加工环境、药品耗损等；③运输过程监管：对链上运输细节进行监控，如运输环境温度、位置信息等；④销售过程监管：对链上销售价格进行监控，控制中间商数量。

区块链管理者由政府或第三方机构共同参与构成，管理者不直接参与链上数据的更新维护，只负责维护区块链联盟成员的信息，入链的网络参与成员均由管理者授权并申请数字证书，由区块链系统管理者对链上组织成员的公钥及相关信息加密生成数字证书，网络成员私钥只由成员自己持有保存，网络成员公钥公开保存。

区块链药品溯源系统以区块链技术为基础，引入各环节参与者的共同监督，从而实现制造商、运输商、销售商、消费者、监管部门的交叉验证，从而提高各环节的造假成本，改善药品领域的生态环境，为政府科学监管、企业药品管理提供了可靠保证。

第 10 章 移动应用系统开发

半色调信息隐藏及防伪技术无论是融合 RFID、NFC 技术，还是应用于区块链物品溯源系统，在其应用系统设计与开发中，应用最多的场景当属直接或间接通过手机识读。同时，一个系统设计的水平之高低、用户体验之优劣，乃至能否成功推广应用，在很大程度上与其相应的手机应用软件开发密切相关。

本章主要以二维码和安全二维码识读手机应用软件开发为例，介绍了手机高清扫码、二维码图像识读与校正、zxing 解码关键技术，还介绍了安全二维码识读 App 设计与扫码小程序设计。

10.1 手机高清扫码

半色调信息隐藏技术通过不同的加网方式实现，在应用过程中能够有效地保护版权信息，实现印刷品的信息防伪。通过手机等智能设备对半色调微结构网点信息进行提取和识读，实现半色调隐藏信息的有效提取验证，达到信息防伪检测的目的。

10.1.1 手机摄像头

摄像头是智能手机的重要硬件模块之一，主要用来拍摄静态图片和视频信息。随着科技水平的提高，软硬件技术的不断完善，手机摄像头正在被放到更大的聚光灯之下。广告词中提到“4800W 柔光自拍”“双眼看世界”正是指手机摄像头的硬件参数步步提升，图像处理效果日渐逼真，使摄像头采集的信息，除噪后显得更加柔美或靓丽。

现在高像素、高清晰度和双摄像头已经逐渐成为影响市场的核心竞争因素。同时互联网新媒体技术的扑面而来，微信小视频，各种直播及二维码扫描等功能都与摄像头有着密不可分的关系，几乎每个软件都会用到摄像头。所以在预装软件的时候，用户便会收到系统的提示“是否允许软件获取相机使用权限”。由于生产厂商的不同，因此摄像头模块的具体细节也不同。例如，现阶段市场上的大多数中低端摄像头都是没有对焦马达的，同时摄像头的镜头组也是不能伸缩的，变焦只是数字处理芯片在功能上实现的数字变焦。

图 10-1 为手机摄像头结构。

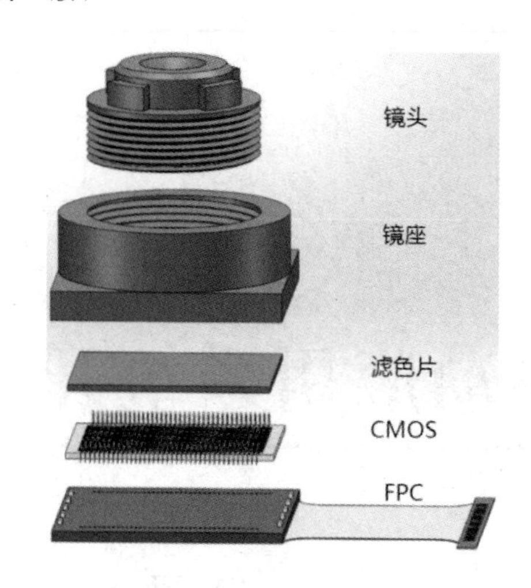

图 10-1　手机摄像头结构

1．手机摄像头的原理及硬件模块

摄像头在拍摄图像时的工作流程如图 10-2 所示。

图 10-2　摄像头在拍摄图像时的工作流程

原理：镜头取到的景物投影到图像传感器上，是光学信息转变为电信号的过程，经过 A/D 转换将模拟信号转变为数字信号，将数字信号在数字信号处理芯片中处理，再通过数据总线传输到手机中的系统集成电路模块进行处理，最后图像就会显示在我们的手机屏幕上。

手机摄像头主要由镜头、图像传感器和数字信号处理芯片组成。

镜头是一种透光设备，通常有两个比较重要的参数：光圈和焦距。光圈由多组多片扇叶构成，用来控制进光量。一般来讲，智能手机的摄像头镜头是没有光圈的，这种装置一般在单反相机中；焦距是镜头的中心到传感器平面上成像两点之间的距离，根据凸透镜成像原理，焦距是决定成像大小的主要因素。

图像传感器也可以称为感光二极管阵列图像传感器，它是相机最重要的器件之一，是一种将光信号转换为电信号的装置。常见的传感器主要有 CCD 和 CMOS 两种。两者区别在于：CCD 的成像质量好，但是制造工艺复杂且耗电高；而 CMOS 价格比同分辨率的 CCD 便宜，图像质量相比略低。但由于 CMOS 耗电低，造价较为便宜，加上工艺技术的进步和如今图形处理器算法的不断优化，CMOS 的画质水平直逼 CCD，但在较恶劣的环境下，如光线极亮或极暗时，CCD 便显示出稳定的成像优势。

2．手机摄像头的可设置参数及技术指标

摄像头的可设置参数主要有闪光灯（开/关）、曝光度（−2，−1，0，+1，+2）、亮度、对比度等。

摄像头的技术指标主要有图像解析度（分辨率）、图像格式和图像噪音等。

图像解析度俗称相机像素，在实际生活中，像素通常作为评判一个手机优劣的重要参数，

也是手机摄像头质量评判的重要标准。但由于生产商不同，因此摄像头的图像采集效果不能仅仅依靠像素来判断。

常见的两种图像格式是 RGB 和 YUV，其中 RGB 是采用光的三基色相加混色的原理产生色彩的；而 YUV 信号则是指在 RGB 信号传输过程中使用矩阵变换电路分解出亮度信号 *Y* 和色差信号 *U*、*V*，而后将亮度信号和色差信号使用某种编码方式利用同一信道发送出去。

图像噪声指的是在图像的生成过程中因各种因素产生的杂点和干扰，在成像效果上表现为固定的彩色杂点。

10.1.2　扫码控制

1. 手机摄像头扫描控制流程

用户在使用手机实现自动对焦的过程中，系统底层会有一张行程表，实际上用一维数组表示。在该行程表中从无限远端到微距端的整个行程中，设定若干（10～15）个采样点，基本上是远端比较密集，近距端比较稀疏。

自动对焦镜头距离和物体位置曲线图如图 10-3 所示。

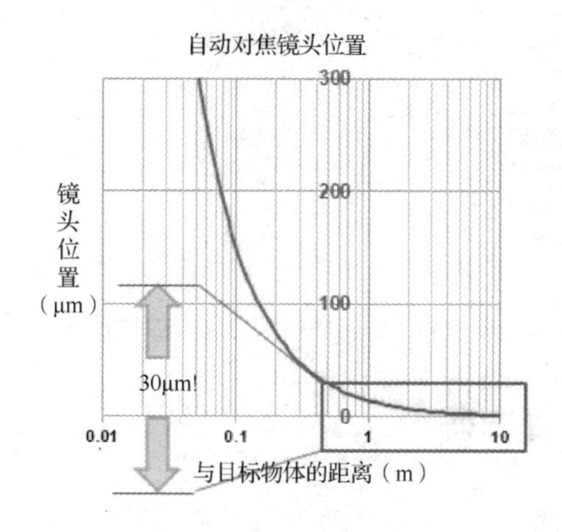

图 10-3　自动对焦镜头距离和物体位置曲线图

从自动对焦的曲线中，我们可以发现，当镜头距离目标物体小于 0.1m 时，手机的摄像头是很难自动对焦成功的。而在利用智能手机识读隐藏半色调微结构信息的图像时，通常的识读距离在 5～12cm，此时由于 Macro 端的采样点在该距离段采样点较少，因此不能有效地获得高保真图像。

2. 基于 zxing 的 QR 二维码解码介绍

在对手机二维码扫描的软件代码进行查看时，发现其运行过程如图 10-4 所示。

在二维码的扫描过程中，首先打开摄像头的硬件设备，并初始化，此时摄像头控制程序开始控制摄像头扫描，扫描的过程中，摄像头控制程序会请求调用摄像头的自动对焦功能。调用该功能的时候，就会设置自动对焦的一些参数，如设置对焦的方式：微距对焦 FOCUS_MODE_MACRO，同样可选择的对焦模式有 FOCUS_MODE_AUTO、FOCUS_MODE_INFINITY、

FOCUS_MODE_FIXED、FOCUS_MODE_CONTINUOUS_VIDEO、FOCUS_MODE_CONTINUOUS_PICTURE 等。当按照需求设置好自动对焦的一些参数后，摄像头会在自动对焦的过程中，把一帧一帧的图像传入缓存中，调用底层的算法对图像的清晰度进行判断，当某幅图像在多幅图像的清晰度判断过程中为最清晰的时候，摄像头硬件对拉大 lens 变焦到该位置，同时将清晰图像保存。此时对焦流程已经结束，然后摄像头控制程序关闭预览，即摄像头停止调用底层参数，最后关闭摄像头，自动对焦过程结束。

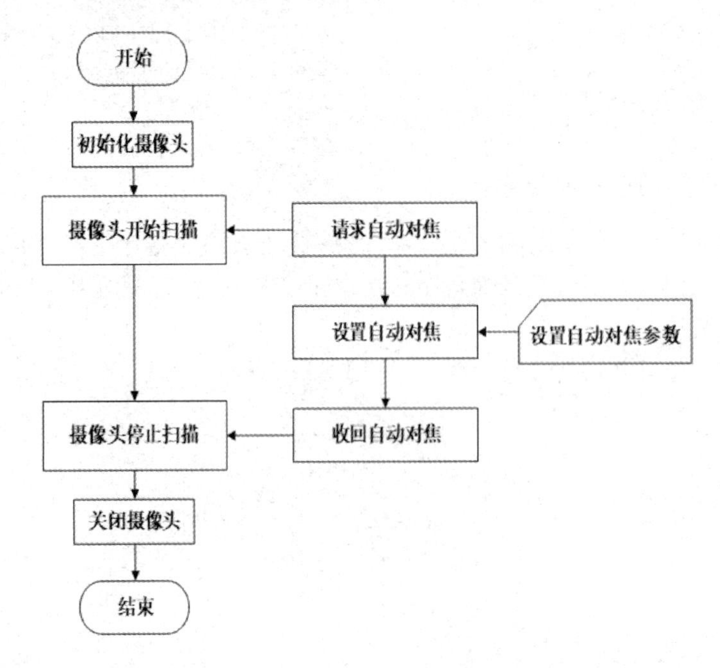

图 10-4　二维码扫描的反馈控制方法

10.1.3　微距高清扫码

1．自动对焦技术研究

自动对焦技术的主要目的是对图像实现边缘轮廓清晰度检测，其边缘梯度越大，对象和背景的对比度越大，图像越清晰，自动对焦的焦点位置被保持在当前焦距位置。而若目标图像的轮廓和边缘模糊，边缘灰度梯度对比小，则目标图像未能对焦成功。基于这一原则，自动对焦的过程变成了焦点来回反复运动、系统对清晰度判断反馈的过程，当系统判断获得清晰图像时，焦点锁定当前位置，用户即可以从屏幕上看到最为清晰和理想的图像信息。

在这个自动对焦的过程中，一般来说有两种计算方法：第一种是从图像中计算模糊度和深度信息；第二种是通过一系列不同程度的模糊度的图像来计算这一系列图像的清晰度评价值。这两种对焦方法均能够达到自动对焦的效果，但是由于第一种方法对图像信息的需求较少，因此其对焦速度更快。该方法提高了相机拍照的速度，间接催生了不同的智能手机制造商的相机拍照速度之间的差异。图 10-5 为摄像头自动对焦技术判断示例图。

2. 微距扫描特性及意义

已知手机摄像头的自动对焦技术是从无限远端到微距端设定多个点的行程表，并对多点图像进行清晰度判断后，返回固定点采集清晰度图像的过程，而微距技术则是在自动对焦技术的基础上，将该行程表的无限远端更改为某一中间距离位置（设为 M），在多个手机微距聚焦测试过程中，由于摄像头类型和生产商的原因，其 M 值为 10～15cm，因此在微距聚焦模式中，手机摄像头采集图像时，只有将手机镜头距目标图像和信息 15cm 以内、1cm 以外（手机摄像头在自动对焦过程中，1cm 以内的点行程表上几乎为 0，所以无法对该范围内的图像进行有效判断），才可以采集到清晰的图像，而在此距离之外，则不能有效地采集图像，显示模糊状态。

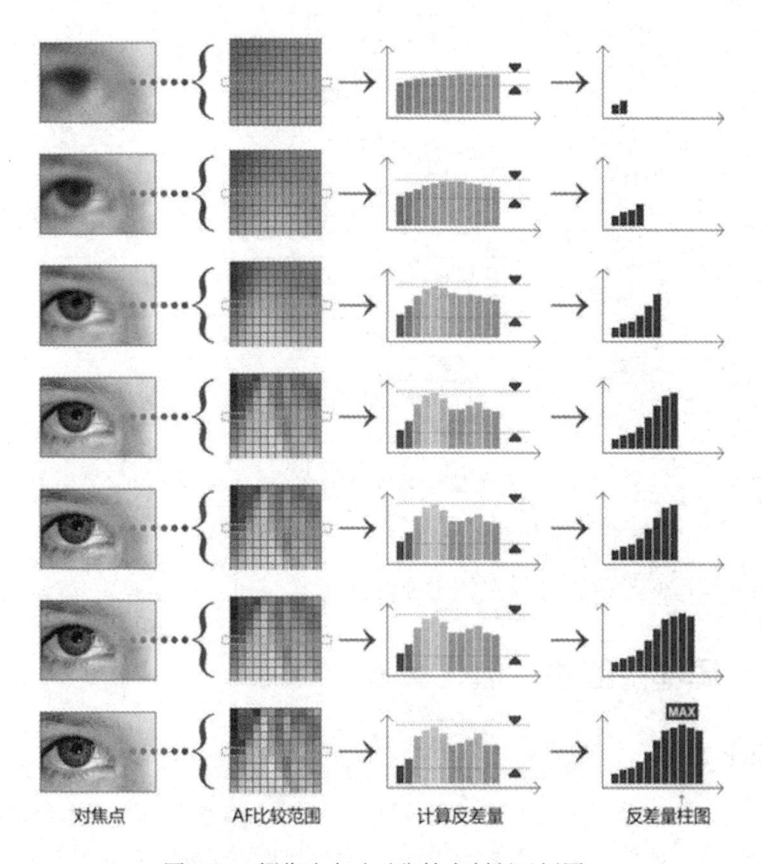

图 10-5　摄像头自动对焦技术判断示例图

摄像头自动对焦技术能够有效地对高清的半色调防伪大图实现防复制扫描，对于电子产品或者放大版的复制品能够有效抗击扫描。

10.2　二维码图像识读与校正

手机扫描识读二维码主要通过图像扫描、图像检测与校正、二维码解码三个过程来完成。

图像扫描要求通过手机对二维码图像实现快速、稳定和高质量的扫描，采集到二维码图像；图像检测与校正需要对采集到的二维码图像实现快速检测并对其图像畸变进行精准校正。校正之后的二维码通过调用二维码解码程序即可实现解码。图 10-6 为二维码图像识读与校正流程图。

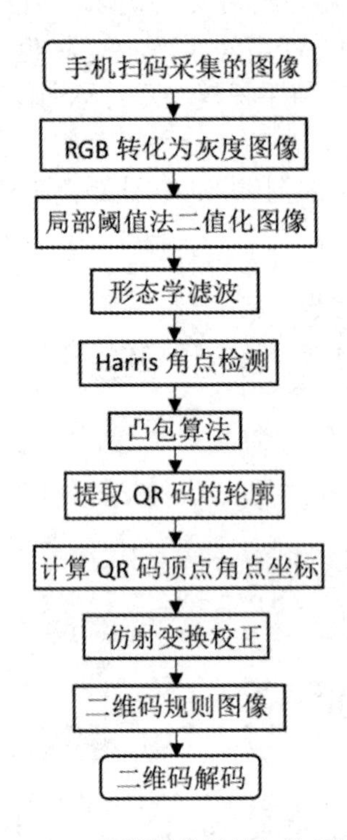

图 10-6　二维码图像识读与校正流程图

下面介绍图像检测与校正过程中的主要算法。

10.2.1　局部阈值法二值化算法

1．Niblack 算法

非均匀光照会影响全局的二值化效果，但并不影响局域的图像性质。Niblack 算法是一种典型的局部阈值法二值化算法，该算法对输入图像的每个像素点邻域进行阈值的计算，并将阈值与该像素点的灰度值进行对比，从而进行二值化。Niblack 算法的基本思路：在图像中的像素点(x, y)处尺寸为 $w \times w$ 的邻域内计算该像素点的阈值。若该像素点的灰度值大于该像素点的阈值，则将该像素点的灰度值设为 255，否则将该像素点的灰度值设为 0。对图像中每个像素点进行同样的操作从而完成图像的二值化。像素点(x, y)的阈值 $T(x, y)$的计算公式为

$$T(x,y) = m(x,y) + k \times \sigma(x,y) \tag{10-1}$$

式中，$m(x, y)$表示 $w \times w$ 大小的邻域内灰度值的平均值；$\sigma(x, y)$表示 $w \times w$ 大小的邻域内灰度值的方差；k 是偏差值，一般取 0.1～0.5。Niblack 算法在对光照不均的二维码进行二值化过程中最重要的是确定邻域尺寸 w。若 w 取值过小，则邻域内有可能都是同一个模块的数据或者在位置探测图形中间 3×3 的模块内，这时进行二值化会产生较大误差。由于需要计算邻域内

灰度值的平均值及方差，若 w 取得过大，则会增加计算量。对 QR 二维码而言，w 较优的取值是 4～5 个模块的宽度。

Niblack 算法局部二值化能很好地分割 QR 二维码所在区域，但是在灰度值变化不大的区域比较容易产生噪声，且其可变参数 k 和邻域的大小会一定程度上影响分割效果，而这两个参数在环境差异较大的应用中难以确定。Niblack 算法局部二值化图像如图 10-7 所示。

2．Bernsen 算法

Bernsen 算法的原理是根据每个像素点所在局部窗口中像素点的最大值和最小值来获取该像素点的阈值。假设在局部窗口内，像素点的灰度值的最大值为 max (i, j)，最小值为 min (i, j)，根据式（10-2）获得该窗口的局部阈值 $T(i, j)$。

$$T(i, j) = (\max(i, j) + \min(i, j)) / 2 \tag{10-2}$$

按照顺序扫描文本图像中的每个像素点，使用式（10-2）获得该像素点的阈值，然后对该像素点进行二值化处理。

Bernsen 算法的阈值由考察像素点邻域的灰度确定，算法不存在预定阈值，适应性较全局阈值法更广。然而随着不断地使用也发现了它的技术缺陷，如效率低、不能确保边缘连通性，而且会发生伪影等不利于图像识别的情况。Bernsen 算法局部二值化图像如图 10-8 所示。

图 10-7　Niblack 算法局部二值化图像

图 10-8　Bernsen 算法局部二值化图像

10.2.2　形态学滤波

数学形态学处理方法是图像形态学处理的基本理论。数学形态学的基本思想是用具有一定形态的结构元素去度量和提取图像中的对应形状以达到对图像分析和识别的目的。在图像处理中利用将开运算和闭运算联合起来的形态学滤波器可以达到较好的滤波效果。

1．膨胀

先将图像或者图像的一部分记为 A，卷积核记为 B。卷积核 B 是根据图像处理效果的需要所定义的任何形状和大小，它拥有一个专门定义用来代表其操作核心的参考点，称为锚点。一般情况下，卷积核是一个中间带有锚点而且尺寸比较小的实心正方形或者圆形。膨胀或者腐蚀操作就是将图像 A 与卷积核 B 进行卷积。

膨胀操作就是求图像在卷积核 B 范围的局部最大灰度值并将该值赋予 B 的锚点的操作。

卷积核 B 与图像 A 进行卷积，就是计算图像 A 中卷积核 B 覆盖的子图像区域像素点的最大灰度值，并把这个最大灰度值赋值给锚点所在坐标上的像素点。一般而言，图像的灰度值经过膨胀操作后灰度值都会上升，因此膨胀操作会让图像中的高亮区域逐渐变大。膨胀操作的数学公式为

$$A \oplus B(x,y) = \max\{A(x-s,y-t)+b(s,t) \mid (x-s,y-t)\in A,(s,t)\in B\} \tag{10-3}$$

2．腐蚀

腐蚀是一种与膨胀相反的操作，它是求图像在卷积核 B 内最小灰度值并将该灰度值赋予卷积核 B 的锚点的操作。图像 A 与卷积核 B 进行卷积，就是计算图像 A 中卷积核 B 覆盖的子图像区域所有像素点中的最小灰度值，并把这个最小值赋值给锚点所在的像素点。一般而言，图像的整体灰度值在腐蚀操作后会减小，因此腐蚀操作会逐渐增大图像中的暗色区域。腐蚀操作的数学公式为

$$A\Theta B(x,y) = \min\{A(x-s,y-t)+b(s,t) \mid (x-s,y-t)\in A,(s,t)\in B\} \tag{10-4}$$

3．开操作

图像处理中，先对图像进行腐蚀操作再进行膨胀操作的处理过程，称为图像形态学的开操作。开操作中，腐蚀操作先将图像 A 中的高亮区域减小，然后膨胀操作则增大高亮区域。若图像中部分高亮区域比较小，则其会在腐蚀过程中消失，而膨胀过程增大那些没有消失的高亮区域，因此开操作往往在并不明显改变高亮区域的面积的情况下平滑大物体的边界。开操作的数学公式为

$$A \circ B = (A\Theta B)\oplus B \tag{10-5}$$

4．闭操作

图像处理中，先对图像进行膨胀操作再进行腐蚀操作的处理过程，称为闭操作。闭操作中，膨胀操作先将图像 A 中的高亮区域增大，然后腐蚀操作则减小高亮区域。若图像中部分非高亮区域比较小，则其会在膨胀过程中消失，而腐蚀过程会增大那些没有消失的非高亮区域，因此闭操作能实现填充物体内细小空隙、平滑目标边界等效果。闭操作的数学公式为

$$A \bullet B = (A\oplus B)\Theta B \tag{10-6}$$

10.2.3　角点检测算法

1．边缘检测

图像中边缘特征存在于目标与目标、目标与背景之间局部灰度变化最剧烈的部分。图像的边缘检测是进行目标分割、纹理特征识别和形状特征识别等处理的重要基础。目前常用的边缘检测算子有 Sobel 算子、Laplace 算子和 Canny 算子等，这些算子采用数学方法中的一阶或二阶方向导数的变化来描述图像中像素邻域内灰度值的变化，找出变化显著的区域，从而实现边缘检测。

1）Sobel 算子

Sobel 算子先进行局部的灰度平均运算，从而有效地消除图像中的噪声，避免图像噪声对

边缘检测的影响。Sobel 算子利用一阶导数进行边缘检测，其常用卷积核为

$$\boldsymbol{m}_x = \begin{bmatrix} -1 & 0 & +1 \\ -2 & 0 & +2 \\ -1 & 0 & +1 \end{bmatrix} \qquad \boldsymbol{m}_y = \begin{bmatrix} -1 & -2 & -1 \\ 0 & 0 & 0 \\ +1 & +2 & +1 \end{bmatrix}$$

Sobel 算子将图像与两个卷积核进行卷积，从而分别求出 x 和 y 方向上的边缘，进而完成整幅图像的边缘检测。Sobel 算子进行卷积时计算简单，在实际应用中计算效率比其他算子的计算效率要高，但是检测出来的边缘准确度不如 Canny 算子。

2）Laplace 算子

Laplace 算子通过二阶微分进行边缘的检测。它比较适合在只关心边缘的位置而不考虑其周围的像素灰度差值的情况。在存在噪声的情况下，使用 Laplace 算子进行边缘检测之前需要先进行低通滤波，否则效果噪声会对检测结果造成很大的影响。所以，通常的边缘检测算法都是把平滑算子和 Laplace 算子结合起来生成一个全新的模板。Laplace 算子常用卷积核为

$$\boldsymbol{m} = \begin{bmatrix} 0 & 1 & 0 \\ 1 & 4 & 1 \\ 0 & 1 & 0 \end{bmatrix}$$

使用 Laplace 算子进行边缘检测的方法分两步：首先，用 Laplace 卷积核与图像进行卷积；然后，取卷积后的图像中灰度值为 0 的像素点。虽然使用 Laplace 算子进行边缘检测的方法也比较简单，但它很容易受到噪声的干扰，同时检测结果也不能提供边缘方向的相关信息。

3）Canny 算子

Canny 算子采用一阶偏导来计算像素点上的梯度幅值和方向。在进行边缘检测前，Canny 算子需要先利用高斯平滑滤波器对图像进行平滑以消除噪声的影响。在处理过程中，Canny 算子还进行了一个非极大值抑制的操作。最后 Canny 算子采用两个阈值的方法连接边缘。

Canny 算子是一种一阶微分算子检测算法，它拥有三个特点：①高的检测率：Canny 算子只对边缘进行响应，而且不漏检边缘，也没有将非边缘错误地标记为边缘；②精确定位：Canny 算子检测到的边缘与图像中的实际边缘之间的误差距离很小；③明确的响应：Canny 算子对每一条边缘只有一次响应。

2．Hough 变换

Hough 变换是利用全局特性将边缘像素连接成封闭区域的方法，实际上是将原始图像 XY 中的已知曲线转换为参数空间 MN 中点的峰值。原始图像中的所有点(x,y)都满足式（10-7）。

$$y = mx + n \tag{10-7}$$

式中，m 代表直线斜率；n 代表截距。图像的直线在参数空间的方程为

$$n = -mx + y \tag{10-8}$$

分析式（10-8）可得，原始图像 XY 中的点对应的参数空间 MN 是一条直线，且斜率为-m，截距为 y，若图像空间中的多点位于一条直线，则参数空间表现为多条直线相交于一点，如图 10-9 所示。

3．基于位置探测图形的定位检测

基于位置探测图形的定位检测以 QR 二维码中独有的位置探测图形为主要定位对象，通

过对位置探测图形的寻找确定 QR 二维码的三个角点位置坐标，来完成 QR 二维码的快速定位与识别。图 10-10 是位置探测图形比例特征对照图，由于深色模块与浅色模块按照 1∶1∶3∶1∶1 比例交叉显示，因此图像的旋转及大小变化都不会影响此比例。

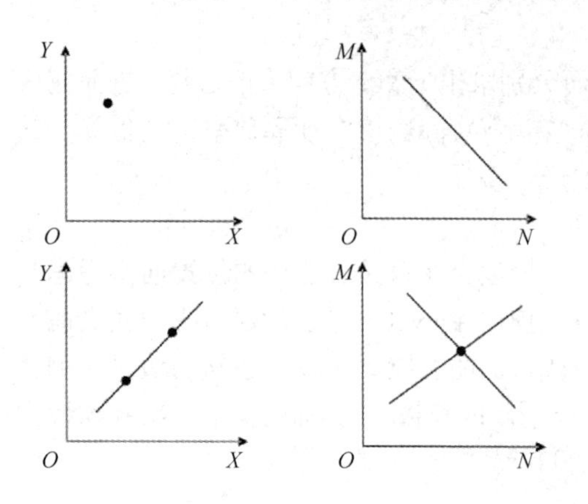

图 10-9　图像空间与参数空间点线的对偶性

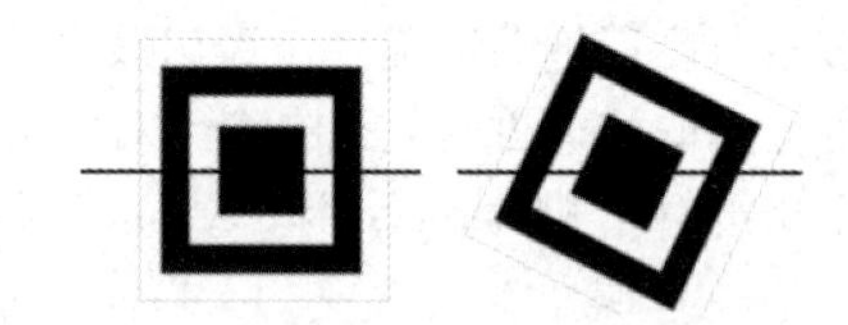

图 10-10　位置探测图形比例特征对照图

对二值化后的 QR 二维码图像进行扫描，记录同一灰度级的像素点为线段。若找到长度比例符合 1∶1∶3∶1∶1，且颜色顺序为深-浅交替，则记录该线段。扫描完成后，把相邻的线段分为一组，去除不相邻的线段。把行线段组与列线段组中相互交叉的组分类，求出交叉的行、列线段组的交叉点，此点为探测图像的中心点。

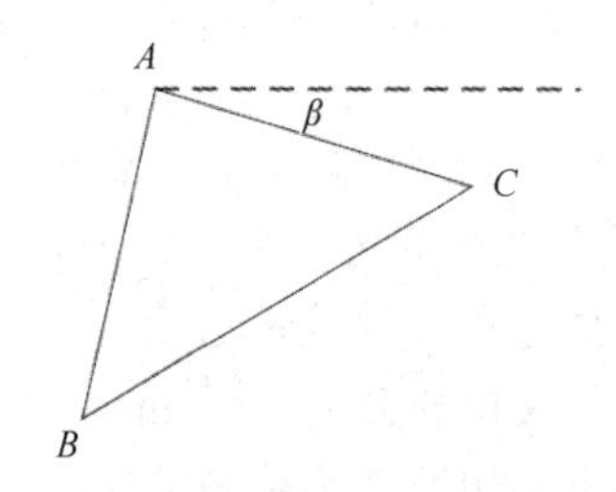

图 10-11　探测点示意图

标准情况下，当三点能够构成等腰直角三角形时即可完成验证；但图形在采集过程中或多或少会发生几何形变，三点连线会发生角度偏转，一般为非等腰直角三角形。探测点示意图如图 10-11 所示。

通过对角度 β 的判定，将图像逆时针或顺时针恢复到水平方向，由此，可以实现对 QR 二维码的定位。

4．Harris 角点检测

Harris 角点检测算法是由 Harris 和 Stephens 在 1988 年提出的角点特征提取算子。它是一种基于信号的点特征提取算子，其原理是取以目标像素点为中心的一个小窗口向任意方向以微小位移移动，其灰度变化量可以用解析表达式表示。

假设以(x, y)为中心的小窗口在 x 方向上移动 u，在 y 方向上移动 v，则其灰度变化量的解析式表示为

$$E(x, y)=\sum w_{x,y}(I_{x+u,y+v}-I_{x,y})^2=\sum w_{x,y}\left(u\frac{\partial I}{\partial X}+v\frac{\partial I}{\partial X}+o(\sqrt{u^2+v^2})\right)^2 \tag{10-9}$$

式中，$E(x, y)$ 为窗口内的灰度变化量；$w_{x,y}$ 为窗口函数，其一般定义为

$$w_{x,y}=e^{-(x^2+y^2)/\sigma^2} \tag{10-10}$$

I 为图像灰度函数，略去无穷小项为

$$E_{x,y}=\sum w_{x,y}[u^2(I_x)^2+v^2(I_y)^2+2uvI_xI_y]=Au^2+2Cuv+Bv^2 \tag{10-11}$$

式中，$A=(I_x)^2\otimes w_{x,y}$；$B=(I_y)^2\otimes w_{x,y}$；$C=(I_xI_y)^2\otimes w_{x,y}$（⊗表示卷积）。

将 $E_{x,y}$ 化为二次型：

$$E_{x,y}=[u\ v]\boldsymbol{M}\begin{bmatrix}u\\v\end{bmatrix} \tag{10-12}$$

$\boldsymbol{M}$ 为实对称矩阵：

$$\boldsymbol{M}=w_{x,y}\begin{bmatrix}I_x^2 & I_xI_y\\ I_xI_y & I_y^2\end{bmatrix} \tag{10-13}$$

式中，I_x 为图像 I 在 x 方向上的梯度；I_y 为图像 I 在 y 方向上的梯度。通过分析矩阵 $\boldsymbol{M}$ 可以看出，$\boldsymbol{M}$ 矩阵的特征值是自相关函数的一阶曲率，如果两个曲率值都高，就认为该点是角点特征。

在矩阵 $\boldsymbol{M}$ 的基础上，角点响应函数 CRF 定义为

$$\text{CRF}=\det(\boldsymbol{M})-k\cdot\text{trace}^2(\boldsymbol{M}) \tag{10-14}$$

式中，$\det(\boldsymbol{M})$为矩阵 $\boldsymbol{M}$ 的行列式；$\text{trace}(\boldsymbol{M})$为矩阵 $\boldsymbol{M}$ 的迹；k 为常数，一般取 0.04。CRF 的局部极大值所在点为角点。

10.2.4　几何校正算法

1．仿射变换算法

对拍摄的图像进行扫描，找到图像中 QR 二维码的四个角点后，将四个角点分别设为 P_1、P_2、P_3、P_4，仿射变换后的 QR 二维码图像的四个角点设为 Q_1、Q_2、Q_3、Q_4。(x, y)代表原始拍摄图像上的 QR 二维码坐标，(X, Y)代表仿射变换后得到的 QR 二维码坐标。仿射变换公式为

$$[X',Y',W']=[x,y,w]\begin{bmatrix}a_{11} & a_{12} & a_{13}\\ a_{21} & a_{22} & a_{23}\\ a_{31} & a_{32} & a_{33}\end{bmatrix} \tag{10-15}$$

由于扫描的图像都是二维的，因此默认 $w=1$，$a_{33}=1$。可以得到仿射变换后图像的横坐标 X 和纵坐标 Y：

$$X=\frac{X'}{W'}=\frac{a_{11}x+a_{21}x+a_{31}}{a_{31}x+a_{23}y+1} \tag{10-16}$$

$$Y=\frac{Y'}{W'}=\frac{a_{12}x+a_{22}y+a_{32}}{a_{31}x+a_{23}y+1} \tag{10-17}$$

失真的 QR 二维码图像的四个角点 P_1、P_2、P_3、P_4，通过仿射变换以后，对应到想要得到的正方形 QR 二维码的坐标，并假设仿射变换后的 QR 二维码的长和宽分别为 h 和 w（预设 h=296，w=296），那么变换后的四个角点 Q_1、Q_2、Q_3、Q_4 坐标分别为

$$Q_1{:}X_1=x_1,Y_1=y_1 \qquad Q_2{:}X_2=x_1,Y_2=y_1+w$$

$$Q_3{:}X_3=x_1+h,Y_3=y_1 \qquad Q_4{:}X_4=x_1+h,Y_4=y_1+w$$

整理可得线性方程组，据此可求得 a_{11}、a_{12}、a_{13}、a_{21}、a_{22}、a_{23}、a_{31}、a_{32} 八个参数，从而得到变换后图像所有点的坐标，即

$$\begin{bmatrix} x_1 & y_1 & 1 & 0 & 0 & 0 & -X_1x_1 & -X_1y_1 \\ 0 & 0 & 0 & x_1 & y_1 & 1 & -Y_1x_1 & -Y_1y_1 \\ x_2 & y_2 & 1 & 0 & 0 & 0 & -X_2x_2 & -X_2y_2 \\ 0 & 0 & 0 & x_2 & y_2 & 1 & -Y_2x_2 & -Y_2y_2 \\ x_3 & y_3 & 1 & 0 & 0 & 0 & -X_3x_3 & -X_3y_3 \\ 0 & 0 & 0 & x_3 & y_3 & 1 & -Y_3x_3 & -Y_3y_3 \\ x_4 & y_4 & 1 & 0 & 0 & 0 & -X_4x_4 & -X_4y_4 \\ 0 & 0 & 0 & x_4 & y_4 & 1 & -Y_4x_4 & -Y_4y_4 \end{bmatrix} \begin{bmatrix} a_{11} \\ a_{12} \\ a_{13} \\ a_{21} \\ a_{22} \\ a_{23} \\ a_{31} \\ a_{32} \end{bmatrix} = \begin{bmatrix} X_1 \\ Y_1 \\ X_2 \\ Y_2 \\ X_3 \\ Y_3 \\ X_4 \\ Y_4 \end{bmatrix} \tag{10-18}$$

这样根据变换后的坐标一一对应灰度值就把不规则的 QR 二维码图像校正成为规则的正方形图像。校正后的坐标(X, Y)可能是浮点型的，所以对这些坐标进行取整，就会导致校正后的图像有的坐标位置出现空洞，即没有对应的灰度值，所以还需要对校正后的图像进行插值。

2．双线性插值

QR 二维码图像中的点(x, y)经过仿射变换矫正变为点(X, Y)后，经过取整坐标变为(x', y')，可以采用双线性插值确定点(x', y')的灰度值 $f(x', y')$。

该算法是根据点(X, Y)与四个相邻点的距离大小来决定这四个点的灰度值在目标点中所占的比例的。

双线性插值公式为

$$v_1 = f(x'+1, y') \times (X - x') + f(x', y') \times (1 + x' - X) \tag{10-19}$$

$$v_2 = f(x'+1, y'+1) \times (X - x') + f(x', y'+1) \times (1 + x' - X) \tag{10-20}$$

$$f(x', y') = v_2 \times (Y - y') + v_1 \times (1 + y' - Y) \tag{10-21}$$

由式（10-21）可得到点(x', y')的灰度值 $f(x', y')$，最后得到几何校正和插值后的 QR 二维码图像。

10.2.5 图像清晰度判别算法

如图 10-12 所示，应用软件的二维码扫描过程为：系统软件运行，调用硬件设备打开摄像头，摄像头开始连续采集目标信息并进行信息提取，当信息提取成功时，程序结束；当提取失败时，需重新获得目标图像，即重新采集图像并进行提取，直到成功提取到信息。

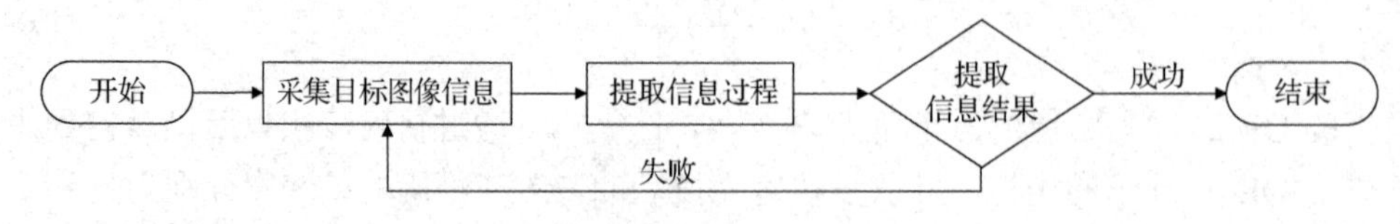

图 10-12　二维码采集流程

在使用智能手机连续获取隐藏半色调防伪信息的图像并进行信息提取的过程中，自动聚焦过程获得的 N 幅图像均送入信息提取模块时，成功率只有 $N/10$ 左右。除考虑到信息提取模块的算法优化不足外，图像的清晰度会直接影响信息的提取结果。如何快速有效地提高目标图像的清晰度是目前亟待解决的一个问题，而在图像处理的过程中，图像的清晰度评价函数值是一个判定画面是否清晰的重要指标。

图像清晰度判别算法，主要有灰度梯度类算法，常见的有拉普拉斯算子、恢复方差算子、梯度向量平方函数、差分绝对值之和、Robert 算子、Sobel 算子，以及频域分析法和统计学函数法。频域分析法和统计学函数法的缺点是对抗噪声能力弱，算法复杂，现有较为广泛的应用均是灰度梯度类算法及其改进算法。

1．基于最小二乘法在半色调图像的改进算法

半色调微结构隐藏信息的具体结构特点如图 10-13 所示。

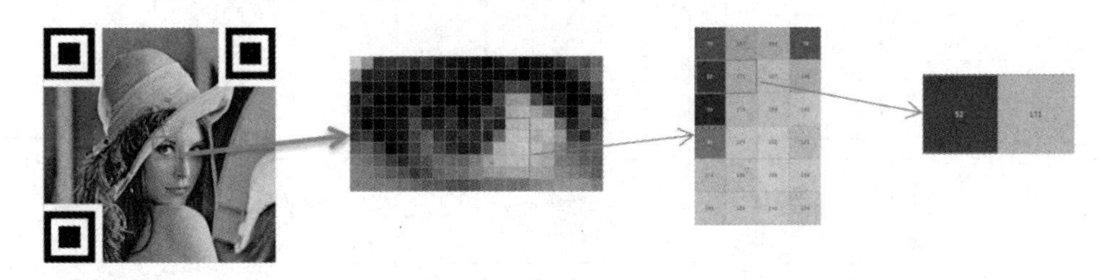

图 10-13　半色调微结构隐藏信息的具体结构特点

微结构隐藏信息的图像特征为相邻像素对比度明显，微结构特征表现区域化，所以采用最小二乘法的算法结果 E 作为阈值条件来提高所获得图像的清晰度，公式为

$$E = N \sum_{(i,j)\in S} (x_{(i,j+1)} - x_{(i,j)}) \tag{10-22}$$

在扫描获得一幅含有微结构隐藏信息的高保真图像时，应先对其矩阵数据进行如下的运算：$x_{(i,j+1)}$和 $x_{(i,j)}$分别为像素矩阵中，某个坐标的前后两个灰度值，S 为该二维码的灰度矩阵集，含 N 个像素。为了能够提高数据的准确性，将 S 设定为去除最外圈边界的灰度矩阵集，最后所得的判断结果为 E。图 10-14 为最小二乘法函数曲线图。

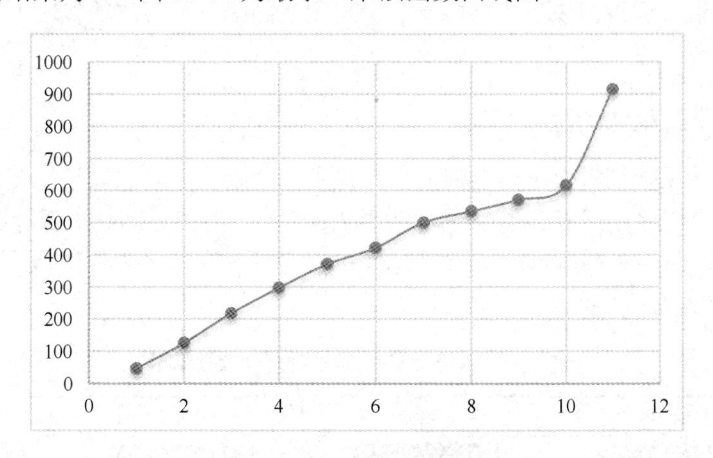

图 10-14　最小二乘法函数曲线图

通过采集多幅图像，利用最小二乘法算法思想，进行测试发现：最小二乘法结果 E 值和清晰度二者呈近似正比关系，把 E 值递增排序后绘制成曲线图，发现图像质量越高，E 值越大，最高点为原图的 E 值。

但在实践过程中发现，获得的一幅图像的大小与手机屏幕分辨率和摄像头分辨率有关，有时图像像素信息可达到上万个，这就造成了最小二乘法算法的时间复杂度高。由于手机的CPU的运算速度较PC端计算机或服务器慢，即循环运算消耗时间过长，所以在实际应用过程中，仅仅是图像清晰度判断的程序运算花费已经占用了很长一段时间，严重影响用户体验。因此提出几种快速分析的方法进行判断（以500×500矩阵的图像为例），如表10-1所示。

表10-1　基于最小二乘法的优化算法比较

优化依据	三横线结构十字求差法	三横线三竖线差值法	十字架差值法	三横线求差法
图示				
细节图示				
时间复杂度	$O(12n)$	$O(6n)$	$O(16/3n)$	$O(3n)$
图像效果	清晰	清晰	清晰	清晰
最后使用方案	×	×	×	√

为了提高图像清晰度判别算法的图像保真性，在优化过程中，均采用几条线的像素求差值运算方法。该算法的时间复杂度不到原最小二乘法算法的1%（原最小二乘法算法的时间复杂度为$O(n^2)$）。在获得差值后进行了两种比较方法：一种是将差值求和，对差值和进行比较，发现其规律和最小二乘法函数曲线图相似，近似呈正比例关系；另一种是计算差值中的较大值部分的数量，对大于某一阈值的差值进行计数统计，如果达到某个条件，则判断该图像为清晰的高保真半色调图像。通过进行大量的测试，最后选取三条线求差法，并合理规划三条求差值线段的位置。通过图像的角点信息，设定相互间隔一定距离的线段上下浮动来进行差值运算。

2．基于最小二乘法的优化算法

假设差值和为E，同时设定门槛阈值来获得不同清晰度质量的微结构图像。此时假设设定的阈值为R，在程序中用if函数实现，即当$E \geqslant R$时，可以返回结果保存图像，当R值为0、300、600三个不同数时，可以分别获得模糊的、较清晰的、清晰的图像，结合原图比较结果如表10-2所示。

表10-2　基于最小二乘法的优化算法测试

对　比	R=0	R=300	R=600	原　图
拍摄图像				

续表

对　比	*R*=0	*R*=300	*R*=600	原　图
高通滤波				
E	45.9	470.3	616.0	914.5
增益	0dB	10.1dB	11.3dB	13.0dB

通过对拍摄获得的图像进行高通滤波，发现其高频分量随着 *R* 值的增大而更明显，观察表 10-2 可知，拍摄图随着 *R* 值的增大，清晰度明显提高，而高通滤波后，图像的轮廓也更加明显，对比图 10-14 的曲线图发现，使用最小二乘法公式所得到的结果 *E* 值符合曲线趋势。假设在正常状态下拍摄图的增益为 0dB，那么可以发现后两幅图像的增益均大于 10dB，即利用最小二乘法算法作为提高图像清晰度的阈值，可以获得所需求的高保真图像。

3．基于 PWM 波的图像清晰度算法

PWM（脉冲宽度调制）技术是一种通过对一系列脉冲宽度进行调制，等效出所需要的波形的技术，波形效果类似矩形波。该技术在电力电子领域有着广泛的应用，是电力变换器的基础。它是一种对模拟信号电平进行数字编码的方法，输出为数字信号。

在对含有半色调防伪信息的图像进行深入研究时，发现其图像矩阵信息的对比度极为明显。任取一行像素信息构成一维数组，以数组下标为 x 轴，以数组中的灰度值为 y 轴绘制二维坐标图，如图 10-15 所示。观察发现，在理想状态，上升沿时间和下降沿时间（x 轴的递变量）均为 0，在正常情况下，获得的图像信息必然是 0～255，在归一化等处理后，同样可以通过上升沿时间和下降沿时间来判断图像的清晰度。

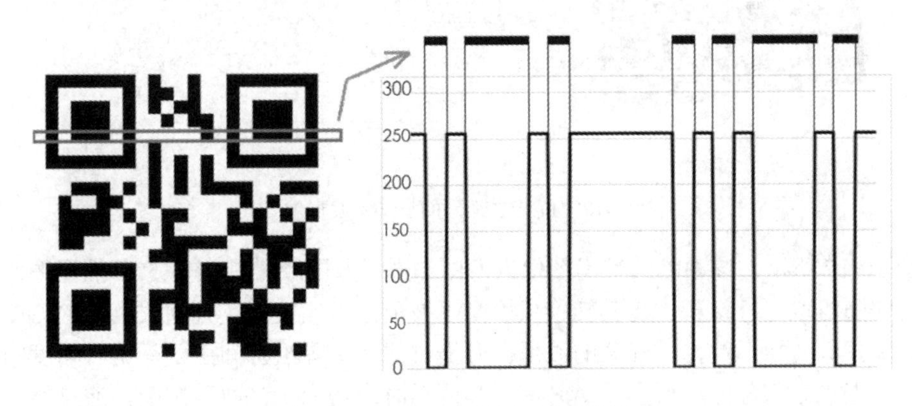

图 10-15　PWM 波形与二维码的结合

在对一幅标准的 QR 二维码图像进行灰度研究时发现，QR 二维码图像是由 0 和 255 两种灰度值组成的二值图像。结合脉冲调制技术发现，QR 二维码图像是较为标准的 PWM 波形，如图 10-16 所示。

观察波形图可知，在 QR 二维码图像中随机取一行像素，将其转换成 PWM 曲线后是一个标准的矩形波，即由 255 到 0 的下降沿时间和由 0 到 255 的上升沿时间均为 0。而对比 QR

二维码原图得知，该上升沿时间和下降沿时间恰好准确地表达了黑白块之间的过渡区域。因此采用 PWM 波的形式，并通过波形的上升沿时间和下降沿时间来判断黑白块过渡区域的灰度变换，也可以判断图像的清晰度。

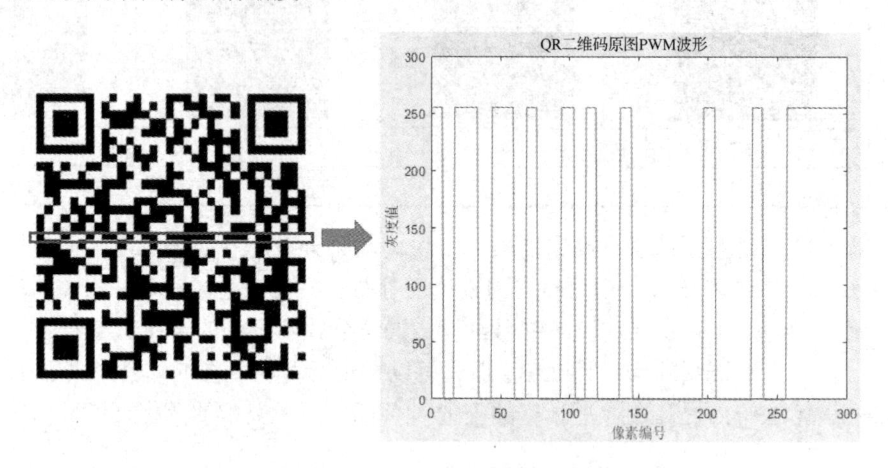

图 10-16　二维码的 PWM 波形展示

采集过程中，图像可能是有几何失真的，即有拉伸或者旋转的情况。那么先对 QR 二维码原图进行旋转，再随机采集一行像素绘制 PWM 波形，如图 10-17 所示。

图 10-17　旋转二维码的 PWM 波形展示

如图 10-17 所示，该 QR 二维码图像为 QR 二维码原图顺时针旋转 5°后的图像，同样按照原图方法随机取一行像素，将其转换成 PWM 波形，对比发现，几何失真后的 QR 二维码图像呈现非规则的矩形波，一部分的波形上升沿时间和下降沿时间由于受旋转角度的影响而各有延迟，但剩余部分的波形上升沿时间和下降沿时间均为 0，故可判断，通过将半色调图像转换成 PWM 波形，然后测试上升沿时间和下降沿时间来判断清晰度是可靠有效的。

4．基于 PWM 波形的图像清晰度算法

保存两幅清晰度相异的 QR 二维码图像，取其随机一行的灰度值组成一位数组，绘制成 PWM 波形。通过对比绘制的波形图发现，清晰图像的上升沿和下降沿都较为完整，且时间较短，而模糊图像的上升沿/下降沿梯度小，灰度数组的极大值和极小值的差距较小。

该算法在对目标灰度图的清晰度进行判断时，需要对行值或列值 *N* 进行随机扫描、上下浮动。但如果生成 PWM 波形的某行为像素为 QR 二维码外的空白区域，则无法对其进行准确判断，因为空白行生成的 PWM 波无明显波形特征，均为白色，灰度值实测在 180 左右，不具有清晰度对比判断依据。

所以理想的 PWM 波形判断应是在对图像进行角点检测后，得到相应的 4 个角点坐标，根据相应算法，保证生成 PWM 波形的 *N* 值在 QR 二维码图像内，再依据生成的波形，对其上升沿或下降沿的梯度值来判断目标图像的清晰度。表 10-3 为基于 PWM 波形的二维码清晰度判断。

表 10-3 基于 PWM 波形的二维码清晰度判断

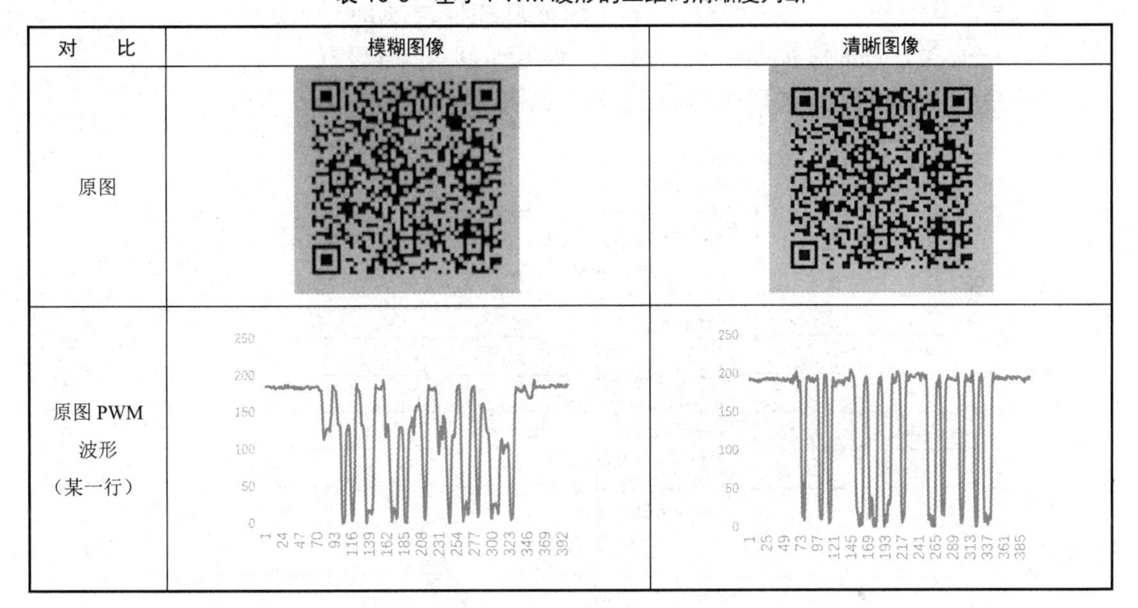

对　比	模糊图像	清晰图像
原图		
原图 PWM 波形（某一行）		

10.3 zxing 解码关键技术

Android 中用于二维码相关的库比较少，并且大多数已经不再维护，目前最常用的是 zxing。

zxing 项目是谷歌公司推出的用来识别多种格式条形码的开源项目，项目地址为 https://github.com/zxing/zxing，zxing 有多个人在维护，覆盖主流编程语言，也是目前还在维护的较受欢迎的二维码扫描开源项目之一。zxing 的项目很庞大，主要的核心代码在 core 文件夹里面，也可以单独下载由这个文件夹打包而成的 jar 包。

10.3.1 zxing 基本使用

官方提供的 zxing 在 Android 手机上的使用例子，考虑了各种各样的情况，包括多种解析格式、解析得到的结果分类、长时间无活动自动销毁机制等。在这里，我们只介绍用来实现扫描二维码和识别图片二维码这两个功能。

zxing 项目结构如图 10-18 所示，主要分为五个部分。

（1）camera 类，主要实现相机的配置和管理、相机自动对焦功能，以及相机成像回调（通过 byte[]数组返回实际的数据）。

（2）decode 类，即图片解析相关类。通过相机扫描二维码和解析图片使用两套逻辑。前者对实时性要求比较高，后者对解析结果要求较高，因此采用不同的配置。相机扫描主要在 DecodeHandler 中通过串行的方式解析，图片识别主要通过线程 DecodeImageThread 异步调用返回回调的结果。FinishListener 和 InactivityTimer 用来控制长时间无活动时自动销毁创建的 Activity，以避免耗电。

（3）utils 类，即图片二维码解析的工具类及获取屏幕宽高的工具类。

（4）view 类，负责扫描框的大小、颜色、刷新时间等其他设置。

（5）QrCodeActivity，即启动类，包含相机扫描二维码及选择图片入口。

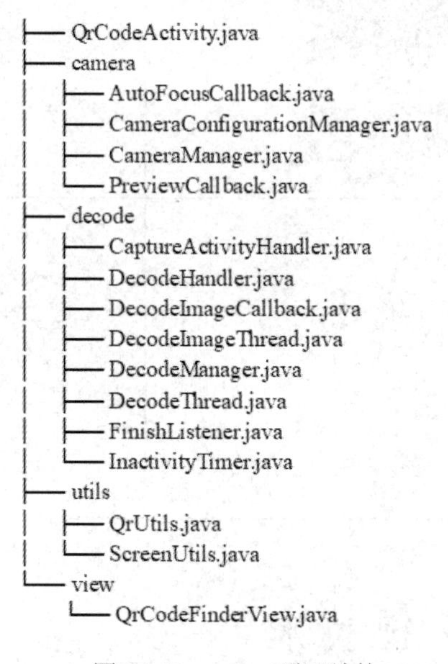

图 10-18　zxing 项目结构

10.3.2　zxing 源码存在的问题及解决方案

zxing 项目源码实现了基本的二维码扫描及图片识别程序，但直接运行源码会存在很多问题，包括基本的识别精准度不高、扫描区域小、部分手机存在预览图形拉伸、默认横向扫描及自定义扫描界面困难等问题。

1．图形拉伸问题

Android 手机的屏幕分辨率可以说不胜枚举，不同型号的宽高比可能是不一样的。例如，华为 Mate40 Pro 的分辨率是 2772 像素×1344 像素，小米 10 的分辨率是 2340 像素×1080 像素。而每种型号手机使用的摄像头型号更是千变万化，手机摄像头有一个成像的像素。例如普通的卡片数码相机，常常可以看到类似 2304×1728、1600×1200、5120×3840 的字样，这些数字相乘得到的结果就代表了这个相机的成像分辨率。手机里内置的摄像头和卡片数码相机的成像原理是一样的，在摄像头预览的时候，最终都会生成连续固定像素的图片，这张图片会被投影到手机的屏幕上。如果摄像头生成的预览图片宽高比和手机屏幕分辨率宽高比不一样，那么投影的结果肯定就是图片被拉伸。

zxing 在寻找最佳尺寸值时，首先，查找手机支持的预览尺寸集合，如果集合为空，则返回默认的尺寸，否则，对尺寸集合根据尺寸的像素从小到大进行排序；其次，移除不满足最小像素要求的所有尺寸；再次，在剩余的尺寸集合中，剔除预览图片宽高比与屏幕分辨率宽高比之差的绝对值大于 0.15 的所有尺寸；最后，寻找能够精确地与屏幕宽高比匹配上的预览尺寸，如果存在，则返回该宽高比，如果不存在，则使用尺寸集合中最大的那个尺寸。如果尺寸集合已经在前面的过滤中被全部排除，则返回相机默认的尺寸值。

zxing 寻找最佳预览尺寸的前三步剔除了部分不符合要求的尺寸集合，在最后一步，如果没有精确匹配到与屏幕分辨率一样的尺寸，则使用最大的尺寸。但问题的关键就在这里，最大的尺寸的宽高比与屏幕宽高比相差可能很大。

根据这个规则，寻找最佳尺寸的源码，将算法的核心从最大的尺寸改为比例最接近的尺寸，这样便能够最原始地接近屏幕分辨率宽高比，即拉伸几乎看不出来。首先，定义一个比较器，用来对支持的预览尺寸集合进行排序；然后，根据宽高比来排序，并调用方法取最大值；最后，在初始化相机尺寸的时候分别对预览尺寸值和图片尺寸值都设定为比例最接近屏幕尺寸的尺寸值，这样就可以有效解决图片拉伸问题。

2. 扫描精度问题

使用 zxing 自带的二维码扫描程序来识别二维码，速度是很慢的，而且有可能扫不出来。zxing 在配置相机参数和二维码扫描程序参数的时候，配置都比较保守，兼顾了低端手机，并且兼顾了多种条形码的识别。如果说仅仅是拿 zxing 项目来扫描和识别二维码的话，完全可以对项目中的一些配置做精简，并针对二维码的识别做优化。

zxing 代码并没有什么问题，也完全符合逻辑。之所以识别二维码，是因为官方为了减少解码的数据，提高解码效率和速度，采用了裁剪无用区域的方式，这样会导致的问题是整个二维码数据需要完全放到聚焦框里才有可能被识别，并且在 buildLuminanceSource (byte[],int,int)这个方法签名中，传入的 byte 数组便是图像的数据，并没有因为裁剪而使数据量减小，而是采用了取这个数组中的部分数据来达到裁剪的目的。对于目前 CPU 性能过剩的大多数智能手机来说，这种裁剪显得没有必要。如果把解码数据换成全幅图像数据，这样在识别的过程中便不再拘束于聚焦框，也使得二维码数据可以铺满整个屏幕。这样用户在使用程序来扫描二维码时，尽管不完全对准聚焦框，也可以识别出来。这属于一种策略上的让步，虽然给用户造成了错觉，但提高了识别的精度。

```
    public PlanarYUVLuminanceSource buildLuminanceSource(byte[]data, int width,
intheight){
        //直接返回全幅图像数据，而不计算聚焦框大小
        return new PlanarYUVLuminanceSource(data, width, height, 0,0, width,
height,false);
    }
```

10.3.3 二维码图像识别精度探究

1. 图像/像素编码格式

Android 相机预览的时候支持几种不同的格式，从图像的角度（ImageFormat）来说有 NV16、NV21、YUY2、YV12、RGB_565 和 JPEG，从像素的角度（PixelFormat）来说，有 YUV422SP、YUV420SP、YUV422I、YUV420P、RGB565 和 JPEG，它们之间的对应关系可以利用 Camera.Parameters.cameraFormatForPixelFormat(int)方法得到。

```
private String cameraFormatForPixelFormat(int pixel_format){
    switch(pixel_format){
    case ImageFormat.NV16:return PIXEL_FORMAT_YUV422SP;
    case ImageFormat.NV21:return PIXEL_FORMAT_YUV420SP;
    case ImageFormat.YUY2:return PIXEL_FORMAT_YUV422I;
    case ImageFormat.YV12: return PIXEL_FORMAT_YUV420P;
    case ImageFormat.RGB_565: return PIXEL_FORMAT_RGB565;
    case ImageFormat.JPEG:return PIXEL_FORMAT_JPEG;
    default:      return null;
    }
}
```

目前大部分 Android 手机摄像头设置的默认格式是 yuv420sp，因为编码成 YUV 的所有像素格式中，yuv420sp 占用的空间最小，其原理可参考文章《图文详解 YUV420 数据格式》。因此针对 YUV 编码的数据，利用 PlanarYUVLuminanceSource 来处理，而针对 RGB 编码的数据，则使用 RGBLuminanceSource 来处理。在图像识别算法中，大部分二维码的识别都是基于二值化的方法，在色域的处理上，YUV 的二值化效果要优于 RGB，并且 RGB 图像在处理中不支持旋转。因此，一种优化的思路是将所有 ARGB 编码的图像转换成 YUV 编码，再使用 PlanarYUVLuminanceSource 处理生成的结果。

这里有几点需要注意的地方，首先，如果每次都生成新的 YUV 数组，就需要进行多次内存的占用和释放，所以采用静态数组变量来存储数据，只有当当前数组的大小超过静态数组大小时，才重新生成新的 YUV 数据。其次，鉴于 YUV 的特性，长宽只能是偶数个像素点，否则可能会造成数组溢出。最后，使用完了 Bitmap 要记得回收，否则会白白消耗很多内存。

2. 二维码图像识别算法选择

二维码扫描精度和许多因素有关，最关键的因素是识别算法。目前在图像识别领域中，较常用的二维码图像识别算法主要有两种，分别是 HybridBinarizer 和 GlobalHistogramBinarizer，这两种算法都是基于二值化的，即将图片的色域变为黑白两个颜色，然后提取图形中的二维码矩阵。实际上，zxing 中的 HybridBinarizer 继承 GlobalHistogramBinarizer，并在此基础上做了功能性的改进。

GlobalHistogramBinarizer 算法适于低端的设备，对手机的 CPU 和内存要求不高。但它选择了全部的黑点来计算，因此无法处理阴影和渐变这两种情况。HybridBinarizer 算法在执行效率上要慢于 GlobalHistogramBinarizer 算法，但识别相对更有效。它专门为以白色为背景的连续黑色块二维码图像解析而设计，也更适合解析具有严重阴影和渐变的二维码图像。

zxing 项目官方默认使用的是 HybridBinarizer 二值化方法，在实际的测试中，它和官方的介绍大致一样。然而目前的大部分二维码都是黑色二维码，白色背景的。不管是二维码扫描还是二维码图像识别，使用 GlobalHistogramBinarizer 算法的效果要稍微比 HybridBinarizer 好一些，识别的速度更快，对低分辨的图像识别精度更高。

3．图像大小对识别精度的影响

现在的手机摄像头拍照出来的照片像素都很高，动不动就 4800W 像素、6300W 像素，甚至 1 亿像素都不稀奇，但照片像素高的成像质量并不一定高。将一张高分辨率的图片按原分辨率导入 Android 手机，很容易产生内存溢出。

对采集到图像的研究，是从图像中均匀取 5 行，每行取中间 4/5 作为样本，以灰度值为 *X* 轴，每个灰度值的像素个数为 *Y* 轴建立一个直方图，从直方图中取点数最多的一个灰度值，然后给其他的灰度值进行分数计算，按照点数乘以与最多点数灰度值的距离的平方进行打分，选分数最高的一个灰度值。接下来在这两个灰度值中间选取一个区分界限，选取的原则是尽量靠近中间并且点数越少越好。界限有了以后就容易了，与整幅图像的每个点进行比较，如果灰度值比界限小的就是黑，在新的矩阵中将该点置 1，其余的就是白，为 0。

根据算法的实现，可以知道图像的分辨率对二维码的取值是有影响的，并不是图像的分辨率越高就越容易取到二维码。在测试的过程中，尝试将图片压缩成不同大小的分辨率，然后进行图片的二维码识别，实际的测试结果是，当 MAX_PICTURE_PIXEL=256 时，识别率最高。

4．相机预览倍数设置及聚焦时间调整

如果使用 zxing 默认的相机配置，那么会发现需要离二维码很近才能够识别出来，但这样会带来聚焦困难的问题。解决办法就是调整相机预览倍数及减少相机聚焦的时间。

通过测试可以发现，每种型号手机的最大放大倍数几乎是不一样的，这可能和摄像头的型号有关。如果设置成一个固定的值，那可能会产生在某些手机上过度放大，某些手机上放大的倍数不够。找到相机的参数设定里提供的最大放大倍数值，通过取放大倍数值的 *N* 分之一作为当前的放大倍数，就可完美地解决手机的适配问题。

```
//需要判断摄像头是否支持缩放
Parameters parameters = camera.getParameters();
if (parameters.isZoomSupported()){
//设置成最大倍数的 1/10，基本符合远近需求
    parameters.setZoom(parameters.getMaxZoom()/ 10);
}
```

zxing 默认的相机聚焦时间是 2s，可以根据扫描的视觉适当调整，在 AutoFocusCallback 这个类里，调整 AUTO_FOCUS_INTERVAL_MS 的值就可以。

10.4　安全二维码识读 App 设计

通过调用 zxing.jar 包里面的类和方法，可以实现一个简单的二维码扫描解码的例程。为实现半色调防伪信息的提取，在 zxing 原有项目的基础上，做了大量改进。

10.4.1　App 设计

将安全二维码识读程序启动后，调用摄像头驱动程序，打开摄像头，设置摄像头参数。打开设定好的扫描界面，开始二维码扫描预览。系统每隔一段时间就能从摄像头中获取一定的图像，先对图像进行清晰度评价，清晰则继续识别，否则就重新获取。将判定为清晰的图像进行处理，分别进行普通二维码信息和安全信息的提取，并将最终结果显示在界面上。安全二维码手机识读流程图如图 10-19 所示。

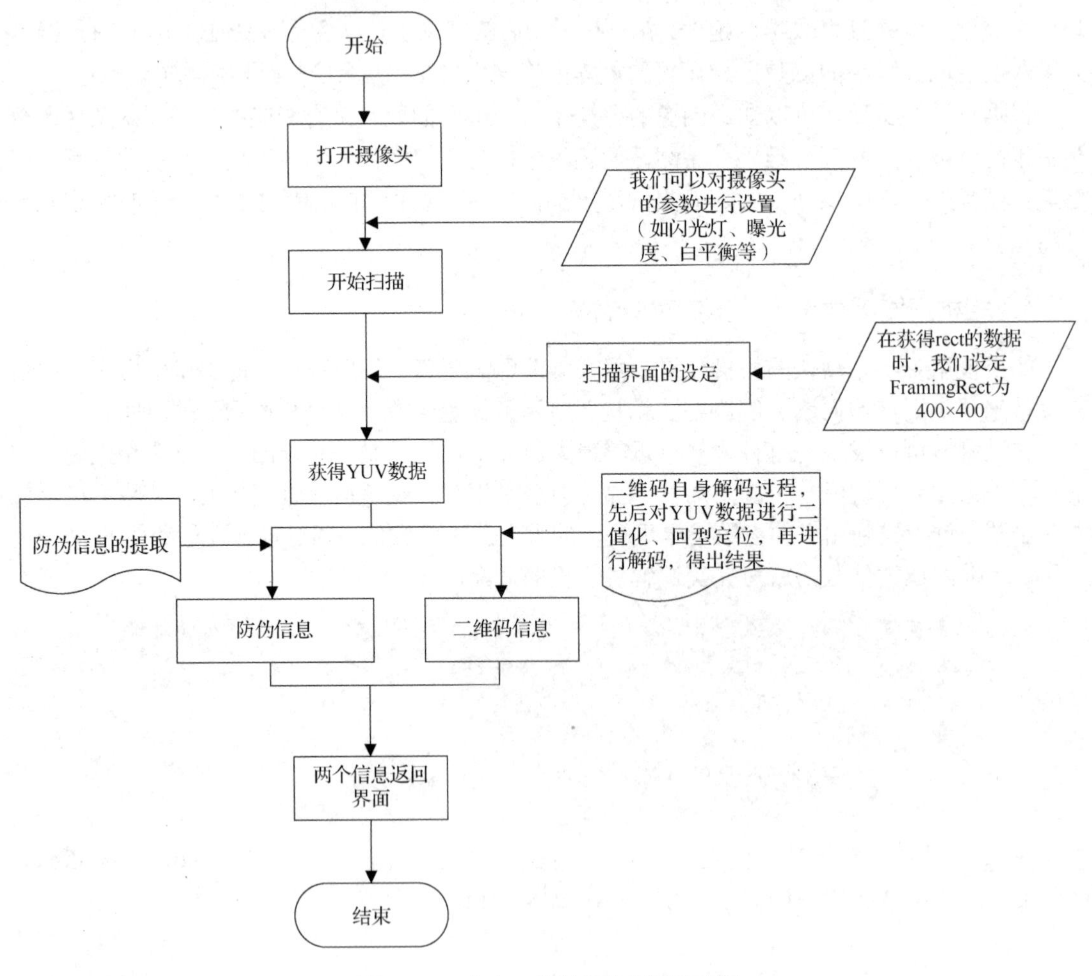

图 10-19　安全二维码手机识读流程图

图 10-20 和图 10-21 分别是识读 App 的扫描界面和呈现结果的界面。

图 10-20　识读 App 的扫描界面

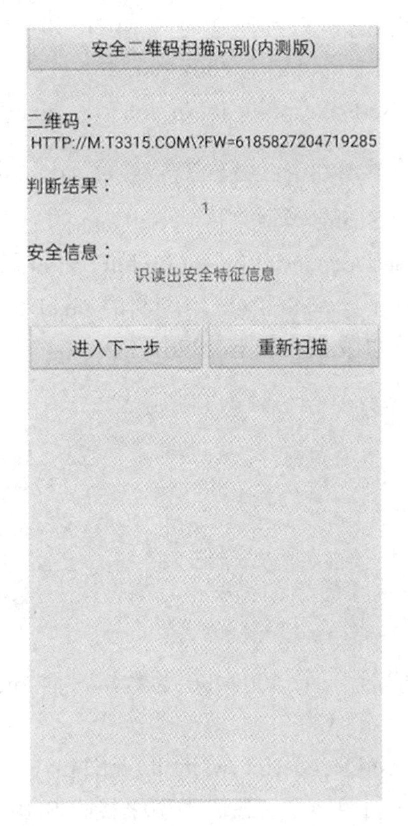

图 10-21　识读 App 的呈现结果的界面

10.4.2　安全二维码信息识读

在对手机识读 App 程序编译过程中，我们需要保证安全二维码的解码程序部分具有一定的安全性，提高其抗反编译能力。因此采用动态链接库的形式（.so 文件）。

核心代码动态链接库名：libQRCodeScan.so

接口详情：

通过 FingerPrintJniCall.java 实现 JNI 中 C 和 Java 的通信，接口源码如下：

```
public class FingerPrintJniCall {
      static {
         System.loadLibrary("QRCodeScan");
      }
      public native static String SetData(int iw, int ih, int[]  pixel);
      public native static String SetDecode(intiw, int ih, int[]  pixel);
}
```

在该接口中，通过两个本地静态方法来实现。

接口要求：

AI.SetData(int iw, int ih, int[] pixel)输入：

设定 iw 和 ih 都定义为 iw=400，ih=400，即 SetData 为从相机中取 400×400 的 pixel 数组（此时扫描框也设定为 400×400 大小）。

AO.SetData(int iw, int ih, int[]　pixel)输出：

```
String correct=FingerPrintJniCall.SetData(w, h, bt);
```

利用 String 类型来得到 SetData 的返回值，即输出部分。

BI.SetDecode(int iw, int ih, int[] pixel)输入：

根据上一个 SetData 中刷新的 pixel 数组，取其中的一部分。

在这里我们要求 iw=296，ih=296。程序如下：

```
for( int i=0;i<w1; i++)
                    {
                        for(int j=0; j<h1; j++)
                        {
                            btcorrect[i*w1+j]=bt[i*w+j];
                            }
                        }
```

bt[]为上一个 400×400 的数组，而 btcorrect[]为 296×296 数组，其数组取法如图 10-22 所示。

BO.SetDecode(int iw, int ih, int[] pixel)输出：

同样利用一个 String 类型来接收 SetDecode 的返回值，如下：

```
String fingerPrintResult =FingerPrintJniCall.SetDecode(w1, h1, btcorrect);
```

根据返回值判断是否成功提取安全信息。

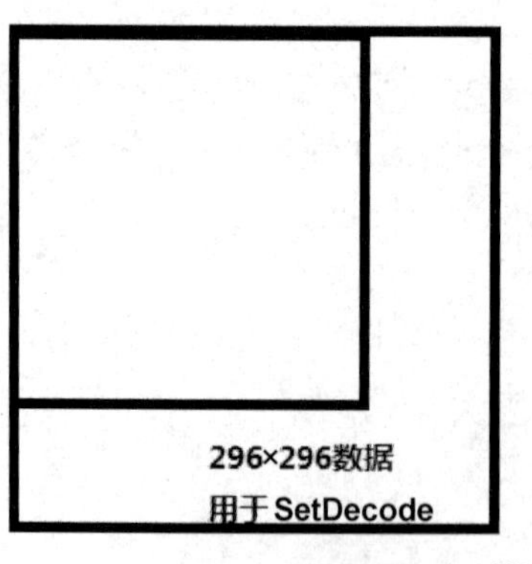

图 10-22　296×296 数组取法

二维码和防伪信息的提取过程总循环结构如图 10-23 所示。

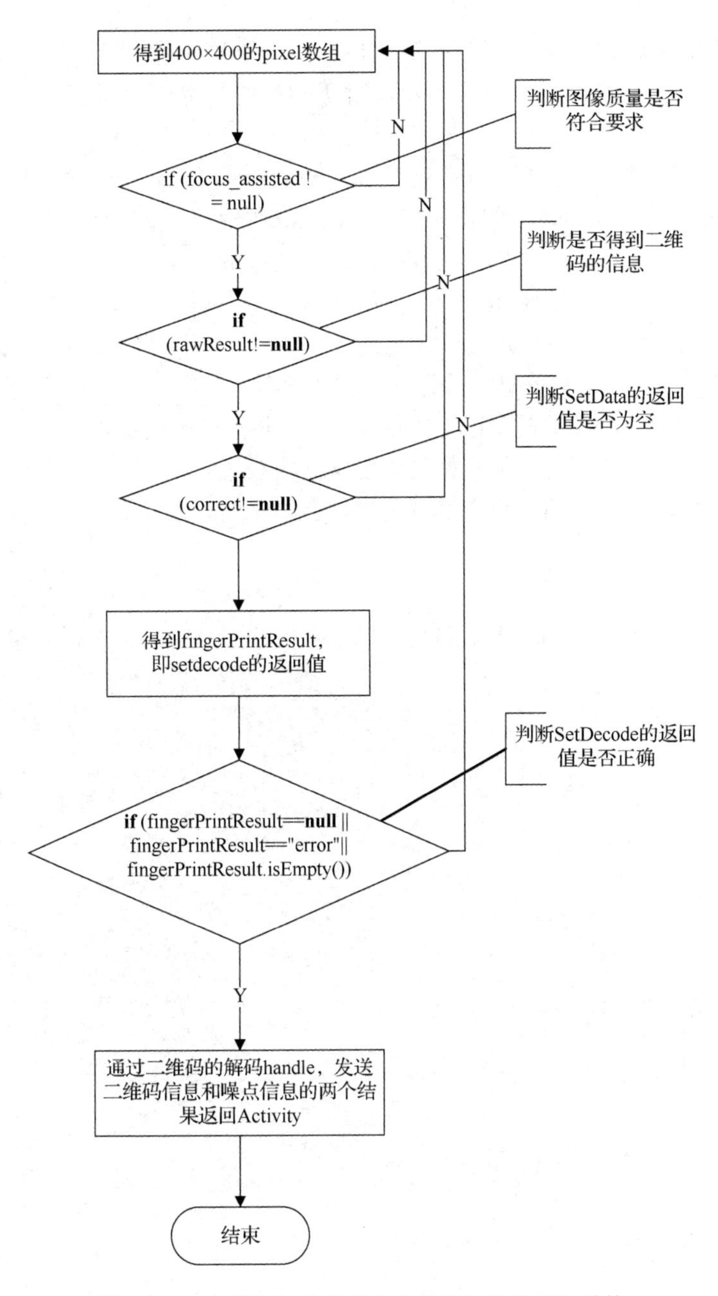

图 10-23　二维码和防伪信息的提取过程总循环结构

10.5　扫码小程序设计

10.5.1　客户端小程序设计

为方便用户（不论是平台管理员、入驻平台的商家、消费者）都能够随时随地地对所购买的物品进行防伪溯源，建立了一套基于客户端的物品溯源微信小程序。该微信小程序的主要功能就是对安全二维码进行识读，然后对所购买的物品信息进行展示，跳转到物品对应详情页。

微信小程序基于 XML、CSS 和 JS，提供相对封闭的 WXML、WXSS 和 JS，不支持 dom、Windows、jQuery 等第三方 JavaScript 框架，其与 html5 有很大差异。小程序本质并不是 B/S 的在线页面，而是 C/S 架构。在 WXML 中，通过 wx.request 或 socket 连接服务器。微信小程序只支持通过 HTTPS 协议调用微信 API（如 wx.request、wx.connectsocket）进行网络通信，其架构为 Client/Server，是类似 DCloud 的流应用。微信小程序的代码随用随下载，大大提升了执行效率和用户体验，可更好地适应恶劣的网络环境。

微信小程序在技术架构上非常清晰易懂。JS 负责业务逻辑的实现，而视图层则由 WXML 和 WXSS 共同实现，前者其实就是一种微信定义的模板语言，而后者类似 CSS。所以对于擅长前端开发，或者 Web 开发的广大开发者而言，小程序的开发可谓降低了不少门槛。微信小程序的基本架构图如图 10-24 所示。

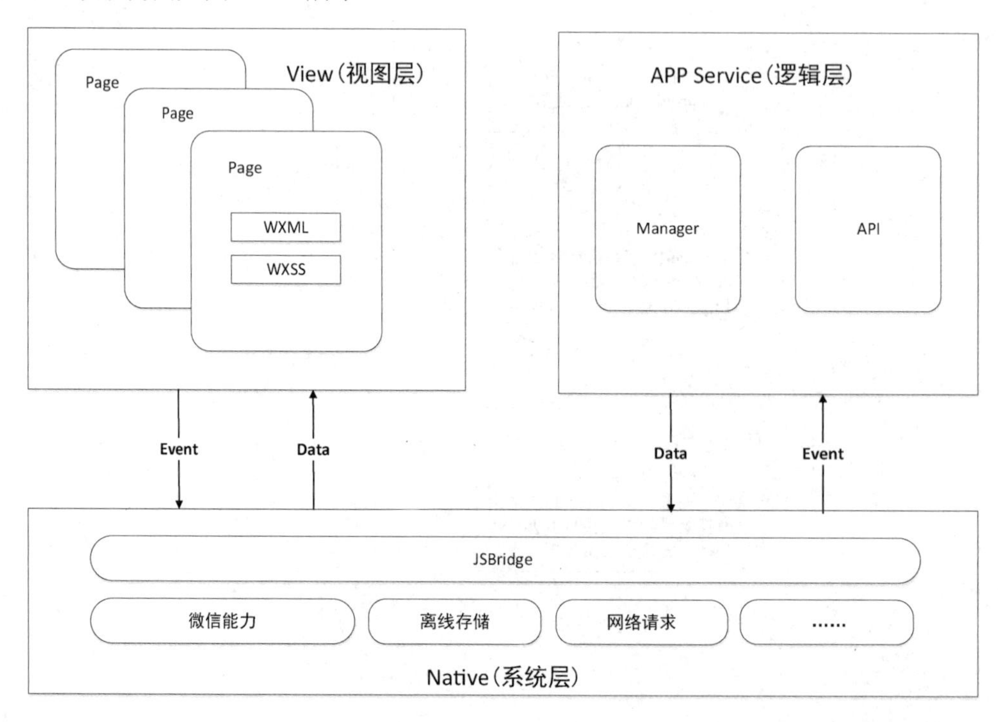

图 10-24　微信小程序的基本架构图

微信小程序设计中使用 WXML 构建视图结构，使用 WXSS 描述样式，使用 WXS 模式开发，使用 PHP 编写系统的后台逻辑，使用 MySQL 数据库，通过优化缓存提高访问速度，减轻数据库压力，使用 Nginx 处理和转发请求。这里主要用到微信小程序的视图层和数据交互，展示还是通过 HTTPS 请求发往服务器进行相应处理，具体的数据请求由后台服务器进行相应处理。

用户点击进入微信小程序后，首先进入主页功能页面，该页面的功能是产品库存查询，用户只需点击按钮即可进入相应的查询页面。同时在该页面添加了轮播图，起到宣传产品的效果，具体页面效果图如图 10-25 所示。

当用户点击产品库存查询按钮后，页面跳转到相应的查询页面，在该页面中点击当前选择一栏，在页面底部将弹出相应的选择按钮，用户选择相应的产品种类名称后点击确定按钮，页面将会弹出对应种类产品的库存剩余量，具体的效果图如图 10-26 所示。

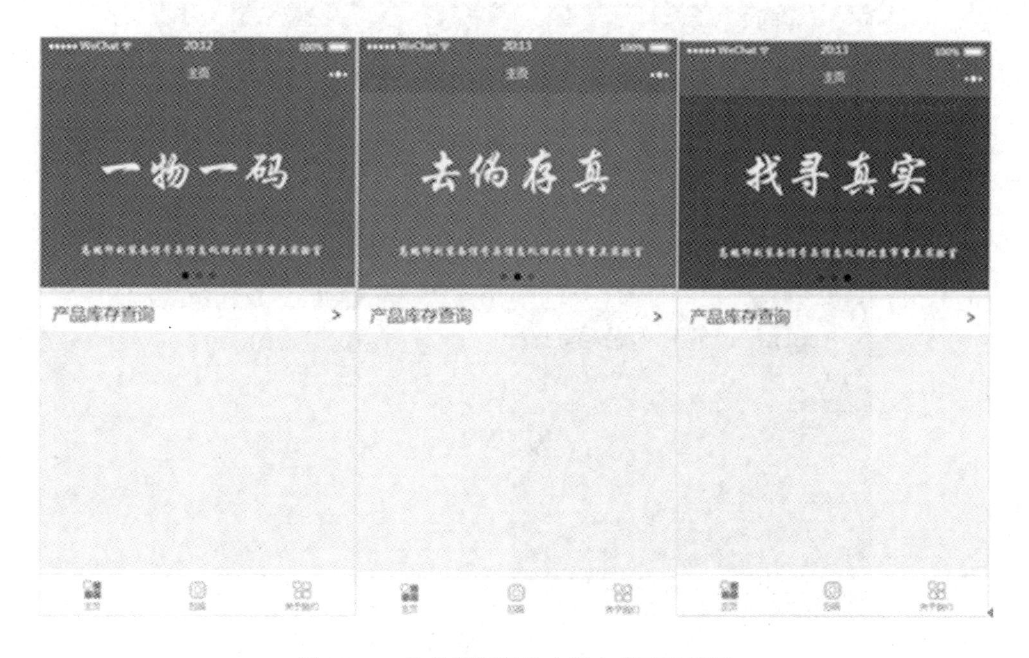

图 10-25　物品溯源微信小程序首页效果图

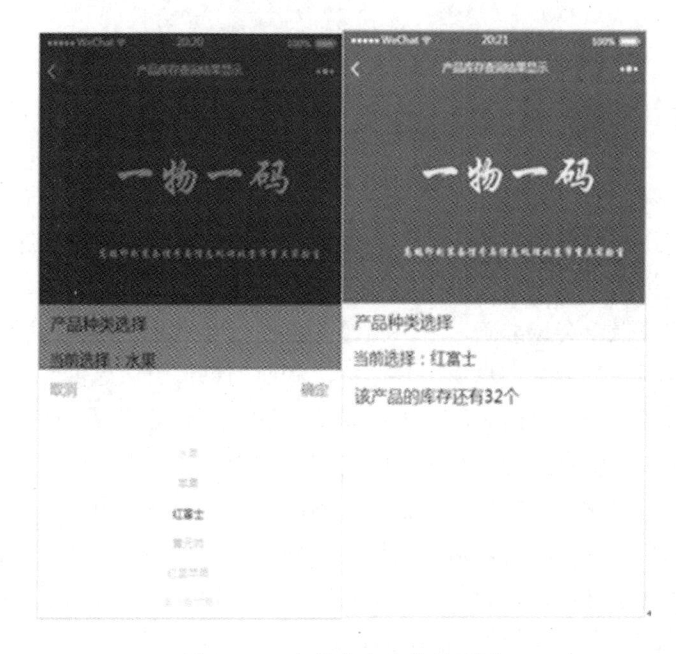

图 10-26　产品库存查询效果图

扫码模块将调取“微信扫一扫”获取该二维码的内容并对其进行解析判断，当用户所处在普通光源下，对物品扫描后将跳转到对应物品的商店详情页，在红外光源下进行扫描时将会获取一段加密后的字符串，系统对这个字符串进行解析判断，最后告知用户该产品是否来源于本平台，如果来源于本平台将跳转到物品的详细信息页面，具体如图 10-27 所示。

图 10-27　物品防伪溯源查询效果图

10.5.2　后台用户画像

“用户画像”概念最早是由 Alan Cooper 于 1997 年提出的，其简单概括了用户画像是通过工具或者算法对用户曾经的历史相关行为数据进行挖掘与计算，最后通过标签将用户的相关信息展现出来的方法。这一过程的主要工作是通过相关技术去理解用户，对用户理解得越透彻，最后的用户画像将会越准确，用户画像的精确程度将会直接影响用户的体验与公司的利润。用户画像将用户的相关信息形象具体化，从而为每位用户提供专属服务。

用户画像以标签的形式将用户的个人信息、喜好、生活习性等表现出来。根据用户的性别、年龄、地域等基础信息结合其在客户端的相关行为，计算提取出用户的兴趣模型，再将兴趣模型标签化，最终这些标签就形成该用户的虚拟模型。通过用户画像，未来的产品将是依据大数据分析出用户的真实喜好从而设计与开发出来的，而不再是仅仅通过设计人员主观臆断出来的。用户画像按照数据收集、兴趣建模和画像构建三个步骤进行构建。

（1）数据收集，通过对用户行为数据的反馈，可以将数据类型分为显式反馈和隐式反馈。显式反馈数据可以直观地反映出用户对某件物品的喜好程度，如用户在系统中登记的相关个人信息或者对某件物品的评价打分等，可以很直观地反映出用户的喜好。隐式反馈数据主要记录用户在系统内的相关行为，如点击、搜索、评价等，从侧面能够体现出用户对某件物品或者某方面内容的喜好。

（2）兴趣建模，将第（1）步中收集到的数据进行数据清洗等工作，将无用或者干扰数据真实性的数据剔除，随后进行一系列建模整理工作，构建用户的兴趣模型。用户兴趣模型一般根据用户的相关历史行为（如点击、收藏、评价等）数据计算出能反映用户真实喜好的商品列表。

（3）画像构建，该过程主要深化第（2）步中得到的兴趣模型，将用户的基本属性、喜好等进行打标签，抽象出独属于该用户的个人标签。一般而言，标签都是以多级递增的方式来表达的。

经过上述三个步骤，用户画像基本构建完成，一般而言，我们平常所说的用户画像其实是由一个个标签组成的。用户兴趣模型通过一个个的标签来展现出用户的喜好列表。

用户兴趣模型是会根据时间、地点等变化的，如大部分用户在夏天会购买半袖等凉爽的衣服，而在冬天会买更注重保暖的衣服。系统需要实时地根据用户的相关行为，分析用户的兴趣爱好，所以对于一个用户的画像是时刻在变化的。系统对用户的这种变化需要有实时敏感性，能够快速地对用户发生的改变来改变本身的推荐策略。例如，记录用户的搜索记录，判断用户近期可能对某件产品或者某类型的产品感兴趣。或者近期内用户在某一商品详情页面停留许久，或者在评论区咨询其他购买过此商品的用户关于这件商品的评价，这些可以较清楚地说明用户对该商品比较感兴趣，系统可以为用户推荐类似商品。

一般而言，用户的静态行为比较容易记录，但是动态行为的记录是一个较大较复杂的过程，且其可能存在一些“脏数据”，致使数据分析不准确，所以在采集到数据之后还需要专门的人员进行数据清洗工作，再将剩余的数据进行分析建模，推荐给用户。图 10-28、图 10-29、图 10-30 分别显示了使用本系统的性别和年龄分布、地区分布、手机品牌分布等。

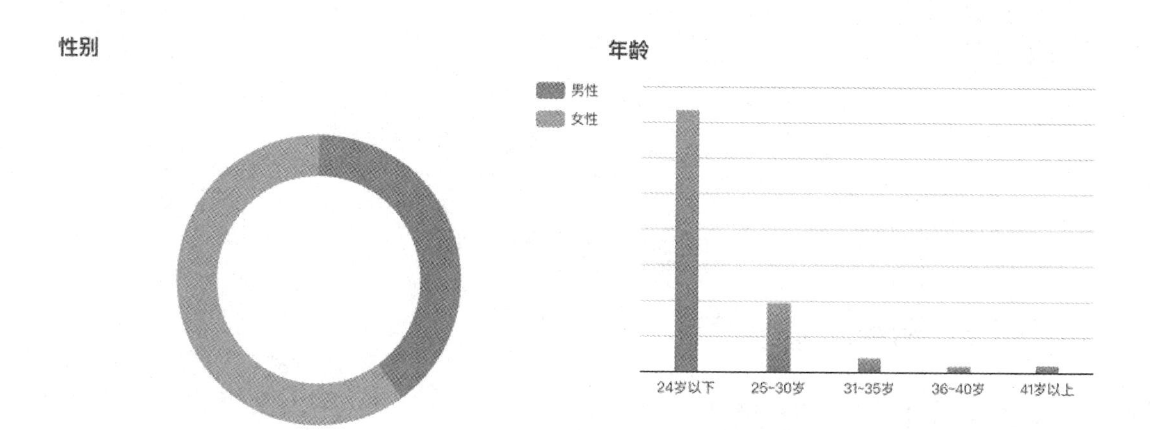

图 10-28　性别和年龄分布图

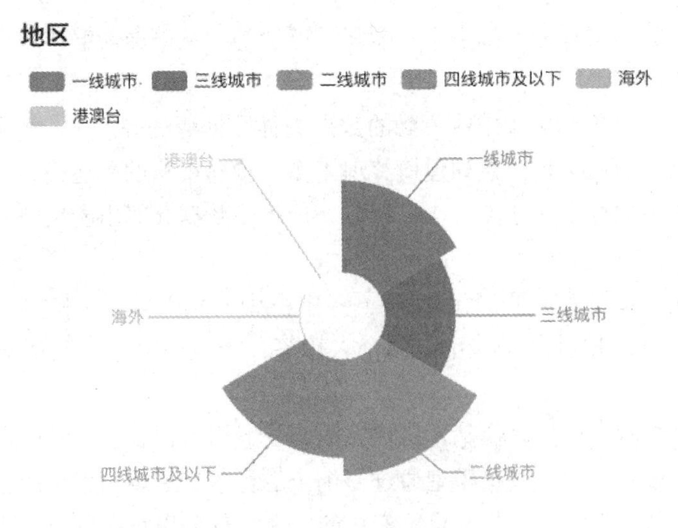

图 10-29　地区分布图

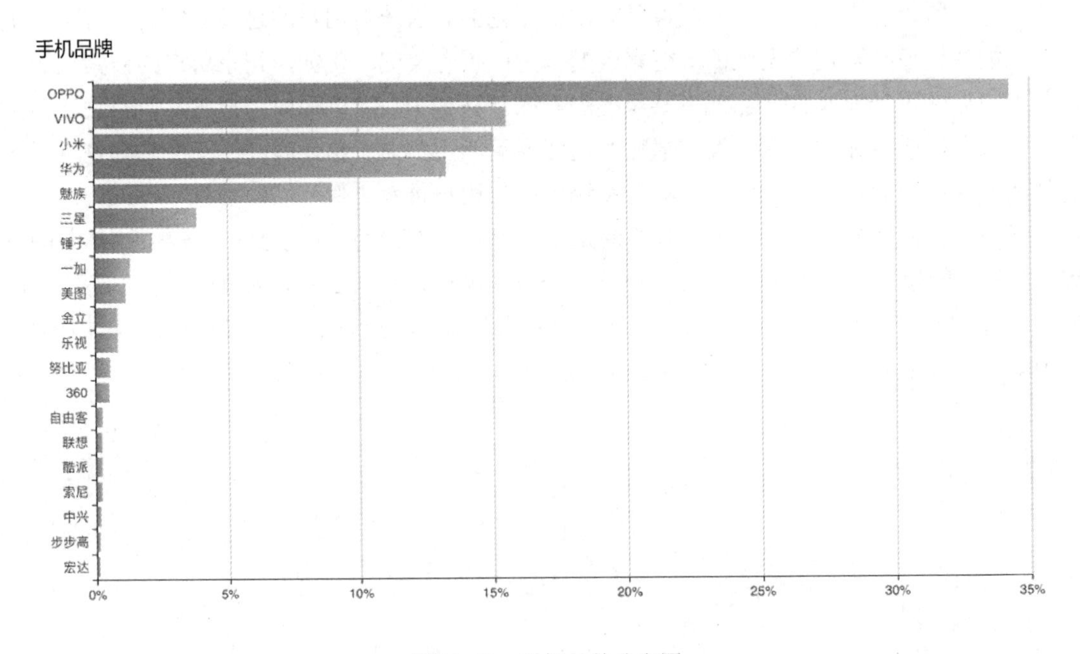

图 10-30　手机品牌分布图

10.5.3　购物车模块设计

1．用户添加购物车逻辑模块

在平台中用户可以实现在未登录状况下添加购物车功能，整个购物车模块的设计思想如下：当用户点击购物车模块按钮后，系统首先会判断用户是否登录，若用户未登录，则可直接将所选商品的 ID 和商品对应的数量保存到 cookie，然后修改右上角中加入购物车的商品记录数。若用户已经登录，则首先判断登录用户的 cookie 中是否有商品信息，如果登录用户的 cookie 中有商品信息，则将 cookie 中的数据和新加入的商品数据合并，再将合并后的数据添加到数据库，随后清空 cookie 中的商品数据，同时修改右上角中加入购物车的商品记录数；如果登录用户的 cookie 中没有其他商品信息，则将新增的商品数据添加到数据库，随后修改右上角中加入购物车的商品记录数，具体流程如图 10-31 所示。

2．用户打开购物车逻辑模块

用户打开购物车逻辑模块的设计思路：当用户打开购物车后，系统会判断该用户是否登录，如果已经登录，则直接从数据库中提取出与该用户关联的商品 ID 和对应的商品数量，统计相应记录数显示在购物车图标右上角，根据商品 ID 获取与其相关联的商品名称、图片、状态等信息，将已处于下架状态的商品置成灰色，并且使其无法被勾选，当用户点击此商品时，提示用户此商品已下架不能购买，同时从数据库中获取各个商品目前的库存数，将库存为 0 的商品同样置灰，同时获取商品是否处于活动期间，如打折、促销等过程，或者标记此活动信息，最终计算出购物车中所选商品的总价，具体流程如图 10-32 所示。

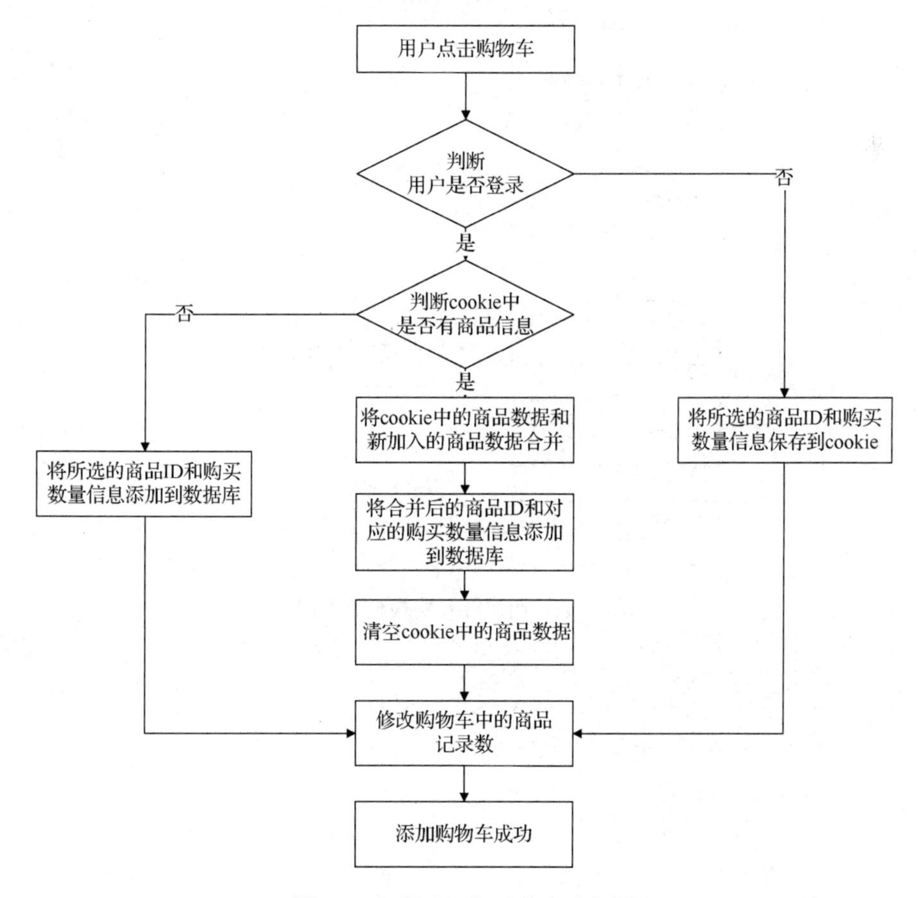

图 10-31　用户添加购物车流程图

购物车界面主要展示用户所选的商品信息，包括商品缩略图、商品名称、单价、数量、总计等，且能进行删除或者清空购物车等操作。图 10-33 展示了用户在未登录状态下加入购物车的信息。用户在登录后，将 cookie 中的信息与新增的数据合并添加到购物车并显示到购物车右上角界面，如图 10-34 所示。

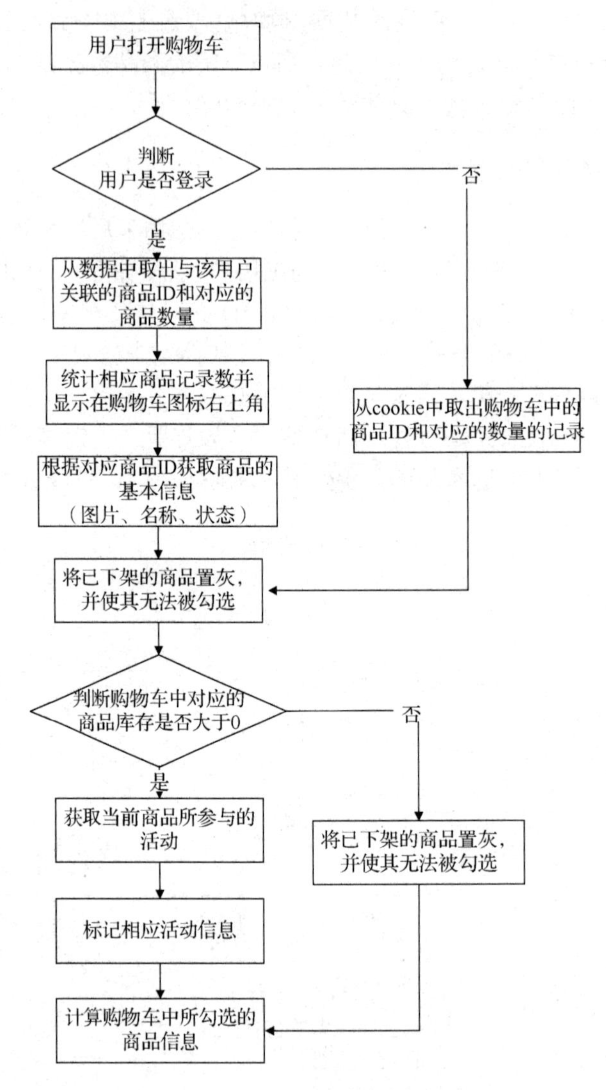

图 10-32　用户打开购物车流程图

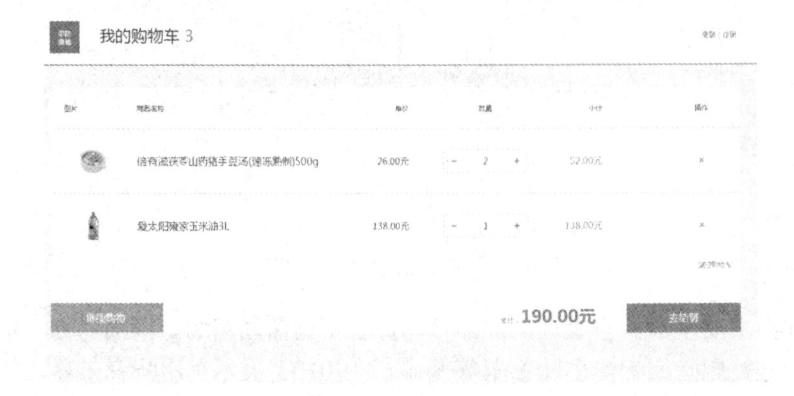

图 10-33　用户打开购物车界面

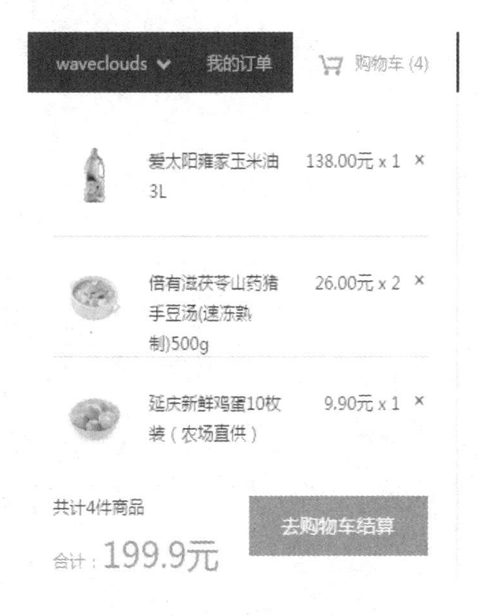

图 10-34　购物车缩略界面

10.5.4　订单模块设计

1．消费者下单模块

订单模块是商城系统中最复杂也是最重要的一个模块，其订单流程指的是用户从购物车或者直接提交下单、订单生成、用户付款、物流交付等整个过程。订单生成后，若用户长时间未进行支付操作，则自动取消，同时库存的占用也会在支付取消后释放；若用户选择货到付款，则相应的支付环节也会转移到消费者收到商品之后。

用户提交订单时，首先判断用户是否登录，下单过程不同于购物车流程，下单过程需要校验用户是否登录，只有登录用户才可进行下单操作，若用户没有登录，则先跳转到登录页面进行登录操作。下单过程中，用户可以选择在购物车下单、活动详情页面或商品详情页面下单。当用户选择直接在活动详情页面下单时，在订单提交之前，后台会判断该商品是否参与满减促销活动，消费者账户中是否有相应的优惠券，最后将这些计算后的结果提交给用户，使其进行下单操作。

当消费者提交订单后，后台生成相应订单列表，获取用户的优惠券和商家的促销活动，随后将商品按照商家进行分类。消费者可以查看订单默认地址，并可以进行修改地址的操作，以及查看订单中是否使用到了代金券、优惠券的操作。下单模块流程图如图 10-35 所示。

2．消费者确认订单模块实现

提交订单操作是指消费者确认订单之后的操作，在消费者确认订单时，系统判断订单的提交时间是否超过系统指定的时间阈值，若在指定阈值之前，则不用判断订单中的商品是否还有库存，用户可以直接下单；若支付操作已超过系统指定阈值范围，则在用户进行支付操作时，系统再次查询对应商品的库存数，若库存足够，则可以直接进行支付，若库存不够，则提示用户商品已经售罄。

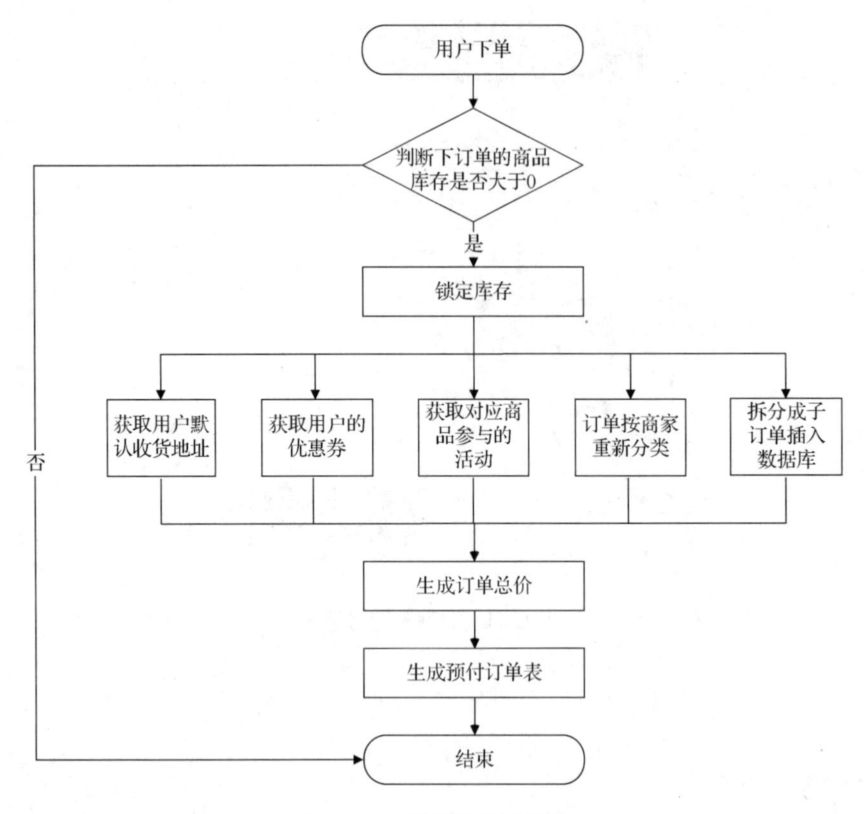

图 10-35　下单模块流程图

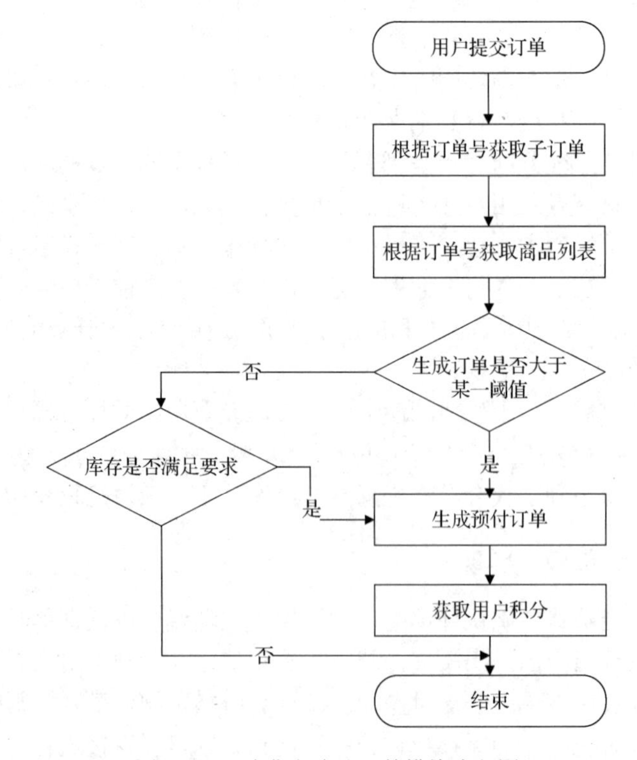

图 10-36　消费者确认订单模块流程图

用户可以在购物车或者订单详情页面对自己想要购买的商品直接进行下单操作，用户在进行下单操作后，系统会先判断对应商品的库存是否满足用户需求，在满足库存情况下，系统获取用户收货地址、所拥有的优惠券、商家参与的活动，将其中的价格算出展现给用户，用户可以进行修改收货地址、选用优惠券等操作，在用户对这些都选定后，用户可进行支付操作。若用户支付操作距离下单操作不超过一定阈值，则可以直接进行支付；若支付操作距离下单操作已超过这一阈值，则系统会在此查询数据库，看当前商品是否满足用户要求，若满足，则可继续支付，若不满足，则提示用户商品已售罄。图 10-37、图 10-38 和图 10-39 分别展示了用户在购物车下单、确认订单和支付界面。

图 10-37 消费者下单界面

图 10-38 消费者确认订单界面

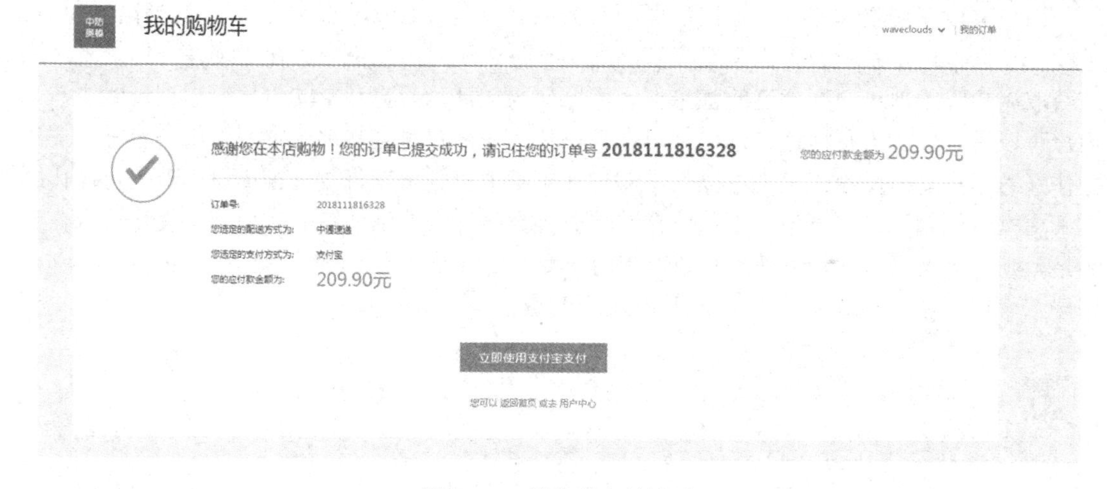

图 10-39　消费者支付界面

参考文献

[1] 曹鹏，刘喆灿，衣旭梅．半色调加网与信息隐藏技术[M]．北京：电子工业出版社，2013．

[2] 赫尔穆特·基普汉．印刷媒体技术手册[M]．谢普南，王强，译．广州：世界图书出版公司，2004．

[3] 姚海根．数字加网技术[M]．北京：印刷工业出版社，2000．

[4] 钟云飞，胡垚坚，杨玲，等．安全印刷与包装防伪[M]．北京：清华大学出版社，2020．

[5] 孙中华，王俊卿，宋贞海．印前图像复制技术[M]．北京：中国轻工业出版社，2006．

[6] 王强，刘全香．印前图文处理[M]．北京：中国轻工业出版社，2001．

[7] 刘武辉．数字印前技术[M]．北京：化学工业出版社，2009．

[8] 刘斌强，陈希．桌面出版系统核心——RIP[J]．印刷杂志，2005，000（003）：41-44．

[9] 简川霞．外鼓式和内鼓式 CTP 技术之比较分析[J]．广东印刷，2007，01（1）：19．

[10] 姚海根，程鹏飞．数字半色调技术[M]．北京：印刷工业出版社，2013．

[11] 刘朋．数字图像水印技术及其算法的研究[D]．合肥：合肥工业大学，2009．

[12] 王舰．基于图像频域的信息隐藏及检测技术研究[D]．郑州：解放军信息工程大学，2009．

[13] 王尧．基于离散小波变换的图像水印算法研究[D]．沈阳：东北大学，2009．

[14] 王凤芹，李祁，邢翠芳，等．一种基于图像 DCT 域的信息隐藏算法[J]．世界科技研究与发展，2010，05（5）：599-599．

[15] 曾志华．基于 DCT-SVD 的数字水印的理论和技术[D]．无锡：江南大学，2007．

[16] 刘铁根．光学防伪检测技术[M]．北京：电子工业出版社，2008．

[17] 汪晓华．基于小波域的二值图像数字水印算法研究[D]．西安：西北大学，2009．

[18] 黄昱．基于小波变换域数字图像水印算法研究[D]．长沙：湖南大学，2010．

[19] 吴欣．最新实用印刷色彩[M]．北京：中国轻工业出版社，2006．

[20] Trussell H J．DSP solutions run the gamut for color systems[J]．IEEE Signal Processing Magazine，1993，10(2)：8-23．

[21] 王乐新，王喜昌．不同波长处的相对光谱功率对光源颜色的影响[J]．高师理科学刊，1998，18（4）：25-28．

[22] YANG L，KRUSE B，LENZ R．Light scattering and ink penetration effects on tone reproduction[J]．Journal of the Optical Society of America，A．Optics，image science，and vision，2001，18（2）：360-366．

[23] Grassmann H．Zur Theorie der Farbenmischung[J]．Annalen der Physik，1853，165（5）：69-84．

[24] PAUL D. SHERMAN，ALLEN KROPF. Color Vision in the Nineteenth Century：The Young-Helmholtz-MaxwellTheory[J]. American journal of physics，1983，51（7）：670-671.

[25] BRILL M H. How the CIE 1931 color-matching functions were derived from Wright-Guild data[J]. Color Research & Application，1998，23（4）：259.

[26] 荆其诚，张增慧，焦书兰，等. CIE标准照明体A、D_（55）、D_（65）、D_（75）色度点的颜色匹配和允许范围[J]. 光学学报，1982（01）：86-91.

[27] HILL B，FWV，ROGER T. Comparative analysis of the quantization of color spaces on the basis of the CIELAB color-difference formula[J]. Acm Transactions on Graphics，1997，16（2）：109-154.

[28] GÜNTER WYSZECKI，FIELDER G H . New Color-Matching Ellipses[J]. Journal of the Optical Society of America，1971，61（9）：1135-1152.

[29] MCDONALD R，SMITH K J. CIE94-a new colour-difference formula[J]. 1995，111（12）：376-379.

[30] LI YANG，BJOERN KRUSE. Ink penetration and its effects on printing[C]// Color Imaging：Device-Independent Color，Color Hardcopy，and Graphic Arts V，2000：365-375.

[31] HAEBERLI W， GILBERT PUPA . Experiments on subtractive color mixing with a spectrophotometer[J]. American journal of physics，2007，75（4）：313-319.

[32] KELLY K L，GIBSON K S，NICKERSON D，Tristimulus specification of the Munsell Book of Color from spectrophotometric measurements[J]. Journal of the Optical Society of America，1943，33（7）：355-376.

[33] HURVICH L M，JAMESON D. An opponent-process theory of color vison[J]. Psychological Review，1957，64（6）：384-404.

[34] WYSZECKI G W，W. S. Stiles. Color science：concepts and methods，quantitative data and formulas[J]. physics today，1968，21（6）：83-84.

[35] WRIGHT， W D. A re-determination of the trichromatic coefficients of the spectral colours[J]. Transactions of the Optical Society，1929，30（4）：141-164.

[36] TOYOHIKO HATADA. Mechanism of color vision and chromaticity diagram[J]. The Japanese Society of Printing Science and Technology，1985，23（2）：63-76.

[37] IKEDA M， NAKANO Y. Spectral luminous-efficiency functions obtained by direct heterochromatic brightness matching for point sources and for 2 and 10 fields[J]. Journal of the Optical Society of America A Optics & Image Science，1986，3（12）：2105-2108.

[38] 薛朝华. 颜色科学与计算机测色配色实用技术[M]. 北京：化学工业出版社，2004.

[39] Sean Smyth. The print and producation manual[M]. 北京：印刷工业出版社，2006.

[40] Daniel L. au，Gonzalo R. Arce. Modern Digital Halftoning（Second Edition）[M]. Taylor & Francis Group，LLC，2008.

[41] VICTOR OSTROMOUKHOV，RUDAZ N，ISAAC AMIDROR，et al. Anticounterfeiting features of artistic screening[C]// Holographic and Diffractive Techniques，1996：126-133.

[42] Xu Jie，KAPLAN C S．Artistic thresholding[C]// Proceedings of the 6th international symposium on Non-photorealistic animation and rendering，2008：39-47.
[43] 金杨．加网图像的频率传递特性与扫描分辨率设置[J]．北京印刷学院学报，2002（2）.
[44] 孙刘杰．印刷图像处理[M]．北京：印刷工业出版社，2013.
[45] 赵云花．数字半色调图像处理算法研究及实现[D]．北京：华北电力大学，2016.
[46] 史琳．数字半色调技术研究[D]．西安：西安电子科技大学，2007.
[47] 张昊．数据加密技术在计算机网络安全中的应用分析[J]．信息记录材料，2020，21（08）：167-168.
[48] 张述平，杨国明，时武略．数字加密技术与应用[J]．福建电脑，2006（07）：44-45.
[49] 李晓星，孟坤．保障内容安全的量子密钥应用综述[J]．计算机工程，2019，45（12）：19-25，37.
[50] 张英．对量子密码通信的展望[J]．中国新通信，2020，22（22）：7-8.
[51] 韩家伟．量子密钥分发与经典加密方法融合关键技术研究[D]．长春：吉林大学，2018.
[52] 吴佳楠，王世刚，张迪，等．融合量子密钥真随机性的二值图像水印[J]．光学精密工程，2017，25（11）：2968-2974.
[53] 陈勤，张大兴，蔡红暹．一种动态密钥认证方案及其用途[J]．计算机工程与设计，2002（04）：5-6，49.
[54] 刘强，聂志刚，王钧．基于 RFID 和云计算的商品包装动态密钥防伪系统设计分析[J]．中国包装工业，2015（16）：80-81.
[55] 肖攸安，李腊元．数字签名技术的发展[J]．交通与计算机，2003（02）：6-9.
[56] 郭浩．探析数字签名技术及其在网络通信安全中的应用[J]．网络安全技术与应用，2020（06）：36-38.
[57] 周启海，黄涛，张乐．一种基于数字加密与信息隐藏的电子签名技术改进方案[J]．计算机科学，2007（10）：112-115.
[58] 周尉琴．现代印刷防伪技术的发展及应用[J]．今日印刷，2020（09）：75-77.
[59] 张亚萍．现代印刷防伪技术及其发展现状[J]．印刷质量与标准化，2016（02）：17-19.
[60] 张逸新．防伪印刷原理与工艺[M]．北京：化学工业出版社，2004.
[61] 张逸新，唐正宁，钱军浩．防伪印刷 [M]．北京：中国轻工业出版社，1999.
[62] 刘尊忠，黄敏，姜东升．防伪印刷与应用[M]．北京：印刷工业出版社，2008.
[63] 刘喆灿．基于半色调加网的信息隐藏算法研究[D]．北京：北京印刷学院，2014.
[64] 田烨，胡丙萌，王晨．从信息论角度看待光学防伪技术[J]．通信世界，2016（10）：256-257.
[65] 沈建勇．激光全息防伪技术在烟包领域的应用[J]．印刷技术，2018（10）：61-62.
[66] 肖菲菲，刘真．二维码防伪技术在可变数据印刷中的应用[J]．包装工程，2011，32（21）：102-105，109.
[67] 谢思源．二维码技术及其防伪应用浅析[J]．印刷质量与标准化，2013（12）.
[68] 陈方方．半色调复合防伪方法及算法研究[D]．北京印刷学院，2020.

[69] PERRONE G，VALLS J，TORRES V，et al．Reed-Solomon Decoder Based on a Modified ePIBMA for Low-Latency 100 Gbps Communication Systems[J]．Circuits，systems，and signal processing，2019，38（4）：1793-1810．
[70] 刘玉君．信道编码（第三版）[M]．郑州：河南科学技术出版社，2006．
[71] 林舒．差错控制编码[M]．北京：人民邮电出版社，1986．
[72] KRISHNAMOORTHY R，PRADEEP N S．Forward Error Correction Code for MIMO-OFDM System in AWGN and Rayleigh Fading Channel[J]．International Journal of Computer Applications，2013，69（3）：8-13．
[73] WANG L Q，SUN Z H，ZHU S X．Hermitian Dual-containing Narrow-sense Constacyclic BCH Codes and Quantum Codes[J]．Quantum Information Processing，2019，18（10）：1-40．
[74] HOCQUENGHEM A．Codes Correcteurs D'Erreurs[J]．Chiffres，1959，2（2）：147-56．
[75] BOSE R C，RAY-CHAUDHURI D K．On a Class of Error Correcting Binary Group Codes[J]．Information and Control，1960，3（1）：68-79．
[76] Ranjan Bose．Information theory，coding and cryptography[M]．Beijing：China Machine Press，2003．
[77] 赵晓群．现代编码理论[M]．武汉：华中科技大学出版社，2008．
[78] REED I S，SOLOMON G．Polynomial codes over certain finite fields[J]．Journal of the society for industrial and applied mathematics，1960，8（2）：300-304．
[79] WICKER S B，BHARGAVA V K．An introduction to Reed-Solomon codes[J]．Reed-Solomon codes and their applications，1994：1-16．
[80] 刘翠海，温东，姜波．无线电通信系统仿真及军事应用[M]．北京：国防工业出版社，2013．
[81] SINGLETON R．Maximum distance q-nary codes[J]．IEEE Transactions on Information Theory，1964，10（2）：116-118．
[82] 王新梅，肖国镇．纠错码——原理与方法[M]．西安：西安电子科技大学出版社，1991．
[83] MOON T K．Error correction coding：mathematical methods and algorithms[M]．John Wiley & Sons，2020．
[84] PROAKIS J G．Digital Communications（Fourth Edition）[M]．北京：电子工业出版社，2001．
[85] WANG F，HUANG Z，ZHOU Y．A Method for Blind Recognition of Convolution Code Based on Euclidean Algorithm[J]．IEEE International Conference on Wireless Communications，Networking and Mobile Computing，Shanghai，2007，pp．1414-1417．
[86] VITERBI A J．Error bounds for convolutional codes and an asymptotically optimum decoding algorithm[J]．IEEE Transactions on Information Theory，1967，13（2）：260-269．
[87] SHAHRI H．DFT，convolution and error correcting codes[J]．ICASSP-92：IEEE International Conference on Acoustics，Speech，and Signal Processing，San Francisco，CA，USA，1992，pp．41-44．

[88] FORNEY G D. The viterbi algorithm[J]. Proceedings of the IEEE，1973，61（3）：268-278.
[89] XIE Y Q，YU Z G，YANG F，et al. A multistandard and resource-efficient Viterbi decoder for a multimode communication system[J]. Frontiers of Information Technology & Electronic Engineering，2018，19（4）：536-543
[90] 王廷婷. 图像半色调技术及其进展[J]. 印刷质量与标准化，2010（02）：8-12.
[91] 王敬. 基于数字喷墨印刷的信息隐藏算法研究[D]. 北京：北京印刷学院，2015.
[92] 于苗. 显微图像拼接算法研究[D]. 西安：西安电子科技大学，2015.
[93] 王璇. 半色调图像微结构信息快速提取算法及应用研究[D]. 北京：北京印刷学院，2019.
[94] 刘会. 改进 Arnold 变换的量子图像加密系统[D]. 武汉：华中师范大学，2017.
[95] 霍沛军. 基于安全二维码的物品溯源系统关键技术研究与应用开发[D]. 北京：北京印刷学院，2019.
[96] 曹思远. 基于 Node. js 高性能高并发网络应用构架的研究和实现[D]. 杭州：杭州电子科技大学，2018.
[97] 施巍松，孙辉，曹杰，等. 边缘计算：万物互联时代新型计算模型[J]. 计算机研究与发展，2017，54（05）：907-924.
[98] 郭俊. 超密集网络中基于移动边缘计算的卸载策略研究[D]. 北京邮电大学，2018.
[99] 华为区块链技术开发团队. 区块链技术及应用[M]. 北京：清华大学出版社，2019
[100] 沈鑫，裴庆祺，刘雪峰. 区块链技术综述[J]. 网络与信息安全学报，2016，2（11）：11-20.
[101] 袁勇，王飞跃. 区块链技术发展现状与展望[J]. 自动化学报，2016，42（4）：481-494.
[102] 陈志鹏. 基于 NFC 技术防伪溯源平台的设计与实现[D]. 杭州：杭州电子科技大学，2017.
[103] 倪波. 基于 RFID 溯源的汽车零部件管理模式研究[D]. 杭州：浙江工商大学，2019.
[104] 江锋. 基于 RFID 技术的商品防伪溯源系统设计与实现[D]. 长沙：湖南大学，2017.
[105] 余浩. 面向 NFC 移动支付的安全技术研究[D]. 广州：广东工业大学，2019.
[106] 黄涛. 基于 NFC 和企业 ERP 数据库的门禁系统设计[D]. 成都：电子科技大学，2019.
[107] 徐先杏. 可追溯体系建设下食品供应链信息共享与协调研究[D]. 杭州：浙江工业大学，2020.
[108] 张兰，陈敏. 基于区块链的药品溯源系统分析与设计[J]. 中国数字医学，2020，15（09）：38-40.
[109] 李玲. 基于嵌入式的远程监控系统设计与实现[D]. 西安：长安大学，2013.
[110] 陈彪，吴成东，郑君刚. 智能门禁中人脸识别的数据传输[J]. 电子产品世界，2012（10）：34-36.
[111] 陈建博. 半色调防伪信息手机识读关键技术研究[D]. 北京：北京印刷学院，2016
[112] 欧焕锐. QR 二维码识别算法及其在新型门禁系统中应用的研究[D]. 杭州：浙江大学，2018.
[113] 余维克. QR 码识别系统的设计与实现[D]. 长沙：湖南大学，2013.
[114] 童立靖，张艳，舒巍，等. 几种文本图像二值化方法的对比分析[J]. 北方工业大学学报，2011，23（01）：25-33.
[115] 刘琳琳. 复杂环境下 QR 码图像的校正算法研究[D]. 天津：天津理工大学，2017.

[116] 欧焕锐．QR 二维码识别算法及其在新型门禁系统中应用的研究[D]．杭州：浙江大学，2018．

[117] 屈卫锋．低质量 QR 二维码快速识别与软件设计研究[D]．咸阳：西北农林科技大学，2016．

[118] 程瑶．基于 ARM7 PWM 定时器的图像传感器时序信号设计[J]．微型机与应用，2011，30（11）：25-27．

[119] 朱玉强．微信小程序在图书馆移动服务中的应用实践——以排架游戏为例[J]．图书馆论坛，2017，37（07）：132-138．

[120] 徐士川．电子商城系统中订单模块与秒杀模块的设计与实现[D]．南京：南京大学，2018．

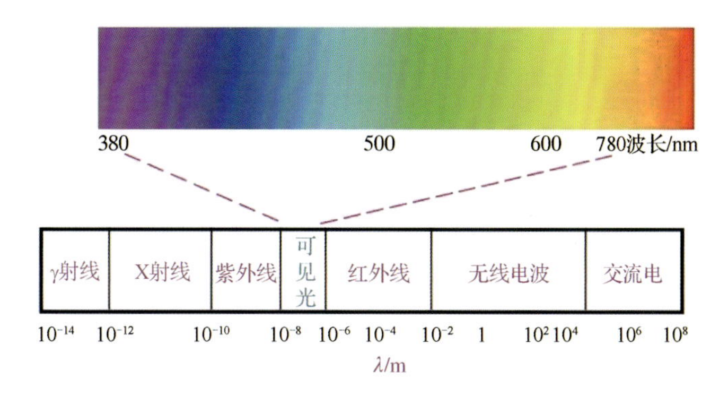

图 2-2　可见光光谱分布图

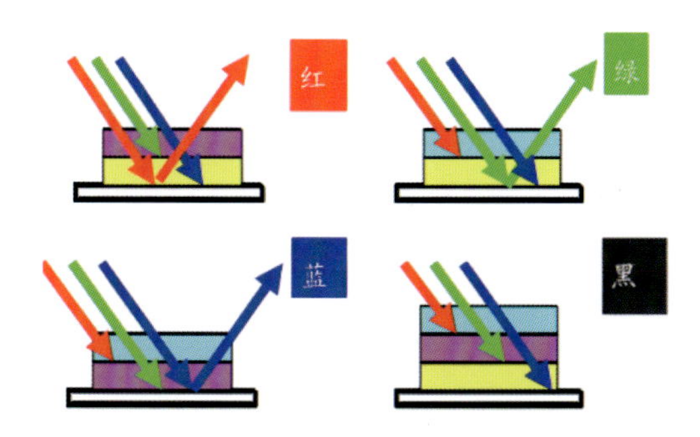

图 2-3　光的反射和透射示意图

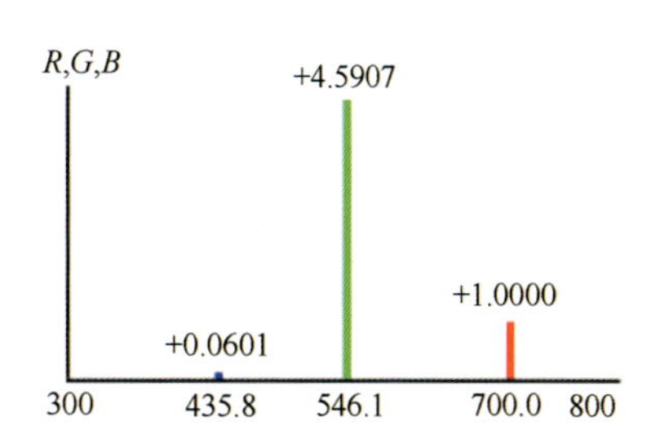

图 2-12　CIE RGB 三原色

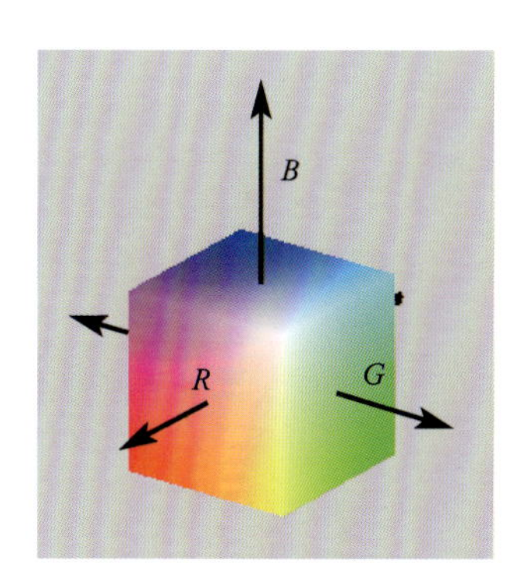

图 2-15　RGB 色彩空间模型

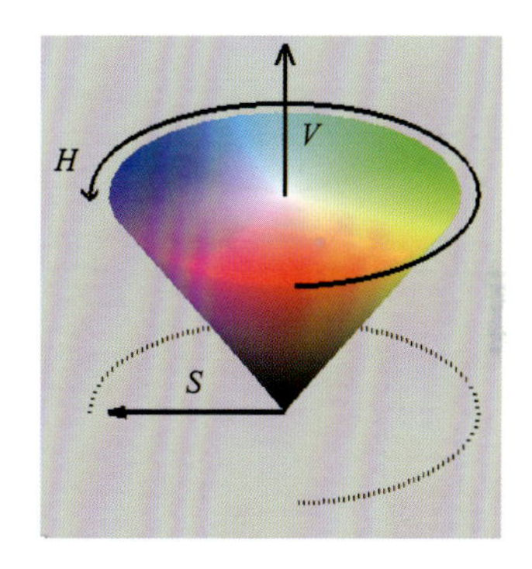

图 2-16　HSV 色彩空间模型

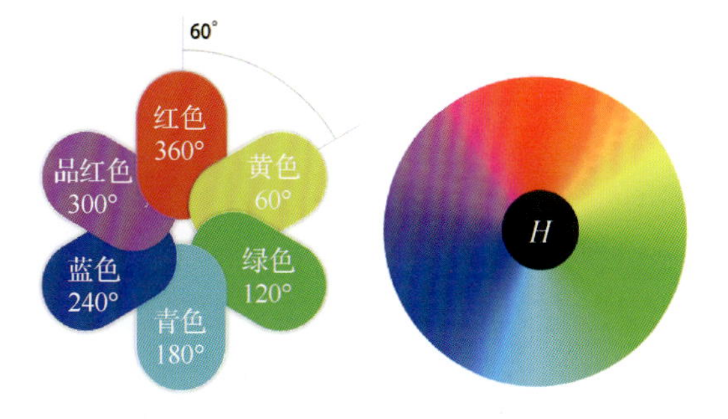

图 2-17　色相环的六大主色

图 2-18　饱和度（纯度）示意图

亮度
0
L
亮度
100%

图 2-19　亮度示意图

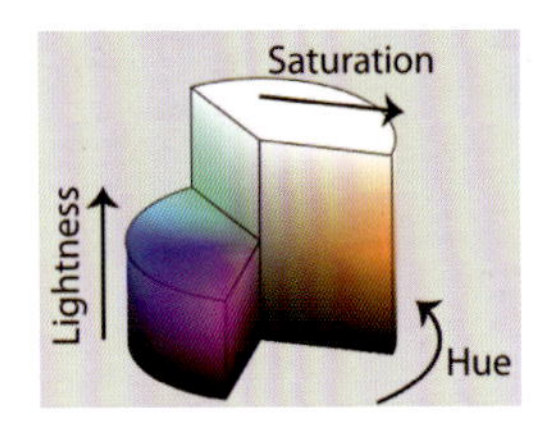

图 2-20　HSL 圆柱形示意图

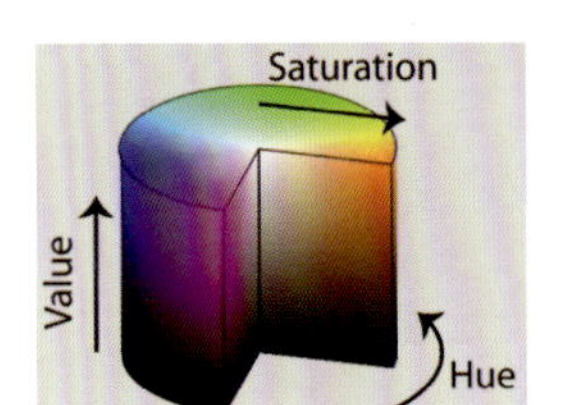

图 2-21　HSV 圆柱形示意图

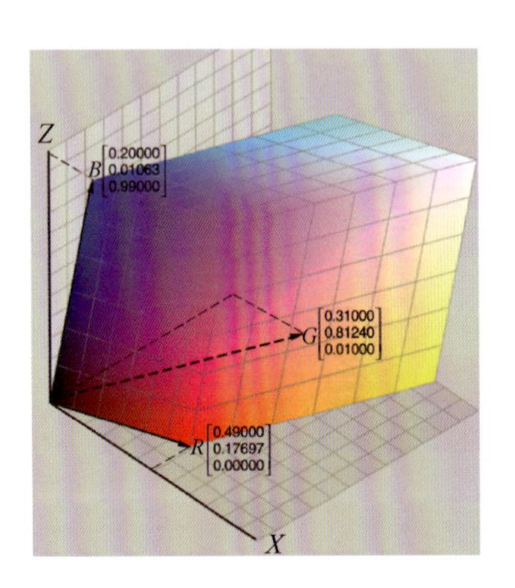

图 2-22　XYZ 系统中的 RGB 色彩矢量立方体

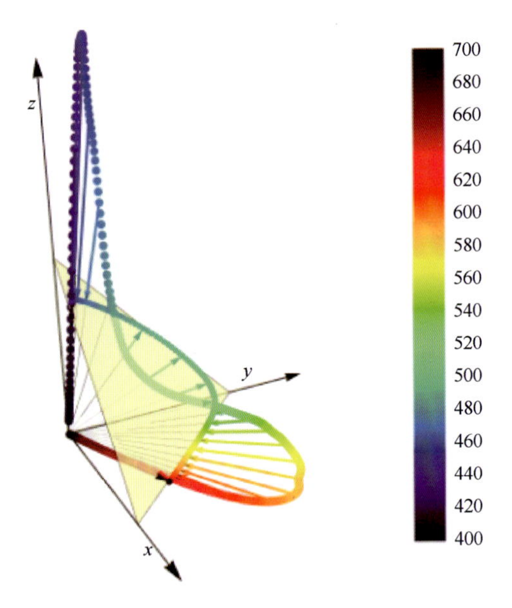

图 2-25　CIE XYZ 色彩空间中的纯色光谱图

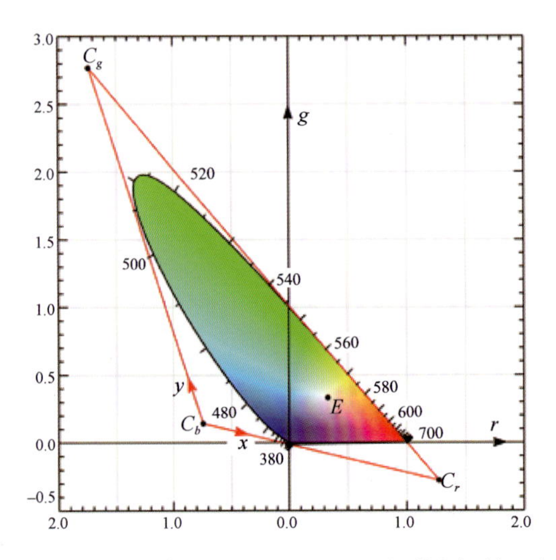

图 2-27　CIE r–g 色度图中展示 CIE XYZ 色彩空间的三角形构造

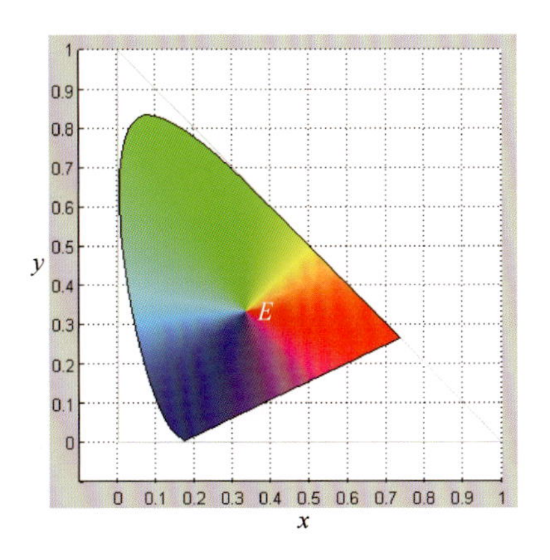

图 2-28　*x-y* 色度图

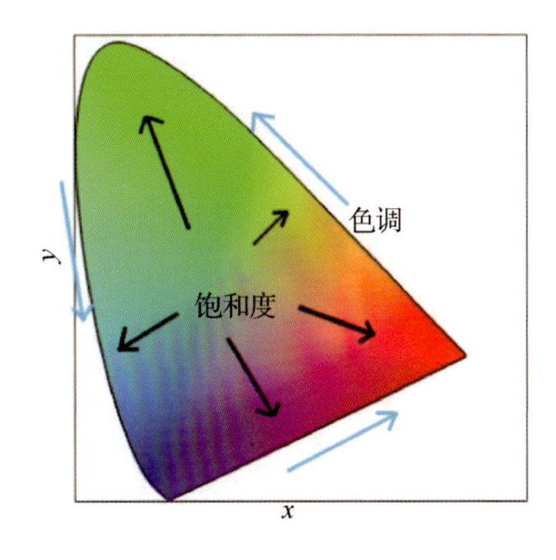

图 2-29　色调与饱和度示意图

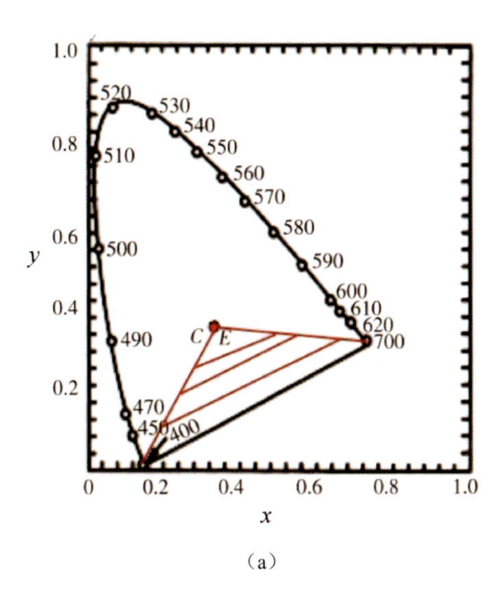

（a）

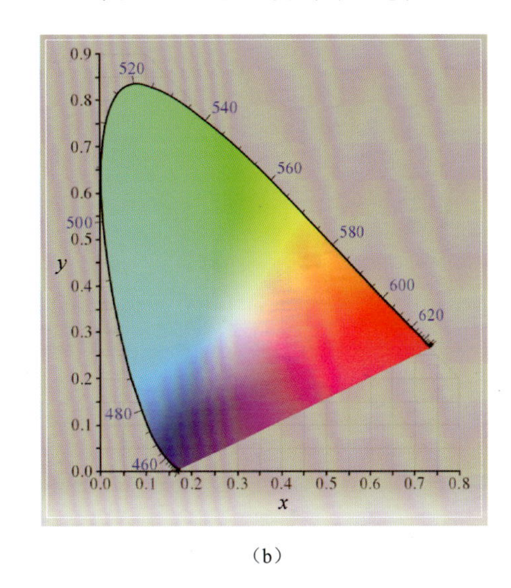

（b）

图 2-30　色度图的光谱轨迹图

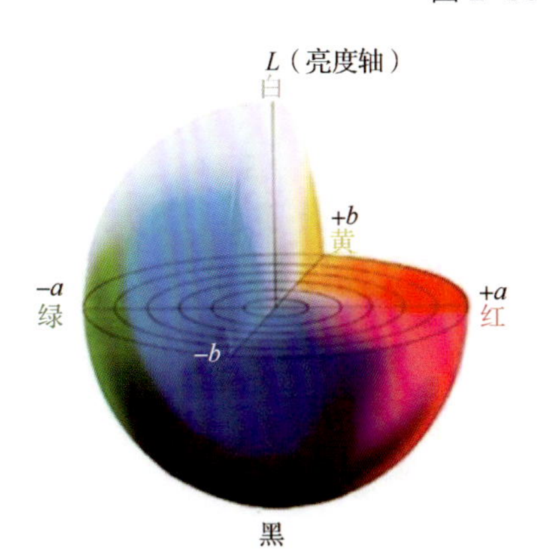

图 2-35　CIE LAB 色彩空间表示

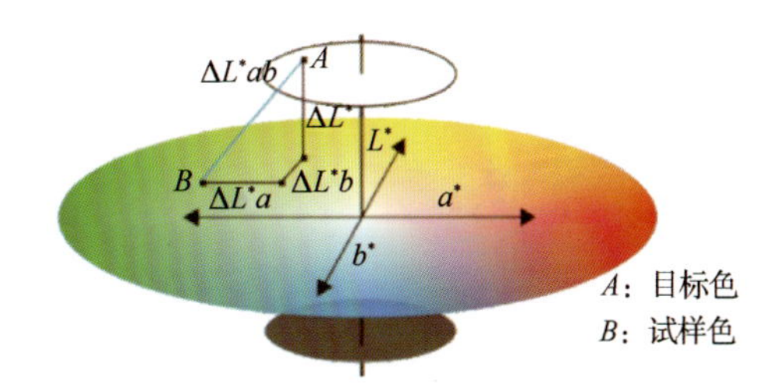

图 2-36　CIE LAB 色彩空间色彩差异示意图

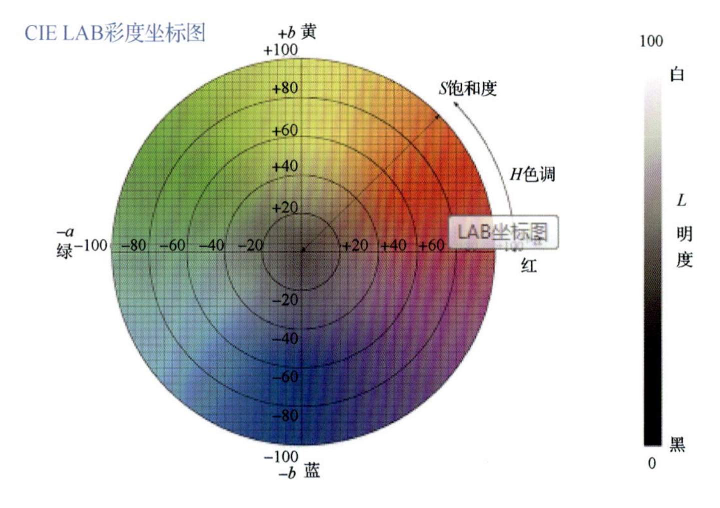

图 2-37　CIE LAB 彩度坐标图

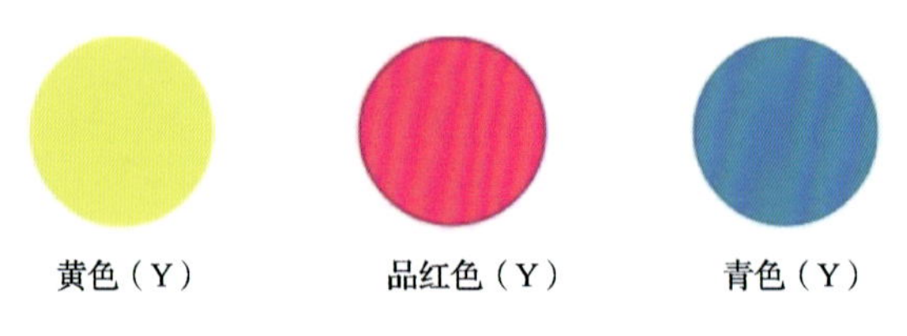

图 2-38　色料三原色

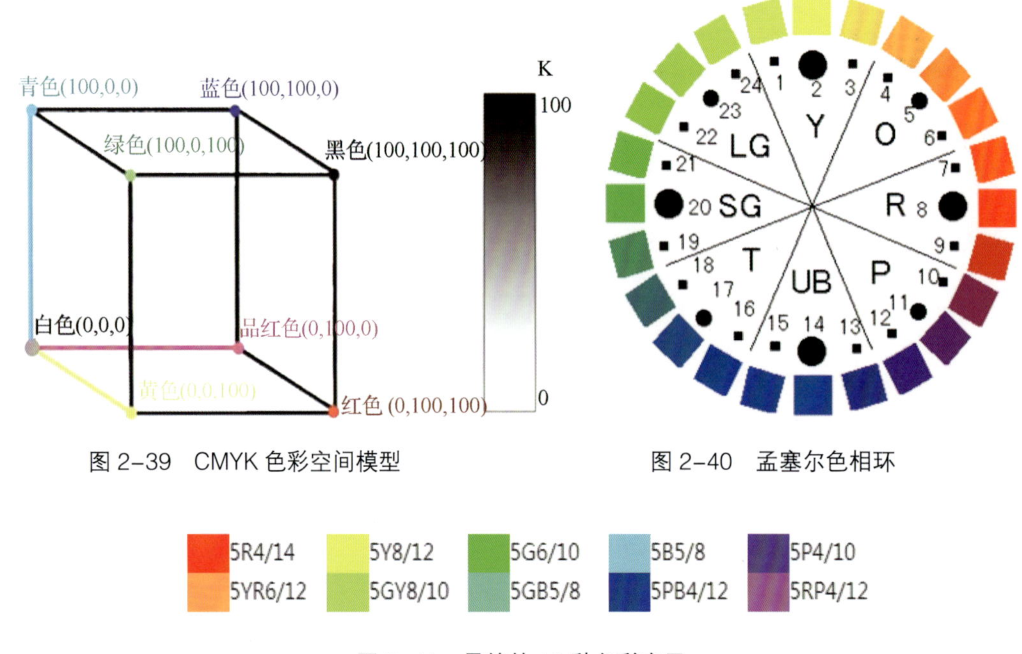

图 2-39　CMYK 色彩空间模型

图 2-40　孟塞尔色相环

5R4/14	5Y8/12	5G6/10	5B5/8	5P4/10
5YR6/12	5GY8/10	5GB5/8	5PB4/12	5RP4/12

图 2-41　最纯的 10 种色彩表示

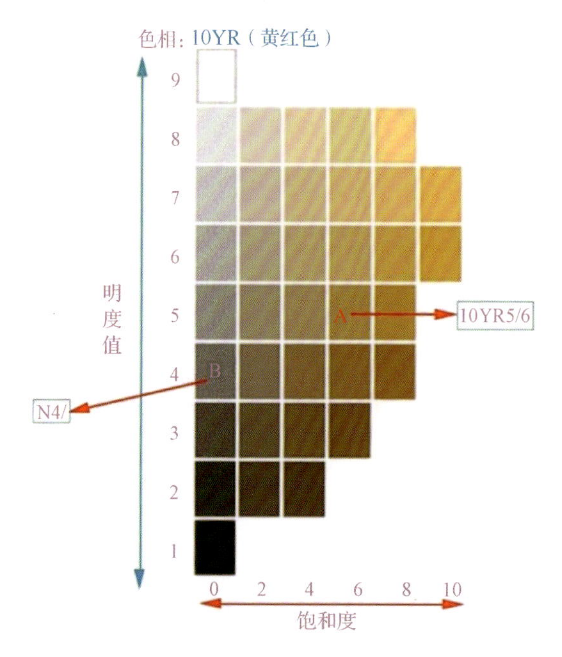

图 2-43　孟塞尔色彩 5Y

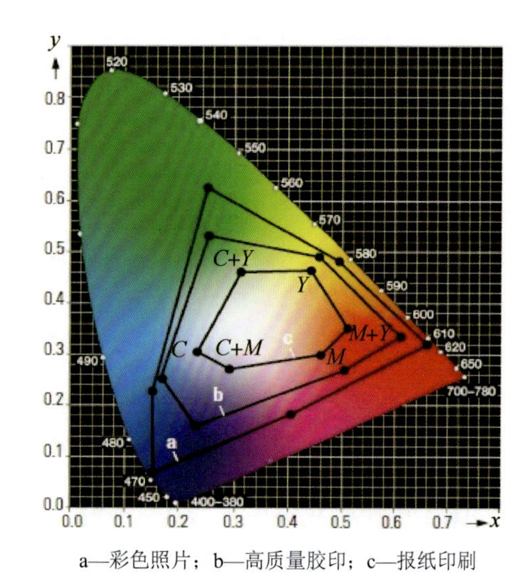

图 2-44　不同复制方法在 CIE LAB 系统中的色域

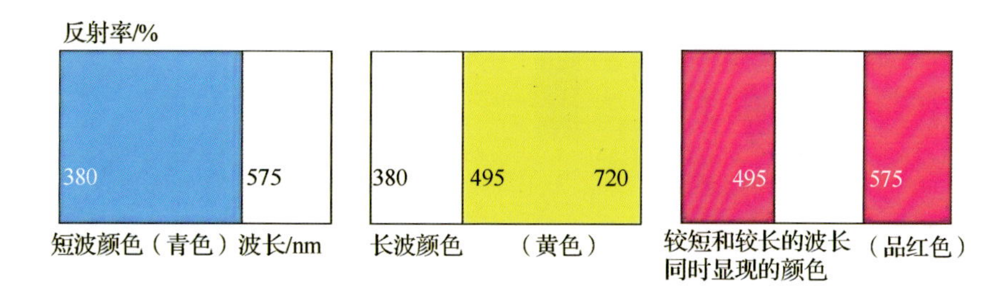

图 2-45　理想色彩的光谱分布（相对光谱反射）

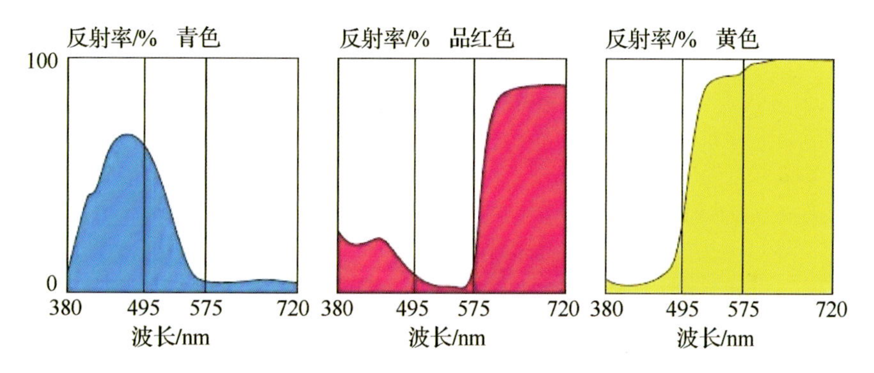

图 2-47　多色印刷中油墨的光谱分布

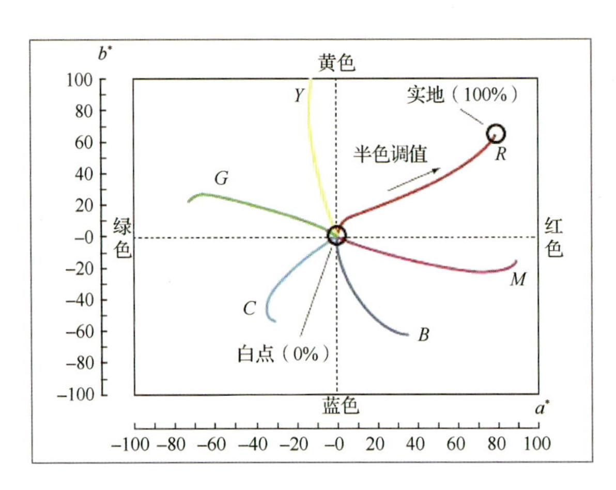

图 2-48　在 CIE LAB 系统中，三原色 CMY 及其叠印的间色 RGB 在色彩空间的色调曲线

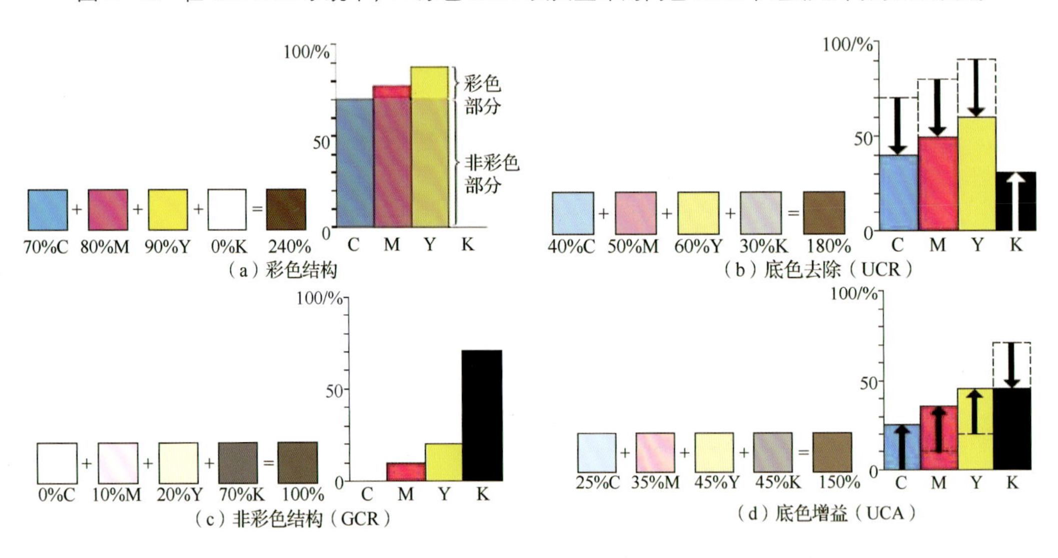

图 2-49　以棕色的多色印刷为例，确定黑色分色版的示例

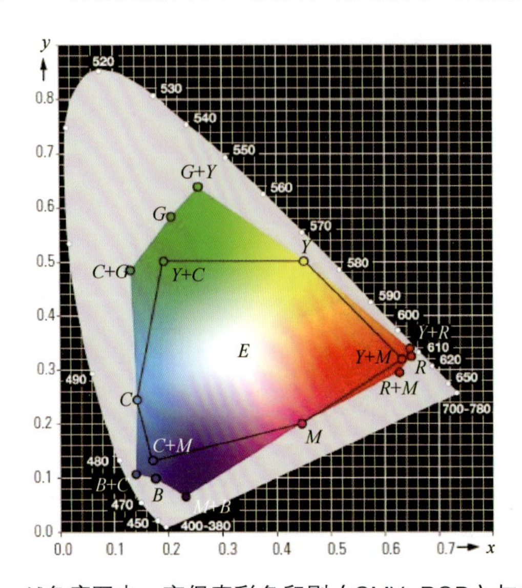

图 2-50　在 CIE(x,y,Y)色度图中，高保真彩色印刷（CMY+RGB）与传统多色印刷的比较